高 等 学 校 教 材

U0743464

# 结构力学

○ 主　编　汪大洋
○ 副主编　陈再现　曾　森

中国教育出版传媒集团
高等教育出版社·北京

内容提要

本书根据《高等学校工科基础课程教学基本要求》中"结构力学课程教学基本要求(A类)",由广州大学、哈尔滨工业大学(威海)、青岛理工大学联合编写而成。本书内容选材适当,注重基本概念阐述,化繁为简,力求内容全面、逻辑严密、讲解精练、深入浅出,适应当前人才培养需求。

全书共12章,内容包括绪论、平面体系的几何组成分析、静定结构受力分析、结构位移计算、力法、位移法、力矩分配法和剪力分配法、影响线、矩阵位移法、结构动力计算、结构的稳定计算、结构的极限荷载。本书章后附有思考题和习题。

本书可作为土木类等专业的结构力学教材,也可作为非结构类等有关专业的结构力学教材。

**图书在版编目(CIP)数据**

结构力学 / 汪大洋主编;陈再现,曾森副主编.
北京:高等教育出版社,2025.4. —— ISBN 978 - 7 - 04 - 063399 - 3

Ⅰ. O342

中国国家版本馆 CIP 数据核字第 2024EN5202 号

JIEGOU LIXUE

| | | | | | | | |
|---|---|---|---|---|---|---|---|
| 策划编辑 | 水 渊 | 责任编辑 | 赵向东 | 特约编辑 | 王文平 | 封面设计 | 裴一丹 |
| 版式设计 | 李彩丽 | 责任绘图 | 杨伟露 | 责任校对 | 刘娟娟 | 责任印制 | 赵 佳 |

| | | | |
|---|---|---|---|
| 出版发行 | 高等教育出版社 | 咨询电话 | 400-810-0598 |
| 社 址 | 北京市西城区德外大街 4 号 | 网 址 | http://www.hep.edu.cn |
| 邮政编码 | 100120 | | http://www.hep.com.cn |
| 印 刷 | 辽宁虎驰科技传媒有限公司 | 网上订购 | http://www.hepmall.com.cn |
| | | | http://www.hepmall.com |
| 开 本 | 787mm×1092mm 1/16 | | http://www.hepmall.cn |
| 印 张 | 22.75 | 版 次 | 2025 年 4 月第 1 版 |
| 字 数 | 490 千字 | 印 次 | 2025 年 4 月第 1 次印刷 |
| 购书热线 | 010-58581118 | 定 价 | 53.00元 |

# 结构力学

主　编　汪大洋
副主编　陈再现　曾　森

1　计算机访问https://abooks.hep.com.cn/63399或手机微信扫描下方二维码进入新形态教材网。

2　注册并登录后,计算机端进入"个人中心",点击"绑定防伪码",输入图书封底防伪码(20位密码,刮开涂层可见),完成课程绑定;或手机端点击"扫码"按钮,使用"扫码绑图书"功能,完成课程绑定。

3　在"个人中心"→"我的学习"或"我的图书"中选择本书,开始学习。

## 结构力学

主编　汪大洋　副主编　陈再现　曾森

出版单位　高等教育出版社

开始学习　　收藏

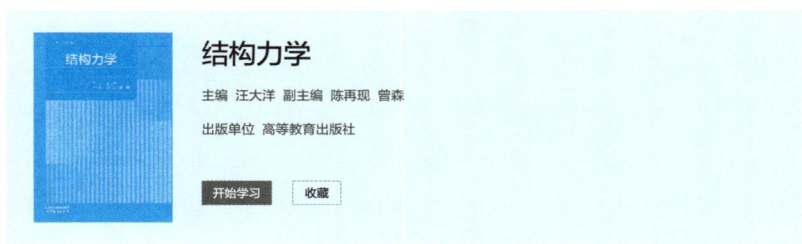

受硬件限制,部分内容可能无法在手机端显示,请按照提示通过计算机访问学习。如有使用问题,请直接在页面点击答疑图标进行咨询。

https://abooks.hep.com.cn/63399

# 序　言

结构力学是土木、水利等学科的主要专业基础课,目前除清华大学龙驭球院士等主编的颇具影响的结构力学教材外,还有许多学校教授编写的各具特色的优秀教材。在这种情况下,当广州大学汪大洋教授邀请我审阅广州大学、哈尔滨工业大学(威海)和青岛理工大学合编的结构力学教材(以后简称为"本教材")时,心里的第一感觉是:有必要在高等教育出版社再出一本结构力学教材吗? 但因种种原因,本着"看看再说"的心态,还是答应帮着看看。

在龙驭球院士等的教材中指出了科学研究的方法论,其中最重要的一条是"转化——将未知问题转换成已知问题来解决"。其中最具特色的是:在掌握了结构必须是几何不变体系、各种静定结构的内力和位移已可计算的基础上,对尚不会求解的超静定结构(未知问题),通过取静定的基本结构、基本体系(它是已知问题或称已掌握的知识),再通过消除原结构与基本体系的差别(既平衡又协调的解答就是唯一解),引出了求解超静定结构的基本方法——力法。龙驭球院士等的教材,在其他教学内容上虽都隐含方法论思想,但就不像力法那么明显了。

目前结构力学教材主要还是传授经典的内容,除需要借助计算机求解的矩阵位移法外,主要要求学生掌握未知量不超过三个的经典求解方法。毫无疑问人工智能(AI)技术的飞速发展必将对各行各业产生翻天覆地的影响,必将改变各学科的培养目标、课程体系。本教材具有非常明显的特色,例如:*2-6节复杂体系几何组成分析的等价思想应用;*3-7节约束替代法;*6-6节基于力等价结构思想的复杂超静定结构求解。这些内容在现有绝大多数教材中都是没有的。如果想不到这些基于"转化"发展出的思想,那么即使熟练掌握了结构力学的全部知识,也未必能很容易地求解其中的经典例题。通过这些内容的介绍,反复强化科学研究最基本的方法——转化思想,对培养学生分析问题、解决问题的能力无疑是非常有帮助的。

现在,计算机非常普及,工程结构的设计分析都是建模后由软件完成的,这些基于人工手算分析的内容从工程应用角度来说价值不大,但对拓宽学生思路,帮助学生掌握科学研究的普遍方法来说是很有意义的。为此,特为本书写下这些话,以供大家参考。

国家级教学名师、哈尔滨工业大学教授

王焕定

2024 年 5 月

# 前　　言

本书根据教育部高等学校工科基础课程教学指导委员会审定的《高等学校工科基础课程教学基本要求》中"结构力学课程教学基本要求（A 类）"，由广州大学、哈尔滨工业大学（威海）、青岛理工大学联合编写而成。

本书的主要特点如下：

1. 对部分知识点内容进行适当优化和调整，强调转换思想运用，化"未知问题"为"已知问题"，主要体现在：

（1）第二章平面体系的几何组成分析：既有教材大多直接给出分析规则后再讲解规则，本教材首先通过分析过程的讲解，化未知"几何组成如何判定"到已知"三角形具有稳定性"，引入虚实铰等价找三角形，进而论证给出相关几何组成分析规则，然后再结合典型例题加以讲解，见 2-2 节。

（2）第三章静定结构内力计算：注重先导基础知识在本教材中的融入，整理出"隔离体选取与分析"四大原则，讲解"隔离体"选取技巧，见 3-1-1 节；基于几何组成分析规则，采用"两刚片规则、三刚片规则、基附型结构"讲解联系力（支座反力）求解方法，见 3-2 节；针对复杂荷载弯矩图快速绘制问题，化未知"复杂荷载作用下如何快速绘制弯矩图"到已知"简单荷载下绘制弯矩图"，以图形方式展示将复杂荷载转换为简单荷载的过程，再基于叠加原理实现复杂荷载弯矩图绘制，见 3-3 节。

（3）第四章结构位移计算：针对复杂弯矩图难以高效图乘的问题，化未知"复杂弯矩图图乘"为已知"简单弯矩图图乘"，以图形方式展示将复杂弯矩图转换为简单弯矩图的过程，再基于简单弯矩图图乘、叠加原理，实现复杂弯矩图图乘的高效计算，见 4-4 节。

（4）第五章力法：通过解除多余约束，化未知"超静定结构弯矩图绘制"为已知"静定结构弯矩图绘制"，基于解除约束处的变形协调建立力法典型方程解基本未知量，再引入叠加原理实现超静定结构弯矩图绘制，见 5-2、5-3 节；详细整理对称结构在对称轴处的内力与位移特性，在此基础上给出等代结构的快速确定方法，见 5-4 节。

（5）第六章位移法：既有教材大多采用"原结构→基本结构→基本体系"讲解思路，本教材提出位移法由"原结构"直接转换到"等价结构"的思想，即采用"原结构→基本体系"讲解思路，见 6-3、6-4 节；通过施加约束，化未知"超静定结构弯矩图绘制"为已知"等截面直杆弯矩图绘制"，基于施加约束处的平衡条件建立位移法典型方程解基本未知量，再引入叠加原理实现超静定结构弯矩图绘制，见 6-3、6-4 节。

（6）第八章影响线：机动法作影响线，基于虚功原理，通过解除相应联系力将几何不变体系转换为几何可变体系（含局部可变），化未知"几何不变体系作联系力的影响线"为已知"几何可变体系（含局部可变）作联系力的影响线"，在解除联系力处对应施加单位位移、判断几何可变体系的形状改变，该形状改变的线型即为相应联系力的影响线，见 8-3 节。

2. 结构力学课程很多知识点都体现出了等价思想,如简支梁绘制弯矩图、力法与位移法典型方程建立等,都运用了等价思想,尤其是在一些复杂问题的分析中,采用等价思想能达到事半功倍的效果。为此,本书在编写过程中注重思维转换,融入等价思想。除上述知识点在讲解过程中介绍等价思想外,还增加了复杂问题等价思想运用的讲解,以拓宽视野,为更高层次的学习提供支撑。例如,第二章平面体系的几何组成分析,讲解了基于等价思想的复杂体系几何组成的分析与判断方法;第六章位移法,引入力等价结构思想,讲解了基于等价思想的复杂超静定结构位移法计算方法、基于等价思想的复杂超静定结构混合法计算方法等。

3. 为了满足不同专业、不同层次学习者的需求,本教材在编写过程中重视例题和习题精选,突出知识点归类与层次覆盖。第一层次,注重基本"规则"运用,能够正确合理使用"规则"解决基本问题;第二层次,注重"规则"延伸运用,能够灵活运用"规则"解决相对复杂的问题,培养学生的逻辑推理和计算能力;第三层次,注重"规则"综合运用,达到综合运用所学"规则"解决较为困难的问题,进而提升综合素养,主要是为了满足部分专业和部分考研学习者对更高层次结构力学知识的需求。

本书共分 12 章,包含结构力学经典的静力和动力分析内容,可作为土木类等专业的教材,也可作为非结构类等有关专业的结构力学教材。书中带 * 的章节可按专业的要求和学生的层次加以取舍。

参加本书编写工作的有汪大洋(第一章、第六章、第十章),蔡长青(第二章),孙静(第三章),刘东滢(第四章),梁颖晶(第五章),王菁菁(第七章),易江(第八章),曾森(第九章),陈再现、李亮(第十一章、第十二章)。全书由汪大洋统稿。

本书承蒙国家级教学名师、哈尔滨工业大学王焕定教授主审,华南理工大学魏德敏教授和广州大学张永山教授审阅,三位教授提出了许多建设性意见和具体修改建议,为提高本书质量作出了重要贡献。此外,本书在例题和习题的选取编写中,参考了广州大学张永山教授大量的习题讲义资料。在此向他们致以衷心的感谢。

由于编者水平的局限,书中难免有疏漏和不足之处,敬请读者批评指正。反馈的意见或建议请发至 wadaya2015@ gzhu.edu.cn。

编者
2024 年 5 月

# 目　　录

# 第一章 绪论

结构力学伴随人类历史各种建筑物、构造物的建造与发展,持续散发着旺盛的生命力,是一门既古老又年轻的学科。不论是建造年代久远的北京故宫、万里长城、坎儿井、都江堰、京杭大运河等,还是现代的中国天眼、港珠澳大桥、北京大兴机场、广州塔、鸟巢等,无一不与结构力学的知识体系息息相关。

然而,在结构力学的发展历程中,虽然古代已建成丰富多彩的各类建筑物,这些建筑物蕴含着深刻的力学概念和原理,但是力学学科体系并未形成。直至 17 世纪,牛顿集前人之大成所著的《自然哲学的数学原理》,搭建起了经典力学的基本框架;19 世纪初,工业发展对大规模工程结构不断提出需求,较为精确的工程结构分析理论和分析方法逐渐独立出来,到 19 世纪中叶,结构力学在经典力学的框架下发展成为一门独立的学科体系;进入 20 世纪后,有限单元法、电子计算机的迅速发展使得大型、复杂结构计算成为可能,疲劳、断裂、振动控制、健康监测、优化设计等系列问题先后进入结构力学的研究领域,将结构力学的研究和应用水平提升到了一个新的高度。

## 1-1 结构力学研究对象和研究任务

建筑物和工程设施中承受、传递荷载而起骨架作用的部分,称为工程结构(简称为结构)。例如,房屋建筑中的梁、板、柱、基础等构件通过一定方式组成并能承担、传递荷载作用的体系,水工建筑物中的大坝、防浪堤、港口码头等,轨道交通中的铁路、桥梁、隧道等,以及大跨度空间建筑物中各种功能需求的场馆(体育馆、机场航站楼、高铁站等),都是典型的工程结构。

根据几何特征,结构常分为杆系结构、板壳结构和实体结构三大类。

**杆系结构**:横截面两个方向的尺寸远小于其长度方向的构件称为杆件,由若干杆件相互联结而组成的结构称为杆系结构,如图 1-1 所示,框架结构中的梁和柱、钢桁架中的桁架杆,都是杆件结构的典型型式。

**板壳结构**:厚度方向的尺寸远小于其他两个方向尺寸的结构称为板壳结构(或称为薄壁结构),如墙体、楼板、屋盖等,如图 1-2 所示。

**实体结构**:三个方向尺寸相当的结构称为实体结构,如重力式挡土墙、重力坝等,如图 1-3 所示。

不论是杆系结构、板壳结构还是实体结构,实际工程结构都是空间结构,但在满足工程精度的前提下(特别是采用计算机分析之前),往往将其抽象简化为轴线位于同平面的平面结构进行分析。空间结构所用的原理和方法与平面结构是完全相同的,相较于平面结构,所不同的仅仅是其分析更加复杂而已。因此,结构力学的主要研究对象为平面杆系结构,平面杆系结构是最简单的结构型式。结构力学的研究任务是研究体系的组成规律、合理形式以及结构在外因作用下的强度、刚度、稳定性的计算原理和计算方法,从而确保结构的经济性和安全性。

　　结构力学是土木工程专业的核心基础课程,在专业学习中占据非常重要的地位,既与高等数学、理论力学、材料力学等先修课程紧密联系,又为钢筋混凝土结构、高层结构、钢结构、基础工程等后续课程的学习奠定必备的力学基础。

图 1-1　杆系结构示例

(a)

(b)

图 1-2　板壳结构示例

图 1-3　实体结构示例(三峡大坝)

## 1-2　结构力学基本假定

与理论力学、材料力学一样,为建立结构简化分析与实际工程实践之间的联系,需要引入一些基本假定,从而使简化分析、计算得以完成。除特殊情况说明以外,结构力学常采用的基本假定有连续性假定、完全线弹性假定和小变形假定。

**连续性假定**:认为整个结构的体积都被组成该物体的介质所充满,不留下任何空隙,则结构的物理量(如应力、应变、位移、内力等)关于坐标的函数在数学上是连续的。这些物理量的良好数学性质,是采用数学分析相关理论、手段(如微积分学、级数理论等)解决结构计算问题中的前提。

**完全线弹性假定**:在结构引起形变的外力被去除后,该结构能完全恢复原形而没有任何剩余形变,且形变与引起形变的应力之间成正比,即结构在任一瞬时的形变完全取决于其在该瞬时所受的外力,而与过去的受力情况无关。因此,可以只关注结构的当下,而不去追溯其历史。

**小变形假定**:结构受力后,其上各点的位移均远远小于结构原有尺寸,且应变、转角均远小于1,即可认为转角和应变的二次幂和高次幂或乘积相对于其本身都可以忽略不计。基于该假定,转角的正弦函数值和正切函数值都可以用转角值本身来代替,在建立平衡方程时可方便地用构件变形以前的尺寸和位置来代替变形以后的尺寸和位置,而不致引起显著的误差。

以上假定将结构力学所讨论的问题限定在线性系统范畴中,使得结构计算结果可以进行线性叠加,即由两个及以上荷载共同作用产生的结构计算结果(包括内力、位移、应变等),与每个荷载单独作用产生的计算结果之和相等,这种线性叠加常称为**叠加原理**。

## 1-3  平面杆系结构计算简图

实际结构受力复杂,若完全按照其真实受力进行分析往往是难以做到的,也是不必要的。因此,进行结构受力分析之前应对其加以简化,保留主要因素、忽略次要因素,即"存本去末",这样不仅可使简化后的结构尽可能符合实际情况,又能使计算分析成为可能。一般而言,常将空间结构简化为平面结构、杆件简化为轴线、支座简化为不同形式的结点等,这种代替实际结构的简化图形称为**结构计算简图**。结构计算简图包括支座、结点的计算简图和实际工程结构的计算简图两类。

### 1-3-1  计算简图基本要素

平面杆系结构作为结构力学的主要研究对象,其由杆件、结点和支座三个基本要素通过一定的联结而组成。杆件有直杆件和曲杆件两种类型。**支座**是将基础与结构联系起来的装置,其主要作用是支撑结构和限制所支撑方向的位移,包括可动铰支座、固定铰支座、固定支座和定向支座等,其中定向支座和刚臂通常在实际工程结构中不存在,是为了计算分析需要而抽象出来的。

**结点**即杆件之间的联结点,主要包括铰结点、刚结点、组合结点、链杆结点等,其中链杆结点通常在实际工程结构中不存在,同样是为计算需要而抽象出来的。铰结点和刚结点根据连接杆件的数目不同,又分为**单铰结点**和**单刚结点**(单结点)、**复铰结点**和**复刚结点**(复结点)。单结点是指仅连接两个杆件的结点,复结点是指连接三个及以上杆件的结点,如图1-4所示。

平面杆系结构中杆件、支座、结点三个基本要素的相互联结与约束情况分析,是进行平面杆系结构受力分析、变形计算的基础。为全面了解平面杆系结构的相互联结情况,将常见平面杆系结构支座的受力与约束特征汇总于表1-1,平面杆系结构结点的受力与约束特征汇总于表1-2。

单铰结点　　复铰结点　　　　单刚结点　　　复刚结点

图 1-4　单结点和复结点

表 1-1　常见平面杆系结构支座的受力与约束特征

| 类别 | 受力特征图例 | 受力与约束特征说明 |
|---|---|---|
| 可动铰支座 |  | 可动铰支座限制链杆方向(链杆两个铰连线的方向)的线位移,在该方向受到了约束,去掉链杆支座暴露出沿链杆方向的作用力(一个集中力),该作用力方向与所限制的位移方向相反(下同) |
| 固定铰支座 |  | 固定铰支座限制两个方向的线位移,在两个方向受到了约束,去掉固定铰支座暴露出两个力(两个集中力) |
| 固定支座(固定端) |  | 固定支座限制了三个位移(两个线位移和一个角位移),去掉固定支座将暴露出三个力(两个集中力和一个力矩) |
| 定向支座 |  | 定向支座限制了角位移和沿链杆方向的线位移,去掉定向支座将暴露出两个力(一个集中力和一个力矩) |
| 刚臂支座(刚臂) |  | 刚臂支座仅限制角位移,去掉刚臂将暴露出力矩 |
| 线弹簧支座(限制线位移弹性支座) |  | 线弹簧支座限制线位移,去掉弹簧支座暴露出沿弹簧方向的集中力。此处沿弹簧方向的线位移不是零,线位移与约束力大小成正比,符合胡克定律 |
| 转动弹簧支座(限制转动弹性支座) |  | 转动弹簧支座限制两个方向的线位移和一个角位移,去掉弹簧支座暴露出两个集中力和一个力矩。此处角位移不是零,角位移与力矩大小成正比,符合胡克定律 |

表 1-2 平面杆系结构结点的受力与约束特征

| 类别 | 受力特征图例 | 受力与约束特征说明 |
|---|---|---|
| 铰结点 | 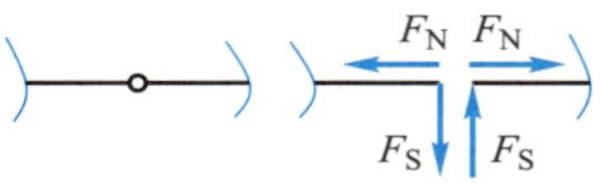 | 铰结点在两个线位移方向有约束,切断铰结点暴露出一对轴力和一对剪力 |
| 刚结点 | 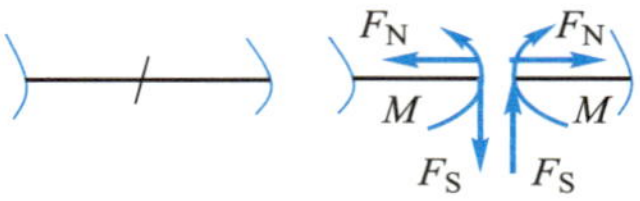 | 刚结点在三个位移方向都有限制,切断刚结点暴露出一对轴力、一对剪力和一对弯矩 |
| 链杆结点 | 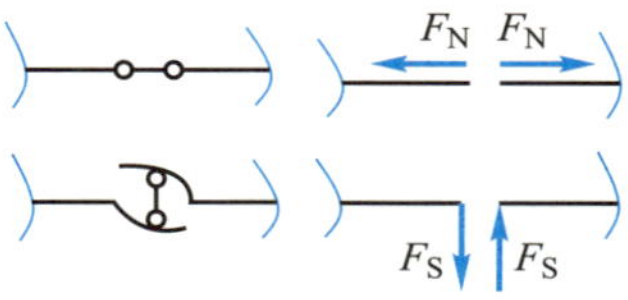 | 链杆结点在链杆方向有约束(限制),切断链杆暴露出一对沿链杆方向的作用力 |
| 定向结点 | 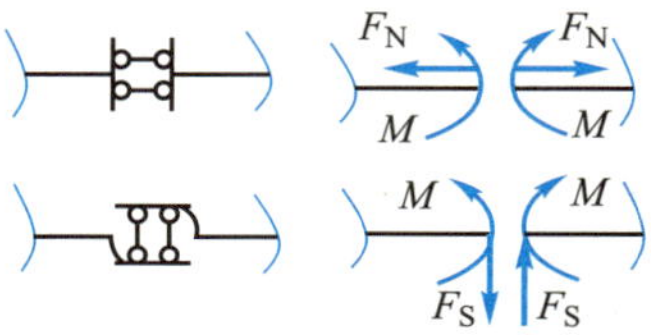 | 定向结点限制角位移和链杆方向线位移,切断定向结点暴露出一对弯矩和一对沿链杆方向的作用力 |
| 组合结点 | 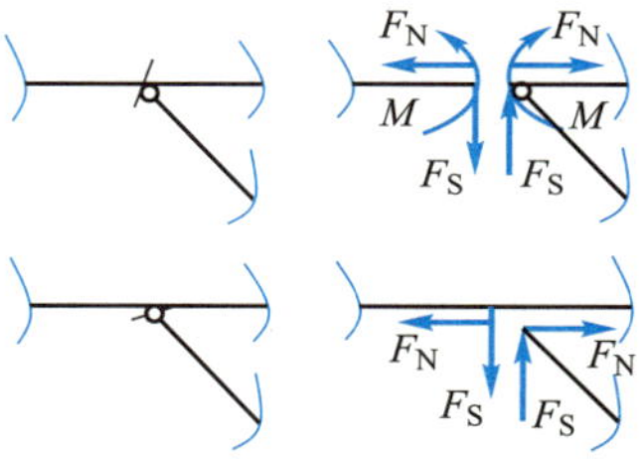 | 组合结点由刚结点和铰结点组合而成。刚结点部分在三个位移方向都有限制,切断刚结点暴露出一对轴力、一对剪力和一对弯矩;铰结点在两个线位移方向有约束,切断铰结点暴露一对轴力和一对剪力,此处的力和刚结点的力不同 |

## 1-3-2  平面杆系结构计算简图

分析实际结构,需利用力学知识、结构知识和工程实践经验,经过科学的抽象,并根据实际受力、变形规律等主要因素,对结构进行合理的简化。这一过程称为力学建模,经简化后可以用于分析计算的模型,即结构计算简图。

确定结构计算简图的基本原则为:

(1) 尽可能符合实际——计算简图应尽可能反映实际结构的受力、变形等特性。

(2) 尽可能简单——忽略次要因素,尽量使分析过程简单。

如图 1-5(a)所示单跨梁,将梁采用沿其轴线方向的无重直杆简化,横梁重量采用均布荷载 $q$ 简化,横梁上重物采用集中荷载 $F_p$ 简化;考虑到梁两端的支座约束,梁不能左右移动,但受热膨胀时仍可伸长,故可将其一端简化为固定铰支座,另一端简化为可动铰支座。由此,该单跨梁简化为平面杆系结构的计算简图,如图 1-5(b)所示。

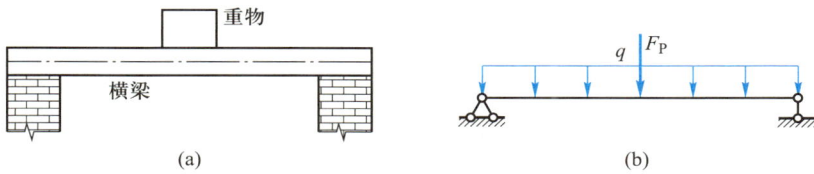

图 1-5 单跨横梁结构计算简图

再如图 1-6(a)所示坡屋盖结构,假设主要考虑坡屋盖结构中杆件的刚度和强度问题。首先,可将坡屋盖中的杆件采用沿其轴线方向的无重直杆简化;其次,由于坡屋盖中的杆件以承担沿轴线方向的内力为主(轴力),剪力、弯矩从工程精度的角度可忽略不计,因而可将坡屋盖中杆件之间的结点(实际工程中为连接板)采用铰结点简化,同时将坡屋盖与下部支撑结构之间的约束分别采用固定铰支座和可动铰支座简化;再次,屋面自重及其上荷载通过檩条传递到桁架结点中,桁架只受结点荷载作用,因而将屋盖自重及其上承担的外荷载简化为作用于铰结点上的集中荷载;最后,由于屋盖结构沿其长度方向均匀受力,进而可将空间结构简化为某一典型跨的平面结构。由此,该坡屋盖结构简化为平面杆系结构的计算简图,如图 1-6(b)所示。

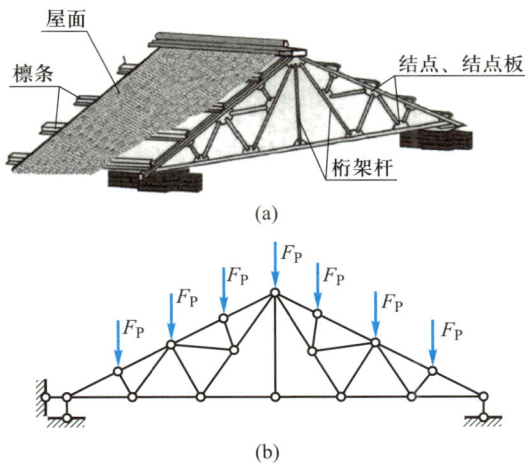

图 1-6 桁架结构计算简图

如果考虑的是杆件的刚度和强度问题,但计算中将图 1-6(a)中的结点简化为刚结点,从工程精度的角度而言是非常准确的。因为除杆件轴力外,还可以计算出杆件的剪力和弯矩,既保留了主要因素,又能考虑次要因素,可以更好地掌握结构的内力特征。但显然,这种简化不仅会导致计算量大大增加,而且额外得到的弯矩和剪力计算结果对校核杆件的强度和刚度问题也起不到关键作用。然而,如果计算中主要考虑杆件间连接结点板的受力问题,则结点板的剪力和弯矩就上升为主要因素了,此时就需要将杆件间的结点简化为刚结点,即便增加计算量也是必须的。

### 1-3-3　平面杆系结构分类

平面杆系结构根据组成特征和受力特点,常分为**梁、拱、刚架、桁架、组合结构**五类。

**梁结构**:以受弯为主的构件,有单跨梁和多跨梁之分,其轴线一般为直线,如图1-7所示。

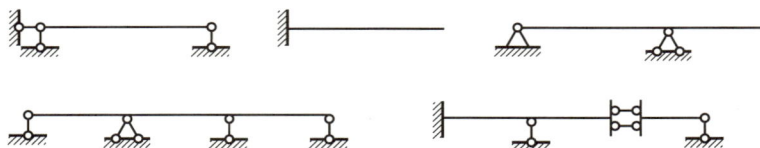

图1-7　梁结构示意图

**拱结构**:轴线一般为曲线,在竖向荷载作用下支座处会产生水平约束力,如图1-8所示。

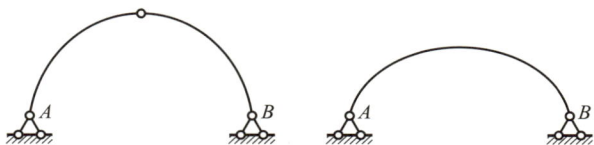

图1-8　拱结构示意图

**刚架结构**:通常由直杆件组成,含有刚结点,杆件一般同时承担弯矩、剪力和轴力作用,其中以承担弯矩为其主要受力特征,如图1-9所示。

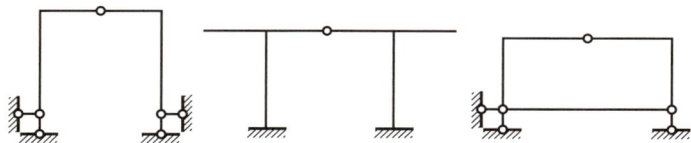

图1-9　刚架结构示意图

**桁架结构**:由直杆件组成的铰接体系,荷载作用在结点处,杆件只有轴力(亦称为二力杆),如图1-10所示。值得说明的是,实际桁架结构并非理想光滑的铰结点,主要是因为桁架结构仅作用节点荷载,弯矩和剪力的影响从工程精度角度可以忽略不计,故才将其简化为铰结点。

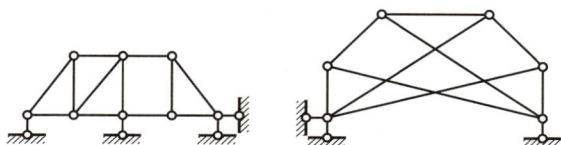

图1-10　桁架结构示意图

**组合结构**：一般同时含有受弯杆件和轴力杆件，如图 1-11 所示。

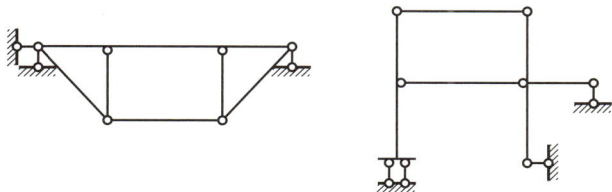

图 1-11 组合结构示意图

# 1-4 荷载分类

**荷载是主动作用于结构上的外力**。按照归类不同，荷载有不同的分类方式。

**荷载按照作用时间，可分为恒载和活载两类**。恒载是长期作用在结构上的不变荷载，如结构自重、土压力等；活载是暂时作用于结构上的可变荷载，如列车荷载、人行荷载、风荷载、雪荷载等。

按照荷载作用范围，可分为集中荷载和分布荷载两类。当荷载的分布面积远小于物体受荷的面积时，为简化计算，可近似地看成集中作用在一点上，这种荷载称为集中荷载，如人站在地板上，人的重量就是集中荷载。当荷载的分布面积较大，且不能忽略时，这种荷载称为分布荷载，分布荷载可以是均匀分布的，也可以是不均匀分布的，如建筑物的自重、楼板上的人群荷载、风荷载等都可以看作是分布荷载。

**荷载按照作用位置是否发生变化，可分为固定荷载和移动荷载两类**。固定荷载是指作用位置随时间不发生变动的荷载，如恒载或某些作用位置在一定时间内不发生变动的活载；移动荷载是指作用位置随时间不断发生变动的荷载，如列车荷载、汽车荷载、吊车荷载等。

**荷载按照对结构所产生的动力效应，可分为静力荷载和动力荷载两类**。静力荷载是指荷载作用的大小、方向、位置不随时间而变化，且加载过程缓慢，不致使结构产生显著的冲击或振动，因而可忽略惯性力影响的荷载，如结构自重、恒载等；动力荷载是指随时间迅速发生变化的荷载，能致使结构受到显著的冲击或振动，进而对结构产生不容忽视的惯性力作用的荷载，如地震对结构产生的动力作用、爆炸引起的气浪冲击波、风的脉动荷载等。

# 1-5 结构力学学习方法

**循序渐进，学源于思**：结构力学的知识点安排是环环相扣的，尤其是本书前八章的知识点，具有非常清晰的递进关系，任何一环没理解、掌握，都会影响后续知识点的学习。初学者应细细琢磨每一个环节，精于思考，万不可浅尝辄止。

**抓住重点**：学习结构力学首先要分清主次，结构力学知识的学习重点在于对基本概念的理解和掌握，基本概念理解了，解决问题时就有思路、有方法；学习结构力学时不要死记硬背，需要记住的知识，学会自己能够推导或总结出来，做到知其所以然。

**重视逻辑思维**:结构力学很多"未知问题"知识点都是在已知知识点的基础上求解的,即"化未知问题为已知问题来解决"。因此,在学习结构力学过程中要重视各知识点之间的逻辑关系。

**多分析、多训练、多总结**:学好结构力学需要投入一定时间,完成一定数量的训练,才能熟能生巧,运用自如。不做作业或少做作业,则很难达到对基本概念的理解和掌握,但切忌为了做题而做题,要有目的、有选择地按照知识点重要程度做题,通过做题总结经验,深入了解基本理论的奥妙,摸清基本理论的边界,实现将书越读越薄。

**理论结合实际**:结构力学知识来源于实践,是从工程实际中总结出来的,只有学会将其用于实践,才能更好地掌握知识,进而提升解决问题的能力。通过提高定量分析计算能力,逐步培养定性分析的能力。

## 思 考 题

1-1 什么是结构?从几何的角度,结构可以分为哪些类型?

1-2 结构力学学习的主要对象和任务是什么?

1-3 什么是平面杆系结构,平面杆系结构有哪些类别?

1-4 计算简图对于结构力学学习的作用和意义是什么?确定计算简图有何原则?

1-5 平面杆系结构计算简图杆件之间联结方式有哪些,其受力特征分别是什么?

1-6 结构力学中的荷载类型有哪些?

# 第二章 平面体系的几何组成分析

多个杆件以某种方式联结构成**杆件体系**,若该杆件体系及其支座约束、外因作用等均处于同一平面内,则称为**平面体系**。然而,并不是所有的平面体系都能作为结构。**在不考虑材料变形的条件下(即将杆件看成刚片),只有当任意荷载作用时不发生刚体运动,能够保持几何形状和位置不变的体系,才能作为结构**。由此,判断一个体系能否作为结构,需分析其能否发生刚体运动,这一分析的过程称为平面体系的**几何组成分析**,亦可称为**几何构造分析、几何机动分析**。

平面体系几何组成分析的目的,一方面是判断所设计的体系能否作为结构而具备承载功能,另一方面在结构分析中用于隔离体和计算方法的选取等。

## 2-1 基本概念

### 2-1-1 几何不变体系、几何可变体系

不考虑材料的微小变形,在任意荷载作用下几何形状和位置均不能发生变化的杆件体系,称为**几何不变体系**,即在外因作用下能保持平衡、不发生刚体运动,如图 2-1(a)所示。

在任意微小荷载作用下几何形状发生变化(亦称为形变)或位置发生变化(亦称为位变),或几何形状、位置均能发生变化的杆件体系,称为**几何可变体系**,即在一般荷载作用下不能保持平衡,如图 2-1(b)、(c)所示。需要特别注意的是,上述荷载的"任意"和"微小"特性。"任意"是相对"特定"而言的,如图 2-1(b)、(c)所示体系在特定荷载作用下其几何形状和位置可以保持不变,若不强调荷载的"任意"性,上述定义将是不严谨的。请读者思考上述定义中为何要强调荷载的"微小"特性。

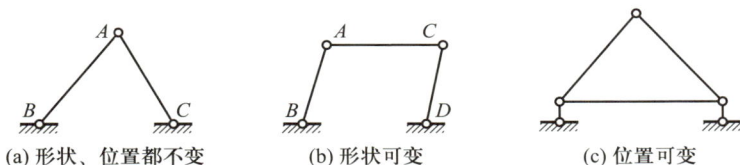

(a) 形状、位置都不变    (b) 形状可变    (c) 位置可变

图 2-1 杆件体系

### 2-1-2 刚片

平面体系中的几何不变部分,称为**刚片**,如图 2-2(a)所示。刚片的引入主要是为了几何组成分析的方便,以及静定结构内力计算时选取隔离体时使用。最简单的刚片是一根杆件,**刚片与杆件等价**。比杆件稍复杂的刚片是三根杆件铰接构成的三

角形,如图 2-2(b)所示。当然,刚片并不拘泥于一种形式,图 2-2(c)所示由铰接三角形组成的各种体系,都可等价看作一个刚片。将若干根杆件一起构成的几何不变部分视作一个大刚片,可使分析对象减少。

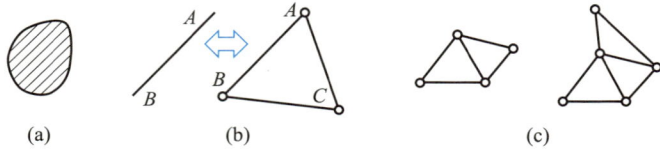

图 2-2　刚片

## 2-1-3　自由度

确定体系在空间的位置所需要的独立坐标个数,或者说体系运动时可以独立改变的几何参数的个数,称为体系的**自由度**。确定平面内一个点需要 2 个坐标,如图 2-3(a)所示,因此点的自由度数就是 2;确定平面内一根杆件或一个刚片需要 3 个坐标,如图 2-3(b)、(c)所示,因此杆件和刚片的自由度数就是 3。

几何不变体系不发生任何位置的改变,其自由度为零,如图 2-1(a)所示。反过来,自由度为零的体系,也必定是几何不变体系,即自由度为零是几何不变体系的充要条件。同理,自由度大于零是几何可变体系的充要条件。

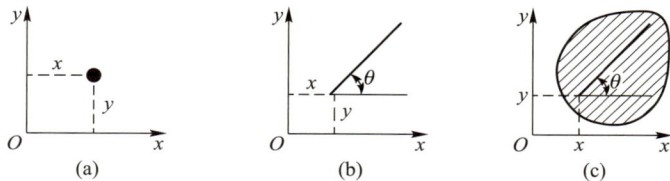

图 2-3　平面上的杆件与刚片的自由度

## 2-1-4　约束

杆件与杆件之间、杆件与基础之间常通过结点、支座相互联系起来,这些结点、支座能起到减少自由度的作用。凡是能减少体系自由度的装置,称为**约束**(也称为**联系**),能减少 $n$ 个自由度的装置具有 $n$ 个约束。常见的约束有铰、链杆、刚性连接、各种支座等。

**铰(实铰)**:亦称为铰链,是用销将两个或多个物体连接在一起的装置。连接两个刚片的铰称为**单铰**,连接三个及以上刚片的铰称为**复铰**。如图 2-4(a)所示,当刚片与基础之间未加铰时,刚片在平面内有 3 个自由度,而当刚片与基础之间加上一个铰后(单铰),刚片只能绕该铰转动,此时刚片仅有 1 个自由度。因此,一个单铰能减少 2 个自由度,相当于 2 个约束。对于复铰,其连接的刚片越多,消除的自由度就越多,相当的约束个数也就越多,如 3 个刚片无铰链连接时有 9 个自由度,采用一个复铰连接后则是 5 个自由度,因此相当于 4 个约束,即相当于 2 个单铰。由此可知,一个复铰连接了 $n$ 个刚片,该复铰相当于 $(n-1)×2$ 个约束,或相当于 $n-1$ 个单铰。

链杆:两端用铰与其他物体相连的杆件称为链杆。如图 2-4(b)所示,当在刚片与基础之间增加一根链杆后,刚片不能沿链杆延长线方向运动,只能沿垂直于链杆方向运动和绕铰结点转动,此时刚片有 2 个自由度。因此,一根链杆只能减少 1 个自由度,相当于 1 个约束。

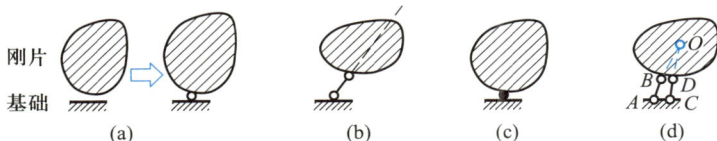

图 2-4  刚片与基础之间的约束

刚性连接:连接处相邻两截面不能产生任何相对运动的连接方式,称为刚性连接。常见的刚性连接有刚结点和固定端支座两种。如图 2-4(c)所示,当在刚片与基础之间采用刚性连接后,刚片将不能以任何形式产生运动,此时刚片的自由度为 0。因此,一个刚性连接减少了 3 个自由度,相当于 3 个约束。

虚铰:如图 2-4(d)所示,刚片与基础之间用两根链杆 $AB$、$CD$ 相连。两根链杆相当于 2 个约束,从减少自由度的角度来看和一个铰的作用是一样的。刚片运动时,链杆 $AB$ 的 $B$ 端(同样也是刚片的 $B$ 点)将沿垂直于 $AB$ 的方向运动,同理 $CD$ 的 $D$ 端将沿垂直于 $CD$ 的方向运动,因而整个刚片只能绕着链杆 $AB$、$CD$ 延长线的交点 $O$ 转动,刚片仅有 1 个自由度。$O$ 点即为刚片与基础的相对瞬时转动中心(简称瞬心),在此瞬时相当于刚片与基础之间在 $O$ 点用一个铰链相连。因此,两刚片(基础亦为刚片)采用两根链杆连接相当于在两根链杆(或延长线)交点处作用一个铰,不过该铰的位置是随着链杆的转动而改变的,为与实铰相区别将它称为虚铰。显然,虚铰与实铰的约束作用是等价的,即虚铰与实铰等价,一个虚铰能减少 2 个自由度,相当于 2 个约束。

### 2-1-5  必要约束、多余约束

体系自由度随约束的去除而增加,则该约束称为必要约束;体系自由度随约束的去除而保持不变,则该约束称为多余约束。如图 2-5(a)所示的连续梁是几何不变体系,自由度为 0。如果去除 $A$ 处的水平链杆约束,如图 2-5(b)所示,显然杆件 $AC$ 可在水平方向产生运动,自由度从 0 增加到 1,则 $A$ 处的水平链杆即为必要约束。然而,如果去除 $B$ 处的竖向链杆约束,则变为 2-5(c)所示的简支梁,该简支梁同样为几何不变体系,体系自由度仍然为 0,则 $B$ 处的竖向链杆约束即为多余约束。

实际上,一个体系中多余约束的选择并不唯一,可视情况和需要而定。例如,图 2-5(a)所示的连续梁同样可去除 $C$ 处的竖向链杆约束,变为图 2-5(d)所示的外伸梁;亦可去除 $A$ 处的竖向链杆约束,变为图 2-5(e)所示的几何不变体系,两种情况体系的自由度均为 0。

根据有无多余约束的情况,几何不变体系又分为无多余约束的几何不变体系和有多余约束的几何不变体系,其中,无多余约束的几何不变体系也称为静定结构,将在 2-5 节中详细讲解;有多余约束几何不变体系去掉多余约束,可以转换成静定结构,多余约束的去除方式并不唯一,转化的静定结构也不唯一,如图 2-5(c)、(d)所示。

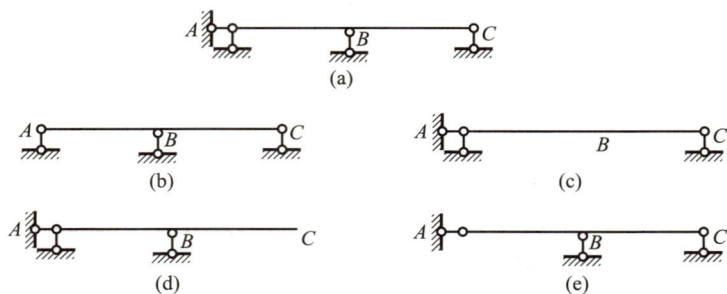

图 2-5 必要约束和多余约束

## 2-2 平面体系的几何组成分析

平面图形中三角形具有稳定性,是最简单的一种稳定形式。如图 2-6(a)所示,三根杆件两两之间采用铰结点相连构成三角形,杆件之间均不会产生相对移动或转动,则该铰接三角形构成无多余约束的几何不变体系;同理,如果两根不共线的链杆铰接,与基础之间亦采用铰接[如图 2-6(b)所示],则该铰结三角形体系同样构成无多余约束的几何不变体系。可见,三根杆件(刚片)两两铰接,三铰不共线,所构成的铰接三角形为无多余约束的几何不变体系。铰接三角形是平面几何不变体系组成分析最基本的规则,在此基础上可衍生出三种常见几何组成规则。

图 2-6 由三铰组成的铰结三角形

### 2-2-1 三刚片规则

(1)三实铰情况:如图 2-7(a)所示的三个刚片:刚片 Ⅰ、刚片 Ⅱ、刚片 Ⅲ,由 A、B、C 三个铰两两相连,三铰不共线,构成铰接三角形,则构成无多余约束的几何不变体系。根据刚片与杆件等价原则,可将图 2-7(a)中的刚片等价为图 2-7(b)所示的三根杆件,杆件之间两两铰接,构成铰接三角形。进一步,由于刚片并不拘泥于一种形式,所以图 2-7(c)所示的两种形式同样符合由三刚片构成的铰接三角形,其中基础可看作一个刚片。由此可得三刚片规则:三个刚片由不在同一直线的三个铰两两相连,构成无多余约束的几何不变体系。

为何要规定三铰不共线?可用如图 2-8(a)所示三铰共线的情况来加以说明。如图 2-8(a)所示,体系在初始状态时,A、B、C 三铰共线,当 A 铰有非轴向任意荷载作用时,体系在垂直杆轴方向不能平衡,将有运动趋势(因为实际杆件并非轴向刚度无穷大,即杆件可变形,因此这种运动趋势是可能发生的)。而体系一旦发生竖向微小形状改变,立即构成三角形而不能继续运动,如图 2-8(b)所示,显然其构成的三

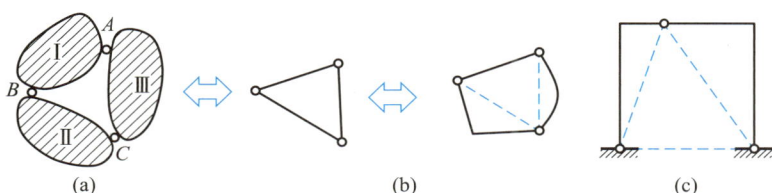

图 2-7  三刚片体系

角形是一种运动的趋势。这种在任意荷载作用下体系会产生微小的形变或位变,但产生微小运动后体系立即转变为几何不变的体系,称为**瞬变体系**。瞬变体系也是一种几何可变体系。为区别起见,又可将荷载作用下会产生位置或形状的可观变化,且荷载不改变则形变或位变会一直持续发生的体系,称为**常变体系**,如图 2-1(b)、(c)所示。由此,**几何可变体系包括瞬变体系和常变体系两类**。

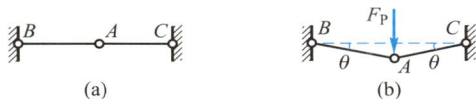

图 2-8  三铰共线杆件体系

(2) **有非无穷远虚铰情况**:如图 2-9(a)所示,同样为Ⅰ、Ⅱ、Ⅲ三个刚片,但不同的是,三个刚片两两之间均采用两个链杆相连。两根链杆既有相交于实际存在的铰结点(实铰),如刚片Ⅱ、Ⅲ之间两根链杆交于 $O_{23}$,如图 2-9(b)所示;也有相交于并不实际存在的铰结点(虚铰),如刚片Ⅰ、Ⅲ之间两根链杆交于 $O_{13}$,刚片Ⅰ、Ⅱ之间的两根链杆交于 $O_{12}$。根据**实铰与虚铰等价原则**,该平面体系同样符合三刚片规则,实铰 $O_{23}$ 与虚铰 $O_{12}$、$O_{13}$ 不共线,构成无多余约束的几何不变体系。同理,如图 2-9(c)所示平面体系,刚片Ⅰ、刚片Ⅱ和基础刚片Ⅲ,两两之间铰结点 $O_{12}$(Ⅰ、Ⅱ间的实铰)、$O_{23}$(Ⅱ、Ⅲ间的虚铰)、$O_{13}$(Ⅰ、Ⅲ间的虚铰)构成三角形,为无多余约束的几何不变体系。

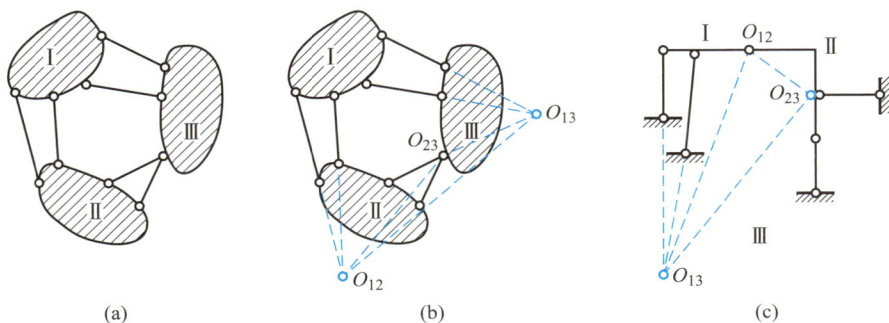

图 2-9  三刚片体系

*(3) **有无穷远虚铰情况**:如果刚片之间采用平行链杆相连,如图 2-10 所示的三种情形,分别有 1 对、2 对、3 对平行链杆,根据几何学原理,平行链杆的虚铰在沿杆件方向的无穷远处。

首先,看图 2-10(a),三刚片之间采用 1 对平行链杆和 2 个实铰相连,如果两铰连线与平行链杆方向不平行,则 2 个实铰与 1 个无穷远虚铰构成铰接三角形,体系为几何不变体系,无多余约束。如果两铰连线与平行链杆方向平行,则 2 个实铰与 1 个无穷远虚铰同在一条直线上(其中一个角趋近 180°),体系为几何可变体系。

其次,看图 2-10(b),三刚片之间采用 2 对平行链杆和 1 个实铰相连,由于 2 对平行链杆方向不同,其对应的 2 个虚铰在不同方向的无穷远处,则 1 个实铰与 2 个无穷远虚铰不共线,构成三角形,体系为几何不变体系,无多余约束。如果 2 对平行链杆方向相同,如图 2-10(c)所示,其对应的 2 个虚铰将在同一方向无穷远处,则 1 个实铰与 2 个无穷远虚铰共线,不能构成三角形,体系为几何可变体系。

最后,看图 2-10(d),三刚片之间采用 3 对平行链杆相连,其对应的 3 个虚铰均在无穷远处,根据几何学原理,平面上各无穷远点都在同一直线上,则 3 个无穷远虚铰不能构成三角形,体系为几何可变体系。

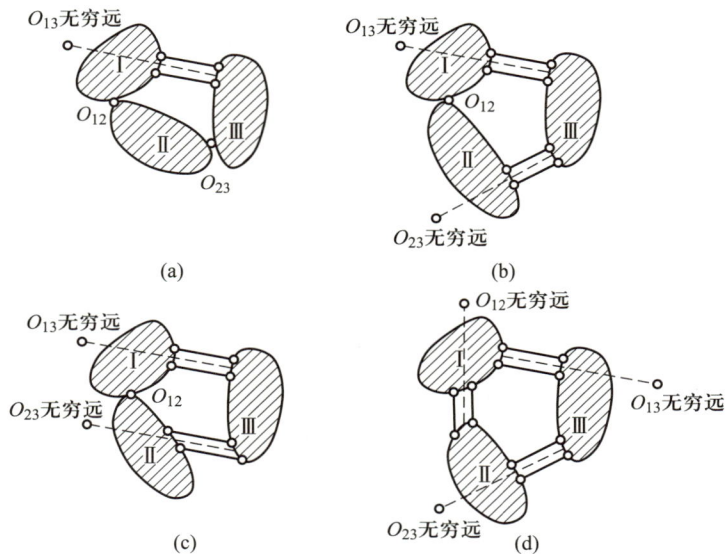

图 2-10　存在平行链杆相连的三刚片体系

【算例 2-1】　试对图 2-11(a)所示体系进行几何组成分析。

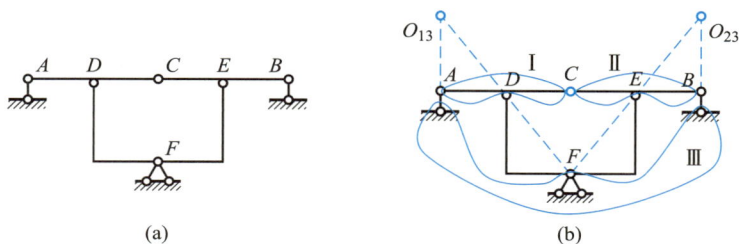

图 2-11　算例 2-1 图

分析：$ADC$ 杆件为刚片 Ⅰ、$CEB$ 杆件为刚片 Ⅱ、基础为刚片 Ⅲ，三个刚片彼此用 $O_{13}$、$C$、$O_{23}$ 三个铰相连，三铰不共线，构成三角形，满足三刚片规则，该体系为无多余约束的几何不变体系。

**【算例 2-2】** 试对图 2-12(a)所示体系进行几何组成分析。

分析：$ACD$ 杆件为刚片 Ⅰ、$BEFG$ 杆件为刚片 Ⅱ、基础为刚片 Ⅲ，三个刚片彼此用 $O_{13}$、$G$、$O_{12}$ 三个铰相连，分别构成无穷远虚铰 $O_{12}$ 和 $O_{13}$ 的两对平行链杆方向不同，构成三角形，满足三刚片规则，该体系为无多余约束的几何不变体系。

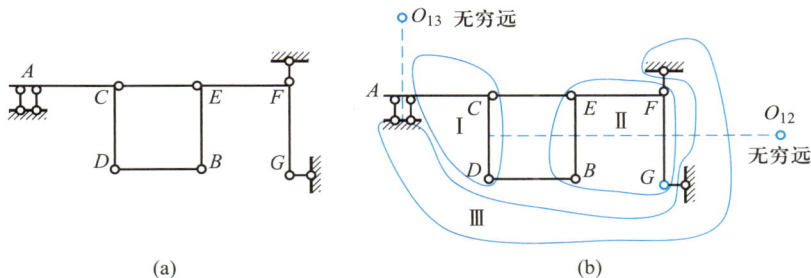

图 2-12 算例 2-2 图

**【算例 2-3】** 试对图 2-13(a)所示体系进行几何组成分析。

分析：铰接三角形 $ABD$ 为刚片 Ⅰ、铰接三角形 $EHI$ 为刚片 Ⅱ、铰接三角形 $BCF$ 为刚片 Ⅲ。刚片 Ⅰ 和刚片 Ⅱ 铰接于 $D$，刚片 Ⅰ 和刚片 Ⅲ 铰接于 $B$，刚片 Ⅱ 和刚片 Ⅲ 铰接于 $F$，以上杆件和约束已经满足三刚片规则，而 $EB$ 链杆为多余约束，因此该体系为有 1 个多余约束的几何不变体系。

由于图 2-13(a)所示体系无支座，通常将此类体系的几何组成分析称为体系的内部可变性分析。

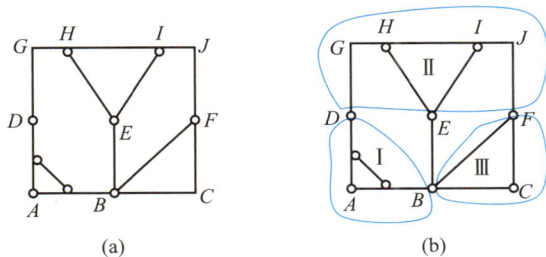

图 2-13 算例 2-3 图

## 2-2-2 两刚片规则

如图 2-14(a)所示的两个刚片：刚片 Ⅰ、刚片 Ⅱ，通过 $A$ 铰和 $BC$ 链杆相连，三个铰构成铰接三角形，则体系为无多余约束的几何不变体系。再如图 2-14(b)、(c)所示的两个刚片，均通过三根链杆相连，其中两个链杆交于 $A$ 铰，则两刚片之间同样可看作由铰 $A$ 和链杆 $BC$ 相连，构成铰接三角形，体系为无多余约束的几何不变体系。由此可得 **两刚片规则**：**两个刚片由一个铰和一根不通过该铰的链杆相连，构成无多余约束的几何不变体系。**

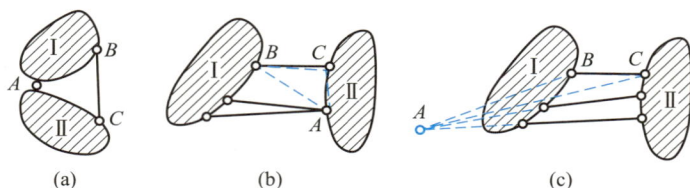

图 2-14　两刚片体系

在两刚片规则中,如果将链杆也看作刚片(如图 2-14 中的 BC 链杆),则两刚片规则就转化为三刚片规则。需要指出的是,将杆件看作约束还是刚片没有明确要求,可根据具体问题灵活处理,但不能将其既看作约束、又看作刚片。

如图 2-15(a)所示,如果两刚片之间同样采用三根链杆相连,但其均交于实铰 O 处,显然刚片 Ⅰ、Ⅱ 在任意时刻均可绕实铰 O 转动,则体系为常变体系。然而,如果三根链杆交于虚铰 O,如图 2-15(b)所示,虚铰 O 即为刚片 Ⅰ、Ⅱ 发生相对运动时的瞬时中心,显然刚片绕虚铰 O 发生瞬时微量转动后,三根链杆的虚铰不再交于一点,体系将不能继续产生变形,则该体系为瞬变体系。

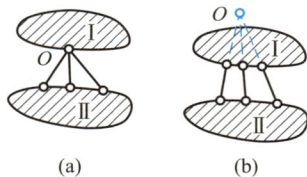

图 2-15　两刚片体系

如图 2-16(a)所示,如果两刚片之间采用三根彼此平行且长度相等的链杆相连,刚片 Ⅰ、Ⅱ 之间可以持续发生相对运动,则体系为常变体系;然而,如果链杆之间彼此平行,但其中一根链杆与其他链杆的长度不一样,如图 2-16(b)所示,则刚片 Ⅰ、Ⅱ 在发生微量的相对运动后,链杆之间不全平行且不能继续产生相对变形,则体系为瞬变体系。

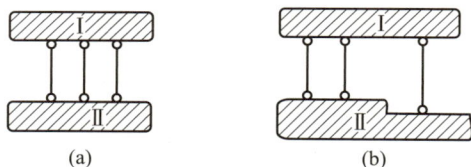

图 2-16　由平行链杆相连的两刚片体系

【算例 2-4】　试对图 2-17(a)所示体系进行几何组成分析。

分析:ABCD 杆件为刚片 Ⅰ,基础为刚片 Ⅱ,刚片 Ⅰ、刚片 Ⅱ 用 B、C 和 DE 三根链杆相连,满足两刚片规则,该体系为无多余约束的几何不变体系。显然,将 ABCD、DE 和基础分别看作刚片,按三刚片规则分析可得相同结论。

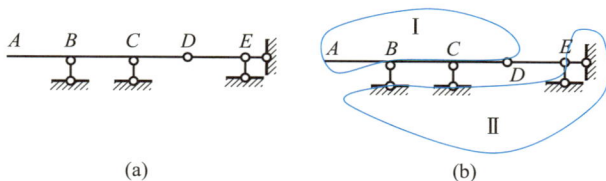

图 2-17　算例 2-4 图

**【算例2-5】** 试对图2-18(a)所示体系进行几何组成分析。

**分析:** ABCD为刚片Ⅰ;EFH杆件和基础用三根链杆相连满足两刚片规则,构成刚片Ⅱ;刚片Ⅰ、刚片Ⅱ用三根链杆相连,满足两刚片规则。因此,该体系为无多余约束的几何不变体系。

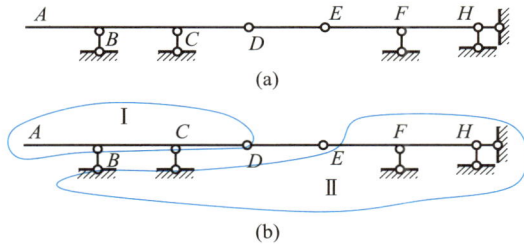

图2-18 算例2-5图

**【算例2-6】** 试对图2-19(a)进行几何组成分析。

**分析:** HEB与大地构成刚片Ⅰ、ADFG为刚片Ⅱ,满足两刚片规则,该体系为无多余约束的几何不变体系。

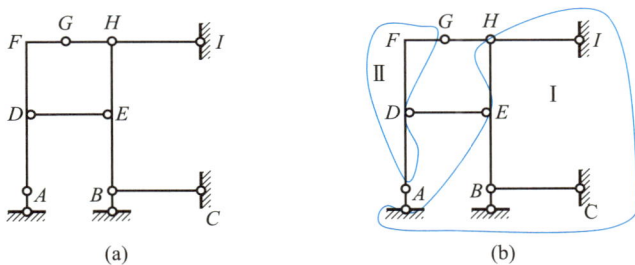

图2-19 算例2-6图

## 2-2-3 二元体规则

在体系上用不共线的两根链杆铰接可生成一个新的结点,这种产生新结点的装置称为二元体。如图2-20(a)所示,在刚片Ⅰ上增加链杆AB、AC,两根链杆交于铰A,则链杆AB、AC构成二元体。这种新增加的二元体并不改变原体系的自由度,其原因在于平面内新增一个结点就会增加2个自由度,而新增加的两根不共线的链杆,恰能减去新增结点的2个自由度,因而对原体系而言,自由度数目没有改变。**二元体规则:在一个已知体系上依次加入二元体,不会改变原体系的自由度数目,也不会影响原体系的几何不变性或可变性。同理,若在已知体系上依次去掉二元体,也不会影响原体系的几何不变性或可变性。**

基于二元体规则,可判断图2-20(b)、(c)、(d)中的链杆AB、AC亦均为二元体,而图2-20(e)由于BAD杆不是单链杆,因而不可看作二元体。

利用二元体规则,可在一个按前述规则构成的静定结构基础上,通过增加二元体组成新的静定结构,由此组成的结构称为**基附型结构**,如图2-21所示的三个结构均

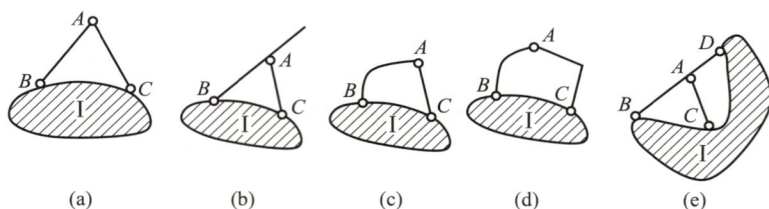

图 2-20 二元体(含各种形式)及非二元体示意

为基附型结构。基附型结构的组成有先后次序,最先构建的部分称为**基本部分**,后增加的二元体部分称为**附属部分**,如图 2-21(a)所示结构,先在地基刚片上构建基本部分 *ACB*,然后增加附属部分 *DEF*。

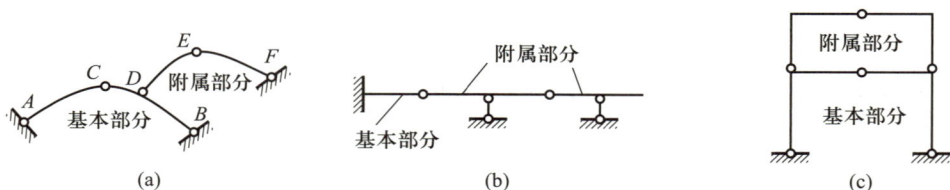

图 2-21 基附型结构

**【算例 2-7】** 试对图 2-22(a)所示体系进行几何组成分析。

**分析**:方法一:首先依次去除二元体 *A*、*B*、*C*、*F*;随后,*GHJ* 为刚片 Ⅰ、*DE* 为刚片 Ⅱ、基础为刚片 Ⅲ,刚片 Ⅰ 与刚片 Ⅲ 用铰 *J* 和链杆 *IH* 相连,满足两刚片规则,构成大刚片 Ⅲ′;刚片 Ⅱ 与大刚片 Ⅲ′ 用三根链杆相连,满足两刚片规则。因此,该体系为无多余约束的几何不变体系。

方法二:依次去除二元体 *A*、*B*、*C*、*D*、*F*、*G*、*H* 后,体系只剩下基础刚片,可得到相同结论。

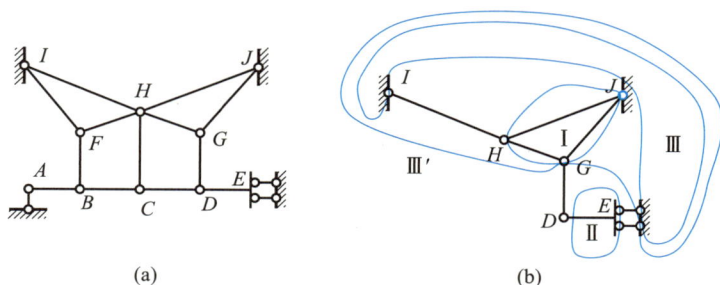

图 2-22 算例 2-7 图

**【算例 2-8】** 试对图 2-23(a)进行几何组成分析。

**分析**:方法一:首先,去除二元体 *HG*、*BD*;其次,杆件 *ACE* 为刚片 Ⅰ、杆件 *EF* 为刚片 Ⅱ、基础为刚片 Ⅲ,三个刚片用三个铰 *A*、*E*、*O*$_{23}$ 相连,构成三角形,满足三刚片规则。因此,该体系为无多余约束的几何不变体系。

方法二:去除二元体 *HG*、*BD* 后,*AEF* 也构成二元体,将其去除后仅剩基础刚片,可得到相同结论。

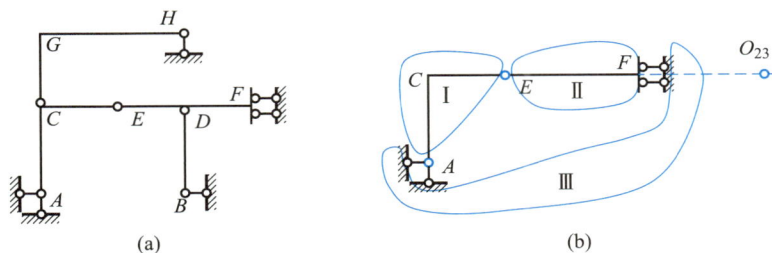

图 2-23  算例 2-8 图

**【算例 2-9】** 试对图 2-24(a)进行几何组成分析。

**分析**：方法一：首先，去除二元体 *FIH*、*FHGD*、*B*；其次，杆件 *EFC* 为刚片 Ⅰ、铰接三角形 *EDA* 为刚片 Ⅱ、基础为刚片 Ⅲ，三个刚片用三个铰 *A*、*E*、*C* 相连，构成三角形，满足三刚片规则。因此，该体系为无多余约束的几何不变体系。

方法二：去除二元体 *FIH*、*FHGD*、*B*、*ADE*、*AEFC*，去除后仅剩基础刚片，可得到相同结论。

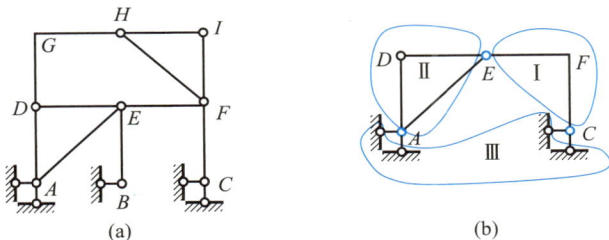

图 2-24  算例 2-9 图

# 2-3  典型例题分析

## 2-3-1  常用技巧

采用以上几何组成规则分析体系的几何组成时，常用的技巧如下。

（1）去除二元体：基于二元体性质，可从体系最外围开始逐步去除二元体，以简化体系。已确定的局部无多余约束几何不变体系，可将其视为大刚片，也可以构成二元体，若其位于体系的外围，亦可去除。

（2）分析体系与基础之间的联系：当满足两刚片规则的三个联系时，可去除基础，仅分析上部体系（即内部可变性分析）；当少于三个联系时，必为几何常变体系；当多于三个联系时，应将基础当作刚片进行分析。

（3）利用规则找大刚片：基础、任意杆件（包括链杆）、体系内已确定的局部无多余约束几何不变部分等均可视为刚片，刚片之间可根据几何组成规则分析彼此之间的连接关系，若确定为无多余约束几何不变体系，则可视为大刚片，如此逐步扩大分析范围，简化分析对象。

（4）链杆、虚铰与刚片的转换：两根不平行、不相交链杆形成的虚铰，与实铰等价；平行链杆相当于无穷远处的虚铰；若刚片或局部无多余约束几何不变部分与其余部分只用两个铰连接，则可简化为链杆。

（5）完备与试错：几何组成分析过程中，体系中的联系和刚片（杆件）不能遗漏，也不能重复；若分析进行不下去，通常是刚片、联系选取不当，可重新选取刚片、联系再行分析；平面体系几何组成分析的途径虽多样，但结论唯一。

### 2-3-2　几何不变体系典型例题

**【算例 2-10】**　试对图 2-25（a）所示体系进行几何组成分析。

**分析：** ECD 为刚片Ⅰ、基础为刚片Ⅱ，刚片Ⅰ、刚片Ⅱ用三根链杆相连满足两刚片规则，ECD 和基础构成大刚片Ⅱ′。ABC 为刚片Ⅲ，与大刚片Ⅱ′满足两刚片规则，该体系为无多余约束的几何不变体系。

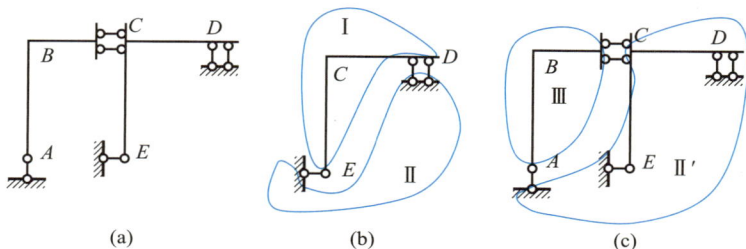

图 2-25　算例 2-10 图

**【算例 2-11】**　试对图 2-26（a）所示体系进行几何组成分析。

**分析：** ACFE 杆件为刚片Ⅰ、EGBD 杆件为刚片Ⅱ、基础为刚片Ⅲ，三个刚片由 A、$O_{12}$、$O_{23}$ 三个铰相连。若 A、B 支座等高，则三铰共线不构成三角形，体系为瞬变体系；若 A、B 支座不等高，则三个铰构成三角形，满足三刚片规则，体系为无多余约束的几何不变体系。

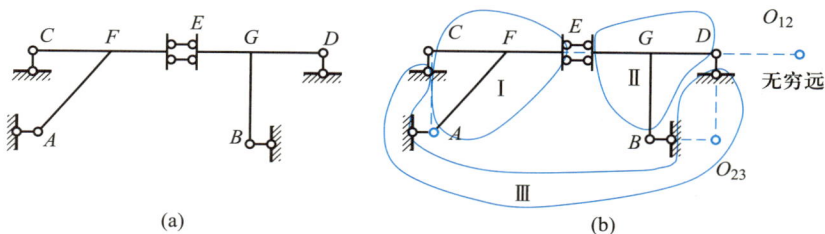

图 2-26　算例 2-11 图

**【算例 2-12】**　试对图 2-27（a）所示体系进行几何组成分析。

**分析：** CD 杆件为刚片Ⅰ、EG 杆件为刚片Ⅱ、基础为刚片Ⅲ，$O_{12}$、$O_{13}$、$O_{23}$ 三个铰构成三角形，满足三刚片规则，该体系为无多余约束的几何不变体系。

**【算例 2-13】**　试对图 2-28（a）所示体系进行几何组成分析。

**分析：** ABE 铰接三角形为刚片，加上二元体 FEB 为大刚片 ABEF。ABEF 铰接部

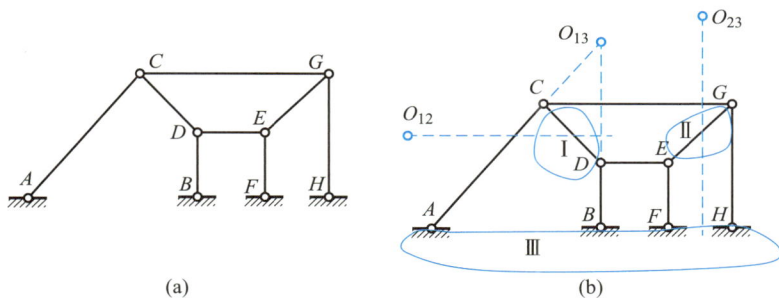

图 2-27 算例 2-12 图

分为刚片Ⅰ、GCHD 铰接部分为刚片Ⅱ、基础为刚片Ⅲ，$O_{13}$、H、$O_{12}$三个铰构成三角形，满足三刚片规则，该体系为无多余约束的几何不变体系。

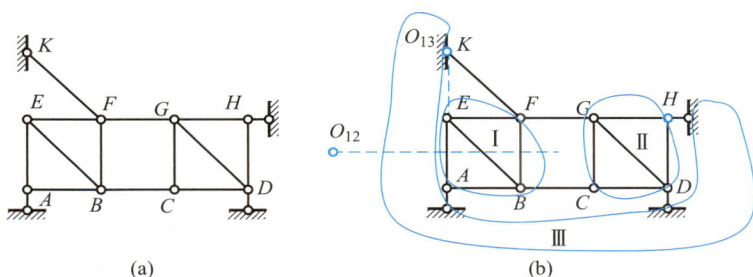

图 2-28 算例 2-13 图

【算例 2-14】 试对图 2-29(a)所示体系进行几何组成分析。

分析：ABFG 铰接部分为刚片Ⅰ、GDEH 铰接部分为刚片Ⅱ、基础为刚片Ⅲ，G、$O_{13}$、$O_{23}$三个铰构成三角形，满足三刚片规则，该体系为无多余约束的几何不变体系。

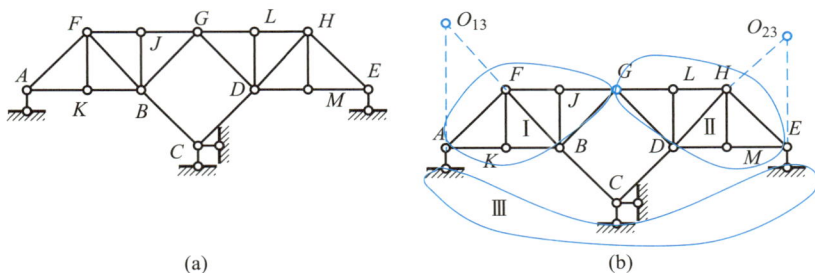

图 2-29 算例 2-14 图

## 2-3-3 瞬变体系典型例题

【算例 2-15】 试对图 2-30(a)所示体系进行几何组成分析。

分析：首先，去掉基础；其次，ACF 杆件为刚片Ⅰ、FDB 杆件为刚片Ⅱ、EG 为刚片Ⅲ，刚片Ⅰ和刚片Ⅲ用铰 C 相连，刚片Ⅱ和刚片Ⅲ用铰 D 相连，刚片Ⅰ和刚片Ⅱ用铰

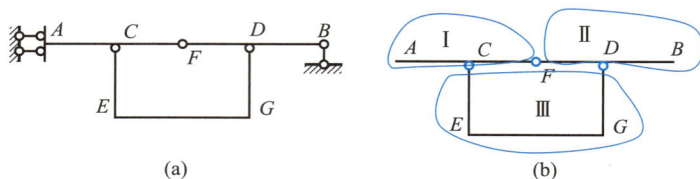

图 2-30 算例 2-15 图

$F$ 相连，$C$、$F$、$D$ 三铰共线，不能构成三角形，为几何可变体系。然而，发生微小变形后，三铰即构成三角形。因此，该体系为瞬变体系。

【算例 2-16】 试对图 2-31(a)所示体系进行几何组成分析。

分析：$AEDC$ 折杆为刚片 I、$EBF$ 杆件为刚片 II、基础为刚片 III。刚片 I 和刚片 III 用 $C$、$A$ 链杆支座连接，由于 $C$、$A$ 链杆共线，不能形成虚铰 $O_{13}$，无穷远虚铰 $O_{23}$ 和实铰 $E$ 不能构成三角形，为几何可变体系。然而，发生微小变形后，$C$、$A$ 链杆不共线，形成无穷远虚铰 $O_{13}$，则实铰 $E$ 和两个无穷远虚铰 $O_{13}$、$O_{23}$ 构成三角形。因此，该体系为瞬变体系。

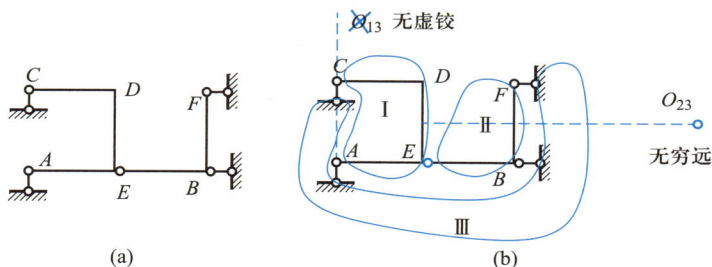

图 2-31 算例 2-16 图

【算例 2-17】 试对图 2-32(a)所示体系进行几何组成分析。

分析：$ABE$ 杆件为刚片 I、$ECFD$ 杆件为刚片 II、基础为刚片 III，三刚片用 $O_{12}$、$O_{13}$、$O_{23}$ 三个无穷远虚铰相连，三个无穷远铰共线，不构成三角形，体系为几何可变体系。然而，发生微小变形后，刚片 II 与大地之间的虚铰 $O_{23}$ 不再是无穷远，所以无穷远虚铰 $O_{12}$、$O_{13}$ 和虚铰 $O_{23}$ 构成三角形。因此，该体系为瞬变体系。

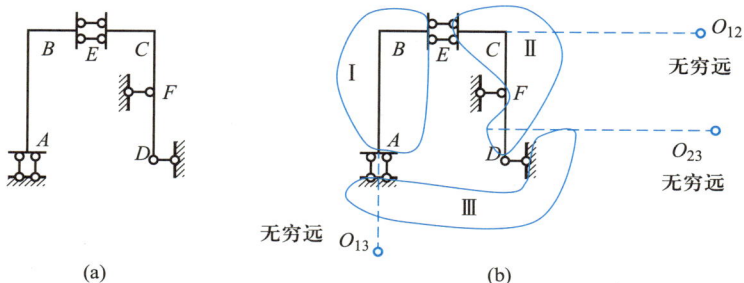

图 2-32 算例 2-17 图

## 2-4　计算自由度

**计算自由度**是体系中各刚片之间无任何约束时的总自由度数与连接各刚片所施加的约束总数之差,记为 $W$,其表达式如下:

$$W=3\times m-(2\times h+b)$$

式中:$m$ 为刚片数,$h$ 为单铰总数,$b$ 为链杆总数。当体系中的结点均为铰结点时,也可采用下式计算:

$$W=2\times j-b$$

式中:$j$ 为铰结点总数,$b$ 为链杆总数。

由于体系可能存在多余约束,所以计算自由度与体系的真实自由度并不总是相同,只有无多余约束的几何不变体系的计算自由度与体系的真实自由度才是相同的。对于存在多余约束的体系,体系计算自由度($W$)加上多余约束的个数($N$)才是体系的真实自由度($S$),即

$$S=W+N$$

当多余约束数未知时,如果计算自由度小于或等于零,不能说明体系是几何不变的,仍需结合几何组成规则加以具体分析;然而,如果计算自由度大于零,则可直接说明体系是几何可变的。

**【算例 2-18】**　试求图 2-33 所示体系的计算自由度。

**分析:方法一**:将图 2-33 所示体系视为铰接刚片体系。图示体系刚片数为 13 (依次为 $AB$、$BC$、$CD$、$FG$、$EF$、$GH$、$AE$、$BF$、$CG$、$DH$、$EB$、$GD$、$KF$ 刚片),折算单铰数为 17($A$、$H$ 为单铰;$B$、$C$、$D$、$E$、$F$、$G$ 为复铰,分别相当于 3、2、2、2、3、3 个单铰),支座链杆数为 5,有

$$W=13\times3-17\times2-5=0$$

因此,该体系满足几何不变的必要条件。

**方法二**:将图 2-33 所示体系视为由链杆联结的结点体系。此时体系的结点数为 9,非支座链杆数为 13,支座链杆数为 5,有

$$W=9\times2-13-5=0$$

与方法一结果相同。

**方法三**:将图 2-33 中 $ABEF$、$CDHG$ 视为刚片,则图示体系刚片数为 2,折算单铰数为 1,支座链杆数为 4,有

$$W=2\times3-1\times2-4=0$$

与方法一、方法二结果均相同,殊途同归。

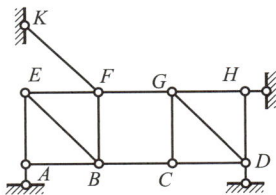

图 2-33　算例 2-18 图

**讨论**:通过几何组成分析可知,图 2-33 所示体系为无多余约束的几何不变体系,计算自由度必定为 0,即 $W=0$ 是体系为无多余约束的几何不变体系的必要条件。那么,$W=0$ 是否为其充分条件,即 $W=0$ 能否一定推出体系是无多余约束的几何不变体系?

不改变图 2-33 所示体系杆件数目和约束情况,仅改变杆件或约束的方位。如将支座 $D$ 由竖向支座变为水平支座,如图 2-34(a)所示。此时,可分析发现体系变

为几何可变体系,但体系计算自由度依然是 0。所以,**$W=0$ 不一定能够推出体系是几何不变体系**。当布置得当时,如图 2−33 所示,体系为几何不变体系,且无多余约束;当布置不当时,如图 2−34(a)所示,体系则是几何可变体系。

进一步,讨论 $W<0$ 的情形。以图 2−34(a)为基础,在其铰 $E$ 增加一个水平支座,如图 2−34(b)所示,显然体系的计算自由度 $W=-1<0$。但由于刚片 $CDGH$ 缺少必要的竖向约束,体系依然是几何可变体系。当然,若继续在刚片 $ABEF$ 上增加支座或链杆约束,体系也同样是几何可变体系。因此,**$W<0$ 也不能推出体系一定为几何不变体系,需要具体问题具体分析**。

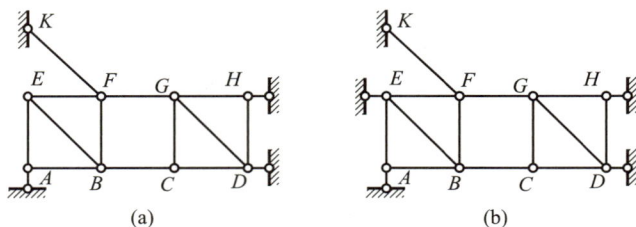

图 2−34　算例 2−18 讨论

【**算例 2−19**】　试求图 2−35 所示体系的计算自由度。

**分析**:方法一:将图 2−35 所示体系视为铰接刚片体系。图示体系刚片数为 9,折算单铰数为 12,支座链杆数为 3,有

$$W=9\times3-12\times2-3=0$$

因此,该体系满足几何不变的必要条件。

方法二:将图 2−35 所示体系视为由链杆联结的结点体系。此时体系的结点数为 6,非支座链杆数为 9,支座链杆数为 3,有

$$W=6\times2-9-3=0$$

与方法一结果相同。

【**算例 2−20**】　试求图 2−36 所示体系的计算自由度。

**分析**:将图 2−36 所示体系视为铰接刚片体系。图示体系刚片数为 7,折算单铰数为 10,支座链杆数为 0,有

$$W=7\times3-10\times2-0=1$$

因此,该体系为几何可变体系。

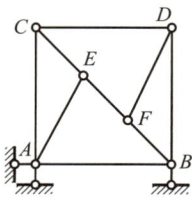

图 2−35　算例 2−19 图

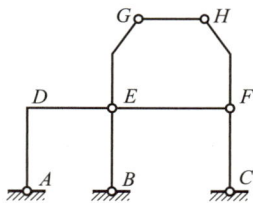

图 2−36　算例 2−20 图

## 2-5　几何组成与静定性

平面体系的几何组成分析可将体系分为几何可变体系和几何不变体系,其中,几何不变体系又可分为无多余约束、有多余约束的几何不变体系两类,而几何可变体系又可分为常变、瞬变体系两类。

对于无多余约束的几何不变体系,如图 2-37(a)所示的刚架结构,取刚架作为隔离体进行受力分析,可知未知的支座约束力有 3 个,而一个隔离体在平面任意力系作用下的独立静力平衡方程数也为 3 个。因此,未知支座约束力和独立的静力平衡方程数相等,在任意荷载作用下,结构全部未知约束力或者结构的内力均可由静力平衡方程唯一确定。这类无多余约束的几何不变体系是静力平衡即可完全确定的,为静定结构。

在图 2-37(a)所示静定结构的基础上增加一个水平方向的可动铰支座约束,如图 2-37(b)所示,由几何组成分析可知该体系为存在一个多余约束的几何不变体系。此时,约束力的个数多于静力平衡方程的个数,按照静力学的平衡条件不能求出确定性的解(有时虽能求出部分未知约束力,但不能求出全部未知约束力)。所以,有多余约束的几何不变体系是静力平衡不确定的,这类结构体系常称为静不定结构或超静定结构。显然,超静定结构亦可通过解除多余约束变为静定结构,求解超静定结构的力法就是通过解除多余约束,在已掌握静定结构受力、变形计算的基础上,化未知问题为已知问题来解决,这将在第五章中详细介绍。

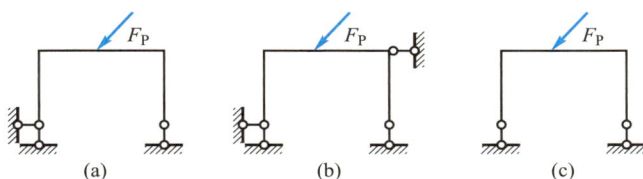

图 2-37　几何组成与静定性

如果在图 2-37(a)的基础上减少一个约束,如图 2-37(c)所示,则体系变为几何常变体系。由于几何常变体系缺少必要约束,在某些荷载作用下不能保持静力平衡,因而不能作为结构使用。对于瞬变体系,在 2-2-1 节中已介绍其在荷载作用下不能保持原有的形状,虽发生微小变形后构成几何不变体系,但此类体系亦不能作为结构使用。如图 2-8 所示,如果图示荷载 $F_P$ 不是微量,当 $A$ 铰竖向微小运动后,夹角 $\theta$ 也将是微小的($\theta \to 0$),则轴力 $F_{NAB} \to \infty$,即杆件内力趋于无穷大,由材料力学知识可知材料是无法承受无穷大内力的。因此,瞬变体系也不能作为结构使用,在设计中应予以避免。

由此可见,几何组成分析是要确定体系是否为可运动(机构),实质上是一个运动可能性的问题。理论力学是研究机械运动规律的学科,相对运动而言,物体的变形可以忽略不计,才使理论力学的研究对象抽象成质点与质点系、刚体与刚体系。然而,任何物体都是变形体,世上没有"刚体","刚体"只是抽象化的简化模型。也正因如此,结构力学几何组成分析的研究对象才是刚体。但值得注意的是,如果真是刚体(绝无变形、不管多小都不能发生),那么三铰共线的体系也是无法运动的。

## *2-6    复杂体系几何组成分析的等价思想应用

在平面体系的几何组成分析中,会遇到有些复杂体系的组成分析难以简单采用前述三个基本组成规则加以快速、准确判断的情况。本节通过引入虚实铰等价、刚片等价替换、约束平移等价三种等价思想,以简化复杂平面体系几何组成的分析、判断过程,在实际问题分析中也可以根据需要综合运用三种等价思想。此外,零载法也是解决类似问题的又一方法,但需用到静定结构内力计算方面的知识,感兴趣的读者可自行研学。

### 2-6-1    虚实铰等价思想

虚铰与实铰等价在 2-2 节中已进行了介绍,但其主要面向三个基本组成规则进行,仍是针对一些较为简单的平面体系开展几何组成分析。本节将进一步结合虚铰与实铰等价的思想,阐述其在复杂平面体系中的几何组成分析过程,并统一将该思想称为虚实铰等价思想。

如图 2-38(a)所示的平面体系,若采用三个基本组成规则,很难对其进行几何组成分析。引入虚实铰等价思想:折杆 EAB 与基础之间在 E、A 处的两根链杆支座相交于虚铰 E,基于虚铰与实铰等价可将 EAB 折杆与基础的联系等价为实铰 E,并同时将折杆 EAB 替代为直杆 EB,如图 2-38(b)所示;同理,可将折杆 FBC 与基础之间的链杆 EB、链杆支座 F 等价为实铰 E,并将折杆 FBC 替代为直杆 EC,如图 2-38(c)所示;最后,可采用两刚片规则,将 GCDH 作为刚片 I 、基础为刚片 II,则两刚片构成有 1 个多余约束的几何不变体系。

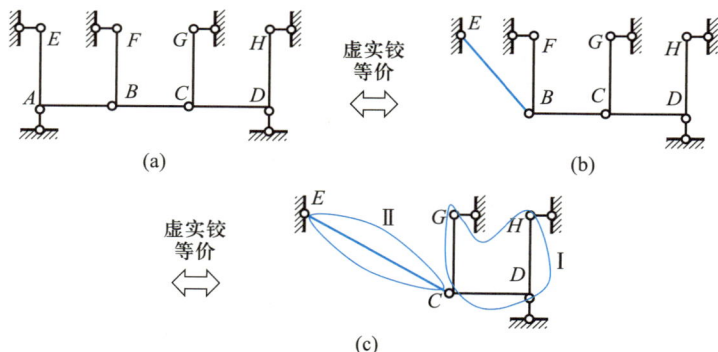

(a)    虚实铰
    等价    (b)

    虚实铰
    等价    (c)

图 2-38    虚实铰等价思想

### 2-6-2    刚片等价替换思想

在 2-1-2 节关于刚片的介绍中,已明确指出刚片并不拘泥于一种形式,可以为一根杆件、一个刚片、一个铰接三角形、多个三角形铰接在一起的组合体等。由此,在不改变刚片与其相邻部分约束方式的条件下,可根据需要进行刚片的等价替换,即改变刚片的大小、形状及其内部构成,以达到简化复杂平面体系几何组成分析的目的,这一等价替换的思想统称为刚片等价替换思想。

如图 2-39 所示平面体系,采用刚片等价替换思想,将刚片 ABC 替换为刚片 AC、

刚片 *CEF* 替换为刚片 *CF*、刚片 *FGHI* 替换为刚片 *FH*。显然,采用三刚片规则,*CF* 为刚片Ⅰ、*DH* 为刚片Ⅱ、基础为刚片Ⅲ,三刚片构成的三个铰 $O_{12}$、$O_{13}$、$O_{23}$ 不共线,该体系为无多余约束的几何不变体系。

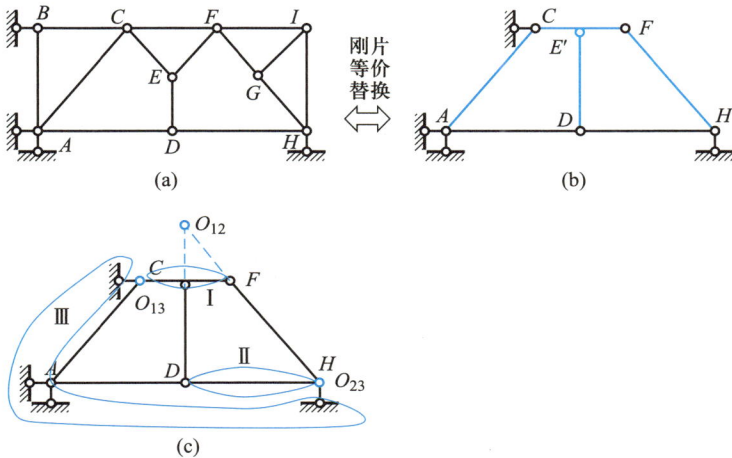

图 2－39　刚片等价替换思想

如图 2－40(a)所示平面体系,去除二元体 *GDH*,如图 2－40(b)所示,采用三个基本组成规则同样难以开展有效分析。为此,引入**虚实铰等价思想**和**刚片等价替换思想**:首先,将杆 *GF*、*EH* 形成的虚铰等价为实铰,即将杆 *GF*、*EH* 分别用杆件 *GK*、*FK* 和杆 *HK*、*EK* 代替,进而形成实铰 *K*,如图 2－40(c)所示;其次,将刚片 *AGKE* 等价替换为刚片 *AKE*、将刚片 *KHBF* 等价替换为刚片 *KBF*,如图 2－40(d)所示;最后,采用三刚片规则,*KBF* 为刚片Ⅰ、*EC* 为刚片Ⅱ、基础为刚片Ⅲ,三刚片构成的两个虚铰 $O_{13}$、$O_{23}$ 与无穷远虚铰 $O_{12}$ 在一条直线上,该体系为瞬变体系。

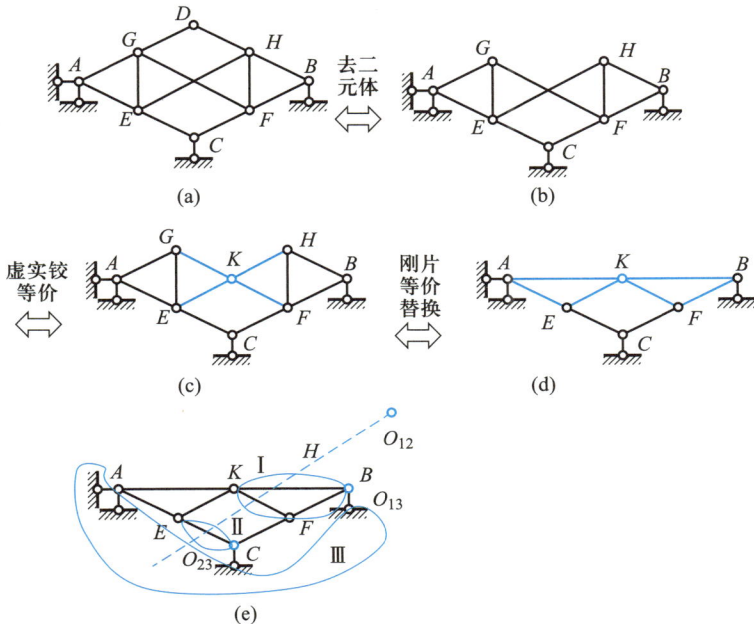

图 2－40　等价思想综合运用 1

　　再如图 2-41(a)所示的复杂平面体系,综合使用**虚实铰等价思想**和**刚片等价替换思想**,具体为:首先,刚片 $ADFC$ 与刚片 $GE$ 通过链杆 $DG$、$EF$ 相连,虚铰在 $D$ 处,利用**虚实铰等价思想**,将虚铰 $D$ 等价为实铰 $D$,同时利用**刚片等价替换思想**,将刚片 $BE$ 延长等价替换为刚片 $BE'$、刚片 $GE$ 等价替换为刚片 $GE'$,则等价后变为如图 2-41(b)所示的新体系;其次,再次利用**刚片等价替换思想**,将刚片 $ADFC$ 等价替换为刚片 $CD$,如图 2-41(c)所示;最后,采用三刚片规则,$DGE'$ 为刚片 I、$BC$ 为刚片 II、基础为刚片 III,三刚片构成的三个铰 $O_{12}$、$O_{13}$、$O_{23}$ 不共线,该体系为无多余约束的几何不变体系。

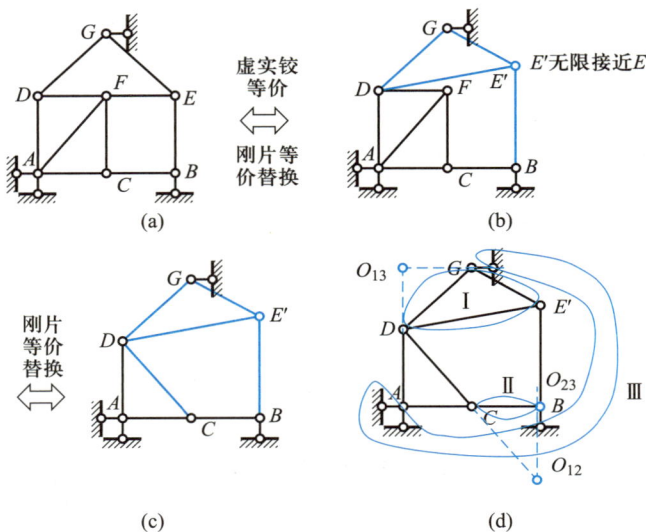

图 2-41　等价思想综合运用 2

　　如图 2-42(a)所示的复杂平面体系,首先,根据**虚实铰等价思想**,链杆支座 $A$ 与链杆 $EB$ 的虚铰在 $B$ 处,链杆支座 $D$ 与链杆 $EB$ 的虚铰也在 $B$ 处,可将 $A$、$D$ 处的链杆约束等价为体系内部链杆 $AB$、$BD$,不会改变相应链杆方向运动的约束,如图 2-42(b)所示;其次,根据**刚片等价替换思想**,将刚片 $HABDGE$ 等价替换为刚片 $HBG$,变为如图 2-42(c)所示体系。显然,该体系为无多余约束的几何不变体系。

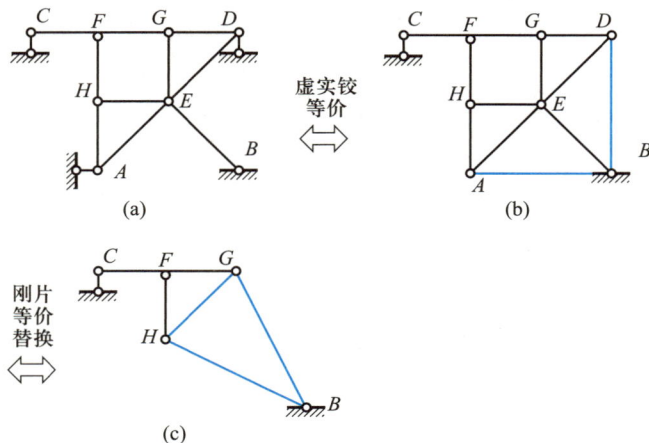

图 2-42　等价思想综合运用 3

### 2-6-3 约束平移等价思想

链杆支座可根据需要在刚体内沿支座方向平移到与其连接且方向一致的一根杆件上,不改变原体系的几何组成规则,链杆支座在刚体内平移后形成的新体系与原体系等价,这一平移思想称为**约束平移等价思想**。

如图2-43(a)所示平面体系,根据**约束平移等价思想**,首先,将链杆约束 $F$ 平移到 $E$ 处,可得如图2-43(b)所示新体系;其次,去除二元体 $EFG$ 后体系变为图2-43(c)所示体系,则可采用三刚片规则,$ADC$ 为刚片 Ⅰ、$DBE$ 为刚片 Ⅱ、基础为刚片 Ⅲ,三刚片构成三个铰 $O_{12}$、$O_{13}$、$O_{23}$,该体系为无多余约束的几何不变体系。可见,**采用约束平移等价思想,复杂平面体系几何组成的分析过程变得非常简单、清晰**。

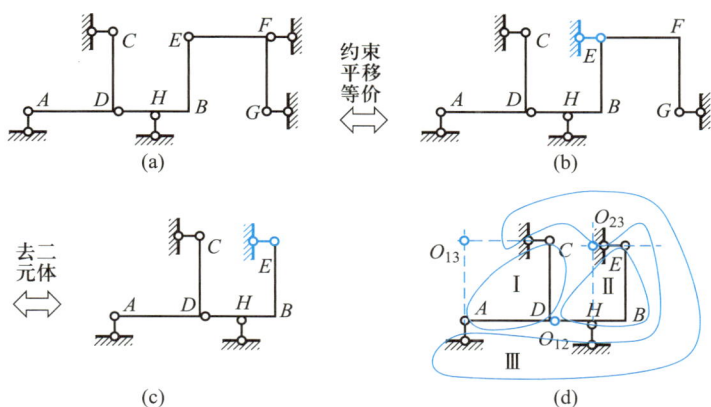

图2-43 约束平移等价思想1

如图2-44(a)所示复杂平面体系,根据**约束平移等价思想**,首先,将 $A$、$B$ 处链杆约束平移到 $E$、$C$ 处,体系变为如图2-44(b)所示体系;其次,结合**刚片等价替换思想**,体系变为如图2-44(c)所示体系;再次,利用**约束平移等价思想**,将 $E$ 处链杆约束平移到 D 处,同时去二元体,体系变为如图2-44(d)所示体系;最后,再次使用**刚**

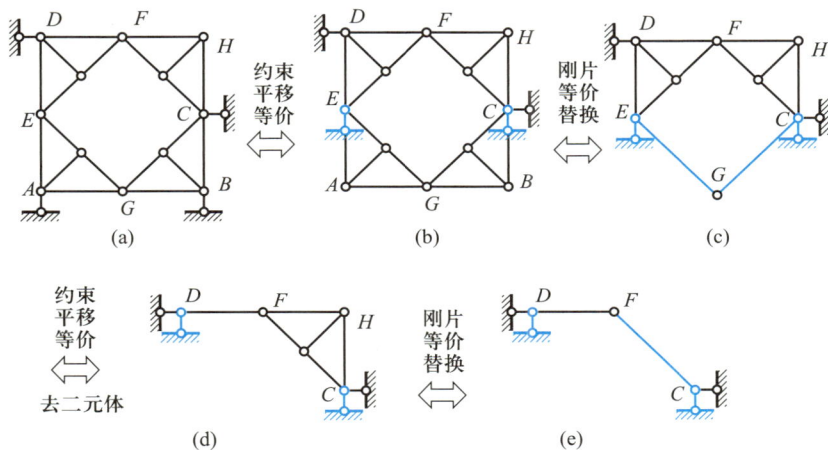

图2-44 等价思想综合运用4

片等价替换思想,体系变为如图 2-44(e)所示体系。显然,该体系为无多余约束的几何不变体系。

如图 2-45(a)所示复杂平面体系,根据约束平移等价思想,首先,将 A、D 处链杆约束平移到 B、E 处,体系变为如图 2-45(b)所示体系;其次,依次去二元体,变为如图 2-45(c)所示体系。显然,该体系为瞬变体系。

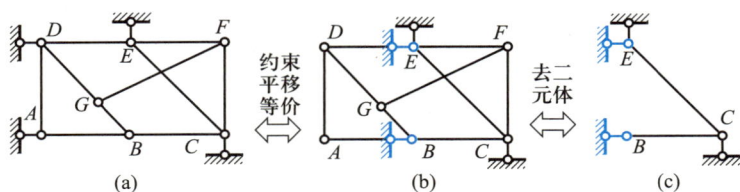

(a)　　　　　　　　(b)　　　　　　　　(c)

图 2-45　约束平移等价思想 2

## 思　考　题

**2-1**　什么是几何不变体系?无多余约束与有多余约束的几何不变体系有何区别?

**2-2**　自由度和计算自由度有何异同?

**2-3**　多余约束在结构中不起作用,可以去掉的说法是否合理?

**2-4**　实铰与虚铰有何区别?

**2-5**　试从三角形规则推导几何不变体系的三个基本组成规则。

**2-6**　平面体系几何组成分析的基本思路和步骤如何?

**2-7**　土木工程结构能够采用常变或瞬变体系吗,为什么?

**2-8**　若三刚片三铰体系中的两个虚铰在无穷远处,何种情况下体系是几何不变的?何种情况下体系是常变的?何种情况下体系是瞬变的?

**2-9**　若三刚片三铰体系中的三个虚铰均在无穷远处,体系一定是几何可变的吗?

**2-10**　平面体系的几何组成特征与其静力特征间有何关系?

**2-11**　超静定结构中的多余约束是从何角度被看成"多余"的?

**2-12**　一个有 3 个多余约束的体系,其计算自由度为-2,该体系是否为几何不变体系?

## 习　题

**2-1**　对以下体系进行几何组成分析。

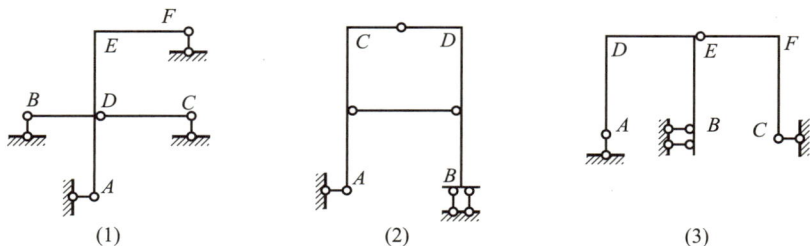

(1)　　　　　　　　(2)　　　　　　　　(3)

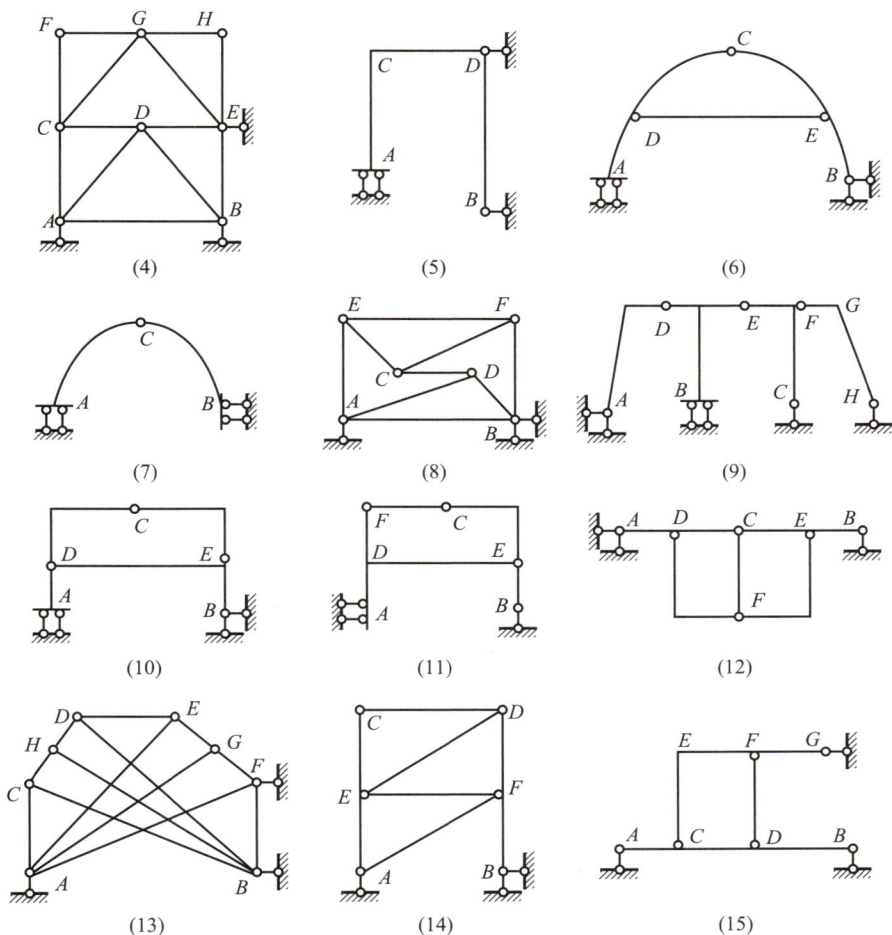

(4)  (5)  (6)

(7)  (8)  (9)

(10)  (11)  (12)

(13)  (14)  (15)

习题 2-1 图

**2-2**  对以下体系进行几何组成分析。

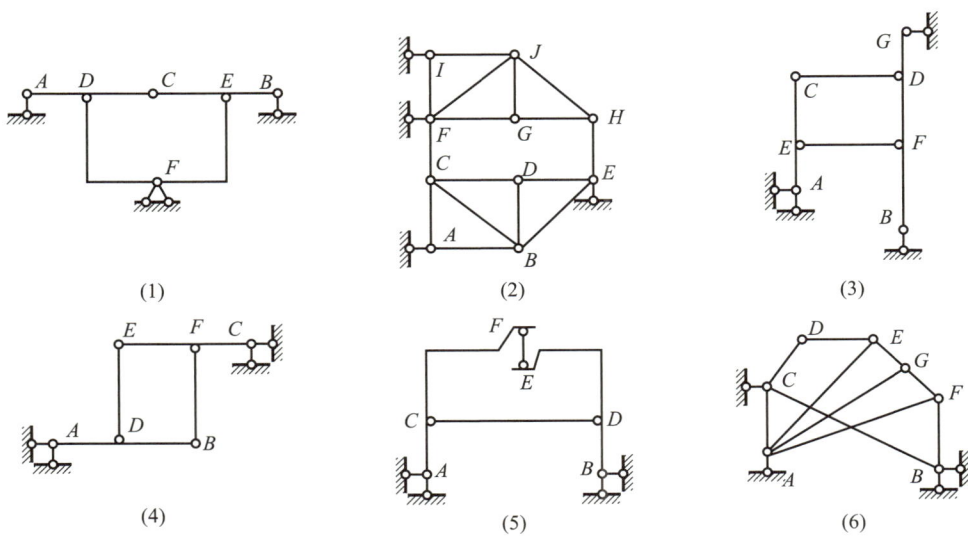

(1)  (2)  (3)

(4)  (5)  (6)

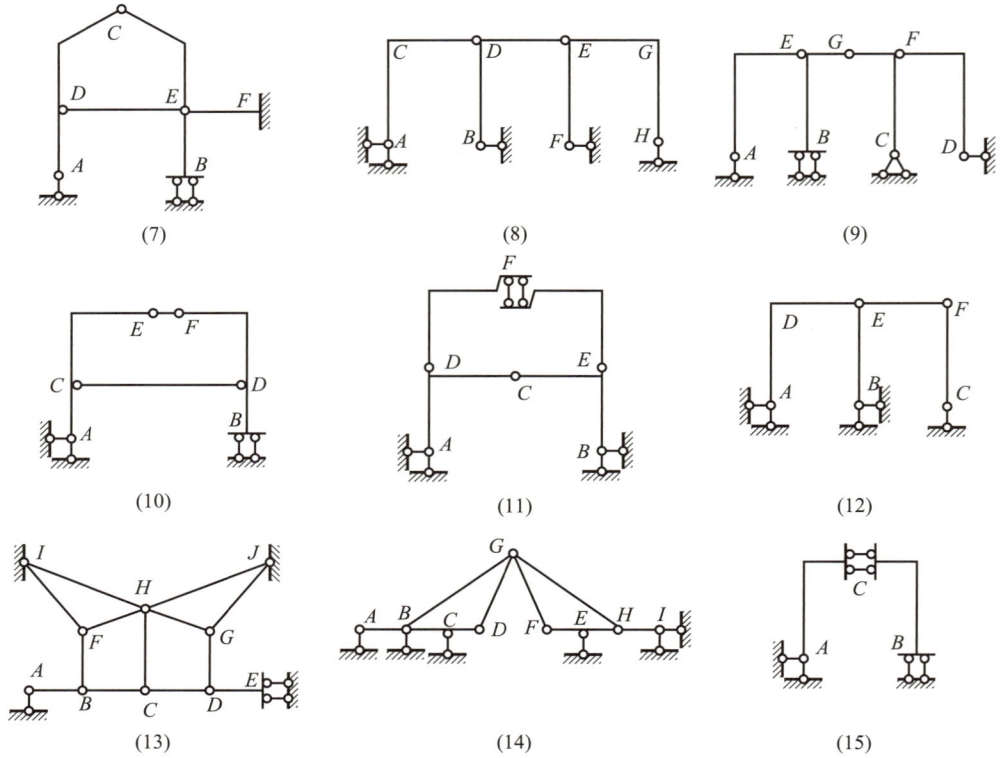

(7)

(8)

(9)

(10)

(11)

(12)

(13)

(14)

(15)

习题 2-2 图

**2-3** 对以下体系进行几何组成分析。

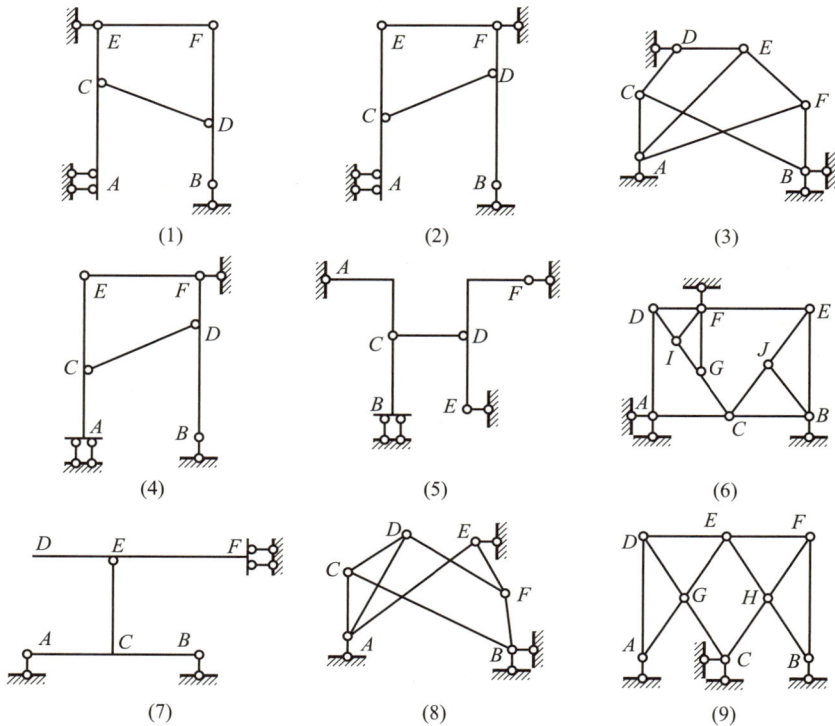

(1)

(2)

(3)

(4)

(5)

(6)

(7)

(8)

(9)

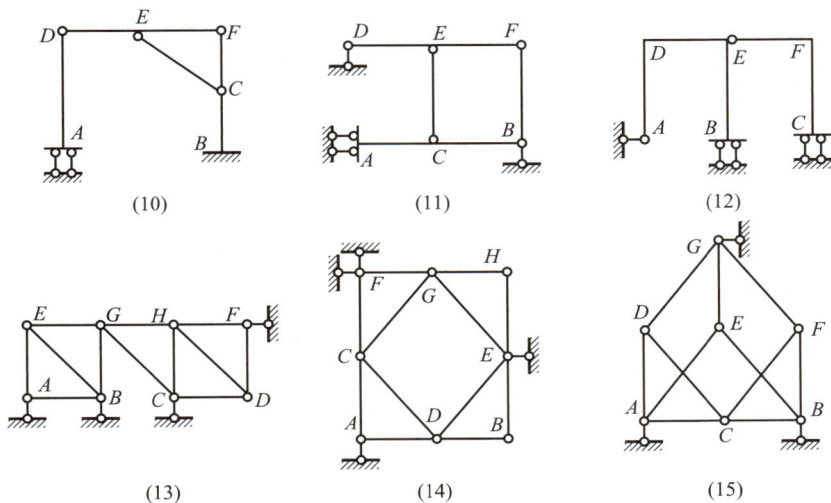

（10）　　　　　　（11）　　　　　　（12）

（13）　　　　　　（14）　　　　　　（15）

习题 2-3 图

*2-4　对以下体系进行几何组成分析。

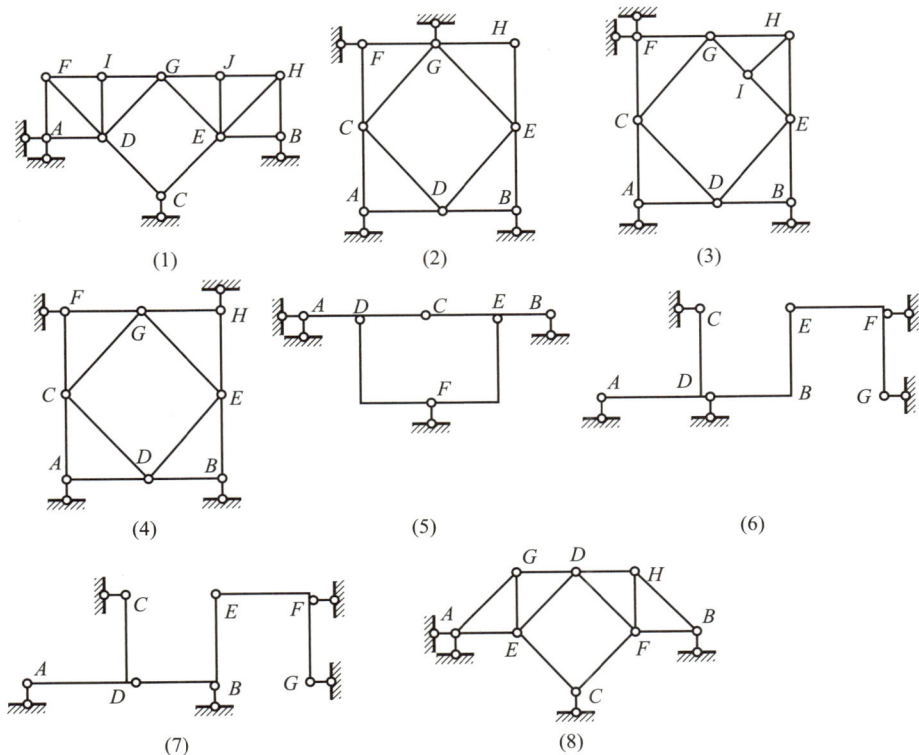

（1）　　　　　　（2）　　　　　　（3）

（4）　　　　　　（5）　　　　　　（6）

（7）　　　　　　（8）

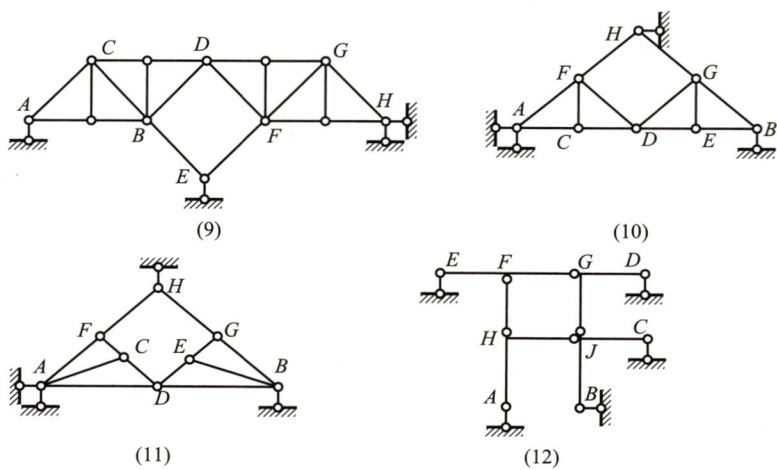

(9)

(10)

(11)

(12)

习题 2 − 4 图

# 第三章　静定结构受力分析

由第二章几何组成分析知识可知,静定结构是没有多余约束的几何不变体系,这也就决定了其在任意荷载作用下的基本静力特性。静定结构的约束力和全部内力都可以根据静力平衡条件求得,而且满足静力平衡条件的解答是唯一的。

静定结构的种类很多,包括静定梁结构、刚架结构、桁架结构、组合结构,以及拱、悬索结构等,其受力分析实际上在理论力学、材料力学课程中已有学习。然而,当研究对象较为复杂时(如求解图 3-1(a)所示桁架结构杆 $AC$、$CE$、$EF$ 的轴力),或者需要快速求解结构内力时(如不通过运算或少量运算绘制图 3-1(b)所示组合结构的弯矩图),采用既有知识往往面临"笼统建立各杆件静力平衡方程""联立求解多元线性方程组"等问题,不能很好地把握结构体系的几何组成和受力特征,导致求解过程烦琐。

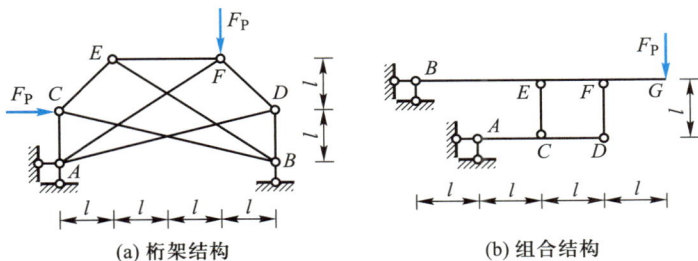

(a) 桁架结构　　　　(b) 组合结构

图 3-1　杆系结构

为此,本章结合几何组成分析概念与原理,从几何组成的角度判断和认识结构,运用基本概念(如隔离体、约束、平衡方程)和计算方法(如简支梁法、悬臂梁法)快速求解问题,为后续结构位移计算、力法、位移法等知识点学习打下基础,务必扎实掌握,切忌浅尝辄止。

## 3-1　内力计算分析基础

### 3-1-1　隔离体选取基本原则

静定结构内力计算的基本方法是选取合适的隔离体、画隔离体的受力图、列静力平衡方程,最后求解目标未知力。可见,隔离体选取是受力分析的第一步,合理的隔离体选取会使分析过程事半功倍。结构力学由于研究对象一般是由多根杆件组成的体系,相比理论力学或材料力学而言,其隔离体的选取更加复杂、多样,可以是一个铰结点、一根杆件、一组杆系、除支座外的结构内部体系整体等。合理的隔离体选取,是指所选取的隔离体须有的放矢,隔离体未知力数目应做到心中有数,能直接或间接求解目标未知力。而要明确所取隔离体的未知力数目,就必须熟练掌握平面杆系结构支座、结点的约束特征和受力特征,已在表1-1、表1-2中进行了详细的介绍。常见隔离体的选取方法,可参考如下基本原则进行。

**基本原则1:当取一个铰结点作为隔离体时,其未知力的数目应不超过2个,即平衡方程可解。** 如图3-2(a)所示静定桁架,如选取铰 G 作为隔离体,杆 DG、GF 的轴力可解,受力图如图3-2(b)所示;如果再取铰 D 作为隔离体,如图3-2(c)所示,虽然杆件 DG 轴力已求出,但是仍存在3个未知力,无法求解。此时,需寻求其他途径:先取整体隔离体求支座约束力,然后取铰 A 隔离体求杆 AD、AB 轴力,再结合图3-2(c)铰 D 隔离体的受力图,即可完成求解(请自行完成分析过程)。

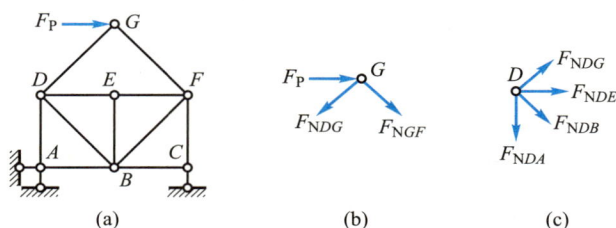

图3-2 基本原则1:隔离体选取示例

**基本原则2:当取杆件、杆系等作为隔离体时,所取隔离体的未知力个数不宜超过3个;当未知力个数为4个时,特殊情况下可解2个未知力,剩余未知力则需要联立其他隔离体的平衡方程来求解;当未知力个数超过4个时,不应优先取其作为隔离体。** 以图3-3(a)所示刚架结构为例,如首先选取杆 BCD 作为隔离体,受力图如图3-3(b)所示,有3个未知力,全部可解;如首先选取杆 AB 作为隔离体,受力图如图3-3(c)所示,有5个未知力,任一未知力均无法求解,不应优先取其作为隔离体。

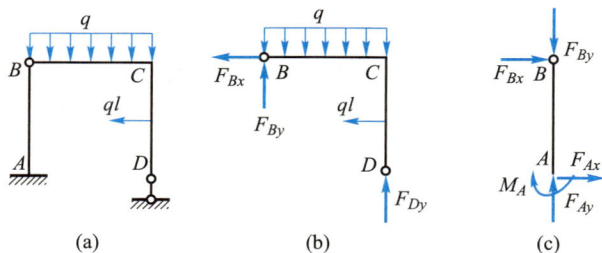

图3-3 基本原则2:隔离体选取示例1

再如图3-4(a)所示刚架,若首先取 ABDCE 整体刚架作为隔离体,受力图如图3-4(b)所示,满足特殊情况,其中2个未知力 $F_{Ay}$、$F_{Ey}$ 可解,未知力 $F_{Ax}$、$F_{Ex}$ 不可解;若首先取杆系 DCE 或 ABD 作为隔离体,受力图如图3-4(c)所示,此时两个受力图中的各4个未知力均不可直接求解。**对于此类结构,所有隔离体受力图均有4个未知力的情况,宜优先判断所求未知力是否存在特殊情况。** 显然,图3-4(b)受力存在特殊情况,可直接求解2个未知力 $F_{Ay}$、$F_{Ey}$,随后取图3-4(c)任一隔离体,其余未知力可一一求出;如果不判断特殊情况的存在,此类结构亦可通过联立方程组求解,如依次列图3-4(c)所示两个隔离体铰 $A$、$E$ 的弯矩平衡方程,联立方程组即可求解 $F_{Dx}$、$F_{Dy}$,随后依次求解其余未知力,但这种方法耗时长。

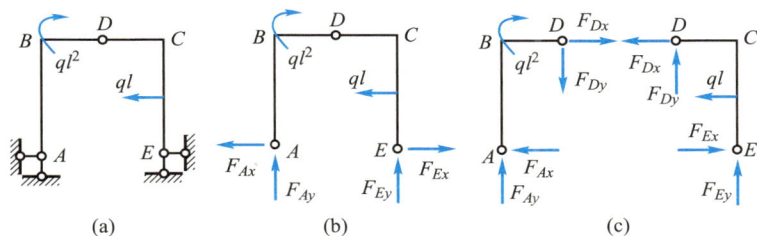

图 3-4  基本原则 2:隔离体选取示例 2

进一步,以图3-5(a)所示刚架为例。若首先取整体结构作为隔离体(除去基础部分),受力图如图3-5(b)所示,显然支座 $A$、$B$ 与基础的约束力 $F_{Ax}$、$F_{Ay}$、$F_B$ 可直接求出,但随后可发现,所求约束力对结构内部约束力的求解帮助不大,即不能通过这两处的约束力直接求解内部约束力,因为此时铰 $A$、$B$ 的未知力均为 4 个,无法求解,受力图如图3-5(c)、(d)所示,可见该思路虽能求解个别未知力,但效果不明显。为此,需更换思路,从体系内部突破,可以发现杆 $ACD$、$BED$、$AB$ 的受力图均存在 4 个未知力(如图3-5(d)所示),其中杆 $ACD$、$BED$ 的受力图与图3-4(c)存在共同之处,杆 $AB$ 的受力图与图3-4(b)存在共同之处,即存在特殊情况,结合上述分析显然可求解杆 $ACD$、$BED$ 的 6 个未知力和杆 $AB$ 的两个竖向未知力 $F_{ABy}$、$F_{BAy}$;杆 $AB$ 剩余两个水平未知力 $F_{ABx}$、$F_{BAx}$ 可依次采用图3-5(c)的受力图求解,因为此时 $A$、$B$ 两铰的受力图中仅有这两个未知力。当然,该刚架还有其他求解思路,此处不再赘述。

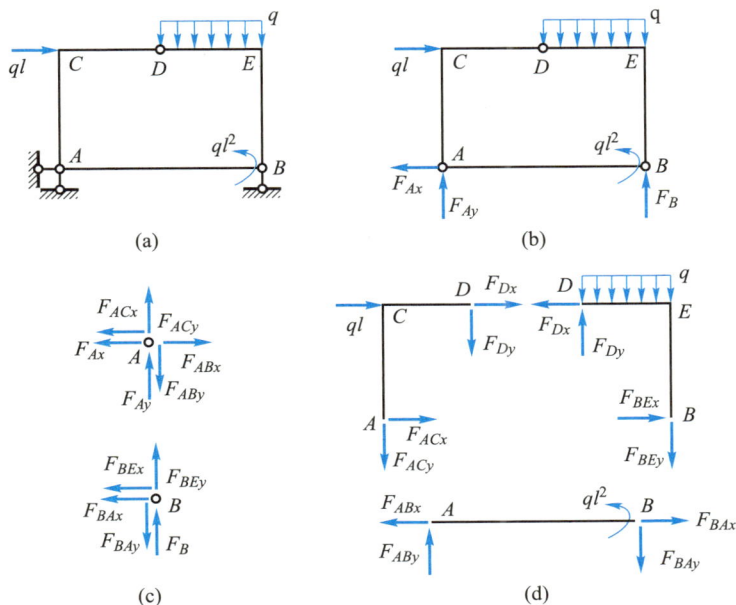

图 3-5  基本原则 2:隔离体选取示例 3

**基本原则 3：当所取隔离体的受力图存在平行力系且某一未知力不与该平行力系平行时，该未知力可解。** 如图 3-6(a) 所示组合结构，取杆 BG 作为隔离体，其受力图如图 3-6(b) 所示，显然外荷载 $F_P$ 与未知力 $F_{By}$、$F_{EC}$、$F_{FD}$ 组成平行力系，而未知力 $F_{Bx}$ 与该平行力系垂直，则可得 $F_{Bx}=0$。再如图 3-6(c) 所示桁架结构，求杆 AC 的轴力，此时若取 BCG 作为隔离体，受力图如图 3-6(d) 所示，显然未知力 $F_{CD}$、$F_{BF}$、$F_{EG}$ 组成平行力系，而支座约束力 $F_B$ 可通过结构整体受力图分析先得到，所以只需要建立垂直于该平行力系方向上的平衡方程，即可求解杆 AC 的轴力 $F_{AC}$。

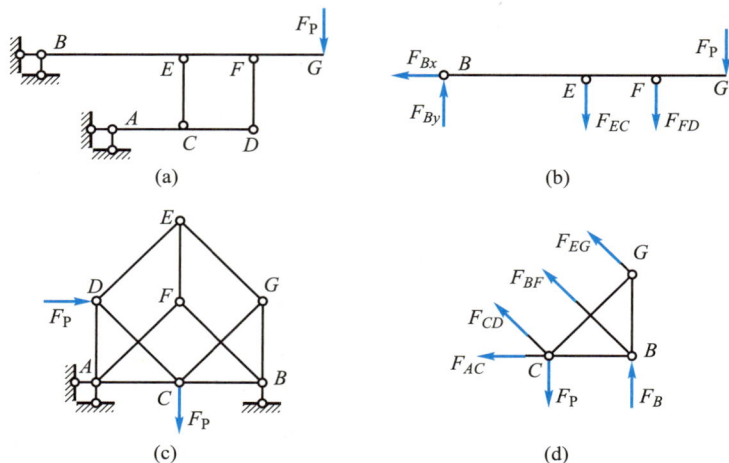

图 3-6　基本原则 3：隔离体选取示例

**基本原则 4：当结构内部体系整体与基础之间仅有 3 个支座约束时、或二者之间有 4 个支座约束但存在特殊情况时，宜优先选取结构内部体系整体作为隔离体，求解全部或部分支座约束力。** 如图 3-2(a)、图 3-5(a)、图 3-6(c) 所示结构的内部体系整体，均与基础之间仅有 3 个约束，取内部体系整体为隔离体，宜优先求解支座约束力；再如图 3-4(a) 所示结构的内部体系整体与基础之间有 4 个约束，但由基本原则 2 可知存在特殊情况，其中 2 个竖向支座约束力可解，则宜优先求解；然而，当内部体系整体与基础之间虽有 4 个约束，但无特殊情况时，如图 3-3(a)、图 3-6(a) 所示结构，支座约束力无法优先求解，此时应在内部体系整体中取局部为隔离体，结合具体问题具体分析。此外，对于基附型结构，当存在附属部分与基础连接时，宜优先求解附属部分的支座约束力。

### 3-1-2　内力符号规定

在受弯平面杆件的任一截面上，存在三个内力分量，分别为轴力 $F_N$、剪力 $F_S$ 和弯矩 $M$。**内力符号规定如下：轴力以受拉为正，剪力使隔离体产生顺时针转动为正；轴力图和剪力图要标明正负号，可以画在杆件的任一侧；弯矩没有正负号规定，弯矩图始终画在受拉一侧。** 轴力图、剪力图、弯矩图统称为内力图，示意图如图 3-7 所示。

杆端内力 $F_N$、$F_S$、$M$ 常用双下标表示，第一个下标表示内力所在的杆端截面符

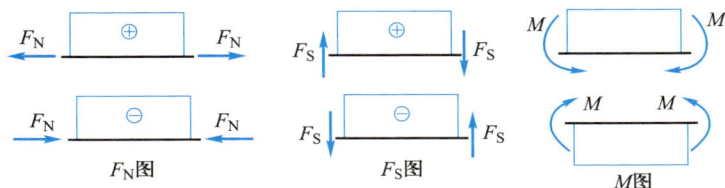

图 3-7 内力符号规定

号,第二个下标表示内力所属于杆件的另一端截面符号。如图 3-8 所示,杆件 $AB$ 左端的杆端轴力、剪力和弯矩分别表示为 $F_{NAB}$、$F_{SAB}$、$M_{AB}$,右端的杆端轴力、剪力和弯矩分别表示为 $F_{NBA}$、$F_{SBA}$、$M_{BA}$。

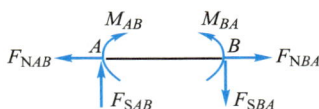

图 3-8 杆端力表示方式

### 3-1-3 内力与荷载的微分关系

如图 3-9(a)所示简支梁,取微段 $\mathrm{d}x$ 进行受力分析,如图 3-9(b)所示。根据材料力学知识,由微段平衡条件可导出内力与荷载间的微分关系:

$$\frac{\mathrm{d}F_S}{\mathrm{d}x} = -q(x) , \qquad \frac{\mathrm{d}M}{\mathrm{d}x} = F_S , \qquad \frac{\mathrm{d}^2 M}{\mathrm{d}x^2} = -q(x) \qquad (3-1)$$

式(3-1)微分关系的意义在于:剪力图上某点的切线斜率等于该点处的荷载集度,但符号相反;弯矩图上某点处的切线斜率等于该点处的剪力;弯矩图上某点处的二阶导数等于该点处的荷载集度,但符号相反,即弯矩图的凸向与荷载方向一致。由此,不同荷载作用下直杆件剪力图和弯矩图的形状特征,汇总于表 3-1。

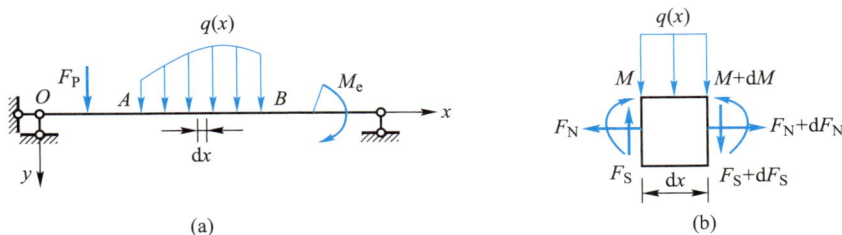

图 3-9 内力与荷载的微分关系

根据式(3-1)微分关系,可得内力与荷载间的积分关系,如式(3-2)所示,其意义在于:$B$ 截面的剪力等于 $A$ 截面的剪力减去此段分布荷载 $q$ 图的面积,$B$ 截面的弯矩等于 $A$ 截面的弯矩加上此段剪力 $F_S$ 图的面积。

$$\begin{cases} F_{SB} = F_{SA} - \displaystyle\int_{x_A}^{x_B} q(x)\,\mathrm{d}x \\ M_B = M_A + \displaystyle\int_{x_A}^{x_B} F_S(x)\,\mathrm{d}x \end{cases} \qquad (3-2)$$

表 3-1　直杆件弯矩图和剪力图的形状特征

| | 无荷载 | 均布荷载作用 | 集中力 $F$ 作用 | 集中力偶 $M$ 区段 |
|---|---|---|---|---|
| 受力情况 | —— |  |  ↓ | 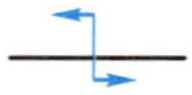 |
| 剪力图特征 | 平行于杆轴线 | 斜直线 | 有突变（突变值等于 $F$） | 无变化 |
| | —— |  或 |  | |
| 弯矩图特征 | 斜直线 | 二次抛物线（凸向同 $q$ 指向） | 有折变（尖角同 $F$ 指向） | 有突变（突变值等于 $M$） |
| |  或 | 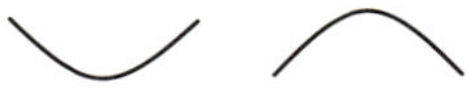 |  |  |
| 备注 | 剪力为零，弯矩为平直线 | 剪力为零处，弯矩有极值 | 剪力有变号，弯矩有极值 | —— |

注：表中倾斜方向、突变方向需根据计算所得具体数值确定。

## 3-2　约束力计算方法

3-1-1 节关于隔离体选取、受力图绘制以及约束力计算等内容的讲解，主要基于理论力学、材料力学相关知识进行，在力学问题与所求未知力之间建立关系实现约束力的快速求解。本节将基于几何组成分析的概念和原理，首先对静定结构的几何组成进行分析和判断，然后结合不同几何组成类别的静定结构，有针对性给出约束力的计算方法。

根据几何组成分析相关知识，一般可将静定结构的几何组成分为两刚片结构、三刚片结构和基附型结构，以下将依次介绍三类静定结构的求解方法。

### 3-2-1　两刚片结构（单截面法）

两刚片间通过一铰、一链杆相连，如图 3-10(a)所示；两刚片通过三链杆相连，如图 3-10(b)所示。不论哪一种情况，两个刚片之间都只有 3 个约束力，约束力个数与静力平衡方程个数相等。此外，还存在结构内部体系整体符合两刚片规则、整体又与基础符合两刚片规则的结构，如图 3-10(c)所示，这种情况可根据隔离体选取基本原则 4,优先求解 3 个支座约束力,再取内部体系任一刚片为隔离体,求解两刚片之间的 3 个约束力。

由此,归纳两刚片结构求解约束力的计算方法:**将两刚片之间的三个约束切断,取其中一个刚片为隔离体,建立平衡方程求解全部未知力,这种方法常称为单截面法**。单截面法可采用以下任一形式列平衡方程:

$$
\text{基本式}\begin{cases} \sum F_x = 0 \\ \sum F_y = 0 \\ \sum M_A(F) = 0 \end{cases}, \quad \text{二矩式}\begin{cases} \sum F_x = 0 \\ \sum M_A(F) = 0 \\ \sum M_B(F) = 0 \end{cases}, \quad \text{三矩式}\begin{cases} \sum M_A(F) = 0 \\ \sum M_B(F) = 0 \\ \sum M_C(F) = 0 \end{cases}
$$

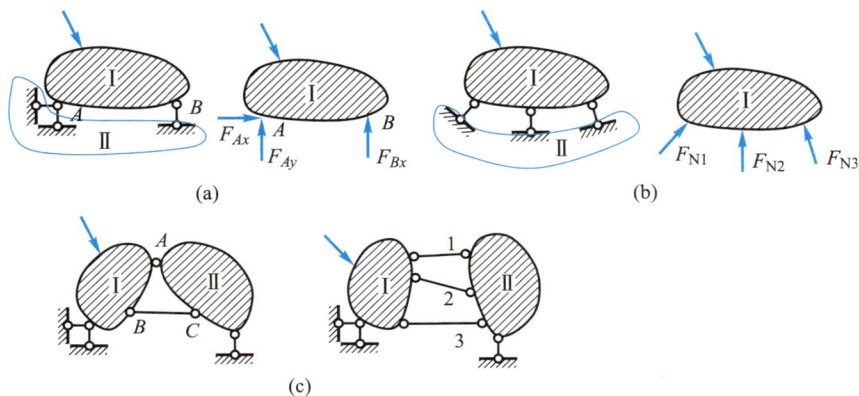

图 3-10　两刚片结构:单截面法

【算例 3-1】　计算图 3-11(a)所示刚架结构的支座约束力。

【解】　图 3-11(a)刚架 *ABCDE* 与基础之间满足两刚片规则,为两刚片结构。采用单截面法,取刚架 *ABCDE* 为隔离体,如图 3-11(b)所示,可得

$$
\sum F_x = 0 \quad \Rightarrow \quad F_{Bx} = -ql, \quad \sum M_E = 0 \quad \Rightarrow \quad F_{Cy} = \frac{9ql}{4}, \quad \sum F_y = 0 \quad \Rightarrow \quad F_{Ey} = -\frac{5ql}{4}
$$

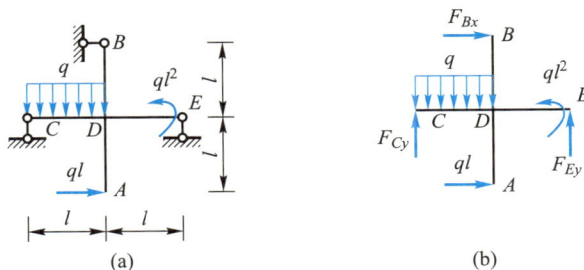

图 3-11　算例 3-1 图

【算例 3-2】　计算图 3-12(a)所示桁架结构指定杆 1 的轴力。

【解】　图 3-12(a)所示桁架的内部体系整体与基础之间满足两刚片规则,为两刚片结构。采用单截面法,取整体 *ABCDEF* 为隔离体,如图 3-12(b)所示,有

$$
\sum F_x = 0 \quad \Rightarrow \quad F_{Ax} = 50 \text{ kN}, \quad \sum M_B = 0 \quad \Rightarrow \quad F_{Ay} = \frac{10}{3} \text{kN}
$$

内部体系整体又由 $AEC$ 和 $BDF$ 两个刚片通过三根链杆相连,亦满足两刚片规则。采用单截面法可取隔离体 $AEC$ 或 $BDF$。如图 3-12(c)所示,取隔离体 $AEC$:

$$\sum F_y = 0 \quad \Rightarrow \quad F_{N1} = \frac{-80\sqrt{2}}{3} \text{kN}$$

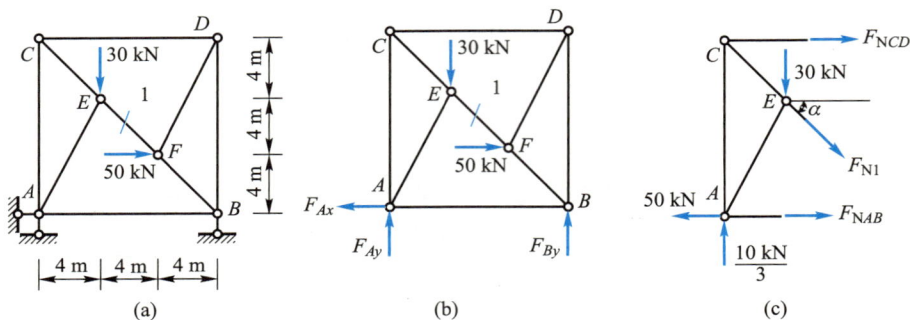

图 3-12　算例 3-2 图

## 3-2-2　三刚片结构(双截面法)

满足三刚片规则的静定结构,刚片彼此之间用一个铰(或虚铰)相连,取任一刚片为隔离体,均有 4 个约束力,一般而言需要选取两个隔离体联立方程才能求解。如图 3-13 所示三刚片结构,先用 1-1 截面取刚片 Ⅰ 为隔离体,如图 3-13(a)所示;再用 2-2 截面取刚片 Ⅰ、Ⅲ 为隔离体,如图 3-13(b)所示。结合两个隔离体,可联立如下方程组先解约束力 $F_{Bx}$、$F_{By}$,一旦铰结点 $B$ 的约束力 $F_{Bx}$、$F_{By}$ 求出,其余约束力便迎刃而解。

$$\begin{cases} \sum M_A = 0 \quad \Rightarrow \quad f_1(F_{Bx}, F_{By}) = 0 \\ \sum M_C = 0 \quad \Rightarrow \quad f_2(F_{Bx}, F_{By}) = 0 \end{cases}$$

由此,归纳三刚片结构求解约束力的计算方法:**用两个截面分别截取两个隔离体,联立二元一次方程组即可求解两个共同未知量,再以此为基础求解其他系列未知量,这种方法常称为双截面法**。当然,根据隔离体选取的基本原则 2 和基本原则 3,如果 4 个未知力存在特殊情况时,无须联立方程组也可实现全部未知力求解,此时需要根据具体问题具体分析。

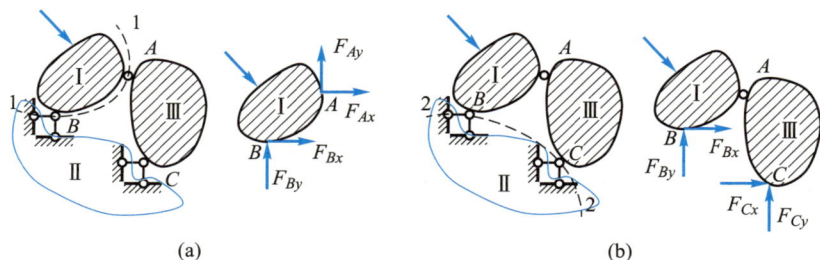

图 3-13　三刚片结构:双截面法

【**算例 3-3**】 计算图 3-14(a)所示刚架结构的约束力。

【**解**】 图 3-14(a)所示刚架,将 *AEDC* 视为刚片 Ⅰ、*BCFG* 为刚片 Ⅱ、基础为刚片 Ⅲ,满足三刚片规则,为三刚片结构。

采用双截面法:取整体隔离体,如图 3-14(b)所示;再取刚片 *AEDC* 隔离体,如图 3-14(c)所示。联立方程有

$$\begin{cases} \sum M_B = 0 & \Rightarrow & F_{Ax} \cdot l + F_{Ay} \cdot 2l + ql \cdot \dfrac{l}{2} = ql \cdot 3l + ql \cdot \dfrac{l}{2} \\ \sum M_C = 0 & \Rightarrow & F_{Ax} \cdot 2l + F_{Ay} \cdot l = ql \cdot 2l \end{cases} \Rightarrow \begin{cases} F_{Ax} = \dfrac{ql}{3} \\ F_{Ay} = \dfrac{4}{3}ql \end{cases}$$

再结合图 3-14(b)有:$F_{Bx} = \dfrac{ql}{2}$,$F_{By} = 2ql$,结合图 3-14(c)有:$F_{Cx} = \dfrac{ql}{2}$,$F_{Cy} = 0$。

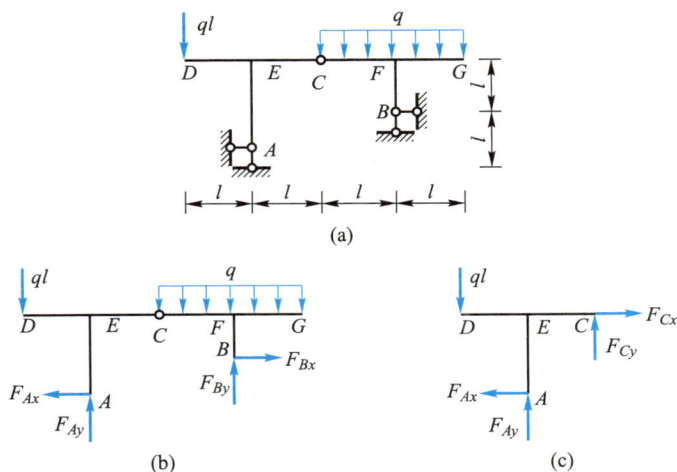

图 3-14 算例 3-3 图

【**算例 3-4**】 计算图 3-15(a)所示梁结构的约束力。

【**解**】 将 *ABC* 视为刚片 Ⅰ、*CD* 为刚片 Ⅱ、基础为刚片 Ⅲ,满足三刚片规则,为三刚片结构。但可发现,不论是取刚片 Ⅰ还是刚片 Ⅱ为隔离体,抑或是结构内部体系整体 *ABCD* 为隔离体,4 个未知力均存在特殊情况,此时无须联立方程组。

取刚片 Ⅰ为隔离体,如图 3-15(b)所示,有

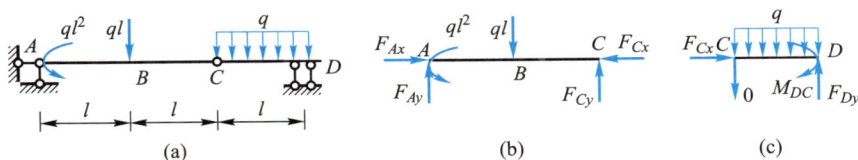

图 3-15 算例 3-4 图

$$\sum M_A = 0 \quad \Rightarrow \quad F_{Cy} = 0, \quad \sum F_y = 0 \quad \Rightarrow \quad F_{Ay} = ql$$

再取刚片 Ⅱ为隔离体,如图 3-15(c)所示,有

$$\sum M_D = 0 \quad \Rightarrow \quad M_{DC} = \frac{ql^2}{2}, \quad \sum F_x = 0 \quad \Rightarrow \quad F_{Cx} = 0, \quad \sum F_y = 0 \quad \Rightarrow \quad F_{Dy} = ql$$

再结合刚片 I 隔离体,有

$$\sum F_x = 0 \quad \Rightarrow \quad F_{Ax} = 0$$

### 3-2-3　基附型结构(先附后基)

基附型结构是指由基本部分和附属部分组成的结构,其中基本部分是指结构中能不依赖其他部分独立承担荷载的几何不变部分,附属部分是指需要借助体系其他部分支撑才能承担荷载的部分。从几何组成顺序角度而言,基本部分是先搭建的部分,附属部分是后搭建的部分。基本部分除了具备和基础构成几何不变所需要的联系外,还与附属部分有联系,若先取基本部分作为隔离体,未知力个数一般会达到 4 个及以上,利用平衡条件往往难以直接求解;而附属部分的约束力较基本部分少,利用平衡条件可优先求解。如图 3-16(a)所示,刚片 I 与基础组成基本部分,若先取其作为隔离体,有 5 个未知力,无法求解;而刚片 II 为附属部分,若先取其作为隔离体,仅有 3 个未知力,可直接求解。同理,图 3-16(b)所示刚片 III、刚片 IV 与基础组成基本部分,刚片 I、刚片 II 为附属部分,虽然附属部分存在 4 个未知力,但可通过双截面法直接求解。

由此,归纳基附型结构求解约束力的计算方法:先求解附属部分,再求解基本部分,简称先附后基,即先搭建后求解、后搭建先求解。

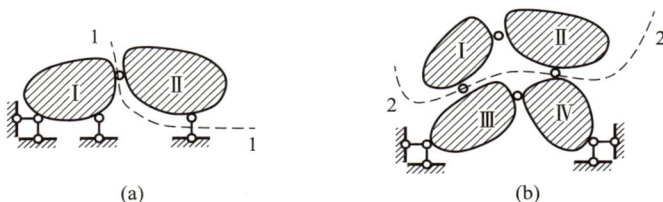

(a)　　　　　　　　(b)

图 3-16　基附型结构:先附后基

【算例 3-5】　计算图 3-17(a)所示梁结构的约束力。

【解】　图 3-17(a)所示结构,刚片 ABC 与基础构成几何不变体系,为基本部分;刚片 CD 为附属部分,按照先附后基顺序求解。

先取附属部分 CD 为隔离体,如图 3-17(b)所示,可得

$$\sum M_C = 0 \quad \Rightarrow \quad F_{Dy} = 12.5 \text{ kN}, \quad \sum F_x = 0 \quad \Rightarrow \quad F_{Cx} = 0, \quad \sum F_y = 0 \quad \Rightarrow \quad F_{Cy} = 12.5 \text{ kN}$$

再取基本部分 ABC 为隔离体,如图 3-17(c)所示,可得

$$\sum F_x = 0 \quad \Rightarrow \quad F_{Ax} = 0, \quad \sum F_y = 0 \quad \Rightarrow \quad F_{By} = 22.5 \text{ kN}, \quad \sum M_B = 0 \quad \Rightarrow \quad M_{AB} = -10 \text{ kN} \cdot \text{m}$$

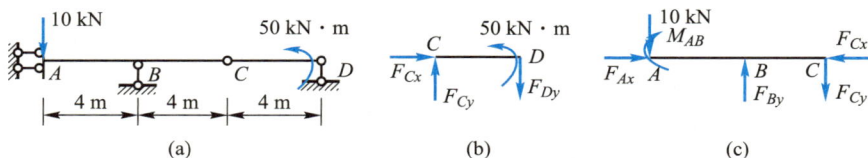

(a)　　　　　　　　(b)　　　　　　　　(c)

图 3-17　算例 3-5 图

**【算例3-6】**　计算图3-18(a)所示组合结构中杆1、2的轴力。

**【解】**　图3-18(a)所示结构,刚片 ADC 与基础构成几何不变体系,为基本部分;CEB 刚片为附属部分,按照先附后基顺序求解。

先取附属部分 CEB 为隔离体,如图3-18(b)所示,有

$$\sum M_C = 0 \Rightarrow F_{N2} = -2\sqrt{2}F_P(压), \quad \sum F_y = 0 \Rightarrow F_{Cy} = F_P(拉)$$

再取基本部分为隔离体,如图3-18(c)所示,有

$$\sum F_y = 0 \Rightarrow F_{N1} = \sqrt{2}F_P(拉)$$

当然,此题由于仅求解目标杆件的轴力,也可不求 $F_{Cy}$,直接通过取 ADCB 隔离体求解杆1的轴力,如图3-18(d)所示,有

$$\sum F_y = 0 \Rightarrow F_{N1} = \sqrt{2}F_P(拉)$$

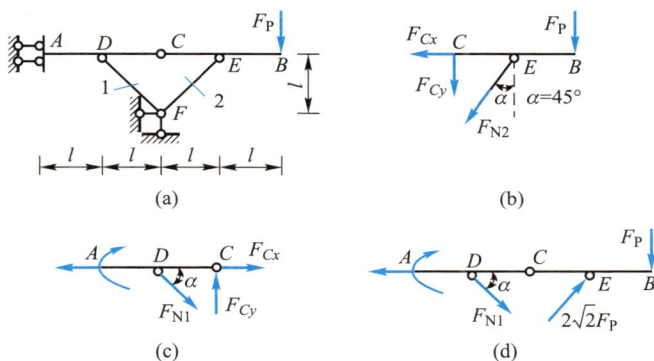

图3-18　算例3-6图

## 3-3　静定结构受力分析与内力图

### 3-3-1　弯矩图快速绘制方法

弯矩图是实际工程结构设计关注的重点,也是结构力学课程学习的重点,本节主要介绍静定结构弯矩图的快速绘制方法。线弹性、小变形条件下,复杂荷载引起的结构内力,可由简单荷载引起的内力叠加确定,即叠加原理。该原理可推广至杆件的任意区段,如图3-19(a)所示刚架结构,假设已求得任一区段 CD 两端横截面的内力,隔离体受力分析如图3-19(b)所示。为说明该区段的弯矩图特性,将其与图3-19(c)所示对应的简支梁进行对比,二者之间跨度相同,承受相同的均布荷载 $q$,杆端弯矩 $M_C$、$M_D$ 作用,利用平衡条件可以证明:图3-19(c)简支梁的竖向、水平支座约束力与图3-19(b)中的杆端剪力、左端轴力完全相同,其中轴力对弯矩图没有影响。因此,区段 CD 和对应简支梁的受力完全一致,杆件内力也完全相同,故区段 CD 与简支梁的弯矩图等价。

根据叠加原理,当简支梁上有多个荷载作用时,其弯矩图可通过简单荷载作用下的弯矩图叠加确定。由此,将图3-19(c)简支梁分解为均布荷载和杆端弯矩作用

[图 3 - 19(d)],对应的弯矩图如图 3 - 19(e)所示,将二者弯矩图叠加可得简支梁的弯矩图[图 3 - 19(f)],即为原区段 CD 的弯矩图。

由此可见,根据叠加原理绘制弯矩图可分两步进行:第一步,求解杆件两端截面的弯矩,绘制只有杆端弯矩作用时的弯矩图;第二步,将杆件上其他荷载作用下简支梁的弯矩图叠加上去,即可完成弯矩图绘制。**这种叠加相应简支梁在杆端弯矩和给定荷载作用下弯矩图的方法,称为简支梁法,也称为区段叠加法。**需要强调的是,**这里的叠加是弯矩的代数值相加**,也即图形纵坐标相加。区段叠加法不仅能用来作弯矩图,而且一样可用于其他内力图的绘制,如剪力图等。

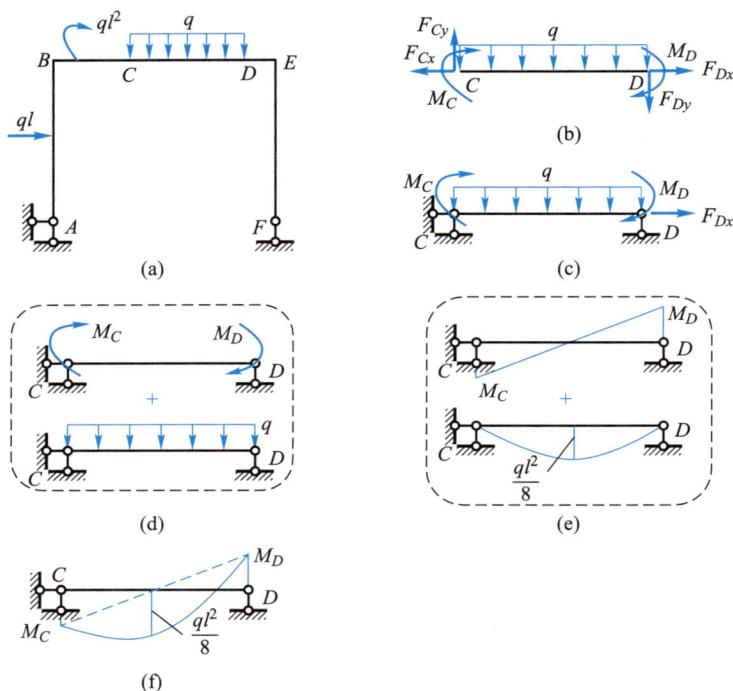

图 3 - 19　简支梁法:叠加均布荷载作用

同理,如果区段上作用的不是均布荷载,而是其他荷载,如集中力、集中力偶等,同样可采用叠加原理绘制弯矩图。图 3 - 20、图 3 - 21 给出了在集中力(作用在跨中)、集中力偶作用下弯矩图的叠加绘制过程。其他多种荷载作用下的简支梁法叠加过程可依此类推。

此外,结构中还存在一端刚结、一端自由的悬臂杆件,如图 3 - 22(a)所示 DE 杆件;一端刚结、一端受力沿杆轴方向的杆件,如图 3 - 22(a)所示 DB 杆件。由于 DB 杆件有一端仅受轴力作用,而轴力不影响弯矩图,所以从弯矩图绘制的角度而言,此类杆件亦可看作悬臂杆件。对于上述两种悬臂杆件,通常也称为**剪力静定杆**,可将一端的刚结点视为固定端(受力等价),进而将其等价为悬臂梁,而悬臂梁在单一荷载作用下的弯矩图可以直接绘制,如图 3 - 22(b)所示。**这种针对悬臂杆件在单一荷载作用下弯矩图的绘制方法,称为悬臂梁法。**

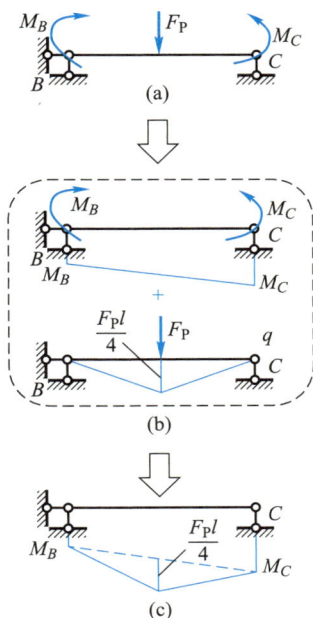

图 3-20 简支梁法:叠加集中力作用

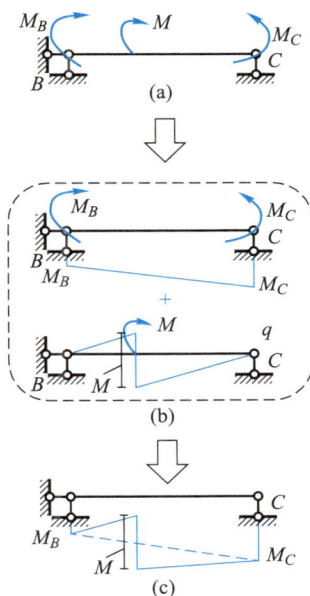

图 3-21 简支梁法:叠加集中力偶作用

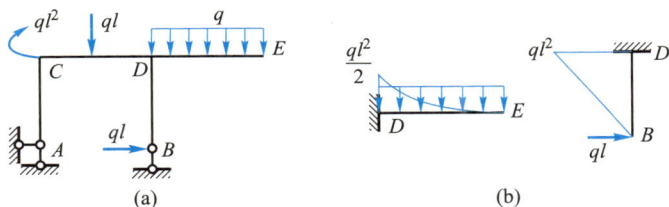

图 3-22 悬臂杆件悬臂梁法作弯矩图

然而,如果悬臂杆件上同时存在多种荷载作用,如图 3-23(a)中的 $DE$、$DB$ 杆件,采用悬臂梁法难以直接绘制弯矩。对于此种情况,常用的弯矩图绘制方法为: **首先采用悬臂梁法求固定端的弯矩,然后根据叠加原理采用简支梁法绘弯矩图**。对于 $DE$ 杆件,如图 3-23(b)所示,首先采用悬臂梁法求固定端 $D$ 截面的弯矩 $\left( M_D = \dfrac{3ql^2}{2} \right)$,则 $DE$ 杆件两端的弯矩均已得到($M_E = 0$),此时采用简支梁法将杆件两端的弯矩和均布荷载作用下的弯矩叠加,即可得到 $DE$ 杆件的弯矩图,如图 3-23(c)所示。同理,可绘制 $DB$ 杆件的弯矩图,请读者自行完成。

综上,**针对复杂荷载弯矩图快速绘制问题,同样体现转换思想,化未知"复杂荷载作用"到已知"简单荷载作用",首先求解杆件两端的弯矩,然后叠加杆件上因其他荷载作用而产生的弯矩,再基于叠加原理实现复杂荷载弯矩图绘制**。为了能快速利用简支梁法、悬臂梁法作弯矩图,应熟练理解和掌握简支梁、悬臂梁在常见单一荷载作用下的弯矩图,如图 3-24 所示。

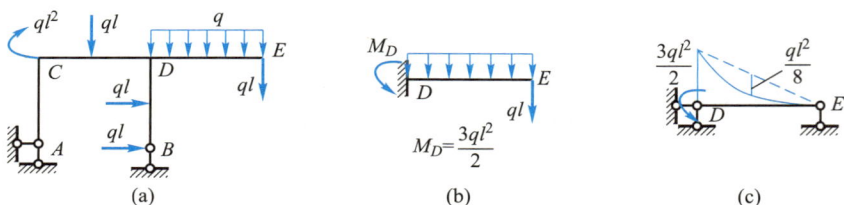

图 3-23 悬臂杆件简支梁法作弯矩图

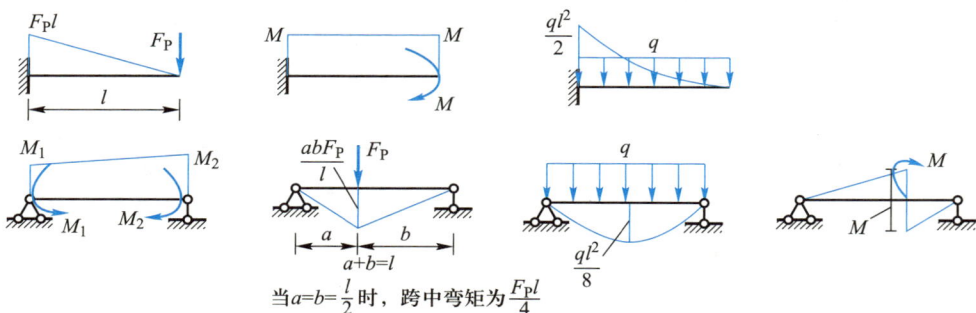

图 3-24 单一荷载作用下简支梁、悬臂梁弯矩图

## 3-3-2 梁结构弯矩图算例

【算例 3-7】 绘制图 3-25(a)所示梁结构的弯矩图。

【解】 图 3-25(a)为基附型结构,CABD 为基本部分、DE 为附属部分。

(1)求必要约束力。取 DE 为隔离体,如图 3-25(b)所示,有 $\sum M_E = 0 \Rightarrow F_{Dy} = ql$。

(2)作弯矩图。附属部分 DE 杆件用简支梁法作弯矩图:D 铰处弯矩为零,E 铰处有集中外力偶,DE 段上无均布荷载,弯矩图为斜直线。

基本部分 CABD 受力分析如图 3-25(c)所示。CA、BD 段弯矩图均可直接利用悬臂梁法绘制,其中杆端弯矩分别为 $M_{AC} = \dfrac{ql^2}{2}$、$M_{BD} = 2ql^2$;AB 段弯矩图采用简支梁法,由于结点 A、B 无外力偶,所以刚结点处的弯矩等值同侧,有 $M_{AB} = M_{AC}$、$M_{BA} = M_{BD}$,即杆件两端弯矩已知,再叠加杆件上均布荷载产生的弯矩,可得最终弯矩图如图 3-25(d)所示。

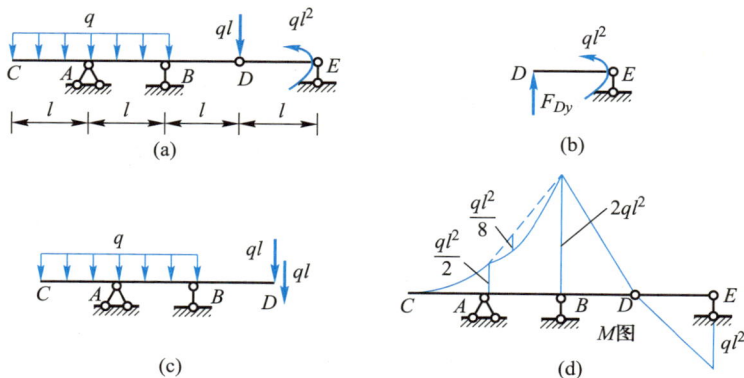

图 3-25 算例 3-7 图

**【算例 3-8】** 绘制图 3-26(a)所示梁结构的弯矩图。

**【解】** 图 3-26(a)为基附型结构,$DE$ 为附属部分,$ABCD$ 和 $EFH$ 为基本部分。

(1) 求必要约束力。取附属部分 $DE$ 为隔离体,如图 3-26(b)所示,有 $\sum M_D = 0 \Rightarrow F_{Ey} = 20$ kN, $\sum F_y = 0 \Rightarrow F_{Dy} = 20$ kN。

(2) 作弯矩图。首先,用简支梁法作附属部分 $DE$ 弯矩图。其次,取基本部分 $ABCD$ 为隔离体(如图 3-26(c)所示),$AB$ 段采用悬臂梁法作弯矩图;$CD$ 段为多种荷载作用下的悬臂杆件,先采用悬臂梁法求 $C$ 端弯矩,而后根据叠加原理采用简支梁法作 $CD$ 段弯矩图;此时,$BC$ 段即可采用简支梁法作弯矩图。再次,取 $EFH$ 为隔离体(如图 3-26(d)所示),$EF$ 段为多种荷载作用下的悬臂杆件,先采用悬臂梁法求 $F$ 端弯矩,而后根据叠加原理采用简支梁法作 $EF$ 段弯矩图;同理,$FH$ 段采用简支梁法作弯矩图。最终弯矩图如图 3-26(e)所示。

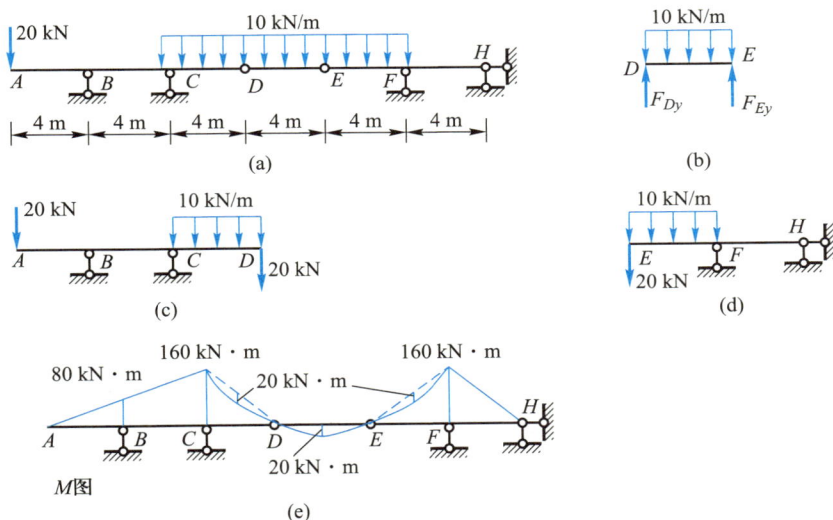

图 3-26 算例 3-8 图

### 3-3-3 刚架结构弯矩图算例

**【算例 3-9】** 绘制图 3-27(a)所示刚架结构的弯矩图。

**【解】** 图 3-27(a)所示刚架结构为两刚片结构。

(1) 求必要约束力。取刚片 $ABCDEF$ 为隔离体,如图 3-27(b)所示,可得支座约束力 $F_{Ax} = 0, M_A = 0$。

(2) 作弯矩图。首先,利用悬臂梁法分别作 $BC$、$AE$、$EF$ 段的弯矩图,其中杆端弯矩 $M_{CB} = ql^2$(上侧受拉), $M_{EA} = 0, M_{EF} = ql^2$(上侧受拉)。其次,取结点 $C$ 为隔离体(如图 3-27(c)所示),利用刚结点力矩平衡得 $M_{CD} = M_{CB}$;$CD$ 段无剪力,弯矩图为平行于杆轴的直线,则 $M_{CD} = M_{DC} = ql^2$。再次,取结点 $D$ 为隔离体(如图 3-27(d)所示),由刚结点力矩平衡得 $M_{DE} = 0$;再取结点 $E$ 为隔离体(如图 3-27(e)所示),由刚结点力矩平衡得 $M_{ED} = ql^2$。最终弯矩图如图 3-27(f)所示。

值得一提的是,由于 $AE$ 段的弯矩图已由悬臂梁法求得(为 0),所以 $DE$ 段的弯矩图亦可直接连接 $D$、$E$ 点的弯矩即可得到。

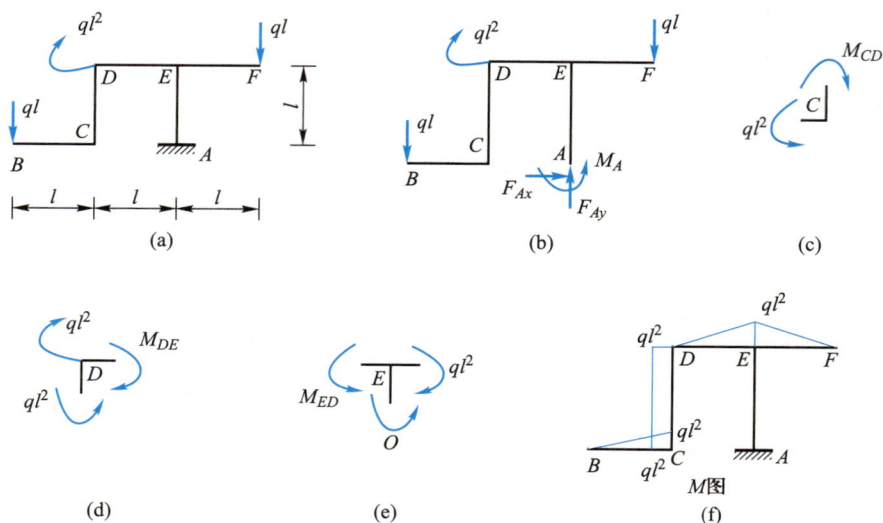

图 3-27　算例 3-9 图

【算例 3-10】　绘制图 3-28(a)所示刚架结构的弯矩图。

【解】　图 3-28(a)所示结构为基附型结构,$ABC$ 为基本部分,$CD$ 为附属部分。

(1) 求必要约束力。取附属部分 $CD$ 为隔离体,如图 3-28(b)所示,有 $F_{Cy} = \dfrac{ql}{2}$。

(2) 作弯矩图。首先,附属部分 $CD$ 段弯矩图采用简支梁法绘制。其次,基本部分 $ABC$ 受力分析如图 3-28(c)所示,可见 $BC$ 段采用悬臂梁法作弯矩图,杆端弯矩 $M_{BC} = \dfrac{ql^2}{2}$(上侧受拉);由刚结点力矩平衡得 $M_{BC} = M_{BA}$,由简支梁法作 $AB$ 段弯矩图。最终弯矩图如图 3-28(d)所示。

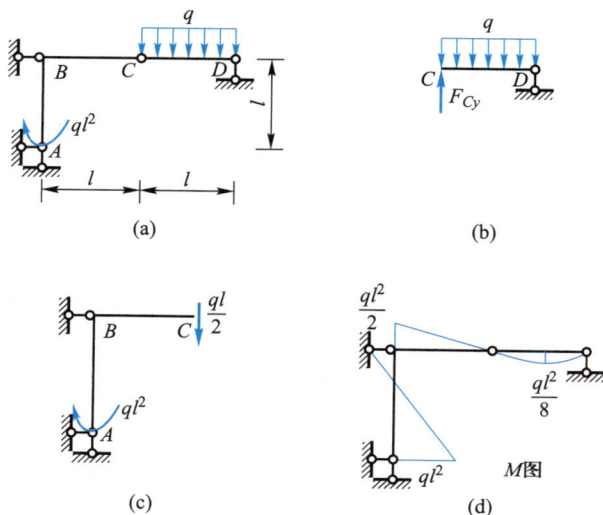

图 3-28　算例 3-10 图

**【算例 3-11】** 绘制图 3-29(a)所示刚架结构的弯矩图。

**【解】** 图 3-29(a)所示体系去掉基础后为三刚片结构,$ABCD$ 为刚片 Ⅰ、$CEF$ 为刚片 Ⅱ、$DF$ 为刚片 Ⅲ。

(1) 求必要约束力。整体分析,如图 3-29(b)所示,有 $F_{Ax}=0$,$M_A=ql^2$,$F_y=ql$;

依次取 $ABCD$ 和 $DF$ 为隔离体,如图 3-29(c)所示,有 $F_{Dx}=F_{Cx}=ql$,$F_{Dy}=F_{Cy}=\dfrac{ql}{2}$。

(2) 作弯矩图。最终弯矩图如图 3-29(d)所示,其中:$AB$、$BC$、$GD$ 段采用悬臂梁法作弯矩图,$BG$、$CE$、$DF$、$EF$ 段采用简支梁法作弯矩图。

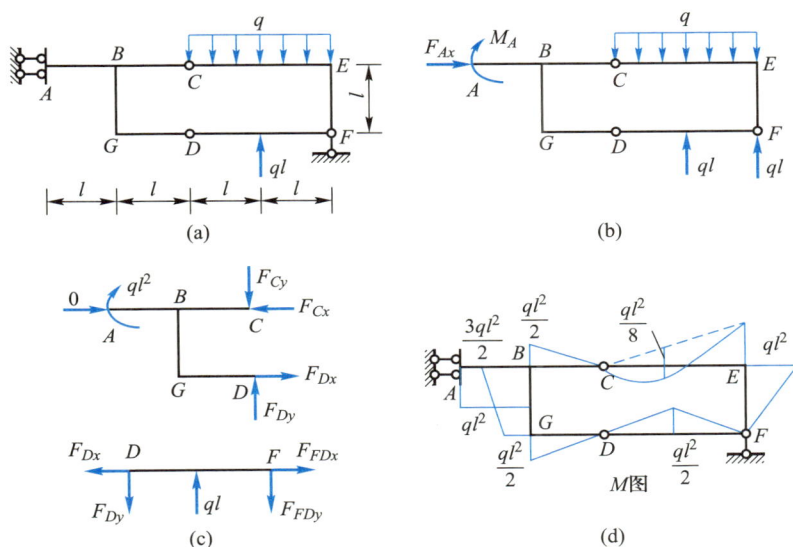

图 3-29 算例 3-11 图

### 3-3-4 组合结构弯矩图算例

**【算例 3-12】** 绘制图 3-30(a)所示组合结构的弯矩图。

**【解】** 图 3-30(a)所示为基附型结构,$AEFG$ 为基本部分,$BCD$ 为附属部分。

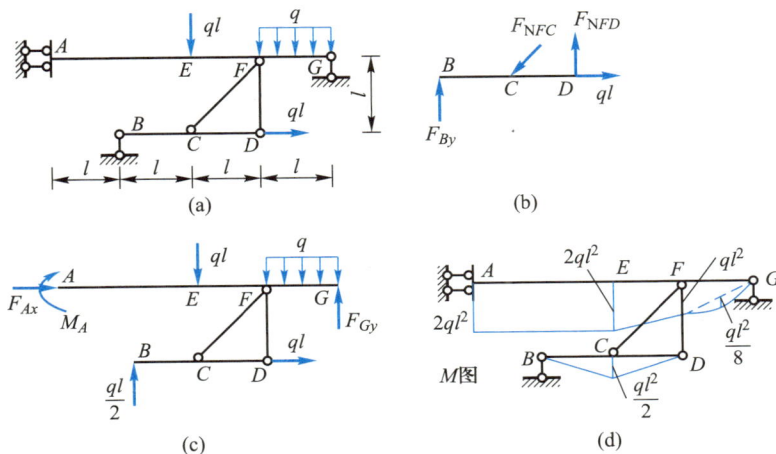

图 3-30 算例 3-12 图

（1）求必要约束力。取 $BCD$ 为隔离体，如图 3 - 30（b）所示，有 $F_{By} = \dfrac{ql}{2}$，$F_{NFD} =$

$\dfrac{ql}{2}$；取整体为隔离体，如图 3 - 30（c）所示，有 $F_{Gy} = \dfrac{3ql}{2}$，$M_A = 2ql^2$。

（2）作弯矩图。最终弯矩图如图 3 - 30（d）所示，其中：附属部分 $BC$、$CD$ 段用悬臂梁法作弯矩图；基本部分 $AE$ 段采用悬臂梁法作弯矩图，$FG$ 段、$EF$ 段采用简支梁法作弯矩图。

**【算例 3 - 13】**　绘制图 3 - 31（a）所示组合结构的弯矩图，计算二力杆轴力。

**【解】**　图 3 - 31（a）所示体系去除 $DHF$、$EFC$ 二元体后为两刚片结构，$ADE$ 为刚片Ⅰ、大地为刚片Ⅱ。$DHF$ 亦可看作附属部分。

（1）求必要约束力。由附属部分受力分析可知 $F_{Dy} = F_{Fy} = ql$，$F_{Dx} = F_{Fx} = \dfrac{ql}{2}$。

（2）求二力杆轴力。取结点 $F$ 为隔离体，可得 $F_{EF} = \dfrac{ql}{2}$（拉），$F_{FC} = -ql$（压）；取

$ADE$ 为隔离体，可得 $F_{EB} = -\dfrac{ql}{2}$（压）。

（3）作弯矩图。最终弯矩图如图 3 - 31（b）所示，其中：附属部分 $DG$、$FI$ 段采用悬臂梁法作弯矩图，$GH$、$HI$ 段采用简支梁法作弯矩图；基本部分先采用悬臂梁法作 $DE$ 段弯矩图，然后采用简支梁法作 $DA$ 段弯矩图。

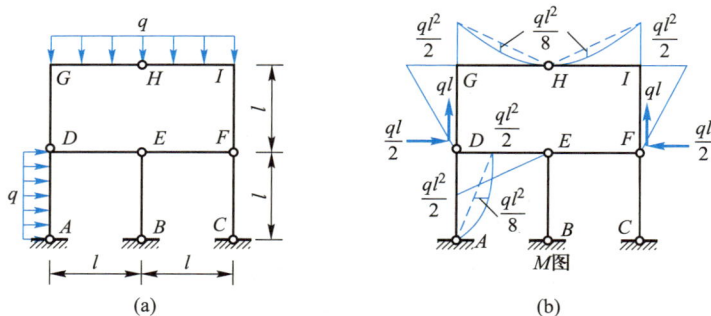

图 3 - 31　算例 3 - 13 图

**【算例 3 - 14】**　求图 3 - 32（a）所示组合结构的弯矩图，计算二力杆轴力。

**【解】**　图 3 - 32（a）所示为基附型结构，$EC$ 为附属部分，基本部分 $BDEF$ 与大地之间满足两刚片规则。

（1）求必要约束力。取附属部分 $EC$ 为隔离体，如图 3 - 32（b）所示，可得 $E$ 处约束力 $F_{ECx} = 0$，$F_{ECy} = 0$。

（2）求二力杆 $AD$ 轴力。取结点 $E$ 为隔离体，如图 3 - 32（b）所示，由于可事先通过 $ED$、$EB$ 段弯矩图求得两端剪力 $F_{SED} = F_{SEB} = \dfrac{ql}{2}$，所以有 $F_{NEF} = -ql$（压）；再取结点 $F$

为隔离体，可得 $F_{NFD} = F_{NFB} = \dfrac{\sqrt{2}\,ql}{2}$（拉）；最后取 $BDEF$ 为隔离体，如图 3 - 32（c）所示，可得 $F_{NAD} = -ql$（压）。

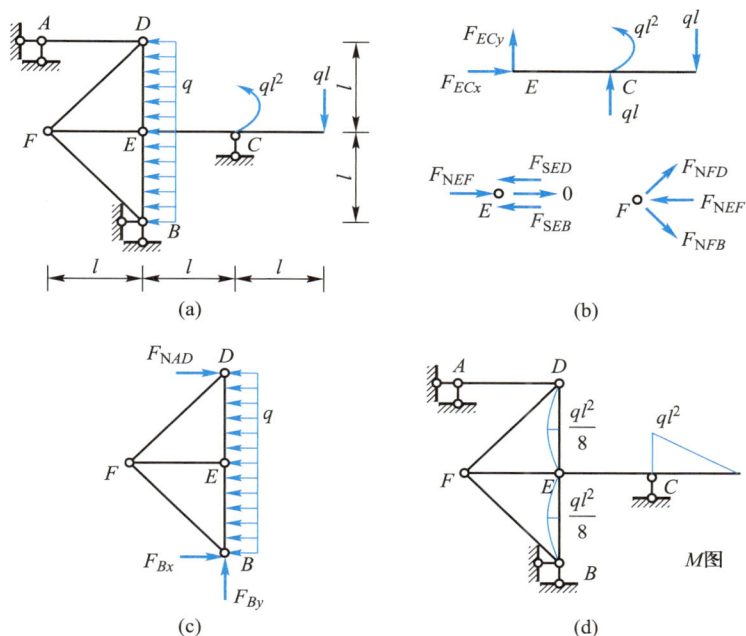

图 3-32 算例 3-14 图

（3）作弯矩图。最终弯矩图如图 3-32(d)所示,其中:附属部分采用悬臂梁法作弯矩图,基本部分采用简支梁法作弯矩图。

【算例 3-15】 求图 3-33(a)所示组合结构的弯矩图,计算二力杆轴力。

【解】 图 3-33(a)所示三刚片结构,$ACD$ 为刚片 I、$BCE$ 为刚片 II、基础为刚片 III,两两刚片分别交于实铰 $C$ 和虚铰 $D$、$E$。该题属于对称结构、对称荷载作用,所谓对称是指沿对称轴对折后的结构杆件、荷载、支座等均能重合。

（1）作弯矩图。该题弯矩图无须求解关键约束力,根据简支梁法可直接绘制,如图 3-33(b)所示。可见,对称结构在对称荷载作用下,弯矩图是对称的。

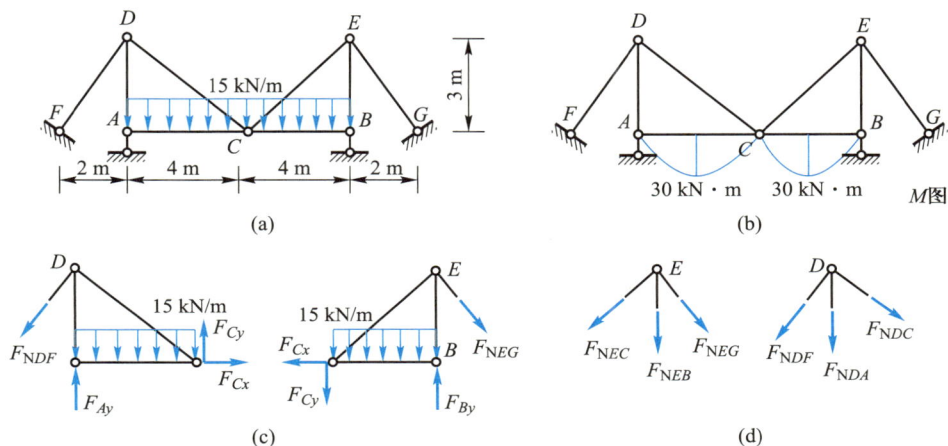

图 3-33 算例 3-15 图

（2）求二力杆轴力。由于体系为三刚片结构，分别取刚片Ⅰ、刚片Ⅱ为隔离体，如图 3-33（c）所示，建立联立方程组有

$$\begin{cases} \sum M_D = 0 \implies 4\ \text{m} \times F_{Cy} + 3\ \text{m} \times F_{Cx} = 15\ \text{kN/m} \times 4\ \text{m} \times 2\ \text{m} \\ \sum M_E = 0 \implies 4\ \text{m} \times F_{Cy} + 15\ \text{kN/m} \times 4\ \text{m} \times 2\ \text{m} = 3\ \text{m} \times F_{Cx} \end{cases} \implies \begin{cases} F_{Cx} = 40\ \text{kN} \\ F_{Cy} = 0 \end{cases}$$

再结合刚片Ⅱ隔离体，有 $\sum F_x = 0 \implies F_{NEG} = 72.11\ \text{kN}$。然后再根据铰结点 $E$ 隔离体，如图 3-33（d）所示，可得 $F_{NEC} = 50\ \text{kN}$，$F_{NEB} = -90\ \text{kN}$。

同理，结合刚片Ⅰ隔离体，有 $\sum F_x = 0 \implies F_{NDF} = 72.11\ \text{kN}$。然后再根据铰结点 $D$ 隔离体，如图 3-33（d）所示，可得 $F_{NDC} = 50\ \text{kN}$，$F_{NDA} = -90\ \text{kN}$。

可见，**对称结构在对称荷载作用下，对称杆件的内力是相同的，对称轴处的非对称内力等于零。**

### 3-3-5　由弯矩图作剪力图、轴力图

由弯矩图作剪力图，通常取直杆段为对象，根据已知的杆端弯矩和杆件上的荷载分别对杆件两端取矩，可求得杆端剪力。进而利用微分关系作每个直杆段的剪力图，得到结构剪力图。注意，对于弯矩图为直线的区段，弯矩图的斜率即剪力的大小，剪力的正负，可按照如下方法迅速判定：若弯矩图是从基线顺时针方向旋转（小于 90° 的转角）形成，则剪力为正，反之为负。得到剪力图后，再以结点为对象，由剪力可求得轴力，作轴力图。需要指出的是，剪力图、轴力图可画在杆轴的任意一侧，但必须标注正负号。

因此，在结构力学中一般先作弯矩图，然后根据情况，若有需要再作剪力图、轴力图。

【算例 3-16】　绘制图 3-34（a）所示刚架结构的内力图。

【解】　图 3-34（a）所示为两刚片结构。

（1）求约束力。整体分析，受力图如图 3-34（b）所示，可求得支座约束力 $F_{Ay} = 2ql$，$F_{Ax} = \dfrac{3ql}{2}$，$F_{Dx} = \dfrac{3ql}{2}$。

（2）作弯矩图。如图 3-34（b）所示，$BC$、$BD$ 段采用悬臂梁法作弯矩图。再取刚结点 $B$ 为隔离体，如图 3-34（c）所示，利用刚结点力矩平衡可得 $M_{BA} = ql^2/2$，由此 $AB$ 段采用简支梁法作弯矩图。最终弯矩图如图 3-34（d）所示。

（3）作剪力图。根据最终弯矩图，$BA$、$BC$ 段弯矩图为斜直线，由微分关系，$BA$、$BC$ 段剪力为常数，大小等于各段杆件弯矩图的斜率，即两杆端弯矩值之和除以杆长，正负根据弯矩图沿基线的旋转方向而定。例如，$BA$ 段弯矩图是从基线顺时针方向旋转，剪力为正；$BC$ 段弯矩图是从基线逆时针方向旋转，剪力为负。$BD$ 段弯矩图为二次抛物线，则剪力为斜直线，取 $BD$ 为隔离体，如图 3-34（e）所示，则杆件两端剪力为 $F_{SBD} = ql$，$F_{SDB} = 0$。最终剪力图如图 3-34（f）所示。

（4）作轴力图。$BD$ 杆轴力即为 $D$ 支座水平方向约束力，即 $F_{NDB} = \dfrac{3ql}{2}$，轴向受拉为正；$BA$ 杆轴力即为 $A$ 支座竖直方向约束力，即 $F_{NBA} = -2ql$，轴向受压为负；$BC$ 杆轴力由于 $C$ 端无水平力作用，杆中也无水平力作用，所以轴力为 0。最终轴力图如

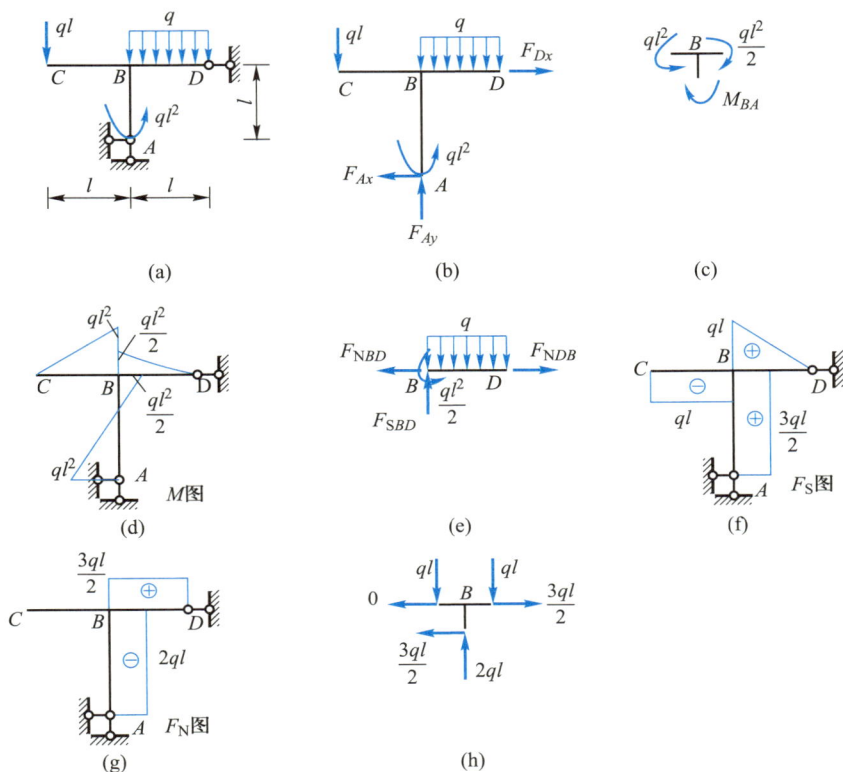

图 3-34 算例 3-16 图

图 3-34(g)所示。通过取结点 $B$ 为隔离体,如图 3-34(h)所示,可见结点水平和竖直方向的受力是平衡的,亦可佐证所绘制轴力图的正确性。

【算例 3-17】 绘制图 3-35(a)所示刚架结构的内力图。

【解】 图 3-35(a)所示为三刚片结构。

(1)求约束力。取整体为隔离体,如图 3-35(b)所示,可得 $F_{Ay}=60$ kN, $F_{By}=20$ kN;再取刚片 $CEB$ 为隔离体,可得 $F_{Bx}=10$ kN, $F_{Cx}=10$ kN, $F_{Cy}=20$ kN;再通过取整体为隔离体得 $F_{Ax}=10$ kN。

(2)作弯矩图。最终弯矩图如图 3-35(c)所示,其中:$AD$、$BE$ 段采用悬臂梁法作弯矩图;$CD$、$CE$ 段采用简支梁法作弯矩图,$D$、$E$ 结点无外力偶,结点弯矩等值同侧。

(3)作剪力图。最终剪力图如图 3-35(d)所示,其中:$AD$、$BE$、$EC$ 段弯矩图为倾斜线,剪力为常数,大小等于两杆端弯矩值之和除以杆长,$AD$、$EC$ 段弯矩图从基线逆时针为负,$BE$ 弯矩图从基线顺时针为正。$CD$ 段弯矩图由叠加而成,通过取杆件为隔离体求两端控制截面的内力进行绘制,具体为:

取杆件 $CD$ 为隔离体,如图 3-35(e)所示,建立 $Dn\tau$ 坐标系,首先将 $C$ 结点处受力 $F_{Cx}$、$F_{Cy}$ 转化为 $Dn\tau$ 坐标系,有 $F_{SCD}=22.36$ kN, $F_{NCD}=0$,即为 $CD$ 杆件 $C$ 端在 $Dn\tau$ 坐标系上的轴力和剪力;其次,结合该受力图,显然可得

$$\sum F_\tau = 0 \quad \Rightarrow \quad F_{SDC}+F_{SCD}=20 \text{ kN/m}\times 4 \text{ m}\times\cos\alpha \quad \Rightarrow \quad F_{SDC}=49.19 \text{ kN}$$

$\sum F_n = 0 \Rightarrow F_{NDC} + F_{NCD} = 20 \text{ kN/m} \times 4 \text{ m} \times \sin\alpha \Rightarrow F_{NDC} = 35.78 \text{ kN}$

最后，根据已经得到的杆件两端剪力，连线即可得到 CD 杆件的剪力图，弯矩图为抛物线，剪力图为倾斜线。

（4）作轴力图。最终轴力图如图 3-35（f）所示，其中：AD、BE 杆件轴力分别为 A、B 支座的竖向力，可见杆件均受压为负；CD 杆件轴力图通过已求得的两端控制截面的轴力绘制；CE 杆件轴力图同样可通过其两端控制截面的轴力绘制，请读者自行完成。

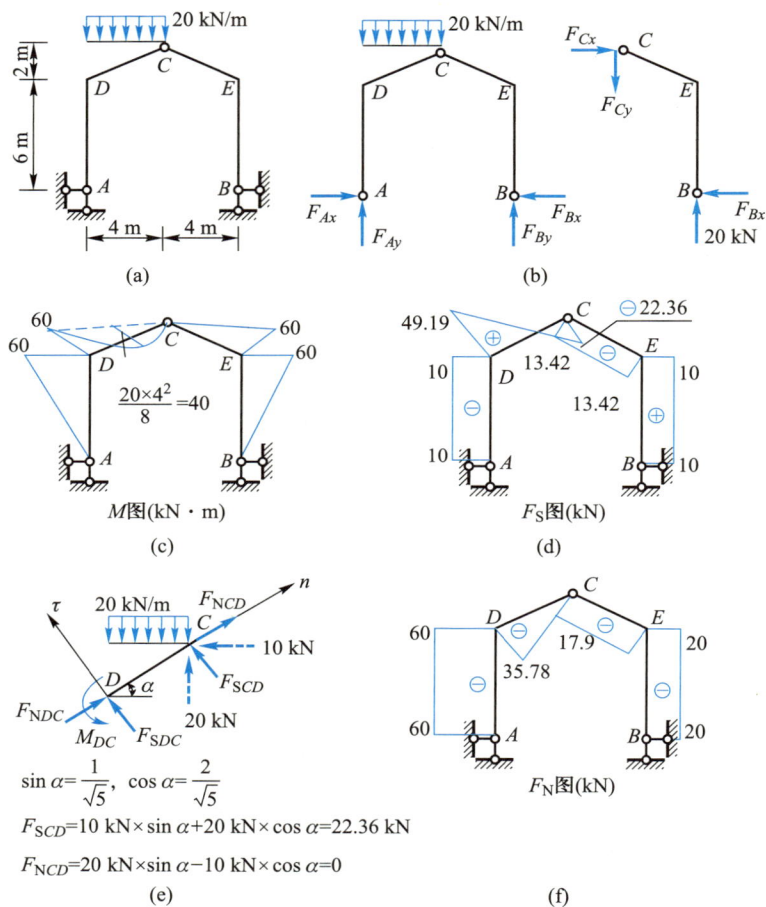

图 3-35 算例 3-17 图

### 3-3-6 桁架结构内力计算

桁架结构内力计算虽已在理论力学中提及采用零杆判断、结点法、截面法等方法加以求解，但当问题比较复杂时，采用理论力学的相关知识往往难以求解。例如，求解本章图 3-1（a）所示桁架结构的杆件内力，可以发现该桁架无零杆，除整体分析可求解支座约束力外，采用结点法均有 3 个未知量、采用截面法均有 4 个及以上未知量，显然传统方法求解捉襟见肘。为此，本节在上述方法的基础上，重点结合几何组成分析,利用三刚片结构、两刚片结构的单截面法和双截面法截取隔离体,进而建立静力平衡方程求解桁架内力。同时,为便于阅读,将相关方法简要叙述如下。

**零杆判断**:(1)桁架中存在共结点的两根杆件,结点上无荷载作用,则两根杆件均为零杆,如图3-36(a)所示;(2)桁架中存在共结点的三根杆件,结点上无荷载作用,且其中两根杆件在一条直线上,则另一根杆件为零杆,如图3-36(b)所示。

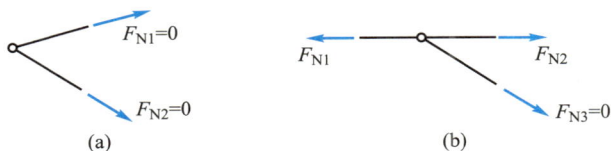

图3-36 零杆判断方法

**结点法**:取桁架某一结点作为隔离体,利用结点隔离体的静力平衡条件计算杆件内力的方法。取结点作为隔离体时,未知力应不超过2个。

**截面法**:采用一个截面截取桁架中包括两个或两个以上结点的某一局部作为隔离体,利用局部隔离体的静力平衡条件计算杆件内力的方法。取局部作为隔离体时,未知力应不超过3个。

**【算例3-18】** 求图3-37所示桁架结构1、2、3杆的轴力。

**【解】** 图3-37(a)所示桁架,内部体系整体与基础之间满足两刚片规则;而内部体系整体又由 $ADF$ 和 $BEC$ 两个刚片通过三根链杆 $AC$、$EF$、$DB$ 相连,亦满足两刚片规则。

取刚片 $BEC$ 为隔离体,如图3-37(b)所示,可得

$$\sum F_x = 0 \implies F_{N3} = -F_P, \quad \sum M_K = 0 \implies F_{N1} = \frac{-F_P}{4}$$

再取结点 $E$ 为隔离体,如图3-37(c)所示,联立方程求解,可得

$$\begin{cases} \sum F_x = 0 \implies F_{N2}\cos\alpha - F_{NEB}\cos\beta + F_P = 0 \\ \sum F_y = 0 \implies F_{N2}\sin\alpha + F_{NEB}\sin\beta = 0 \end{cases} \implies F_{N2} = \frac{-2\sqrt{2}\,F_P}{5}$$

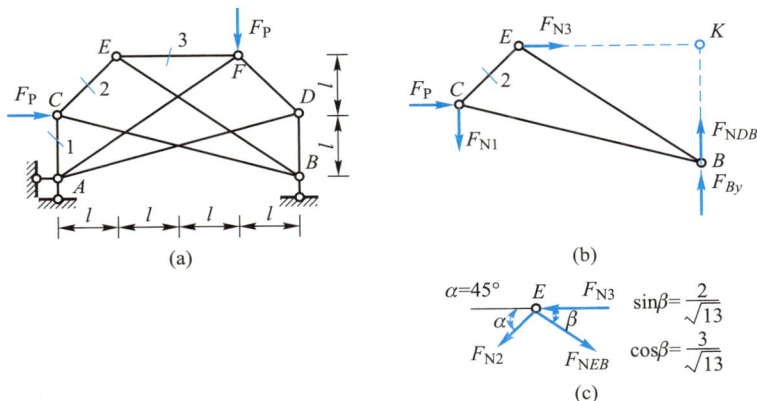

图3-37 算例3-18图

本算例中虽然内部体系整体与基础满足两刚片规则,能直接求解全部支座约束力,但是发现其对于内部杆件轴力的进一步求解并没有贡献。因为所有结点隔离体均有 3 个未知量,截面法截取的局部隔离体已存在 4 个及以上未知量,显然采用传统方法求解将异常困难,需要联立多元方程组。然而,当对该内部体系进行几何组成分析后,可以发现内部体系满足两刚片规则,结合 3-2-1 节知识两刚片结构只需采用单截面法取任一刚片作为隔离体,即可求解未知力。显然,从几何组成分析的角度首先掌握桁架结构组成,然后再行求解,可大大简化工作量。

【算例 3-19】　求图 3-38 所示桁架结构 1、2、3 杆的轴力。

【解】　图 3-38(a)所示桁架,内部体系整体与基础之间满足两刚片规则;而内部体系整体又由 ACEG 和 BDFH 两个刚片通过三根链杆 CH、EF、GB 相连,亦满足两刚片规则。

取内部整体为隔离体,如图 3-38(b)所示,可得 $F_{By}=60$ kN,$F_{Ay}=0$,$F_{Ax}=30$ kN。

取刚片 ACEG 为隔离体,如图 3-38(c)所示,可得

$$\sum F_y=0 \Rightarrow F_{N1}=0, \quad \sum M_B=0 \Rightarrow F_{NCH}=-20 \text{ kN}$$

显然有:$F_{NDH}=F_{NCH}=-20$ kN。再取结点 D 为隔离体,如图 3-38(d)所示,有

$$\sum F_x=0 \Rightarrow F_{N2}\sin\beta-20 \text{ kN}=0 \Rightarrow F_{N2}=20\sqrt{5} \text{ kN}$$

杆 3 的轴力可通过零杆判断,有 $F_{N3}=0$。

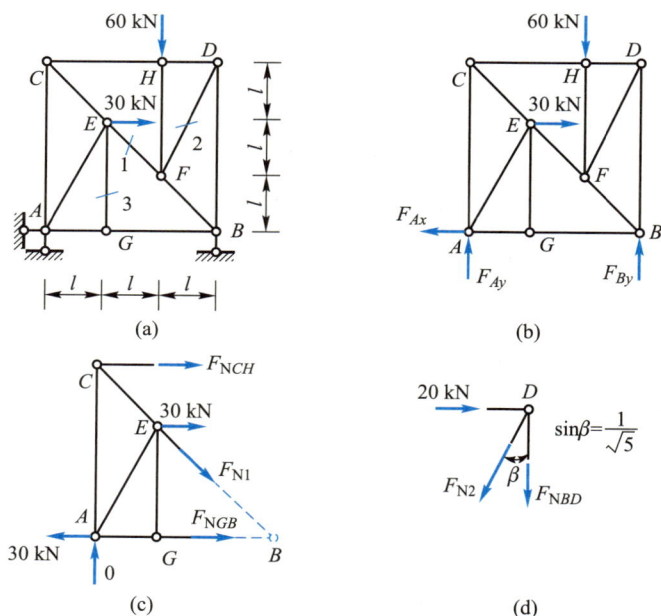

图 3-38　算例 3-19 图

【算例 3-20】　求图 3-39 所示桁架结构 1、2、3 杆的轴力。

【解】　图 3-39(a)所示桁架,内部体系整体与基础之间满足两刚片规则;内部体系整体由 ACDF、DEBG 和 FLJKMGH 三个刚片通过三个铰 D、F、G 相连,满足三刚片规则。

取内部整体为隔离体,如图 3-39(b)所示,有 $F_{Ay}=50$ kN, $F_{By}=50$ kN, $F_{Mx}=50$ kN。

取刚片 *FLJKMGH* 为隔离体,如图 3-39(c)所示,可得

$$\sum M_F=0 \Rightarrow F_{Gy}=50 \text{ kN}, \quad \sum F_y=0 \Rightarrow F_{Fy}=50 \text{ kN}$$

取刚片 *BEG* 为隔离体,如图 3-39(d)所示,可得

$$\sum F_y=0 \Rightarrow F_{N2}=0, \quad \sum M_D=0 \Rightarrow F_{Gx}=50 \text{ kN}$$

进一步根据图 3-39(c),有 $F_{Fx}=F_{Gx}=50$ kN。再取结点 *G* 为隔离体,如图 3-39(e)所示,有

$$\sum F_x=0 \Rightarrow F_{N3}=-50\sqrt{2} \text{ kN}$$

再取结点 *F* 为隔离体,如图 3-39(f)所示,有

$$\sum F_x=0 \Rightarrow F_{N1}=-50\sqrt{2} \text{ kN}$$

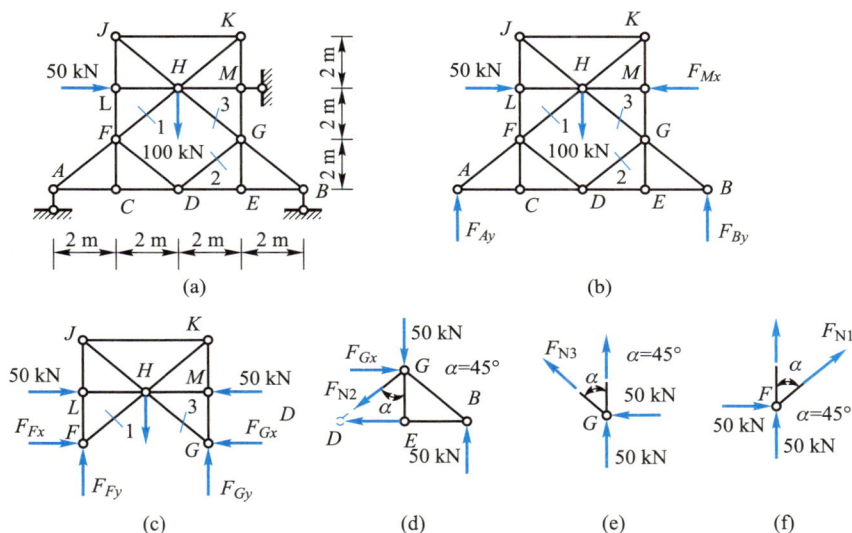

图 3-39 算例 3-20 图

# 3-4 静定三铰拱

## 3-4-1 拱的类型

拱是指杆轴为曲线且在竖向荷载作用下产生水平支座约束力(水平推力)的结构。这种结构在房屋建筑、水工结构、桥梁结构、地下工程结构中有广泛应用。常见的拱包括无铰拱、两铰拱、三铰拱,以及带拉杆三铰拱,如图 3-40 所示。其中,两铰拱和无铰拱都是超静定拱,三铰拱是静定拱,一般由两个固定铰支座和一个中间铰结点彼此相连的曲杆拱构成,本节主要讨论三铰拱。

如图 3-41 所示,拱身各横截面形心的连线称为拱轴线,拱轴线上最高的点称为拱顶,通常三铰拱在拱顶处设置的铰称为顶铰,拱的支座称为拱趾,拱趾间的水平距

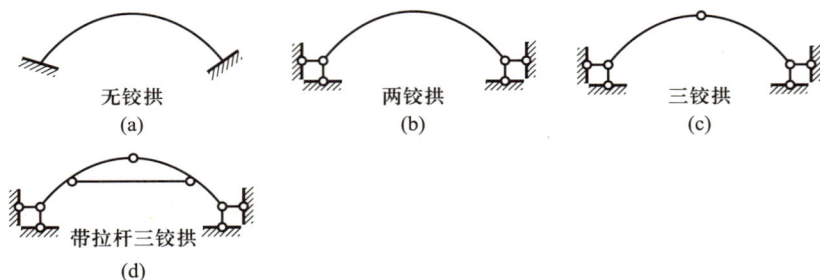

图 3-40　常见拱的类型

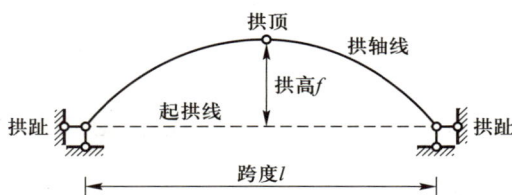

图 3-41　拱的相关名称

离为拱的跨度($l$),拱趾间的连线称为起拱线,拱顶至起拱线的铅垂距离称为拱高(或矢高 $f$),拱高与跨度之比称为高跨比($f/l$),通常在 $1/10\sim1$ 之间。起拱线水平(即两拱趾在同一水平线上),称为平拱;起拱线倾斜,称为斜拱。

值得注意的是,拱与梁的主要区别在于是否存在水平推力。如图 3-42(a)所示结构,其杆轴线虽为曲线,与图 3-42(b)拱轴线重合,但在竖向荷载作用下无水平推力,所以不能称之为拱,应称为曲梁。显然,图 3-42(a)曲梁的弯矩图与图 3-42(c)所示简支梁相同。通常把与拱相同跨度且承受相同竖向荷载的简支梁称为等代梁,简称代梁。在拱的受力分析中常用代梁作对比。

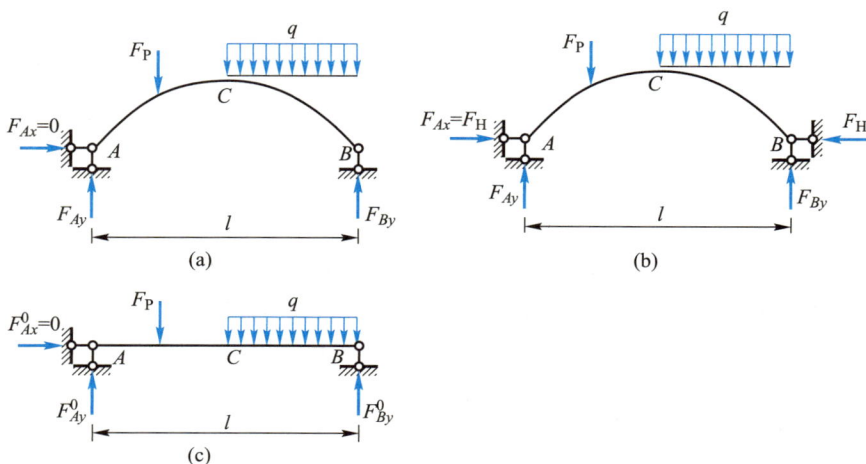

图 3-42　曲梁、拱与代梁

由于水平推力的存在,拱各个截面的弯矩比相应的曲梁和代梁要小,并且主要承受压力。因此,可以利用抗拉性能较差但抗压性能很好的砖、石、混凝土等低成本材料建造,这是拱的主要优点。拱的主要缺点也正由于支座需要承受水平推力,因而需要具备更坚固的基础或支承结构。

### 3－4－2　三铰拱反力和内力

静定三铰拱为三刚片结构,各铰结点的约束力可采用双截面法求解。拱任意指定截面的内力,可根据截面法求得。由于拱结构主要受压,其内力正负号的规定略有不同。轴力:受压为正、受拉为负;剪力:使隔离体产生顺时针转动为正、逆时针为负;弯矩:拱内侧受拉为正、外侧受拉为负。

注意:分析拱的力学性能时,常与代梁的受力作对比,由上标"0"表示代梁的对应量,后文同此。

**【算例3－21】**　求图3－43(a)中三铰平拱的支座约束力与任意$K$截面的内力。

**【解】**　(1)求约束力。首先,取整体为隔离体,如图3－43(a)所示,可得三铰平拱的两支座竖向支座约束力$F_{Ay}$、$F_{By}$。通过对比计算,三铰拱竖向约束力与图3－43(b)所示代梁竖向约束力相同,即

$$\begin{cases} F_{Ay}=F_{Ay}^0=\dfrac{F_P}{4}+\dfrac{3ql}{8} \\ F_{By}=F_{By}^0=\dfrac{3F_P}{4}+\dfrac{ql}{8} \end{cases}$$

其次,取$AC$为隔离体,如图3－43(c)所示,三铰拱一侧约束力、竖向荷载和水平推力对顶铰$C$的力矩之和为零,有

$$\sum M_C=0 \quad\Rightarrow\quad F_H f+\frac{1}{8}ql^2=\frac{1}{2}F_{Ay}l \quad\Rightarrow\quad F_H=\frac{\frac{1}{2}F_{Ay}l-\frac{1}{8}ql^2}{f}$$

由于三角拱与相应代梁的荷载和竖向约束力均相同,如图3－43(d)所示,有

$$\sum M_C=0 \quad\Rightarrow\quad M_C^0+\frac{1}{8}ql^2=\frac{1}{2}F_{Ay}^0l \quad\Rightarrow\quad M_C^0=\frac{1}{2}F_{Ay}l-\frac{1}{8}ql^2$$

由此可得

$$F_H=\frac{M_C^0}{f}=\frac{\frac{1}{2}F_{Ay}l-\frac{1}{8}ql^2}{f}$$

可以看出,若只有竖向荷载作用时,三铰平拱的支座约束力仅与三个铰位置有关,与拱轴形状无关。另外,三铰平拱的竖向约束力与代梁约束力相同,三铰平拱的水平约束力(即水平推力,记作$F_H$)在两拱趾处等值反向(注意:代梁无水平约束力),且大小与拱高成反比。

(2)任意$K$截面的内力。设$K$截面的外法线方向与水平线夹角为$\varphi$,可由轴线方程求导获得,逆时针为正。$K$截面高度$y$可由给定的拱轴线方程计算。沿$K$截面截开,取$AK$为隔离体(如图3－43(e)所示),相应代梁$AK$隔离体如图3－43(f)所示。

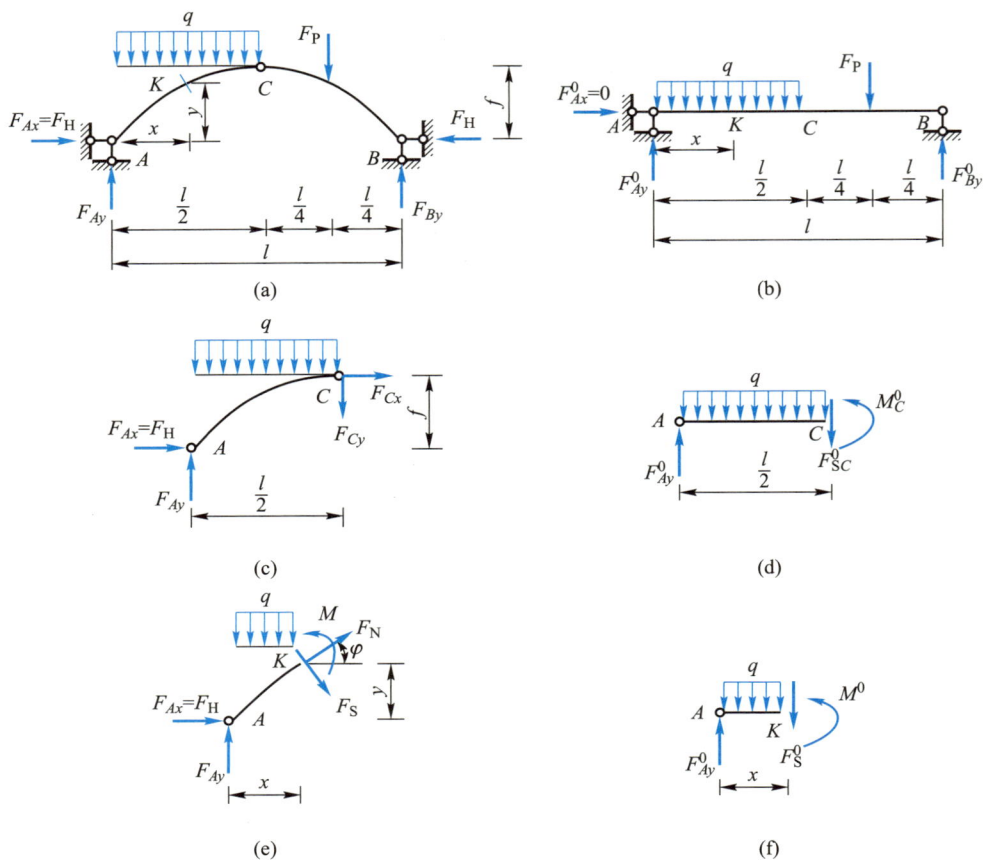

图 3-43　算例 3-21 图

　　沿截面 $K$ 的切向投影平衡方程、法向投影平衡方程和弯矩平衡方程,有

$$
\begin{cases}
\sum F_{\mathrm{S}} = 0 & \Rightarrow \quad F_{\mathrm{S}}^{0} = F_{Ay}^{0} - qx \quad \Rightarrow \quad F_{\mathrm{S}} = (F_{Ay} - qx)\cos\varphi - F_{\mathrm{H}}\sin\varphi = F_{\mathrm{S}}^{0}\cos\varphi - F_{\mathrm{H}}\sin\varphi \\[2mm]
\sum F_{\mathrm{N}} = 0 & \Rightarrow \quad F_{\mathrm{N}} = (F_{Ay} - qx)\sin\varphi + F_{\mathrm{H}}\cos\varphi = F_{\mathrm{S}}^{0}\sin\varphi + F_{\mathrm{H}}\cos\varphi \\[2mm]
\sum M_{K} = 0 & \Rightarrow \quad M^{0} = F_{Ay}x - \dfrac{qx^{2}}{2} \quad \Rightarrow \quad M = \left(F_{Ay}x - \dfrac{qx^{2}}{2}\right) - F_{\mathrm{H}}y = M^{0} - F_{\mathrm{H}}y
\end{cases}
$$

　　由此可见,拱内任意截面的弯矩,等于相应代梁对应截面的弯矩减去水平推力在拱高上引起的弯矩,使得三铰拱中的弯矩小于代梁对应截面的弯矩。由此可见,三铰拱内力与代梁内力存在如下关系:

$$
\begin{cases}
F_{\mathrm{S}} = F_{\mathrm{S}}^{0}\cos\varphi - F_{\mathrm{H}}\sin\varphi \\[2mm]
F_{\mathrm{N}} = F_{\mathrm{S}}^{0}\sin\varphi + F_{\mathrm{H}}\cos\varphi \\[2mm]
M = M^{0} - F_{\mathrm{H}}y
\end{cases}
$$

　　可以看出,在竖向荷载作用下,三铰平拱的内力不仅受到荷载、跨度和拱高的影响,还与拱身曲线形式有关。这意味着,在给定荷载和拱趾位置的前提下,可以通过合理设计拱的轴线形式,使拱横截面中的弯矩和剪力尽可能为零或最小。非竖向荷载作用、不等高三铰拱等情形,上述公式是不适用的,需要根据具体情况,由截面法直

接求解内力。

拱结构绘制内力图时,可采用等分截面法,也就是沿三铰拱跨度方向取等分截面作为控制截面,计算出各控制截面的内力,再用直线连接等分点内力值即可作出内力图,等分截面取得越多,所绘制内力图将逼近实际内力图。这一过程可借助于计算机完成。此外,通常也可将拱的内力图绘制在水平投影线上。

### 3－4－3　三铰拱合理拱轴线

使拱在给定荷载作用下只产生轴力的拱轴线,称为与该荷载对应的合理拱轴线,此时拱各截面无弯矩和剪力,只受压力,且应力均匀分布,材料性能得以充分发挥。

三铰平拱在竖向荷载作用下合理拱轴线常采用数解法求解,由拱中弯矩均为零可知 $M = M^0 - F_H y = 0$,进而得到合理拱轴线方程:

$$y = \frac{M^0}{F_H}$$

这表明,与代梁弯矩图成比例的轴线为合理拱轴线。当荷载已知时,可先求出相应代梁的弯矩方程,然后除以水平推力,便可得到拱的合理拱轴线方程。

【算例3－22】　求图3－44所示对称三铰拱在满跨竖向均布荷载 $q$ 作用下的合理拱轴线。

【解】　代梁弯矩方程为 $M^0 = \frac{1}{2}qx(l-x)$,三铰拱的水平推力为 $F_H = \frac{M_C^0}{f} = \frac{ql^2}{8f}$。则三铰拱的合理拱轴为 $y = \frac{M^0}{F_H} = \frac{4f}{l^2}x(l-x)$。

可见,在满跨竖向均布荷载作用下,三铰拱的合理拱轴线是抛物线。

对非竖向荷载作用情形,可由曲杆平衡方程和合理拱轴定义来确定合理拱轴。例如受静水压力作用的拱,其合理拱轴为圆弧线。

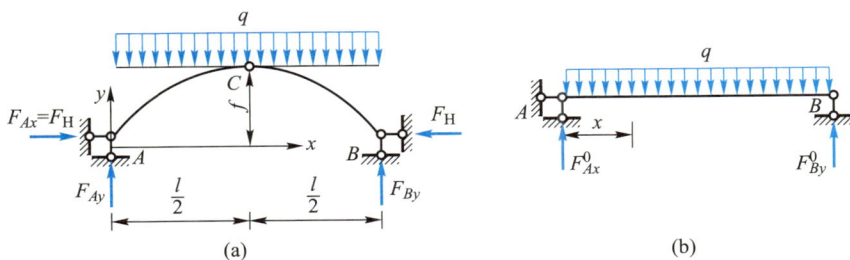

图3－44　算例3－22图

## 3－5　各类结构的受力特点

桁架结构　各杆件只受轴力作用,由于杆件横截面上正应力均匀分布,材料能充分发挥作用,因而是合理的结构形式。图3－45对作为屋架用的几种常见梁式桁架,在同样节间数、节间距和同样荷载下给出了各杆件的轴力值(省略了 $F_P$)。读者从中可总结出桁架各类杆件内力变化规律及不同外形桁架受力特点。对平行弦式桁架，简支梁截面弯矩由弦杆承担、剪力由腹杆承受，建议读者分析其间关系。

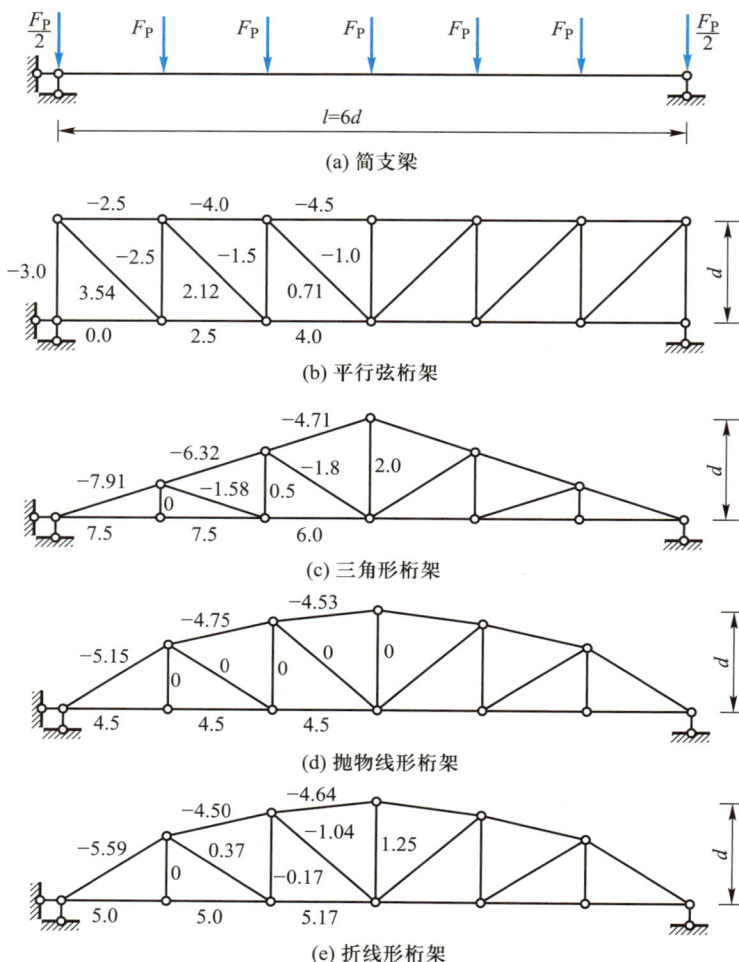

图 3-45　不同外形桁架受力情况对比

**拱结构**　由于在竖向荷载下存在水平推力，其弯矩比代梁小，以压力为主、压弯联合的截面应力分布比梁均匀。特别当按主要荷载情况设计为合理拱轴时，结构中弯矩很小，截面主要承受压应力，从而可使拉压强度不等的脆性材料更好发挥作用。但推力对支座的要求提高，用作屋架时或地基很软弱难以承担很大推力时，可改用拉杆承受"推力"。三铰刚架的情形与其类似。

**多跨梁**　可利用部件的外伸部分使支座处产生负弯矩，从而相对于等跨度的简支梁可使最大弯矩值减少。因此，同样荷载作用下，连续排放的简支梁可有更大跨度。多跨静定梁主要受弯，截面上正应力沿高度直线分布，故材料不能充分发挥作用，这是缺点。但多跨静定梁构造简单、易于施工等又是这种结构的优点。因此，设计时要综合考虑。

**组合结构**　其中受弯杆件上的链杆也会使其产生负弯矩，从而降低最大弯矩值。

部件、外形的合理设计,可使受力达最合理。有兴趣的读者可研究图 3-38 所示联合型组合结构,受沿水平长度均布竖向荷载和等结间距条件下,什么样的外形是最合理的。

图 3-46 给出了各种静定结构的弯矩值对比,可以帮助读者加深对受力特点的理解。

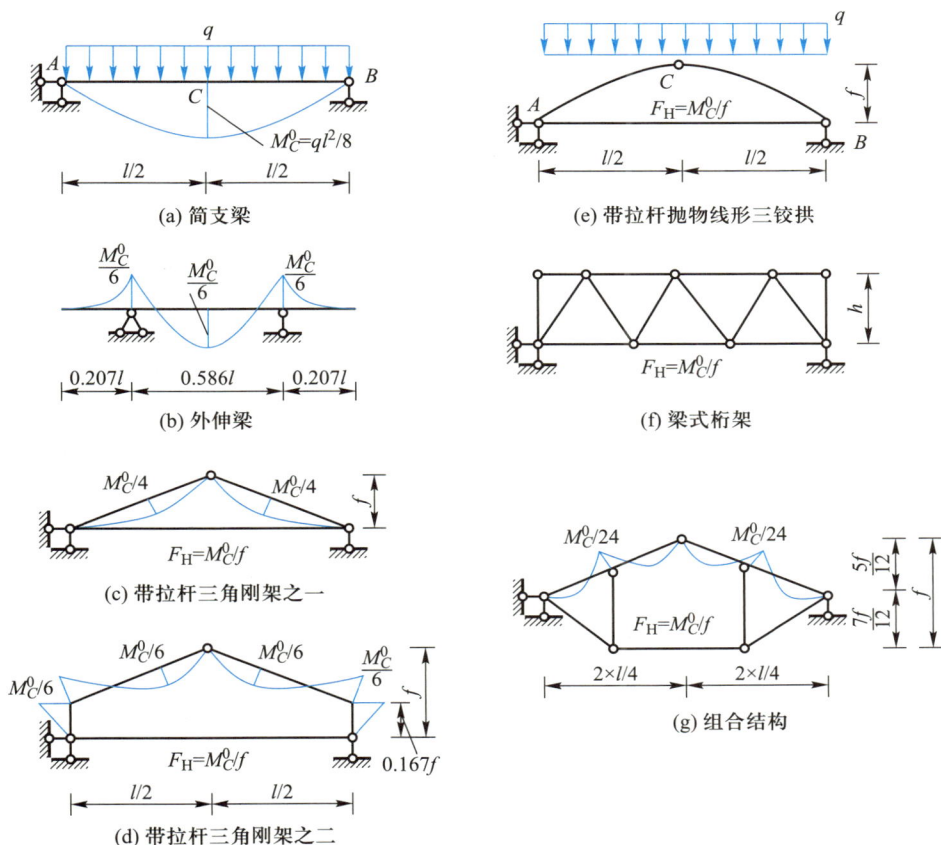

图 3-46 同样荷载、跨度各种静定结构弯矩对比

# 3-6 静定结构受力特性

## 3-6-1 静定结构解答唯一性

静定结构的内力和约束力都可以仅用平衡方程确定,也可用刚体虚位移原理来确定。应用刚体虚位移原理的过程是,解除与所要求的量相对应的约束,使静定结构变成单自由度系统,使内力变成外力;然后令单自由度系统产生沿约束力方向的单位虚位移,并计算全部主动力所做的总虚功;最后由总虚功为零即可求得所要求的量。

由于静定结构是无多余约束的几何不变体系,解除一个与所要求的量相对应的约束并用"力"代替后,结构变成单自由度的几何可变体系,所要求的量变成了主动力。解除约束后的系统发生单位虚位移是唯一的,因此应用刚体虚位移原理的虚功方程,自然可以求得唯一的、有限的约束力。这表明,一组满足全部平衡条件的解答,就是静定结构的真实解答。这是静定结构最基本的性质,称为静定结构解答唯一性。

### 3-6-2 导出的性质

**导出性质一**:支座移动、温度改变、材料收缩和制造误差等非荷载因素只使结构产生位移,不产生内力、约束力。如图 3-47 所示,各杆件无约束力和内力。

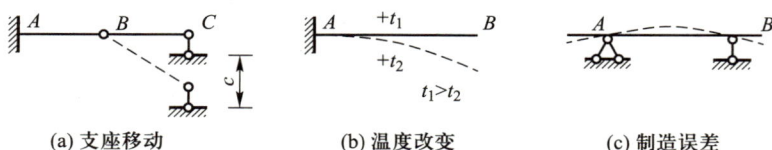

(a) 支座移动          (b) 温度改变          (c) 制造误差

图 3-47  导出性质一

**导出性质二**:几何不变部分上的平衡力系仅引起局部内力。平衡力系作用于静定结构中某一几何不变或可独立承受该平衡力系的部分上时,则只有该部分受力,而其余部分的约束力和内力均为零。图 3-48(a)中,仅 $AE$ 杆件受力;图 3-48(b)中,仅 $BG$、$FG$ 杆件受力。

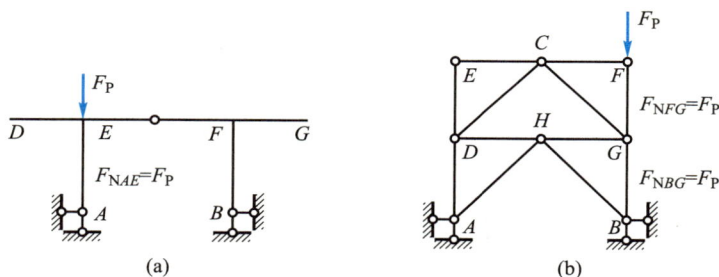

(a)                    (b)

图 3-48  导出性质二

**导出性质三**:几何不变部分上荷载变换不影响其余部分内力。结构任一几何不变部分上的外荷载作静力等效变换(主矢和对同一点的主矩均相等),仅使变换部分范围内的内力发生改变。如图 3-49 所示,仅 $BC$ 杆件受力不同,$AB$ 杆件内力相同。

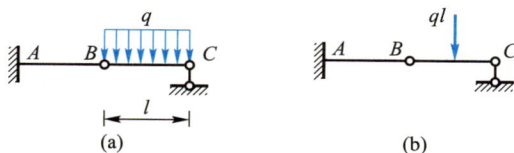

(a)                    (b)

图 3-49  导出性质三

**导出性质四**:几何不变部分上构造改变不影响其余部分内力。结构任一几何不变部分在保持连接方式和几何组成不变的条件下,用另一组成方式的几何不变体代替,则其他部分受力状态不改变。如图 3-50 所示,除 $DE$ 杆件外受力不变。

**导出性质五**:基附型结构,当仅基本部分受荷载时,附属部分不受力。如图 3-51 所示,仅 $ABC$ 杆件受力。

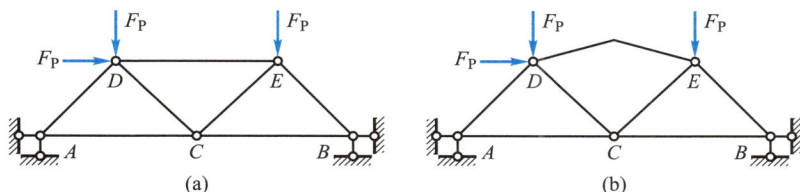

图 3－50　导出性质四

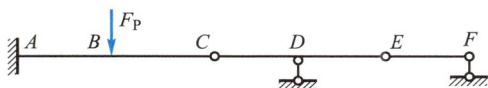

图 3－51　导出性质五

# ＊3－7　约束替代法

**约束替代法基本思路**:通过约束替代,将原结构的某个约束替代为结构内部的一根链杆,进而将原结构等价为一个几何组成更为简单且易于求解的新结构,将该新结构称为等代结构;将所替代的约束力设为未知量 $x$,基于等代结构中所替代链杆内力为零的原则建立方程,即可求解未知量 $x$;最后,结合已求解的未知量 $x$,实现原结构全部内力求解。

**【算例 3－23】**　采用约束替代法求图 3－52(a)所示桁架结构的内力。

**【解】**　将该桁架 $D$ 处的支座链杆约束去掉,代之以结构内部的链杆 $DE$,可得如图 3－52(b)所示的等代结构,所替代的约束力即为未知量 $x$。

基于等代结构,求解单位力状态下的结构内力,即在未知量 $x$ 处作用与其方向一致的单位力 $\bar{x}=1$,不施加其他荷载作用,求解单位力状态下的结构内力,如图 3－52(c)所示。

基于等代结构,求解荷载状态下的结构内力,即施加原结构的全部荷载作用,不施加未知量 $x$,求解荷载状态下的结构内力,如图 3－52(d)所示。

显然,根据等代结构中所替代的链杆 $DE$ 内力应为零,即可建立方程, $x\bar{F}_{NDE}+F_{NDE}^{P}=0$,求解未知量 $x=-125$ kN,该未知量即为支座 $D$ 的约束力。

可见,通过约束替代法求得 $D$ 支座约束力后,利用叠加原理即可快速得到桁架内力,如图 3－52(e)所示。桁架 1、2 杆轴力分别为 $F_{N2}=-100$ kN(受压), $F_{N1}=125\sqrt{2}$ kN(受拉)。

**【算例 3－24】**　采用约束替代法求图 3－53(a)所示桁架结构的内力。

**【解】**　将该桁架 $F$ 处的支座链杆约束去掉,代之以结构内部的链杆 $CB$,可得如图 3－53(b)所示的等代结构,所替代的约束力即为未知量 $x$。

依次求解单位力状态和荷载状态下的结构内力,分别如图 3－53(c)、(d)所示。基于等代结构中所替代的链杆 $CB$ 轴力为零,建立方程 $x\bar{F}_{NCB}+F_{NCB}^{P}=0$,求解未知量 $x=F_{P}$。根据叠加原理可求得 1、2 杆件的轴力分别为 $F_{N1}=-2F_{P}$, $F_{N1}=2F_{P}$。

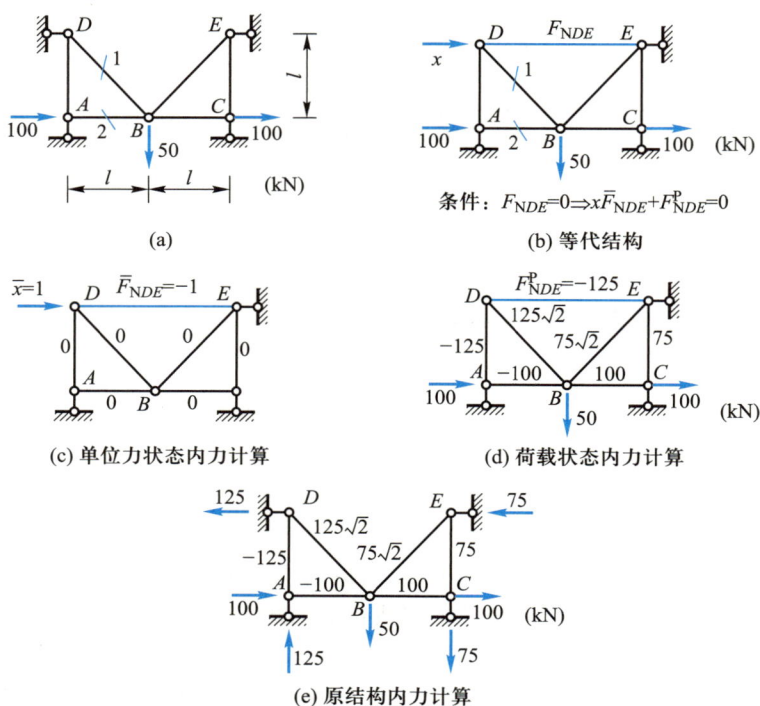

(a)

(b) 等代结构

条件：$F_{NDE}=0 \Rightarrow x\bar{F}_{NDE}+F^P_{NDE}=0$

(c) 单位力状态内力计算

(d) 荷载状态内力计算

(e) 原结构内力计算

图 3-52　算例 3-23 图

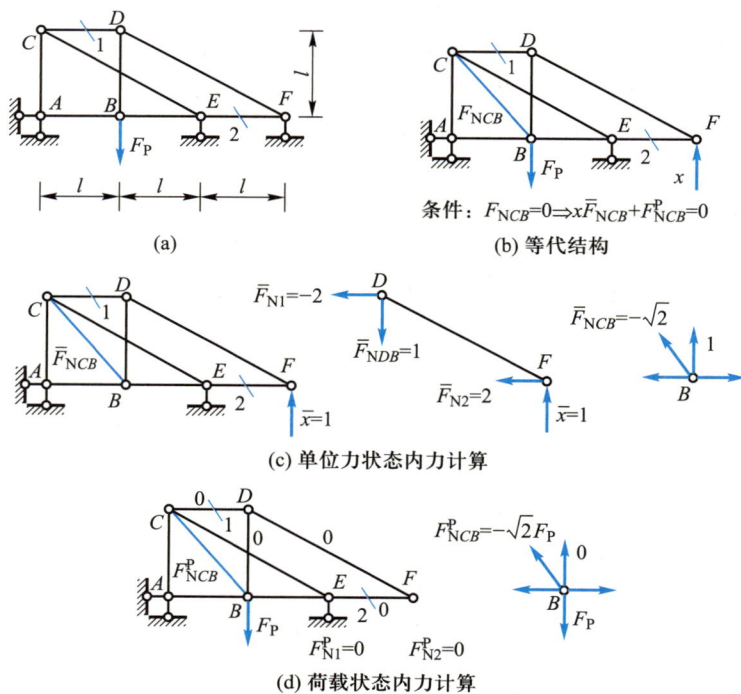

(a)

(b) 等代结构

条件：$F_{NCB}=0 \Rightarrow x\bar{F}_{NCB}+F^P_{NCB}=0$

(c) 单位力状态内力计算

(d) 荷载状态内力计算

图 3-53　算例 3-24 图

**【算例 3-25】** 采用约束替代法绘制图 3-54(a)所示结构的弯矩图。

**【解】** 将该结构 B 处的支座链杆约束去掉,代之以结构内部的链杆 CF,可得如图 3-54(b)所示的等代结构,所替代的约束力即为未知量 x。

依次求解单位力状态和荷载状态下替代链杆 CF 的轴力,并绘制相对应的弯矩图,分别如图 3-54(c)、(d)所示。

基于等代结构中所替代的链杆 CF 轴力为零,建立方程 $x\bar{F}_{NCF}+F^P_{NCF}=0$,求解未知量 $x=-F_P/4$。根据叠加原理可绘制弯矩图,如图 3-54(e)所示。

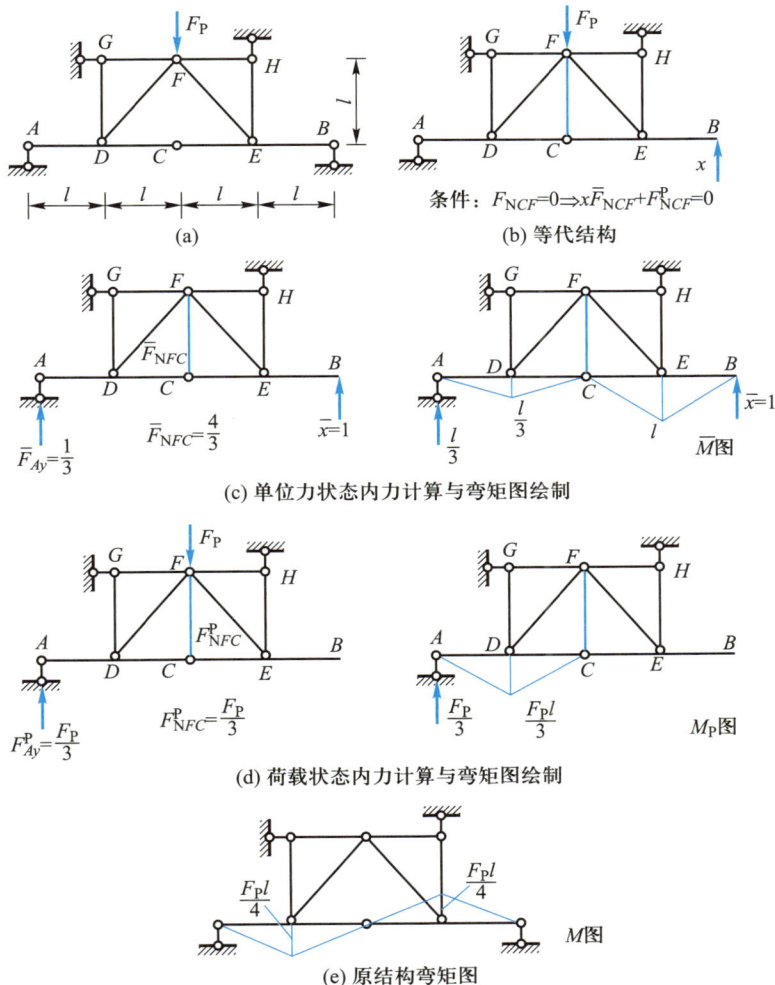

(a)

条件:$F_{NCF}=0\Rightarrow x\bar{F}_{NCF}+F^P_{NCF}=0$
(b) 等代结构

(c) 单位力状态内力计算与弯矩图绘制

(d) 荷载状态内力计算与弯矩图绘制

(e) 原结构弯矩图

图 3-54 算例 3-25 图

## 思 考 题

**3-1** 选取隔离体的基本原则有哪些?

**3-2** 什么是单截面法和双截面法,两种方法在求解约束力时需要注意什么?

**3-3** 基附型结构是什么结构,求解此类结构的约束力时的基本原则是什么?

**3-4** 对以三刚片规则所组成的联合桁架,应如何求解?

**3-5**　简支梁法和悬臂梁法绘制弯矩图有什么联系和区别？弯矩图绘制的关键在于什么？

**3-6**　何谓区段叠加法？其作弯矩图的步骤如何？

**3-7**　作平面刚架内力图的一般步骤如何？

**3-8**　静定组合结构分析应注意什么？

**3-9**　由弯矩图作剪力图的条件是什么？由剪力图作轴力图的条件是什么？

**3-10**　什么是拱,其常见类型有哪些？

**3-11**　为何在拱的内力计算中常用代梁替换？

**3-12**　什么是三铰拱的合理拱轴线？工程上如何利用合理拱轴线？

**3-13**　静定结构内力分布情况与杆件截面的几何性质和材料物理性质是否有关？

**3-14**　如何证明静定结构的解答唯一性？

**3-15**　基于静定结构解答唯一性能导出哪些性质？

**3-16**　约束替代法求解结构内力的一般步骤是什么？

# 习　题

**3-1**　试绘制图示梁结构的弯矩图。

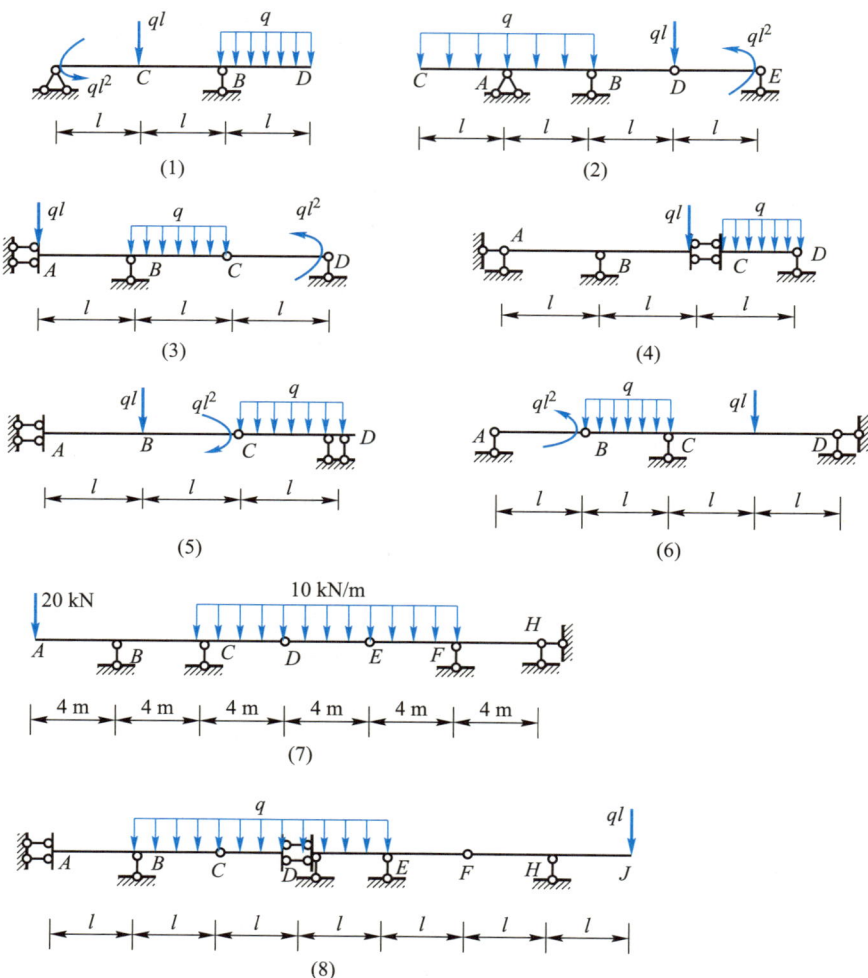

习题 3-1 图

**3－2** 试绘制图示刚架结构的弯矩图。

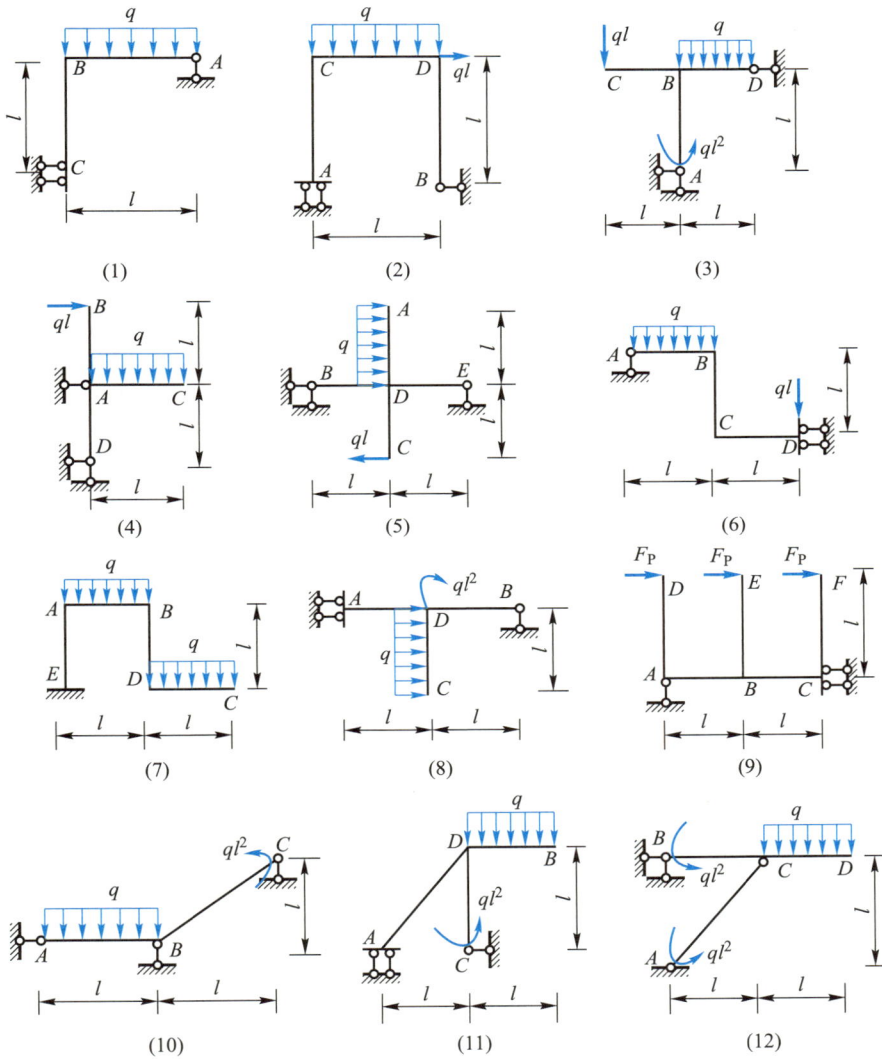

习题 3－2 图

**3－3** 试绘制图示刚架结构的弯矩图。

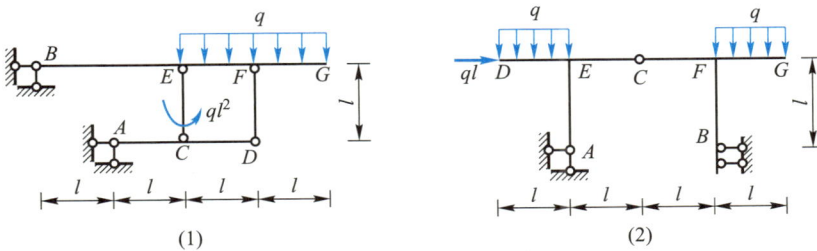

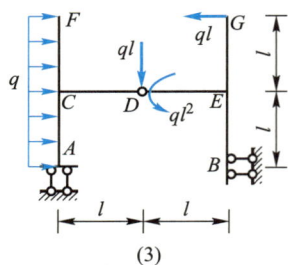

(3)

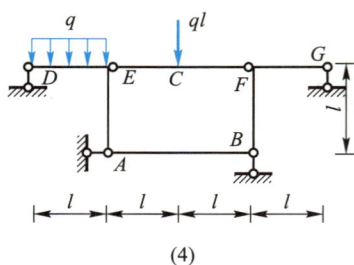

(4)

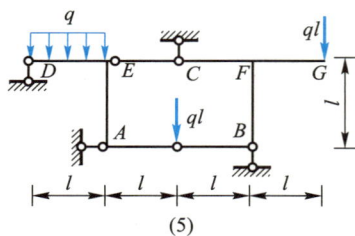

(5)

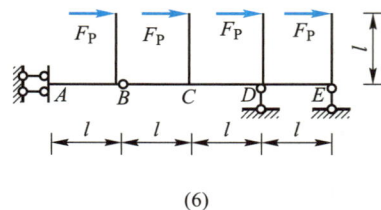

(6)

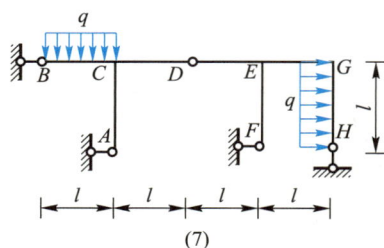

(7)

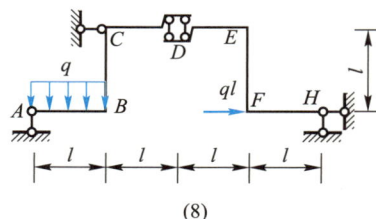

(8)

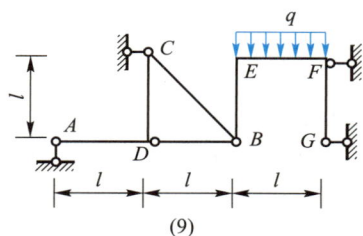

(9)

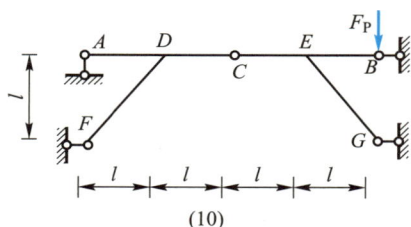

(10)

习题 3 - 3 图

**3 - 4** 试绘制图示结构的弯矩图。

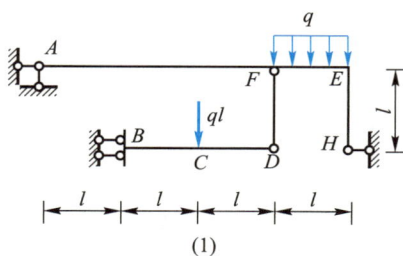

(1)

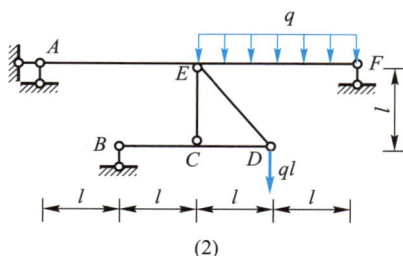

(2)

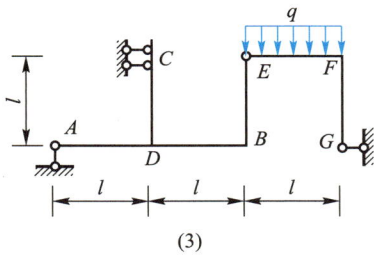

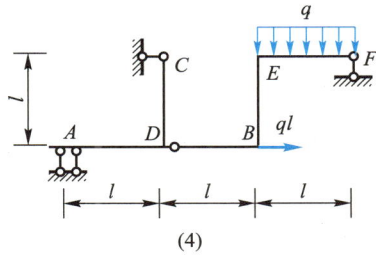

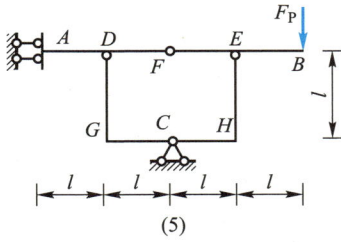

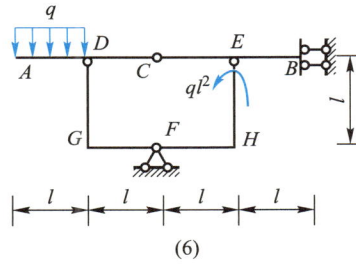

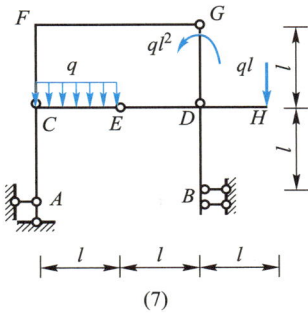

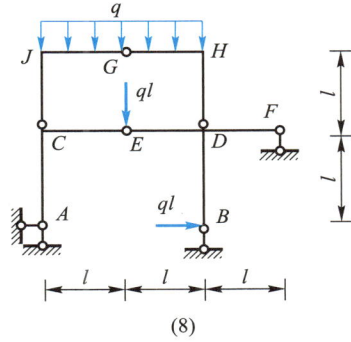

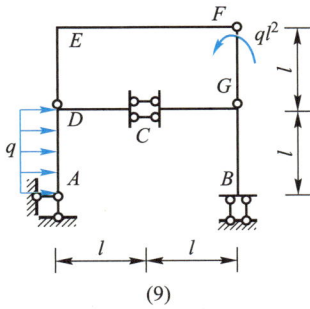

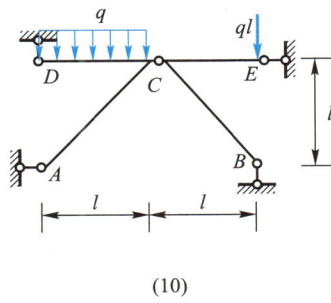

(3)

(4)

(5)

(6)

(7)

(8)

(9)

(10)

习题 3-4 图

**3-5** 试求图示桁架指定杆件内力。

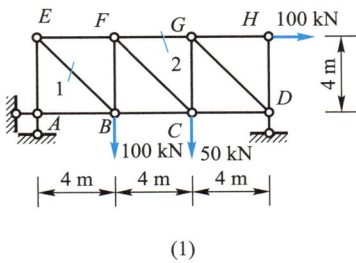

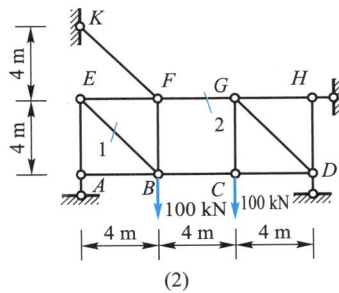

(1)

(2)

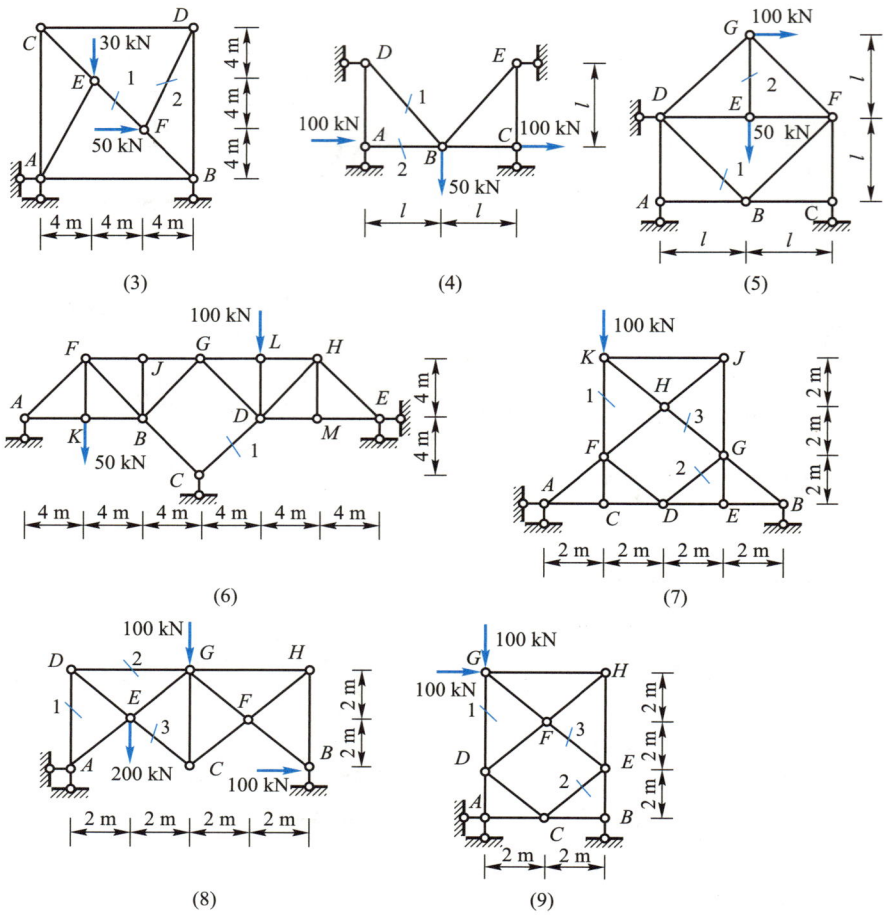

(3)

(4)

(5)

(6)

(7)

(8)

(9)

习题 3-5 图

**3-6** 试计算图示结构的支座反力和指定截面内力。

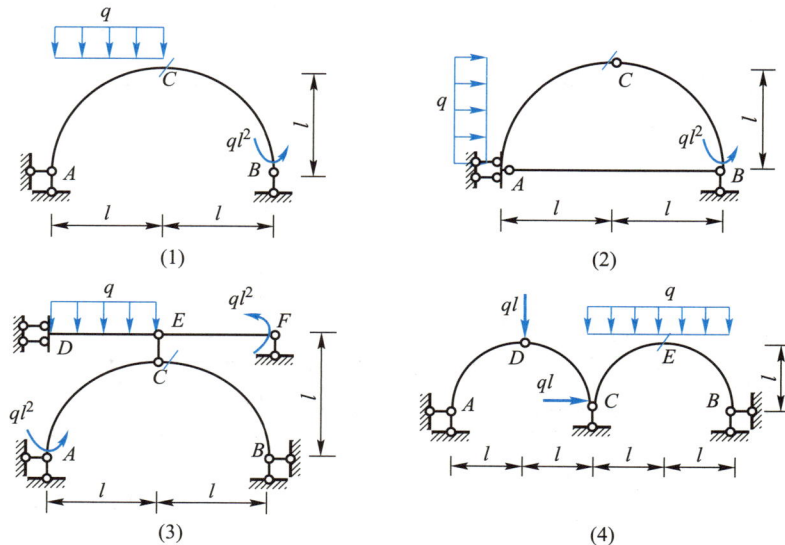

(1)

(2)

(3)

(4)

习题 3-6 图

\*3-7  试采用杆件替代法求图示结构的指定杆件轴力或绘制弯矩图。

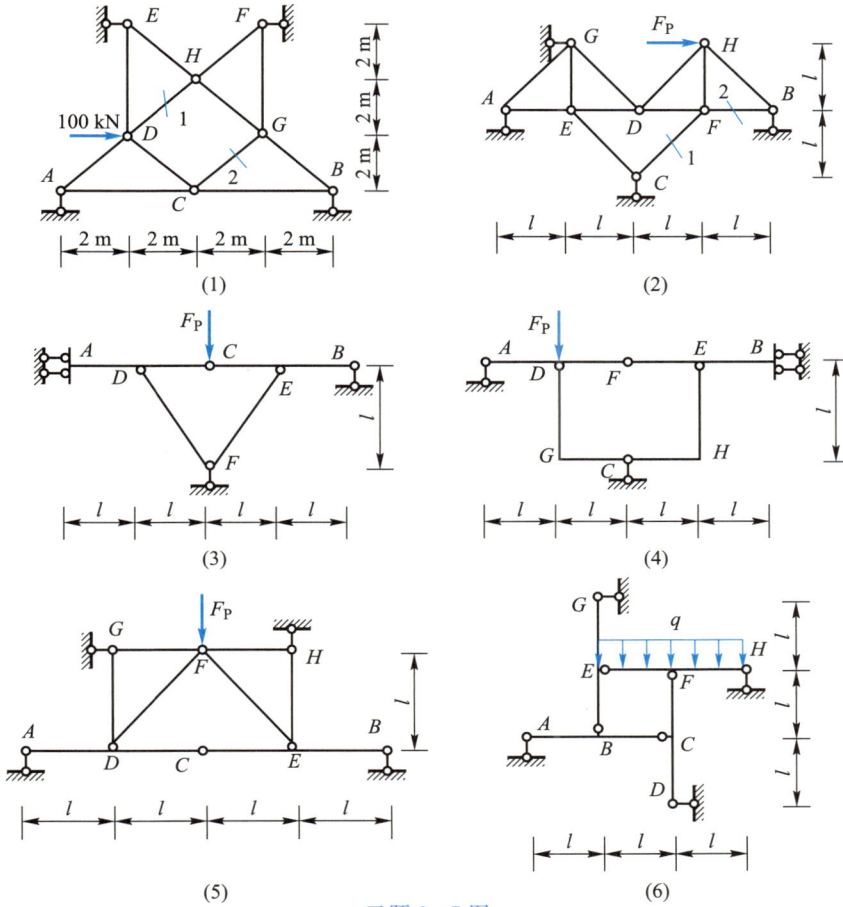

(1)

(2)

(3)

(4)

(5)

(6)

习题 3-7 图

# 第四章 结构位移计算

静定结构在荷载作用下的内力计算已在前一章中介绍,其目的在于结构设计过程中的强度校核。然而,结构设计还须满足刚度要求,即确保结构在荷载及其他因素作用下不致产生过大的变形,以满足安全使用要求,而位移计算是结构刚度校核的前提。此外,在后续超静定结构内力计算中,仅采用静力平衡条件无法求解,还须考虑位移协调条件,因而位移计算也将是此类结构内力计算的基础。本章重点关注线弹性小变形状态下静定结构的位移计算问题。

结构在荷载等外因作用下会产生变形或者位移,变形是指由于荷载或其他因素作用而引起的杆件形状改变,而位移是指结构中某一点或某个截面的位置变化(移动或转动)。二者既有区别又有联系:杆件有位移未必有变形,如结构发生刚体位移,而有变形必然有位移的产生。位移常分为线位移和角位移。如图4-1(a)所示,刚架 $ABC$ 在均布荷载作用下(不计刚架轴向变形),结点 $C$ 产生线位移 $\Delta_C$,该线位移 $\Delta_C$ 又可分解为水平线位移 $\Delta_{Cx}$ 和竖向线位移 $\Delta_{Cy}$;结点 $B$ 产生水平线位移 $\Delta_B$ 和角位移 $\varphi_B$。除荷载作用外,结构也会在其他因素作用下产生位移,如温度改变、支座移动、材料收缩、制造误差等。如图4-1(b)所示,简支梁在温度作用下,其中 $t_1>t_2$,该简支梁将产生如图中虚线所示的变形状态;再如图4-1(c)所示,简支梁在 $B$ 端支座沉降时,将产生如图中虚线所示的位移状态。

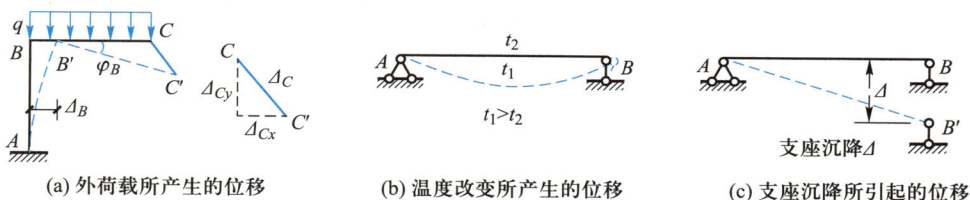

(a) 外荷载所产生的位移     (b) 温度改变所产生的位移     (c) 支座沉降所引起的位移

图4-1 结构在外因作用下产生的位移示意

## 4-1 变形体虚功原理

变形体的虚功原理是适用于任意变形体的普遍原理,其应用很广,本章仅介绍用其推导位移的计算方法和计算公式,以及线弹性体的一些互等定理等。

### 4-1-1 变形体虚功原理的表述与说明

1. 虚功原理

1.1 实功、虚功与虚位移

图4-2(a)所示为 $F_{P1}$、$F_{P2}$ 两个荷载作用下的简支梁。由于结构为线弹性体系,

荷载可依次施加于结构上,不改变结构的受力和变形特征。首先,施加荷载 $F_{P1}$,简支梁产生变形如图 4-2(b)中虚线所示,$C$、$D$ 两点分别产生竖向位移 $\Delta_{11}$、$\Delta_{21}$,其中:$\Delta_{11}$ 为荷载 $F_{P1}$ 作用时在该力方向上产生的位移;$\Delta_{21}$ 为荷载 $F_{P1}$ 作用时在荷载 $F_{P2}$ 方向上产生的位移(此时荷载 $F_{P2}$ 尚未作用),该位移与荷载 $F_{P2}$ 无关,它是其他因素(这里是 $F_{P1}$)引起的位移。然后,施加荷载 $F_{P2}$,简支梁产生变形如图 4-2(c)中点线所示,$C$、$D$ 两点分别产生竖向位移 $\Delta_{12}$、$\Delta_{22}$,其中:$\Delta_{22}$ 为荷载 $F_{P2}$ 作用时在该力方向上产生的位移;$\Delta_{12}$ 为荷载 $F_{P2}$ 作用时在荷载 $F_{P1}$ 方向上产生的位移,同样该位移的产生与荷载 $F_{P1}$ 无关。

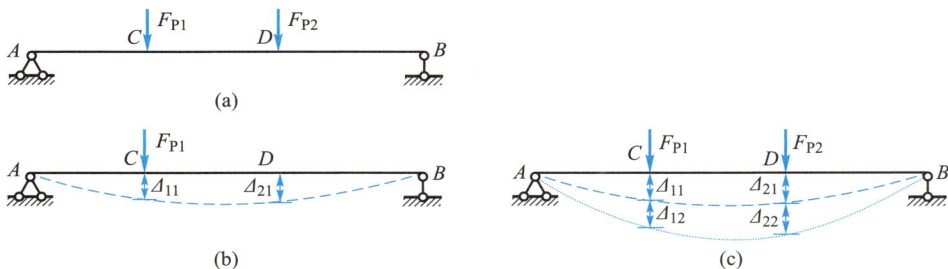

图 4-2 实功与虚功的受力和位移状态示意图

最后,分析加载过程中荷载 $F_{P1}$、$F_{P2}$ 的做功情况。当施加荷载从 0 增大到 $F_{P1}$ 时,所做的功 $W_{11} = \dfrac{F_{P1}\Delta_{11}}{2}$,如图 4-3(a)所示;再施加荷载从 0 增大到 $F_{P2}$ 时,除了其本身因产生位移而做功 $W_{22} = \dfrac{F_{P2}\Delta_{22}}{2}$ 外,荷载 $F_{P1}$ 还因产生位移 $\Delta_{12}$ 而做功,但由于此过程荷载 $F_{P1}$ 大小及作用方向未发生变化,故所做的功 $W_{12} = F_{P1}\Delta_{12}$,如图 4-3(b)所示。注意到,在此过程中 $F_{P2}$ 并未在 $\Delta_{21}$ 方向上做功,其原因在于 $\Delta_{21}$ 产生时,力 $F_{P2}$ 尚未作用在结构上。上述过程力做功存在两种情况:其一,力在其自身引起的位移上所做的功,称为**实功**,如 $W_{11}$、$W_{22}$;其二,力在其他因素作用下所引起的与力本身无关的位移上所做的功,称为**虚功**,如 $W_{12}$。对于实功,位移是由做功的力(系)自身作用所引起的,即对于一个给定的平衡力系,只有一种相应的位移状态,力自身所引起的位移总是与力的作用方向一致,故始终为正值;对于虚功,位移是由其他因素引起的,即对应于某一给定的平衡力系,可以存在多种变形状态,当其他因素所引起的位移与力的方向一致时为正,反之为负。

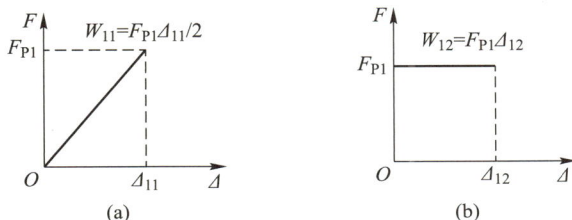

图 4-3 实功和虚功计算简图

　　所谓虚功并不是不存在的意思,只是强调做功过程中位移与力无关的特点。与做功的力无关的位移,也并不限于荷载作用所引起,其他如温度改变、支座移动产生的位移,以及满足结构约束条件的为了分析问题而假想的位移等,都可使力做虚功。由此,**将这种与做功力系无关而为结构体系中约束条件所容许的任何连续、微小位移,称为虚位移。**

### 1.2　虚功原理表述

　　变形体的虚功原理可表述为:**任何一个处于平衡状态的变形体,当发生任意一个虚位移时,变形体所受外力所做的总虚功 $\delta W_e$ 恒等于变形体所接受的总虚变形功 $\delta W_i$。**即虚功方程恒成立:

$$\delta W_e \equiv \delta W_i \qquad\qquad (4-1)$$

### *2. 虚功原理证明

　　将变形体分割成若干部分(可以是有限分割,也可以是无限分割——微元体),如图 4-4(a)所示。对任意分割的微元体而言,其上一方面可能受原有的外界荷载作用,为便于区别,后续将其称为外荷载或外力;另一方面,还存在因切割而暴露出来的相邻部分间的作用、反作用力,后续将其称为切割面内力,如图 4-4(b)所示。切割面内力对于所考察部分的隔离体而言,属于其他部分对所考察隔离体的作用力,是外力;但当以整个变形体为对象时,属于内部两相邻部分间的作用、反作用力,因此又是内力。

　　为证明虚功原理,分别采用两种方法计算平衡变形体在发生虚位移时所做的总虚功 $\delta W_e$,二者的计算结果应相等,如图 4-4(c)、(d)所示。

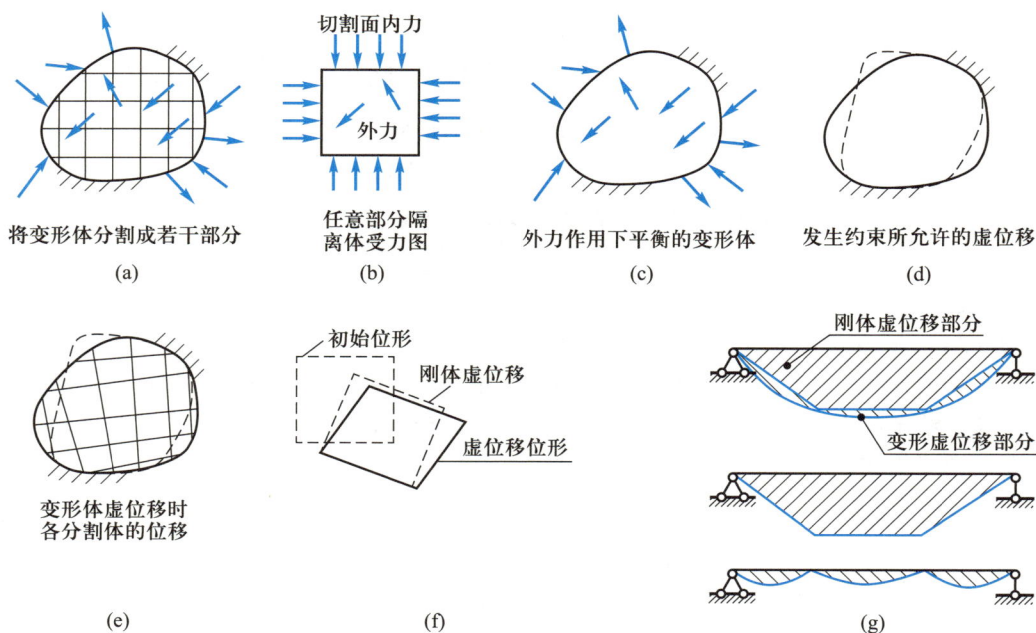

将变形体分割成若干部分　　任意部分隔离体受力图　　外力作用下平衡的变形体　　发生约束所允许的虚位移
　　　　(a)　　　　　　　　　　　(b)　　　　　　　　　　　(c)　　　　　　　　　　　(d)

变形体虚位移时各分割体的位移　　　　　　　　　　(f)　　　　　　　　　　　(g)
　　　　(e)

图 4-4　虚功原理证明

　　方法一:取任意一部分作为隔离体,将其上的作用力分为外力和切割面内力两种,但不区分变形体所产生的虚位移,即不区分刚体虚位移和变形体虚位移,相邻两部分之间的界面是光滑、连续的,并在此基础上计算第 $j$ 个隔离体上的作用力在相应虚位移上所做的功,由于力分为两类,所以功也分为两类:外力所做的功 $\delta W_{ej}$ 和切割面内力所做的功 $\delta W_{ij}$。由此,整个变形体在虚位移上所做的总外力功 $\delta W_e$,可由所有隔离体外力功的叠加得到,即 $\delta W_e = \sum \delta W_{ej} + \sum \delta W_{ij}$。对于 $\sum \delta W_{ij}$ 而言,由于相邻隔离体之间的切割面内力是作用力与反作用关系,且虚位移是光滑、连续的,显然有 $\sum \delta W_{ij} = 0$。因此,可得 $\delta W_e = \sum \delta W_{ej}$。

方法二:作用于隔离体上的外力不再区分为外力和切割面内力,对取出的任意隔离体而言都是外力。相邻隔离体的虚位移对每一隔离体可完全独立地进行刚体和变形虚位移的区分,如图 4-4(e)、(f) 所示。此时,如果只考虑各隔离体的刚体虚位移或变形虚位移,则其在界面上将不再光滑、连续,其原因在于总的虚位移是光滑、连续的,而仅考察刚体虚位移时舍去了变形虚位移,考虑变形虚位移时又舍去了刚体虚位移,显然各隔离体的刚体虚位移或变形虚位移不再光滑、连续,如图 4-4(g) 所示。由此,总虚功 $\delta W_e$ 应为全部外力在刚体虚位移上所做的功 $\sum \delta W_{刚j}$ 与全部外力在变形虚位移上所做的功 $\sum \delta W_{变j}$ 之和,即 $\delta W_e = \sum \delta W_{刚j} + \sum \delta W_{变j}$。需要指出的是,由于变形虚位移在界面上将不再光滑、连续,所以 $\sum \delta W_{变j}$ 不可能相互抵消,即不再为 0;然而,变形体是平衡的,整体上外力和任意隔离体上的外力也都是平衡的,根据理论力学可知平衡力系发生刚体虚位移时,主动力(即此处的外力)所做的总虚功为 0,即 $\sum \delta W_{刚j} = 0$。因此,方法二的计算结果为 $\delta W_e = \sum \delta W_{变j}$。

结合方法一和方法二,可得

$$\delta W_e = \sum \delta W_{ej} = \sum \delta W_{变j} \qquad (4-2)$$

由于 $\sum \delta W_{变j}$ 与 $\delta W_i$ 相等,即变形体所接受的总虚变形功,所以有

$$\delta W_e = \delta W_i \qquad (4-3)$$

至此,虚功原理证明完毕。

*3. 虚功原理说明

(1)虚功原理中涉及两种状态:一个是变形体处于平衡的"力状态";另一个是不管产生位移原因的满足协调条件的"位移状态",即两者是独立(不相关)的、是一对一的关系。

(2)由于证明过程中没有用到"变形体"的力学性质,因此本原理对任意力-变形关系(力学中常称为本构关系)的可变形物体都适用。

(3)证明过程也没有限制变形体的形状、组成,因此本原理不仅适用于杆系结构,还适用于平面和空间结构、板壳结构及各种组合形式的结构等。因此,虚功原理是力学中的一个普遍原理。

(4)虚功原理的前提条件是受力作用的变形体平衡,所发生的虚位移协调。在这一前提下有虚功方程 $\delta W_e = \delta W_i$ 恒成立的结论。因此,它是一个必要性命题。它与变形体虚位移原理是不同的。变形体虚位移原理的表述为:**受给定外力的变形体处于平衡状态的充分、必要条件是,对一切虚位移,外力所做总虚功恒等于变形体所接受的总虚变形功**,即恒有如下虚功方程成立:

$$\delta W_e = \delta W_变 = \delta W_i \qquad (4-4)$$

这里受给定外力的变形体是否平衡是待考察的,这里虚位移是任意(一切可能

的）、独立的，是一对多的关系。而虚功原理中变形体是平衡的，虚位移仅仅只有一个约束是所允许的，是一对一的关系。

（5）变形体的虚位移原理实质上是由变形体虚功原理改变前提条件（虚位移变成任意一切可能的）后派生出来的。由于前提条件的改变，所以变形体虚位移原理变为充分必要性命题。

（6）平衡的变形体上所受的外力可以是集中力、集中力偶、分布荷载（力和力偶），等等，统称为"**广义力**"，通常记为 $F_P$；从做功的角度，与上述广义力相对应的位移可以是线位移、角位移、相对线位移和相对角位移等，统称为"**广义位移**"，通常记为 $\Delta$。

### 4-1-2　杆系结构的虚功方程

在满足虚功原理所要求的条件（力系是平衡的，位移是协调的）时，虚功方程式（4-1）对一切变形体问题都是适用的。但是，为了应用它解决具体问题，还必须写出该问题的具体表达式。

对于杆系结构，设所受的外荷载有广义集中力 $F_{Pi}(i=1,2,\cdots)$ 和集度为 $q_j(j=1,2,\cdots)$ 的广义分布荷载。与这些外荷载对应的虚位移记作 $\delta\Delta_{F_{Pi}}$ 和 $\delta\Delta_{q_j}$（与 $q_j\mathrm{d}s$ 相对应），则虚功方程中的外力总虚功 $\delta W_e$ 为

$$\delta W_e = \sum_i F_{Pi}\delta_{\Delta_{F_{Pi}}} + \sum_j \int q_j\delta_{\Delta_{qj}}\mathrm{d}s \tag{4-5}$$

式中：第一项为广义集中力的总虚功，第二项为广义分布荷载的总虚功。值得注意的是，对于其他变形体问题，如二维、三维问题等，$\delta W_e$ 的表达形式是不同的。

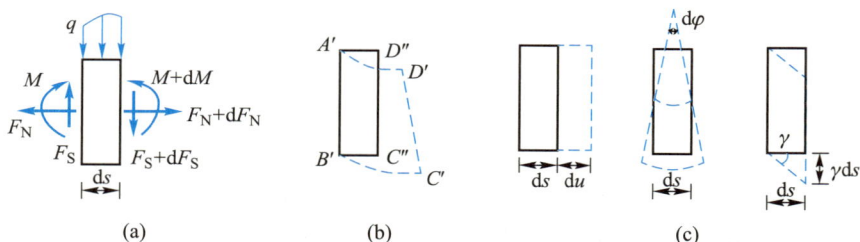

图 4-5　简支梁在任意荷载作用下的位移计算示例

为了便于说明总虚变形功的计算，图 4-5 给出了任意直杆微段的两种状态：图 4-5（a）为平衡状态中微段的受力示意图，图 4-5（b）为虚位移状态中微段的变形示意图，图 4-5（c）为相对变形分解示意图。例如，虚位移导致微段左、右端轴向虚位移分别为 $\delta u$ 和 $\delta u+\dfrac{\mathrm{d}\delta u}{\mathrm{d}s}\mathrm{d}s$，微段轴向相对伸长量为 $\dfrac{\mathrm{d}\delta u}{\mathrm{d}s}\mathrm{d}s=\delta\varepsilon\mathrm{d}s$。由于是相对伸长量，所以示意图中左端都没有位移，其他变形情况依此类推。由于在直杆小变形情况下，弯矩不在剪切变形和轴向变形上做功（这些变形不产生截面相对转角），剪力不在弯曲变形和轴向变形上做功，轴力不在剪切变形和弯曲变形上做功，即截面内力在相对虚变形位移上所做的功是互不耦联的。此外，微段上外荷载在虚变形位以上所做的功，相对于截面内力的虚变形功是高阶小量。仍以轴向变形为例加以说明，微段轴向分布荷载合力为 $p\mathrm{d}s$，微段中点的虚位移为 $\dfrac{1}{2}\delta\varepsilon\mathrm{d}s$，因此微段上轴向荷载合力所

做的虚功为

$$\frac{1}{2}p\delta\varepsilon\mathrm{d}s^2$$

而轴向力虚功为

$$\left(F_N+\frac{\mathrm{d}F_N}{\mathrm{d}s}\mathrm{d}s\right)(\delta u+\delta\varepsilon\mathrm{d}s)-F_N\delta u=\frac{\mathrm{d}F_N}{\mathrm{d}s}\delta u\mathrm{d}s+F_N\delta\varepsilon\mathrm{d}s+\frac{\mathrm{d}F_N}{\mathrm{d}s}\delta\varepsilon\mathrm{d}s^2\approx F_N\delta\varepsilon\mathrm{d}s$$

结合以上两式,可见轴向荷载总虚功相对于轴向力的虚功是高一阶的小量。显然,其他荷载情况可依此类推。

由此,总虚变形功为

$$\delta W_i=\sum_e\int_0^l(F_N\delta\varepsilon+F_S\delta\gamma+M\delta\kappa)\mathrm{d}s$$

式中:$F_N$、$F_S$、$M$ 分别为平衡的力状态下杆件中的轴力、剪力和弯矩,$\delta\varepsilon$、$\delta\gamma$、$\delta\kappa$ 分别为由于虚位移引起的微段虚轴向应变、虚剪切角和虚曲率,$\sum_e$ 表示对结构的所有杆件求和。

将上述结果代入虚功方程(4-1),可得杆系结构的虚功方程具体表达式:

$$\delta W_e=\sum_i F_{Pi}\delta\Delta_{F_{Pi}}+\sum_j\int q_j\delta\Delta_{qj}\mathrm{d}s=\sum_e\int_0^l(F_N\delta\varepsilon+F_S\delta\gamma+M\delta\kappa)\mathrm{d}s=\delta W_i\quad(4-6)$$

与式(4-1)一样,式(4-6)也适用于一切杆系结构,其为本章以后所有讨论的理论基础。

## 4-2　位移计算的一般公式　单位荷载法

如图 4-6(a)所示平面杆系结构,在荷载、温度变化、支座移动等因素作用下产生的变形如图中虚线所示,求任一截面 $K$ 沿任意方向 $k-k$ 上的线位移 $\Delta_K$,步骤如下。

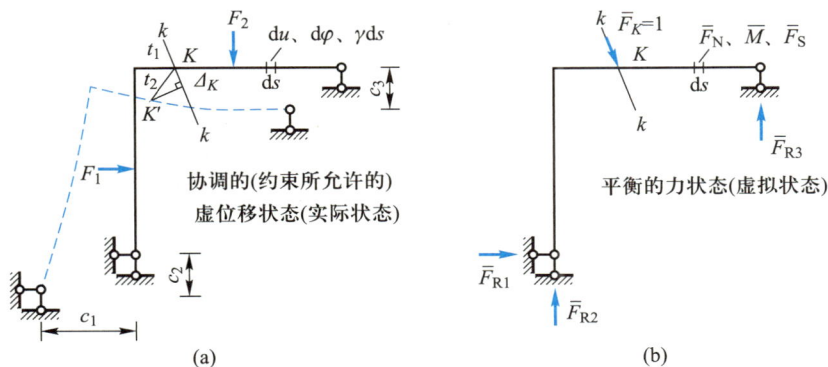

图 4-6　实际状态与虚拟状态示意图(微段的受力和变形图如图 4-5 所示)

首先,给定位移状态。将荷载、温度变化、支座移动等因素作用下的实际位移作为给定的位移状态。

其次，**建立虚设力状态**。由于力状态与位移状态是彼此独立的，所以力状态完全可以根据计算需要进行假设。因此，为使力状态中的外力能够在位移状态中所求位移方向上做虚功，可直接将虚设力状态下的外力 $\overline{F}_K$ 作用在 $k-k$ 方向上，如图 4-6（b）所示。此时，为使外力所做的虚功恰好等于所要求解的位移 $\Delta_K$，可令 $\overline{F}_K = 1$，即在该方向上施加虚设单位力，并将其作为结构的虚设力状态。

再次，计算虚设力状态下的外力在实际位移状态上所做的虚功，即**外力虚功** $\delta W_e$，包括荷载和支座约束力所做的虚功。单位荷载 $\overline{F}_K = 1$ 引起的支座约束力为 $\overline{F}_{R1}$、$\overline{F}_{R2}$、$\overline{F}_{R3}$，而在实际状态中相应的支座位移为 $c_1$、$c_2$、$c_3$，则**外力虚功** $\delta W_e$ 为

$$\delta W_e = \overline{F}_K \Delta_K + \overline{F}_{R1} c_1 + \overline{F}_{R2} c_2 + \overline{F}_{R3} c_3 = 1 \cdot \Delta_K + \sum_{i=1}^{3} \overline{F}_{Ri} c_i \qquad (4-7)$$

随后，计算虚设单位力状态下结构的虚变形功，此时截面内力（$\overline{M}$、$\overline{F}_S$、$\overline{F}_N$）在微段相应位移（弯曲变形 $\mathrm{d}\theta$、剪切变形 $\gamma\mathrm{d}s$、轴向变形 $\mathrm{d}u$）上所做的虚功，即**总虚变形功** $\delta W_i$：

$$\delta W_i = \sum \int \overline{M}\mathrm{d}\theta + \sum \int \overline{F}_S \gamma \mathrm{d}s + \sum \int \overline{F}_N \mathrm{d}u \qquad (4-8)$$

最后，根据虚功原理，**外力虚功等于总虚变形功**，有

$$\delta W_e = \delta W_i \quad \Rightarrow \quad 1 \cdot \Delta_K + \sum_{i=1}^{3} \overline{F}_{Ri} c_i = \sum \int \overline{M}\mathrm{d}\theta + \sum \int \overline{F}_S \gamma \mathrm{d}s + \sum \int \overline{F}_N \mathrm{d}u \qquad (4-9)$$

则可得到所求位移 $\Delta_K$ 的表达式：

$$\Delta_K = \sum \int \overline{M}\mathrm{d}\theta + \sum \int \overline{F}_S \gamma \mathrm{d}s + \sum \int \overline{F}_N \mathrm{d}u - \sum_{i=1}^{3} \overline{F}_{Ri} c_i \qquad (4-10)$$

**这就是平面杆系结构位移计算的一般公式。**该式适用于任何材料的力学行为、任何外因的杆系结构，因此是杆系结构位移计算的一般性公式。可以看出，利用虚功原理求解结构的位移，关键在于虚设恰当的力状态，而方法的巧妙之处在于虚设力状态中施加与所求位移相对应的单位荷载，以使单位荷载所做虚功与所求位移相等，这种计算位移的方法称为**单位荷载法**。当计算结果为正，表示单位荷载所做虚功为正，所求位移 $\Delta_K$ 的方向与虚设单位力 $\overline{F}_K = 1$ 的方向相同，反之则为负。

实际上，在很多问题分析中，除线位移外，还存在角位移、相对位移等。如图 4-7（a）所示，当求该刚架 $A$ 截面的角位移时，可在该截面处加一单位力偶作为虚设力状态；如图 4-7（b）、（c）所示，当求刚架或桁架中某两点 $A$、$B$ 沿线方向的相对线位移时，可在两点沿线方向施加两个方向相反的单位集中力作为虚设力状态；如图 4-7（d）、（e）所示，当求结构某两个截面的相对角位移时，可在这两个截面上施加两个方向相反的单位力偶作为虚设力状态；如图 4-7（f）所示，当求桁架中某一杆件的角位移时，则可施加等效单位力偶，即一对构成单位力偶的集中力作为虚设力状态，其中每个力的大小为 $1/l$，方向必须与该杆件垂直，其中 $l$ 为杆件长度；如图 4-7（g）所示，当求桁架中某两根杆件的相对转角时，则可加一对等效单位力偶作为虚设力状态。

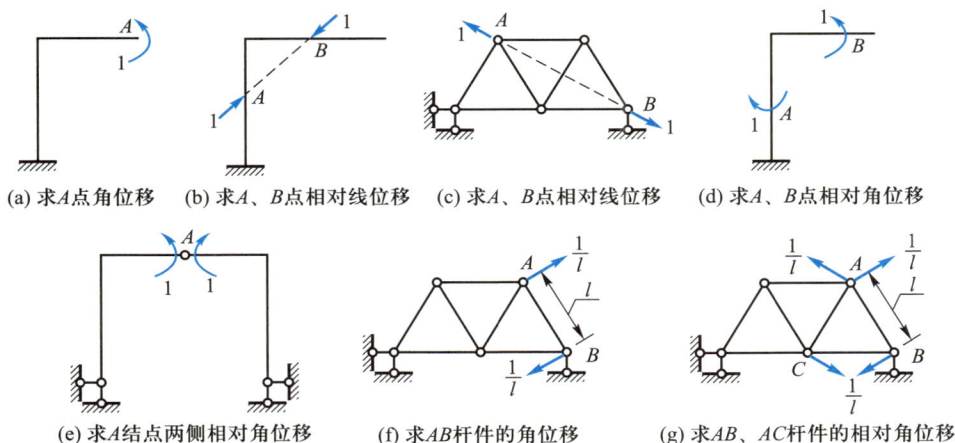

(a) 求A点角位移　　(b) 求A、B点相对线位移　　(c) 求A、B点相对线位移　　(d) 求A、B点相对角位移

(e) 求A结点两侧相对角位移　　(f) 求AB杆件的角位移　　(g) 求AB、AC杆件的相对角位移

图4-7　求不同位移时的虚设单位力状态示例

# 4-3　荷载作用下结构位移计算

如图4-8所示,以简支梁受任意荷载作用为例,求截面 $K$ 沿指定方向(如竖向)的位移 $\Delta_{KP}$。由于没有支座移动,消除支座移动产生的结构变形,则式(4-10)变为

$$\Delta_{KP} = \sum \int \overline{M} \mathrm{d}\theta + \sum \int \overline{F}_S \gamma \mathrm{d}s + \sum \int \overline{F}_N \mathrm{d}u \qquad (4-11)$$

式中: $\overline{M}$、$\overline{F}_S$、$\overline{F}_N$ 是虚设单位力状态中结构微元段上的内力,如图4-5(a)所示;d$\theta$、$\gamma$ds、du 是实际状态中结构微元段上的变形,如图4-5(c)所示。在线弹性范围内,由材料力学知识可知

$$\begin{cases} \mathrm{d}\theta = \dfrac{M_P}{EI}\mathrm{d}s \\[2mm] \gamma \mathrm{d}s = \dfrac{kF_{SP}}{GA}\mathrm{d}s \\[2mm] \mathrm{d}u = \dfrac{F_{NP}}{EA}\mathrm{d}s \end{cases} \qquad (4-12)$$

式中: $M_P$、$F_{SP}$、$F_{NP}$ 为实际状态中微元段上的内力,$k$ 为修正系数,$EI$、$GA$、$EA$ 分别为杆件的抗弯刚度、剪切刚度和轴向刚度。

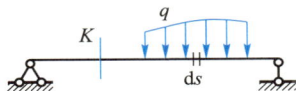

图4-8　简支梁在任意荷载作用下的位移计算示例

将式(4-12)代入式(4-11)中,有

$$\Delta_{KP} = \sum \int \frac{\overline{M}M_P}{EI}ds + \sum \int \frac{k\overline{F}_S F_{SP}}{GA}ds + \sum \int \frac{\overline{F}_N F_{NP}}{EA}ds \qquad (4-13)$$

**式(4-13)即为线弹性直杆平面杆件结构在荷载作用下的位移计算公式。**该式右侧三项依次表示结构弯曲变形、剪切变形和轴向变形对所求位移的影响,实际计算中可根据具体情况考虑其中的项数。例如,对于梁或刚架结构,位移主要是弯曲变形引起的,轴向变形和剪切变形的影响可忽略不计,则对于此类结构,其位移计算公式为

$$\Delta_{KP} = \sum \int \frac{\overline{M}M_P}{EI}ds \qquad (4-14)$$

对于桁架结构,杆件只受轴力作用,且同一杆件的 $\overline{F}_N$、$F_{NP}$、$EA$ 沿杆件长度 $l$ 均为常数,则其位移计算公式为

$$\Delta_{KP} = \sum \int \frac{\overline{F}_N F_{NP}}{EA}ds = \sum \frac{\overline{F}_N F_{NP}}{EA}\int ds = \sum \frac{\overline{F}_N F_{NP}l}{EA} \qquad (4-15)$$

对于组合结构,受弯杆件只考虑弯曲变形、桁架杆(二力杆)只考虑轴向变形,则其位移计算公式为

$$\Delta_{KP} = \sum \int \frac{\overline{M}M_P}{EI}ds + \sum \int \frac{\overline{F}_N F_{NP}}{EA}ds \qquad (4-16)$$

**【算例4-1】**　求图4-9(a)所示刚架 $C$ 点的竖向位移 $\Delta_{CV}$。各杆件材料相同,截面 $I$、$A$ 均为常数。

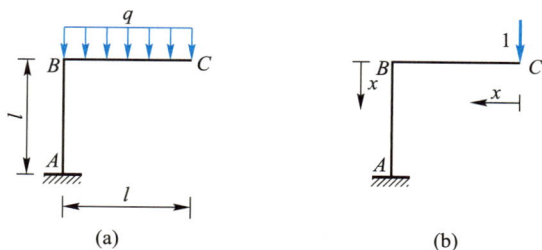

图4-9　算例4-1图

**【解】**　(1)虚拟单位力状态:在 $C$ 点加一竖向单位集中力作为虚设力状态,设各杆件 $x$ 坐标如图4-9(b)所示,则各杆件内力方程为

$$\begin{cases} AB \text{ 段}: \overline{M} = -l, \overline{F}_N = -1, \overline{F}_S = 0 \\ BC \text{ 段}: \overline{M} = -x, \overline{F}_N = 0, \overline{F}_S = 1 \end{cases}$$

(2)实际荷载状态:如图4-9(a)所示,在实际荷载状态下各杆件内力方程为

$$\begin{cases} AB \text{ 段}: M_P = -\dfrac{ql^2}{2}, F_{NP} = -ql, F_{SP} = 0 \\ BC \text{ 段}: M_P = -\dfrac{qx^2}{2}, F_{NP} = 0, F_{SP} = qx \end{cases}$$

（3）将上述内力方程代入式（4-13），$C$ 点的竖向位移 $\Delta_{CV}$ 为

$$\Delta_{CV} = \sum \int \frac{\overline{M} M_P}{EI} \mathrm{d}s + \sum \int \frac{k \overline{F}_S F_{SP}}{GA} \mathrm{d}s + \sum \int \frac{\overline{F}_N F_{NP}}{EA} \mathrm{d}s$$

$$= \frac{1}{EI}\left[ \int_0^l (-x)\left(-\frac{qx^2}{2}\right)\mathrm{d}x + \int_0^l (-l)\left(-\frac{ql^2}{2}\right)\mathrm{d}x \right] + \frac{1}{EA}\int_0^l (-1)(-ql)\mathrm{d}x +$$

$$\frac{1}{GA}\int_0^l k(+1)(qx)\mathrm{d}x$$

$$= \frac{5}{8}\frac{ql^4}{EI}\left(1 + \frac{8}{5}\frac{I}{Al^2} + \frac{4}{5}\frac{kEI}{GAl^2}\right) \quad (\downarrow)$$

讨论：上式中，第一项为弯矩的影响，第二、三项分别为轴力和剪力的影响。若设杆件截面为矩形，其宽度为 $b$、高度为 $h$，则有 $A = bh$，$I = \dfrac{bh^3}{12}$，$k = \dfrac{5}{6}$，代入上式得

$$\Delta_{CV} = \frac{5}{8}\frac{ql^4}{EI}\left[1 + \frac{2}{15}\left(\frac{h}{l}\right)^2 + \frac{2}{25}\frac{E}{G}\left(\frac{h}{l}\right)^2\right]$$

可见，杆件截面高度与杆长之比 $\dfrac{h}{l}$ 越小，轴力和剪力的影响所占的比例越小。例如 $\dfrac{h}{l} = \dfrac{1}{10}$，并取 $G = 0.4E$，有

$$\Delta_{CV} = \frac{5}{8}\frac{ql^4}{EI}\left(1 + \frac{1}{750} + \frac{1}{500}\right)$$

可见，针对梁或刚架结构，轴力和剪力对杆件位移影响不大，通常可略去不计。

【算例 4-2】 求图 4-10（a）所示桁架结点 $F$ 的水平位移 $\Delta_{FH}$。

【解】 （1）实际荷载状态：桁架各杆件轴力如图 4-10（b）所示；

（2）虚设单位力状态：在结点 $F$ 处施加水平单位力，计算各杆轴力如图 4-10（c）所示；

（3）将上述内力代入式（4-15），可得结点 $F$ 的水平位移：

$$\Delta_{FH} = \sum \frac{\overline{F}_N F_N l}{EA} = \frac{F_P}{EA}\left[\frac{1}{2} \times \frac{1}{2} \times l + 2 \times \frac{1}{2} \times \left(\frac{-1}{2}\right) \times l + \left(\frac{-1}{2}\right) \times \left(\frac{-1}{2}\right) \times l + 1 \times 1 \times l + 0 \times 0 \times l\right] +$$

$$\frac{F_P}{EA}\left(\frac{-1}{\sqrt{2}} \times \frac{-1}{\sqrt{2}} \times \sqrt{2}l + \frac{1}{\sqrt{2}} \times \frac{1}{\sqrt{2}} \times \sqrt{2}l + 0 \times 0 \times l\right) = \frac{(1+\sqrt{2})F_P l}{EA} \quad (\rightarrow)$$

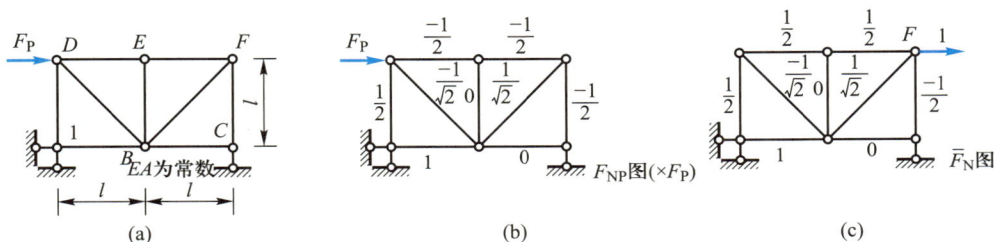

图 4-10 算例 4-2 图

【算例 4-3】 求图 4-11（a）所示桁架 $BC$ 杆件的转角 $\varphi_{BC}$。

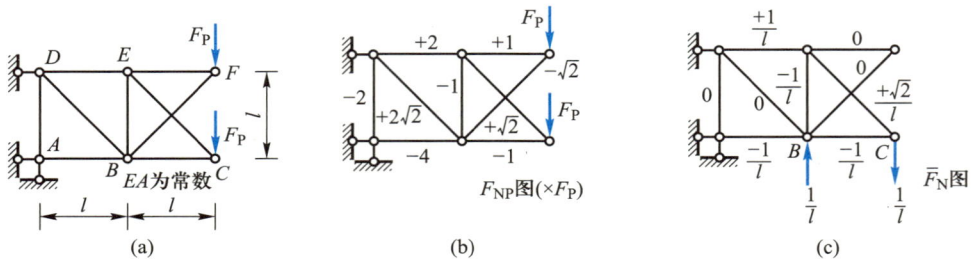

图 4-11　算例 4-3 图

【解】　（1）实际荷载状态：桁架各杆件的轴力如图 4-11(b)所示；

（2）虚设单位力状态：在 $BC$ 杆端作用等效单位力偶，计算各杆件轴力如图 4-11(c)所示；

（3）将上述内力代入式(4-15)，可得 $BC$ 杆件的转角 $\varphi_{BC}$：

$$\varphi_{BC} = \sum \frac{\bar{F}_N F_{NP} l}{EA}$$

$$= \frac{F_P}{EA}\left[ 2 \times \left(\frac{-1}{l}\right) \times (-1) \times l + \left(\frac{-1}{l}\right) \times (-4) \times l + \frac{1}{l} \times 2 \times l + \frac{\sqrt{2}}{l} \times \sqrt{2} \times \sqrt{2}\,l \right]$$

$$= \frac{(8 + 2\sqrt{2})F_P}{EA}（顺时针）$$

【算例 4-4】　求图 4-12(a)所示桁架 $BD$、$BF$ 杆件的相对转角，即夹角 $DBF$ 的改变量。

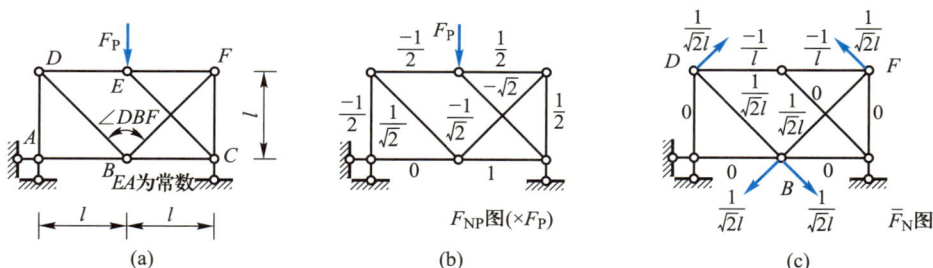

图 4-12　算例 4-4 图

【解】　（1）实际荷载状态：桁架各杆件的轴力如图 4-12(b)所示；

（2）虚设单位力状态：在 $BD$、$BF$ 杆件上分别施加单位等效力偶作用，计算各杆件轴力如图 4-12(c)所示；

（3）将上述内力代入式(4-15)，可得 $BD$、$BF$ 杆件的相对转角：

$$\Delta\varphi_{DBF} = \sum \frac{\bar{F}_N F_{NP} l}{EA}$$

$$= \frac{F_P}{EA}\left[ \left(\frac{-1}{l}\right) \times \left(\frac{-1}{2}\right) \times l + \left(\frac{-1}{l}\right) \times \frac{1}{2} \times l + \frac{1}{2} \times \frac{1}{\sqrt{2}\,l} \times \sqrt{2}\,l + \frac{1}{\sqrt{2}\,l} \times \frac{-1}{\sqrt{2}} \times \sqrt{2}\,l \right] = 0$$

即夹角 $DBF$ 不发生改变。

## 4-4 图乘法

### 4-4-1 图乘法计算公式

从上节可知,计算梁、刚架结构的位移时,需先写出 $\bar{M}$、$M_\mathrm{P}$ 的方程,然后代入式(4-14)进行积分运算,计算过程比较烦琐。本节针对抗弯刚度 $EI$ 为常数的等截面直杆,介绍简便计算方法。当仅考虑弯矩作用时,位移计算公式为

$$\Delta_{KP} = \sum \int \frac{\bar{M}M_\mathrm{P}}{EI}\mathrm{d}s = \sum \frac{1}{EI}\int \bar{M}M_\mathrm{P}\mathrm{d}s \tag{4-17}$$

对于荷载作用下结构的弯矩图 $M_\mathrm{P}$,如果荷载是分布荷载,则 $M_\mathrm{P}$ 图为曲线;如果荷载是集中力或集中力偶,则 $M_\mathrm{P}$ 图为直线;对于虚拟单位力产生的弯矩图 $\bar{M}$,一定是直线或者分段直线。因此,总可选择计算段,使得 $M_\mathrm{P}$ 图、$\bar{M}$ 图中至少一个为直线段。为不失一般性,此处假设 $M_\mathrm{P}$ 图为任意形状、$\bar{M}$ 图为直线,如图4-13所示。

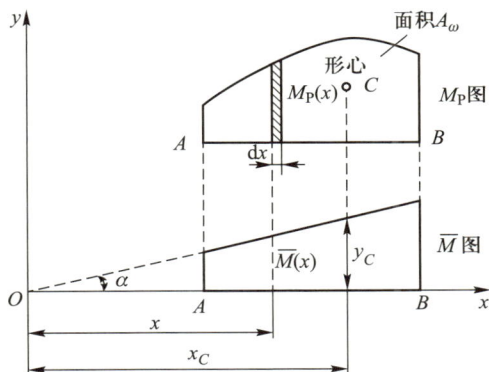

图 4-13　图乘法原理

将 $\bar{M}$ 图的直线延长,与轴线相交于 $O$ 点。以 $O$ 点为原点,建立直角坐标系 $Oxy$,则根据几何关系,$\bar{M}(x)$ 可表示为

$$\bar{M}(x) = x\tan\alpha \tag{4-18}$$

将其代入式(4-17)可得

$$\Delta_{KP} = \sum \frac{1}{EI}\int \bar{M}M_\mathrm{P}\mathrm{d}s = \sum \frac{\tan\alpha}{EI}\int xM_\mathrm{P}\mathrm{d}x = \sum \frac{\tan\alpha}{EI}\int x\mathrm{d}A_\omega \tag{4-19}$$

式中:$\mathrm{d}A_\omega = M_\mathrm{P}\mathrm{d}x$,为图4-13中微元段阴影部分的面积;$x\mathrm{d}A_\omega$ 为微元段对 $y$ 轴的静矩,$\int x\mathrm{d}A_\omega$ 即为材料力学中定义的 $M_\mathrm{P}$ 图对 $y$ 轴的静矩,该静矩等于 $M_\mathrm{P}$ 图的面积 $A_\omega$ 乘以其形心 $C$ 到 $y$ 轴的距离 $x_C$,即

$$\Delta_{KP} = \sum \frac{\tan\alpha}{EI}\int x\mathrm{d}A_\omega = \sum \frac{\tan\alpha}{EI}A_\omega x_C = \sum \frac{A_\omega y_C}{EI} \tag{4-20}$$

由此,梁、刚架结构位移计算的积分式变为一个弯矩图的面积 $A_\omega$ 乘以其形心对应另一个直线弯矩图中的竖标 $y_C$,再除以抗弯刚度 $EI$,这种求解位移的方法称为**图乘法**。图乘法求位移时需注意:

(1) $A_\omega$ 与 $y_C$ 在杆件轴线同侧时 $A_\omega y_C$ 为正,反之为负;

(2) $y_C$ 必须取自直线图形;

(3) 如果 $M_P$ 图、$\overline{M}$ 图均为直线段,则 $y_C$ 取自任意直线段;

(4) 若为阶梯杆(分段等截面),需分段图乘;拱、曲杆结构和连续变截面的结构只能用公式积分(或数值积分),不能进行图乘。

为了便于计算,图 4-14 给出了三角形、二次抛物线和三次抛物线图形的面积公式和形心位置。弯矩图为抛物线时,在顶点处应有 $\mathrm{d}M/\mathrm{d}x=0$,即顶点处截面的剪力为零。

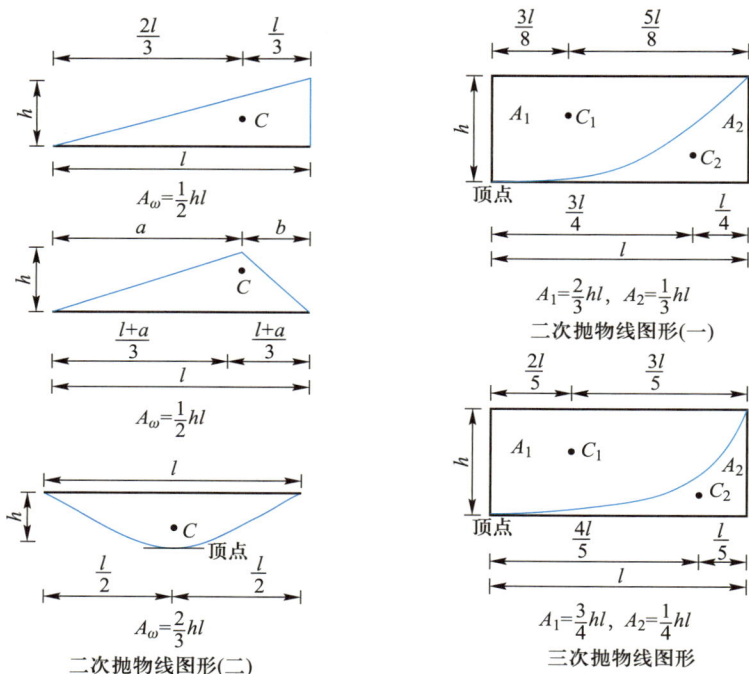

图 4-14 标准图形的面积公式和形心位置

对于面积和形心位置难以直接判断的复杂弯矩图,通常可将其分解为简单图形,然后再进行图乘,最后求代数和即得到位移。如图 4-15(a)所示杆件 AB 的弯矩图比较复杂,与其他图形图乘时很难确定该段弯矩图的面积和形心位置,为此先对其进行简化分解。该弯矩图实际上是图 4-15(b)所示的简支梁在两端力矩以及均布荷载作用下叠加而成的,因而可以将其分解为图 4-15(c)、(d)、(e)三个弯矩图,而这些简单图形的面积和形心位置是已知的。于是 AB 段上的弯矩图与其他图形进行图乘时,可分别用此三个图形与之图乘,而后再叠加即可求出位移。

同理,当某杆件弯矩图为图 4-16(a)所示时,可将其分解为 4-16(b)、(c)两个三角形。其他复杂图形的弯矩图分解,可依此类推。

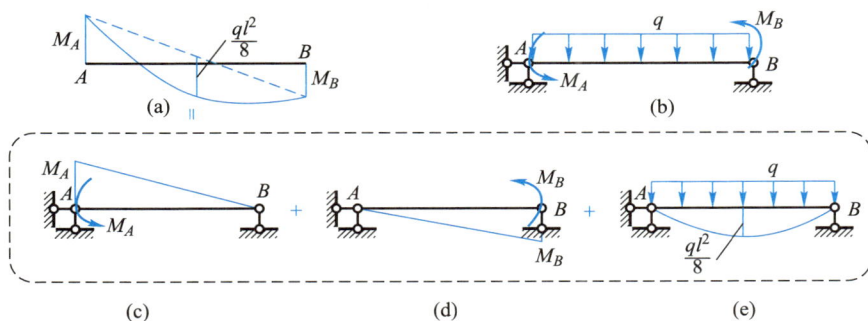

图 4-15　复杂图形分解为简单图形示例 1

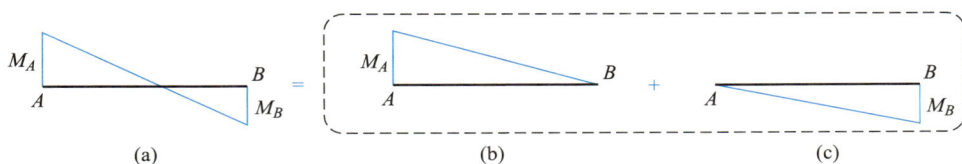

图 4-16　复杂图形分解为简单图形示例 2

### 4-4-2　图乘法例题

【算例 4-5】　求图 4-17(a)所示简支梁中间截面 $B$ 的转角 $\varphi_B$、竖向位移 $\Delta_{BV}$，其中 $EI$ 为常数。

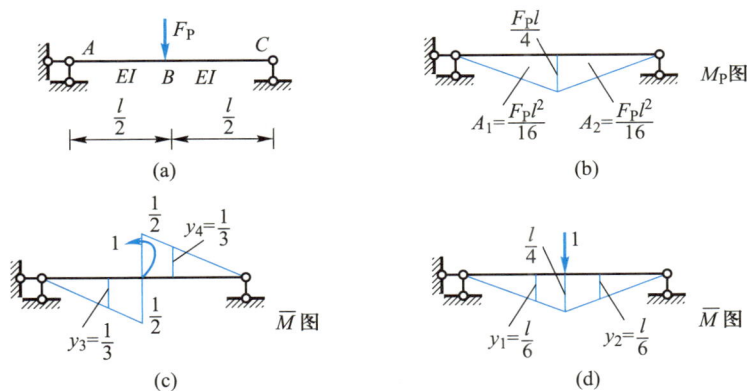

图 4-17　算例 4-5 图

【解】　(1) 作荷载作用下的弯矩图 $M_P$，如图 4-17(b)所示；

(2) 分别在 $B$ 截面施加单位集中力偶、集中力，作弯矩图 $\overline{M}$，如图 4-17(c)、(d)所示；

(3) 利用图乘法计算位移，有

$$\varphi_B = \sum \frac{(\pm)Ay_0}{EI} = \frac{A_1 y_3}{EI} - \frac{A_2 y_4}{EI} = \frac{1}{EI} \times \frac{F_P l^2}{16} \times \frac{1}{3} - \frac{1}{EI} \times \frac{F_P l^2}{16} \times \frac{1}{3} = 0$$

$$\Delta_{BV} = \sum \frac{(\pm)Ay_0}{EI} = \frac{A_1 y_1}{EI} + \frac{A_2 y_2}{EI} = \frac{1}{EI} \times \frac{F_P l^2}{16} \times \frac{l}{6} + \frac{1}{EI} \times \frac{F_P l^2}{16} \times \frac{l}{6} = \frac{F_P l^3}{48EI}(\downarrow)$$

**【算例4-6】** 求图4-18(a)所示简支梁中间截面$C$的竖向位移$\Delta_{CV}$。

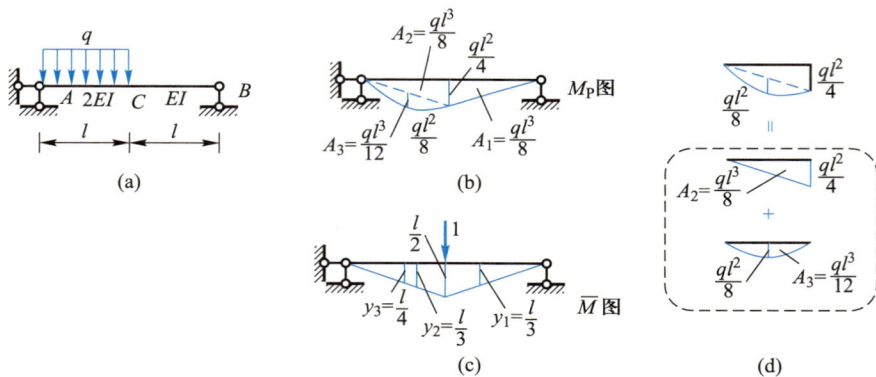

图4-18 算例4-6图

**【解】** (1)作荷载作用下的弯矩图$M_P$,如图4-18(b)所示;

(2)在$C$截面作用竖向单位集中力,作弯矩图$\overline{M}$,如图4-18(c)所示;

(3)由于结构存在变刚度,且$AC$段作用有均布荷载,所以将$AC$、$CB$段分开图乘计算。此外,由图4-18(b)可知杆件$AC$弯矩图为非标准抛物线,为便于图乘,可将此段弯矩图分解为三角形与标准抛物线的叠加,如图4-18(d)所示。最后利用图乘法可得

$$\Delta_{CV} = \sum \frac{(\pm)Ay_0}{EI} = \frac{A_1 y_1}{EI} + \frac{A_2 y_2}{2EI} + \frac{A_3 y_3}{2EI} = \frac{1}{EI} \times \frac{ql^3}{8} \times \frac{l}{3} + \frac{1}{2EI} \times \frac{ql^3}{8} \times \frac{l}{3} + \frac{1}{2EI} \times \frac{ql^3}{12} \times \frac{l}{4} = \frac{7ql^4}{96EI}(\downarrow)$$

**【算例4-7】** 求图4-19(a)所示外伸梁截面$D$的竖向位移$\Delta_{DV}$。

**【解】** (1)结构在荷载作用下的弯矩图如图4-19(b)所示;

(2)在$D$截面作用单位竖向集中力,作弯矩图如图4-19(c)所示;

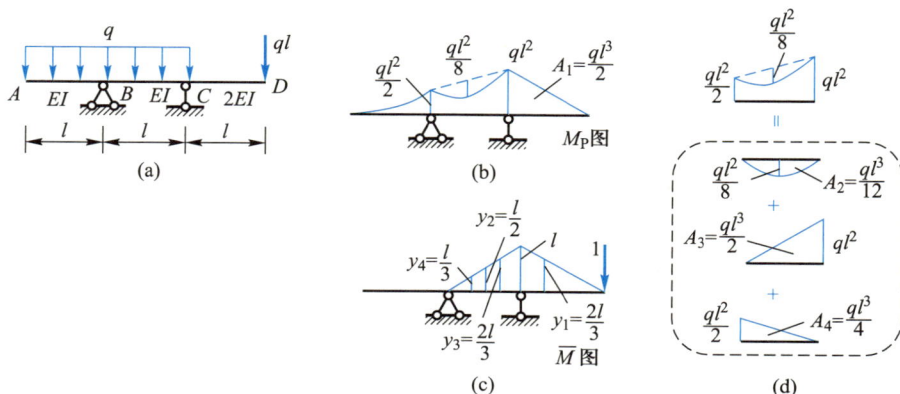

图4-19 算例4-7图

（3）分 $AB$、$BC$、$CD$ 三段分别图乘计算，其中：杆件 $BC$ 弯矩图为非标准抛物线，为便于图乘，将其分解为两个三角形与一个标准抛物线叠加，如图 4-19(d) 所示。由图乘法可得

$$\Delta_{CV} = \sum \frac{(\pm)Ay_0}{EI} = \frac{A_1y_1}{2EI} - \frac{A_2y_2}{EI} + \frac{A_3y_3}{EI} + \frac{A_4y_4}{EI}$$

$$= \frac{1}{2EI} \times \frac{ql^3}{2} \times \frac{2l}{3} - \frac{1}{EI} \times \frac{ql^3}{12} \times \frac{l}{2} + \frac{1}{EI} \times \frac{ql^3}{2} \times \frac{2l}{3} + \frac{1}{EI} \times \frac{ql^3}{4} \times \frac{l}{3} = \frac{13ql^4}{24EI}(\downarrow)$$

**【算例 4-8】**　求图 4-20(a)所示结构自由端 $C$ 的竖向位移 $\Delta_{CV}$。

**【解】**　（1）结构在荷载作用下弯矩图如图 4-20(b)所示；

（2）在 $C$ 截面作用竖向单位集中力，作弯矩图如图 4-20(c)所示；

（3）可以看出，杆件 $AB$ 的弯矩图为复杂图形，为便于图乘，将其分解为三个简单图形的叠加，如图 4-20(d)所示。由图乘法可得

$$\Delta_{CV} = \sum \frac{(\pm)Ay_0}{EI} = \frac{A_1y_1}{2EI} + \frac{A_2y_2}{EI} + \frac{A_3y_3}{EI} - \frac{A_4y_4}{EI} + \frac{A_5y_5}{EI}$$

$$= \frac{1}{2EI} \times \frac{ql^3}{2} \times \frac{2l}{3} + \frac{1}{EI} \times ql^3 \times \frac{2l}{3} + \frac{1}{EI} \times \frac{ql^3}{2} \times \frac{l}{3} - \frac{1}{EI} \times \frac{ql^3}{4} \times \frac{l}{3} + \frac{1}{EI} \times \frac{ql^3}{4} \times \frac{2l}{3} = \frac{13ql^4}{12EI}(\downarrow)$$

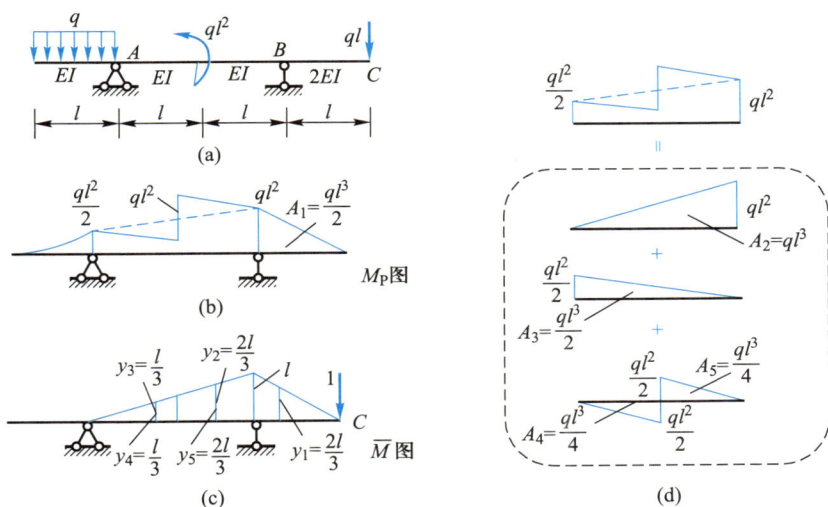

图 4-20　算例 4-8 图

**【算例 4-9】**　求图 4-21(a)所示刚架 $C$ 处竖向位移 $\Delta_{CV}$。

**【解】**　（1）刚架在荷载作用下的弯矩图如图 4-21(b)所示；

（2）在 $C$ 截面作用竖向单位集中力，作弯矩图如图 4-21(c)所示；

（3）可以看出，杆件 $CD$ 的弯矩图为复杂图形，为便于图乘，将其分解为图 4-21(d)所示简单图形的叠加。由图乘法可得

$$\Delta_{CV} = \sum \frac{(\pm)Ay_0}{EI} = \frac{A_1y_1}{2EI} + \frac{A_2y_2}{EI} + \frac{A_3y_3}{EI} - \frac{A_4y_4}{EI}$$

$$= \frac{1}{2EI} \times \frac{3ql^3}{2} \times l + \frac{1}{EI} \times \frac{3ql^3}{4} \times \frac{2l}{3} + \frac{1}{EI} \times \frac{ql^3}{2} \times \frac{l}{3} - \frac{1}{EI} \times \frac{ql^3}{12} \times \frac{l}{2} = \frac{11ql^4}{8EI}(\downarrow)$$

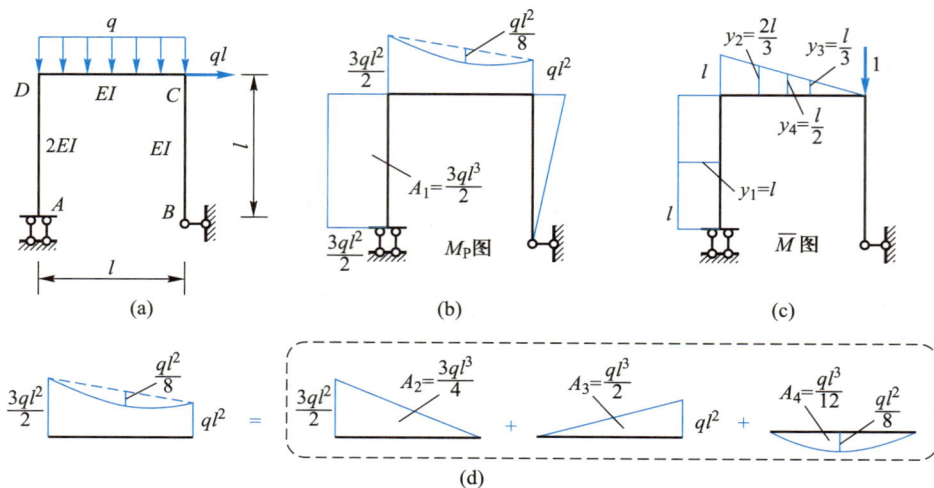

图 4 – 21　算例 4 – 9 图

【算例 4 – 10】　求图 4 – 22(a)所示组合结构 C 点的竖向位移 $\Delta_{CV}$。

【解】　（1）对于组合结构,计算位移时,通常刚架杆只计弯曲变形、桁架杆只有轴向变形,位移计算公式为

$$\Delta_{KP} = \sum \frac{\overline{F}_N F_{NP} l}{EA} + \sum \int \frac{\overline{M} M_P}{EI} \mathrm{d}s$$

（2）结构在荷载、单位集中力作用下的弯矩图和轴力,如图 4 – 22(b)、(c)所示;

（3）由图乘法可得

$$\Delta_{CV} = \sum \int \frac{\overline{M} M_P}{EI} \mathrm{d}s + \sum \int \frac{\overline{F}_N F_{NP}}{EA} \mathrm{d}s = \sum \frac{(\pm) A y_0}{EI} + \sum \frac{\overline{F}_N F_{NP} l}{EA}$$

$$= 2 \times \frac{A_1 y_1}{EI} + 2 \times \frac{A_2 y_2}{EI} + \sum \frac{\overline{F}_N F_{NP} l}{EA} = 2 \times \frac{1}{EI} \times \frac{-3ql^3}{8} \times \frac{l}{3} + 2 \times \frac{1}{EI} \times \frac{-ql^3}{8} \times \frac{l}{3} + \frac{1}{EA} \times$$

$$\frac{-3ql}{4} \times \frac{-1}{2} \times l + \frac{1}{EA} \times \frac{-ql}{4} \times \frac{1}{2} \times l = -\frac{ql^4}{12EI} (\uparrow)$$

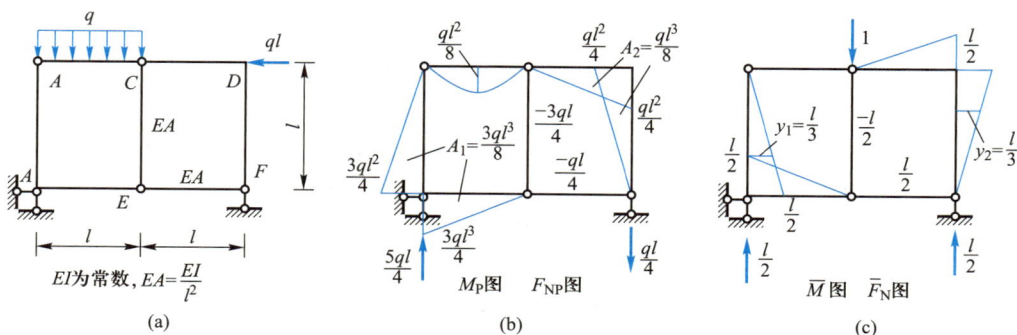

图 4 – 22　算例 4 – 10 图

**【算例 4－11】**　求图 4－23(a)带弹簧支座结构 $B$ 点的竖向位移 $\Delta_{BV}$、转角 $\varphi_B$。

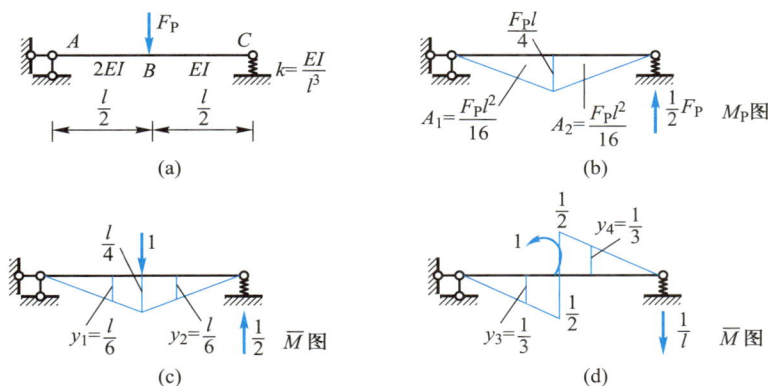

图 4－23　算例 4－11 图

**【解】**　（1）作外荷载、单位集中力、单位力偶下的弯矩图，并计算弹簧支座约束力，如图 4－23(b)、(c)、(d)所示；

（2）计算带弹簧支座或弹簧约束结构的位移时，不仅要考虑外荷载作用下产生的位移，还需计算由于弹簧支座的位移引起的附加位移。由虚功方程，有

$$\Delta_{BV} - \sum \frac{\overline{F}_k F_{Pk}}{k} = \sum \int \frac{\overline{M} M_P}{EI} ds$$

整理可得

$$\Delta_{BV} = \sum \int \frac{\overline{M} M_P}{EI} ds + \sum \frac{\overline{F}_k F_{Pk}}{k} = \frac{A_1 y_1}{2EI} + \frac{A_2 y_2}{EI} + \frac{\overline{F}_k F_{Pk}}{k}$$

$$= \frac{1}{2EI} \times \frac{F_P l^2}{16} \times \frac{l}{6} + \frac{1}{EI} \times \frac{F_P l^2}{16} \times \frac{l}{6} + \frac{1}{k} \times \frac{F_P}{2} \times \frac{1}{2} = \frac{17 F_P l^3}{64 EI}(\downarrow)$$

（3）同理可得

$$\varphi_B = \sum \int \frac{\overline{M} M_P}{EI} ds + \sum \frac{\overline{F}_k F_{Pk}}{k} = \sum \frac{(\pm) A y_0}{EI} + \sum \frac{\overline{F}_k F_{kP}}{k} = \frac{A_1 y_3}{2EI} - \frac{A_2 y_4}{EI} - \frac{\overline{F} F_{kP}}{k}$$

$$= \frac{1}{2EI} \times \frac{F_P l^2}{16} \times \frac{1}{3} - \frac{1}{EI} \times \frac{F_P l^2}{16} \times \frac{1}{3} - \frac{1}{k} \times \frac{F_P}{2} \times \frac{1}{l} = -\frac{49 F_P l^2}{96 EI}(\text{顺时针})$$

## 4－5　其他因素引起的结构位移计算

### 4－5－1　支座移动

由静定结构性质可知，支座移动不引起静定结构内力，当然也就没有变形，即总虚变形功 $\delta W_i = 0$。但是，这并不表明结构没有位移。因为，当静定结构存在已知支座位移 $c_i$ 时，虚设单位力状态所引起的对应支座约束力 $\overline{F}_{Ri}$ 要在 $c_i$ 上做功，故虚功方程为

$$\delta W_e = 1 \times \Delta + \sum_i \bar{F}_{Ri} c_i = \delta W_i = 0 \tag{4-21}$$

由此,即可得到静定结构仅由于支座移动引起的位移计算公式:

$$\Delta = -\sum_i \bar{F}_{Ri} c_i \tag{4-22}$$

式(4-22)求和号中每一项都是单位力引起的支座约束力在支座位移上所做的功,因此支座约束力 $\bar{F}_{Ri}$ 和支座位移 $c_i$ 方向一致时做正功,即乘积为正;反之做负功,乘积为负。值得注意的是,求和号前的负号不可忽略。

**【算例 4-12】**　图 4-24(a)所示静定刚架,支座 A 发生位移如图所示,其中:$a = 1.0$ cm,$b = 1.5$ cm,$l = 6$ m(图中 $a$、$b$ 的实际长度为放大画法)。试求 C 点的水平位移 $\Delta_{CH}$ 及竖向位移 $\Delta_{CV}$。

**【解】**　(1)求 $\Delta_{CH}$。在 C 点作用单位水平集中力,如图 4-24(b)所示,则支座 A 约束力为 $\bar{F}_{Ax} = 1(\rightarrow)$、$\bar{F}_{Ay} = 1(\uparrow)$。支座 A 水平位移与 $\bar{F}_{Ax}$ 方向相同、竖向位移与 $\bar{F}_{Ay}$ 方向相反,故 $\Delta_{CH}$ 为

$$\Delta_{CH} = -(\bar{F}_{Ax} \cdot a - \bar{F}_{Ay} \cdot b) = -(1 \times 1.0 \text{ cm} - 1 \times 1.5 \text{ cm}) = 0.5 \text{ cm}(\leftarrow)$$

结果为正值,说明 C 点的水平位移与施加的单位力方向一致,即水平向左。

(2)求 $\Delta_{CV}$。在 C 点作用单位竖向集中力,如图 4-24(c)所示,则支座 A 约束力为 $\bar{F}_{Ax} = 0$,$\bar{F}_{Ay} = 1(\uparrow)$。支座 A 的竖向位移与 $\bar{F}_{Ay}$ 方向相反,故 $\Delta_{CV}$ 为

$$\Delta_{CV} = -(\bar{F}_{Ax} \times a - \bar{F}_{Ay} \times b) = -(0 - 1 \times 1.5 \text{ cm}) = 1.5 \text{ cm}(\downarrow)$$

结果为正值,说明 C 点的竖向位移与施加的单位力方向一致,即向下。

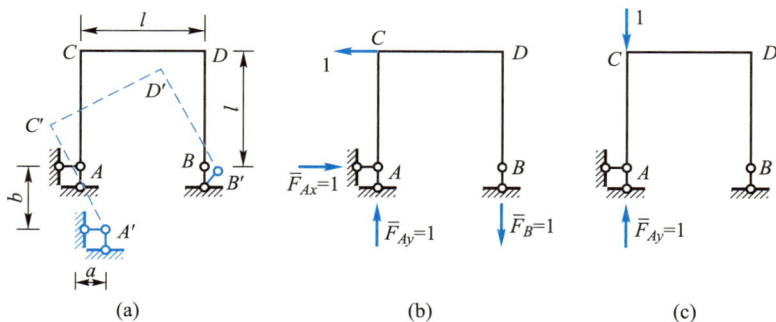

图 4-24　算例 4-12 图

## 4-5-2　温度改变

温度改变虽然不引起静定结构内力,但由于热胀冷缩,结构是要产生变形的。为此,必须考虑微段的温度变形。假设微段轴向温度变化相同,温度沿截面高度线性变化,截面高度为 $h$ 且对中性轴对称。将杆件看成层状叠合物,由于温度改变每层都要伸缩,如图 4-25(a)所示两侧温度不同(为不失一般性,假设 $t_2 > t_1$)的情形下,微段将发生如图 4-25(b)所示的变形。

如果记杆件轴线温度改变为 $t_0 = \dfrac{t_2 + t_1}{2}$,两侧温差绝对值为 $\Delta t = |t_2 - t_1|$,则不难

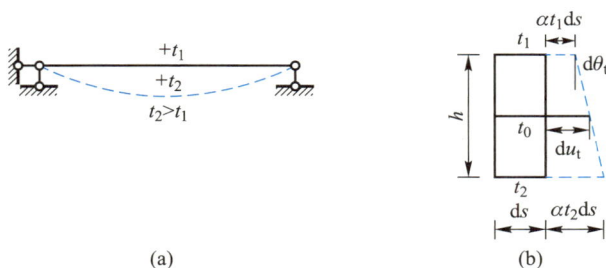

图 4-25 微段温度变形示意图

看出,微段相对变形可分解成弯曲变形 $\mathrm{d}\theta_t$ 和轴向变形 $\mathrm{d}u_t$,微元段 $\mathrm{d}s$ 由于温度变化在上、下边缘产生的伸长量分别为 $\alpha t_1 \mathrm{d}s$ 和 $\alpha t_2 \mathrm{d}s$,其中:$\alpha$ 为材料线膨胀系数。显然,温度改变不产生截面剪切错动和扭转变形。根据式(4-10),则温度作用下的位移计算公式可表示为

$$\Delta_{Kt} = \sum \int \overline{F}_N \mathrm{d}u_t + \sum \int \overline{M} \mathrm{d}\theta_t \qquad (4-23)$$

由于变形很小,温度弯曲变形 $\mathrm{d}\theta_t$(微元段左右两截面的相对转角)可表示为

$$\mathrm{d}\theta_t = \frac{\alpha t_2 \mathrm{d}s - \alpha t_1 \mathrm{d}s}{h} = \frac{\alpha(t_2 - t_1)\mathrm{d}s}{h} = \frac{\alpha \Delta t}{h}\mathrm{d}s \qquad (4-24)$$

温度轴向变形 $\mathrm{d}u_t$ 可表示为

$$\mathrm{d}u_t = \alpha \frac{t_1 + t_2}{2}\mathrm{d}s = \alpha t_0 \mathrm{d}s \qquad (4-25)$$

将式(4-24)、式(4-25)代入式(4-23),即可得到温度变化引起的结构位移计算公式:

$$\Delta_{Kt} = \sum \int \overline{F}_N \alpha t_0 \mathrm{d}s + \sum \int \overline{M} \frac{\alpha \Delta t}{h}\mathrm{d}s \qquad (4-26)$$

如果材料、温度沿杆长不变,且杆件为等截面直杆,则上式可写为

$$\Delta_{Kt} = \sum \alpha t_0 A_{\overline{F}_N} + \sum \frac{\alpha \Delta t}{h} A_{\overline{M}} \qquad (4-27)$$

式中:$A_{\overline{F}_N}$ 和 $A_{\overline{M}}$ 分别为单位广义力引起的杆件轴力图面积和弯矩图面积。

采用式(4-26)、式(4-27)计算位移时,应注意各项正负号的确定。当实际温度变形与虚拟内力方向一致时其乘积为正,相反则为负,即:若虚拟单位广义力对应弯矩 $\overline{M}$ 引起的弯曲变形与温度变化引起的弯曲变形一致时,乘积为正,否则为负;若虚拟单位力对应轴力 $\overline{F}_N$ 引起的轴向变形与温度变化引起的轴向变形一致时,乘积为正,否则为负。

对于桁架结构,温度变化引起的结构位移计算公式为

$$\Delta_{Kt} = \sum \alpha t_0 \overline{F}_N l \qquad (4-28)$$

【算例 4-13】 图 4-26(a)所示结构,内部温度上升 $t$,外部温度下降 $2t$,求由此产生的 $B$ 点的竖向位移。各杆件均为相同的矩形截面,截面高度 $h = \dfrac{l}{20}$,线膨胀系数为 $\alpha$。

**【解】** （1）在 $B$ 点作用竖向单位集中力，作弯矩图和轴力图，分别如图 $4-26$（b）、（c）所示；

（2）各杆件内外温差相同 $\Delta t = 3t$，且为等截面直杆，温度引起的弯曲变形使结构内侧受拉，而单位力引起的弯矩同样使杆件 $AC$、$CD$ 内侧受拉；各杆轴温度为 $t_0 = \dfrac{t-2t}{2} = -\dfrac{t}{2}$，温度引起轴线变短，产生压缩变形。而单位力引起的 $AC$ 段轴力为拉力、$BD$ 段轴力为压力，轴力分别做负功和正功。

（3）可得 $B$ 截面由温度变化引起的竖向位移：

$$\Delta_{Kt} = \sum \alpha t_0 A_{\overline{F}_N} + \sum \frac{\alpha \Delta t}{h} A_{\overline{M}} = \alpha \frac{t}{2} \frac{l}{2} - \alpha \frac{t}{2} l + \frac{3\alpha t}{h}\left(l^2 + \frac{l^2}{2}\right) = 89.75 \alpha t l \ (\uparrow)$$

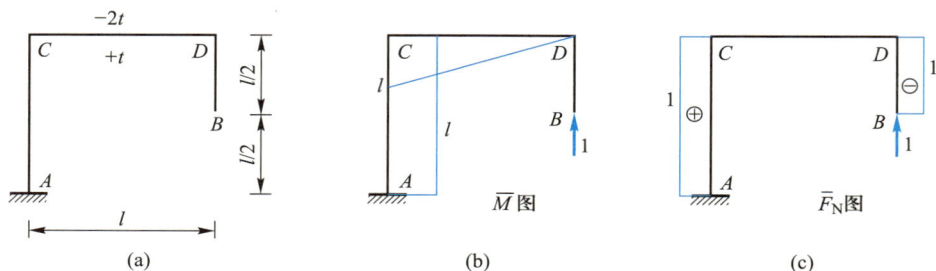

图 $4-26$  算例 $4-13$ 图

**【算例 4-14】** 图 $4-27$（a）所示结构，求 $\Delta_{CH}$。线膨胀系数为 $\alpha$。

**【解】** （1）刚架外侧温度变化 $t_1 = -10$ ℃，内侧温度变化 $t_2 = +10$ ℃，则有 $t_0 = \dfrac{t_1 + t_2}{2} = 0$ ℃，$\Delta t = t_2 - t_1 = 20$ ℃；

（2）刚架在水平单位荷载作用下的弯矩图如图 $4-27$（b）所示；

（3）温度变化引起的竖向位移为

$$\Delta_{CH} = \sum \overline{F}_N \alpha t_0 l + \sum (\pm) A_{\overline{M}} \frac{\alpha \Delta t}{h} = \frac{\alpha}{h}\left(\frac{l^2}{2} \times 20 + \frac{l^2}{2} \times 20\right) = 200 \alpha l \ (\rightarrow)$$

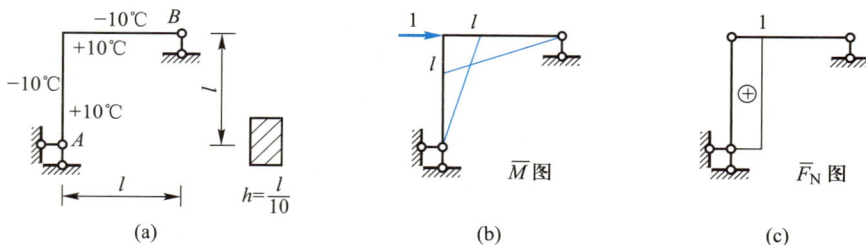

图 $4-27$  算例 $4-14$ 图

# 4-6  互等定理

线弹性结构有四个互等定理，其中功的互等定理是最基本的，其他三个为位移互等定理、反力互等定理、反力与位移互等定理。

### 4 - 6 - 1　功的互等定理

图 4 - 28(a)、(b)为任一线弹性结构分别承受两组外荷载 $F_{P1}$ 和 $F_{P2}$ 时的两种受力状态。设第一状态的外力在第二状态的位移上所做的虚变形功为 $W_{12}$，则根据虚功原理有

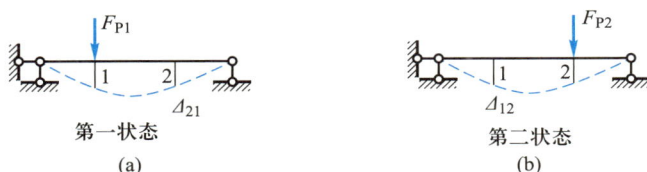

图 4 - 28　功的互等定理

$$\delta W_{12} = \sum F_{Pi}\Delta_{i2} = \sum \int \frac{F_{N1}F_{N2}}{EA}\mathrm{d}s + \sum \int \frac{k\,F_{S1}F_{S2}}{GA}\mathrm{d}s + \sum \int \frac{M_1 M_2}{EI}\mathrm{d}s \qquad (4-29)$$

同理，第二状态的外力在第一状态的位移上所做的虚变形功 $W_{21}$ 为

$$\delta W_{21} = \sum F_{Pj}\Delta_{j1} = \sum \int \frac{F_{N2}F_{N1}}{EA}\mathrm{d}s + \sum \int \frac{k\,F_{S2}F_{S1}}{GA}\mathrm{d}s + \sum \int \frac{M_2 M_1}{EI}\mathrm{d}s \qquad (4-30)$$

显然有

$$\delta W_{12} = \delta W_{21} \qquad (4-31)$$

式(4-31)即为 **功的互等定理**，可表述为：在任一线弹性变形体系中，第一状态的外力在第二状态的位移上所做的虚功 $\delta W_{12}$，恒等于第二状态的外力在第一状态的位移上所做的虚功 $\delta W_{21}$。

### 4 - 6 - 2　位移互等定理

如在两种状态中，结构分别只承受广义力 $F_{P1}$ 和 $F_{P2}$ 作用，$\Delta_{12}$ 和 $\Delta_{21}$ 分别表示 $F_{P2}$ 和 $F_{P1}$ 作用时对应 $F_{P1}$ 和 $F_{P2}$ 的位移，如图 4 - 29 所示，则由功的互等定理可得

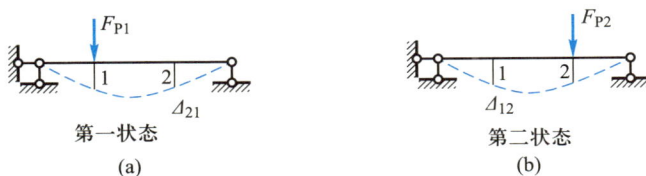

图 4 - 29　位移互等定理

$$\delta W_{12} = F_{P1}\Delta_{12} = F_{P2}\Delta_{21} = \delta W_{21}$$

即

$$\frac{\Delta_{12}}{F_{P2}} = \frac{\Delta_{21}}{F_{P1}}$$

记 $\delta_{12} = \dfrac{\Delta_{12}}{F_{P2}}, \delta_{21} = \dfrac{\Delta_{21}}{F_{P1}}$ 为柔度系数,表示单位广义力所引起的广义位移。则可得如下结论:

$$\delta_{12} = \delta_{21} \tag{4-32}$$

式(4-32)即为 **位移互等定理**,即第一个单位力所引起的在第二个单位力方向上的位移 $\delta_{21}$,等于第二个单位力所引起的在第一个单位力方向上的位移 $\delta_{12}$。值得说明的是,**不管广义力和对应的广义位移是什么,式(4-32)不仅数值上是相等的,而且等式两边的量纲也是相同的。**

### 4-6-3　反力互等定理

反力互等定理是功的互等定理的又一个特例,用以说明超静定结构在两个支座分别发生单位位移时,两种状态中约束力的互等关系。

图4-30(a)表示支座1发生位移 $\Delta_1$ 的状态,此时支座2产生的约束力为 $F_{R21}$;图4-30(b)表示支座2发生位移 $\Delta_2$ 的状态,此时支座1产生的约束力为 $F_{R12}$。其他支座因其对应的另一状态的位移为零而不做功,因此,其支座约束力不需考虑。根据功的互等定理可得

$$\delta W_{12} = F_{R21}\Delta_2 = F_{R12}\Delta_1 = \delta W_{21}$$

即

$$\frac{F_{R21}}{\Delta_1} = \frac{F_{R12}}{\Delta_2}$$

记 $k_{21} = \dfrac{F_{R21}}{\Delta_1}, k_{12} = \dfrac{F_{R12}}{\Delta_2}$ 为刚度系数,表示单位广义位移所引起的广义力。则有

$$k_{21} = k_{12} \tag{4-33}$$

式(4-33)即为 **反力互等定理**,即支座1发生单位位移所引起的支座2的约束力 $k_{12}$,等于支座2发生单位位移所引起的支座1的约束力 $k_{21}$。当然,反力互等定理也可用于静定结构,建议读者自行推导。

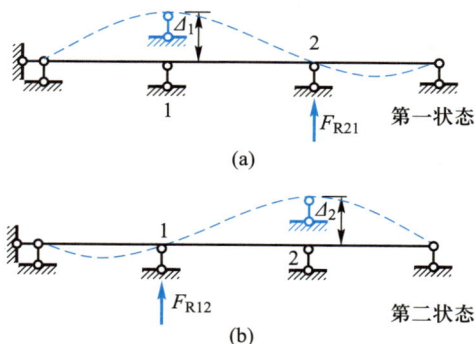

图4-30　反力互等定理

### 4-6-4　反力位移互等定理

功的互等定理的另一特殊情况是说明一种状态中的约束力与另一状态中的位移

具有互等关系。图 4-31 所示两种状态,其中图 4-31(a)表示仅受广义力 $F_{P1}$ 作用时,支座 2 的广义约束力为 $F_{R21}$;图 4-31(b)表示支座 2 发生广义位移 $\Delta_2$ 时广义力 $F_{P1}$ 对应的广义位移为 $\Delta_{12}$。对此两种状态应用功的互等定理,有

$$\delta W_{12} = F_{P1}\Delta_{12} + F_{R21}\Delta_2 = 0 = \delta W_{21}$$

方程式右边为第二状态力在第一状态位移上做的功,虽然第二状态各支座存在约束力,但是由于第一状态各支座没有位移,故为零。可得

$$\delta_{12} = \frac{\Delta_{12}}{\Delta_2} = -\frac{F_{R21}}{F_{P1}} = -k_{21}$$

即

$$k_{21} = -\delta_{12} \tag{4-34}$$

式(4-34)即为反力位移互等定理,即单位力所引起的结构某支座约束力,等于该支座发生单位位移时所引起的在单位力方向上的位移,符号相反。

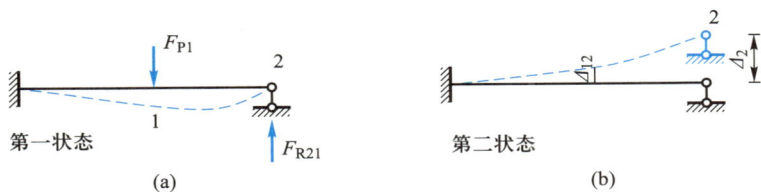

图 4-31 反力位移互等定理

## 思 考 题

4-1 变形和位移的联系与区别是什么。

4-2 为什么虚功原理对变形体和刚体都适用?适用条件是什么?

4-3 刚体虚功原理与变形体虚功原理有何区别和联系?

4-4 变形体虚功原理证明中何时用到平衡条件?何时用到变形协调条件?

4-5 单位广义力状态中的"单位广义力"的量纲是什么?

4-6 刚架、桁架、组合结构的常用位移计算公式有什么区别?

4-7 简述图乘法及其使用的条件是什么。

4-8 图乘法对连续变截面梁或拱是否适用?

4-9 图乘法公式中的正负号如何确定?

4-10 矩形截面细长杆的位移计算中,轴向变形和剪切变形的影响如何?

4-11 增加各杆件刚度是否一定能减小荷载作用引起的结构位移?

4-12 其他因素引起的静定结构位移计算与荷载引起的位移计算有何联系和区别?

4-13 互等定理有哪些?其适用于什么类型的结构?

4-14 在位移互等定理中,为什么线位移与角位移可以互等?在反力-位移互等定理中,为什么约束力与位移可以互等?互等的两个量的量纲是否相同?

## 习　　题

**4 – 1**　求以下梁结构的指定位移。

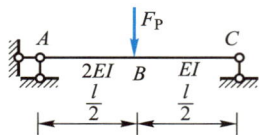

(1) 求$\Delta_{BV}$，$\varphi_B$

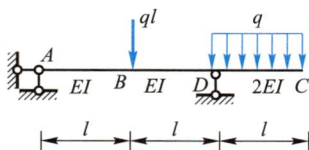

(2) 求$\Delta_{CV}$，$\varphi_B$

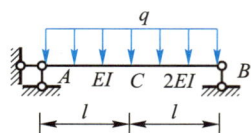

(3) 求铰$A$、$B$两截面的相对转角

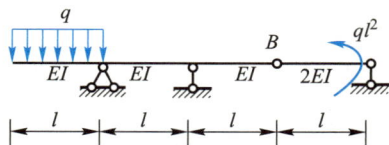

(4) 求铰$B$两侧截面的相对转角

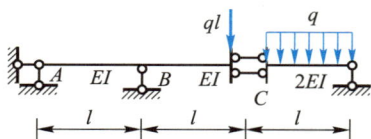

(5) 求$C$两侧截面的相对竖向位移

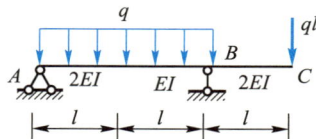

(6) 求$\Delta_{CV}$

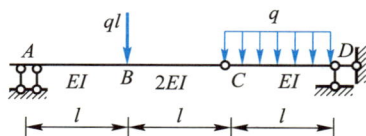

(7) 求铰$C$两侧截面的相对转角

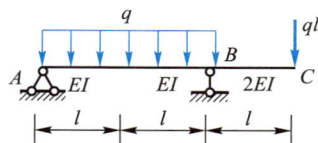

(8) 求$\Delta_{CV}$

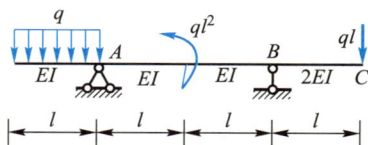

(9) 求$\Delta_{CV}$

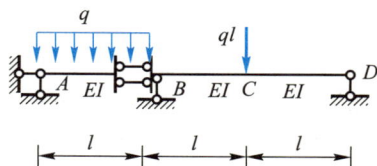

(10) 求$\Delta_{CV}$

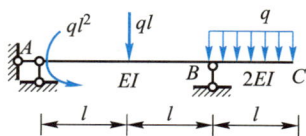

(11) 求$\Delta_{CV}$

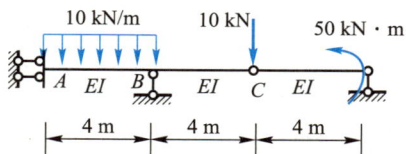

(12) 求$\Delta_{CV}$

习题 4 – 1 图

**4-2** 求以下刚架结构的指定位移。

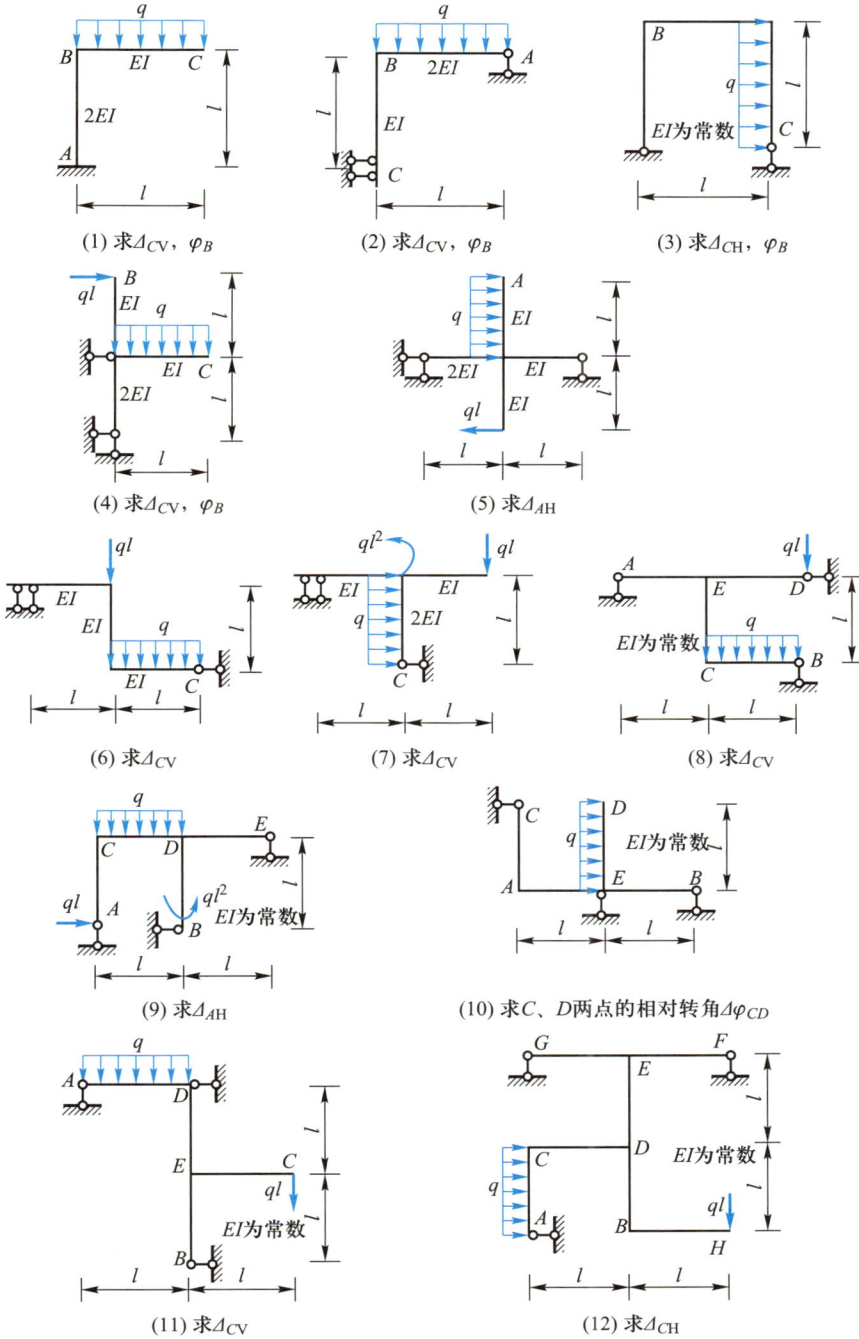

(1) 求$\Delta_{CV}$, $\varphi_B$

(2) 求$\Delta_{CV}$, $\varphi_B$

(3) 求$\Delta_{CH}$, $\varphi_B$

(4) 求$\Delta_{CV}$, $\varphi_B$

(5) 求$\Delta_{AH}$

(6) 求$\Delta_{CV}$

(7) 求$\Delta_{CV}$

(8) 求$\Delta_{CV}$

(9) 求$\Delta_{AH}$

(10) 求$C$、$D$两点的相对转角$\Delta\varphi_{CD}$

(11) 求$\Delta_{CV}$

(12) 求$\Delta_{CH}$

习题 4-2 图

**4-3**　求以下刚架结构的指定位移。

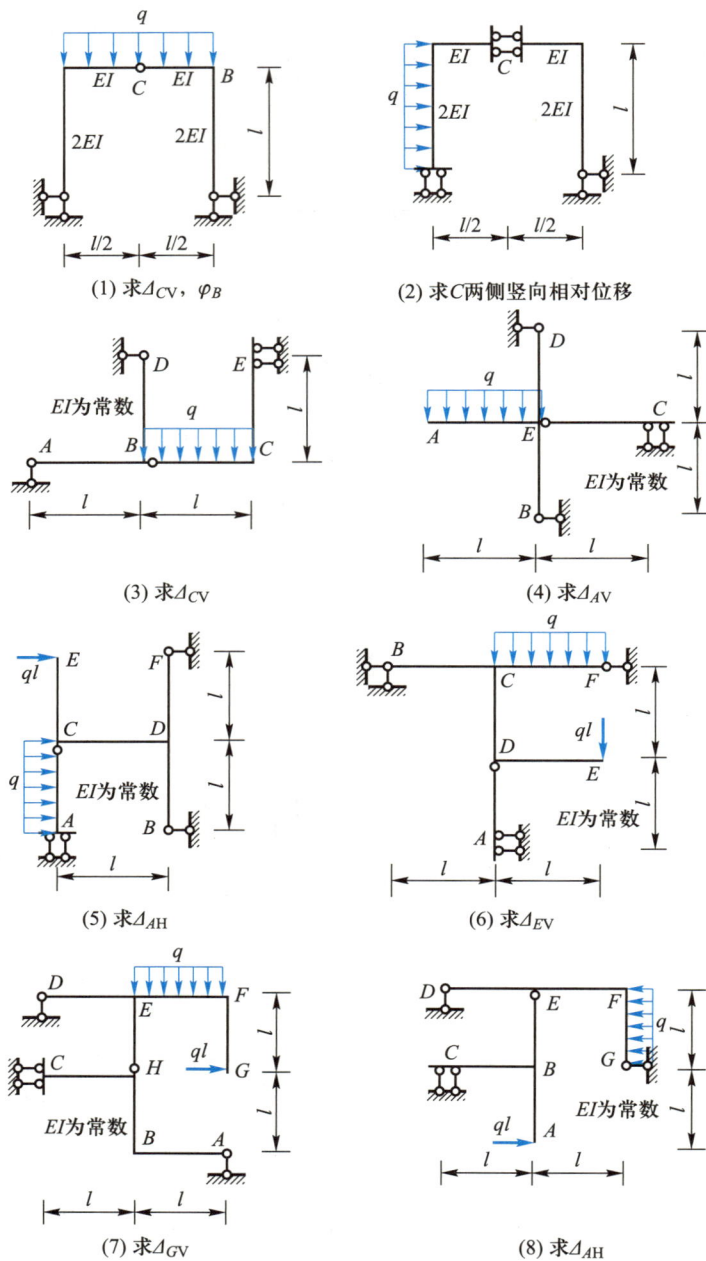

(1) 求 $\Delta_{CV}$，$\varphi_B$

(2) 求 C 两侧竖向相对位移

(3) 求 $\Delta_{CV}$

(4) 求 $\Delta_{AV}$

(5) 求 $\Delta_{AH}$

(6) 求 $\Delta_{EV}$

(7) 求 $\Delta_{GV}$

(8) 求 $\Delta_{AH}$

习题 4-3 图

**4-4** 求以下桁架结构、组合结构的指定位移。

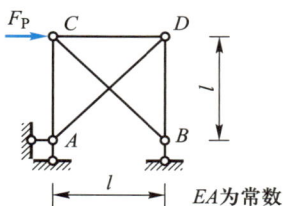

(1) 求$\Delta_{BH}$

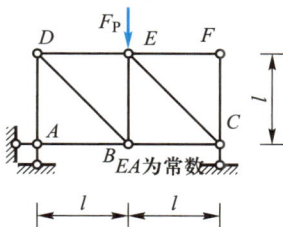

(2) 求$\Delta_{FH}$

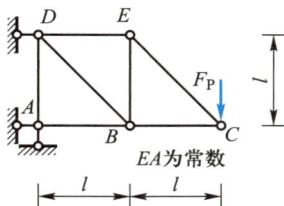

(3) 求$\Delta_{CV}$

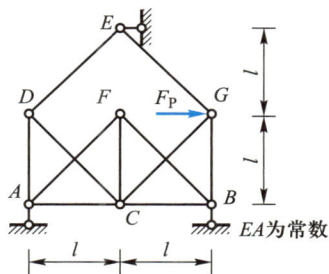

(4) 求$\Delta_{CV}$

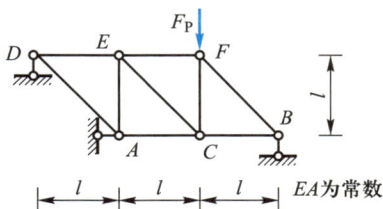

(5) 求$\Delta_{CV}$

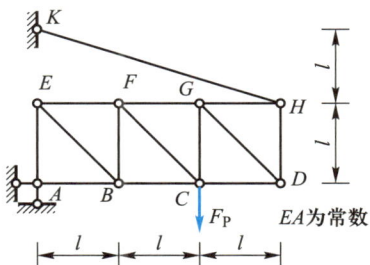

(6) 求$\Delta_{DV}$

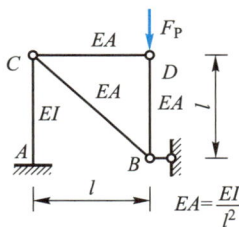

(7) 求$CD$杆件的转角

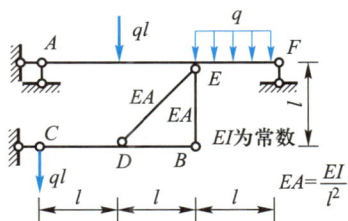

(8) 求$\Delta_{CV}$

习题 4-4 图

**4-5** 求以下带弹簧支座(约束)结构的指定位移。

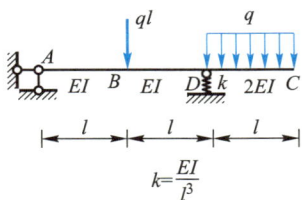

(1) 求$\Delta_{CV}$

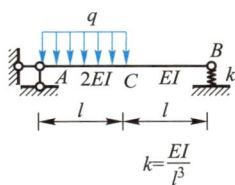

(2) 求$B$截面转角$\varphi_B$

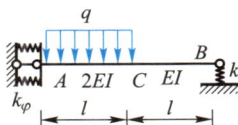

(3) 求$B$截面转角$\varphi_B$

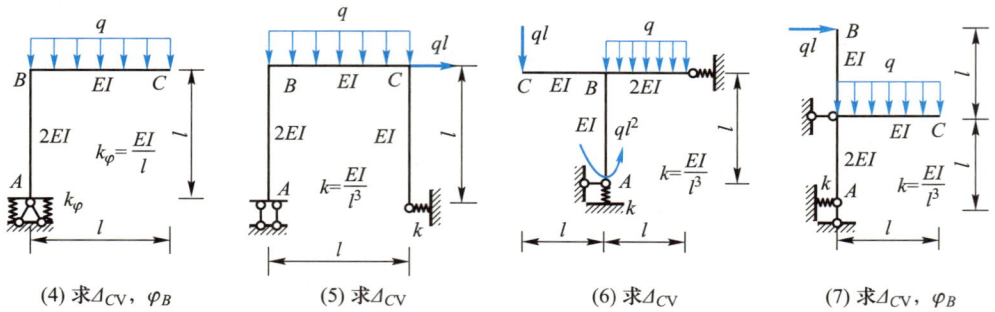

(4) 求$\Delta_{CV}$, $\varphi_B$      (5) 求$\Delta_{CV}$      (6) 求$\Delta_{CV}$      (7) 求$\Delta_{CV}$, $\varphi_B$

习题 4-5 图

**4-6** 求其他因素引起的结构指定位移。

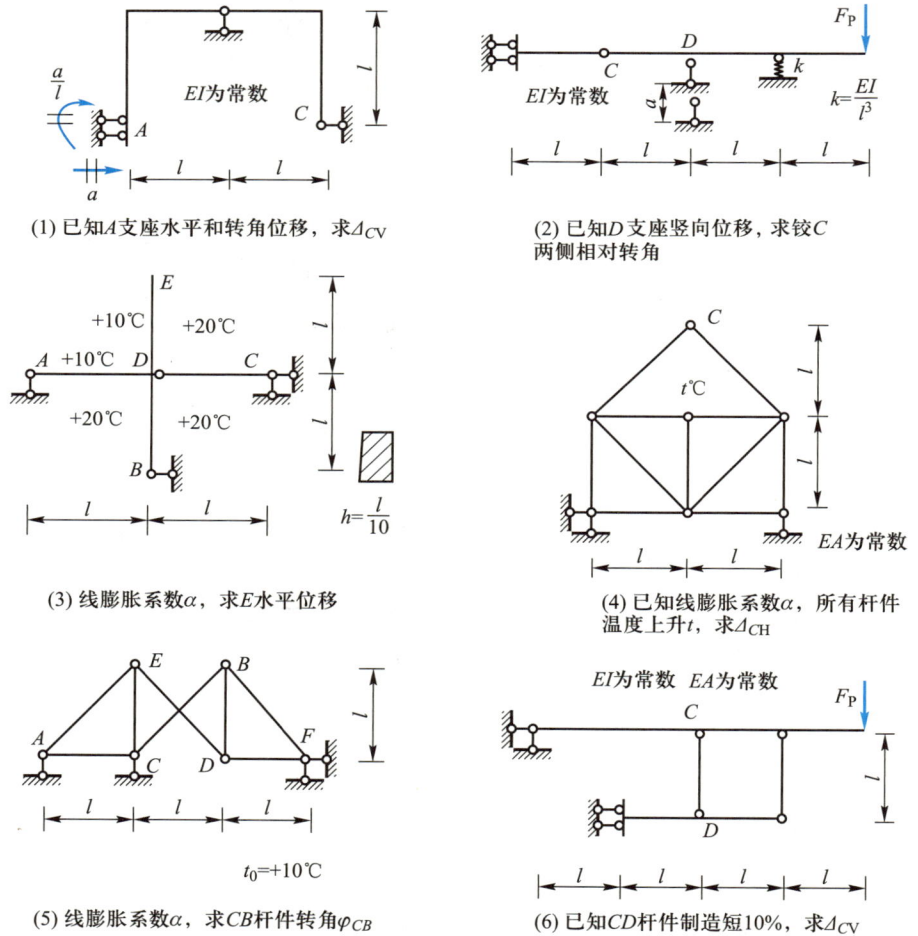

(1) 已知A支座水平和转角位移，求$\Delta_{CV}$

(2) 已知D支座竖向位移，求铰C两侧相对转角

(3) 线膨胀系数$\alpha$，求E水平位移

(4) 已知线膨胀系数$\alpha$，所有杆件温度上升$t$，求$\Delta_{CH}$

(5) 线膨胀系数$\alpha$，求CB杆件转角$\varphi_{CB}$

(6) 已知CD杆件制造短10%，求$\Delta_{CV}$

习题 4-6 图

# 第五章　力法

前述章节已对无多余约束和有多余约束的几何不变体系(结构)进行了几何组成分析,并对静定结构的内力和位移计算方法进行了讲解。对于无多余约束的几何不变体系,即静定结构,需求约束力总数与可建立的独立平衡方程数相等,仅利用静力平衡条件便可求解。然而,实际工程中应用更广泛的是超静定结构,即存在多余约束的几何不变体系,此时仅利用静力平衡条件已不能求解全部约束力。常见的超静定结构有超静定梁、超静定刚架、超静定桁架、超静定组合结构,以及超静定拱等,如图5-1所示。

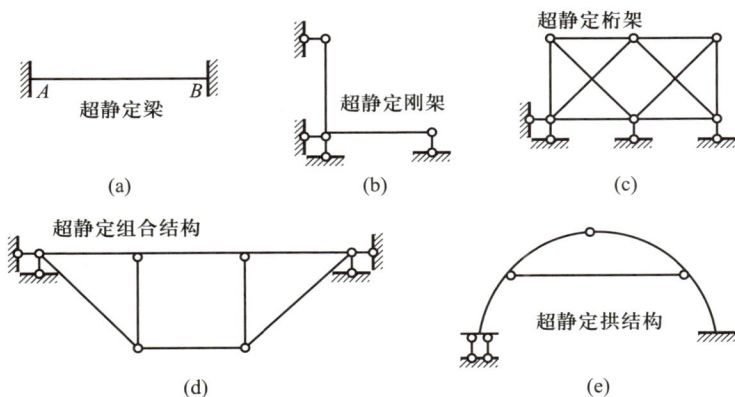

图 5-1　超静定结构

超静定结构的基本解法有力法和位移法两种,本章重点讲解基于力法求解超静定结构的原理和方法。力法是最早提出的超静定结构内力计算方法之一,**基本思想是将超静定结构通过解除多余约束变为静定结构,并将解除多余约束处的约束力作为基本未知量,根据变形协调建立力法典型方程求解未知量,完成超静定结构求解。**力法是以静定结构为基础的,而合理判断超静定结构的组成及其多余约束的数量(超静定次数)是力法求解的前提。

## 5-1　超静定结构及其超静定次数

### 5-1-1　超静定结构概念

如图5-2(a)所示多跨梁,其支座约束力仅靠静力平衡条件显然是无法完全确定的,因而该梁结构的内力也无法确定;同理,如图5-2(b)所示桁架,虽然利用静力平衡条件可以得到所有支座的约束力及部分桁架杆的内力,但是不能确定其全部杆件的内力。因此,**将这种仅利用静力平衡条件不能确定全部约束力的结构,称为超静**

定结构,其在几何组成上属于有多余约束的几何不变体系。所谓"多余约束",是相对于保持结构的几何不变性而言的,是不必要的,即只要确保结构的几何不变特征,就可以根据需要选择多余约束。简言之,多余约束并不唯一,将哪个约束视为多余约束,有很多种可能。解除多余约束暴露的约束力称为多余约束力,亦称为力法基本未知量。

如图5-2(a)所示多跨梁,在保证其几何不变特征的前提下,可以将 $A$、$B$、$C$ 任何一处的竖向约束作为多余约束,当拆除相应的多余约束时,可替代为多余约束力 $X_1$(即基本未知量),分别如图5-2(b)、(c)、(d)所示。再如图5-2(e)所示桁架,如果将其中两根桁架杆作为多余约束,代之以基本未知量 $X_1$、$X_2$,如图5-2(f)所示,则该桁架仍保持几何不变,为静定结构,全部约束力可解。当然,图5-2(e)所示桁架亦存在其他解除多余约束的方法,请读者自行尝试。

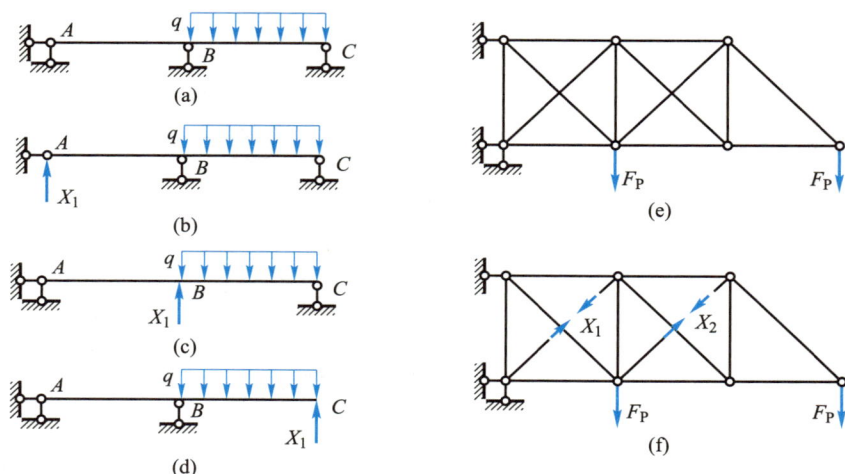

图5-2 多余约束解除

## 5-1-2 超静定次数

超静定结构求解中,由于多余约束的存在使得平衡方程的数目少于多余约束力的数目,导致仅靠静力平衡条件无法求解全部约束力。因此,需要引入位移协调条件,建立补充方程实现多余约束力求解。如果一个超静定结构存在 $n$ 个多余约束,则需建立 $n$ 个补充方程。因此,采用力法求解超静定结构,须首先确定多余约束的个数,即超静定次数。

超静定结构从几何组成上可以看作是在静定结构的基础上增加若干多余约束而构成,因而确定超静定次数最直接的方法就是解除多余约束,使原结构变成静定结构,而所解除的多余约束个数,即为超静定次数。此外,对于同一个超静定结构,可以采取不同的方式解除多余约束,而得到不同的静定结构,但所去多余约束的数目是相同的,即超静定次数不变。图5-3给出了几种超静定结构的超静定次数判断案例和多余约束不同的解除方式。

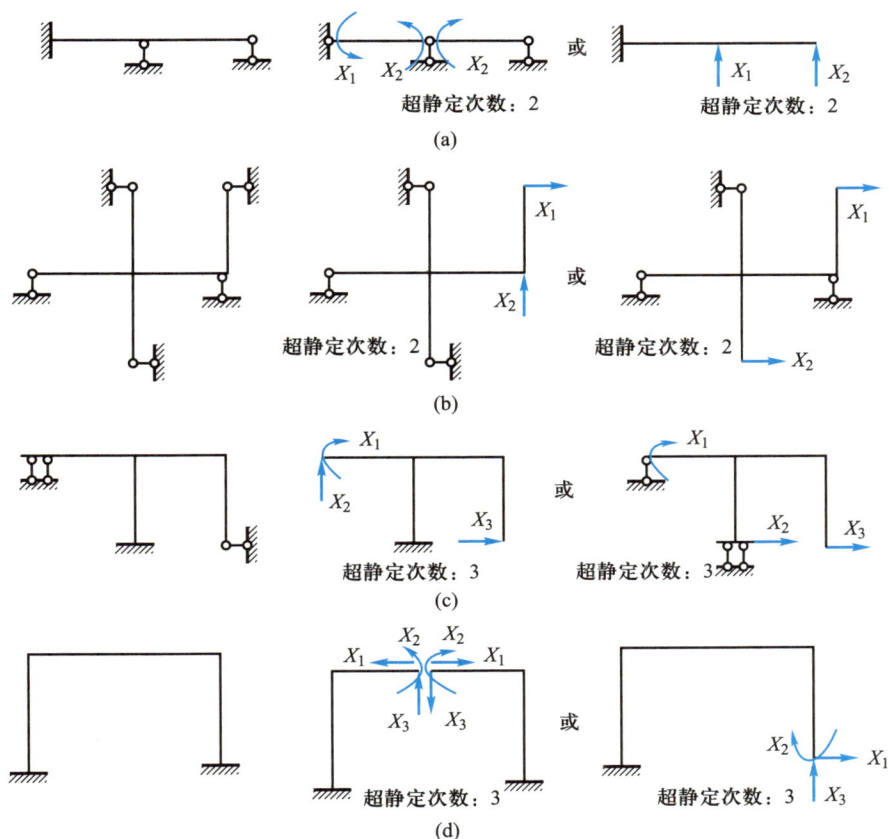

图 5-3 超静定次数

# 5-2 力法基本原理与典型方程

如图 5-4(a)所示超静定结构,根据几何组成分析可判断其超静定次数为 1,相应有 1 个基本未知量。此时,可将 $B$ 处的多余支座约束去掉,得到基本结构如图 5-4(b)所示;将多余约束代之以多余约束力 $X_1$,在基本结构上同时施加多余约束力和外荷载作用,进而得到含有多余约束力和荷载等外因作用下的静定结构,将其称为力法基本体系,如图 5-4(c)所示。可以看出,在去掉多余约束代之以多余约束力 $X_1$ 的过程中,未改变其他荷载等外因作用,因此基本体系的受力状态与原结构是相同的。

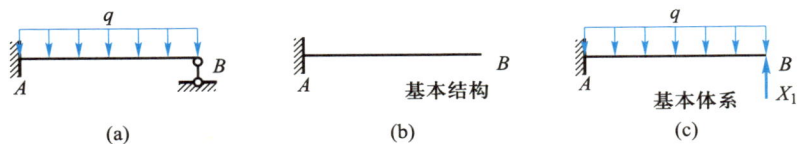

图 5-4 力法基本结构与基本体系

　　实际上,超静定结构基本体系的确定方法是多样的,可根据具体问题具体分析,也可根据求解习惯解除合适的多余约束,暴露出相应的基本未知量,但计算结果不变。如图5-5(a)所示刚架,根据几何组成分析可判断其超静定次数为3,解除多余约束、暴露基本未知量,得到的基本体系可为图5-5(b)、(c)、(d)中的任意一种,当然也存在其他形式的基本体系。

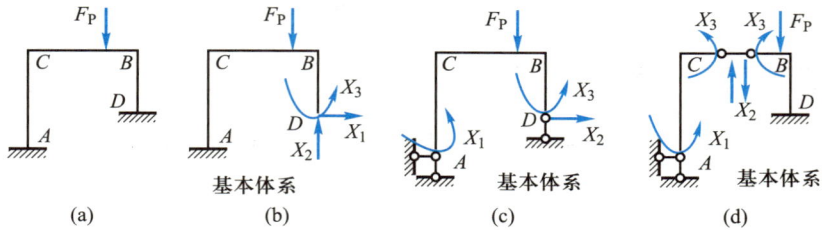

图5-5　力法基本体系

## 5-2-1　一次超静定结构

　　前述已从受力的角度明确基本体系的受力状态与原结构相同,如果此时基本体系的变形也与原结构一致,则基本体系就成为原结构的**等价体系**,对原超静定结构的分析也就变为对基本体系的分析。以图5-6(a)所示一次超静定结构为例,对比图5-6(a)和图5-6(b)可知,当且仅当基本体系中 $B$ 端竖向位移 $\Delta_1$ 与原结构 $B$ 端竖向位移 $\Delta_B$ 相同时,原超静定结构与基本体系的变形才是一致的,而实际上原结构在 $B$ 端没有竖向位移,因此,有

$$\Delta_1 = \Delta_B = 0 \qquad\qquad (5-1)$$

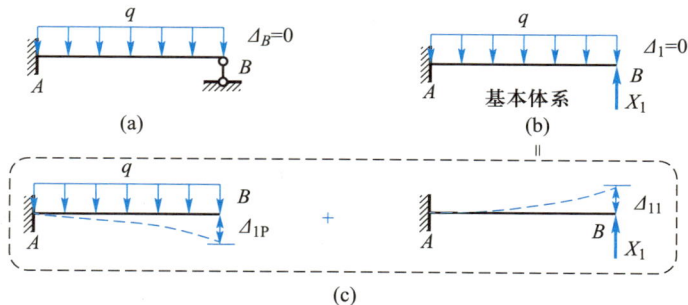

图5-6　一次超静定结构

　　对于线弹性结构体系适用叠加原理,图5-6(b)所示基本体系在 $B$ 端的位移应与图5-6(c)所示分别在荷载 $q$、多余约束力 $X_1$ 作用下的位移之和相等,即

$$\Delta_1 = \Delta_B = \Delta_{11} + \Delta_{1P} = 0 \qquad\qquad (5-2)$$

式中: $\Delta_{1P}$、$\Delta_{11}$ 分别为荷载 $q$、多余约束力 $X_1$ 在 $B$ 端产生的位移,第一个下标表示位移的位置,第二个下标表示引起该位移的原因。由前一章结构位移计算可知 $\Delta_{11} = \delta_{11} X_1$,其中: $\delta_{11}$ 为单位力沿 $X_1$ 方向作用时在该方向引起的位移。将其代入式(5-2),可得

$$\Delta_{11} + \Delta_{1P} = 0 \quad \Rightarrow \quad \delta_{11} X_1 + \Delta_{1P} = 0 \qquad\qquad (5-3)$$

式(5-3)称为力法典型方程,$\delta_{11}$、$\Delta_{1P}$分别称为典型方程的系数项和自由项,可由静定结构位移计算得到。由此,求解式(5-3)可得多余约束力:

$$X_1 = -\frac{\Delta_{1P}}{\delta_{11}} \tag{5-4}$$

随后,即可根据叠加原理得到原超静定结构的弯矩图,计算公式如下:

$$M = \bar{M}_1 X_1 + M_P \tag{5-5}$$

式中:$\bar{M}_1$为基本结构在单位力$\bar{X}_1 = 1$作用下产生的弯矩,$M_P$为基本结构在荷载等外因作用下产生的弯矩。

### 5-2-2  多次超静定结构

图5-7(a)所示为二次超静定刚架,如果将支座$B$的两个约束作为多余约束,则可相应得到基本结构和基本体系[如图5-7(b)、(c)所示],多余约束力$X_1$、$X_2$即为基本未知量。基本结构在外荷载$F_P$、单位力$\bar{X}_1 = 1$、$\bar{X}_2 = 1$依次作用下的变形示意图,如图5-8(a)、(b)、(c)所示。

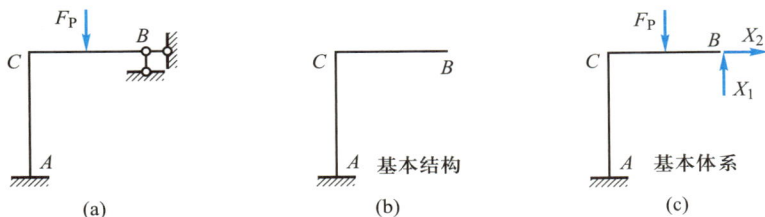

图5-7  二次超静定结构的基本结构与基本体系

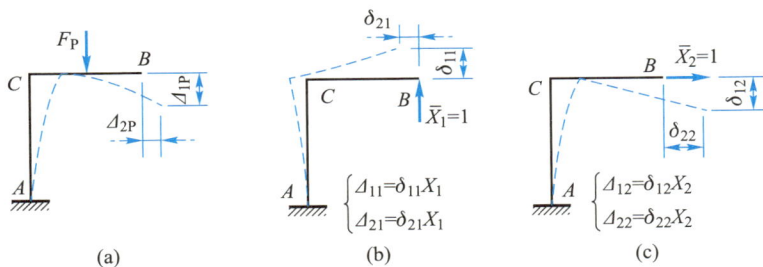

图5-8  基本结构在外荷载与单位力作用下的变形图

由于原结构在支座$B$处没有线位移,所以基本体系在$B$处的位移应与原结构相等,即

$$\begin{cases} \Delta_1 = 0 \\ \Delta_2 = 0 \end{cases} \tag{5-6}$$

式中:$\Delta_1$、$\Delta_2$为基本结构在荷载等外因以及多余约束力共同作用下分别沿$X_1$、$X_2$方向的位移,即$B$处的竖向和水平位移。显然,如果能列出竖向和水平位移$\Delta_1$、$\Delta_2$的表达式,即可建立力法典型方程。

根据叠加原理，$B$ 处的竖向和水平位移 $\Delta_1$、$\Delta_2$ 实际上是基本结构在外荷载 $F_P$ 与多余约束力 $X_1$、$X_2$ 依次作用下的叠加，即三种荷载都将对 $B$ 处沿 $X_1$、$X_2$ 方向的位移产生贡献。由此，将图 5-8(a)、(b)、(c)中两个方向上的位移分别叠加，即可得到 $B$ 处的竖向和水平位移 $\Delta_1$、$\Delta_2$：

$$\begin{cases} \Delta_1 = \Delta_{11} + \Delta_{12} + \Delta_{1P} = 0 \quad \Rightarrow \quad \delta_{11}X_1 + \delta_{12}X_2 + \Delta_{1P} = 0 \\ \Delta_2 = \Delta_{21} + \Delta_{22} + \Delta_{2P} = 0 \quad \Rightarrow \quad \delta_{21}X_1 + \delta_{22}X_2 + \Delta_{2P} = 0 \end{cases} \tag{5-7}$$

式（5-7）即为**二次超静定结构的力法典型方程**，式中：$\delta_{11}$、$\delta_{21}$、$\delta_{22}$、$\delta_{12}$ 均为典型方程的系数项，由位移互等定理可知：$\delta_{21} = \delta_{12}$；$\Delta_{1P}$、$\Delta_{2P}$ 为典型方程的自由项。上述系数项、自由项分别为基本结构在单位力 $\bar{X}_1 = 1$、$\bar{X}_2 = 1$，以及外荷载 $F_P$ 作用下的位移，由静定结构位移计算得到。

求解力法典型方程（5-7），可得多余约束力 $X_1$、$X_2$，进而根据叠加原理计算原结构任意截面处的弯矩：

$$M = \bar{M}_1 X_1 + \bar{M}_2 X_2 + M_P \tag{5-8}$$

进一步，可将二次超静定结构的力法典型方程推广至具有 $n$ 次超静定的超静定结构，其力法典型方程为

$$\begin{cases} \delta_{11}X_1 + \cdots + \delta_{1j}X_j + \cdots + \delta_{1n}X_n + \Delta_{1P} = 0 \\ \delta_{21}X_1 + \cdots + \delta_{2j}X_j + \cdots + \delta_{2n}X_n + \Delta_{2P} = 0 \\ \cdots\cdots\cdots\cdots \\ \delta_{n1}X_1 + \cdots + \delta_{nj}X_j + \cdots + \delta_{nn}X_n + \Delta_{nP} = 0 \end{cases} \tag{5-9}$$

**总结**：由上述讲解可见，在本章以前超静定结构计算是未知的（不会求解的），但由于已经具备体系几何组成分析的能力，且对几何不变体系而言是无多余约束还是有多余约束（也即多余约束数目）也是已经掌握的，同时还掌握了求解无多余几何不变体系——静定结构受力（做内力图）和变形（求指定位移）的知识。本章上述将未知超静定结构受力和变形分析的这个未知问题，转换为已知的静定结构的受力和变形分析，即通过解除多余约束化未知"超静定结构"为已知"静定结构"，利用消除二者之间差异（变形协调）建立补充方程（力法典型方程），求解基本未知量，再引入叠加原理实现超静定结构内力计算。这种化"未知"为"已知"的思想方法，龙驭球先生将其称为"转换法"，它是科学研究的基本方法之一。实际上我们已经不止一次应用这种转换方法来解决问题了，希望读者能深刻体会并能切实掌握这种解决未知问题的思想方法。

## 5-3  超静定结构求解算例

根据力法基本原理，超静定结构由于基本体系选取不同，会造成计算工作量存在一定差别，但求解步骤和最终结果是相同的（即解答是唯一的），所以用力法求解超静定结构时需要关注基本结构的选取，宜使计算简便、快捷为原则。力法求解超静定结构的一般步骤如下。

（1）**判断超静定次数，确定基本体系**。判断超静定结构的超静定次数，解除合适的多余约束，进而确定基本结构和基本体系。

（2）**绘制弯矩图**。依次绘制基本结构在荷载等外因，以及单位基本未知力作用下的弯矩图。

（3）**列力法典型方程，求解基本未知量**。根据变形协调条件建立力法典型方程，基于第（2）步绘制的弯矩图计算典型方程中的系数项和自由项，在此基础上求解力法典型方程，得到基本未知量。

（4）**绘制原超静定结构的弯矩图**。根据叠加原理，求关键截面弯矩，绘制原超静定结构的弯矩图。

### 5-3-1 超静定梁结构

【**算例 5-1**】 采用力法计算图 5-9（a）所示多跨超静定梁，绘制弯矩图。

【**解**】 （1）判断超静定次数，确定基本体系。

由图 5-9（a）可知该超静定梁为一次超静定结构，将刚结点 $B$ 处的弯矩作为多余约束，解除该多余约束暴露基本未知量 $X_1$，由此确定基本体系，如图 5-9（b）所示。

（2）绘制弯矩图：$M_P$ 图和 $\overline{M}_1$ 图。

依次绘制外荷载和单位力 $\overline{X}_1 = 1$ 作用下基本结构的弯矩图，分别称为 $M_P$ 图和 $\overline{M}_1$ 图，如图 5-9（c）、（d）所示。

（3）列力法典型方程，求解基本未知量。

建立力法典型方程：$\delta_{11} X_1 + \Delta_{1P} = 0$。

根据静定结构位移计算，求系数项和自由项：$\delta_{11} = \dfrac{2l}{3EI}$，$\Delta_{1P} = \dfrac{ql^3}{6EI}$。

由此，可求解基本未知量：$X_1 = -\dfrac{ql^2}{4}$。

（4）作原结构弯矩图。

根据叠加原理 $M = \overline{M}_1 X_1 + M_P$，作原超静定结构的弯矩图，如图 5-9（e）所示。

算例 5-1 同样还可考虑取其他基本体系，如图 5-10（a）、（b）所示，请读者自行分析采用如下基本体系时的计算过程，对比计算工作量大小。

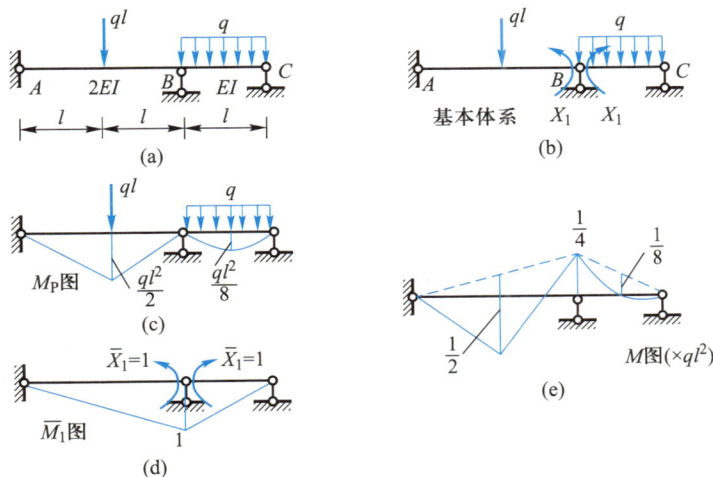

图 5-9　算例 5-1 图

图 5-10　算例 5-1 可采用的其他基本体系

**【算例 5-2】**　采用力法计算图 5-11(a)所示两端固定超静定梁,荷载作用于杆件中间,绘制弯矩图。

**【解】**　判断超静定次数,确定基本体系:由图 5-11(a)可知该超静定梁为三次超静定结构,但由于轴力对弯矩无贡献,可不予考虑,因此确定基本体系如图 5-11(b)所示,基本未知量分别为 $X_1$、$X_2$。

绘制弯矩图:依次绘制外荷载及单位力 $\bar{X}_1=1$、$\bar{X}_2=1$ 作用下基本结构的弯矩图,即 $M_P$ 图、$\bar{M}_1$ 图、$\bar{M}_2$ 图,如图 5-11(c)、(d)、(e)所示。

建立力法典型方程:
$$\begin{cases}\delta_{11}X_1+\delta_{12}X_2+\Delta_{1P}=0\\\delta_{21}X_1+\delta_{22}X_2+\Delta_{2P}=0\end{cases}$$

求系数项和自由项:
$$\begin{cases}\delta_{11}=\dfrac{l}{EI},\delta_{21}=\delta_{12}=\dfrac{l^2}{2EI},\delta_{22}=\dfrac{l^3}{3EI}\\\Delta_{1P}=-\dfrac{F_Pl^2}{8EI},\Delta_{2P}=-\dfrac{5F_Pl^3}{48EI}\end{cases}$$

求解基本未知量:$X_1=-\dfrac{F_Pl}{8}$,$X_2=\dfrac{F_P}{2}$

作原结构弯矩图:根据 $M=\bar{M}_1X_1+\bar{M}_2X_2+M_P$ 作弯矩图,如图 5-11(f)所示。

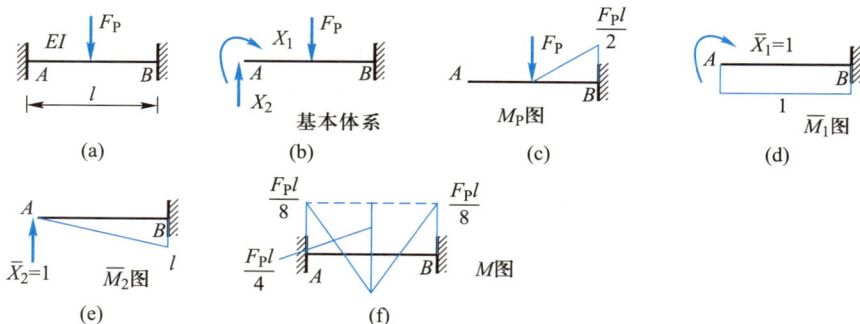

图 5-11　算例 5-2 图

**【算例 5-3】**　采用力法计算图 5-12(a)所示多跨超静定梁,绘制弯矩图。

**【解】**　判断超静定次数,确定基本体系:由图 5-12(a)可知该超静定梁为二次超静定结构,确定基本体系如图 5-12(b)所示,基本未知量分别为 $X_1$、$X_2$。

绘制弯矩图:依次绘制外荷载及单位力 $\bar{X}_1=1$、$\bar{X}_2=1$ 作用下基本结构的弯矩图,即 $M_P$ 图、$\bar{M}_1$ 图、$\bar{M}_2$ 图,如图 5-12(c)、(d)、(e)所示。

建立力法典型方程：$\begin{cases} \delta_{11}X_1 + \delta_{12}X_2 + \Delta_{1P} = 0 \\ \delta_{21}X_1 + \delta_{22}X_2 + \Delta_{2P} = 0 \end{cases}$

求系数项和自由项：$\begin{cases} \delta_{11} = \dfrac{l}{6EI}, \delta_{21} = \delta_{12} = \dfrac{-l}{12EI}, \delta_{22} = \dfrac{l}{2EI} \\ \Delta_{1P} = \dfrac{-ql^3}{48EI}, \Delta_{2P} = \dfrac{ql^3}{48EI} \end{cases}$

求解基本未知量：$X_1 = \dfrac{5ql^2}{44}, X_2 = \dfrac{-ql^2}{44}$

作原结构弯矩图：根据 $M = \overline{M}_1 X_1 + \overline{M}_2 X_2 + M_P$ 作弯矩图，如图 5－12(f)所示。

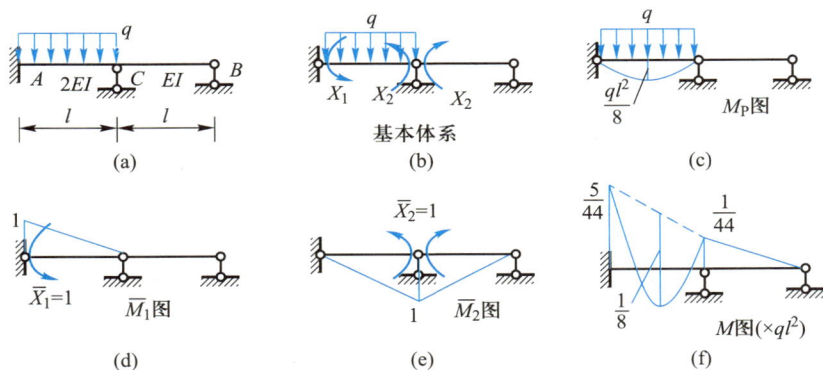

图 5－12　算例 5－3 图

## 5－3－2　超静定刚架结构

【算例 5－4】　采用力法求解如图 5－13(a)所示超静定刚架，作弯矩图。

【解】　判断超静定次数，确定基本体系：由图 5－13(a)可知该超静定刚架为二次超静定结构，去掉 $B$ 处和 $D$ 处的水平链杆，代之以多余约束力 $X_1$、$X_2$，确定基本体系如图 5－13(b)所示。

绘制弯矩图：依次绘制外荷载及单位力 $\overline{X}_1 = 1$、$\overline{X}_2 = 1$ 作用下基本结构的弯矩图，即 $M_P$ 图、$\overline{M}_1$ 图、$\overline{M}_2$ 图，如图 5－13(c)、(d)、(e)所示。

建立力法典型方程：$\begin{cases} \delta_{11}X_1 + \delta_{12}X_2 + \Delta_{1P} = 0 \\ \delta_{21}X_1 + \delta_{22}X_2 + \Delta_{2P} = 0 \end{cases}$

求系数项和自由项：$\begin{cases} \delta_{11} = \dfrac{l^3}{3EI}, \delta_{21} = \delta_{12} = \dfrac{-l^3}{6EI}, \delta_{22} = \dfrac{5l^3}{3EI} \\ \Delta_{1P} = \dfrac{ql^4}{4EI}, \Delta_{2P} = -\dfrac{5ql^4}{12EI} \end{cases}$

求解基本未知量：$X_1 = -\dfrac{25ql}{38}, X_2 = \dfrac{7ql}{38}$

作原结构弯矩图：根据 $M = \overline{M}_1 X_1 + \overline{M}_2 X_2 + M_P$ 作弯矩图，如图 5－13(f)所示。

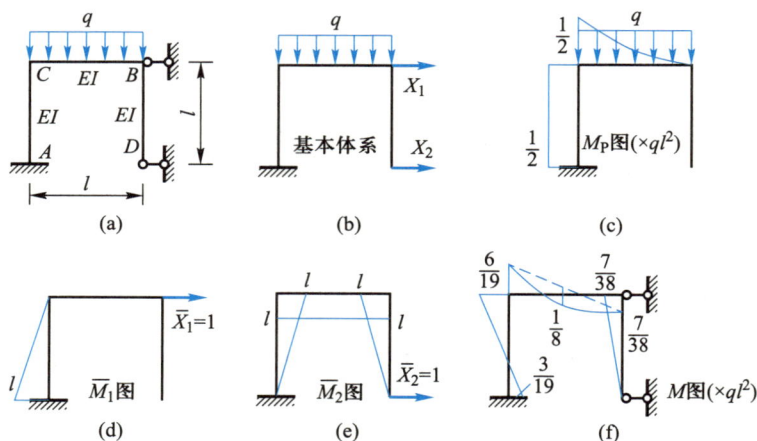

图 5-13 算例 5-4 图

**【算例 5-5】** 采用力法求解图 5-14(a)所示超静定刚架,作弯矩图。

**【解】** 判断超静定次数,确定基本体系:由图 5-14(a)可知该超静定刚架为一次超静定结构,其中 KDE、HCD 和 BC 是静定的。通过去掉 F 处的水平链杆代之以多余约束力 $X_1$,建立基本体系如图 5-14(b)所示。

绘制弯矩图:依次绘制外荷载及单位力 $\bar{X}_1 = 1$ 作用下基本结构的弯矩图,即 $M_P$ 图、$\bar{M}_1$ 图,如图 5-14(c)、(d)所示。

建立力法典型方程:$\delta_{11} X_1 + \Delta_{1P} = 0$

求系数项和自由项:$\delta_{11} = \dfrac{5l^3}{3EI}$,$\Delta_{1P} = \dfrac{ql^4}{6EI}$

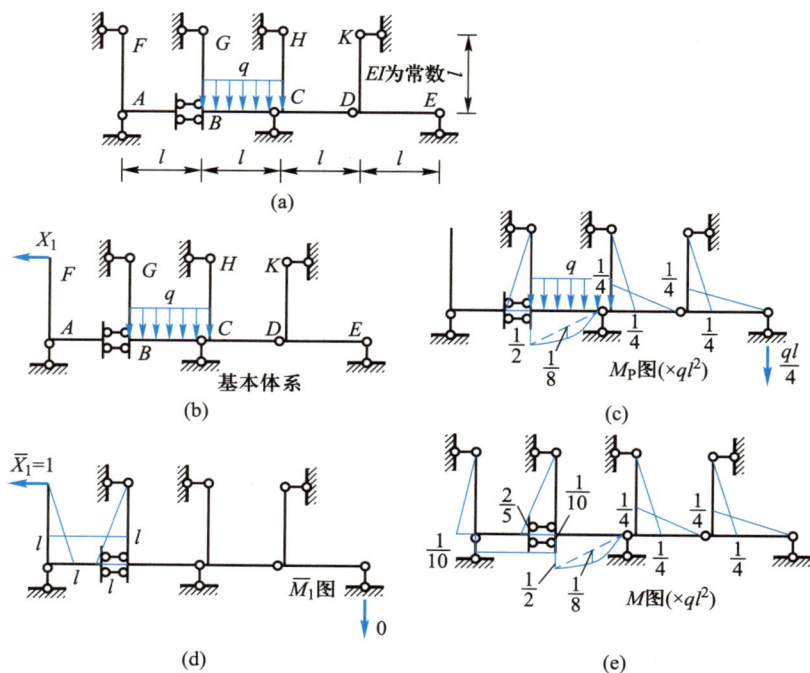

图 5-14 算例 5-5 图

求解基本未知量：$X_1 = \dfrac{-ql}{10}$

作原结构弯矩图：根据 $M = \overline{M}_1 X_1 + M_P$ 作弯矩图，如图 5-14（e）所示。

从这道例题可知，如果超静定结构局部有静定的附属部分，则该部分的内力和支座约束力都可以直接根据平衡条件求得，与结构变形、多余约束力大小无关。如算例 5-5，BHCDKE 部分为附属部分，其弯矩图可用静定结构内力计算方法直接得出；超静定部分仅仅为 FABG 部分，该部分上作用的荷载、变形和支座约束力不影响附属部分的内力，但是作用在附属部分的荷载会使得超静定部分产生支座约束力和内力。

### 5-3-3 超静定桁架与组合结构

【算例 5-6】 用力法求解图 5-15（a）所示桁架结构，计算各杆件轴力。

【解】 判断超静定次数，确定基本体系：由图 5-15（a）可知该超静定桁架为一次超静定结构，切断上弦杆 CD 并代之以多余约束力 $X_1$，确定基本体系如图 5-15（b）所示。

建立力法典型方程：$\delta_{11} X_1 + \Delta_{1P} = 0$

计算杆件轴力：依次计算外荷载及单位力 $\overline{X}_1 = 1$ 作用下基本结构的杆件轴力，如图 5-15（c）、（d）所示。

求系数项和自由项：
$$\begin{cases} \delta_{11} = \sum \dfrac{\overline{F}_{N1}^2 l}{EA} = \dfrac{(4+4\sqrt{2})l}{EA} \\ \Delta_{1P} = \sum \dfrac{\overline{F}_{N1} F_{NP} l}{EA} = \dfrac{(2+2\sqrt{2})F_P l}{EA} \end{cases}$$

求解基本未知量：$X_1 = \dfrac{-F_P}{2}$

计算杆件轴力：由 $F_N = X_1 \overline{F}_{N1} + F_{NP}$ 计算各杆件轴力，如图 5-15（e）所示。

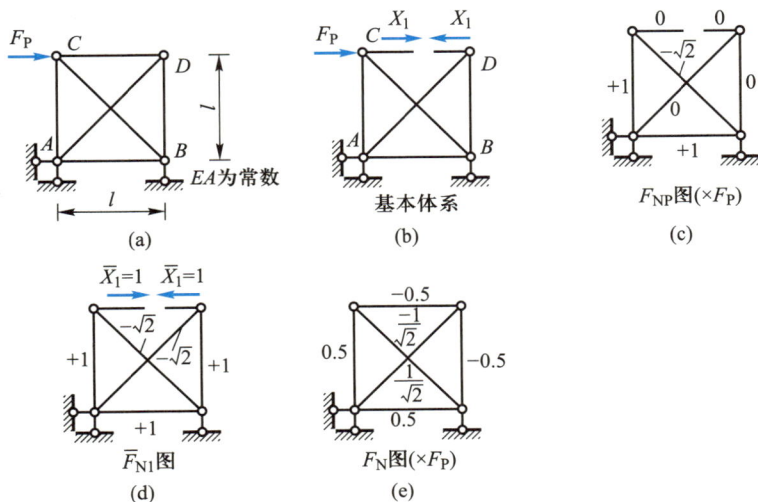

图 5-15 算例 5-6 图

**【算例 5-7】** 采用力法求解图 5-16(a)所示组合结构,作弯矩图。

**【解】** 判断超静定次数,确定基本体系:由图 5-16(a)可知该超静定组合结构为二次超静定结构,将固定支座 $C$、$E$ 的弯矩约束解除,代之以多余约束力 $X_1$、$X_2$,确定基本体系如图 5-16(b)所示。

绘制弯矩图、计算二力杆轴力:依次绘制外荷载及单位力 $\bar{X}_1=1$、$\bar{X}_2=1$ 作用下基本结构的弯矩图,并计算二力杆轴力,如图 5-16(c)、(d)、(e)所示。

建立力法典型方程:
$$\begin{cases} \delta_{11}X_1+\delta_{12}X_2+\Delta_{1P}=0 \\ \delta_{21}X_1+\delta_{22}X_2+\Delta_{2P}=0 \end{cases}$$

求系数项和自由项:
$$\begin{cases} \delta_{11}=\sum\int\dfrac{\bar{M}_1\bar{M}_1}{EI}\mathrm{d}s+\sum\dfrac{\bar{F}_{N1}\bar{F}_{N1}l}{EA}=\dfrac{2l}{3EI}+\dfrac{l}{EAl^2}=\dfrac{5l}{3EI} \\[2mm] \delta_{21}=\delta_{12}=\sum\int\dfrac{\bar{M}_1\bar{M}_2}{EI}\mathrm{d}s+\sum\dfrac{\bar{F}_{N1}\bar{F}_{N2}l}{EA}=\dfrac{4l}{3EI} \\[2mm] \delta_{22}=\sum\int\dfrac{\bar{M}_2\bar{M}_2}{EI}\mathrm{d}s+\sum\dfrac{\bar{F}_{N2}\bar{F}_{N2}l}{EA}=\dfrac{8l}{3EI} \\[2mm] \Delta_{1P}=\sum\int\dfrac{\bar{M}_1 M_P}{EI}\mathrm{d}s+\sum\dfrac{\bar{F}_{N1}F_{NP}l}{EI}=\dfrac{F_P l^2}{6EI}+0=\dfrac{-F_P l^2}{3EI} \\[2mm] \Delta_{2P}=\sum\int\dfrac{\bar{M}_2 M_P}{EI}\mathrm{d}s+\sum\dfrac{\bar{F}_{N2}F_{NP}l}{EA}=\dfrac{-F_P l^2}{3EI} \end{cases}$$

求解基本未知量:$X_1=\dfrac{F_P l}{6}$,$X_2=\dfrac{F_P l}{24}$

作原结构弯矩图:根据 $M=\bar{M}_1 X_1+\bar{M}_2 X_2+M_P$ 作弯矩图,如图 5-16(f)所示。

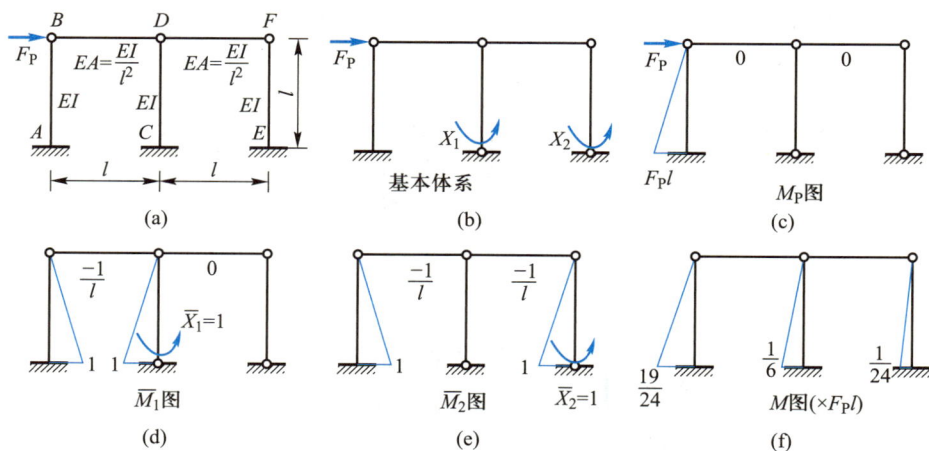

图 5-16 算例 5-7 图

## 5－3－4　带弹簧支座超静定结构

**【算例 5－8】**　采用力法求解图 5－17(a)所示带弹簧支座的超静定结构,作弯矩图。

**【解】**　判断超静定次数,确定基本体系:由图 5－17(a)可知该超静定结构为一次超静定结构,去掉弹簧约束并代之以多余约束力 $X_1$,确定基本体系如图 5－17(b)所示。

绘制弯矩图:依次绘制外荷载及单位力 $\overline{X}_1=1$ 作用下基本结构的弯矩图,即 $M_P$ 图、$\overline{M}_1$ 图,如图 5－17(c)、(d)所示。

建立力法典型方程:$\delta_{11}X_1+\Delta_{1P}=-\dfrac{X_1}{k}$

**其物理意义是:**基本结构在荷载和多余约束力 $X_1$ 共同作用下,$B$ 点的水平位移等于原结构的相应位移,即弹簧的伸缩量。根据图示多余约束力 $X_1$ 的方向可知,当 $X_1$ 为正值时,弹簧受拉,弹簧伸长量为 $X_1/k$。由于弹簧受力与运动方向有关,所以支座 $B$ 的水平位移为 $\Delta_1=-X_1/k$,此时负号表示运动方向与受力方向相反。

求系数项和自由项:$\delta_{11}=\dfrac{l^3}{2EI}$,$\Delta_{1P}=\dfrac{ql^4}{24EI}$

求解基本未知量:$X_1=\dfrac{-ql}{36}$

作原结构弯矩图:根据 $M=X_1\overline{M}_1+M_P$ 作弯矩图,如图 5－17(e)所示。

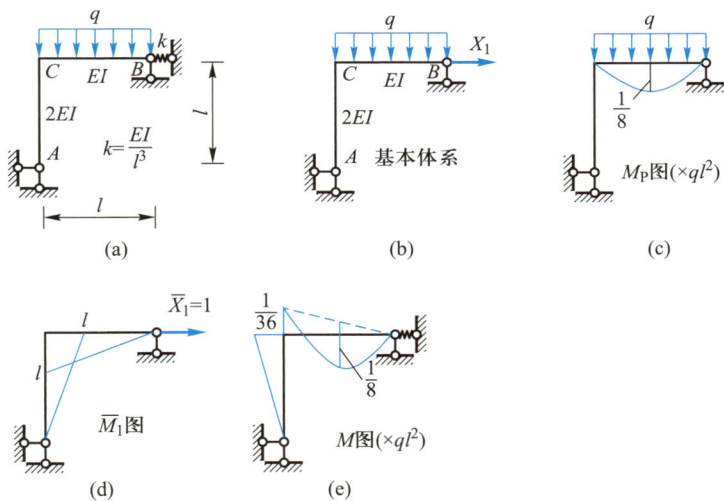

图 5－17　算例 5－8 图

**【算例 5－9】**　采用力法求解图 5－18(a)所示带弹簧支座的超静定结构,作弯矩图。

**【解】**　判断超静定次数,确定基本体系:由图 5－18(a)可知该超静定结构为一次超静定结构,解除支座 $B$ 的水平链杆约束,代之以多余约束力 $X_1$,确定基本体系如图 5－18(b)所示。

绘制弯矩图:依次绘制外荷载及单位力 $\overline{X}_1=1$ 作用下基本结构的弯矩图,即 $M_P$ 图、$\overline{M}_1$ 图,如图 5－18(c)、(d)所示。

建立力法典型方程：$\delta_{11}X_1 + \Delta_{1P} = 0$

求系数项和自由项：
$$\begin{cases} \delta_{11} = \sum \int \dfrac{\overline{M}_1 \overline{M}_1}{EI}\mathrm{d}s + \sum \dfrac{\overline{F}_k \overline{F}_k}{k} = \dfrac{5l^3}{3EI} \\[3mm] \Delta_{1P} = \sum \int \dfrac{\overline{M}_1 M_P}{EI}\mathrm{d}s + \sum \dfrac{\overline{F}_k F_{kP}}{k} = \dfrac{-F_P l^3}{4EI} \end{cases}$$

求解基本未知量：$X_1 = \dfrac{3F_P}{20}$

根据 $M = X_1\overline{M}_1 + M_P$ 作弯矩图，如图 5-18(e)所示。

注意：该题不能采用解除弹簧的基本结构，因为解除弹簧后该体系变成瞬变体系，而超静定结构的基本结构必须是静定结构，即无多余约束的几何不变体系。

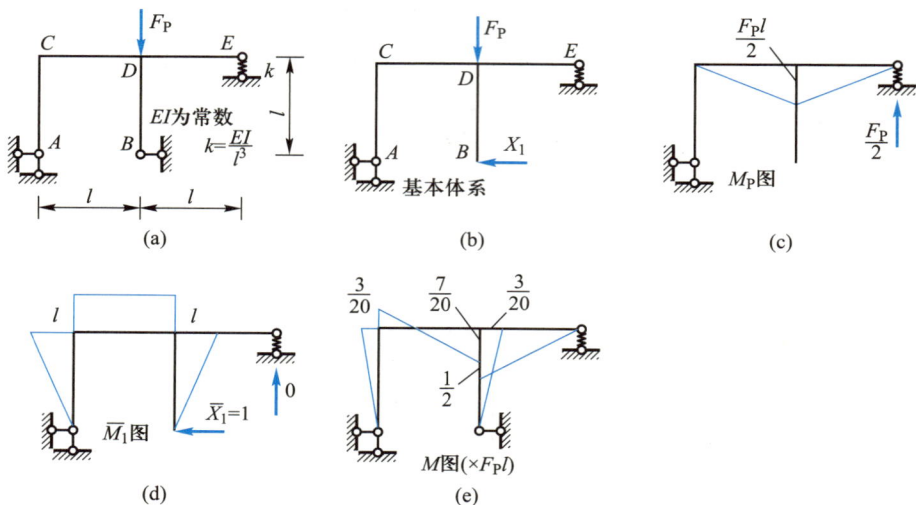

图 5-18  算例 5-9 图

**【算例 5-10】** 采用力法求解图 5-19(a)所示带转动弹簧支座的超静定结构，作弯矩图。

**【解】** 判断超静定次数，确定基本体系：由图 5-19(a)可知该超静定结构为一次超静定结构，解除 B 支座转动弹簧的力矩，并代之以多余约束力 $X_1$，确定基本体系如图 5-19(b)所示。

绘制弯矩图：依次绘制外荷载及单位力 $\overline{X}_1 = 1$ 作用下基本结构的弯矩图，即 $M_P$ 图、$\overline{M}_1$ 图，如图 5-19(c)、(d)所示。

建立力法典型方程：$\delta_{11}X_1 + \Delta_{1P} = \dfrac{-X_1}{k_\varphi}$

**其物理意义是：** 基本结构在荷载和多余约束力 $X_1$ 共同作用下，支座 $B$ 的转角等于原结构的相应位移，即该处转动弹簧的角位移。根据图示多余约束力 $X_1$ 的方向可知，当 $X_1$ 为正值时，原解除的转动弹簧受逆时针的力偶，弹簧逆时针转动角位移为

$X_1/k_\varphi$，对应支座 $B$ 逆时针转动 $X_1/k_\varphi$，与基本体系中 $X_1$ 方向相反，所以支座 $B$ 点的转角为 $\Delta_1 = -X_1/k_\varphi$。

求系数项和自由项：
$$\begin{cases} \delta_{11} = \sum \int \dfrac{\overline{M}_1 \overline{M}_1}{EI} ds + \sum \dfrac{\overline{F}_k \overline{F}_k}{k} = \dfrac{5l}{3EI} \\ \Delta_{1P} = \sum \int \dfrac{\overline{M}_1 M_P}{EI} ds + \sum \dfrac{\overline{F}_k F_{kP}}{k} = \dfrac{-7F_P l^2}{6EI} \end{cases}$$

求解基本未知量：$X_1 = \dfrac{-\Delta_{1P}}{\left(\delta_{11}+\dfrac{1}{k_\varphi}\right)} = \dfrac{7F_P l}{16}$

作原结构弯矩图：根据 $M = X_1 \overline{M}_1 + M_P$ 作弯矩图，如图 5-19(e) 所示。

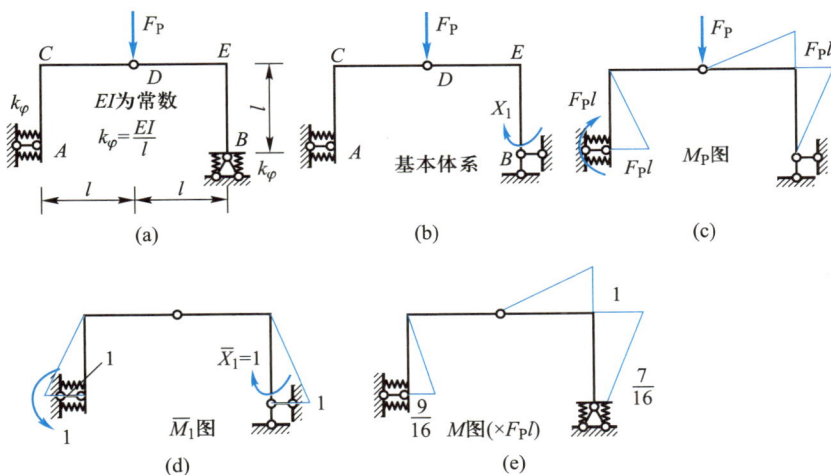

图 5-19　算例 5-10 图

## 5-4　对称性的利用

根据对称性原理，对称结构在对称荷载作用下产生的内力和位移关于对称轴是对称的（即对称轴处反对称内力和位移为零），对称结构在反对称荷载作用下产生的内力和位移关于对称轴是反对称的（即对称轴处对称内力和位移为零）。利用对称性，对称结构可以先求出部分内力和位移，进而简化计算。

### 5-4-1　对称结构与对称荷载

对称结构：所有杆件、支座、结点、截面性质和材料特性都关于某一轴对称的结构称为对称结构，如图 5-20(a)、(b) 所示对称结构。作用于对称结构上的荷载也有对称和反对称之分，如果沿对称轴折叠，荷载作用点对应，且其大小和方向均相同，称为对称荷载；如果荷载作用点对应、大小相同，但方向相反，则称为反对称荷载。如图 5-20(c)、(d) 所示，$F_P$、$F_{P0}$、$M_1$ 是对称荷载；$F_{P1}$、$F_{P2}$、$M$、$M_2$ 是反对称荷载。

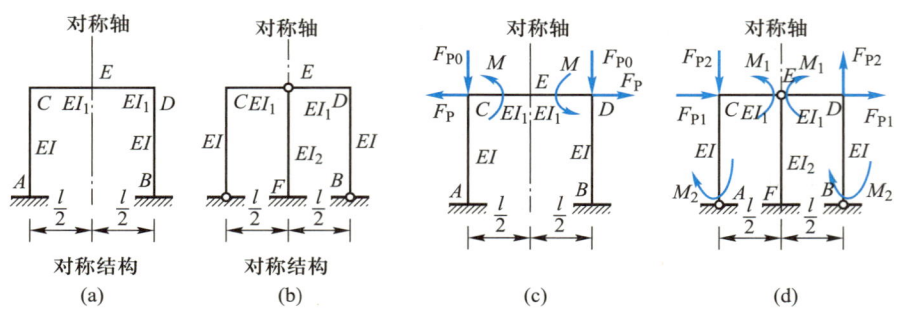

图 5-20 对称结构与对称荷载

为了利用对称性,对称结构上作用的非对称荷载可以应用叠加原理将其分为对称荷载与反对称荷载的组合,如图 5-21(a)所示的对称结构,可以分解为图 5-21(b)、(c)所示的组合叠加。

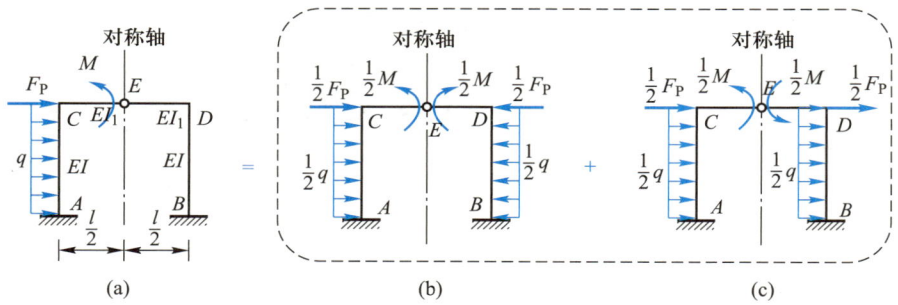

图 5-21 对称荷载与反对称荷载的组合叠加

### 5-4-2 对称结构在对称轴处的内力与位移特性

图 5-22(a)为对称轴处刚结点的内力情况。根据刚结点受力特性,可知截面切开暴露出对称的弯矩 $M$ 和轴力 $F_N$、反对称的剪力 $F_S$。图 5-22(b)为对称轴处刚结点的位移情况。根据刚结点位移特性,可知刚结点截面两侧的位移完全相等,其中:位移 $v$ 关于对称轴对称,截面转角 $\varphi$ 和沿杆件方向的位移 $u$ 关于对称轴反对称。由此,基于对称性,可直接确定对称结构在对称荷载、反对称荷载作用下对称轴处的部分内力和位移,本节分两种情况加以讨论。

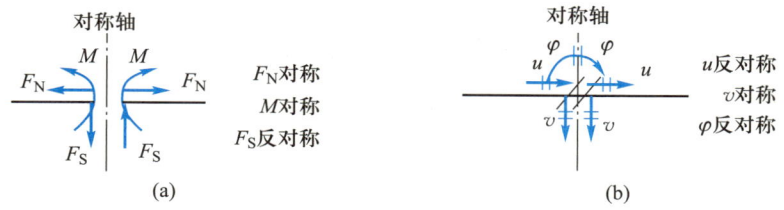

图 5-22 对称轴处的内力与位移

### (1) 对称荷载作用

对称结构在对称荷载作用下,对称轴处剪力 $F_S$ 是反对称的,只有当剪力 $F_S$ 等于零时才满足对称性原理;对称轴处位移 $u$ 和转角 $\varphi$ 也是反对称的,因此位移 $u$ 和转角 $\varphi$ 也必须等于零才满足对称性原理,即**对称结构在对称荷载作用下,对称轴处的剪力为零、转角为零、垂直于对称轴的位移为零**,即

$$\begin{cases} F_{N} \neq 0, \quad F_{S} = 0, \quad M \neq 0 \\ u = 0, \quad v \neq 0, \quad \varphi = 0 \end{cases}$$

**(2)反对称荷载作用**

对称结构在反对称荷载作用下,对称轴处轴力 $F_{N}$ 和弯矩 $M$ 是对称的,只有当轴力 $F_{N}$ 和弯矩 $M$ 等于零时才满足对称性原理;对称轴处位移 $v$ 也是对称的,因此位移 $v$ 也必须等于零才满足对称性原理,即**对称结构在反对称荷载作用下,对称轴处的轴力为 0、弯矩为 0、沿着对称轴方向的位移为 0**,即

$$\begin{cases} F_{N} = 0, \quad F_{S} \neq 0, \quad M = 0 \\ u \neq 0, \quad v = 0, \quad \varphi \neq 0 \end{cases}$$

前述对称性分析表明,对称结构在对称荷载和反对称荷载作用下的部分内力和位移可直接确定,因而**可相应解除对称轴处的部分结点约束,即改变并简化原有的约束特征**。为进一步明确,分两种情况加以讨论。

**(1)对称轴处部分结点约束解除**

基于对称性可知对称轴处结点的部分内力为零,对应于内力为零的约束也将不再起作用,因而可将相应的约束解除。

如图 5-23(a)所示铰结点在对称荷载作用下,剪力为零,对应剪力的竖向约束不起作用,因而可解除竖向约束,铰结点即变为水平链杆结点;在反对称荷载作用下,轴力为零,对应的轴向约束不起作用,则可以解除轴向约束,铰结点即变成竖向链杆结点。

再如图 5-23(b)所示刚结点在对称荷载作用下,剪力等于零,因而可将竖向约束解除,刚结点即变成定向节点;在反对称荷载作用下,轴力和弯矩为零,对应的轴向约束和限制转动的约束均不起作用,因而可将轴向约束和转动约束解除,刚结点即变成竖向链杆结点。

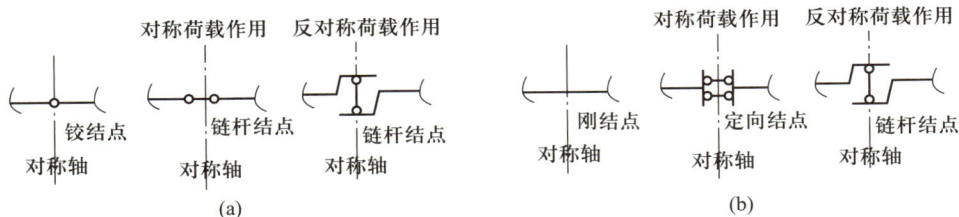

图 5-23  对称轴处部分结点约束解除

**(2)对称轴处结点位移约束改变**

在对称和反对称荷载作用下,对称轴处的部分位移为零,对应于零位移约束的结点可用支座来代替。

图 5-24(a)所示刚结点在对称荷载作用下,水平位移和转角为零,水平定向结点可以用水平定向支座代替,即**对称结构在对称荷载作用下刚结点约束可变成水平**

定向支座。在反对称荷载作用下,竖向位移为零,竖向链杆可以用竖向链杆支座代替,即**对称结构在反对称荷载作用下刚结点可变成竖向链杆支座**。

再如图 5-24(b)所示铰结点在对称荷载作用下,水平位移为零,水平链杆可以用水平链杆支座代替,即**对称结构在对称荷载作用下铰结点可变成水平链杆支座**。在反对称荷载作用下,竖向位移为零,竖向链杆结点可以用竖向链杆支座代替,即**对称结构在反对称荷载作用下铰结点可变成竖向链杆支座**。

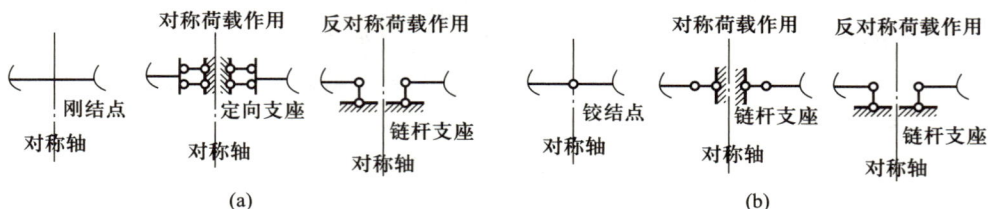

图 5-24  对称轴处结点位移约束改变

此外,对称轴处也可能出现定向结点或链杆结点的情况,其零内力与零位移判断与刚结点、铰结点一致,只要是零内力就可以去掉对应的约束、只要是零位移就可以用相应的支座代替。

### 5-4-3  等代结构

引入等代结构概念,等代结构的受力与变形特征与原结构等价,但其经过一定的等价替换(如对称性利用)后,能够降低原结构的复杂程度(如降低超静定次数),约束特征较原结构大大简化,便于计算求解。以下分四种情况讲解对称结构的等代结构。

(1)**无中柱对称结构在对称荷载作用下的等代结构**

图 5-25(a)所示无中柱对称结构在对称荷载作用下,对称轴处刚结点 $E$ 仅沿对称轴方向的位移不为零,其他两个位移为零,且 $E$ 处剪力为零,则 $E$ 点可用定向支座代替,如图 5-25(b)所示。由此,图 5-25(a)所示的等代结构即为图 5-25(c)所示结构。

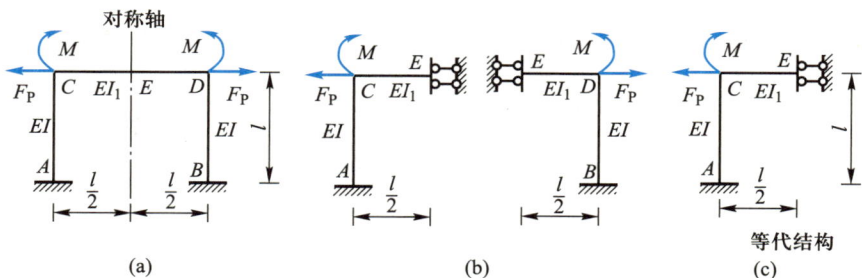

图 5-25  无中柱对称结构在对称荷载作用下的等代结构

(2)**无中柱对称结构在反对称荷载作用下的等代结构**

图 5-26(a)所示无中柱对称结构在反对称荷载作用下,对称轴处刚结点 $E$ 沿对称轴方向的位移为零,$E$ 处轴力和弯矩都等于零,$E$ 点可用可动铰支座代替,如图 5-26(b)所示。由此,图 5-26(a)所示的等代结构即为图 5-26(c)所示结构。

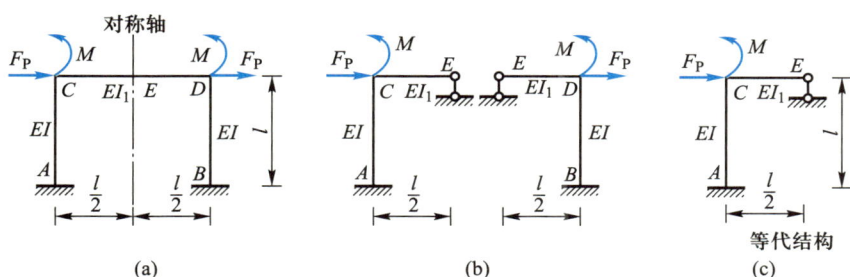

图 5-26 无中柱对称结构在反对称荷载作用下的等代结构

### （3）有中柱对称结构在对称荷载作用下的等代结构

图 5-27(a)所示有中柱对称结构在对称荷载作用下,对称轴处刚结点 $E$ 的三个位移为零,其中结点 $E$ 竖向位移为零由不计杆件轴向变形得到,因而 $E$ 点可用固定支座代替,如图 5-27(b)所示。由此,图 5-27(a)所示的等代结构即为图 5-27(c)所示结构。

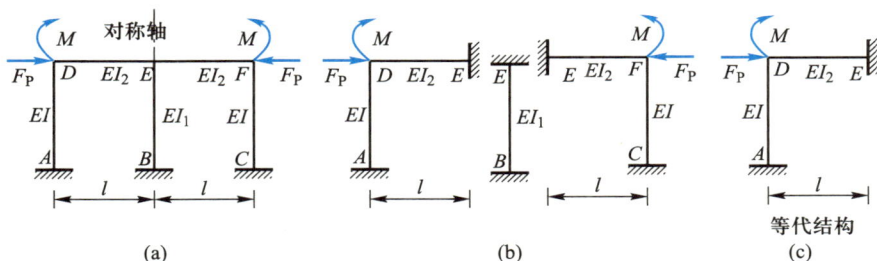

图 5-27 有中柱对称结构在对称荷载作用下的等代结构

### （4）有中柱对称结构在反对称荷载作用下的等代结构

图 5-28(a)所示有中柱对称结构在反对称荷载作用下,对称内力(轴力和弯矩)为零,沿着对称轴方向的位移为零。将中柱沿中性轴(即中柱轴线)对半切分,如图 5-28(b)所示,对切分处受力进行分析:其一,对称内力为零,即在中性轴的切分处无额外轴力和弯矩作用;其二,反对称内力不为零(剪力),所以中性轴切分处的两侧存在剪力 $F_S$,但同时由于中柱"沿着对称轴方向的位移为零",因而两侧剪力的代数和应为零,即中性轴处的剪力对原结构的内力和变形无影响,中性轴的正应力为零。由此,图 5-28(a)所示等代结构即为图 5-28(c)所示结构。

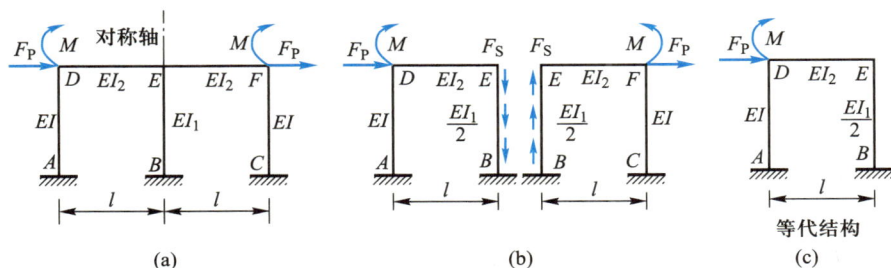

图 5-28 有中柱对称结构在反对称荷载作用下的等代结构

### 5-4-4　对称性典型求解算例

**【算例 5-11】**　采用力法求解图 5-29(a)所示对称超静定结构,作弯矩图。

**【解】**　对称性分析,确定基本体系:由图 5-29(a)可知该超静定结构的等代结构如图 5-29(b)所示,为二次超静定结构,确定基本体系如图 5-29(c)所示,基本未知量分别为 $X_1$、$X_2$。

绘制弯矩图:依次绘制外荷载及单位力 $\bar{X}_1=1$、$\bar{X}_2=1$ 作用下基本结构的弯矩图,即 $M_P$ 图、$\bar{M}_1$ 图、$\bar{M}_2$ 图,分别如图 5-29(d)、(e)、(f)所示。

建立力法典型方程:
$$\begin{cases} \delta_{11}X_1+\delta_{12}X_2+\Delta_{1P}=0 \\ \delta_{21}X_1+\delta_{22}X_2+\Delta_{2P}=0 \end{cases}$$

求系数项和自由项:
$$\begin{cases} \delta_{11}=\dfrac{l^3}{3EI},\delta_{21}=\delta_{12}=\dfrac{l^2}{2EI},\delta_{22}=\dfrac{3l}{2EI} \\ \Delta_{1P}=\dfrac{-ql^4}{16EI},\Delta_{2P}=\dfrac{-7ql^3}{48EI} \end{cases}$$

求解基本未知量: $X_1=\dfrac{ql}{12}$, $X_2=\dfrac{5ql^2}{72}$。

作原结构弯矩图:根据 $M=\bar{M}_1X_1+\bar{M}_2X_2+M_P$ 作弯矩图,如图 5-29(g)所示。

最后,根据对称荷载作用在对称结构的特性,将弯矩图延拓至全结构,最终弯矩图如图 5-29(h)所示。

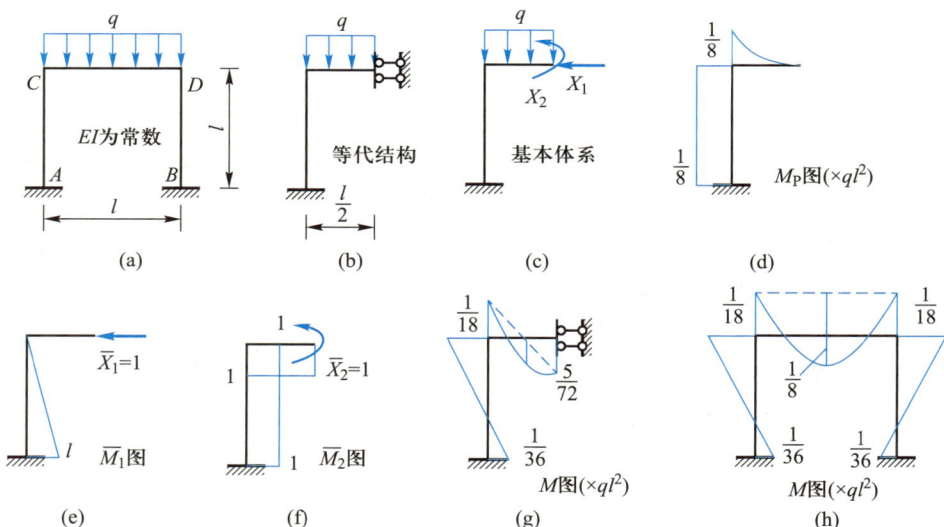

图 5-29　算例 5-11 图

**【算例 5-12】**　采用力法求解图 5-30(a)所示对称超静定结构,作弯矩图。

**【解】**　对称性分析,确定基本体系:图 5-30(a)为单跨对称结构,可将荷载 $F_P$ 分解为反对称荷载[图 5-30(b)]和对称荷载[图 5-30(c)]的叠加,其中对称荷载作用下该对称结构的弯矩为零。反对称荷载作用下对称结构的等代结构如图 5-30(d)所示,显然该反对称荷载作用下的等代结构为一次超静定结构,确定基本体系如图 5-30(e),基本未知量为 $X_1$。

绘制弯矩图:依次绘制外荷载及单位力 $\overline{X}_1 = 1$ 作用下基本结构的弯矩图,即 $M_P$ 图、$\overline{M}_1$ 图,分别如图 5-30(f)、(g)所示。

建立力法典型方程:$\delta_{11}X_1 + \Delta_{1P} = 0$

求系数项和自由项:$\delta_{11} = \dfrac{7l^3}{24EI}, \Delta_{1P} = \dfrac{-F_P l^3}{8EI}$

求解基本未知量:$X_1 = \dfrac{3F_P}{7}$

作原结构弯矩图:根据 $M = \overline{M}_1 X_1 + M_P$ 作弯矩图,如图 5-30(h)所示。

最后,根据对称性将弯矩图延拓至全结构,最终弯矩图如图 5-30(i)所示。

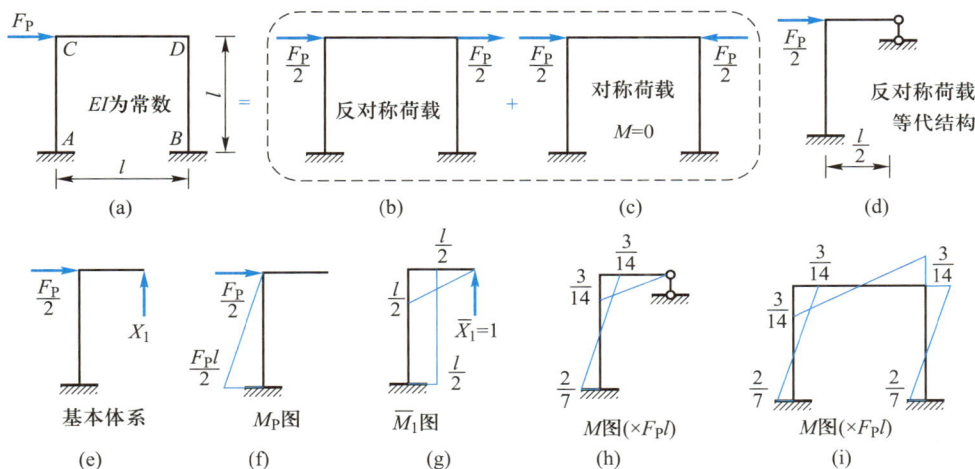

图 5-30 算例 5-12 图

**【算例 5-13】** 采用力法求解图 5-31(a)所示对称超静定结构,作弯矩图。

**【解】** 对称性分析,确定基本体系:等代结构如图 5-31(b)所示,显然该等代结构为一次超静定结构,确定基本体系如图 5-31(c)所示,基本未知量为 $X_1$。

绘制弯矩图:依次绘制外荷载及单位力 $\overline{X}_1 = 1$ 作用下基本结构的弯矩图,即 $M_P$ 图、$\overline{M}_1$ 图,分别如图 5-31(d)、(e)所示。

建立力法典型方程:$\delta_{11}X_1 + \Delta_{1P} = 0$

求系数项和自由项:$\delta_{11} = \dfrac{8l^3}{3EI}, \Delta_{1P} = \dfrac{-Ml^2}{3EI}$

求解基本未知量:$X_1 = \dfrac{M}{8l}$

作原结构弯矩图:根据 $M = \overline{M}_1 X_1 + M_P$ 作弯矩图,如图 5-31(f)所示。

最后,根据对称性将弯矩图延拓至全结构,最终弯矩图如图 5-31(g)所示。需要注意的是,中柱的弯矩和剪力应为按等代结构计算时所得结果的 2 倍,而中柱的轴力由于属于对称内力,其轴力为零。

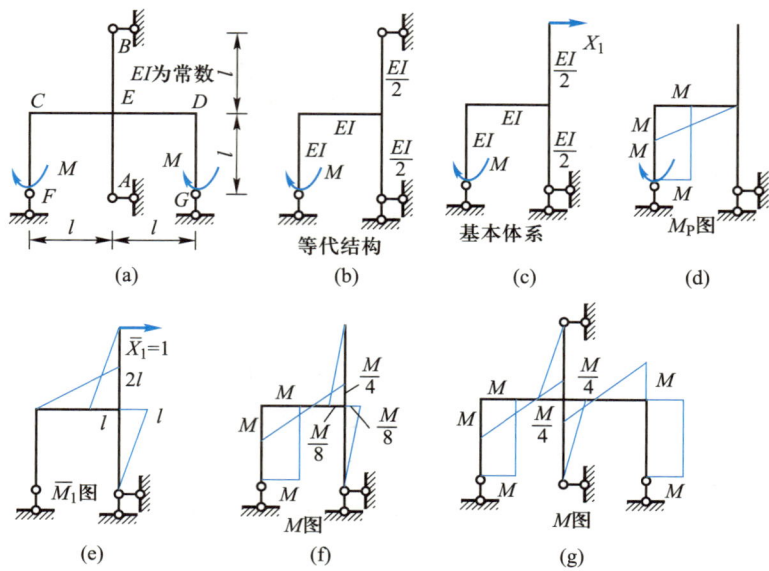

图 5-31 算例 5-13 图

**【算例 5-14】** 采用力法求解图 5-32(a)所示超静定结构,作弯矩图。

**【解】** 折杆 *EG* 为静定部分,可直接绘制弯矩图。下部为双跨对称刚架,如图 5-32(b)所示,利用两次对称性,该下部对称刚架的等代结构如图 5-32(c)所示,等代结构为一次超静定结构,基本体系如图 5-32(d)所示,基本未知量为 $X_1$。

绘制弯矩图:依次绘制外荷载及单位力 $\overline{X}_1 = 1$ 作用下基本结构的弯矩图,即 $M_P$ 图、$\overline{M}_1$ 图,分别如图 5-32(e)、(f)所示。

建立力法典型方程:$\delta_{11}X_1 + \Delta_{1P} = 0$

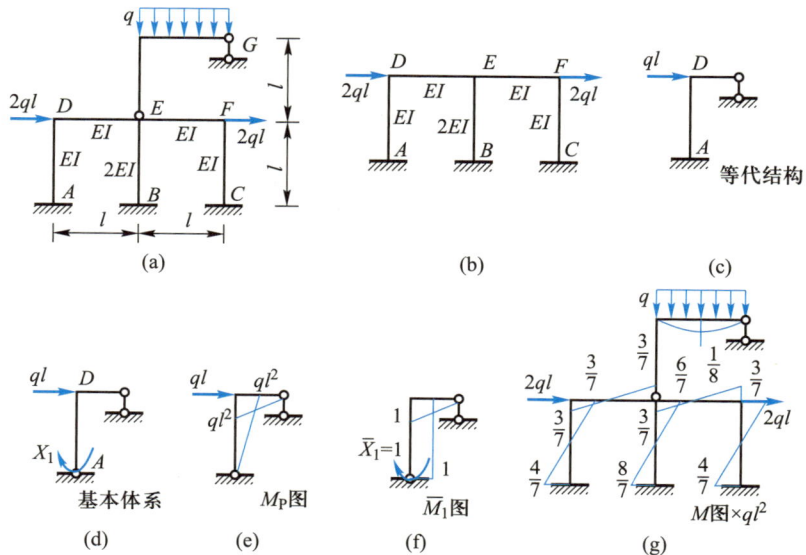

图 5-32 算例 5-14 图

求系数项和自由项：$\delta_{11}=\dfrac{7l}{6EI}$，$\Delta_{1P}=\dfrac{2ql^3}{3EI}$

求解基本未知量：$X_1=-\dfrac{4}{7}ql^2$

作原结构弯矩图：根据 $M=\overline{M}_1X_1+M_P$ 作弯矩图。最后根据对称性将弯矩图延拓至全结构，最终弯矩图如图 5-32(g)所示。

**【算例 5-15】** 作出图 5-33(a)所示对称结构的最简等代结构。

**【解】** 首先，取图 5-33(a)所示对称结构的等代结构，如图 5-33(b)所示；其次，将图 5-33(b)所示对称结构的荷载改为反对称形式，即可得到对称结构反对称荷载作用，进而确定其等代结构如图 5-33(c)所示；最后，将图 5-33(c)所示对称结构的荷载改为对称、反对称两种形式的叠加，则对称结构在对称荷载、反对称荷载作用下的等代结构如图 5-33(d)所示，即为原对称结构的最简单等代结构。

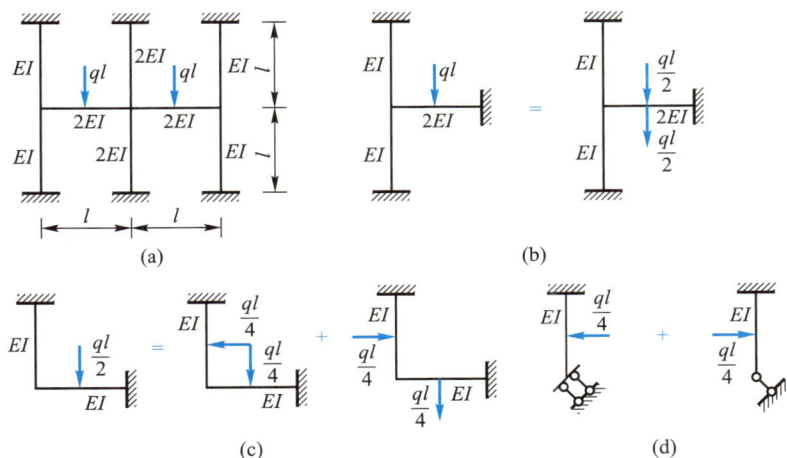

图 5-33　算例 5-15 图

## 5-5　超静定结构的位移计算

静定结构位移计算的原理和公式同样适用于超静定结构。例如，两端固定的超静定梁在均布荷载作用下，其弯矩图可通过力法求解，如图 5-34(a)所示。现若求其跨中 $C$ 点的挠度，首先，在原结构 $C$ 点作用单位竖向荷载，同样通过力法可绘制弯矩图，如图 5-34(b)所示；其次，将图 5-34(a)、(b)弯矩图进行图乘，即可得到两端固定受均布荷载作用的超静定梁的跨中挠度为

$$\Delta_{CV}=\int\frac{\overline{M}_1M}{EI}\mathrm{d}s=\frac{ql^4}{384EI}$$

上述过程需两次采用力法求解超静定结构，求解过程较为烦琐，计算量大。由于力法基本体系的受力和位移状态与原结构是等价的，求解超静定结构的位移完全可以用求解基本体系的位移替代，所以单位力就可以直接加在基本结构上，而基本结构

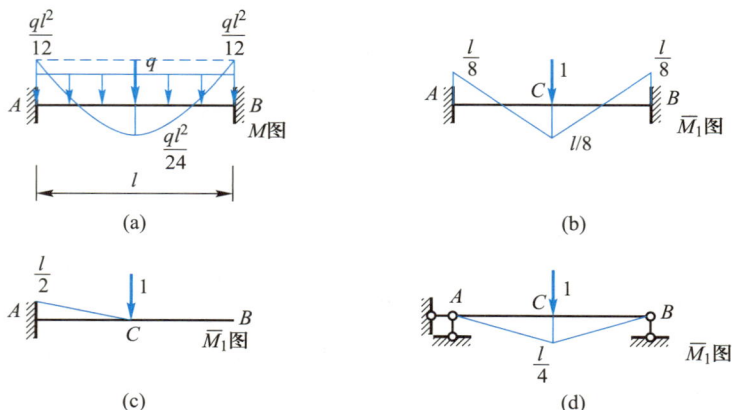

图 5 - 34 超静定结构位移计算

又是静定的,从而减少计算量。由此,图 5-34(a)所示超静定梁的跨中挠度,可以采用图 5-34(a)、(c)的弯矩图图乘计算,也可通过图 5-34(a)、(d)的弯矩图图乘得到,其结果都与 5-34(a)、(b)弯矩图图乘的结果一致。由于基本结构有多种取法,实际计算中宜尽量选取对于图乘相对简单的基本结构。

超静定结构位移计算的基本步骤如下:

(1)求解原超静定结构,绘制内力图;

(2)选取合适的基本结构,在基本结构上沿所求位移方向施加单位力,绘制单位力作用下基本结构的内力图;

(3)采用位移计算公式计算位移。例如,对于荷载作用下的梁、刚架,仅作弯矩图即可,而后采用弯矩图的图乘得到位移。

【算例 5 - 16】 求解图 5-35(a)所示刚架 $C$ 点水平方向位移,$EI$ 为常数。

【解】 判断超静定次数,确定基本体系:由图 5-35(a)可知该结构为一次超静定结构,将 $D$ 支座的水平链杆去掉代之以多余约束力 $X_1$,得到如图 5-35(b)所示的基本体系。

绘制弯矩图:依次绘制外荷载及单位力 $\overline{X}_1 = 1$ 作用下基本结构的弯矩图,如图 5-35(c)、(d)所示。

建立力法典型方程:$X_1 \delta_{11} + \Delta_{1P} = 0$

求系数项和自由项:$\delta_{11} = \dfrac{220}{EI}$,$\Delta_{1P} = -\dfrac{5\,100}{EI}$

求解基本未知量:$X_1 = -\dfrac{\Delta_{1P}}{\delta_{11}} = 23.18 \text{ kN}$

作原结构弯矩图:根据 $M = M_P + \overline{M}_1 X_1$ 作原结构弯矩图,如图 5-35(e)所示。

其后,选取合理的基本结构,加上单位力并作单位力状态下的 $\overline{M}$ 图,如图 5-35(f)所示,将原结构弯矩图与 $\overline{M}$ 图进行图乘,可得

$$\Delta_{CH} = \sum \frac{A_M y_C}{EI} = \frac{1}{EI}\left[ \frac{1}{2}\times 4 \text{ m} \times 92.72 \text{ kN} \cdot \text{m} \times \frac{2}{3} \times 4 \text{ m} + \frac{1}{2} \times 5 \text{ m} \times 4 \text{ m} \times \right.$$

$$\left. \left( \frac{2}{3} \times 92.72 \text{ kN} \cdot \text{m} - \frac{1}{3} \times 40.92 \text{ kN} \cdot \text{m} \right) \right] = \frac{976.24 \text{ kN} \cdot \text{m}^3}{EI} (\rightarrow)$$

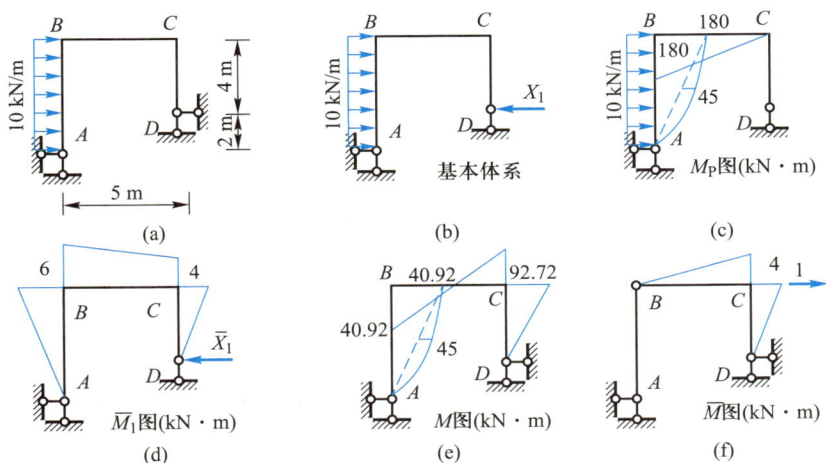

图 5-35　算例 5-16 图

# 5-6　支座移动与温度变化时的内力计算

除荷载影响外,工程结构还常受到基础沉降引起的支座移动、温度变化等非荷载因素作用。结构在非荷载因素作用下是否产生内力,取决于其受到这些因素作用时,变形是否为充分自由的。对于静定结构,温度变化和支座位移使得结构产生变形和位移,但不引起内力;对于超静定结构,当温度改变和支座移动时,由于支座的限制,将引起结构内力。

用力法分析超静定结构在温度变化和支座移动时产生的内力,其原理与荷载作用时的计算相同,区别在于典型方程中的自由项计算方法不同。

## 5-6-1　支座移动时超静定结构内力计算

如图 5-36(a)所示超静定梁,支座 $A$ 发生转角 $\theta$,取图 5-36(b)所示基本体系,根据基本结构在多余约束力和支座位移共同作用下,沿多余约束力方向的位移应与原结构相应的位移条件相同,可建立支座移动时超静定结构的力法典型方程:

$$\delta_{11}X_1 + \Delta_{1c} = \theta \tag{5-10}$$

式中:系数项 $\delta_{11}$ 含义与前述相同,有 $\delta_{11} = \dfrac{l}{3EI}$;自由项 $\Delta_{1c}$ 为基本结构因支座位移引起的沿 $X_1$ 方向的位移,可按支座位移引起的位移计算公式求解:

$$\Delta_{ic} = -\sum \overline{F}_{Ri} \times c_i$$

该处由于在确定基本结构时已把发生转角的固定端 $A$ 改成铰接,故支座 $A$ 的转动已不再对基本结构产生任何影响,所以有 $\Delta_{1c} = 0$。

将系数项和自由项代入式(5-10),可得多余约束力:

$$X_1 = \frac{\theta}{\delta_{11}} = \frac{3EI\theta}{l}$$

由此,根据 $M = \bar{M}_1 X_1$ 作原结构弯矩图,如图 5-36(c)所示。

从本例可知,在选取基本结构时,如能使得支座位移不再对基本结构产生影响,进而使得 $\Delta_{iC} = 0$,计算将会得到简化。

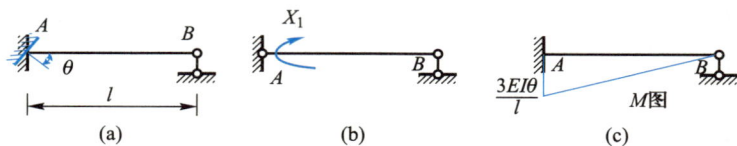

图 5-36 支座移动时超静定结构内力计算

**【算例 5-17】** 采用力法求解图 5-37(a)所示在支座单位角位移作用下的超静定结构,作弯矩图。

**【解】** 基于力法确定基本体系如图 5-37(b)所示,其在单位未知量及外荷载作用下的弯矩图如图 5-37(c)~(e)所示。

建立力法典型方程:$\begin{cases} \delta_{11}X_1 + \delta_{12}X_2 + \Delta_{1P} = 1 \\ \delta_{21}X_1 + \delta_{22}X_2 + \Delta_{2P} = 0 \end{cases}$

求系数项和自由项:$\begin{cases} \delta_{11} = \dfrac{l}{EI}, \delta_{21} = \delta_{12} = \dfrac{l^2}{2EI}, \delta_{22} = \dfrac{l^3}{3EI} \\ \Delta_{1P} = 0, \Delta_{2P} = 0 \end{cases}$

求解基本未知量:$X_1 = \dfrac{4EI}{l}, X_2 = \dfrac{-6EI}{l^2}$

作原结构弯矩图:根据 $M = \bar{M}_1 X_1 + \bar{M}_2 X_2$ 作弯矩图,如图 5-37(f)所示。

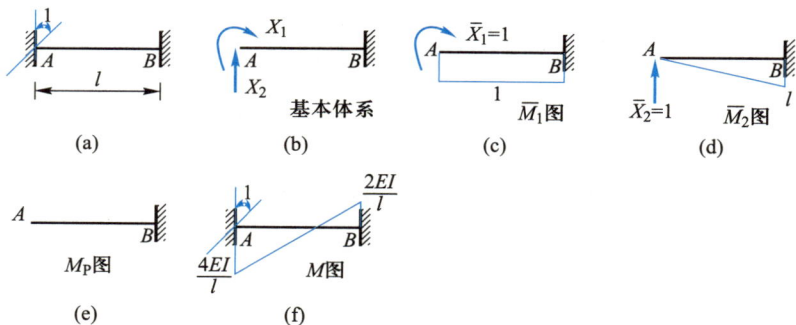

图 5-37 算例 5-17 图

**【算例 5-18】** 采用力法求解图 5-38(a)所示在支座单位线位移作用下的超静定结构,作弯矩图。

**【解】** 基于力法确定基本体系如图 5-38(b)所示,其在单位未知量及外荷载作用下的弯矩图如图 5-38(c)、(d)所示。

建立力法典型方程:$\delta_{11}X_1 + \Delta_{1P} = 1$

求系数项：$\delta_{11}=\dfrac{l^3}{3EI}$，$\Delta_{1P}=0$

求解基本未知量：$X_1=\dfrac{3EI}{l^3}$

作原结构弯矩图：根据 $M=\overline{M}_1X_1$ 作弯矩图，如图 5－38(d)所示。

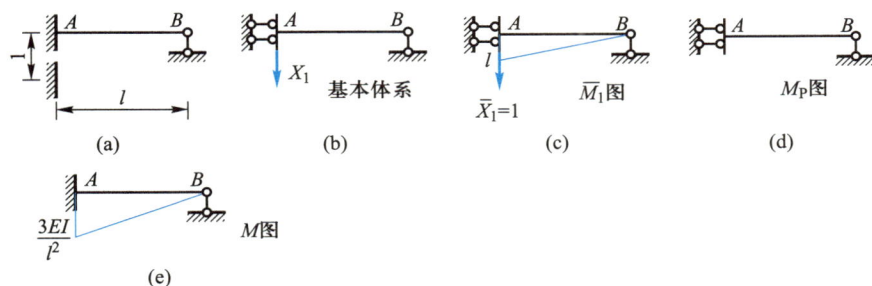

图 5－38　算例 5－18 图

【算例 5－19】　采用力法求解图 5－39(a)所示含有支座移动 $a$ 的超静定结构，作弯矩图。

【解】　判断超静定次数，确定基本体系：由图 5－39(a)可知该结构为一次超静定结构，确定基本体系如图 5－39(b)所示，基本未知量为 $X_1$。

绘制弯矩图：绘制单位力 $\overline{X}_1=1$ 作用下基本结构的弯矩图，即 $\overline{M}_1$ 图，如图 5－39(c)所示。

建立力法典型方程：$\delta_{11}X_1=-a$

求系数项：$\delta_{11}=\dfrac{l^3}{2EI}$

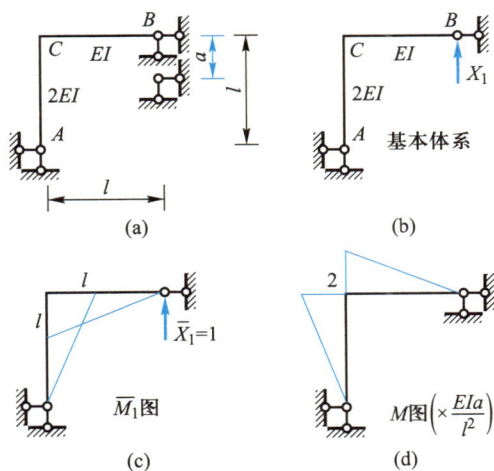

图 5－39　算例 5－19 图

求解基本未知量:$X_1 = \dfrac{-2EIa}{l^3}$

作原结构弯矩图:根据 $M = \overline{M}_1 X_1$ 作弯矩图,如图 5 - 39(d)所示。

## 5 - 6 - 2    温度变化时超静定结构内力计算

图 5 - 40(a)所示二次超静定刚架,设刚架外侧温度改变量为 $t_1$、内侧温度改变为 $t_2(t_1 > t_2)$,在温度作用下刚架变形如图 5 - 40(a)虚线所示。去掉 $C$ 点固定铰支座,代之以多余约束力 $X_1$ 和 $X_2$,得到力法基本体系如图 5 - 40(b)所示,建立力法典型方程:

$$\begin{cases} \delta_{11} X_1 + \delta_{12} X_2 + \Delta_{1t} = 0 \\ \delta_{21} X_1 + \delta_{22} X_2 + \Delta_{2t} = 0 \end{cases} \tag{5 - 11}$$

式(5 - 11)的物理意义是指在温度和多余约束力 $X_1$、$X_2$ 共同作用下,$C$ 点的竖向和水平位移为零。其中:系数项 $\delta_{11}$、$\delta_{21}$、$\delta_{12}$、$\delta_{22}$ 计算与前述相同,自由项 $\Delta_{1t}$、$\Delta_{2t}$ 由如图 5 - 40(c)所示杆轴线处温度变化引起的变形和两侧温差变化引起的变形两部分组成,可根据温度作用下的位移计算求解:

$$\Delta_{it} = \sum \alpha t_0 A_{\overline{F}_{Ni}} + \sum \alpha \frac{\Delta t}{h} A_{\overline{M}_i} \quad (i = 2) \tag{5 - 12}$$

式中:$\alpha$ 为线膨胀系数;$h$ 是截面高度;$t_0$ 为杆件轴线处的温度变化,若杆件的截面对称于形心轴,可得 $t_0 = \dfrac{t_1 + t_2}{2}$;$\Delta t$ 为两侧温度变化之差,$\Delta t = t_1 - t_2$;$A_{\overline{F}_{Ni}}$ 为第 $i$ 个单位轴力图的面积;$A_{\overline{M}_i}$ 为第 $i$ 个单位弯矩图的面积。

将系数项和自由项代入力法典型方程(5.11)可求得多余约束力 $X_1$、$X_2$,最后根据叠加原理绘制原结构的弯矩图。

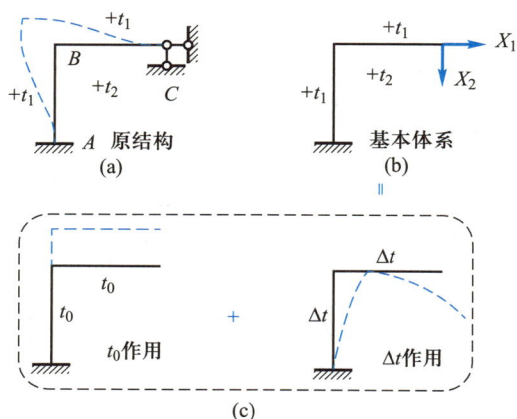

图 5 - 40    温度变化时超静定结构内力计算

【算例 5 - 20】    采用力法求解图 5 - 41 所示温度作用下的超静定结构,作弯矩图。

**【解】** 判断超静定次数,确定基本体系:由图 5-41(a)可知该结构为一次超静定结构,确定基本体系如图 5-41(b)所示,基本未知量为 $X_1$。

绘制弯矩图:绘制单位力 $\overline{X}_1 = 1$ 作用下基本结构的弯矩图,即 $\overline{M}_1$ 图,如图 5-41(c)所示。

建立力法典型方程:$\delta_{11} X_1 + \Delta_{1t} = 0$

求系数项和自由项:
$$\begin{cases} \delta_{11} = \sum \int \dfrac{\overline{M}_1 \overline{M}_1}{EI} \mathrm{d}s = \dfrac{l^3}{2EI} \\[3mm] \Delta_{1t} = \sum \overline{F}_{\mathrm{N}} \alpha t_0 l + \sum (\pm) A_{\overline{M}} \dfrac{\alpha \Delta t}{h} = 200 \alpha l \end{cases}$$

求解基本未知量:$X_1 = \dfrac{-400 EI\alpha}{l^2}$

作原结构弯矩图:根据 $M = \overline{M}_1 X_1$ 作弯矩图,如图 5-41(d)所示。

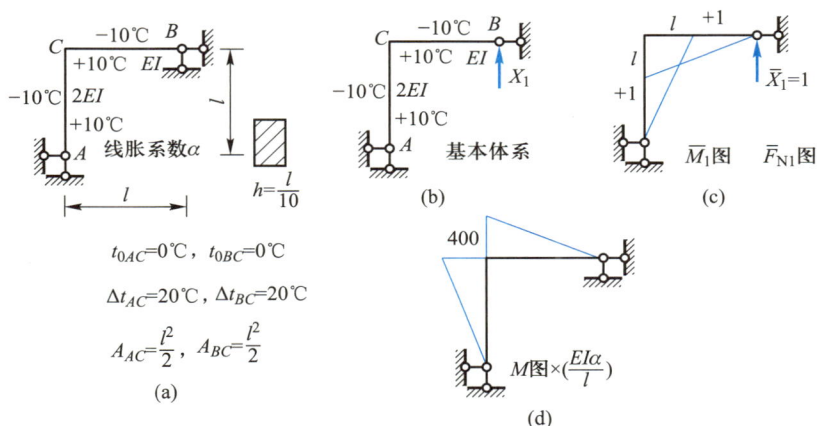

图 5-41 算例 5-20 图

# 5-7 内力图校核

超静定结构的计算过程较为烦琐,容易出错,有必要对其计算结果进行校核。一般而言,可从平衡条件和变形协调条件两方面入手加以校核。

## 5-7-1 平衡条件校核

超静定结构内力平衡条件校核与静结构类似,选取结构的整体或任一部分为隔离体,其受力均应满足平衡条件。如图 5-42(a)所示刚架,可取结点 $C$ 为隔离体,并从内力图[图 5-42(b)、(c)、(d)]中读取每根杆件的弯矩、剪力和轴力,隔离体受力图如图 5-42(e)所示,进而可验证其是否满足平衡方程 $\sum F_x = 0$、$\sum F_y = 0$ 和 $\sum M = 0$。

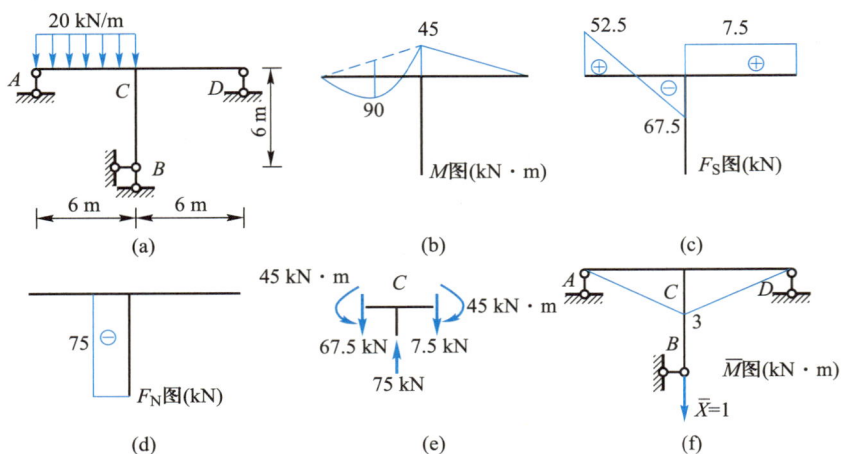

图 5 - 42　平衡条件校核

然而,仅满足平衡条件,还不能说明最后内力图求解正确,其原因在于超静定结构最后的内力图是求出多余约束力后通过平衡条件或叠加原理得到的,多余约束力的求解是否正确由平衡条件无法检查出来,还需要进行变形条件的校核。因此,校核隔离体满足平衡条件是内力计算无误的必要条件。

### 5 - 7 - 2　变形协调条件校核

位移条件的校核需检查各多余约束处的位移是否与已知的实际位移相符。如图 5 - 42(a)所示刚架,校核其内力图是否正确[图 5 - 42(b)、(c)、(d)],可以先计算 B 点竖向位移是否为零。

根据超静定结构位移计算方法,得到原结构的内力图后,可选取合适的基本结构。沿欲求位移方向施加单位力得到虚拟状态,求解基本结构内力,然后根据位移计算公式,检验所得位移是否与原结构的已知位移相符。基本结构在单位力作用下的弯矩图如图 5 - 42(f)所示,将原结构弯矩图 5 - 42(b)与单位力状态弯矩图 5 - 42(f)进行图乘,可得 B 点竖向位移如下式,进而验证其满足位移条件。

$$\Delta_{yB} = \sum \frac{A_M y_C}{EI}$$

$$= \frac{1}{EI}\left( -2 \times \frac{1}{2} \times 6 \text{ m} \times 45 \text{ kN} \cdot \text{m} \times \frac{2}{3} \times 3 \text{ m} + \frac{2}{3} \times 6 \text{ m} \times 90 \text{ kN} \cdot \text{m} \times \frac{1}{2} \times 3 \text{ m} \right) = 0$$

从理论上讲,一个 n 次超静定结构需要 n 个位移条件才能求出全部多余约束力,故位移条件的校核也应进行 n 次。不过,通常只需抽查少数的位移条件即可,而且也不限于在原来解算时所用的基本结构上进行。

因此,校核超静定结构内力图的充分条件是变形协调条件。只有同时通过力的平衡条件和变形协调条件的校核,才是判断超静定结构内力图正确与否的充分必要条件。

## 思 考 题

**5-1** 如何确定超静定结构的超静定次数？

**5-2** 用力法解超静定结构的思路是什么？

*__5-3__ 你能总结一下到现在为止已经学过用"转换法"解决了哪些问题吗？

**5-4** 什么是力法的基本体系、基本结构和基本未知量？力法的基本体系和基本结构有何异同？

**5-5** 力法典型方程的物理意义是什么？其系数项和自由项的物理含义是什么？

**5-6** 力法方程中的主系数为什么恒为正？副系数和自由项的情况如何？

**5-7** 力法典型方程的右端是否一定为零？为什么？

**5-8** 力法计算一般应如何考虑简化？仅受结点荷载作用的超静定刚架是否可能是无弯矩的？如何判别是否无弯矩？

**5-9** 静定结构的内力状态与刚度 $EI$ 无关，为什么超静定结构的内力状态与 $EI$ 有关？什么情况下跟 $EI$ 的绝对值相关？什么情况下与 $EI$ 的相对值相关？

**5-10** 试比较力法求解刚架、桁架和组合结构的异同。

**5-11** 没有荷载作用，结构就没有内力。这一结论是否正确？为什么？

**5-12** 什么是对称结构？怎么利用对称性将计算简化？

**5-13** 如何求超静定结构的位移？为什么可将单位力加到任一基本结构上？

**5-14** 为什么用力法计算超静定结构的结果，除了用平衡条件校核外还需要用变形条件校核？

**5-15** 具有弹性支座的超静定结构，用力法如何求解？

**5-16** 在力法计算中可否取超静定结构作为基本结构？有何前提条件？

*__5-17__ 一个四次（及以上）超静定结构，能否通过取超静定基本结构，使无须求解四阶线性联列方程组获得解决？

## 习 题

**5-1** 判断超静定次数，试确定 5 种以上不同的力法计算的基本体系。

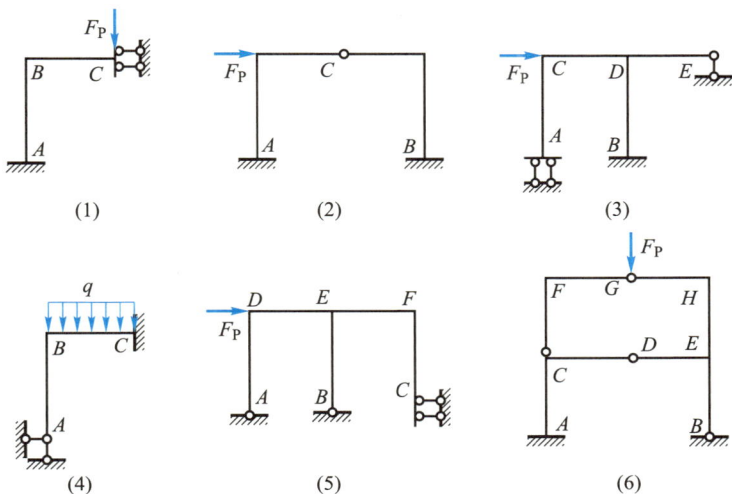

(1)　　　　(2)　　　　(3)

(4)　　　　(5)　　　　(6)

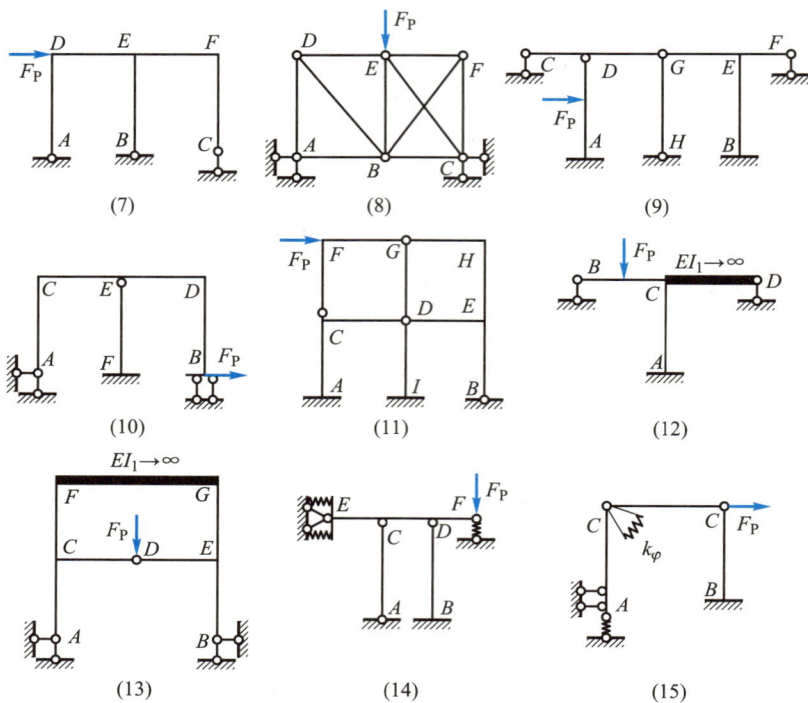

(7)

(8)

(9)

(10)

(11)

(12)

(13)

(14)

(15)

习题 5-1 图

**5-2** 用力法计算以下梁结构,作弯矩图。

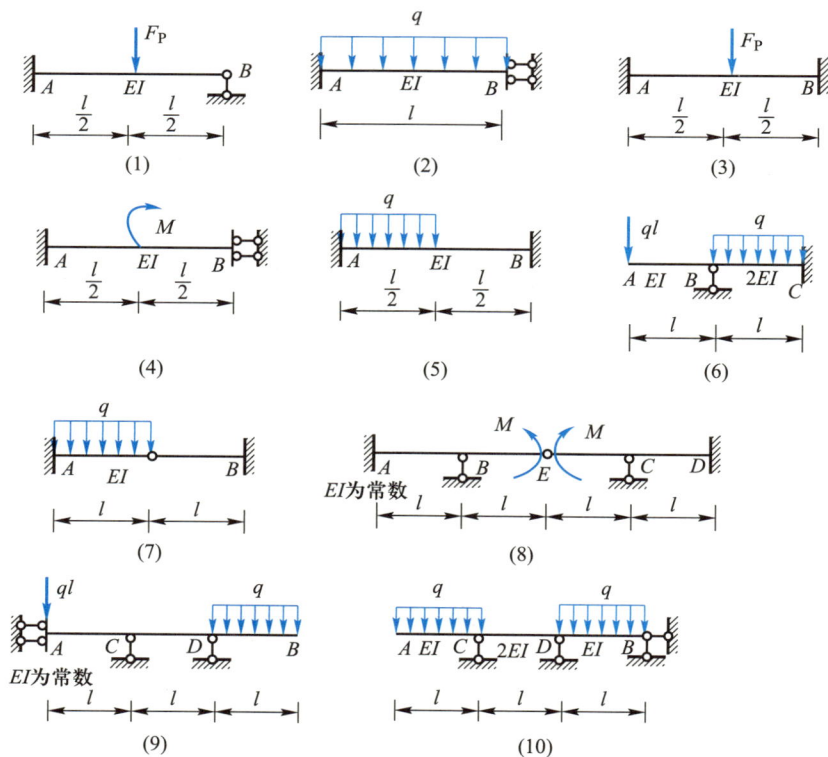

(1)

(2)

(3)

(4)

(5)

(6)

(7)

(8)

(9)

(10)

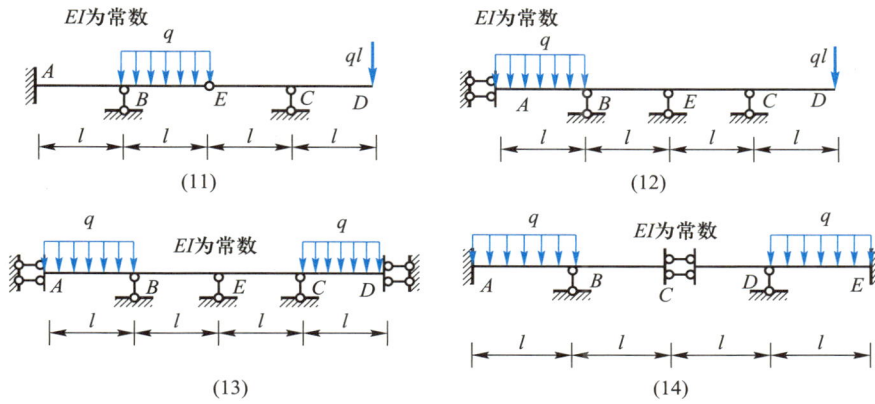

EI为常数

q

ql

A B E C D

l l l l

(11)

EI为常数

q

ql

A B E C D

l l l l

(12)

q EI为常数 q

A B E C D

l l l l

(13)

q EI为常数 q

A B C D E

l l l l

(14)

习题 5-2 图

**5-3** 用力法计算以下一次超静定刚架结构，作弯矩图。

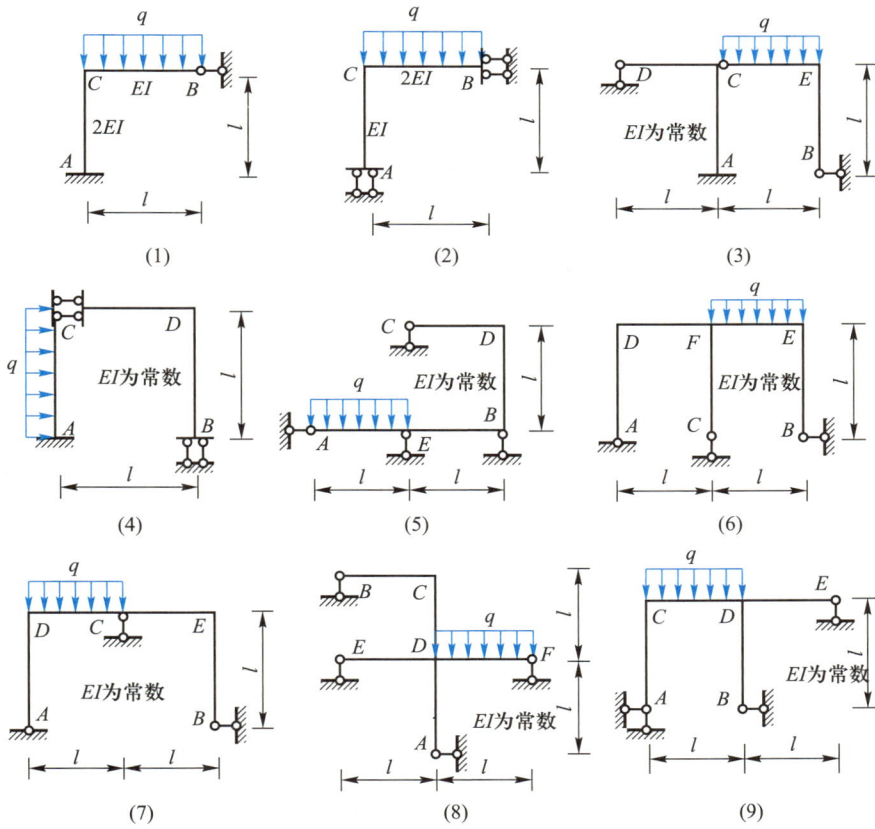

q

C EI B

2EI

A

l

l

(1)

q

C 2EI B

EI

A

l

l

(2)

q

D C E

EI为常数

A B

l l

l

(3)

C D

q EI为常数

A B

l

l

(4)

C D

q EI为常数

A E B

l l

l

(5)

q

D F E

EI为常数

A C B

l l

l

(6)

q

D C E

EI为常数

A B

l l

l

(7)

B C

q

E D F

EI为常数

A

l l

l

(8)

q

C D E

EI为常数

A B

l l

l

(9)

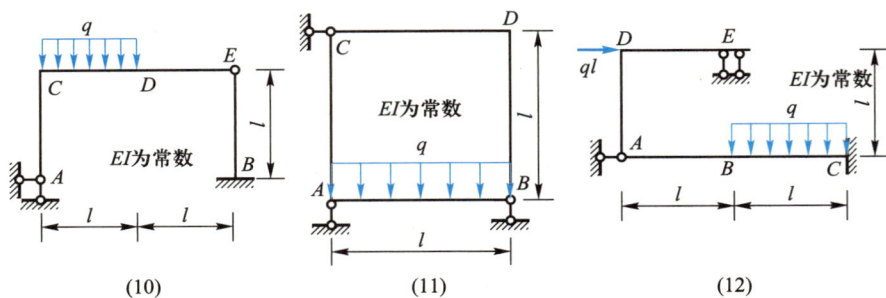

(10)　　　　　(11)　　　　　(12)

习题 5-3 图

**5-4**　用力法计算以下二次超静定刚架结构,作弯矩图。

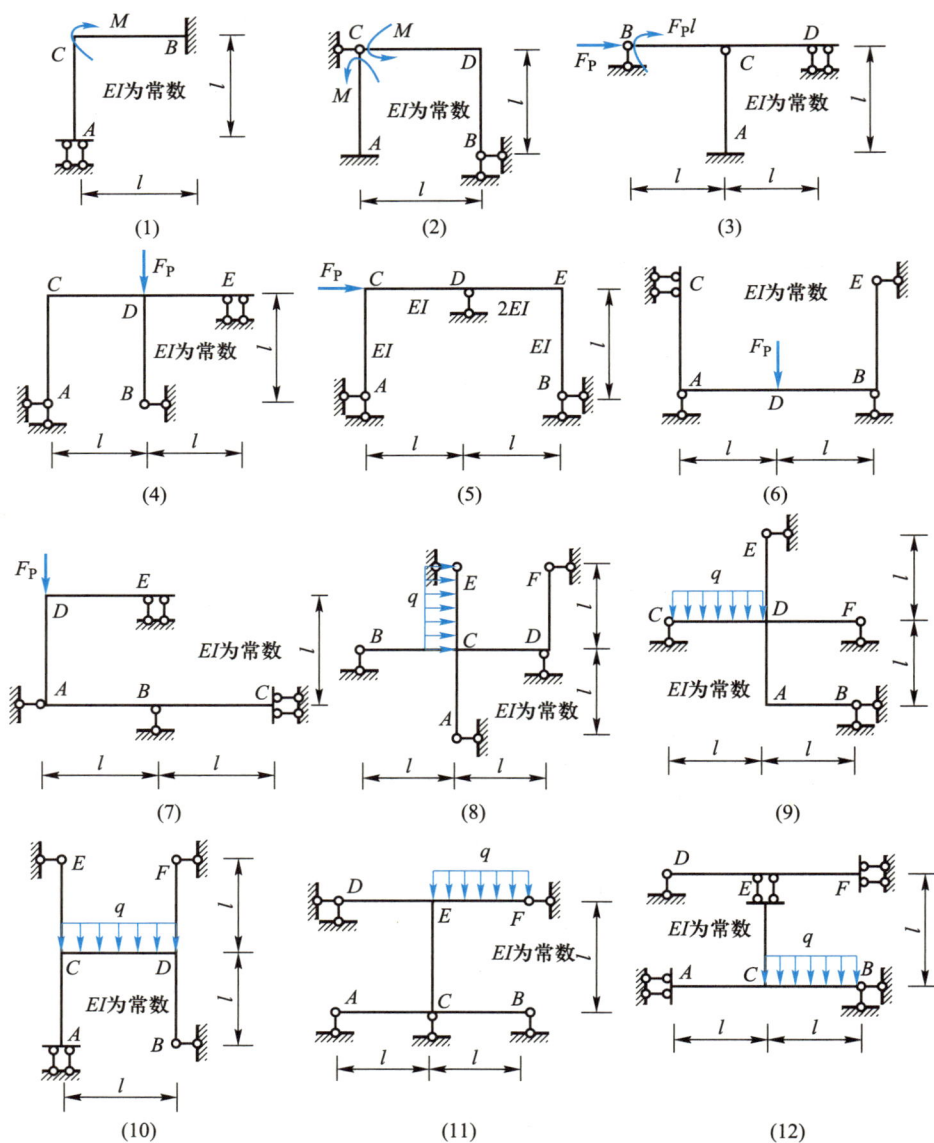

(1)　　　　　(2)　　　　　(3)

(4)　　　　　(5)　　　　　(6)

(7)　　　　　(8)　　　　　(9)

(10)　　　　　(11)　　　　　(12)

习题 5-4 图

**5-5** 考虑对称性用力法计算以下结构,作弯矩图。

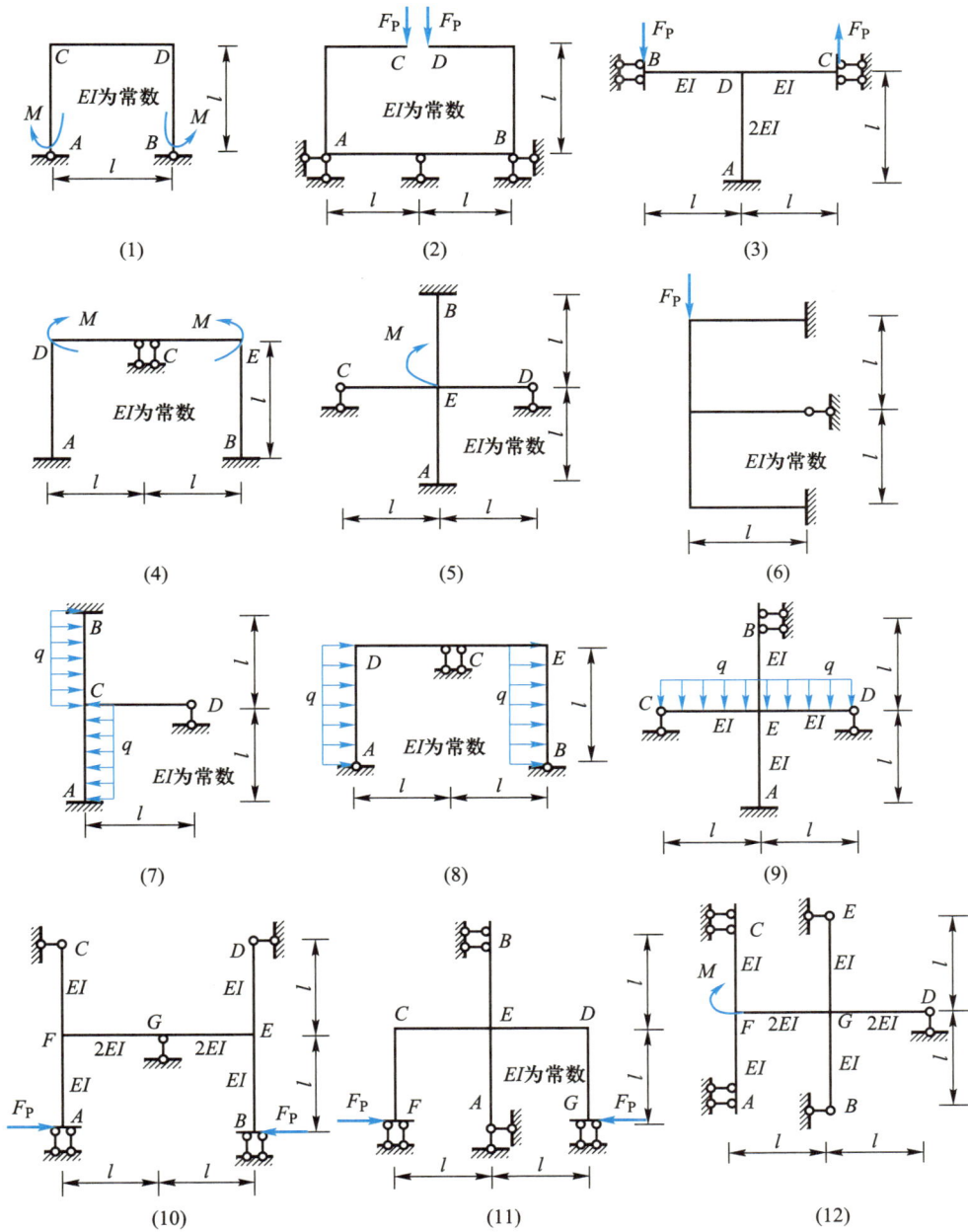

(1)

(2)

(3)

(4)

(5)

(6)

(7)

(8)

(9)

(10)

(11)

(12)

习题 5-5 图

**5-6**  采用力法计算以下超静定桁架结构,求各杆件轴力。

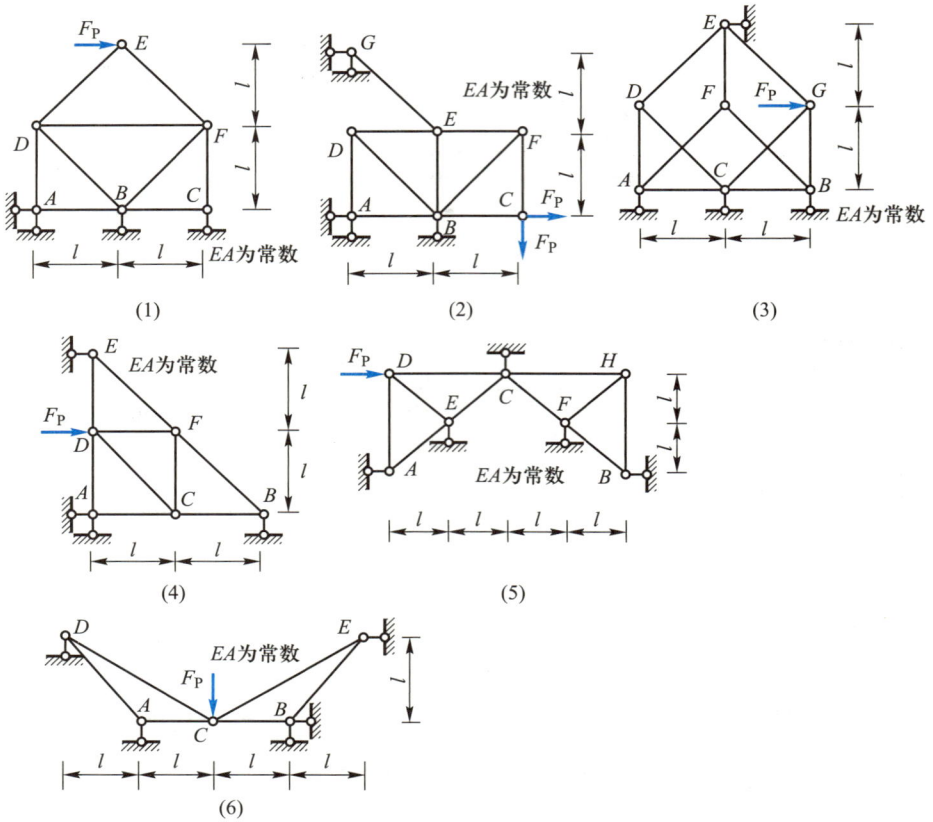

(1)                    (2)                    (3)

(4)                    (5)

(6)

习题 5-6 图

**5-7**  用力法计算以下带弹簧支座的梁和刚架结构,作弯矩图。

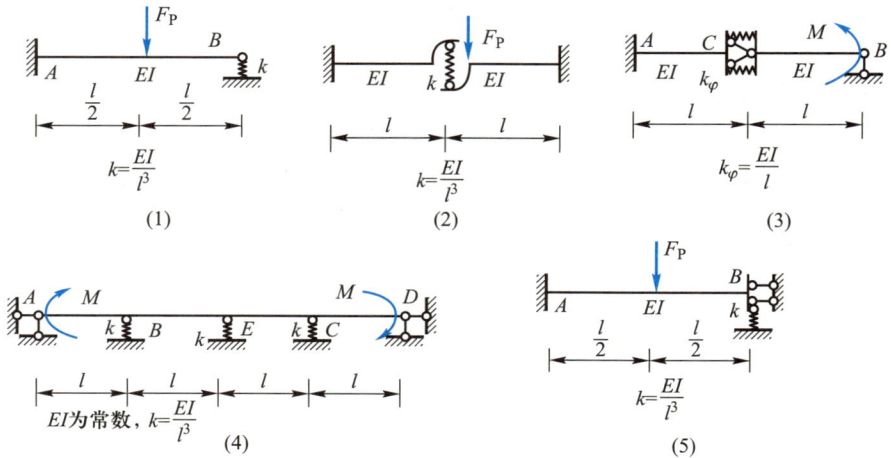

(1)                    (2)                    (3)

(4)                    (5)

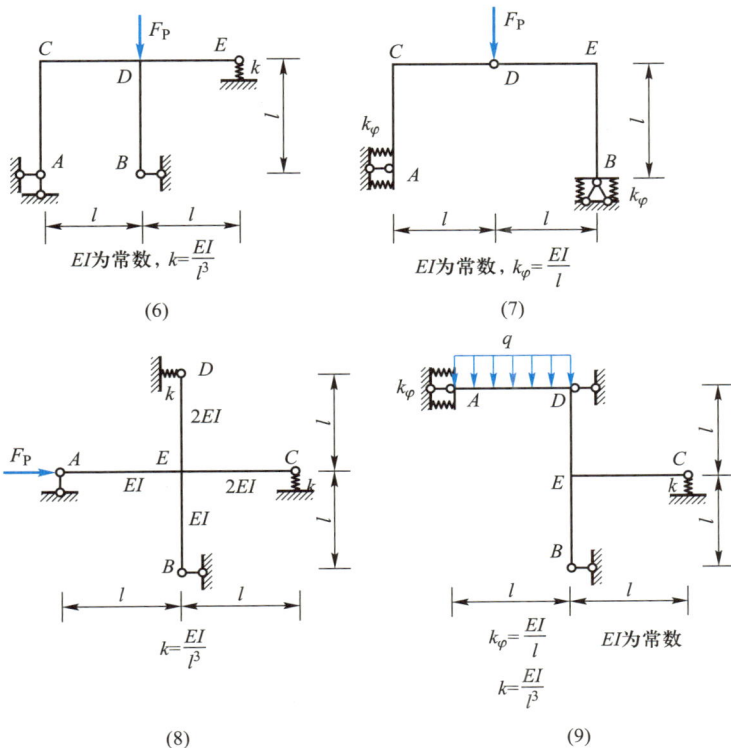

(6)

(7)

(8)

(9)

习题 5－7 图

**5－8** 支座移动和温度变化时用力法计算以下结构,作弯矩图。

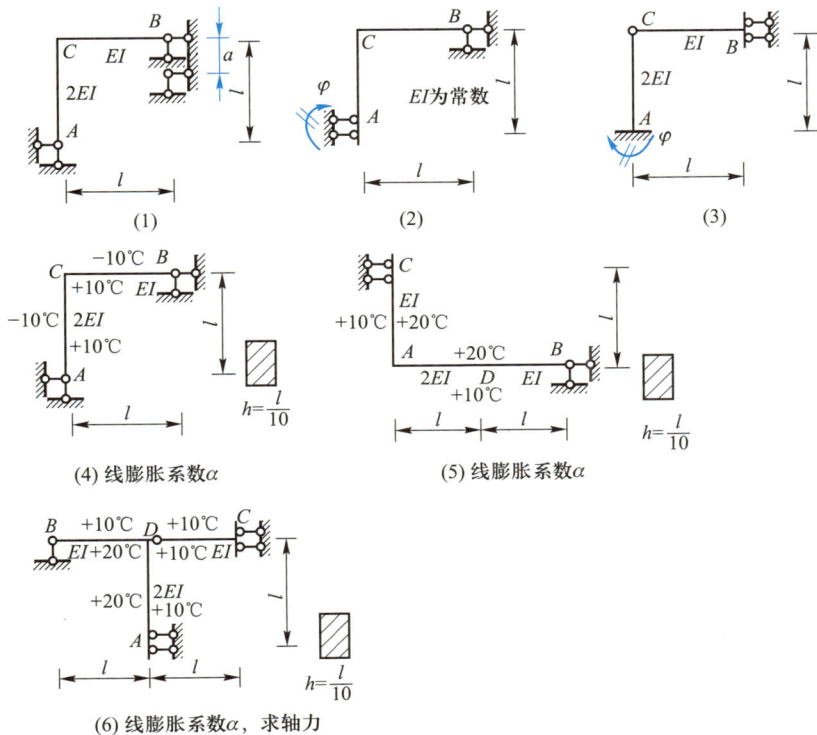

(1)

(2)

(3)

(4) 线膨胀系数$\alpha$

(5) 线膨胀系数$\alpha$

(6) 线膨胀系数$\alpha$, 求轴力

习题 5－8 图

**5-9** 用力法计算以下结构,作弯矩图。

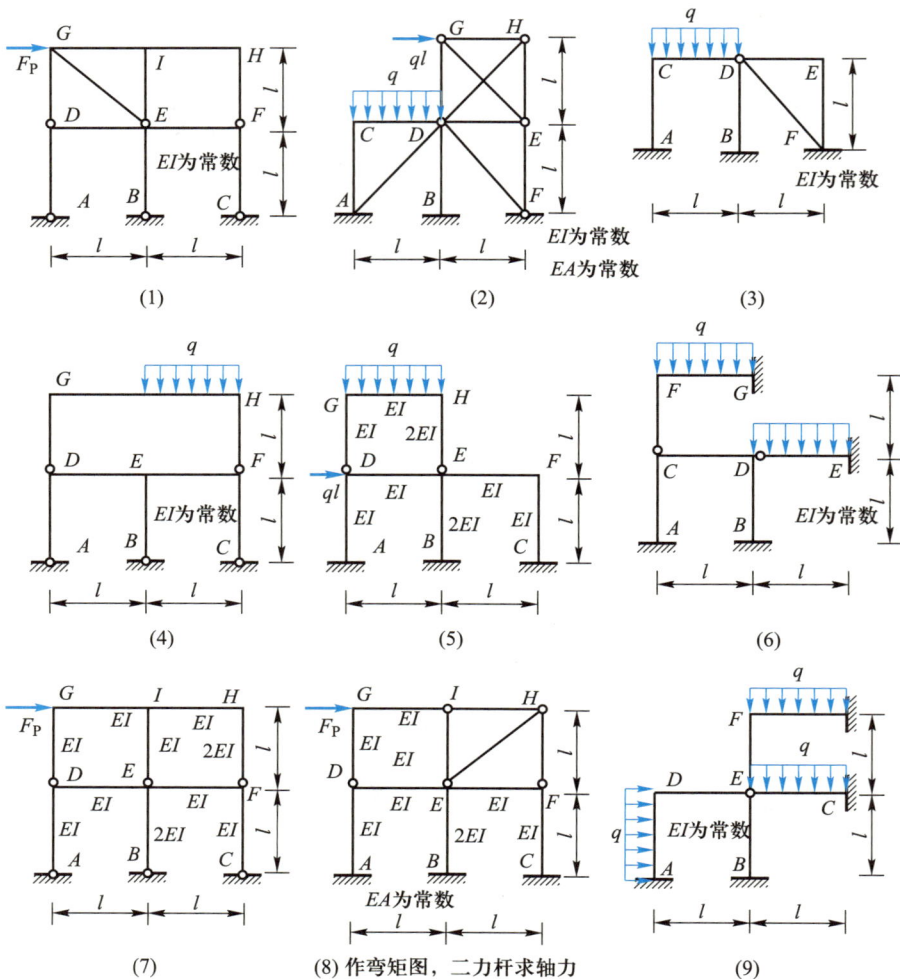

(1)

(2)

(3)

(4)

(5)

(6)

(7)

(8) 作弯矩图,二力杆求轴力

(9)

习题 5-9 图

# 第六章　位移法

力法取多余约束力作为基本未知量,将超静定结构转化成容易求解的简单结构(一般选静定结构),基于变形协调条件建立力法典型方程求解未知量,进而完成对超静定结构的计算分析。显然,力法是以静定结构的内力和位移计算为前提和基础的。然而,随着复杂钢结构、钢筋混凝土结构的不断涌现,力法的不足逐渐凸显,更为简洁、快速的高次超静定结构计算方法——位移法应运而生。本章重点介绍位移法求解超静定结构的基本原理与方法,关于采用位移法求解静定结构的情况,不予讨论。

## 6-1　位移法基础　形常数和载常数

在位移法中将用到如图6-1所示的三种单跨超静定梁,也称为等截面直杆。等截面直杆的杆端力是位移法的计算基础,可采用力法求解,在位移法中将其作为已知量。因此,在介绍位移法之前,先总结等截面直杆由力法求解得到的内力结果。一般而言,等截面直杆根据两端支承情况不同可分为三类:两端固定等截面直杆(两端固定梁)、一端固定一端铰支等截面直杆(一端固定一端铰支梁)、一端固定一端定向支承等截面直杆(一端固定一端定向支承梁)。

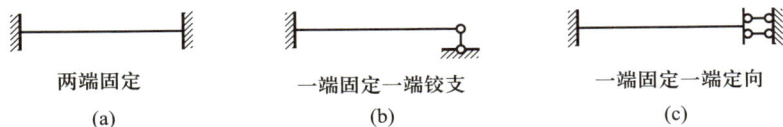

两端固定　　　　一端固定一端铰支　　　　一端固定一端定向
　(a)　　　　　　　　　(b)　　　　　　　　　　(c)

图6-1　位移法基本单跨梁示意图

等截面直杆的杆端力受到两类因素作用,一类是荷载等外因作用,如外荷载、温度作用等,将荷载等外因作用下等截面直杆的杆端力称为载常数;另一类是结点位移作用,如结点线位移、结点角位移,将单位结点位移作用下等截面直杆的杆端力称为形常数。为便于查找、方便计算,将三类等截面直杆在不同因素作用下的形常数和载常数汇总于表6-1,其中 $i = \dfrac{EI}{l}$ 为单位长度的抗弯刚度,称为线刚度。表中杆端弯矩规定顺时针为正;杆端剪力与第三章的规定一样,即使隔离体产生顺时针转动为正。载常数和形常数均通过力法计算得到,其中载常数的具体计算过程可参考算例5-2,形常数的具体计算过程可参考算例5-17和算例5-18。实际上,在平时的练习中也经常涉及这两种常数的计算求解。

表 6-1 等截面直杆形常数和载常数表（$i = EI/l$）

| 类型 | 编号 | 计算简图 | 杆端弯矩 | | 杆端剪力 | |
|---|---|---|---|---|---|---|
| | | | $M_{AB}$ | $M_{BA}$ | $F_{SAB}$ | $F_{SBA}$ |
| 两端固定等截面直杆 | 1* | A—B，转角 1，长 $l$ | $4i$ | $2i$ | $-\dfrac{6i}{l}$ | $-\dfrac{6i}{l}$ |
| | 2* | A—B，竖向位移，长 $l$ | $-\dfrac{6i}{l}$ | $-\dfrac{6i}{l}$ | $\dfrac{12i}{l^2}$ | $\dfrac{12i}{l^2}$ |
| | 3* | $F_P$ 作用于跨中，$\frac{l}{2}+\frac{l}{2}$ | $-\dfrac{F_P l}{8}$ | $\dfrac{F_P l}{8}$ | $\dfrac{F_P}{2}$ | $-\dfrac{F_P}{2}$ |
| | 4 | $F_P$ 作用，$a+b=l$ | $-\dfrac{F_P ab^2}{l^2}$ | $\dfrac{F_P a^2 b}{l^2}$ | $\dfrac{F_P b^2(l+2a)}{l^3}$ | $-\dfrac{F_P a^2(l+2b)}{l^3}$ |
| | 5* | 均布 $q$，长 $l$ | $-\dfrac{ql^2}{12}$ | $\dfrac{ql^2}{12}$ | $\dfrac{ql}{2}$ | $-\dfrac{ql}{2}$ |
| | 6 | 三角形分布 $q$，长 $l$ | $-\dfrac{ql^2}{20}$ | $\dfrac{ql^2}{30}$ | $\dfrac{7ql}{20}$ | $-\dfrac{3ql}{20}$ |
| | 7* | 力偶 $M$，$a+b=l$ | $\dfrac{b(3a-l)}{l^2}M$ | $\dfrac{a(3b-l)}{l^2}M$ | $-\dfrac{6ab}{l^3}M$ | $-\dfrac{6ab}{l^3}M$ |
| | 8 | 部分均布 $q$，$a+b=l$ | $\dfrac{-qa^2}{12l^2}\cdot(6l^2-8la+3a^2)$ | $\dfrac{qa^3}{12l^2}\cdot(4l-3a)$ | $\dfrac{qa}{2l^3}\cdot(2l^3-2la^2+a^3)$ | $\dfrac{-qa^3}{2l^3}\cdot(2l-a)$ |
| | 9 | 温差 $t_1,t_2$，$\Delta t=t_2-t_1$ | $-\dfrac{EI\alpha\Delta t}{h}$ | $\dfrac{EI\alpha\Delta t}{h}$ | $0$ | $0$ |

续表

| 类型 | 编号 | 计算简图 | 杆端弯矩 | | 杆端剪力 | |
|---|---|---|---|---|---|---|
| | | | $M_{AB}$ | $M_{BA}$ | $F_{SAB}$ | $F_{SBA}$ |
| 一端固定一端铰支等截面直杆 | 10* | | $3i$ | — | $-\dfrac{3i}{l}$ | $-\dfrac{3i}{l}$ |
| | 11* | | $-\dfrac{3i}{l}$ | — | $\dfrac{3i}{l^2}$ | $\dfrac{3i}{l^2}$ |
| | 12* | | $-\dfrac{3F_P l}{16}$ | — | $\dfrac{11F_P}{16}$ | $-\dfrac{5F_P}{16}$ |
| | 13 | | $-\dfrac{F_P ab(l+b)}{2l^2}$ | | $\dfrac{F_P b(3l^2-b^2)}{2l^3}$ | $-\dfrac{F_P a^2(2l+b)}{2l^3}$ |
| | 14* | | $-\dfrac{ql^2}{8}$ | — | $\dfrac{5ql}{8}$ | $-\dfrac{3ql}{8}$ |
| | 15 | | $-\dfrac{ql^2}{15}$ | — | $\dfrac{4ql}{10}$ | $-\dfrac{ql}{10}$ |
| | 16 | | $-\dfrac{7ql^2}{120}$ | — | $\dfrac{9ql}{40}$ | $-\dfrac{11ql}{40}$ |
| | 17* | | $\dfrac{l^2-3b^2}{2l^2}M$ | — | $\dfrac{-3(l^2-b^2)}{2l^3}M$ | $\dfrac{-3(l^2-b^2)}{2l^3}M$ |
| | 18 | | $\dfrac{M}{2}$ | $M$ | $-\dfrac{3M}{2l}$ | $-\dfrac{3M}{2l}$ |
| | 19 | | $-\dfrac{3EI\alpha\Delta t}{2h}$ | $0$ | $\dfrac{3EI\alpha\Delta t}{2hl}$ | $\dfrac{3EI\alpha\Delta t}{2hl}$ |

| 类型 | 编号 | 计算简图 | 杆端弯矩 | | 杆端剪力 | |
|---|---|---|---|---|---|---|
| | | | $M_{AB}$ | $M_{BA}$ | $F_{SAB}$ | $F_{SBA}$ |
| 一端固定一端定向支承等截面直杆 | 20* | 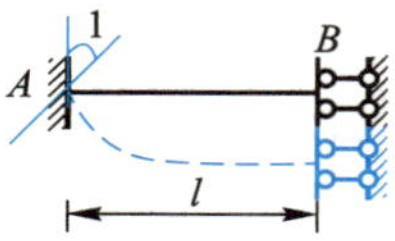 | $i$ | $-i$ | — | — |
| | 21 | 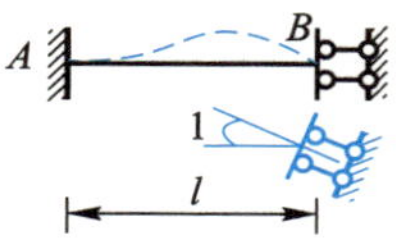 | $-i$ | $i$ | — | — |
| | 22 | 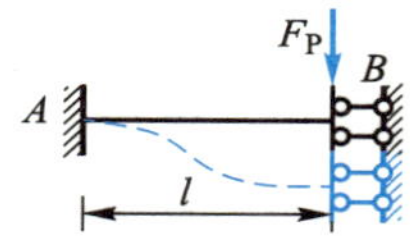 | $-\dfrac{F_P l}{2}$ | $-\dfrac{F_P l}{2}$ | $F_P$ | $F_P$ |
| | 23 | 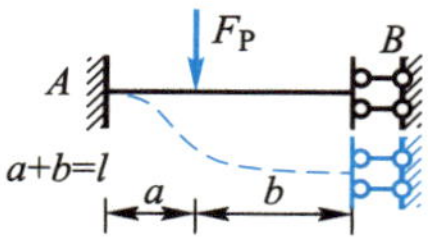 | $-\dfrac{F_P a(l+b)}{2l}$ | $-\dfrac{F_P a^2}{2l}$ | $F_P$ | — |
| | 24* | 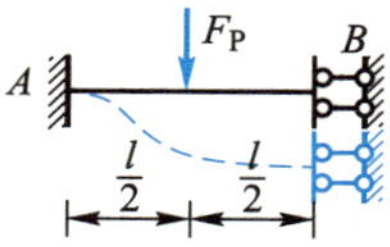 | $-\dfrac{3F_P l}{8}$ | $-\dfrac{F_P l}{8}$ | $F_P$ | — |
| | 25* | 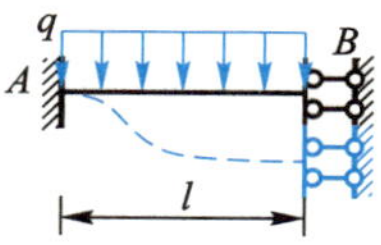 | $-\dfrac{ql^2}{3}$ | $-\dfrac{ql^2}{6}$ | $ql$ | — |
| | 26 | 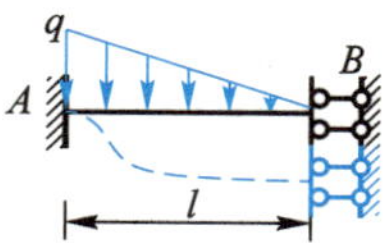 | $-\dfrac{ql^2}{8}$ | $-\dfrac{ql^2}{24}$ | $\dfrac{ql}{2}$ | — |
| | 27 | 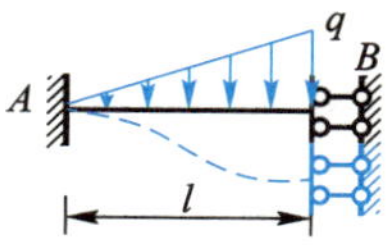 | $-\dfrac{5ql^2}{24}$ | $-\dfrac{ql^2}{8}$ | $\dfrac{ql}{2}$ | — |
| | 28* | 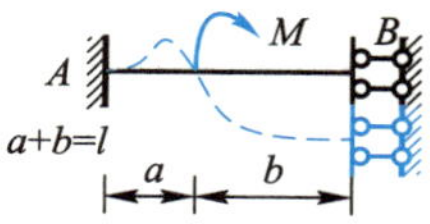 | $-\dfrac{b}{l}M$ | $-\dfrac{a}{l}M$ | — | — |

续表

| 类型 | 编号 | 计算简图 | 杆端弯矩 | | 杆端剪力 | |
|---|---|---|---|---|---|---|
| | | | $M_{AB}$ | $M_{BA}$ | $F_{SAB}$ | $F_{SBA}$ |
| 一端固定一端定向支承等截面直杆 | 29 | 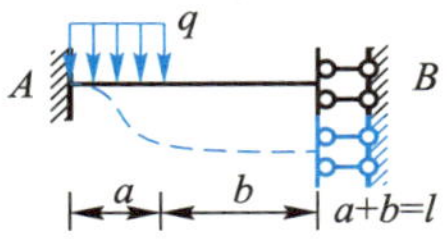 | $-\dfrac{qa^2}{6l}(3l-a)$ | $-\dfrac{qa^3}{6l}$ | $qa$ | — |
| | 30 | 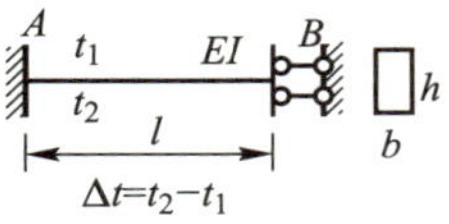 | $-\dfrac{EI\alpha\Delta t}{h}$ | $\dfrac{EI\alpha\Delta t}{h}$ | $0$ | $0$ |

## 6－2　位移法基本原理

**位移法不再以多余约束力作为基本未知量,而是选取独立的结点位移作为基本未知量。**假定:杆件微小弯曲变形,忽略受弯杆件的轴向变形,认为杆件弯曲变形后两端结点之间的距离仍保持不变,受弯杆件相当于一个约束,即杆件两端沿其轴线的线位移保持一致。如图 6－1(a)所示超静定刚架,刚架以弯曲变形为主,不计杆件轴向变形,在荷载 $F_P$ 作用下仅刚结点 $C$ 产生角位移 $Z_1$,变形图如图 6－1(b)所示,该角位移即可看作位移法的基本未知量。显然,求解角位移 $Z_1$ 成为位移法的关键环节。现将求解基本原理简述如下,以认识位移法的计算过程。

首先,引入附加**刚臂约束( ◢ ),其仅约束结点角位移、不约束结点线位移。**通过约束刚结点 $C$ 的角位移,原结构即可看作由两个独立的等截面直杆组成,如图 6－2(c)所示:一端固定一端铰支的等截面直杆 $BC$、两端固定的等截面直杆 $AC$。

其次,在等截面直杆 $AC$、$BC$ 上依次施加荷载 $F_P$ 和角位移 $Z_1$ 作用,变形图如图 6－2(d)虚线所示。其中:在荷载 $F_P$ 作用下,由于 $C$ 结点为固定端,$AC$ 上无外荷载作用,所以杆件无变形。显然,由形常数和载常数(表 6－1),可直接得到两根等截面直杆分别在 $F_P$、$Z_1$ 作用下的杆端力。

再次,在荷载、角位移依次作用下,附加刚臂将分别产生附加约束力 $R_P$、$R_z$,受力图如图 6－2(d)虚线圈所示,该附加约束力等于刚结点 $C$ 在荷载、角位移依次作用下杆端力的代数和。

最后,由原结构及其外荷载作用可知,实际上原结构在刚结点 $C$ 处无外荷载作用,所以该结点的受力应满足平衡条件,即附加约束力 $R_P$、$R_z$ 之和应等于零,由此建立位移法典型方程,求解典型方程即可得到基本未知量 $Z_1$。

(a)      (b)        (c)

(d)

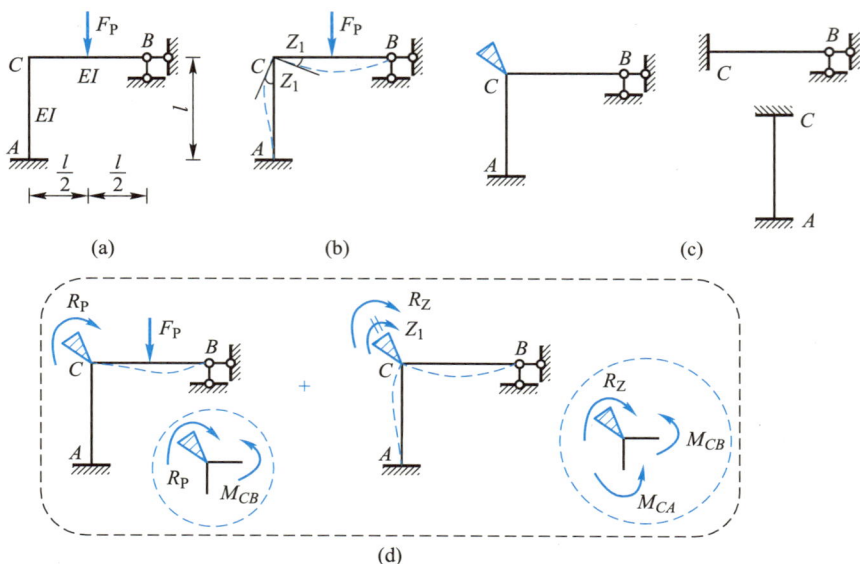

图 6-2 位移法基本未知量

可见,**位移法是以荷载等外因、独立结点位移作用下等截面直杆的杆端力分析为基础的,通过平衡条件建立位移法典型方程,求解基本未知量,完成超静定结构的内力计算。** 换句话说,**位移法的核心思想**是首先将超静定结构拆分成一系列已知受力和变形的"单元——即前述的等截面直杆"(**拆分**),所谓"已知"是指"单元"的形常数和载常数已知;其次,再将拆分的"单元"按照原结构的组成形式,组装回来形成整体(**整合**);最后,为保证组装的整体体系与原结构等价,就必须在保证平衡(因为位移已经协调)的前提下建立"**补充平衡方程**"才能使等价成立,而所建立的"补充平衡方程"即为位移法典型方程。

不论是力法,还是位移法求解超静定结构,**其本质都是将未知问题化为已知问题来解决,即都采用了"转换"的思想方法,化繁为简。力法是通过拆除多余约束,将未知的超静定结构化为已知的静定结构,再基于变形协调建立典型方程求解;而位移法是通过增加约束,化未知"超静定结构"为已知"等截面直杆",再基于平衡条件建立位移法典型方程求解基本未知量,引入叠加原理实现超静定结构内力计算,即"先化整为零、再集零为整",或称为"先离散后归整"。**

## 6-3 基本未知量与基本体系确定

位移法是以超静定结构中独立的结点线位移和角位移作为基本未知量的,因此必须首先确定用位移法求解有多少个独立的结点位移。其中:角位移常对应于结构的刚结点上,线位移在结构刚结点、铰结点上均有可能产生。为快速确定位移状态,根据超静定结构是否产生侧移,将其分为**无侧移和有侧移两类**,其中:侧移是相对于线位移而言的,能产生线位移的为有侧移,否则为无侧移。**无侧移超静定结构**是指除支座移动外,所有结点只有角位移、没有线位移的结构,如不含铰结点的超静定梁、无侧移刚架等；**有侧移超静定结构**是指除支座移动外,结点中同时有角位移和线位移、或仅有线位移的结构,如含有铰结点的超静定梁、有侧移刚架等。在有侧移超静定结构中,若结构中有刚结点,且其未连接无穷刚杆,则结构中同时有角位移和线位移,否则只有线位移。

### 6-3-1　无侧移超静定结构

图 6-3(a)所示的梁为多跨超静定连续梁,忽略杆件轴向变形,为无侧移超静定结构,该超静定梁的刚结点仅能产生角位移。在荷载 $F_P$ 作用下,超静定梁产生的变形如图 6-3(b)虚线所示,刚结点 $B$、$C$ 产生角位移 $Z_1$ 和 $Z_2$。由前述知识可知,角位移 $Z_1$、$Z_2$ 即可看作该超静定梁的基本未知量。

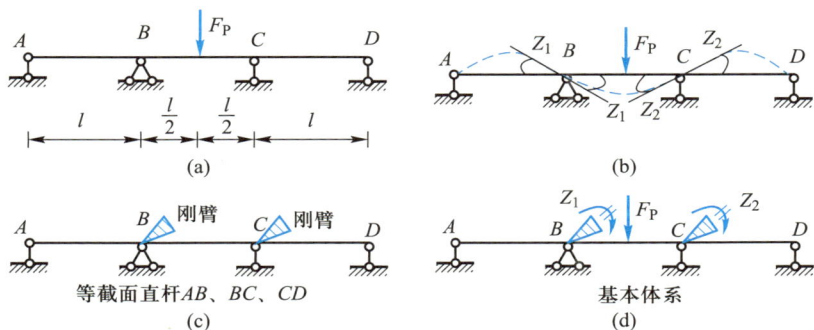

图 6-3　无侧移多跨超静定连续梁

由于位移法是以三类等截面直杆的杆端力为分析基础的,因此为将原超静定梁转换为系列等截面直杆,**引入刚臂约束( ),约束结点的角位移**。在图 6-3(a)所示刚结点 $B$、$C$ 上施加附加刚臂,则刚结点 $B$、$C$ 被完全固定,原结构即转换为 $AB$、$BC$、$CD$ 三根等截面直杆,如图 6-2(c)所示。杆件 $AB$、$CD$ 为一端固定一端铰支的等截面直杆,杆件 $BC$ 为两端固定的等截面直杆。图 6-2(c)实际上是通过引入刚臂约束将原结构转换而形成的三根等截面直杆,其与原结构不等价。如果要使附加刚臂的结构与原结构等价,就必须在等截面直杆(图 6-2(c))上依次施加与基本未知量相同的结点位移作用(即角位移 $Z_1$、$Z_2$),以及荷载 $F_P$ 作用,然后将三者叠加,则叠加后的结构内力、变形与原结构等价,如图 6-2(d)所示。**该等价结构即为原超静定梁的基本体系,亦称为位移法基本体系。**

再如图 6-4 所示系列刚架,忽略杆件轴向变形,所有刚架均为无侧移的超静定结构,由此所有超静定刚架的刚结点都仅能产生角位移。首先引入附加刚臂,约束刚架中所有刚结点的角位移,被约束的角位移即为位移法的基本未知量。可见,**独立角位移未知量数量可直接由刚结点的数目确定**,图 6-4(a)、(b)、(c)、(d)对应的基本未知量数目依次为 1 个、2 个、2 个、3 个,如图 6-5 所示。随后,在附加刚臂约束的结构上施加与对应基本未知量相同的结点位移作用和外荷载作用,即可得到原超静定刚架的等价结构,即位移法基本体系,如图 6-6 所示。

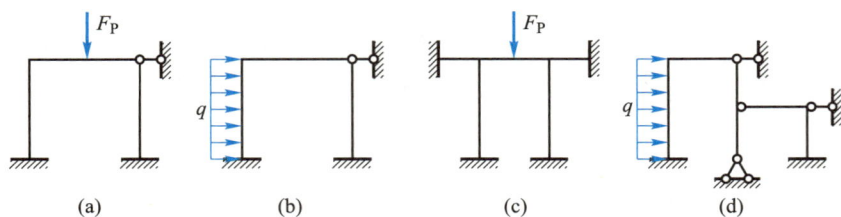

图 6-4  无侧移超静定结构

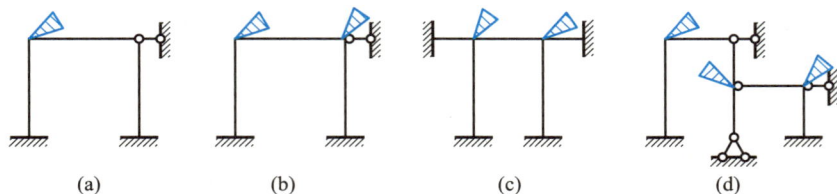

图 6-5  无侧移超静定结构独立角位移

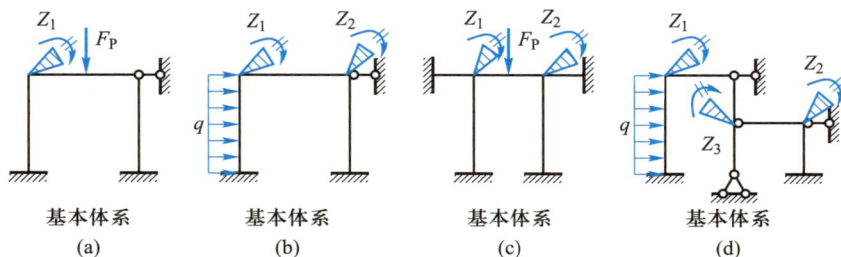

图 6-6  无侧移超静定结构位移法基本体系

## 6-3-2  有侧移超静定结构

图 6-7(a)所示为双跨超静定刚架,下部为固定端,上横梁无侧向约束,为有侧移超静定结构,且刚架中有刚结点,所以同时有结点角位移和结点线位移。在荷载 $F_P$ 作用下该刚架的变形示意图如图 6-7(b)所示,刚结点 $D$、$F$ 分别产生角位移 $Z_1$ 和 $Z_2$,在横梁处产生水平位移 $Z_3$,由于不计轴向变形,所以结点 $D$、$E$、$F$ 的水平线位移相同。由此,该双跨超静定刚架具有 3 个基本未知量:2 个独立角位移和 1 个独立线位移。独立线位移未知量的确定,可先将结构全部刚结点变为铰结点,然后通过几何组成分析判断此铰接体系是否为可变体系:如果为可变体系,最少增加多少链杆约束可使其变为无多余约束的几何不变体系,所增加的链杆数目即为独立结点线位移未知量数目;如果为不可变体系,则无线位移未知量,即无侧移结构。

为将原结构转换为多个等截面直杆,一方面施加附加刚臂,约束刚结点 $D$、$F$ 处的角位移;另一方面,引入链杆约束(○—),其仅约束沿链杆方向的线位移,即在结点 $F$ 处附加链杆约束,如图 6-7(c)所示。由此,原刚架结点 $D$、$E$、$F$ 均被完全固定,杆件 $AD$、$CF$ 为两端固定的等截面直杆,杆件 $DE$、$BE$、$FE$ 为一端固定一端铰支的等截面直杆。随后,在附加刚臂、链杆约束的结构上依次施加与基本未知量对应的结点位移作用($Z_1$、$Z_2$、$Z_3$),并施加外荷载 $F_P$ 作用,则四者叠加后的结构内力、变形与原结构等价,该等价结构即为该双跨超静定刚架的位移法基本体系,如图6-7(d)所示。

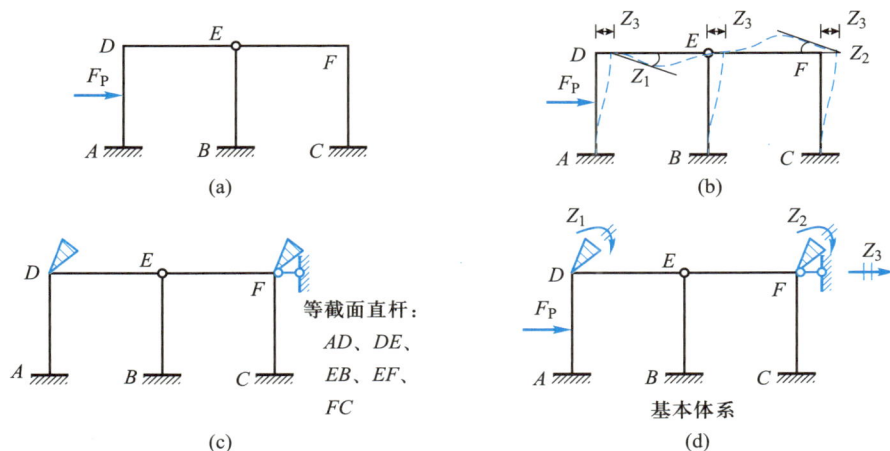

图6-7 有侧移超静定刚架

再如图6-8(a)所示刚架,虽然水平方向无侧移,但是铰结点 $G$ 有竖向侧移,为有侧移超静定结构,且刚架中有刚结点,所以同时有结点角位移和结点线位移。在荷载 $F_P$ 作用下刚结点 $E$、$F$ 分别产生角位移 $Z_1$ 和 $Z_2$,铰结点 $G$ 产生竖向线位移 $Z_3$。由此,该刚架具有3个基本未知量:2个角位移和1个线位移。依次施加附加刚臂和链杆约束,并在相应约束上施加与基本未知量对应的结点位移作用($Z_1$、$Z_2$、$Z_3$),以及荷载 $F_P$ 作用,可得位移法基本体系,如图6-9(a)所示。

图6-8(b)所示组合结构同样为有侧移超静定结构,由于该结构中均为铰结点、无刚结点,所有只有线位移,即在结点 $D$、$F$ 处有2个水平线位移(不计桁架杆轴向变形),则该结构共有2个基本未知量,位移法基本体系如图6-9(b)所示。

图6-8(c)所示刚架亦为有侧移超静定结构,虽然在 $C$、$D$ 处有刚结点,但是因横梁刚度无穷大,而使得刚结点处的角位移为零,所以仅在结点 $D$ 处有1个线位移基本未知量,位移法基本体系如图6-9(c)所示。

图6-8(d)所示刚架同样为有侧移超静定结构,但其由两段不同刚度的杆件组成,而位移法是以等截面直杆为计算基础,且等截面直杆的刚度应一致。由此,可将其看作 $AC$ 和 $CB$ 两根两端固定的等截面直杆组成,在刚结点 $C$ 处将产生1个角位移和1个线位移,则该刚架共有2个基本未知量,位移法基本体系如图6-9(d)所示。

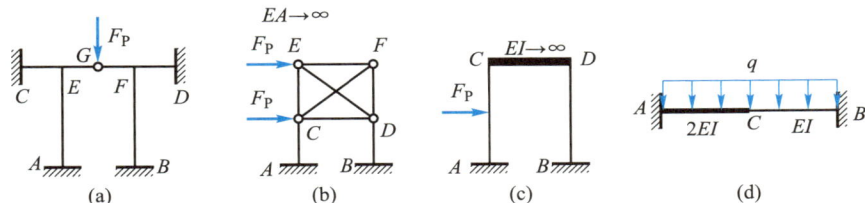

图6-8 有侧移超静定结构

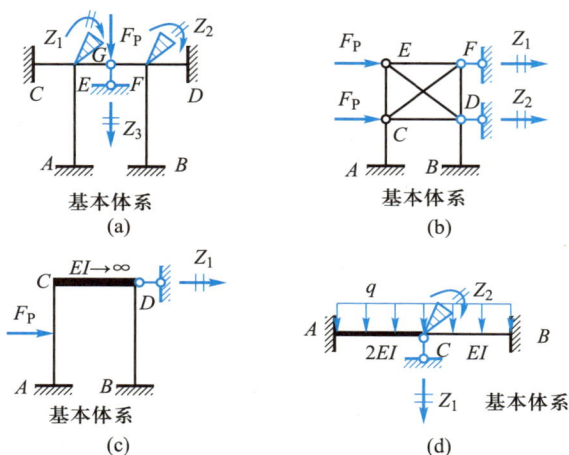

图 6-9 有侧移超静定结构位移法基本体系

# 6-4 位移法典型方程建立与求解

## 6-4-1 无侧移超静定结构

如图 6-10(a)所示双跨超静定梁,为无侧移超静定结构,仅有 1 个独立角位移 $Z_1$,基本体系如图 6-10(b)所示。为便于理解和计算,在等截面直杆上依次单独作用角位移 $Z_1$ 和均布荷载 $q$,则基本体系可分为如图 6-10(c)所示的两个部分,其中: **$R_{11}$ 和 $R_{1P}$ 分别为角位移 $Z_1$ 和均布荷载 $q$ 引起的附加刚臂上的约束力矩**。此时,如将图 6-10(c)所示两部分的内力和变形叠加,则叠加后的结构内力、变形与原结构(图 6-10(a))等价。**而实际上,原结构在刚结点 B 处应满足平衡条件,所以图 6-10(c)所示两部分在结点 B 处的附加约束力矩之和应为零**,即

$$R_{11} + R_{1P} = 0$$

式中:$R_{11} = k_{11}Z_1$,其中 $k_{11}$ 表示单位位移 $\overline{Z}_1 = 1$ 作用所引起的附加刚臂上的约束力矩,将其代入上式有

$$k_{11}Z_1 + R_{1P} = 0 \tag{6-1}$$

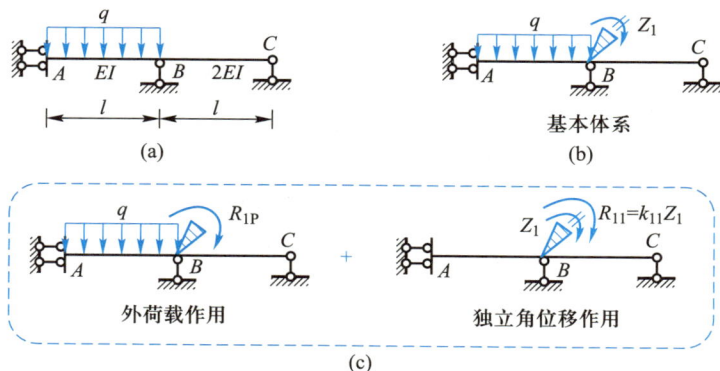

图 6-10 仅有 1 个独立结点角位移超静定结构的位移法典型方程建立

式(6-1)即为**位移法典型方程**,其物理意义为:**在荷载等外因和独立结点位移共同作用下,每一个附加约束上的附加约束力(约束力矩)都应为零。**

当独立角位移超过 1 个时,如图 6-11(a)所示无侧移刚架,存在 2 个基本未知量 $Z_1$ 和 $Z_2$,基本体系如图 6-11(b)所示。依次施加基本未知量 $Z_1$、$Z_2$ 和外荷载作用(图 6-11(c)),则三者叠加后的结构内力、变形与原结构(图 6-11(a))等价,即可建立位移法典型方程:

$$\begin{cases} R_{11}+R_{12}+R_{1P}=0 \\ R_{21}+R_{22}+R_{2P}=0 \end{cases} \Rightarrow \begin{cases} k_{11}Z_1+k_{12}Z_2+R_{1P}=0 \\ k_{21}Z_1+k_{22}Z_2+R_{2P}=0 \end{cases} \tag{6-2}$$

式中:$k_{11}$、$k_{21}$ 分别表示单位位移 $\bar{Z}_1=1$ 作用引起的在第 1 个和第 2 个附加刚臂上的约束力矩,$k_{12}$、$k_{22}$ 分别表示单位位移 $\bar{Z}_2=1$ 作用引起的在第 1 个和第 2 个附加刚臂上的约束力矩。**$k_{ij}$ 称为位移法典型方程的系数项**,下角标相同的系数项称为**主系数**($k_{11}$、$k_{22}$),不同的称为**副系数**($k_{21}$、$k_{12}$);$R_{iP}$ 称为**自由项**($R_{1P}$、$R_{2P}$)。

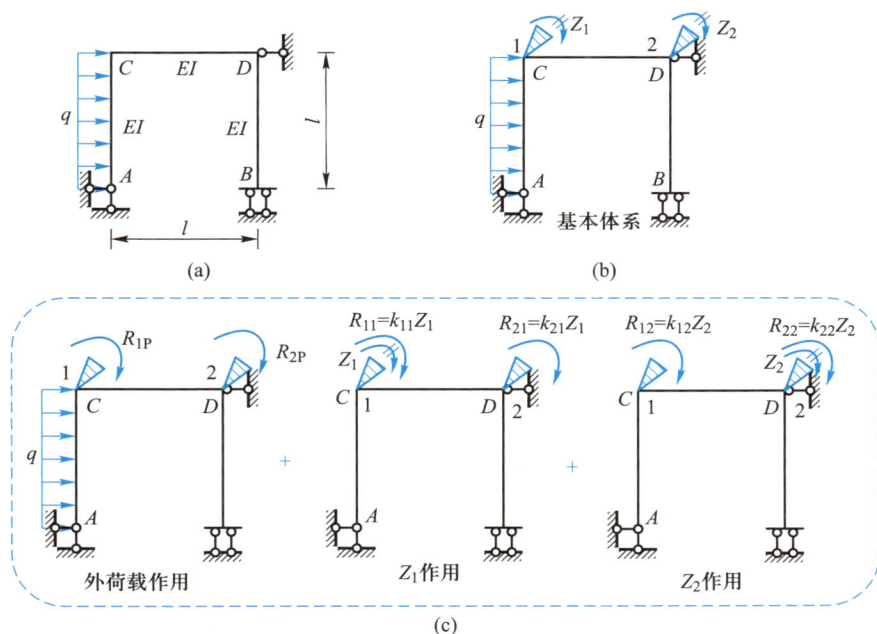

(a)  (b)

(c)

图 6-11  有 2 个独立结点角位移超静定结构的位移法典型方程建立

由式(6-1)、式(6-2)可以看出,如果得到主、副系数和自由项,将其代入位移法典型方程,即可求解位移法基本未知量。显然,主、副系数和自由项可分别根据外荷载作用和单位位移作用下的弯矩图($M_P$ 图、$\bar{M}$ 图)由结点平衡条件得到,而 $M_P$ 图、$\bar{M}$ 图又可直接根据表 6-1 等截面直杆的形常数和载常数快速绘制。以图 6-10(a)所示超静定梁为例,在 $q$ 和 $\bar{Z}_1=1$ 分别作用下,各等截面直杆的弯矩图分别如图 6-12(a)、(b)所示,通过结点平衡条件求出系数项 $k_{11}$ 和自由项 $R_{1P}$,将其代入式(6-1)中,解得基本未知量 $Z_1=\dfrac{-ql^2}{21i}$

$\left(i=\dfrac{EI}{l}\right)$,最后根据 $M=M_P+\bar{M}\times Z_1$ 作弯矩图,完成超静定结构求解,如图 6-12(c)所示。

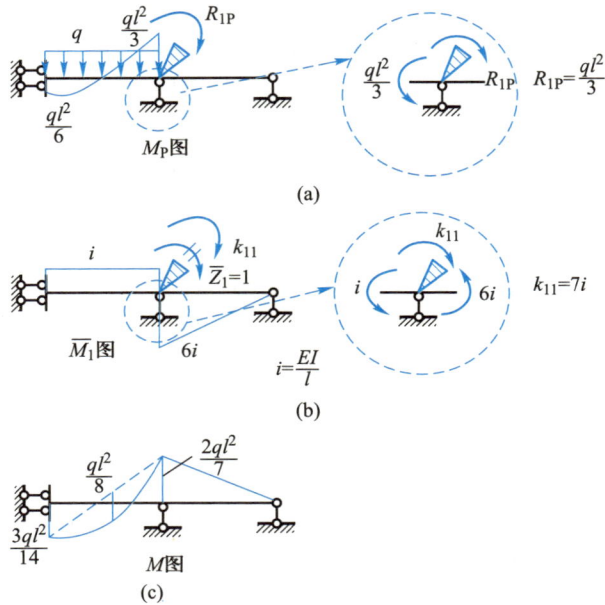

图 6-12 仅有 1 个独立结点角位移超静定结构的基本未知量求解过程

再以图 6-11 所示刚架为例讲解求解过程。在均布荷载 $q$ 和 $\bar{Z}_1 = 1$、$\bar{Z}_2 = 1$ 分别作用下,结构各等截面直杆的弯矩图分别如图 6-13(a)、(b)、(c) 所示,基于结点平衡条件可依次得到主系数 $k_{11}$ 和 $k_{22}$、副系数 $k_{21}$ 和 $k_{12}$、自由项 $R_{1P}$ 和 $R_{2P}$,随后将系数项和自由项代入式(6-2),求得基本未知量 $Z_1 = \dfrac{-5ql^2}{248i}$、$Z_2 = \dfrac{ql^2}{124i}$,最后根据 $M = M_P + \bar{M}_1 \times Z_1 + \bar{M}_2 \times Z_2$ 作弯矩图,如图 6-13(d) 所示。

### 6-4-2 有侧移超静定结构

如图 6-14(a) 所示结构,杆件 $CD$ 的轴向刚度 $EA$ 无穷大,为有侧移超静定结构,仅有 1 个独立线位移基本未知量 $Z_1$,基本体系如图 6-14(b) 所示。分别施加基本未知量 $Z_1$ 和均布荷载 $q$ 作用,如图 6-14(c) 所示,其中 $R_{11}$ 和 $R_{1P}$ 分别为基本未知量 $Z_1$ 和均布荷载 $q$ 作用引起的附加链杆上的约束力;随后,二者叠加后的结构内力、变形与原结构等价,即得该**有侧移超静定结构的位移法典型方程**:

$$R_{11} + R_{1P} = 0 \quad \Rightarrow \quad k_{11}Z_1 + R_{1P} = 0 \qquad (6-3)$$

式中:$k_{11}$ 表示由单位线位移 $\bar{Z}_1 = 1$ 作用引起的附加链杆上的约束力,可取杆件 $CD$ 为隔离体通过平衡条件求得。

同理,只要得到典型方程的系数项和自由项,即可求解基本未知量。首先,依次绘制 $q$、$\bar{Z}_1 = 1$ 作用下的弯矩图 $M_P$ 图、$\bar{M}_1$ 图,分别如图 6-15(a)、(b) 所示;其次,取上部杆件为隔离体,通过平衡条件求自由项 $R_{1P}$ 和系数项 $k_{11}$,将其代入典型方程(6-3),求得基本未知量 $Z_1 = \dfrac{ql^3}{24i}$;最后,根据 $M = M_P + \bar{M}_1 \times Z_1$ 作弯矩图,完成超静定结构的内力求解,如图 6-15(c) 所示。

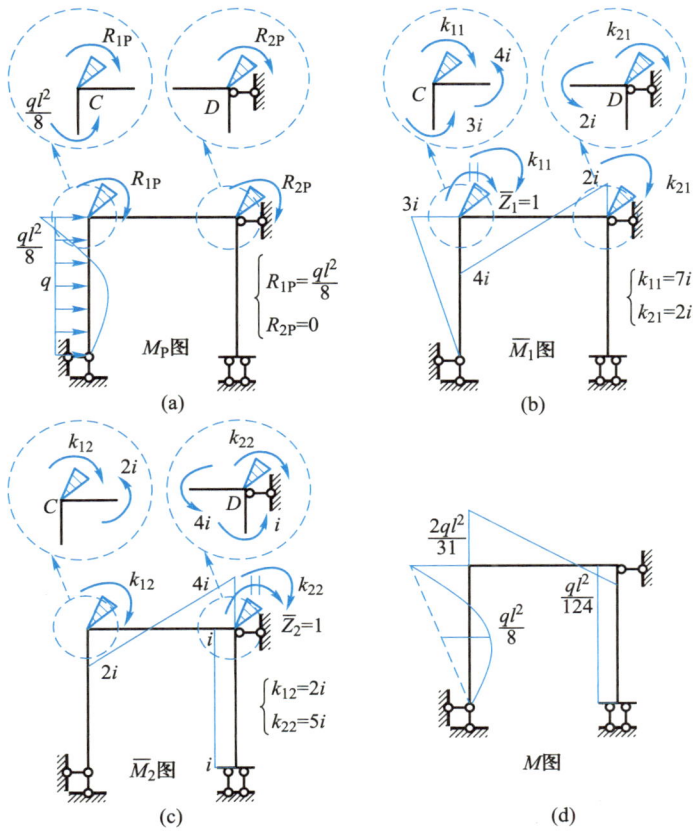

图 6-13  有 2 个独立结点角位移超静定结构的基本未知量求解过程

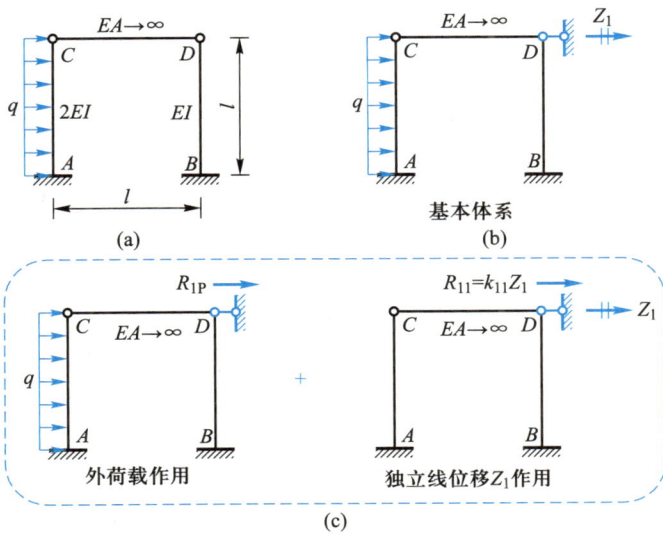

图 6-14  仅有 1 个独立结点线位移超静定结构的位移法典型方程建立

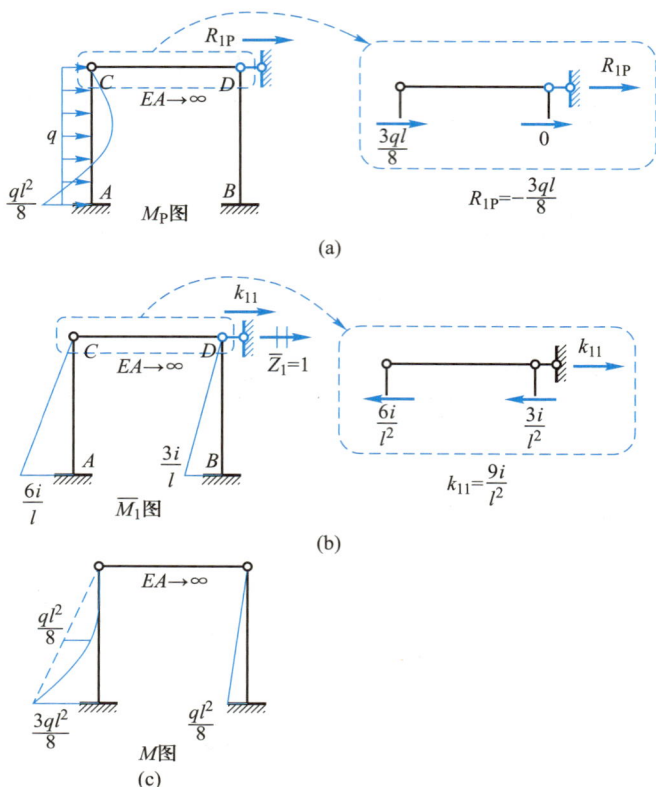

图 6-15 仅有 1 个独立结点线位移超静定结构的基本未知量求解过程

## 6-4-3 位移法求解步骤

基于无侧移和有侧移两类超静定结构内力计算的求解过程,归纳位移法求解超静定结构的步骤如下。

(1)**确定基本未知量**。引入刚臂、链杆约束,将原结构转换为由等截面直杆组成的结构,确定独立结点角位移、线位移基本未知量。

(2)**确定基本体系**。在附加刚臂、链杆约束的结构上施加与基本未知量相同的结点位移作用及荷载等外因作用,得到与原结构内力、变形均等价的位移法基本体系。

(3)**建立位移法典型方程**。根据基本体系在荷载等外因及独立结点位移共同作用下,各附加约束装置上的约束力(或约束力矩)均应等于零的条件,建立位移法典型方程。

(4)**求系数项和自由项**。依次绘制单位位移作用、荷载等外因作用下的弯矩图,根据弯矩图由结点、杆件隔离体的平衡条件计算系数项和自由项,其中:结点角位移作用下的系数项和自由项,取结点为隔离体,根据结点隔离体的弯矩平衡条件计算;结点线位移作用下的系数项和自由项,取杆件为隔离体,根据杆件隔离体的剪力平衡条件计算。

（5）**求解基本未知量**。将系数项和自由项代入位移法典型方程，求解基本未知量。

（6）**绘制原结构内力图**。采用叠加原理绘制原结构的内力图。

### 6-4-4 无侧移超静定结构算例·仅有角位移

**【算例 6-1】** 采用位移法计算图 6-16(a)所示多跨梁结构，并绘制弯矩图。

**【解】** （1）确定基本未知量和基本体系。

由图 6-16(a)可知 DB 段为悬臂梁，其弯矩图可快速作出，因而可判断该多跨梁仅在刚结点 C 处有 1 个独立结点角位移（$Z_1$），基本体系如图 6-16(b)所示。

（2）建立位移法典型方程。

如图 6-16(b)所示，在均布荷载 q 和集中荷载 ql、独立结点角位移 $Z_1$ 的共同作用下，基本体系附加刚臂上的约束力矩之和应为零。据此，建立位移法典型方程：

$$k_{11}Z_1 + R_{1P} = 0$$

（3）求系数项和自由项。

依次绘制外荷载、单位角位移 $\overline{Z}_1 = 1$ 作用下的弯矩图，分别如图 6-16(c)、(d)所示，随后根据结点平衡条件求解系数项和自由项：

$$R_{1P} = \frac{3ql^2}{8}, \quad k_{11} = 11i \quad \left(i = \frac{EI}{l}\right)$$

（4）求解基本未知量。

将上述系数项和自由项代入位移法典型方程，可求得基本未知量：

$$11i \times Z_1 + \frac{3ql^2}{8} = 0 \quad \Rightarrow \quad Z_1 = -\frac{3ql^2}{88}$$

（5）绘制最后弯矩图。

根据 $M = M_P + \overline{M}_1 \times Z_1$，由叠加原理绘制结构的最后弯矩图，如图 6-16(e)所示。

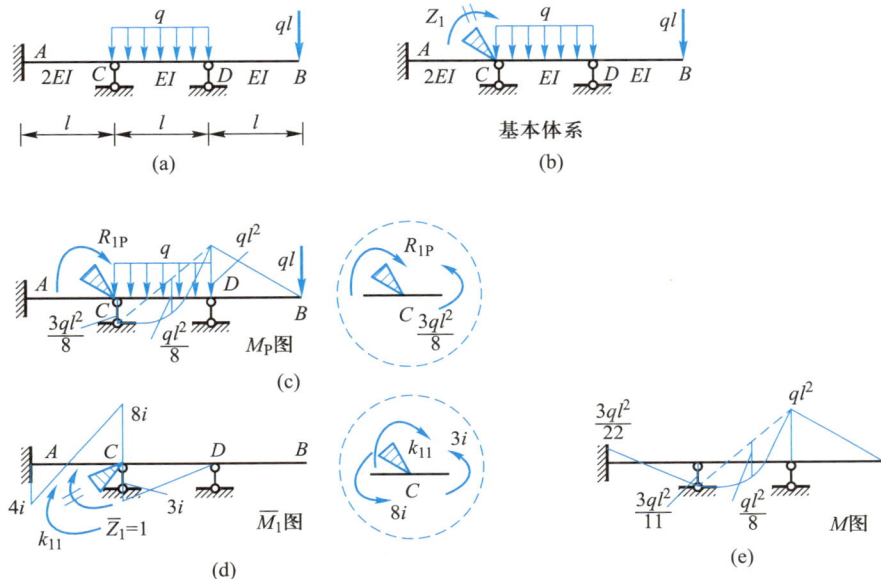

图 6-16 算例 6-1 图

**【算例 6－2】** 采用位移法计算图 6－17(a)所示刚架结构,并绘制弯矩图。

**【解】** 确定基本未知量和基本体系:该刚架为无侧移超静定结构,在刚结点 C、D 处各有 1 个独立结点角位移未知量:$Z_1$、$Z_2$,基本体系如图 6－17(b)所示。

建立位移法典型方程:$\begin{cases} k_{11}Z_1+k_{12}Z_2+R_{1P}=0 \\ k_{21}Z_1+k_{22}Z_2+R_{2P}=0 \end{cases}$

求系数项和自由项:依次绘制外荷载、单位角位移 $\bar{Z}_1=1$、$\bar{Z}_2=1$ 作用下的弯矩图,分别如图 6－17(c)、(d)、(e)所示,根据结点平衡条件有

$$\begin{cases} R_{1P}=-\dfrac{ql^2}{12},R_{2P}=\dfrac{ql^2}{12} \\ k_{11}=5i,k_{12}=k_{21}=2i,k_{22}=11i \end{cases}$$

求解基本未知量:$Z_1=\dfrac{13ql^2}{612i},Z_2=-\dfrac{7ql^2}{612i}$

绘制最后弯矩图:根据 $M=\bar{M}_1X_1+\bar{M}_2X_2+M_P$ 作弯矩图,如图 6－17(f)所示。

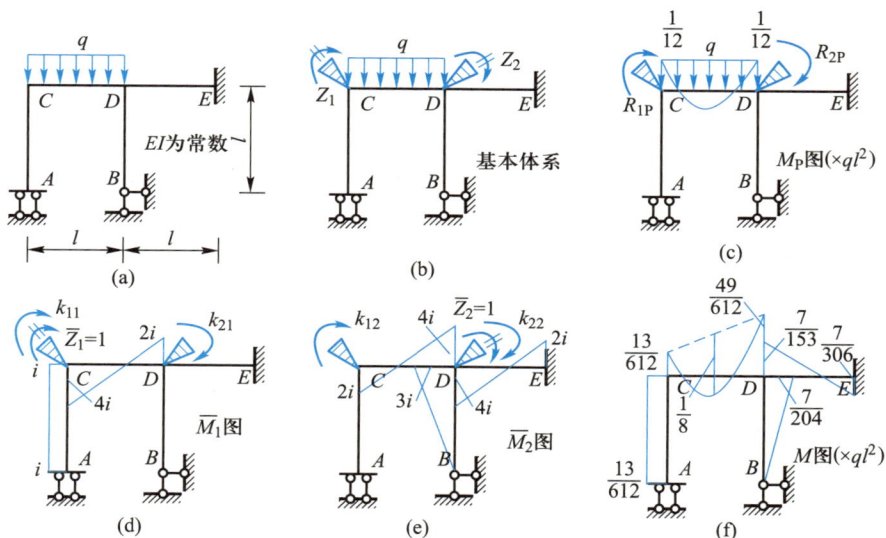

图 6－17 算例 6－2 图

**【算例 6－3】** 采用位移法计算图 6－18(a)所示刚架结构,并绘制弯矩图。

**【解】** 确定基本未知量和基本体系:该刚架为无侧移超静定结构,且为对称结构、对称荷载,根据对称性将其转化为等代结构,如图 6－18(b)所示。显然,该等代结构仅在刚结点 D 处有 1 个独立结点角位移($Z_1$),基本体系如图 6－18(c)所示。

建立位移法典型方程:$k_{11}Z_1+R_{1P}=0$。

求系数项和自由项:依次绘制外荷载、单位角位移 $\bar{Z}_1=1$ 作用下的弯矩图,分别如图 6－18(d)、(e)所示,随后根据结点平衡条件求解系数项和自由项

$$R_{1P}=-\frac{ql^2}{3}, \quad k_{11}=5i$$

求解基本未知量:$Z_1 = \dfrac{ql^2}{15i}$。

绘制最后弯矩图:根据 $M = \overline{M}_1 X_1 + M_P$ 作弯矩图,如图 6-18(f)、(g)所示。

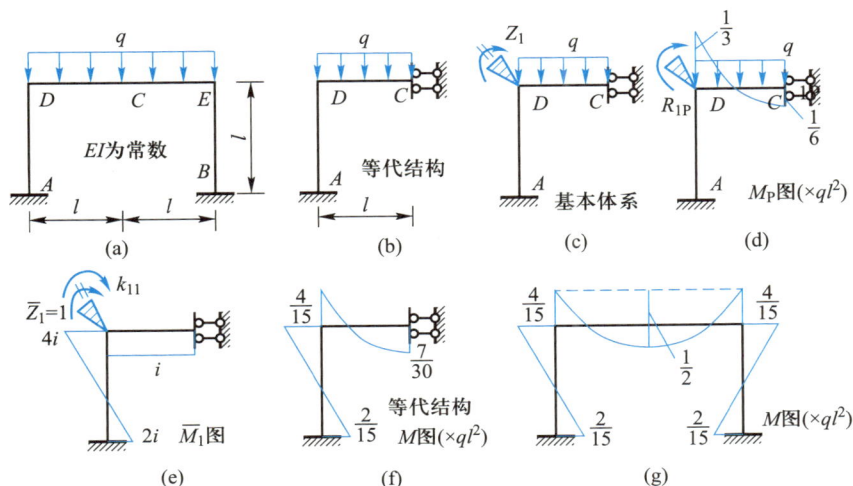

图 6-18　算例 6-3 图

### 6-4-5　有侧移超静定结构算例·仅有线位移

【算例 6-4】　采用位移法计算图 6-19(a)所示刚架结构,并绘制弯矩图。

【解】　(1)确定基本未知量和基本体系。

首先,两根横梁杆件刚度趋于无穷大,刚结点处角位移为零;其次,结构为存在水平线位移的有侧移刚架,第一层和第二层水平线位移彼此独立,则有 2 个独立结点线位移($Z_1$、$Z_2$)。因此,该有侧移刚架有 2 个独立结点线位移,基本体系如图 6-19(b)所示。

(2)建立位移法典型方程。

如图 6-19(b)所示,在均布荷载 $q$ 和集中荷载 $ql$、独立结点线位移 $Z_1$ 和 $Z_2$ 的共同作用下,基本体系两层横梁处附加链杆的约束力之和都应为零。据此,建立位移法典型方程:

$$\begin{cases} k_{11}Z_1 + k_{12}Z_2 + R_{1P} = 0 \\ k_{21}Z_1 + k_{22}Z_2 + R_{2P} = 0 \end{cases}$$

(3)求系数项和自由项。

依次绘制均布荷载 $q$ 和集中荷载 $ql$、单位线位移 $\overline{Z}_1 = 1$、单位线位移 $\overline{Z}_2 = 1$ 作用下的弯矩图,分别如图 6-19(c)、(d)、(e)所示,随后根据杆件的平衡条件求解系数项和自由项:

$$\begin{cases} R_{1P} = -\dfrac{ql}{2}, R_{2P} = -ql \\[2mm] k_{11} = \dfrac{30i}{l^2}, k_{12} = k_{21} = -\dfrac{15i}{l^2}, k_{22} = \dfrac{15i}{l^2} \end{cases}$$

（4）求解基本未知量。

将上述系数项和自由项代入位移法典型方程，可求得基本未知量：

$$\begin{cases} \dfrac{30i}{l^2} \times Z_1 - \dfrac{15i}{l^2} \times Z_2 - \dfrac{ql}{2} = 0 \\ -\dfrac{15i}{l^2} \times Z_1 + \dfrac{15i}{l^2} \times Z_2 - ql = 0 \end{cases} \Rightarrow \begin{cases} Z_1 = \dfrac{ql^3}{10i} \\ Z_2 = \dfrac{ql^3}{6i} \end{cases}$$

（5）绘制最后弯矩图。

根据 $M = M_P + \overline{M}_1 \times Z_1 + \overline{M}_2 \times Z_2$，由叠加原理绘制结构的最后弯矩图，如图 6-19（f）所示。值得一提的是，由于此题仅有线位移，系数和自由项均根据剪力平衡条件求

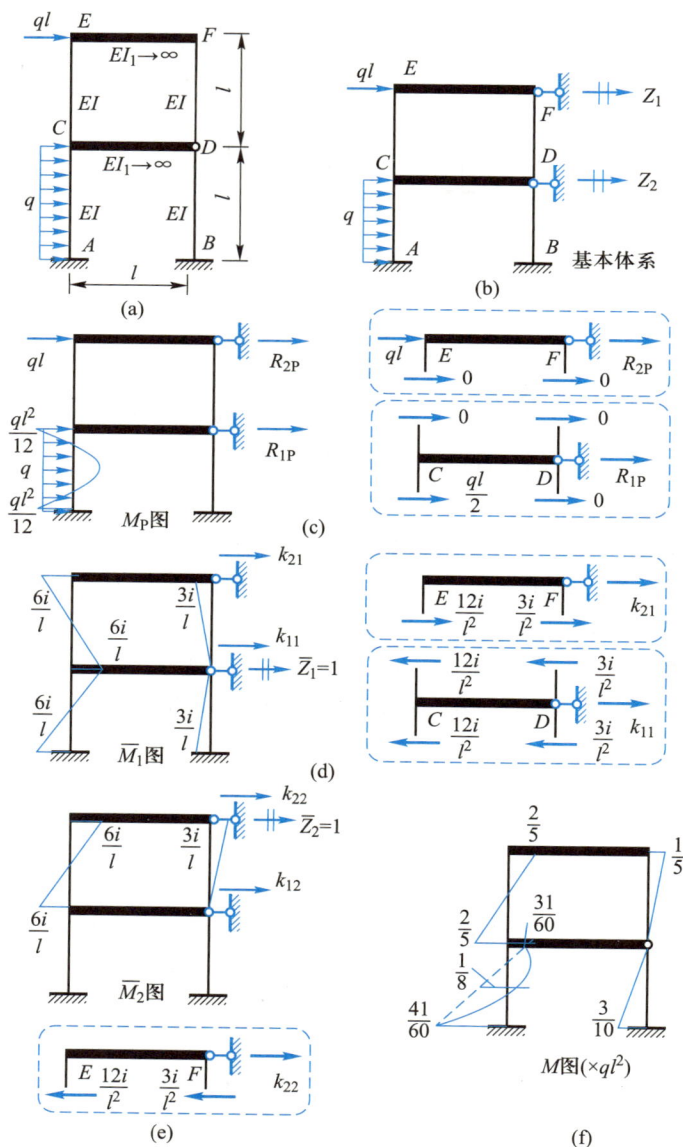

图 6-19 算例 6-4 图

得,与杆端弯矩无关,同时考虑到无限刚杆 $CD$、$EF$ 属于刚体,刚体的"内力"是无定义的,因此,横梁弯矩图无法画出。

**【算例6-5】** 采用位移法计算图6-20(a)所示刚架结构,并绘制弯矩图。

**【解】** 确定基本未知量和基本体系:该超静定结构为有侧移结构,$CD$ 杆件由于轴向刚度为有限大,会产生轴向变形,所以在结点 $C$、结点 $D$ 处各有1个独立结点线位移,即为 $Z_1$、$Z_2$,基本体系如图6-21(b)所示。

建立位移法典型方程:

$$\begin{cases} k_{11}Z_1 + k_{12}Z_2 + R_{1P} = 0 \\ k_{21}Z_1 + k_{22}Z_2 + R_{2P} = 0 \end{cases}$$

求系数项和自由项:依次绘制外荷载、$\bar{Z}_1=1$、$\bar{Z}_2=1$ 作用下的弯矩图,分别如图6-20(c)、(d)、(e)所示,根据杆件的平衡条件有

$$\begin{cases} R_{1P} = -\dfrac{3ql}{8}, R_{2P} = 0 \\ k_{11} = \dfrac{7i}{l^2}, k_{12} = k_{21} = -\dfrac{i}{l^2}, k_{22} = \dfrac{4i}{l^2} \end{cases}$$

求解基本未知量:$Z_1 = \dfrac{ql^3}{18i}, Z_2 = \dfrac{ql^3}{72i}$。

绘制最后弯矩图:根据 $M = \bar{M}_1 X_1 + \bar{M}_2 X_2 + M_P$ 作弯矩图,如图6-20(f)所示。

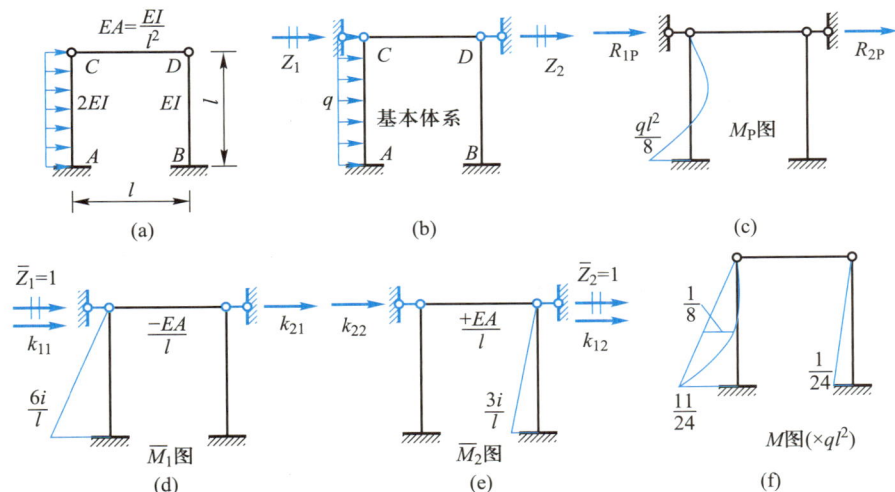

图6-20　算例6-5图

**【算例6-6】** 采用位移法计算图6-21(a)所示刚架结构,并绘制弯矩图。

**【解】** 确定基本未知量和基本体系:该刚架为带斜杆结构,横梁刚度趋于无穷大,则结点 $B$ 处仅有1个独立线位移($Z_1$),基本体系如图6-21(b)所示。

建立位移法典型方程:$k_{11}Z_1 + R_{1P} = 0$。

求系数项和自由项:依次绘制外荷载、$\bar{Z}_1=1$ 作用下的弯矩图,分别如图6-21(c)、(d)所示,根据杆件的平衡条件有[具体计算参见图6-21(f)所示过程]

$$R_{1P} = -\frac{ql}{2}, \quad k_{11} = \frac{14\sqrt{2}\,i}{l^2}$$

求解基本未知量：$Z_1 = \dfrac{ql^3}{28\sqrt{2}\,i}$。

绘制最后弯矩图：根据 $M = \overline{M}_1 X_1 + M_P$ 作弯矩图，如图 6-21(e)所示。

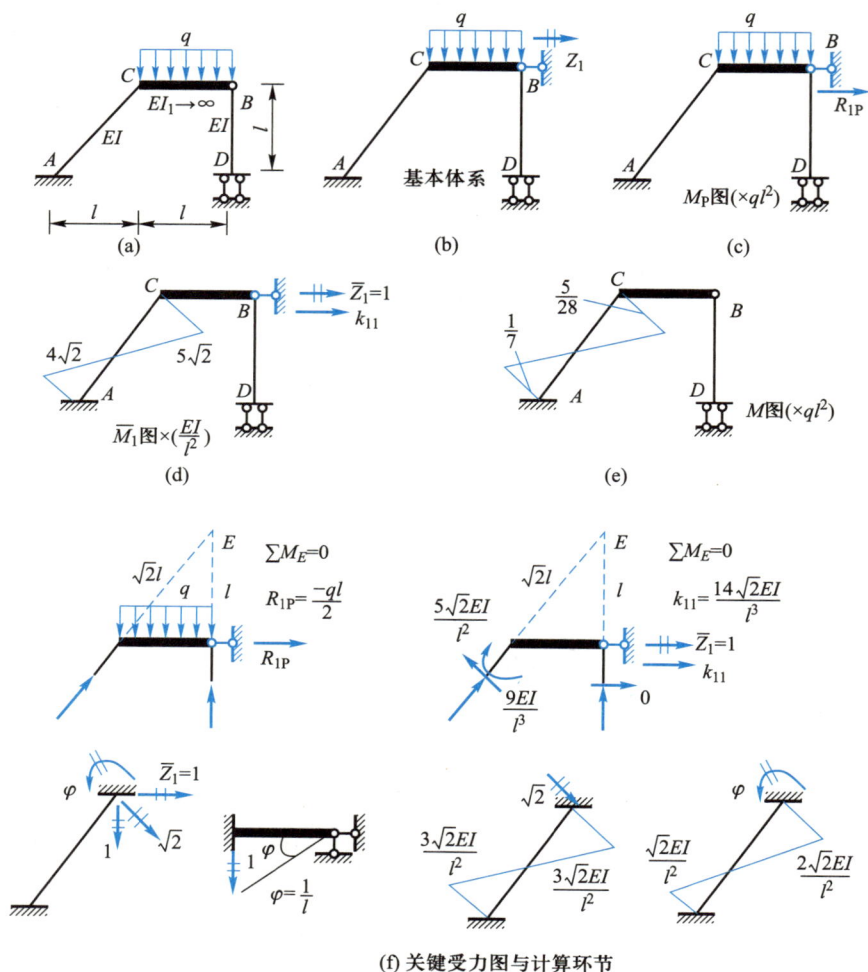

图 6-21 算例 6-6 图

## 6-4-6 有侧移超静定结构算例·同时有角位移和线位移

**【算例 6-7】** 采用位移法计算图 6-22(a)所示刚架结构，并绘制弯矩图。

**【解】** （1）确定基本未知量和基本体系。

首先，此刚架有 1 个刚结点 $C$，可判断在该结点处有 1 个独立结点角位移（$Z_1$）；其次，$D$ 为铰结点，为存在竖向线位移的有侧移刚架结构，在该处有 1 个独立结点线位移（$Z_2$）。因此，该刚架有 2 个独立结点位移，角位移和线位移各 1 个，基本体系如图 6-22(b)所示。

（2）建立位移法典型方程。

图 6-22（b）所示,在均布荷载 $q$、独立结点角位移 $Z_1$、独立结点线位移 $Z_2$ 的共同作用下,基本体系附加刚臂和附加链杆上的约束力矩和约束力之和都分别应为零。据此,建立位移法典型方程:

$$\begin{cases} k_{11}Z_1 + k_{12}Z_2 + R_{1P} = 0 \\ k_{21}Z_1 + k_{22}Z_2 + R_{2P} = 0 \end{cases}$$

（3）求系数项和自由项。

依次绘制均布荷载 $q$、单位角位移 $\overline{Z}_1 = 1$、单位线位移 $\overline{Z}_2 = 1$ 作用下的弯矩图,分别如图 6-22（c）、（d）、（e）所示,随后根据结点和杆件的平衡条件求解系数项和自由项:

$$\begin{cases} R_{1P} = -\dfrac{ql^2}{32}, R_{2P} = -\dfrac{ql}{2} \\ k_{11} = 10i, k_{12} = k_{21} = -\dfrac{12i}{l}, k_{22} = \dfrac{48i}{l^2} \end{cases}$$

（4）求解基本未知量。

将上述系数项和自由项代入位移法典型方程,可求得基本未知量:

$$\begin{cases} 10i \times Z_1 - \dfrac{12i}{l} \times Z_2 - \dfrac{ql^2}{32} = 0 \\ -\dfrac{12i}{l} \times Z_1 + \dfrac{48i}{l^2} \times Z_2 - \dfrac{ql}{2} = 0 \end{cases} \Rightarrow \begin{cases} Z_1 = \dfrac{5ql^2}{224i} \\ Z_2 = \dfrac{43ql^3}{2\,688i} \end{cases}$$

（5）绘制最后弯矩图。

根据 $M = M_P + \overline{M}_1 \times Z_1 + \overline{M}_2 \times Z_2$,由叠加原理绘制结构的最后弯矩图,如图 6-22（f）所示。

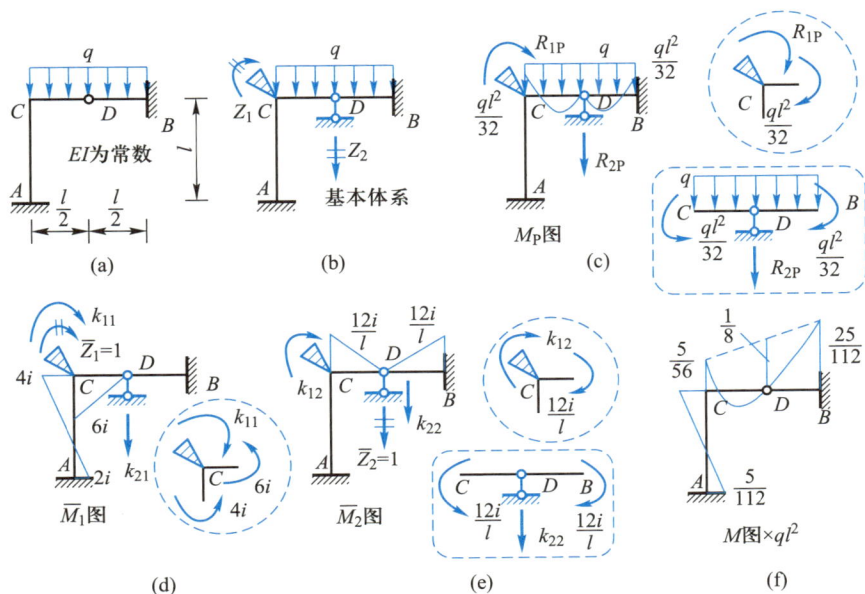

图 6-22　算例 6-7 图

**【算例 6－8】**　采用位移法计算图 6－23(a)所示刚架结构,并绘制弯矩图。

**【解】**　(1)确定基本未知量和基本体系。

首先,此刚架结构有 1 个刚结点 $E$,可判断在该结点处有 1 个独立结点角位移 ($Z_1$);其次,$D$ 为铰结点,为存在竖向线位移的有侧移刚架结构,在该处有 1 个独立结点线位移($Z_2$)。因此,该刚架结构有 2 个独立结点位移,角位移和线位移各 1 个,基本体系如图 6－23(b)所示。

(2)建立位移法典型方程。

如图 6－23(b)所示,在均布荷载 $q$ 和集中荷载 $ql$、独立结点角位移 $Z_1$、独立结点线位移 $Z_2$ 的共同作用下,基本体系附加刚臂和附加链杆上的约束力矩和约束力之和都分别应为零。据此,建立位移法典型方程:

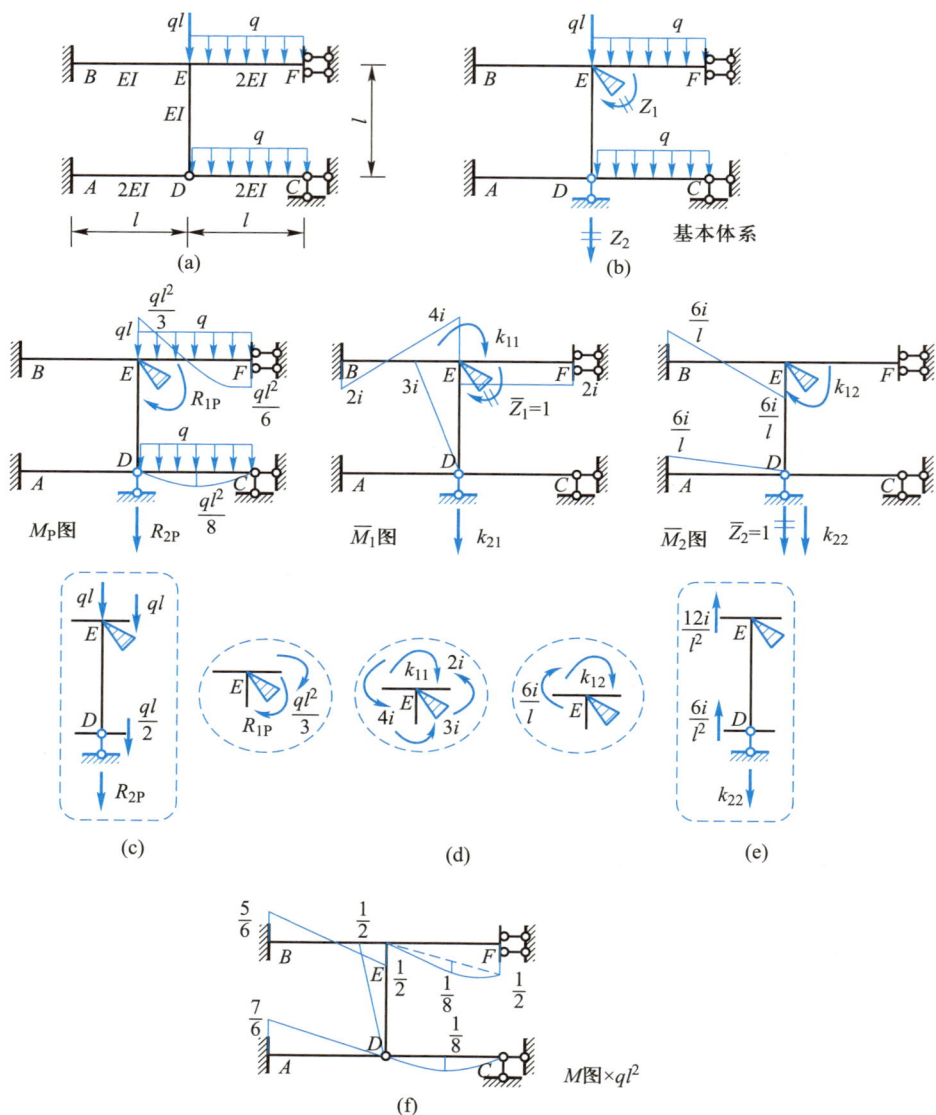

图 6－23　算例 6－8 图

$$\begin{cases} k_{11}Z_1 + k_{12}Z_2 + R_{1P} = 0 \\ k_{21}Z_1 + k_{22}Z_2 + R_{2P} = 0 \end{cases}$$

（3）求系数项和自由项。

依次绘制均布荷载 $q$ 和集中荷载 $ql$、单位角位移 $\overline{Z}_1 = 1$、单位线位移 $\overline{Z}_2 = 1$ 作用下的弯矩图，分别如图 6-23(c)、(d)、(e) 所示，随后根据结点和杆件的平衡条件求解系数项和自由项：

$$\begin{cases} R_{1P} = -\dfrac{ql^2}{3},\ R_{2P} = -\dfrac{5ql}{2} \\[2mm] k_{11} = 9i,\ k_{12} = k_{21} = -\dfrac{6i}{l},\ k_{22} = \dfrac{18i}{l^2} \end{cases}$$

（4）求解基本未知量。

将上述系数项和自由项代入位移法典型方程，可求得基本未知量：

$$\begin{cases} 9i \times Z_1 - \dfrac{6i}{l} \times Z_2 - \dfrac{ql^2}{3} = 0 \\[2mm] -\dfrac{6i}{l} \times Z_1 + \dfrac{18i}{l^2} \times Z_2 - \dfrac{5ql}{2} = 0 \end{cases} \Rightarrow \begin{cases} Z_1 = \dfrac{ql^2}{6i} \\[2mm] Z_2 = \dfrac{7ql^3}{36i} \end{cases}$$

（5）绘制最后弯矩图。

根据 $M = M_P + \overline{M}_1 \times Z_1 + \overline{M}_2 \times Z_2$，由叠加原理绘制结构的最后弯矩图，如图 6-23(f) 所示。

【算例 6-9】　采用位移法计算图 6-24(a) 所示的外伸梁结构，并绘制弯矩图。

【解】　确定基本未知量和基本体系：该外伸梁结构带弹性支座，在结点 $A$ 处有 1 个独立结点角位移 $Z_1$，在 $B$ 处有 1 个独立结点，线位移 $Z_2$，基本体系如图 6-24(b) 所示。

建立位移法典型方程：

$$\begin{cases} k_{11}Z_1 + k_{12}Z_2 + R_{1P} = 0 \\ k_{21}Z_1 + k_{22}Z_2 + R_{2P} = 0 \end{cases}$$

求系数项和自由项：依次绘制外荷载、$\overline{Z}_1 = 1$、$\overline{Z}_2 = 1$ 作用下的弯矩图，分别如图 6-24(c)、(d)、(e) 所示，随后根据结点和杆件平衡条件有

$$\begin{cases} R_{1P} = \dfrac{F_P l}{2},\ R_{2P} = -\dfrac{5F_P}{2} \\[2mm] k_{11} = k_\varphi + 3i = 4i,\ k_{12} = k_{21} = -\dfrac{3i}{l},\ k_{22} = k + \dfrac{3i}{l^2} = \dfrac{4i}{l^2} \end{cases}$$

求解基本未知量：$Z_1 = \dfrac{11 F_P l}{14i}$，$Z_2 = \dfrac{17 F_P l^2}{14i}$。

绘制最后弯矩图：根据 $M = M_P + \overline{M}_1 \times Z_1 + \overline{M}_2 \times Z_2$ 作弯矩图，如图 6-24(f) 所示。

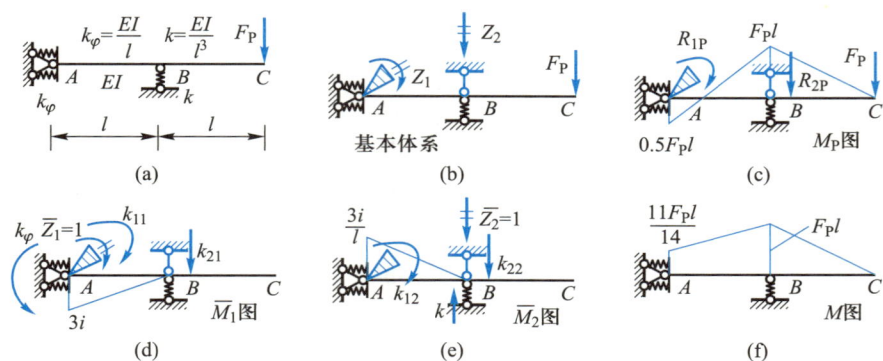

图 6-24　算例 6-9 图

## *6-5　支座移动及温度改变时的位移法计算

当存在支座移动(包括角位移、线位移)、温度改变影响时,采用位移法计算超静定结构,同样根据基本体系在结点位移作用,以及荷载等外因作用下附加约束的约束力或约束力矩之和为零的条件,建立位移法典型方程。基于典型方程求解基本未知量,然后再根据叠加原理完成超静定结构的内力计算。值得注意的是,此时表示基本体系中附加约束力或约束力矩的自由项,是由于支座移动或温度改变而产生的;如果结构上同时有外荷载,还要考虑外荷载的作用。

### 6-5-1　支座移动

【算例 6-10】　图 6-25(a)所示刚架结构,在固定支座 $A$ 处发生角位移 $\theta$,在固定铰支座 $B$ 处产生竖向位移 $\Delta$($\Delta = 3l\theta/4$),试采用位移法绘制弯矩图。

【解】　(1)确定基本未知量和基本体系。

该刚架结构的基本未知量只有刚结点 $C$ 的独立角位移 $Z_1$,在结点 $C$ 处设置附加刚臂,并施加独立结点位移和外因作用形成基本体系,如图 6-25(b)所示。

(2)建立位移法典型方程。

如图 6-25(b)所示,在支座移动、独立结点角位移 $Z_1$ 的共同作用下,基本体系在附加刚臂处的约束力矩之和为零。据此,建立位移法典型方程:

$$k_{11}Z_1 + R_{1\Delta} = 0$$

(3)求系数项和自由项。

依次绘制支座移动、$\overline{Z}_1 = 1$ 作用下的弯矩图,分别如图 6-25(c)、(d)所示,随后根据结点平衡条件求解系数项和自由项:

$$k_{11} = 12i, \quad R_{1\Delta} = -6i\theta$$

(4)求解基本未知量。

将上述系数项和自由项代入位移法典型方程,可求得基本未知量:

$$12i \times Z_1 - 6i\theta = 0 \quad \Rightarrow \quad Z_1 = \frac{\theta}{2}$$

（5）绘制最后弯矩图。

根据 $M = M_\Delta + \overline{M}_1 \times Z_1$，由叠加原理绘制结构的最后弯矩图，如图 6−25(e)所示。

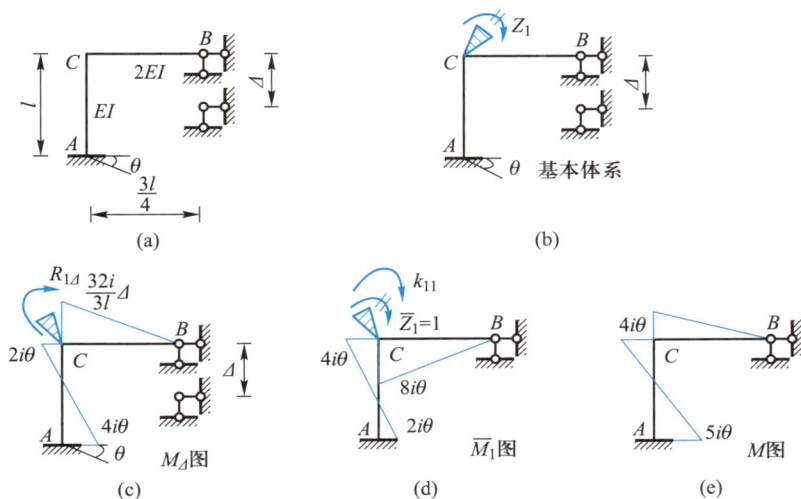

图 6−25　算例 6−10 图

**【算例 6−11】**　图 6−26(a)所示双跨梁结构，在跨中结点 $C$ 处产生竖向位移 $a$，试采用位移法绘制弯矩图。

**【解】**　确定基本未知量和基本体系：该双跨梁结构在结点 $C$ 处有 1 个独立结点角位移 $Z_1$，基本体系如图 6−26(b)所示。

建立位移法典型方程：$k_{11}Z_1 + R_{1\Delta} = 0$。

求系数项和自由项：依次绘制支座移动、$\overline{Z}_1 = 1$ 作用下的弯矩图，分别如图 6−26(c)、(d)所示，随后根据结点平衡条件有

$$R_{1\Delta} = 0 、\quad k_{11} = 10i$$

求解基本未知量：$Z_1 = 0$。

绘制最后弯矩图：根据 $M = \overline{M}_1 X_1 + M_\Delta$ 作弯矩图，如图 6−26(e)所示。

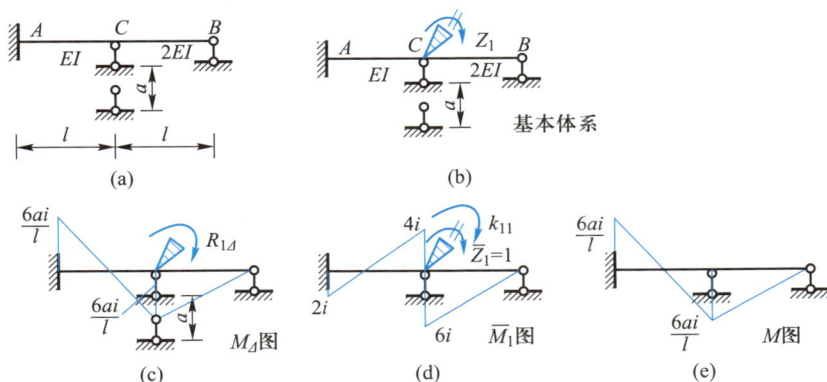

图 6−26　算例 6−11 图

### 6-5-2    温度改变

**【算例 6-12】**    图 6-27(a)所示刚架结构,各杆件的 $EI$ 为常数,杆件长度均为 $l$,杆件矩形截面高度 $h = l/10$,材料线膨胀系数为 $\alpha$。试采用位移法绘制温度改变条件下的弯矩图。

**【解】**    (1)确定基本未知量和基本体系。

该刚架为有侧移刚架结构,在刚结点 $B$ 处有 1 个独立角位移,在铰结点 $C$ 处有 1 个独立水平线位移,分别在刚结点 $B$、铰结点 $C$ 处设置附加刚臂和附加链杆,形成基本体系如图 6-27(b)所示。

(2)建立位移法典型方程。

如图 6-27(b)所示,在温度改变、独立角位移 $Z_1$、独立线位移 $Z_2$ 的共同作用下,基本体系在附加刚臂和附加链杆上的约束力矩和约束力之和都应为零。据此,建立位移法典型方程:

$$\begin{cases} k_{11}Z_1 + k_{12}Z_2 + R_{1t} = 0 \\ k_{21}Z_1 + k_{22}Z_2 + R_{2t} = 0 \end{cases}$$

(3)求系数项和自由项。

首先,绘制单位角位移 $\overline{Z}_1 = 1$、单位线位移 $\overline{Z}_2 = 1$ 作用下的弯矩图,分别如图 6-27(c)、(d)所示。随后根据结点和杆件的平衡条件求系数项:

$$k_{11} = 7i, \quad k_{12} = k_{21} = -\frac{6i}{l}, \quad k_{22} = \frac{15i}{l^2}$$

其次,绘制温度改变时的弯矩图。为便于计算,可将杆件两侧的温度改变 $t_1$ 和 $t_2$ 对杆轴向分为正、反对称的两个部分:平均温度变化 $t = \dfrac{t_1 + t_2}{2}$ 和温度变化之差 $\pm\dfrac{\Delta t}{2} = \pm\dfrac{t_2 - t_1}{2}$。由此,可分别计算这两部分温度改变引起的杆端弯矩。

① 平均温度变化[图 6-27(e)]。在平均温度作用下各杆件将伸长或缩短,其值为 $\alpha t l$,将使各杆件两端发生相对线位移。根据图 6-27(e)所示的几何关系,可求得各杆件两端的相对线位移:

$$\Delta_{BA} = -20\alpha l, \quad \Delta_{BC} = 20\alpha l - 15\alpha l = 5\alpha l, \quad \Delta_{CD} = 0$$

由此,上述杆端相对位移将会使杆端产生固端弯矩,由表 6-1 可得

$$\begin{cases} M_{AB}^F = M_{BA}^F = -\dfrac{6i}{l}\Delta_{13} = 120\alpha i \\[2mm] M_{BC}^F = -\dfrac{3i}{l}\Delta_{12} = -15\alpha i \\[2mm] M_{DC}^F = 0 \end{cases} \tag{a}$$

② 温度变化之差[图 6-27(f)]。此时,各杆件并不伸长(缩短),由此引起的各杆件固端弯矩可同样查表 6-1 得

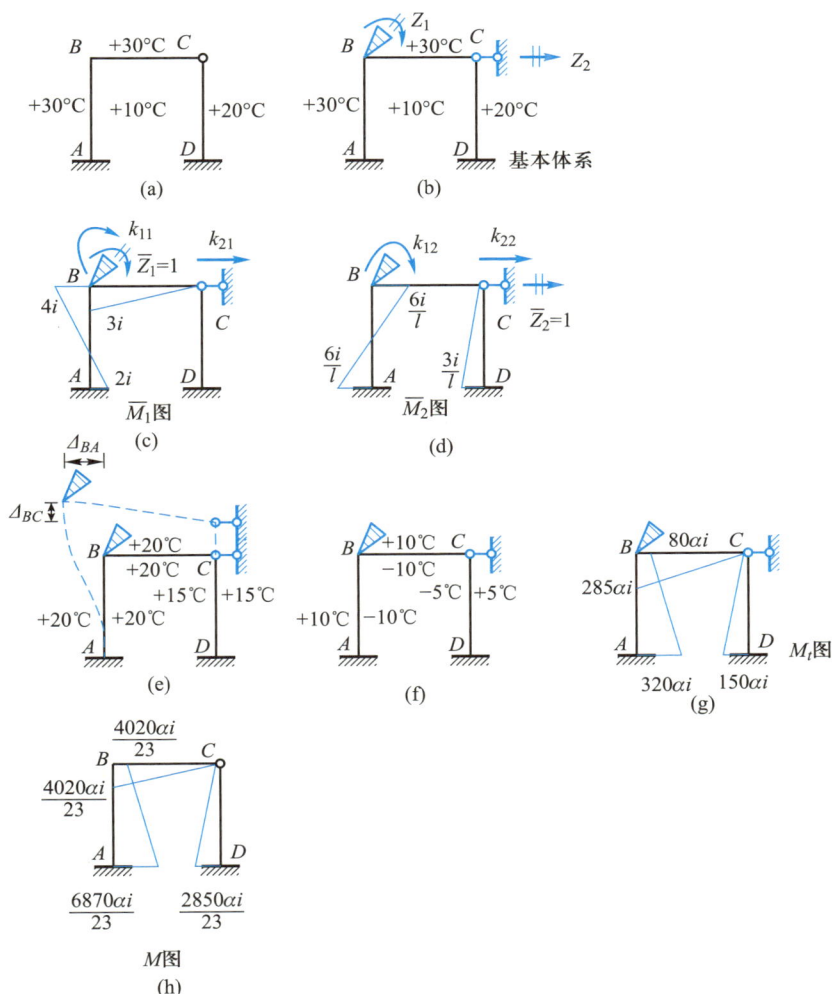

图 6-27 算例 6-12 图

$$\begin{cases} M_{AB}^F = -M_{BA}^F = -\dfrac{EI\alpha\Delta t}{h} = -\dfrac{EI\alpha\times(-20℃)}{\dfrac{l}{10}} = 200\alpha i \\\\ M_{BC}^F = -\dfrac{3EI\alpha\Delta t}{2h} = -\dfrac{3EI\alpha\times(-20℃)}{\dfrac{2l}{10}} = 300\alpha i \\\\ M_{DC}^F = -\dfrac{3EI\alpha\Delta t}{2h} = -\dfrac{3EI\alpha\times 10℃}{\dfrac{2l}{10}} = -150\alpha i \end{cases} \qquad (b)$$

因此,总固端弯矩为式(a)和式(b)之和,对应的弯矩图 $M_t$ 如图 6-27(g)所示:

$$M_{AB}^F = 320\alpha i, \quad M_{BA}^F = -80\alpha i, \quad M_{BC}^F = 285\alpha i, \quad M_{DC}^F = -150\alpha i$$

基于温度改变引起的弯矩图 $M_t$(如图 6-27(g)所示),根据结点和杆件的平衡条件可得自由项:

$$R_{1t} = 205\alpha i, \quad R_{2t} = -\frac{90\alpha i}{l}$$

（4）求解基本未知量。

将上述系数项和自由项代入位移法典型方程，可求得基本未知量：

$$\begin{cases} 7i \times Z_1 - \dfrac{6i}{l} \times Z_2 + 205\alpha i = 0 \\ -\dfrac{6i}{l} \times Z_1 - \dfrac{15i}{l^2} \times Z_2 - \dfrac{90\alpha i}{l} = 0 \end{cases} \Rightarrow \begin{cases} Z_1 = -\dfrac{845\alpha}{23} \\ Z_2 = -\dfrac{200\alpha l}{23} \end{cases}$$

（5）绘制最后弯矩图。

根据 $M = M_t + \overline{M}_1 \times Z_1 + \overline{M}_2 \times Z_2$，由叠加原理绘制结构的最后弯矩图，如图 6-27（h）所示。

## *6-6    基于力等价结构思想的复杂超静定结构求解

由前述知识可知，位移法通过手算所能求解的超静定结构相对都比较简单，超静定次数一般在 2 次以内。当超静定次数较多时（如 3 次以上），往往需要在特殊的条件下利用对称性才能加以方便求解，即对称结构对称荷载条件或对称结构反对称荷载条件。实际上，很多超静定结构并不满足对称性条件，而且也经常遇到超静定次数较多的情况。为此，本节针对采用传统方法难以直接求解的复杂超静定结构问题，引入等价思想提出力等价结构，首先阐述该等价思想的概念和原理，通过与其他方法的对比，验证所提等价思想在求解超静定结构时的可行性和有效性，最后将所提思想运用到典型复杂超静定结构基于位移法的算例计算中，为此类复杂结构的求解提供新思路。

### 6-6-1    力等价结构思想的概念与原理

如图 6-28（a）所示为二次超静定结构体系，采用位移法计算，基本体系有 1 个线位移、1 个转角位移共 2 个基本未知量（如图 6-28（b）所示），需联立方程才能求解未知数，进而得到该超静定结构的内力图。然而，通过分析可发现，该结构在外荷载作用下固定端 A 处的水平约束力为零，将该固定端支座转化为定向支座，施加大小为零的水平作用力，如图 6-28（c）所示，显然从受力的角度图 6-28（a）与图 6-28（c）是一致的，但图 6-28（c）已变为几何可变体系，不能作为结构。然而，如果去掉 A 处水平链杆约束的同时，在 C 处施加一个水平力为零的链杆约束，转化为如图 6-28（d）所示的体系，则体系几何组成未改变，同样为超静定结构，且其超静定次数、受力特征与图 6-28（a）也同样是一致的。由此，可将图 6-28（a）与图 6-28（d）两个结构称为**力等价结构**。值得一提的是，图 6-28（d）在 B 处的约束形式与固定端支座是等价的，亦可将其改为 6-28（e）所示的形式。此外，可以看出力等价结构并不唯一，如图 6-28（f）所示结构同样为图 6-28（a）的力等价结构，具体在计算中取何种力等价结构，可根据具体问题具体分析，以方便位移法求解为宜。经过这种转换之后，可以发现图 6-28（d）所示超静定结构的基本未知量已变为 1 个，位移法基本体系如图 6-28（g）所示，只需建立一个平衡方程即可求解。

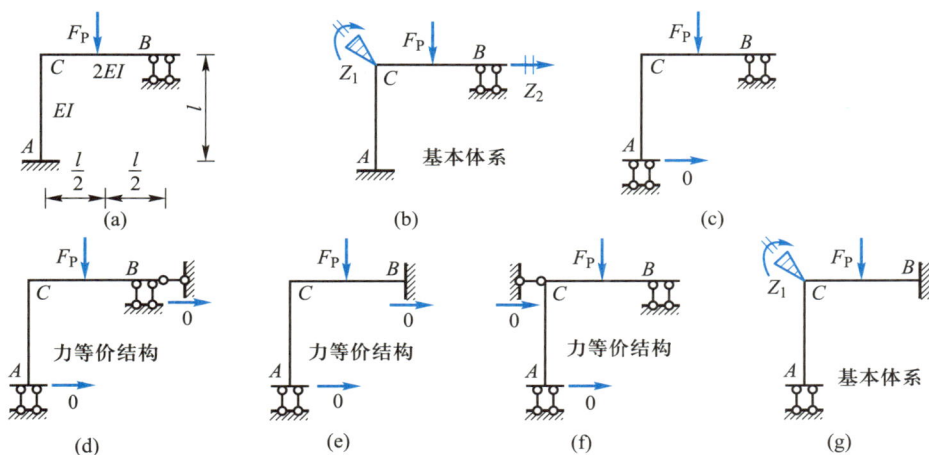

图 6-28 基本体系对比

再如图 6-29(a)所示的超静定结构,位移法计算有 2 个转角位移、2 个线位移共计 4 个基本未知量,采用传统思维手算基本行不通。通过分析可知,固定端 A 处的水平约束力为 $2F_P$、刚结点 B 处上部的水平方向内力为 $F_P$,由此可将这两处的约束形式替换为定向支座,同时为不改变体系的几何组成,在可动铰支座 D、E 处分别施加一个水平力为零的链杆,使可动铰支座变为固定铰支座,如图 6-29(b)所示。由此,图 6-29(a)、图 6-29(b)所示的超静定结构为彼此的力等价结构,但此时,原超静定结构通过等价变换后只存在 2 个基本未知量,基本体系如图 6-29(c)所示,显然基于这种力等价结构的思想可大大简化位移法求解复杂超静定结构的计算过程。

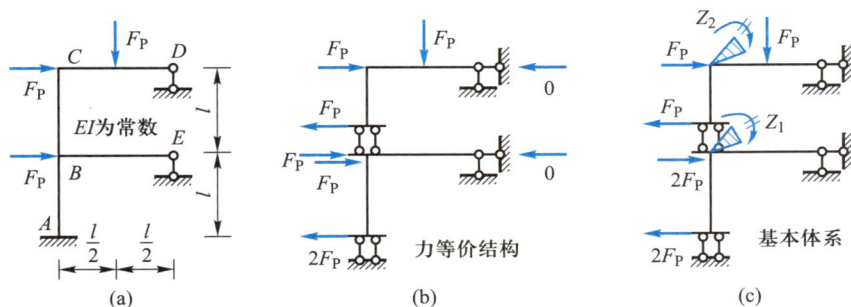

图 6-29 力等价结构及其基本体系

因此,力等价结构思想是指通过解除原结构已知联系力(剪力)处的约束(包括支座、节点约束),并同步在其他支座约束上施加与解除的约束个数相同的链杆约束,以将因解除约束而形成几何可变的体系重新变为几何不变体系,进而确保新结构体系的内力与原结构体系等价,力等价后的结构虽然超静定次数与原结构保持一致,但是力等价后的超静定结构的位移法分析的基本未知量个数有效降低,从而简化位移法求解复杂超静定结构体系的计算过程,将这种力等价转换的思想称为力等价结构思想。力等价结构思想的等价主要体现在变形等价和力等价两个方面。

为验证所提力等价结构思想在超静定结构位移法计算中的可行性和有效性,以图 6-28 为例,基于该等价思想和传统的位移法分析思想进行对比计算。基于位移法传统分析方法的相关求解过程如图 6-30(a)所示,基于位移法力等价结构思想的相关求解过程如图 6-30(b)所示,典型方程求解计算如下(令 $i = EI/l$)。

传统方法求解过程:

$$\begin{cases} k_{11}Z_1 + k_{12}Z_2 + F_{1P} = 0 \\ k_{21}Z_1 + k_{22}Z_2 + F_{2P} = 0 \end{cases} \quad \text{其中:} \begin{cases} k_{11} = 12i, k_{22} = \dfrac{12i}{l^2}, k_{12} = k_{21} = -\dfrac{6i}{l} \\ F_{1P} = -\dfrac{F_P l}{8}, F_{2P} = 0 \end{cases} \Rightarrow \begin{cases} Z_1 = \dfrac{F_P l}{72i} \\ Z_2 = \dfrac{F_P l^2}{144i} \end{cases}$$

力等价结构思想求解过程:

$$k_{11}Z_1 + F_{1P} = 0 \quad \text{其中:} \begin{cases} k_{11} = 9i \\ F_{1P} = -\dfrac{F_P l}{8} \end{cases} \Rightarrow Z_1 = \dfrac{F_P l}{72i}$$

由此,依次通过 $M = \overline{M}_1 Z_1 + \overline{M}_2 Z_2 + M_P$, $M = \overline{M}_1 Z_1 + M_P$ 绘制弯矩图,如图 6-30(c)所示。两种算法的弯矩图结果一致,而基于力等价结构思想的弯矩图求解过程无须联立方程组,且在最后弯矩图的叠加组合时仅为二项叠加,显然,基于力等价结构思想的位移法计算过程较为简便,其工作量较传统方法少一半以上,从而验证了所提力等价结构思想的可行性。

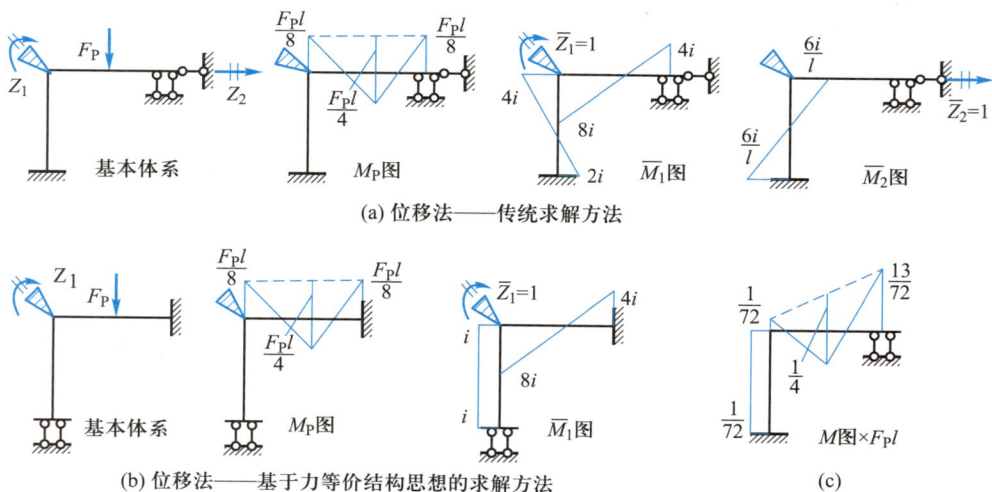

(a) 位移法——传统求解方法

(b) 位移法——基于力等价结构思想的求解方法

(c)

图 6-30　力等价结构思想验证

## 6-6-2　基于力等价结构思想的复杂超静定结构位移法求解应用

为进一步说明力等价结构思想在求解复杂超静定结构位移法计算中的高效性与便捷性,下面选取典型应用算例加以具体分析。所选算例若采用传统的位移法计算,其基本未知量均为 4 个以上。

**【算例 6-13】 独立结点位移未知量为 5 个的超静定结构**

如图 6-31(a)所示的有侧移刚架结构,采用传统的位移法分析计算,显然有 3 个转角位移、2 个线位移,共计 5 个基本未知量,传统分析方法的求解过程将非常复杂甚至难以做到。然而,通过分析发现,$A$ 处的水平约束力为零,由此可将该处的水平链杆支座约束去掉,并在 $F$ 处施加一个水平力为零的水平链杆约束,得到力等价结构,如图 6-31(b)所示。基于该力等价结构分析,可知其只存在刚结点 $E$、$F$ 处的转角位移未知量,即将采用传统分析方法的 5 个基本未知量降低至 2 个基本未知量,基本体系如图 6-31(c)所示。该基本体系的 $M_P$ 图、$\bar{M}_1$ 图、$\bar{M}_2$ 图如图 6-31(d)所示,典型方程建立及求解过程如下$\left(令\ i=\dfrac{EI}{l}\right)$:

$$\begin{cases} k_{11}Z_1+k_{12}Z_2+F_{1P}=0 \\ k_{21}Z_1+k_{22}Z_2+F_{2P}=0 \end{cases} \quad 其中: \begin{cases} k_{11}=5i,k_{22}=5i,k_{12}=k_{21}=2i \\ F_{1P}=F_Pl,F_{2P}=0 \end{cases} \Rightarrow \begin{cases} Z_1=\dfrac{-5F_Pl}{21i} \\ Z_2=\dfrac{2F_Pl}{21i} \end{cases}$$

最后基于 $M=\bar{M}_1Z_1+\bar{M}_2Z_2+M_P$ 绘制弯矩图,如图 6-31(e)所示。

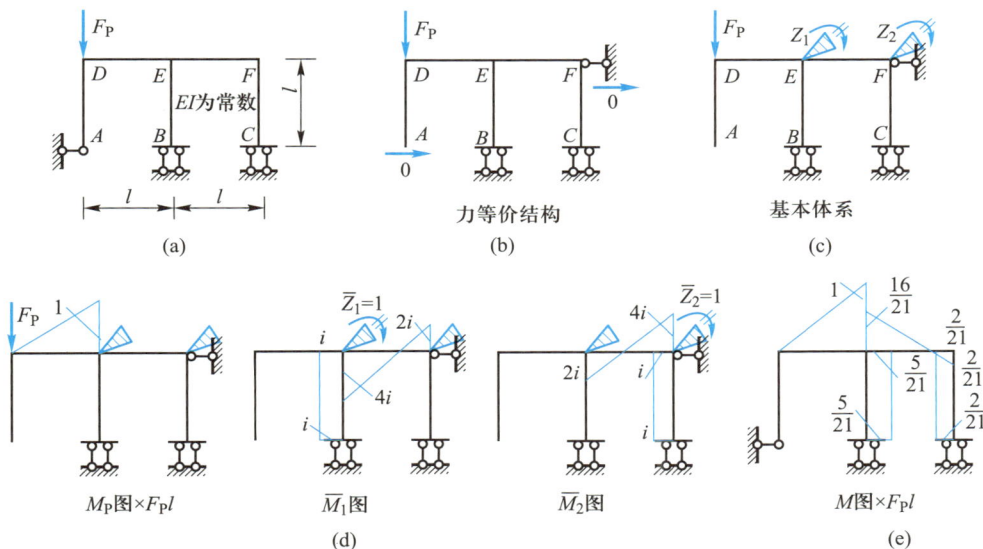

图 6-31 五次超静定结构应用求解

**【算例 6-14】 独立结点位移未知量为 6 个的超静定结构**

图 6-32(a)所示的有侧移刚架结构,采用传统的位移法分析计算有 3 个转角位移、3 个线位移,共计 6 个基本未知量。引入力等价结构思想,$F$ 处竖向链杆的约束力为 $F_P$、$D$ 处水平刚结点的竖向约束力为零,由此可将 $F$ 处的竖向链杆删除,将 $D$ 处水平刚结点的竖向约束去掉代之以定向约束,并在 $A$、$B$ 处施加竖向链杆约束,得到力等价结构如图 6-32(b)所示。显然基于该力等价结构,可将 6 个基本未知量降低至 2 个基本未知量,基本体系如图 6-32(c)所示。绘制该基本体系的 $M_P$ 图、$\bar{M}_1$ 图、$\bar{M}_2$ 图,如图 6-32(d)所示,典型方程建立及求解过程如下$\left(令\ i=\dfrac{EI}{l}\right)$:

$$\begin{cases} k_{11}Z_1 + k_{12}Z_2 + F_{1P} = 0 \\ k_{21}Z_1 + k_{22}Z_2 + F_{2P} = 0 \end{cases} \quad 其中: \begin{cases} k_{11}=5i, k_{22}=4i, k_{12}=k_{21}=-i \\ F_{1P}=0, F_{2P}=F_P l \end{cases} \Rightarrow \begin{cases} Z_1 = \dfrac{-F_P l}{19i} \\ Z_2 = \dfrac{-5F_P l}{19i} \end{cases}$$

最后基于 $M = \bar{M}_1 Z_1 + \bar{M}_2 Z_2 + M_P$ 绘制弯矩图,如图 6-32(e)所示。

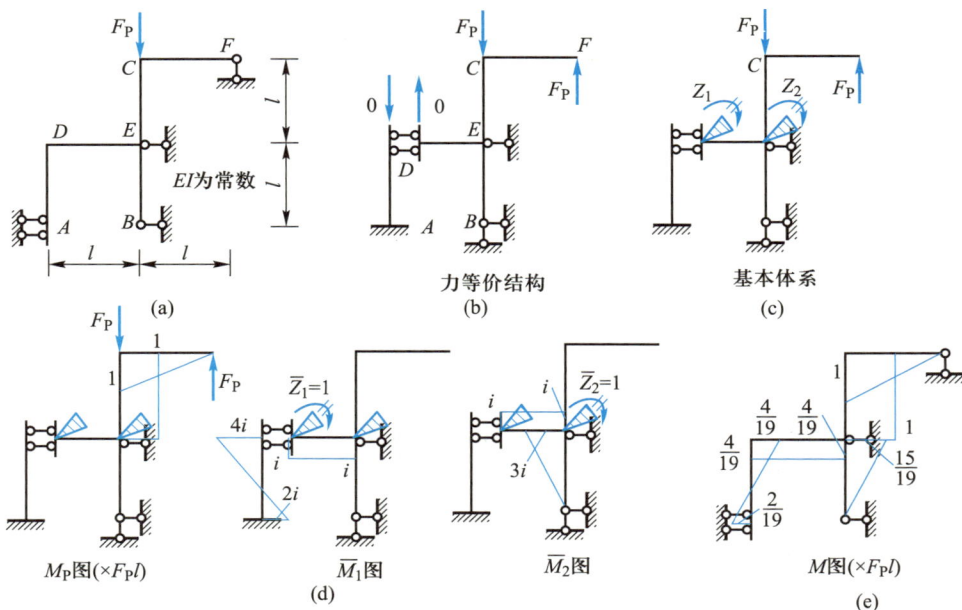

图 6-32 六次超静定结构应用求解

**【算例 6-15】** 独立结点位移未知量为 8 个的超静定结构

图 6-33(a)所示的有侧移刚架结构,采用传统的位移法分析计算有 4 个转角位移、4 个线位移,共计 8 个基本未知量。引入力等价结构思想,将 $G$、$H$、$K$ 处的圆柱铰约束的竖向约束去掉代之以竖向力 $F_P$,并在 $A$、$B$、$C$、$D$ 处施加竖向链杆约束,得到力等价结构如图 6-33(b)所示。基于该力等价结构,可将 8 个基本未知量降低至 1 个基本未知量,基本体系如图 6-33(c)所示。绘制该基本体系的 $M_P$ 图、$\bar{M}_1$ 图如图 6-33(d)所示,典型方程建立及求解过程如下$\left(令 \ i = \dfrac{EI}{l}\right)$:

$$k_{11}Z_1 + F_{1P} = 0 \quad 其中: \begin{cases} k_{11} = 5i \\ F_{1P} = \dfrac{F_P l}{2} \end{cases} \Rightarrow Z_1 = -\dfrac{F_P l}{10i}$$

最后基于 $M = \bar{M}_1 Z_1 + M_P$ 绘制弯矩图,如图 6-33(e)所示。

### 6-6-3 基于力等价结构思想的复杂超静定结构混合法求解应用

以图 6-34(a)所示的二次超静定结构为例,讲解基于等价思想的混合法基本体系的确定过程。该题若采用力法求解,有 2 个基本未知量;若采用位移法求解,则有

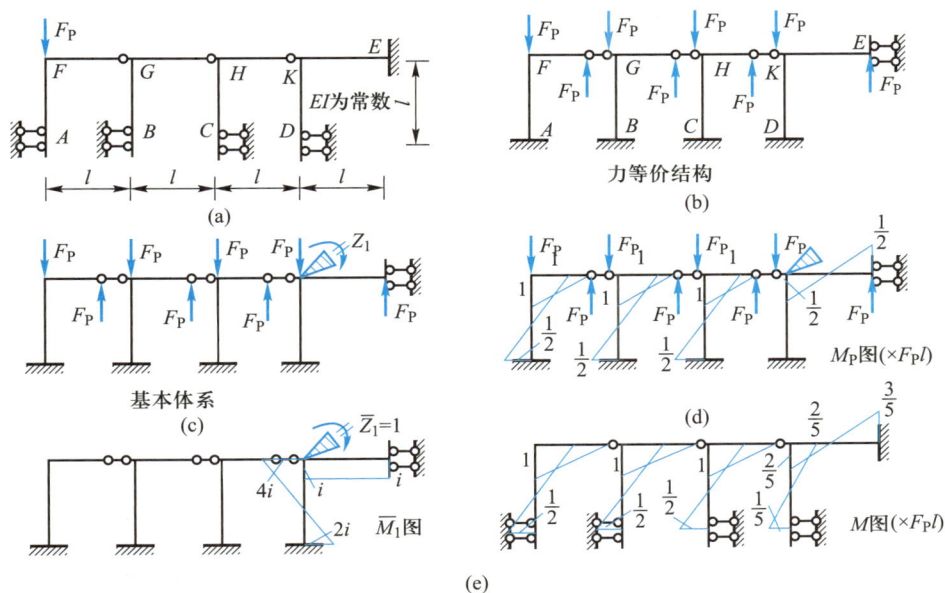

图 6-33 八次超静定结构应用求解

2 个转角位移、1 个线位移,共计 3 个基本未知量。本节引入力等价结构思想,采用力法与位移法的混合法进行求解。

首先,拆除固定端 $A$ 处的竖向多余约束,代之以多余约束力 $X_1$,如图 6-34(b)所示的等价结构,进而得到存在剪力静定的杆件,即相应的约束力可直接求得。

其次,通过分析直接可得图 6-34(b)所示结构固定铰支座 $D$ 处的竖向约束力为 $F_P - X_1$,由此可拆除该剪力静定处的链杆约束,即将该处的约束形式替换为水平可动铰支座。同时为不改变体系的几何组成,在刚结点 $B$ 处施加一个竖向力大小为零的

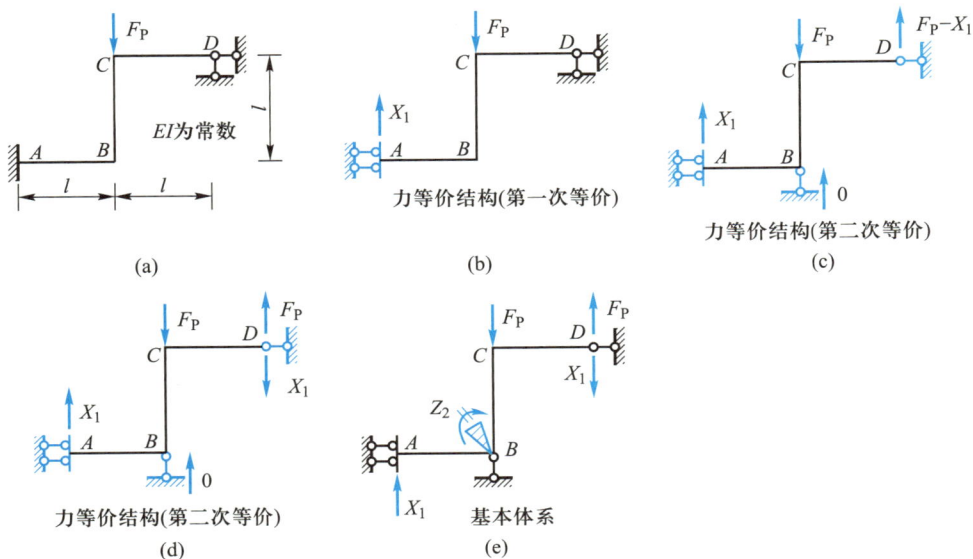

图 6-34 基本体系

链杆约束,如图 6-34(c)所示的等价结构,则图 6-34(c)所示结构与 6-34(b)所示结构互为力等价结构,同理图 6-34(c)所示结构与图 6-34(d)所示结构等价。

最后,分析图 6-34(d)所示力等价结构,只要在刚结点 B 处再施加一个刚臂约束,即可得到该力等价结构的基本体系,存在 2 个未知量:1 个力未知量 $X_1$ 和 1 个转角位移未知量 $Z_2$,则该基本体系即为基于力等价结构思想的力法与位移法的混合法基本体系,如图 6-34(e)所示。

再以如图 6-35(a)所示的四次超静定结构为例进行讲解。该结构若采用力法求解,有 3 个基本未知量;采用位移法求解,亦有 2 个转角位移、1 个线位移共计 3 个基本未知量。引入力等价结构思想采用混合法求解。

首先,拆除固定端 A 处的竖向多余约束,代之以多余约束力 $X_1$,如图 6-35(b)所示的等价结构,进而得到存在剪力静定的杆件,即相应的约束力可直接求得(固定铰支座 D 处的竖向链杆约束力)。

其次,通过分析直接可得图 6-35(b)所示结构固定铰支座 D 处的竖向约束力为 $F_P-X_1$,由此可拆除该剪力静定处的链杆约束,即将该处的约束形式替换为水平可动铰支座。同时为不改变体系的几何组成,在刚结点 B 处施加一个竖向力大小为零的链杆约束,如图 6-35(c)所示的力等价结构,则图 6-35(c)所示结构与 6-35(b)所示结构互为力等价结构,同理图 6-35(c)所示结构与图 6-35(d)所示结构等价。

最后,分析图 6-35(d)所示力等价结构,只要在刚结点 B 处再施加一个刚臂约束,即可得到该力等价结构的基本体系。该体系存在 2 个未知量:1 个力未知量 $X_1$ 和 1 个转角位移未知量 $Z_2$,则该基本体系即为基于等价思想的混合法基本体系,如图 6-35(e)所示。通过等价变化得到的基本体系,成功将原结构采用力法或位移法时的 3 个基本未知量转变为 2 个基本未知量求解,从而简化复杂超静定结构的计算过程。

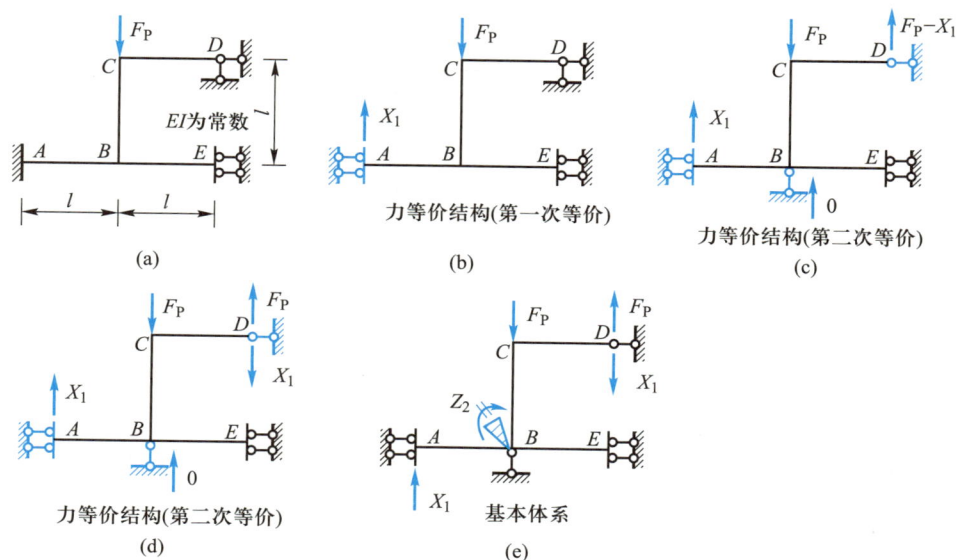

图 6-35　力等价结构及其基本体系

可以看出,基于力等价结构思想的混合法基本体系的建立过程,需分两步进行:第一步,为得到力等价结构,首先基于力法求解思想拆除某个多余约束(根据求解需要有针对地拆除约束),代之以多余约束力(一般为剪力),即可得到第一步等价结构,该等价结构中出现了剪力静定杆件;第二步,基于力等价结构思想,解除剪力静定杆件的约束(包括支座、节点约束),并同步在其他位置施加与解除的约束个数相同的链杆约束,以将因解除约束而形成几何可变的体系重新变为几何不变体系,进而确保新结构的内力与原结构等价,该新结构即为第二步等价结构,亦称为力等价结构。基于该力等价结构很容易得到混合法的基本体系。值得说明的是,力等价结构思想的等价主要体现在变形等价和力等价两个方面。

为验证所提基于等价思想的混合法在超静定结构位移法计算中的可行性和有效性,以图6-35为例,基于传统力法的分析求解过程如图6-36(a)所示,基于等价思想混合法的相关求解过程如图6-36(b)所示,典型方程求解计算如下$\left(令\ i=\dfrac{EI}{l}\right)$。

传统力法求解过程:

$$\begin{cases}\delta_{11}X_1+\delta_{12}X_2+\delta_{13}X_3+\Delta_{1P}=0\\ \delta_{21}X_1+\delta_{22}X_2+\delta_{23}X_3+\Delta_{2P}=0\\ \delta_{31}X_1+\delta_{32}X_2+\delta_{33}X_3+\Delta_{3P}=0\end{cases}$$

其中:
$$\begin{cases}\delta_{11}=\dfrac{2}{l},\delta_{22}=\dfrac{4l^2}{3i},\delta_{33}=\dfrac{11l^2}{3i}\\[2mm] \delta_{21}=\delta_{12}=\dfrac{-l}{i},\delta_{13}=\delta_{31}=\dfrac{3l^2}{2i},\delta_{32}=\delta_{23}=\dfrac{-2l^2}{i}\\[2mm] \Delta_{1P}=\dfrac{-F_Pl}{2i},\Delta_{2P}=\dfrac{F_Pl^2}{2i},\Delta_{3P}=\dfrac{-5F_Pl^2}{6i}\end{cases}\Rightarrow\begin{cases}X_1=\dfrac{F_P}{10}\\[2mm] X_2=\dfrac{-9F_P}{80}\\[2mm] X_3=\dfrac{F_P}{8}\end{cases}$$

等价思想混合法求解过程:

$$\begin{cases}\delta_{11}X_1+\delta_{12}Z_2+\Delta_{1P}=0\\ k_{21}X_1+k_{22}Z_2+F_{2P}=0\end{cases}\quad其中:\begin{cases}\delta_{11}=\dfrac{2l^2}{3i},\delta_{12}=0,k_{22}=5i,k_{21}=0\\[2mm] F_{2P}=\dfrac{-F_Pl}{2},\Delta_{1P}=\dfrac{-7F_Pl^2}{12i}\end{cases}\Rightarrow\begin{cases}X_1=\dfrac{7F_P}{8}\\[2mm] Z_2=\dfrac{F_Pl}{10i}\end{cases}$$

最后,依次通过$M=\overline{M}_1X_1+\overline{M}_2X_2+\overline{M}_3X_3+M_P$,$M=\overline{M}_1Z_1+\overline{M}_2Z_2+M_P$绘制弯矩图,如图6-36(c)所示。两种算法的弯矩图结果一致,而基于力等价结构思想混合法的弯矩图求解过程仅需求解二元一次方程组,且在最后弯矩图的叠加组合时仅为二项叠加,显然基于力等价结构思想的混合法的计算过程更为简便,且同时验证了所提基于等价思想混合法的可行性。

为进一步说明基于力等价结构思想的混合法在求解复杂超静定结构混合法中的高效性与便捷性,下面选取典型应用算例加以具体分析。所选算例若采用传统的力法或位移法计算,其基本未知量均为3个及以上。

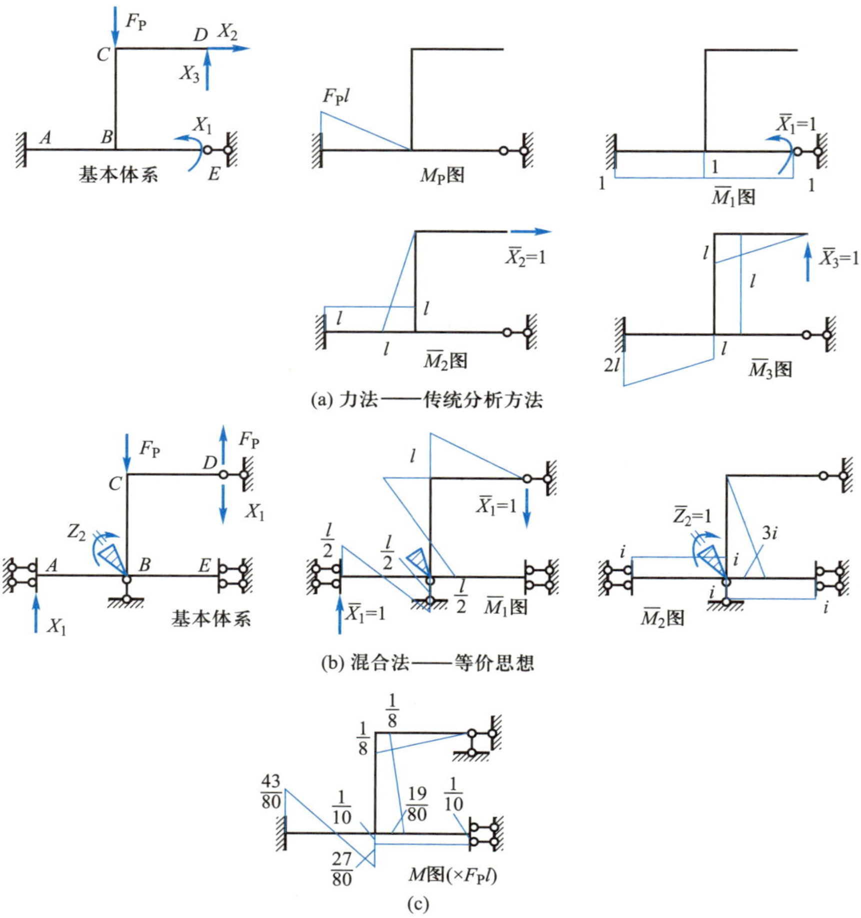

(a) 力法——传统分析方法

(b) 混合法——等价思想

图 6-36 基于等价思想混合法计算验证

## 【算例 6-16】 力法 4 个基本未知量、位移法 3 个基本未知量

如图 6-37(a)所示的复杂超静定刚架结构,采用力法求解有 4 个基本未知量,采用位移法求解有 2 个转角位移和 1 个线位移,共计 3 个基本未知量。该结构采用常规的传统分析方法的求解过程将非常复杂甚至难以做到。为此,采用基于力等价结构思想的混合法。首先,拆除固定端 $A$ 处的水平多余约束,代之以多余约束力 $X_1$,得到剪力静定杆件,即固定铰支座 $B$ 处的水平约束力;其次,拆除该剪力静定处的水平链杆约束,即将该处的约束形式替换为竖向可动铰支座,并在刚结点 $E$ 处施加一个水平力大小为零的链杆约束,进而得到力等价结构,如图 6-37(b)所示;最后,在所得力等价结构的刚结点 $C$ 处施加一个刚臂约束,即可得到该力等价结构的基本体系,该基本体系即为原结构采用基于力等价结构思想的混合法的基本体系,如图 6-37(c)所示。由此,将原结构分别采用传统力法、位移法时的 4 和 3 个基本未知量,转化为混合法的 2 个基本未知量,使求解过程大大简化。

该基本体系的 $M_P$ 图、$\overline{M}_1$ 图、$\overline{M}_2$ 图如图 6-37(d)所示,典型方程建立及求解过程如下$\left(令 i = \dfrac{EI}{l}\right)$:

$$\begin{cases} \delta_{11}X_1 + \delta_{12}Z_2 + \Delta_{1P} = 0 \\ k_{21}X_1 + k_{22}Z_2 + F_{2P} = 0 \end{cases} \quad 其中: \begin{cases} \delta_{11} = \dfrac{2l^2}{3i}, \delta_{12} = \dfrac{l}{2}, k_{22} = 5i, k_{21} = \dfrac{-l}{2} \\ F_{2P} = \dfrac{-ql^2}{12}, \Delta_{1P} = 0 \end{cases} \Rightarrow \begin{cases} X_1 = \dfrac{-ql}{86} \\ Z_2 = \dfrac{2ql^2}{129i} \end{cases}$$

最后基于 $M = \overline{M}_1 X_1 + \overline{M}_2 Z_2 + M_P$ 绘制弯矩图，如图 6－37(e)所示。

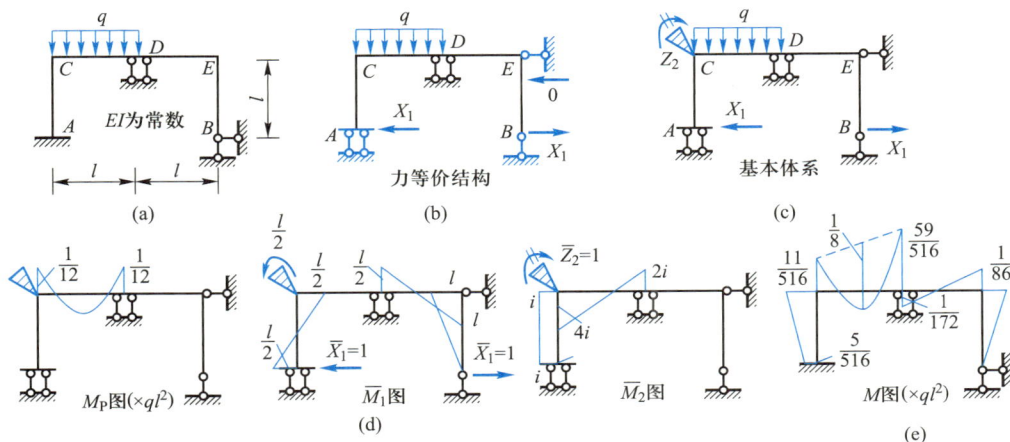

图 6－37　算例 6－16 图

**【算例 6－17】　力法和位移法均为 4 个基本未知量**

图 6－38(a)所示的复杂超静定刚架结构，采用力法求解有 4 个基本未知量，采用位移法求解有 2 个转角位移和 2 个线位移，共计 4 个基本未知量。采用基于力等价结构思想的混合法，首先，拆除固定端 F 处的水平多余约束，代之以多余约束力 $X_1$，得到剪力静定杆件，即可动铰支座 B 处的水平约束力；其次，拆除该剪力静定处的水平

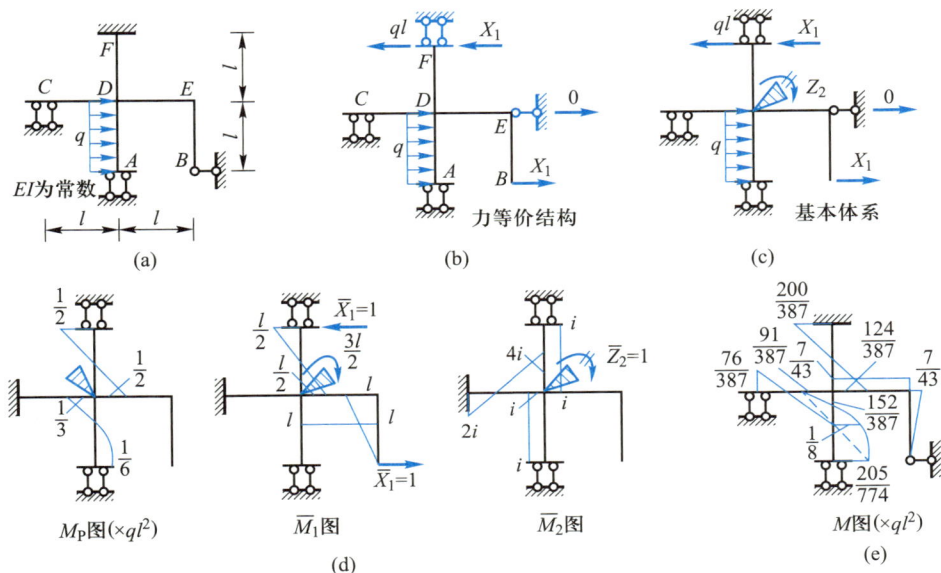

图 6－38　算例 6－17 图

链杆约束,即将该处的约束形式替换为自由端,并在刚结点 $E$ 处施加一个水平力大小为零的链杆约束,进而得到力等价结构,如图 6-38(b)所示;最后,在所得力等价结构的刚结点 $D$ 处施加一个刚臂约束,即可得到原结构的基本体系,如图 6-38(c)所示。由此,将原结构采用传统力法、位移法时均为 4 个基本未知量,转化为混合法的 2 个基本未知量。

该基本体系的 $M_P$ 图、$\bar{M}_1$ 图、$\bar{M}_2$ 图如图 6-38(d)所示,典型方程建立及求解过程如下$\left(令\ i=\dfrac{EI}{l}\right)$:

$$\begin{cases}\delta_{11}X_1+\delta_{12}Z_2+\Delta_{1P}=0\\ k_{21}X_1+k_{22}Z_2+F_{2P}=0\end{cases}\quad 其中:\begin{cases}\delta_{11}=\dfrac{17l^2}{12i},\ \delta_{12}=\dfrac{-3l}{2},\ k_{22}=6i,\ k_{21}=\dfrac{3l}{2}\\ F_{2P}=\dfrac{5ql^2}{6},\ \Delta_{1P}=\dfrac{ql^3}{12i}\end{cases}\Rightarrow\begin{cases}X_1=\dfrac{-7ql}{43}\\ Z_2=\dfrac{-38ql^2}{387i}\end{cases}$$

最后基于 $M=\bar{M}_1X_1+\bar{M}_2Z_2+M_P$ 绘制弯矩图,如图 6-38(e)所示。

## 思 考 题

**6-1** 位移法的基本思路是什么?为什么说位移法是建立在力法基础之上的?力法和位移法的基本思路有何异同?

**6-2** 在力法和位移法中,各以什么方式满足平衡和位移协调条件?

**6-3** 超静定结构的超静定次数、位移法基本未知量个数是否唯一?为什么?

**6-4** 如何理解两端固定梁的形常数、载常数是最基本的?一端固定一端铰支、一端固定一端定向两类梁的形常数、载常数可认为是由两端固定梁导出来的吗?如何导出?

**6-5** 非结点的截面位移可否作为位移法的基本未知量?位移法能否解静定结构?

**6-6** 位移法典型方程的系数和自由项如何求解?

**6-7** 对有无穷刚杆(或刚度趋于无限大杆件)的结构为什么不画此杆的弯矩图?如何理解平衡条件仍然满足?

**6-8** 用典型方程位移法求解时,是如何体现超静定结构必须综合考虑"平衡、变形和本构关系"三方面的原则的?

**6-9** 支座移动、温度改变等作用下的位移法求解是如何处理的?

**6-10** 荷载作用下为什么求内力时可用杆件的相对刚度,而求位移时必须用绝对刚度?

**6-11** 在力法中是否满足了结构的平衡和位移条件(包括支承条件和变形连续条件)?在位移法中又是怎样满足结构的位移条件和平衡条件的?

**6-12** 何谓力等价结构思想?力等价结构思想的等价主要体现在什么方面?

**6-13** 基于力等价结构思想求解超静定结构,其优势主要体现在哪里?

## 习 题

**6-1** 试确定位移法基本未知量数目,绘出基本体系。

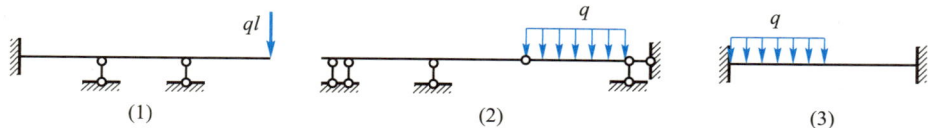

(1)　　　　　　　　　　(2)　　　　　　　　　　(3)

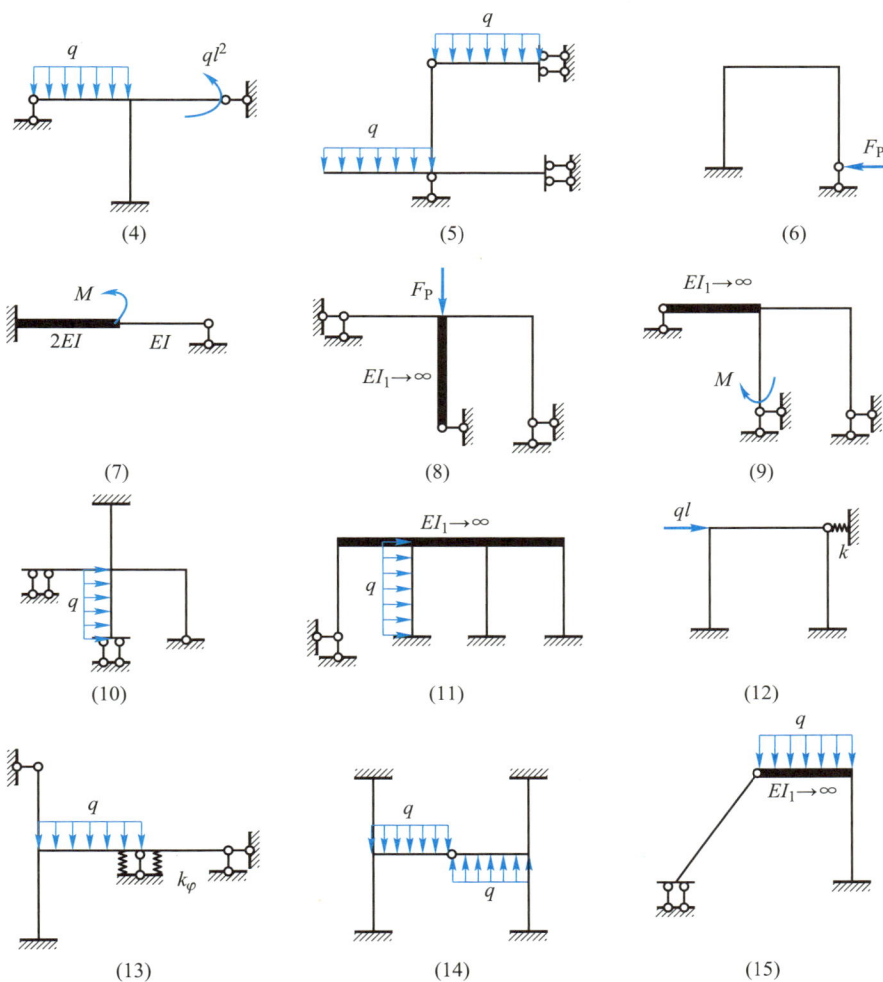

(4)　　　　　　　　　(5)　　　　　　　　　(6)

(7)　　　　　　　　　(8)　　　　　　　　　(9)

(10)　　　　　　　　(11)　　　　　　　　(12)

(13)　　　　　　　　(14)　　　　　　　　(15)

习题 6-1 图

**6-2** 试采用位移法计算图示超静定梁绘制弯矩图。

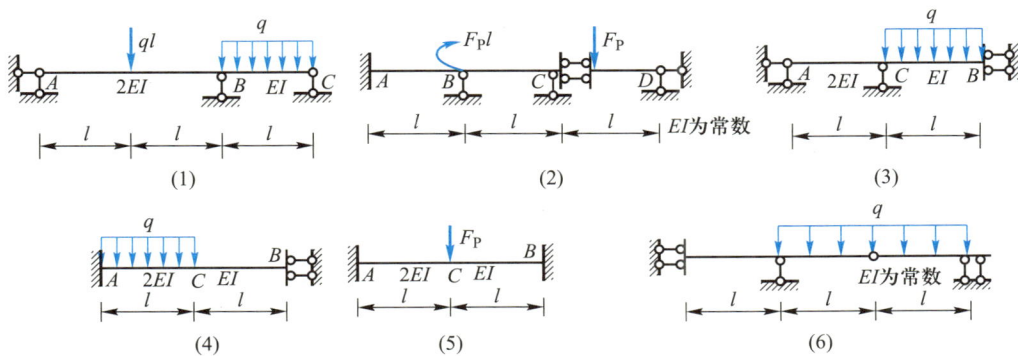

(1)　　　　　　　　　(2)　　　　　　　　　(3)

(4)　　　　　　　　　(5)　　　　　　　　　(6)

习题 6-2 图

**6-3** 试采用位移法计算图示刚架结构,绘制弯矩图。

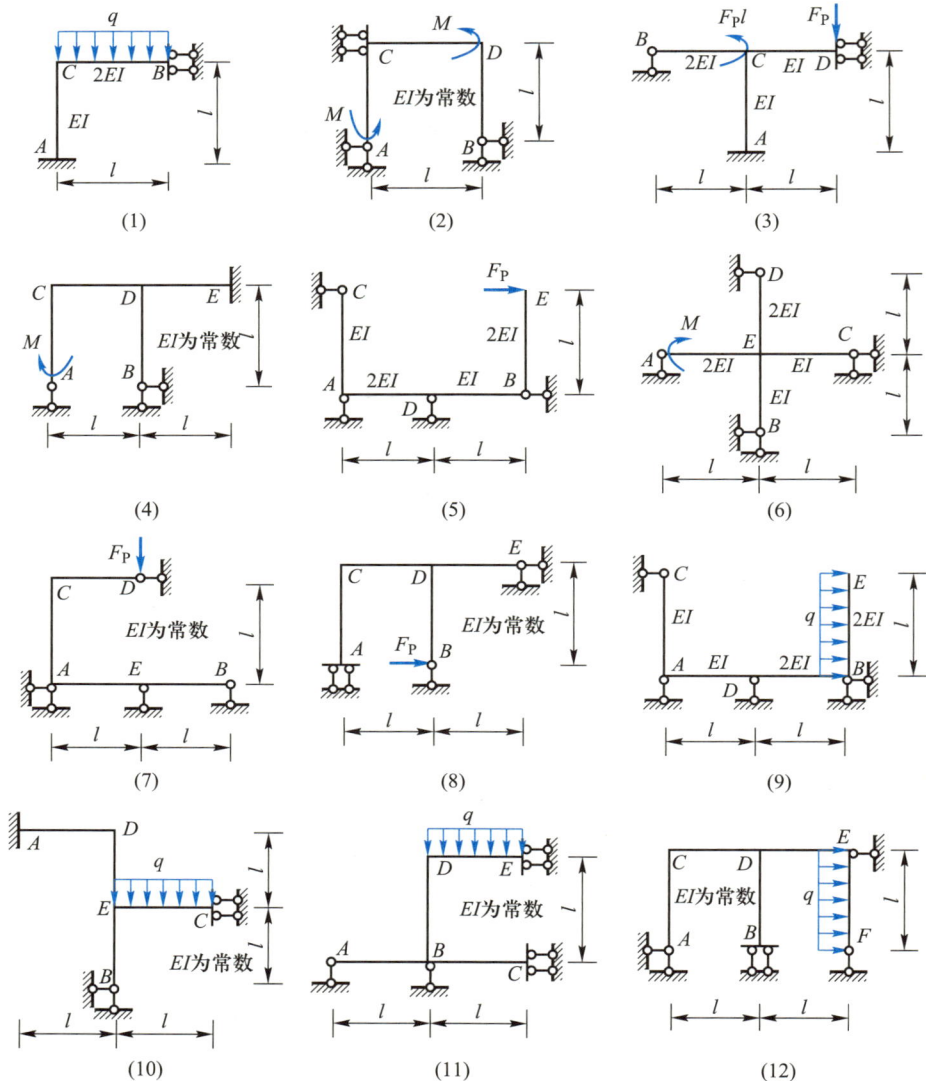

(1)　　　　　　　　(2)　　　　　　　　(3)

(4)　　　　　　　　(5)　　　　　　　　(6)

(7)　　　　　　　　(8)　　　　　　　　(9)

(10)　　　　　　　(11)　　　　　　　(12)

习题 6-3 图

**6-4** 试采用位移法计算图示刚架结构,绘制弯矩图。

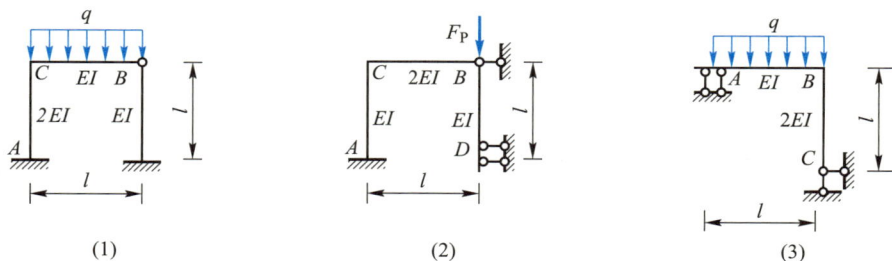

(1)　　　　　　　　(2)　　　　　　　　(3)

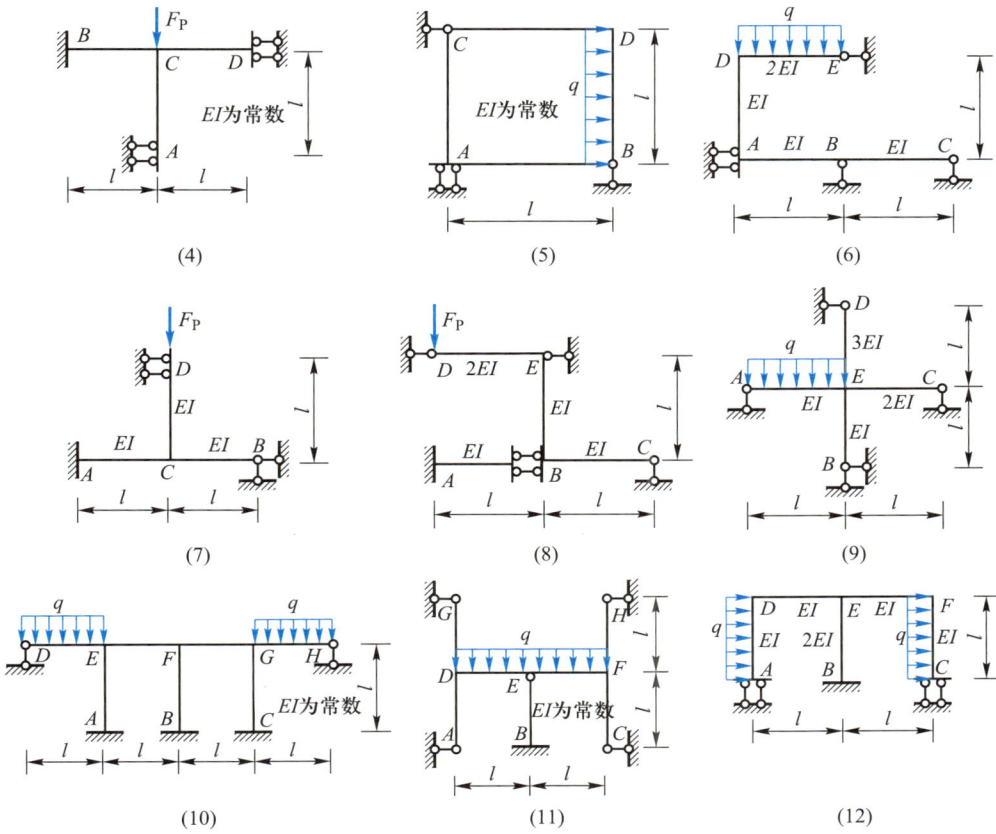

(4)

(5)

(6)

(7)

(8)

(9)

(10)

(11)

(12)

习题 6-4 图

**6-5** 试采用位移法计算图示带无穷刚杆件的刚架结构,绘制弯矩图。

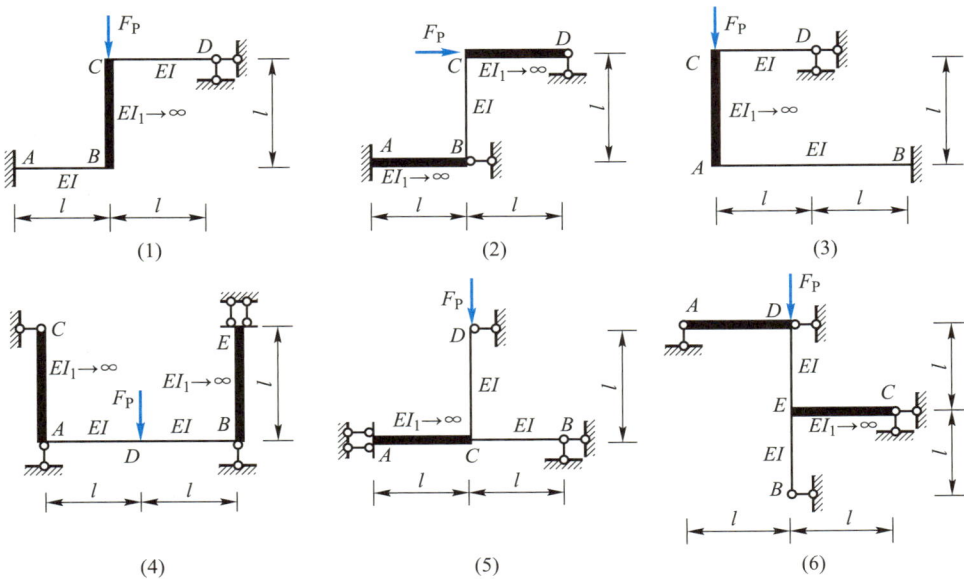

(1)

(2)

(3)

(4)

(5)

(6)

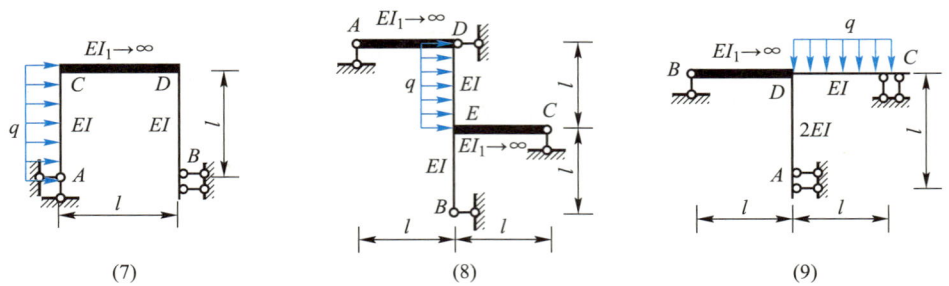

(7)　　　　　　　　(8)　　　　　　　　(9)

习题 6-5 图

**6-6** 试采用位移法计算图示带弹簧支座(约束)的结构,绘制弯矩图。

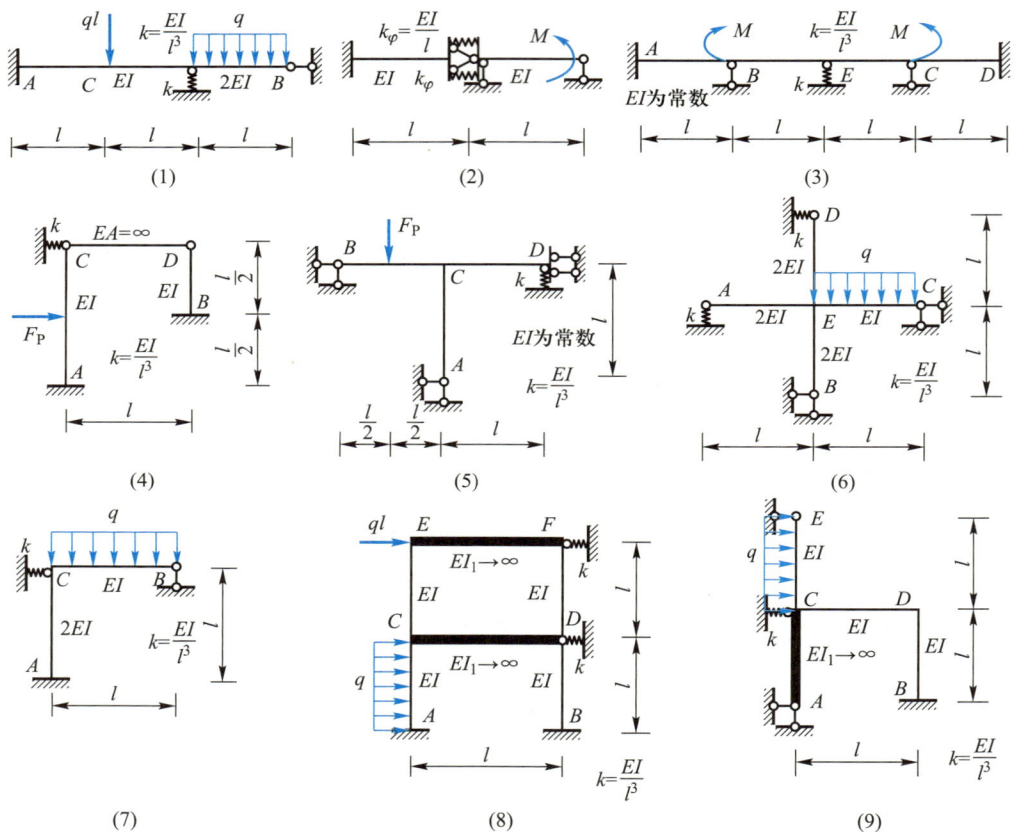

(1)　　　　　　　　(2)　　　　　　　　(3)

(4)　　　　　　　　(5)　　　　　　　　(6)

(7)　　　　　　　　(8)　　　　　　　　(9)

习题 6-6 图

**6-7** 支座移动时采用位移法计算图示结构,绘制弯矩图。

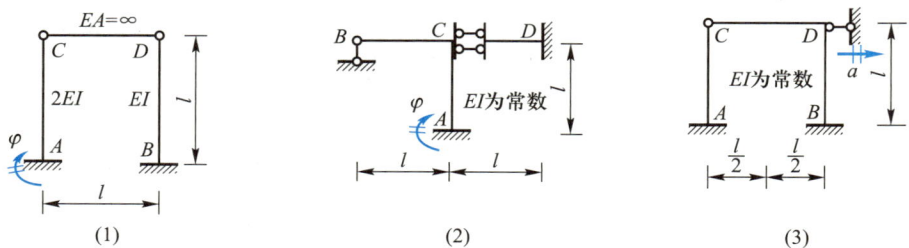

(1)　　　　　　　　(2)　　　　　　　　(3)

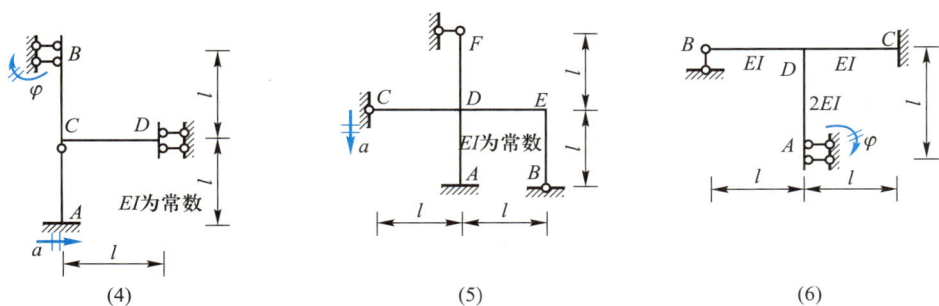

习题 6-7 图

**6-8** 试采用位移法计算图示带斜杆和无穷刚杆的刚架结构，绘制弯矩图。

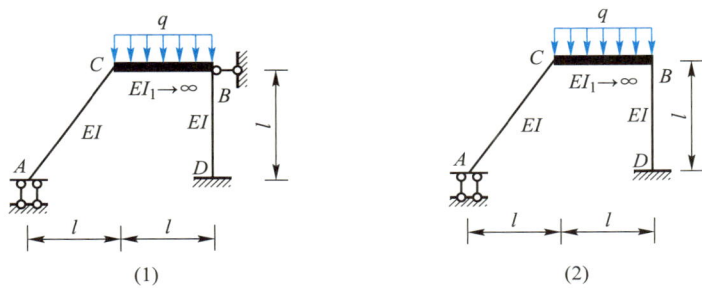

习题 6-8 图

**\*6-9** 试结合力等价结构，采用位移法计算图示结构，绘制弯矩图。

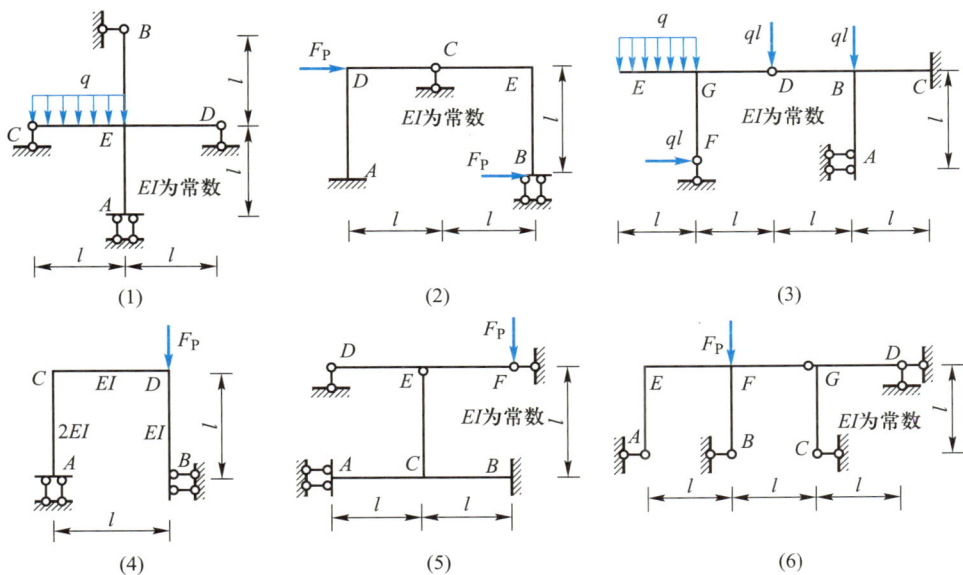

习题 6-9 图

*6-10* 试采用混合法计算图示结构,绘制弯矩图。

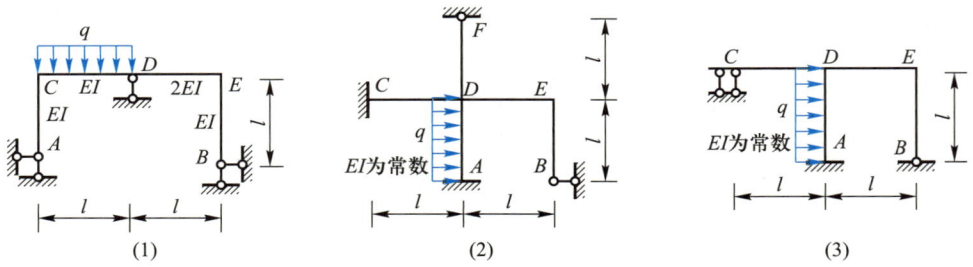

(1)          (2)          (3)

习题 6-10 图

# 第七章 力矩分配法和剪力分配法

力法和位移法都是同时满足全部变形协调或平衡条件并建立典型方程,因此,都需要求解线性代数方程组,进而得到结构内力,当未知量较多时计算工作较为烦琐。自 20 世纪 30 年代后,逐渐出现了渐近法、近似法等方法,其本质都是位移法,但优点在于避免求解方程组,能够简化超静定结构的求解过程。渐近法以逐次渐近的方式计算杆端弯矩,随着计算轮次增加,计算结果不断趋于精确解;近似法根据结构内力和变形特点对杆件刚度和结点位移进行简化,基于简化结构快速估算结构内力。本章将介绍渐近法中的力矩分配法和近似法中的剪力分配法。

## 7-1 力矩分配法

力矩分配法适用于连续梁、无结点线位移或在结点线位移方向剪力静定的刚架,其共同特点在于结点仅有角位移、无结点线位移。如图 7-1(a)所示连续梁,在结点 $B$ 处仅有 1 个角位移未知量;如图 7-1(b)所示刚架,在结点 $A$ 处仅有 1 个角位移未知量,因而都可用力矩分配法进行求解。力矩分配法同样可用于求解有多个结点角位移的超静定结构,如图 7-1(c)所示,在结点 $B$、$C$ 处各有 1 个角位移未知量。

由此,力矩分配法常有单结点力矩分配和多结点力矩分配两类。对于单结点力矩分配,仅需一次分配即可完成,计算结果为精确解;对于多结点力矩分配,需要多次反复进行分配,计算结果为近似解。以下将详细介绍这两类情况。

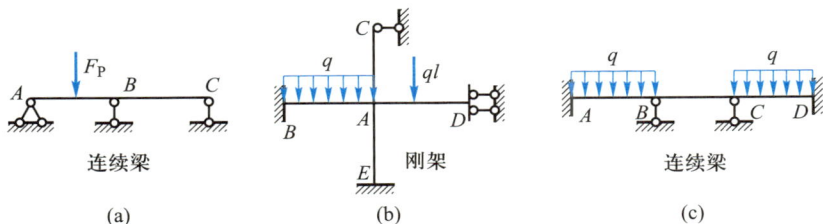

图 7-1 无侧移连续梁、刚架结构

### 7-1-1 单结点力矩分配的概念与原理

以图 7-1(a)所示连续梁为例,讲解单结点力矩分配的基本概念和原理。

首先,取位移法基本体系,如图 7-2(a)所示,即在结点 $B$ 施加刚臂约束,计算附加刚臂结构在荷载 $F_P$ 作用下的弯矩图。此时,结点 $B$ 左右杆端弯矩不平衡,左边杆件固端弯矩为 $M_{BA}^F$、右边杆件固端弯矩为零,左右杆端弯矩的代数和称为不平衡力矩,用 $R$ 表示,由附加刚臂承担,其正负号规定与位移法相同,如图 7-2(b)所示。

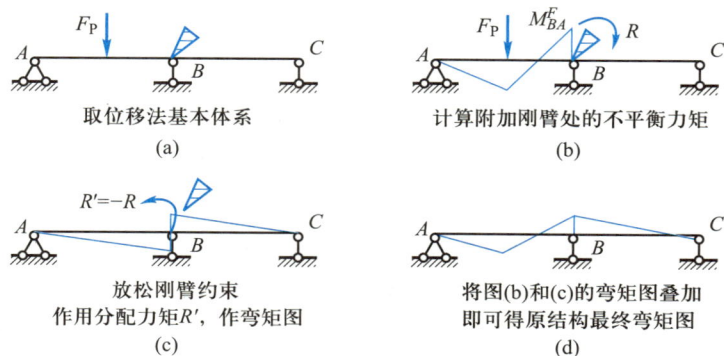

图 7-2  单结点力矩分配法计算原理

其次,放松结点 $B$ 处的刚臂约束,此时释放出的力矩与不平衡力矩大小相等、方向相反,称为**分配力矩**,用 $R'$ 表示,即 $R' = -R$。该分配力矩 $R'$ 将由结点 $B$ 相连的杆件承担(即杆件 $AB$、$BC$),**而各杆件弯矩可直接根据杆件的约束条件及载常数确定**,如图 7-2(c)所示,**此为力矩分配法与力法或位移法的主要区别**,即不再通过典型方程求解基本未知量。

最后,将图 7-2(b)所示附加刚臂约束的弯矩图和图 7-2(c)所示放松刚臂约束的弯矩图叠加,叠加后与结点 $B$ 相连的杆件弯矩达到平衡,即得到原结构的最终弯矩图,如图 7-2(d)所示。

可见,采用力矩分配法求解结构内力存在**两个关键问题:其一,计算结构在荷载等外因作用下的结点不平衡力矩 $R$;其二,将不平衡力矩 $R$ 反向得到分配力矩 $R'$,并将其分配、传递至相连杆件上**。关于第一个问题,由位移法知识很容易完成。关于第二个问题,即如何分配、传递的问题,是力矩分配法的重点,将作详细介绍。

分配力矩 $R'$ 的分配与传递需结合杆件远端结点(即杆件的非刚臂端结点)的约束情况和杆件的线刚度综合确定。为求解方便,引入**转动刚度**和**传递系数**两个概念,其中:**转动刚度是指在近端产生单位角位移时在该端所需施加的力矩,即近端弯矩**,记为 $S_{AB}$;**传递系数是指近端产生单位角位移时,远端弯矩与近端弯矩的比值**,记为 $C_{AB}$。下角标中 $A$ 表示近端结点、$B$ 表示远端结点。

一般而言,**杆件远端结点有固定支座、铰支座、定向支座、自由端四种**,其中自由端的杆件因为其内力是静定的,无须参与弯矩分配,因此仅需考虑前三种远端支座情况,如图 7-3(a)、(b)、(c)所示。当近端(结点 $A$)产生单位角位移时,由形常数可知远端为固定支座、铰支座、定向支座时的转动刚度 $S_{AB}$ 依次为 $4i$、$3i$ 和 $i$,如图 7-3(d)、(e)、(f)所示;同理,可知对应的远端(结点 $B$)弯矩依次为 $2i$、$0$ 和 $-i$。由此,对应三种远端支座的传递系数 $C_{AB}$ 依次为 $\dfrac{1}{2}$、$0$、$-1$。

实际上,还存在结点处有多根杆件相连的情形,**此时近端产生单位角位移所需施加的力矩应为与该端相连的所有杆件的转动刚度之和**。因此,放松近端结点的刚臂约束后,分配力矩 $R'$ 应首先按各杆件转动刚度占总转动刚度的比例进行分配,将该比例称为**分配系数** $\mu$,计算公式如下:

$$\mu_{Aj} = \frac{S_{Aj}}{\sum S} \tag{7-1}$$

式中:$S_{Aj}$ 为第 $j$ 根杆件在近端结点 $A$ 的转动刚度,$\mu_{Aj}$ 为力矩在第 $j$ 根杆件中的分配系数,显然 $\sum \mu = 1$。由此,可得各杆件近端的结点弯矩,即 $M'_{Aj} = \mu_{Aj} \times R'$,其中:$j$ 表示第 $j$ 根杆件。其次,根据传递系数 $C_{Aj}$ 将 $M'_{Aj}$ 传递至对应杆件的远端结点,得到远端结点弯矩,即 $M'_{Bj} = C_{Aj} \times M'_{Aj}$。

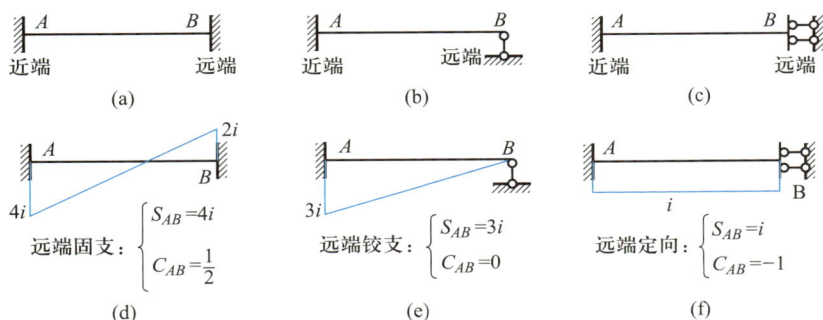

图 7-3 典型单跨梁转动刚度与传递系数

此外,值得一提的是,上述讲解均针对结点不存在集中力矩的情形,如果结点还存在集中力矩,该集中力矩也需要参与分配和传递。如图 7-4(a)所示,结点 $B$ 存在集中力矩 $M_P$,则该力矩亦由结点 $B$ 的附加刚臂承担,放松刚臂约束后,同样由与结点 $B$ 相连杆件 $AB$、$BC$ 共同承担。但不同的是,此时的不平衡力矩 $R$ 为杆端弯矩和集中力矩的代数和,即 $R = M_{BA}^F - M_P$[图 7-3(b)],分配力矩为 $R' = -M_{BA}^F + M_P$ [图 7-3(c)]。分配力矩 $R'$ 得到后,随后的力矩分配和传递过程与前述相同,不再赘述。

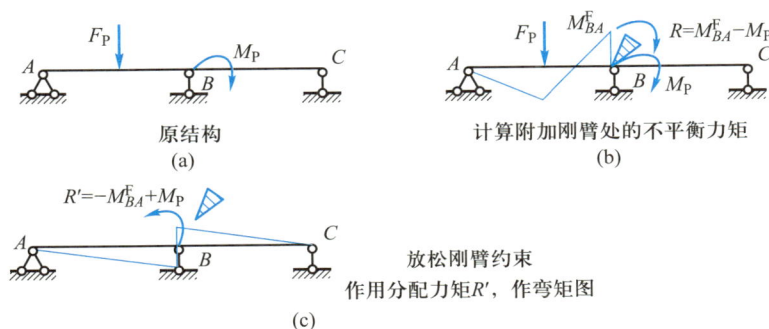

图 7-4 结点存在集中力矩时的不平衡力矩和分配力矩

## 7-1-2 单结点力矩分配算例

**【算例 7-1】** 采用力矩分配法计算图 7-5(a)所示刚架的弯矩,各杆件 $EI$ 相同。

【解】　结点 $O$ 在水平和竖直方向均不能发生线位移,该刚架属于无结点线位移的超静定结构,因而可采用力矩分配法求解。令 $:i = \dfrac{EI}{l}$。

（1）取位移法基本体系,绘制附加刚臂结构在荷载或其他外因作用下的弯矩图,计算附加刚臂处的不平衡力矩。

在结点 $O$ 施加刚臂约束,在 $F_P$ 作用下,仅杆件 $OB$ 存在弯矩,固端弯矩为 $-F_P l$,附加刚臂处的不平衡力矩为 $R = -F_P l$,如图 $7-5(b)$ 所示。

（2）放松刚臂约束,求分配力矩,按分配系数进行分配得到近端弯矩,按传递系数进行传递得到远端弯矩,绘制分配力矩作用下的弯矩图。

计算分配力矩 $R':R' = -R = F_P l$。

计算转动刚度 $S$:远端结点 $A$、$C$、$D$ 的约束条件依次为定向支座、铰支座和固定支座,故有 $S_{OA} = i$,$S_{OC} = 3i$,$S_{OD} = 4i$。

计算分配系数 $\mu:\mu_{OA} = \dfrac{S_{OA}}{\sum S} = \dfrac{i}{8i} = \dfrac{1}{8}$,$\mu_{OC} = \dfrac{S_{OC}}{\sum S} = \dfrac{3}{8}$,$\mu_{OD} = \dfrac{S_{OD}}{\sum S} = \dfrac{1}{2}$。

计算近端弯矩 $:M'_{OA} = \mu_{OA} \times R' = \dfrac{F_P l}{8}$,$M'_{OC} = \mu_{OC} \times R' = \dfrac{3F_P l}{8}$,$M'_{OD} = \mu_{OD} \times R' = \dfrac{F_P l}{2}$。

计算远端弯矩 $:M'_{AO} = C_{OA} \times M'_{OA} = -1 \times \dfrac{F_P l}{8} = \dfrac{-F_P l}{8}$,$M'_{CO} = C_{OC} \times M'_{OC} = 0 \times \dfrac{3F_P l}{8} = 0$,$M'_{DO} =$

$C_{OD} \times M'_{OD} = \dfrac{1}{2} \times \dfrac{F_P l}{2} = \dfrac{F_P l}{4}$。

由此,可绘制放松结点 $O$ 刚臂约束后的弯矩图,如图 $7-5(c)$ 所示。

（3）根据叠加原理求最终弯矩,作弯矩图。

将图 $7-5(b)$、$(c)$ 所示弯矩图叠加,可得最终弯矩图,如图 $7-5(d)$ 所示。可见,单结点的力矩分配,仅进行一次分配、传递即完成求解,计算结果为精确解。

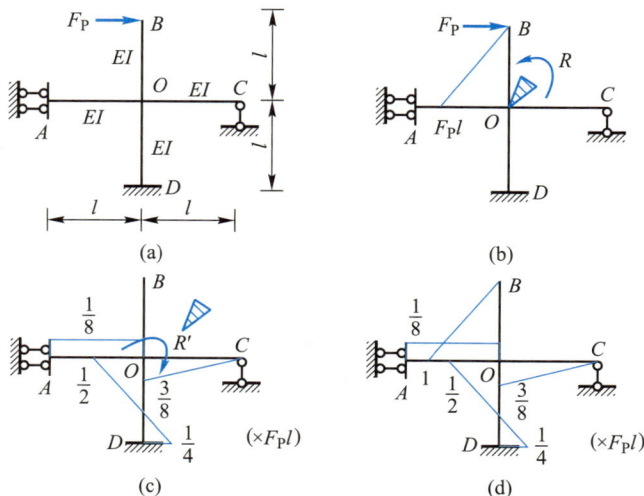

图 $7-5$　算例 $7-1$ 图

**【算例 7-2】** 采用力矩分配法计算图 7-6(a)所示刚架的弯矩。

**【解】** 为简化计算过程,在得到转动刚度、分配系数和固端弯矩的基础上,采用表格计算的方式求解。令 $i = \dfrac{EI}{l}$。

计算转动刚度：$S_{CA} = 4 \times \dfrac{2EI}{l} = 8i$，$S_{CB} = 3 \times \dfrac{EI}{l} = 3i$。

计算分配系数：$\mu_{CA} = \dfrac{S_{CA}}{\sum S} = \dfrac{8}{11}$，$\mu_{CB} = \dfrac{S_{CB}}{\sum S} = \dfrac{3}{11}$。

计算固端弯矩,即基本结构在荷载或其他作用下的杆端弯矩：$M_{AC}^{\mathrm{F}} = 0$，$M_{CA}^{\mathrm{F}} = 0$，$M_{BC}^{\mathrm{F}} = 0$，$M_{CB}^{\mathrm{F}} = \dfrac{-ql^2}{8}$。

将上述参数填入对应位置,即可以表格的形式依次进行分配和传递力矩,最终叠加得到原结构弯矩,计算过程如图 7-6(b)所示,最终弯矩图如图 7-6(c)所示。

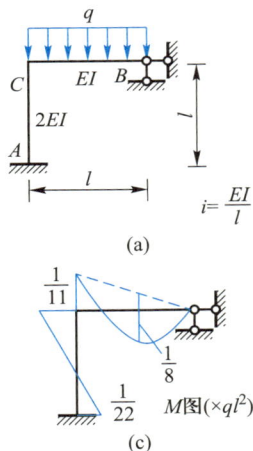

| 结点 | $A$ | $C$ | | $B$ | |
|---|---|---|---|---|---|
| 杆端 | $AC$ | $CA$ | $CB$ | $BC$ | |
| 分配系数 | | $\dfrac{8}{11}$ | $\dfrac{3}{11}$ | | |
| 固端弯矩 | 0 | 0 | $\dfrac{-1}{8}$ | 0 | $(\times ql^2)$ |
| 分配传递 | $\dfrac{4}{88}$ | $\dfrac{8}{88}$ | $\dfrac{3}{88}$ | 0 | $(\times ql^2)$ |
| 杆端弯矩 | $\dfrac{1}{22}$ | $\dfrac{1}{11}$ | $\dfrac{-1}{11}$ | 0 | $(\times ql^2)$ |

(b)

图 7-6 算例 7-2 图

**【算例 7-3】** 试采用力矩分配法计算图 7-7(a)所示刚架的弯矩。

**【解】** 结点 $E$ 处水平链杆不产生竖向作用力,所以杆件 $DE$ 的弯矩可直接由悬臂梁法求得。因此,该刚架仅结点 $C$ 有 1 个角位移未知量。令 $i = \dfrac{EI}{l}$。

计算转动刚度：$S_{CA} = 4 \times \dfrac{EI}{l} = 4i$，$S_{CB} = 3 \times \dfrac{EI}{l} = 3i$，$S_{CD} = 3 \times \dfrac{EI}{l} = 3i$。

计算分配系数：$\mu_{CA} = \dfrac{S_{CA}}{\sum S} = \dfrac{2}{5}$，$\mu_{CB} = \dfrac{S_{CB}}{\sum S} = \dfrac{3}{10}$，$\mu_{CD} = \dfrac{S_{CD}}{\sum S} = \dfrac{3}{10}$。

计算固端弯矩：$M_{CD}^{\mathrm{F}} = \dfrac{ql^2}{4}$，$M_{DC}^{\mathrm{F}} = \dfrac{ql^2}{2}$，$M_{DE}^{\mathrm{F}} = \dfrac{ql^2}{2}$。

将上述参数填入表格对应位置,即可以表格的形式逐步求解原结构弯矩,计算过程如图 7-7(b)所示,最终弯矩图如图 7-7(c)所示。

| 结点 | A | C | C | C | D | D | B | E | |
|---|---|---|---|---|---|---|---|---|---|
| 杆端 | AC | CA | CB | CD | DC | DE | BC | ED | |
| 分配系数 | | $\frac{2}{5}$ | $\frac{3}{10}$ | $\frac{3}{10}$ | | | | | |
| 固端弯矩 | 0 | 0 | 0 | $\frac{1}{4}$ | $\frac{1}{2}$ | $\frac{-1}{2}$ | 0 | 0 | (×$ql^2$) |
| 分配传递 | $\frac{-1}{20}$ | $\frac{-2}{20}$ | $\frac{-3}{40}$ | $\frac{-3}{40}$ | 0 | | 0 | 0 | (×$ql^2$) |
| 杆端弯矩 | $\frac{-1}{20}$ | $\frac{-1}{10}$ | $\frac{-3}{40}$ | $\frac{7}{40}$ | $\frac{1}{2}$ | $\frac{-1}{2}$ | 0 | 0 | (×$ql^2$) |

(b)

(c)

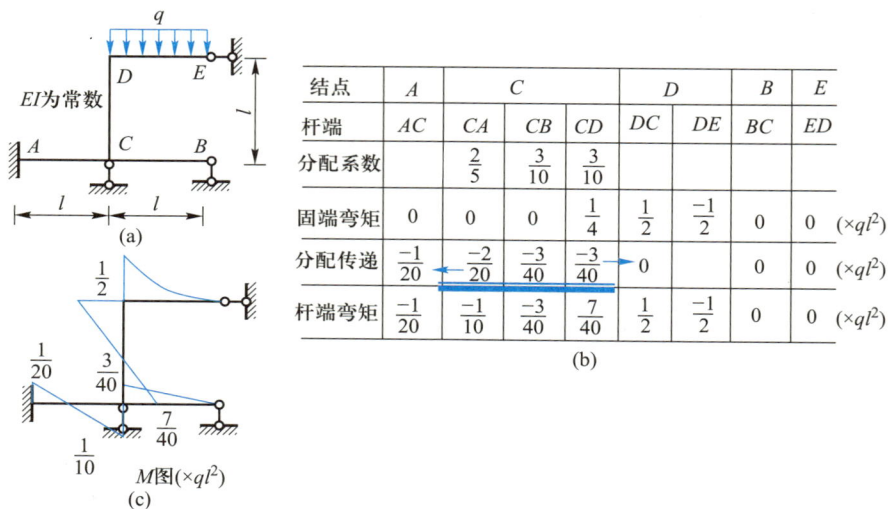

图 7-7 算例 7-3 图

【算例 7-4】 试采用力矩分配法计算图 7-8(a)所示刚架的弯矩。

【解】 该刚架为对称结构、对称荷载,等代结构如图 7-8(b)所示。显然,等代结构仅在结点 $D$ 处有 1 个角位移未知量。令 $i = \dfrac{EI}{l}$。

计算转动刚度:$S_{DA} = 4 \times \dfrac{EI}{l} = 4i$,$S_{DE} = \dfrac{EI}{l} = i$。

计算分配系数:$\mu_{DA} = \dfrac{4}{5}$,$\mu_{DE} = \dfrac{1}{5}$。

计算固端弯矩:$M_{DE}^F = \dfrac{-ql^2}{3}$,$M_{ED}^F = \dfrac{-ql^2}{6}$。

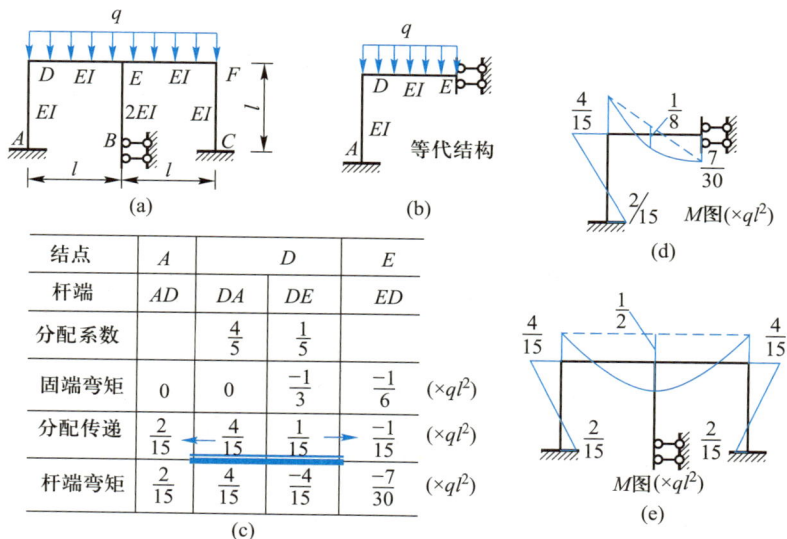

(a)

(b)

(d)

| 结点 | A | D | D | E | |
|---|---|---|---|---|---|
| 杆端 | AD | DA | DE | ED | |
| 分配系数 | | $\frac{4}{5}$ | $\frac{1}{5}$ | | |
| 固端弯矩 | 0 | 0 | $\frac{-1}{3}$ | $\frac{-1}{6}$ | (×$ql^2$) |
| 分配传递 | $\frac{2}{15}$ | $\frac{4}{15}$ | $\frac{1}{15}$ | $\frac{-1}{15}$ | (×$ql^2$) |
| 杆端弯矩 | $\frac{2}{15}$ | $\frac{4}{15}$ | $\frac{-4}{15}$ | $\frac{-7}{30}$ | (×$ql^2$) |

(c)

(e)

图 7-8 算例 7-4 图

将上述参数填入表格对应位置,即可以表格的形式逐步求解等代结构的弯矩,计算过程如图 7-8(c)所示,等代结构弯矩图如图 7-8(d)所示,原结构弯矩图如图 7-8(e)所示。

### 7－1－3 多结点力矩分配的原理

当存在多个角位移基本未知量时,附加刚臂数量超过 1 个(多结点),需多次反复进行单结点力矩的分配与传递,在进行某个单结点力矩分配、传递时,其他结点仍然含有刚臂,是锁住的。当达到所需精度要求后,最后根据叠加原理作结构最终弯矩图。对于多结点情况,其具体求解过程简述如下。

(1)一般根据不平衡力矩大的结点先分配的原则,释放其中一个刚臂(为便于描述,称为"第 1 个"),将该刚臂的分配力矩 $R_1'^1$ 按该结点的分配系数在该结点的杆件上进行力矩分配,同时根据传递系数向杆件远端传递,完成第 1 个刚臂结点处分配力矩的第一次分配和传递。$R_1'^1$ 的计算公式如下:

$$R_1'^1 = -R_1^1 = -\sum M_1^F + M_1 \tag{7-2}$$

式中:$R_1^1$、$R_1'^1$ 分别为第 1 个刚臂结点处的第一次分配、传递的不平衡力矩和分配力矩,下角标"1"代表第 1 个刚臂结点,上角标"1"代表第一次分配传递;$M_1$ 为第 1 个刚臂结点处的集中力矩,如结点无集中力矩,则 $M_1 = 0$;$\sum M_1^F$ 为第 1 个刚臂结点处各杆件在非结点荷载或其他外因作用下的杆件固端弯矩之和。

(2)释放第 2 个刚臂(注意:此时第 1 个结点又被锁住),将该刚臂的分配力矩 $R_2'^1$ 按分配系数在该结点的杆件上进行力矩分配。值得注意的是,此时的分配力矩 $R_2'^1$ 需同时考虑第 1 个刚臂结点第一次分配时传递过来的弯矩,计算公式如下:

$$R_2'^1 = -R_2^1 = -\sum M_2^F - M_1^1 + M_2 \tag{7-3}$$

式中:$\sum M_2^F$ 为第 2 个刚臂结点处各杆件固端弯矩之和;$M_1^1$ 为第 1 个刚臂结点处分配力矩第一次分配时传递过来的弯矩;$M_2$ 为第 2 个刚臂结点处的集中力矩,如结点无集中力矩,则 $M_2 = 0$。随后,根据传递系数向杆件远端传递,完成第 2 个刚臂结点处分配力矩的第一次分配和传递。

如果还存在第 3 个刚臂结点,则重复该步骤直至所有结点完成一轮分配与传递。

(3)返回进行第 1 个刚臂结点处分配力矩的第二次分配、传递,此时分配力矩计算公式如下:

$$R_1'^2 = -M_2^1 \tag{7-4}$$

式中:$R_1'^2$ 为第 1 个刚臂结点处第二次分配、传递的分配力矩,$M_2^1$ 为第 2 个刚臂结点处分配力矩第一次分配、传递过来的弯矩。

(4)与上一步相似,进行第 2 个刚臂结点处分配力矩的第二次分配、传递。如果还存在第 3 个刚臂结点,则重复该步骤。

(5)继续重复步骤(3)和(4),直至分配、传递结束(工程中一般分配、传递两轮即可达到精度要求),将各结点的固端弯矩、每轮分配的力矩和传递的力矩叠加即得最终弯矩,完成求解。

由于刚臂结点处的分配力矩只能减小不能消除,因此,经历有限轮次的分配和传递后,得到的结构弯矩仅为近似值,而非精确值。但随着分配、传递轮次的增加,刚臂结点处的分配力矩快速减小,一般经历两至三轮分配和传递,即可使结果达到相当高的精度。

### 7-1-4　多结点力矩分配算例

**【算例 7-5】**　试采用力矩分配法计算图 7-9(a)所示多跨连续梁的弯矩。

**【解】**　该连续梁在结点 $C$、$B$ 处各有 1 个角位移未知量,需施加两个刚臂约束。令 $i = \dfrac{EI}{l}$。

计算转动刚度:$S_{BA} = \dfrac{4EI}{l} = 4i$,$S_{BC} = \dfrac{4EI}{l} = 4i$,$S_{CB} = \dfrac{4EI}{l} = 4i$,$S_{CD} = \dfrac{3EI}{l} = 3i$。

计算分配系数:$\mu_{BA} = \mu_{BC} = \dfrac{1}{2}$,$\mu_{CB} = \dfrac{4}{7}$,$\mu_{CD} = \dfrac{3}{7}$。

计算固端弯矩:$M_{DE}^{\mathrm{F}} = -F_{\mathrm{P}}l$,$M_{DC}^{\mathrm{F}} = F_{\mathrm{P}}l$,$M_{CD}^{\mathrm{F}} = \dfrac{F_{\mathrm{P}}l}{2}$。

将上述参数填入表格对应位置,即可以表格的形式逐步求解原结构弯矩,计算过程如图 7-9(b)所示,最终弯矩图如图 7-9(c)所示。

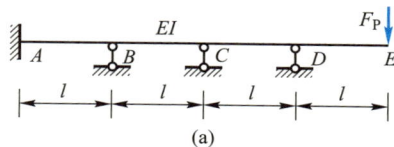

(a)

| 结点 | A | B | | C | | D | |
|---|---|---|---|---|---|---|---|
| 杆端 | AB | BA | BC | CB | CD | DC | DE |
| 分配系数 | | $\frac{1}{2}$ | $\frac{1}{2}$ | $\frac{4}{7}$ | $\frac{3}{7}$ | | |
| 固端弯矩 | 0 | 0 | 0 | 0 | $\frac{1}{2}$ | 1 | -1 |　$\times F_{\mathrm{P}}l$ |
| 分配传递 $C$ | | | $\frac{-1}{7}$ | $\frac{-2}{7}$ | $\frac{-3}{14}$ | | |　$\times F_{\mathrm{P}}l$ |
| 分配传递 $B$ | $\frac{1}{28}$ | $\frac{1}{14}$ | $\frac{1}{14}$ | $\frac{1}{28}$ | | | |　$\times F_{\mathrm{P}}l$ |
| 分配传递 $C$ | | | $\frac{-1}{98}$ | $\frac{-1}{49}$ | $\frac{-3}{196}$ | | |　$\times F_{\mathrm{P}}l$ |
| 分配传递 $B$ | $\frac{1}{392}$ | $\frac{1}{196}$ | $\frac{1}{196}$ | | | | |　$\times F_{\mathrm{P}}l$ |
| 杆端弯矩 | $\frac{15}{392}$ | $\frac{15}{196}$ | $\frac{-15}{196}$ | $\frac{-53}{196}$ | $\frac{53}{196}$ | 1 | -1 |　$\times F_{\mathrm{P}}l$ |

(b)

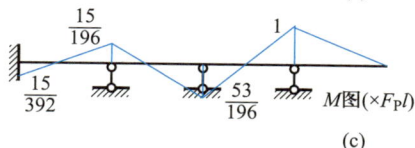

精确解 $M_B = \dfrac{F_{\mathrm{P}}l}{13}$,$M_C = \dfrac{7F_{\mathrm{P}}l}{26}$

(c)

图 7-9　算例 7-5 图

**【算例 7-6】**　试采用力矩分配法计算图 7-10(a)所示刚架的弯矩。

**【解】**　该刚架在结点 $C$、$B$ 处各有 1 个角位移未知量,需施加两个刚臂约束。令 $i = \dfrac{EI}{l}$。

计算转动刚度：$S_{CA} = \dfrac{2EI}{l} = 2i$，$S_{CB} = \dfrac{4EI}{l} = 4i$，$S_{BC} = \dfrac{4EI}{l} = 4i$，$S_{BD} = \dfrac{4EI}{l} = 4i$。

计算分配系数：$\mu_{CA} = \dfrac{1}{3}$，$\mu_{CB} = \dfrac{2}{3}$，$\mu_{BC} = \dfrac{1}{2}$，$\mu_{BD} = \dfrac{1}{2}$。

计算固端弯矩：$M_{CB}^{\mathrm{F}} = \dfrac{-ql^2}{12}$，$M_{BC}^{\mathrm{F}} = \dfrac{ql^2}{12}$。

将上述参数填入表格对应位置，即可以表格的形式逐步求解原结构弯矩图，计算过程如图 7-10(b) 所示，最终弯矩图如图 7-10(c) 所示。

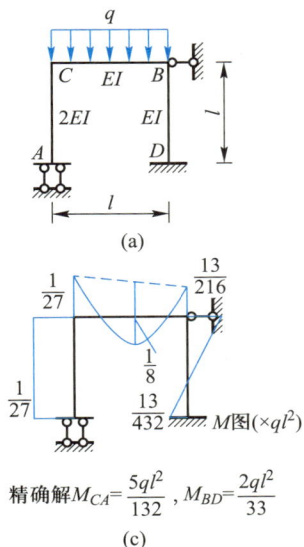

| 结点 | $C$ | | $A$ | $B$ | | $D$ | |
|---|---|---|---|---|---|---|---|
| 杆端 | $CA$ | $CB$ | $AC$ | $BC$ | $BD$ | $DB$ | |
| 分配系数 | $\frac{1}{3}$ | $\frac{2}{3}$ | | $\frac{1}{2}$ | $\frac{1}{2}$ | | |
| 固端弯矩 | 0 | $\frac{-1}{12}$ | 0 | $\frac{1}{12}$ | 0 | 0 | $(\times ql^2)$ |
| 分配传递$C$ | $\frac{1}{36}$ | $\frac{1}{18}$ | $\frac{-1}{36}$ | $\frac{1}{36}$ | | | $(\times ql^2)$ |
| 分配传递$B$ | | $\frac{-1}{36}$ | | $\frac{-1}{18}$ | $\frac{-1}{18}$ | $\frac{-1}{36}$ | $(\times ql^2)$ |
| 分配传递$C$ | $\frac{1}{108}$ | $\frac{1}{54}$ | $\frac{-1}{108}$ | $\frac{1}{108}$ | | | $(\times ql^2)$ |
| 分配传递$B$ | | | | $\frac{-1}{216}$ | $\frac{-1}{216}$ | $\frac{-1}{432}$ | $(\times ql^2)$ |
| 杆端弯矩 | $\frac{1}{27}$ | $\frac{-1}{27}$ | $\frac{-1}{27}$ | $\frac{13}{216}$ | $\frac{-13}{216}$ | $\frac{-13}{432}$ | $(\times ql^2)$ |

(b)

精确解 $M_{CA} = \dfrac{5ql^2}{132}$，$M_{BD} = \dfrac{2ql^2}{33}$

(c)

图 7-10 算例 7-6 图

【算例 7-7】 试采用力矩分配法计算图 7-11(a) 所示刚架的弯矩。

【解】 该刚架为对称结构，承担反对称荷载作用，其等代结构如图 7-11(b) 所示，显然等代结构在结点 $C$、$D$ 各有 1 个角位移未知量，需要施加两个刚臂约束。令 $i = \dfrac{EI}{l}$。

计算转动刚度：$S_{CA} = S_{CD} = S_{DC} = S_{DB} = 4 \times \dfrac{EI}{l} = 4i$。

计算分配系数：$\mu_{CA} = \mu_{CD} = \mu_{DC} = \mu_{DB} = \dfrac{1}{2}$。

计算固端弯矩：$M_{CA}^{\mathrm{F}} = \dfrac{ql^2}{12}$，$M_{AC}^{\mathrm{F}} = \dfrac{-ql^2}{12}$。

将上述参数填入表格对应位置，即可以表格的形式逐步求解等代结构的弯矩，计算过程如图 7-11(c) 所示，等代结构弯矩图如图 7-11(d) 所示，原结构弯矩图如图 7-11(e) 所示。

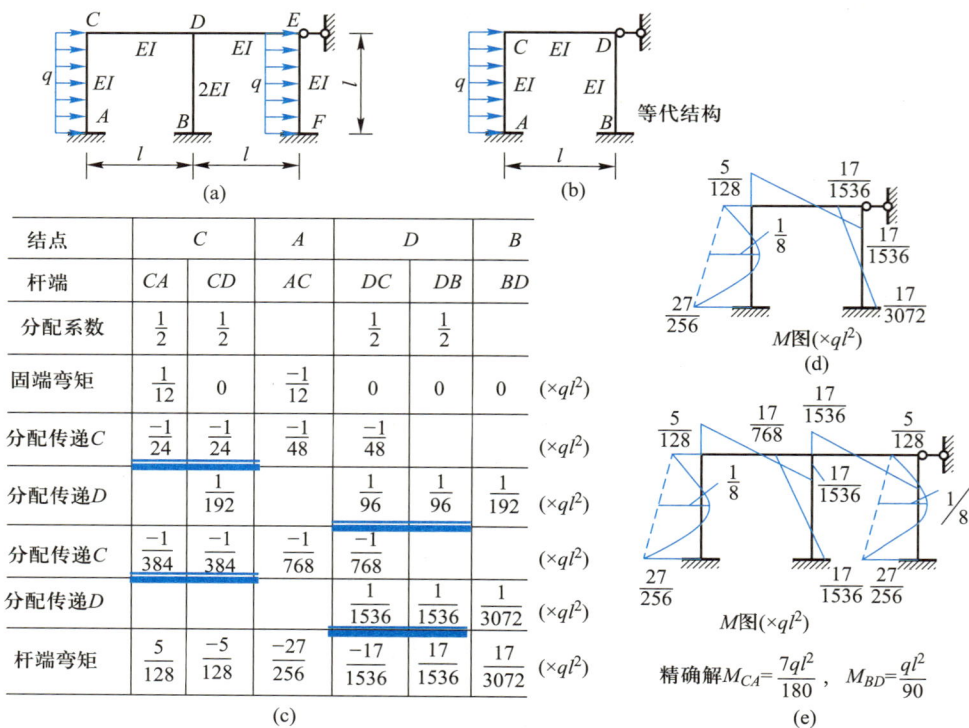

图 7-11 算例 7-7 图

# 7-2 剪力分配与反弯点(或 D 值)法

力矩分配法只能计算无侧移结构的内力,本节介绍反弯点法(亦称为 D 值法),可计算一些有侧移结构的内力。对于多层框架结构在水平荷载作用下的内力计算,这种方法仍是目前手算通常采用的方法。

反弯点法基于两个概念:一是剪力分配,二是反弯点确定。对于受水平荷载作用的结构,首先利用剪力分配求出柱的剪力,然后再利用剪力由反弯点位置计算弯矩,最后用弯矩分配确定梁的弯矩。

## 7-2-1 剪力分配系数及剪力分配法

以求图 7-12(a)所示排架的内力计算为例介绍剪力分配的概念。

此排架柱顶各结点水平位移相同,故位移法计算时只有柱端的水平位移一个基本未知量,如图 7-12(b)所示。

杆端剪力可以表示为

$$F_{SAD} = S_{AD}\Delta_1, F_{SBE} = S_{BE}\Delta_1, F_{SCF} = S_{CF}\Delta_1 \tag{7-5}$$

式中:$S_{AD} = \dfrac{3i_{AD}}{l^2}$,为 $AD$ 杆件两端发生单位相对线位移时的杆端剪力,称为该杆件的侧移刚度系数；$BE$、$CF$ 杆件的侧移刚度分别 $S_{BE} = \dfrac{3i_{BE}}{l^2}$，$S_{CF} = \dfrac{3i_{CF}}{l^2}$。

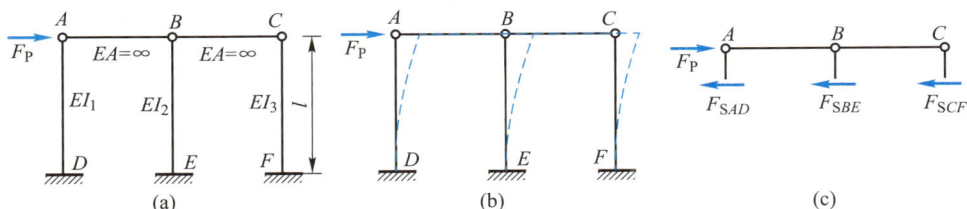

图 7-12  排架

由图 7-12(c)所示隔离体平衡条件，可得

$$F_P - F_{SAD} - F_{SBE} - F_{SCF} = 0 \qquad (7-6a)$$

或

$$F_P - F_S = 0 \qquad (7-6b)$$

式中：$F_S = F_{SAD} + F_{SBE} + F_{SCF}$，为所有杆件所承担的总剪力，称为层间剪力。将式(7-5)代入式(7-6a)可得

$$F_P - S_{AD}\Delta_1 - S_{BE}\Delta_1 - S_{CF}\Delta_1 = 0 \qquad (7-7)$$

求解上式可得

$$\Delta_1 = \frac{1}{S_{AD} + S_{BE} + S_{CF}} F_P \qquad (7-8)$$

将式(7-8)再代入式(7-5)，并注意到式(7-6b)，可得杆端剪力：

$$\begin{cases} F_{SAD} = \dfrac{S_{AD}}{S_{AD} + S_{BE} + S_{CF}} F_S \\[2mm] F_{SBE} = \dfrac{S_{BE}}{S_{AD} + S_{BE} + S_{CF}} F_S \\[2mm] F_{SCF} = \dfrac{S_{CF}}{S_{AD} + S_{BE} + S_{CF}} F_S \end{cases} \qquad (7-9)$$

与力矩分配法相似，记 $\mu_j = \dfrac{S_j}{\sum\limits_i S_i}$，称为**剪力分配系数**，则杆端剪力可表示为

$$F_{SAD} = \mu_{AD} F_S，\quad F_{SBE} = \mu_{BE} F_S，\quad F_{SCF} = \mu_{CF} F_S \qquad (7-10)$$

即各杆件所承担的剪力是按各杆件侧移刚度的大小来分配的，可以通过剪力分配系数和总剪力来计算，这种方法称为**剪力分配法**。一般只用于水平荷载作用下排架和框架柱的剪力计算。总剪力也称为层间剪力，一般通过平衡方程计算，如图 7-13 所示的框架结构，第 $i$ 层的层间剪力为

$$F_{Si} \approx \sum_{j=i}^{n} F_{Pj} \qquad (7-11)$$

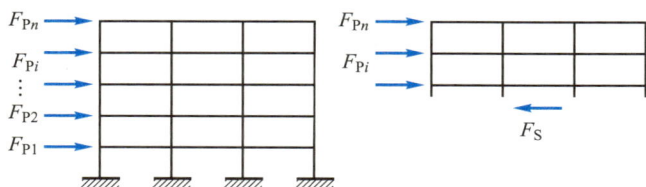

图 7 - 13　框架的层间剪力

计算各柱的剪力分配系数需先确定各柱的侧移刚度系数。侧移刚度系数的计算共有图 7 - 14 所示结构中的三根柱子所代表的三种情况:$AD$ 柱一端无转角、另一端为铰结点,侧移刚度系 $S = \dfrac{3i}{l^2}$;$BE$ 柱两端均无转角,侧移刚度系数为 $S = \dfrac{12i}{l^2}$;$CF$ 柱侧移刚度系数的确定要复杂一些,它的上端是刚结点,有转角,转角的大小与梁的刚度有关,那么侧移刚度的大小也与梁的刚度有关,若上端还连有其他杆件,那么还与这些杆件的刚度有关。实际确定这种柱的侧移刚度系数是在假设两端均无转角时的侧移刚度系数上通过乘以调整系数得到,即

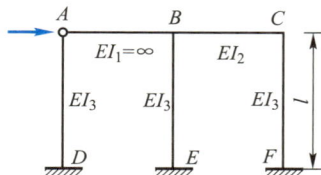

图 7 - 14　侧移刚度
系数的三种情况

$$S = \alpha \frac{12i}{l^2} \qquad (7 - 12)$$

式中:$\alpha$ 为考虑框架结点转动对柱侧移刚度系数影响的系数,它可根据两端所连接的梁柱刚度查表确定(限于篇幅表略,需要时可参阅《建筑结构抗震设计》教材)。有了各柱的侧移刚度系数,即可计算剪力分配系数并进行剪力分配。

【例题 7 - 8】　试求图 7 - 15(a)所示框架各柱的剪力。图中括号内的数字为杆件的相对线刚度。

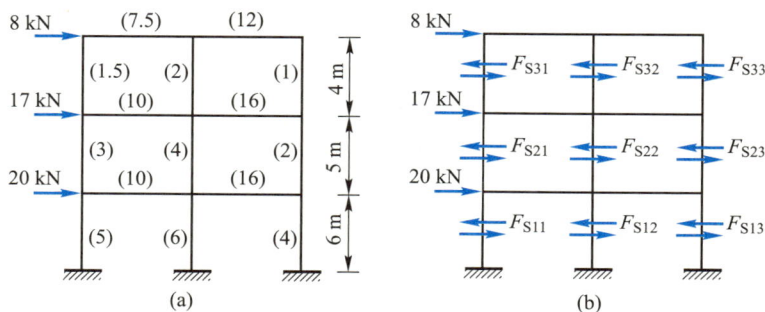

图 7 - 15　算例 7 - 8 图

【解】　因为梁的刚度比柱大许多,可近似地将梁看成是刚性的(当梁与柱的线刚度比大于 3 时,将梁看成刚性的误差一般不会超过 5%)。各柱侧移刚度系数按式(7 - 12)计算,因为两端均无转角,所以 $\alpha = 1$。

三层层间剪力:$F_{S3} = 8$ kN。

三层各柱剪力(从左至右):

$$\begin{cases} F_{S31} = \dfrac{S_{31}}{S_{31}+S_{32}+S_{33}}F_{S3} = \dfrac{1.5}{1.5+2+1}\times 8 \text{ kN} = 2.7 \text{ kN} \\[3mm] F_{S32} = \dfrac{S_{32}}{S_{31}+S_{32}+S_{33}}F_{S3} = \dfrac{2}{1.5+2+1}\times 8 \text{ kN} = 3.5 \text{ kN} \\[3mm] F_{S33} = \dfrac{S_{33}}{S_{31}+S_{32}+S_{33}}F_{S3} = \dfrac{1}{1.5+2+1}\times 8 \text{ kN} = 1.8 \text{ kN} \end{cases}$$

二层层间剪力:$F_{S2} = 25$ kN。

二层各柱剪力:$F_{S21} = 8.3$ kN,$F_{S22} = 11.1$ kN,$F_{S23} = 5.6$ kN。

一层层间剪力:$F_{S1} = 45$ kN。

一层各柱剪力:$F_{S11} = 15$ kN,$F_{S12} = 18$ kN,$F_{S13} = 12$ kN。

### 7-2-2 反弯点法

将柱中截面弯矩为零的点称为**反弯点**,该点是由某侧纤维受拉转向另一侧受拉的分界点。若该点位置已知,则截面弯矩值等于剪力乘以该截面到反弯点的距离。确定反弯点的位置也分为图 7-14 所示结构中三根柱所代表的三种情况:AD 柱的反弯点在铰接截面处;BE 柱两端均无转角,反弯点在中间;CF 柱的反弯点位置与上端截面的转角有关,实际计算时需根据柱子两端所连接的梁柱的刚度和柱子所在层数查表确定(表略)。

由柱子的反弯点位置和柱子的剪力作出柱子弯矩图后,再利用平衡条件和力矩分配的概念求梁端的截面弯矩,即可作出弯矩图。下面举例说明。

【算例 7-9】 试作算例 7-8 结构的弯矩图。已知:一般层因梁线刚度比柱大得多,可设反弯点高度为 $\dfrac{1}{2}$ 柱高。首层因梁线刚度比柱大得不多,可设反弯点高度为 $\dfrac{2}{3}$ 柱高。

【解】 在算例 7-8 中已求得各柱的剪力,由已知的反弯点高度可求出柱端截面的弯矩。将各柱在反弯点截面处截断,如图 7-16(a)所示,据此求出各柱端截面的弯矩为

三层:$\begin{cases} M_{ad} = M_{da} = 2.7 \text{ kN}\times 2 \text{ m} = 5.4 \text{ kN}\cdot\text{m} \\ M_{be} = M_{eb} = 3.5 \text{ kN}\times 2 \text{ m} = 7.0 \text{ kN}\cdot\text{m} \\ M_{ef} = M_{fe} = 1.8 \text{ kN}\times 2 \text{ m} = 3.6 \text{ kN}\cdot\text{m} \end{cases}$

二层:$\begin{cases} M_{dg} = M_{gd} = 8.3 \text{ kN}\times 2.5 \text{ m} = 20.8 \text{ kN}\cdot\text{m} \\ M_{eh} = M_{he} = 11.1 \text{ kN}\times 2.5 \text{ m} = 27.8 \text{ kN}\cdot\text{m} \\ M_{fi} = M_{if} = 5.6 \text{ kN}\times 2.5 \text{ m} = 14.0 \text{ kN}\cdot\text{m} \end{cases}$

首层:$\begin{cases} M_{gj} = 15 \text{ kN}\times 2 \text{ m} = 30.0 \text{ kN}\cdot\text{m},\ M_{jg} = 15 \text{ kN}\times 4 \text{ m} = 60.0 \text{ kN}\cdot\text{m} \\ M_{hk} = 18 \text{ kN}\times 2 \text{ m} = 36.0 \text{ kN}\cdot\text{m},\ M_{kh} = 18 \text{ kN}\times 4 \text{ m} = 72.0 \text{ kN}\cdot\text{m} \\ M_{il} = 12 \text{ kN}\times 2 \text{ m} = 24.0 \text{ kN}\cdot\text{m},\ M_{li} = 12 \text{ kN}\times 4 \text{ m} = 48.0 \text{ kN}\cdot\text{m} \end{cases}$

计算梁端截面的弯矩:当梁端结点上连接一根梁时,由结点平衡条件可计算梁端

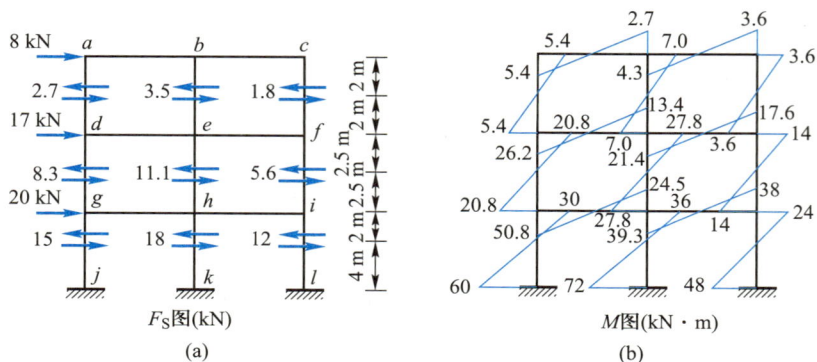

图 7-16　算例 7-9 图

截面的弯矩。当梁端结点上连接两根梁时,各梁端所承担的弯矩由弯矩分配系数确定。

$$
\begin{cases}
M_{ab} = M_{ad} = 5.4 \text{ kN} \cdot \text{m} \\
M_{ba} = \dfrac{7.5}{12+7.5} \times 7 \text{ kN} \cdot \text{m} = 2.7 \text{ kN} \cdot \text{m} \\
M_{bc} = \dfrac{12}{12+7.5} \times 7 \text{ kN} \cdot \text{m} = 4.3 \text{ kN} \cdot \text{m} \\
M_{de} = 5.4 \text{ kN} \cdot \text{m} + 20.8 \text{ kN} \cdot \text{m} = 26.2 \text{ kN} \cdot \text{m} \\
M_{ed} = \dfrac{10}{10+16} \times (7+27.8) \text{ kN} \cdot \text{m} = 13.4 \text{ kN} \cdot \text{m} \\
M_{fe} = \dfrac{16}{10+16} \times (7+27.8) \text{ kN} \cdot \text{m} = 21.4 \text{ kN} \cdot \text{m}
\end{cases}
$$

其余计算从略。

由各杆端弯矩即可作出弯矩图,如图 7-16(b)所示。

以上作弯矩图的方法称为**反弯点法**。当反弯点高度和侧移刚度系数需要查表确定时,此法即为 **D 值法**。

思　考　题

**7-1**　何谓固端弯矩?非结点荷载和结点力矩共同作用下,不平衡力矩该如何计算?

**7-2**　何谓转动刚度、分配系数、分配弯矩、传递系数、传递力矩?它们如何确定或计算?

**7-3**　不平衡力矩如何计算?为什么不平衡力矩要反号分配?为什么结点分配系数之和等于 1?

**7-4**　为什么多结点力矩分配法随分配、传递轮次的增加会趋于收敛?

**7-5**　多结点力矩分配过程中,如何选择首先放松刚臂约束的结点?

**7-6**　力矩分配法计算出杆端弯矩后,如何再计算各结点转角?

**7-7**　力矩分配法的求解前提是无结点线位移,为什么连续梁有支座已知位移时,结点有线位移,而仍然能用力矩分配法求解?

**7-8**　剪力分配法中的反弯点位置如何确定?

## 习　　题

**7-1** 试采用力矩分配法计算以下梁结构,绘制弯矩图。

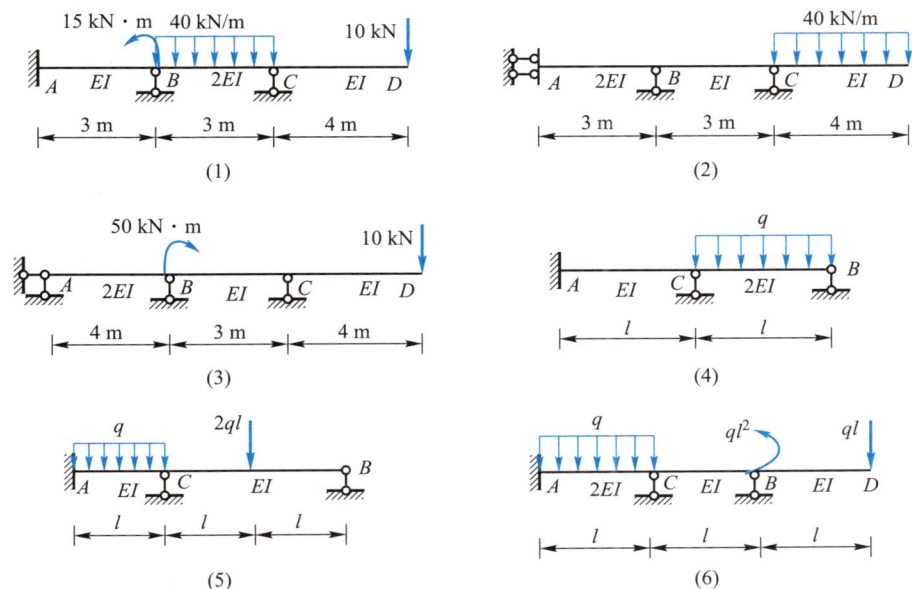

(1)

(2)

(3)

(4)

(5)

(6)

习题 7-1 图

**7-2** 试采用力矩分配法计算以下刚架结构,绘制弯矩图。

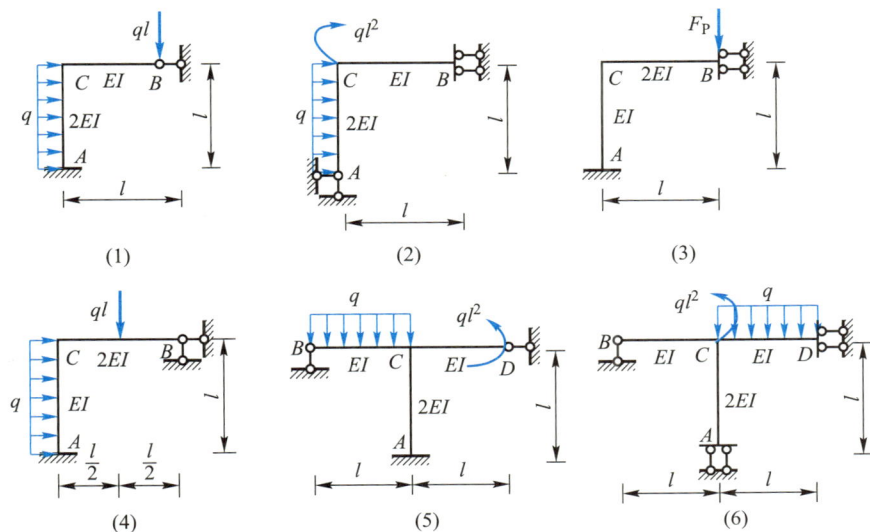

(1)

(2)

(3)

(4)

(5)

(6)

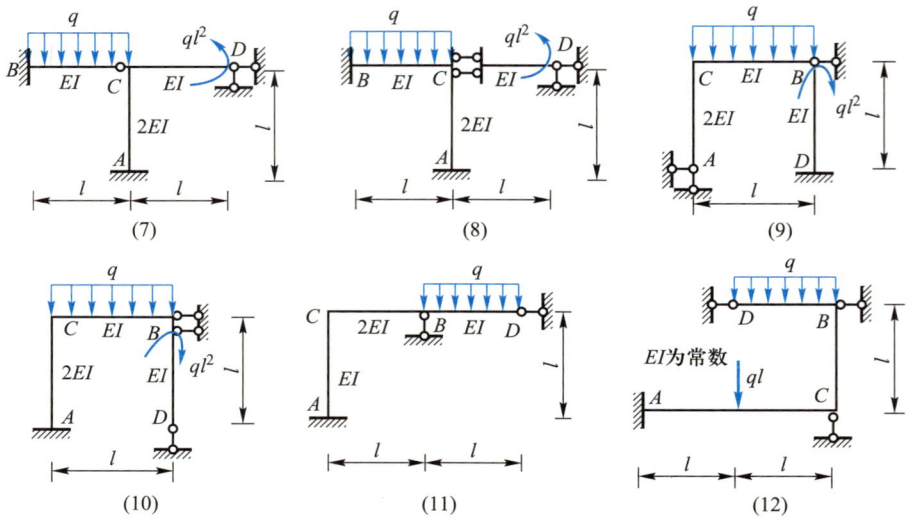

(7)

(8)

(9)

(10)

(11)

(12)

习题 7-2 图

**7-3** 试利用对称性采用力矩分配法计算以下刚架结构,绘制弯矩图。

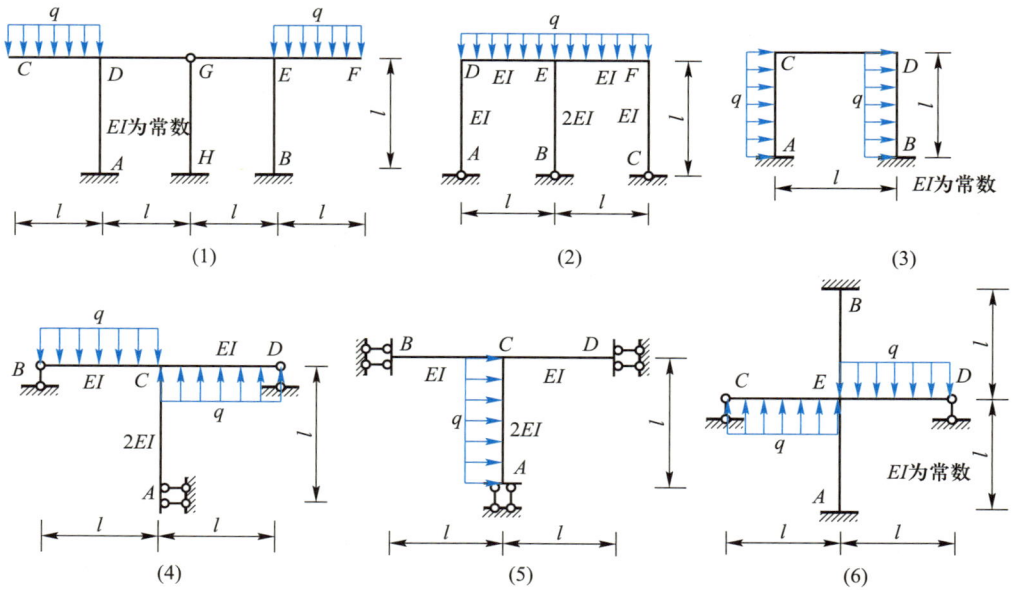

(1)

(2)

(3)

(4)

(5)

(6)

习题 7-3 图

**7 - 4**　试采用力矩分配法计算下列刚架结构,绘制弯矩图。

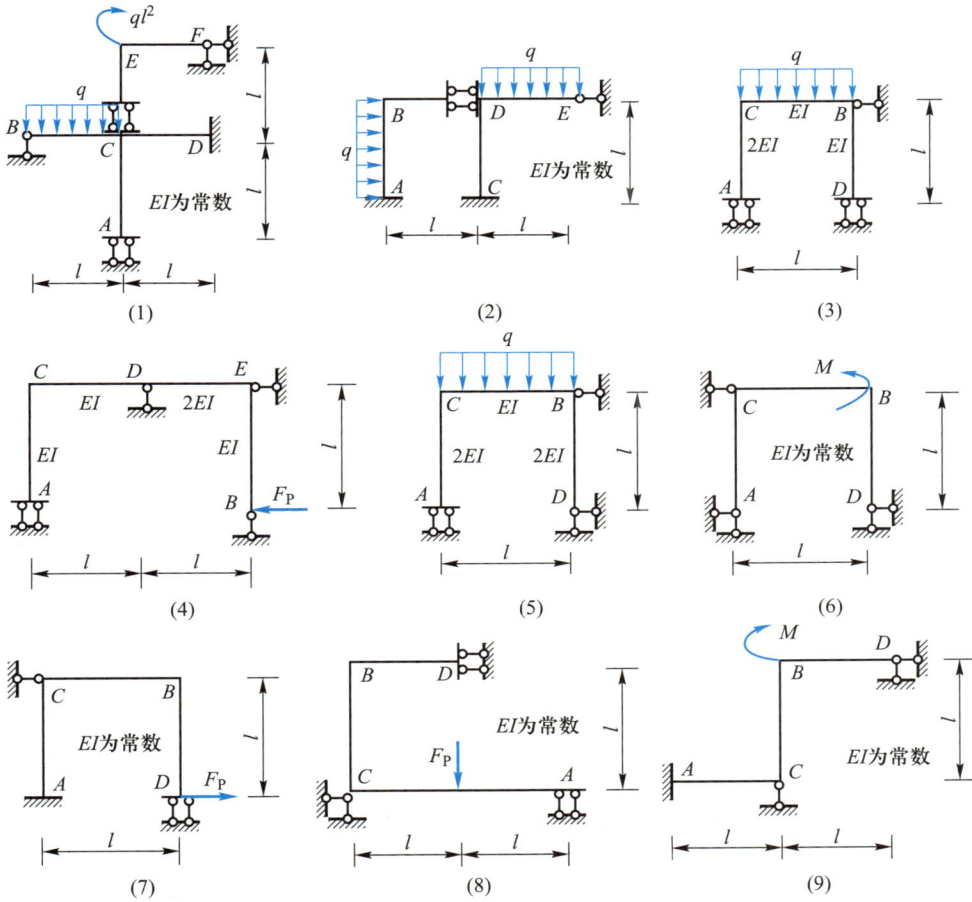

习题 7 - 4 图

# 第八章 影响线

前述各章节主要讲解大小、方向、作用点都固定不变的荷载作用下,结构的内力和变形特征及其计算方法,均属于固定荷载(或称静荷载)作用范畴。而实际工程中结构除承受固定荷载作用外,还常常承受大小、方向不变,作用位置改变的移动荷载作用,如道路上行驶的汽车荷载、厂房中可移动的吊车荷载、楼盖上的人群荷载等,有些移动荷载甚至是不确定的、随机的。结构在移动荷载作用下,其内力和变形均随荷载位置的移动而不断变化,因此需要掌握此类荷载作用引起的响应变化规律,以确保结构设计合理、可靠。为此,本章将重点讲解移动荷载作用下结构响应状态随荷载作用位置变动时的变化规律,包括支座约束力、内力、位移等响应。

## 8-1 影响线基本概念

**移动荷载**是指荷载的大小和方向不变,而作用位置可在结构上移动的荷载。移动荷载可以是一个,也可以由若干个大小和间距保持不变的竖向荷载组成,此时将其称为**移动荷载组**。如图 8-1 所示,在钢结构框架上移动的吊车荷载、行驶在路面的汽车荷载,对于钢梁、地面而言均为移动荷载(组)。

图 8-1 移动荷载示例

常见移动荷载一般都以移动荷载组的形式呈现,但为不失一般性且作为最基础的研究,可以从单一移动荷载作用下给定截面上某一响应的变化规律开始,并且取移动荷载为单位荷载,即 $F_P = 1$。**当单位移动荷载沿结构移动时,将对某一指定量值**

（如支座约束力、截面内力或者结点位移等）产生影响，该影响是与单位移动荷载所在位置有关的函数，如果用图形表达该函数，则能够反映量值的变化规律，该图形即称为影响线（influence line，缩写为 I. L. ）。

如图 8-2（a）所示受单位移动荷载 $F_P = 1$ 作用的简支梁，当 $F_P$ 移动至 $A$、$C$、$D$、$E$、$B$ 点时，支座 $A$ 的竖向约束力 $F_{Ay}$ 可依次求得为 $1$、$\frac{3}{4}$、$\frac{1}{2}$、$\frac{1}{4}$、$0$，方向均向上。此时，将各点处 $F_{Ay}$ 的量值用直线连接起来，所得图形即为支座约束力 $F_{Ay}$ 的影响线（简称 $F_{Ay}$ I. L. ），如图 8-2（b）所示。

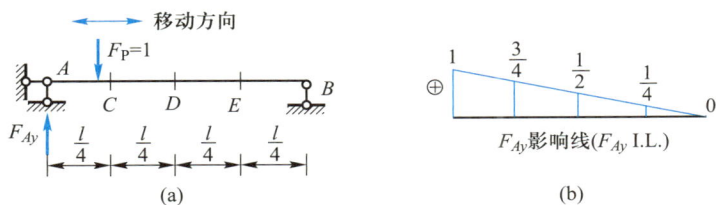

图 8-2　单位移动荷载与影响线

由于惯性力对结构的影响可忽略，因此未考虑移动荷载作用可能产生的动力效应。此外，如果已求得单位荷载作用下的某量值的影响线，根据叠加原理，可求得移动荷载组所引起的该量值的变化规律。

## 8-2　静力法作影响线

利用结构在移动荷载 $F_P = 1$ 作用下的求解方法（对静定结构用平衡条件，对于超静定结构用力法、位移法等），建立所求某物理量与荷载 $F_P = 1$ 位置间的函数关系式，即**影响系数方程**，然后由方程作出影响线，这一方法称为**静力法**。其具体步骤为：

（1）确定坐标系，以坐标 $x$ 表示荷载 $F_P = 1$ 的位置。

（2）将 $x$ 看成是不变的、$F_P = 1$ 看成是固定荷载，确定所求量的值即可得影响系数方程。如果 $x$ 在不同位置物理量具有不同的变化规律，则需分段建立影响系数方程。

（3）按影响系数方程作出影响线，标明正负号和控制点的纵坐标值。

### 8-2-1　静定结构影响线

以图 8-3（a）所示静定简支梁为例，讲解静力法作简支梁支座约束力、$C$ 处剪力和弯矩影响线的过程。

（1）**建立坐标系**：取 $A$ 点为坐标原点，$x$ 轴向右为正，单位荷载 $F_P = 1$ 在梁上移动，与 $A$ 点距离为 $x$。

（2）**建立支座约束力 $F_{By}$ 的影响系数方程**：取 $AB$ 杆件为隔离体，列 $A$ 点力矩平衡方程，可建立 $F_{By}$ 的影响系数方程：

$$\sum M_A = 0 \quad \Rightarrow \quad 1 \times x - F_{By} \times l = 0 \quad \Rightarrow \quad F_{By} = \frac{x}{l}(x \in [0, l])$$

（3）**建立支座约束力 $F_{Ay}$ 的影响系数方程：**取 $AB$ 杆件为隔离体，列 $B$ 点力矩平衡方程，可建立 $F_{Ay}$ 的影响系数方程：

$$\sum M_B = 0 \quad \Rightarrow \quad F_{Ay} \times l - 1 \times (l - x) = 0 \quad \Rightarrow \quad F_{Ay} = 1 - \frac{x}{l} (x \in [0, l])$$

（4）**建立 C 处剪力 $F_{SC}$ 的影响系数方程：**当 $F_P = 1$ 作用于 $C$ 点左侧时（$x \in [0, a]$），取 $BC$ 段为隔离体，可建立 $x \in [0, a]$ 范围内 $C$ 处剪力 $F_{SC}$ 的影响系数方程：

$$\sum F_y = 0 \quad \Rightarrow \quad F_{SC} = -F_{By} = -\frac{x}{l} (x \in [0, a])$$

当 $F_P = 1$ 作用于 $C$ 点右侧时（$x \in [a, l]$），取 $AC$ 段为隔离体，可建立 $x \in [a, l]$ 范围内 $C$ 处剪力 $F_{SC}$ 的影响系数方程：

$$\sum F_y = 0 \quad \Rightarrow \quad F_{SC} = F_{Ay} = 1 - \frac{x}{l} (x \in [a, l])$$

（5）**建立 C 处弯矩 $M_C$ 的影响系数方程：**与剪力影响线类似，$F_P = 1$ 作用于 $C$ 点左、右侧时弯矩 $M_C$ 的影响系数方程有所不同，建立 $C$ 处弯矩 $M_C$ 的影响系数方程：

$$\begin{cases} \sum M_C = 0 \quad \Rightarrow \quad M_C = F_{By} \times b = \dfrac{x}{l} b (x \in [0, a]) \\ \sum M_C = 0 \quad \Rightarrow \quad M_C = F_{Ay} \times a = a \times \left(1 - \dfrac{x}{l}\right) (x \in [a, l]) \end{cases}$$

（6）**根据影响系数方程作影响线：**简支梁支座约束力、$C$ 处剪力和弯矩的影响线分别如图 8-3（b）~（e）所示。

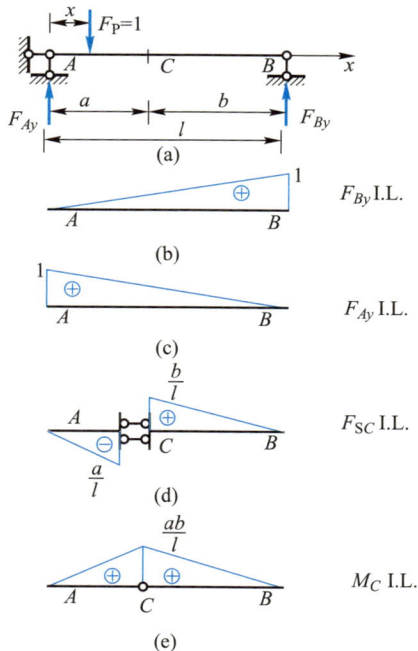

图 8-3　简支梁及其影响线

值得注意的是,绘制影响线时,**常将正值绘于基线以上,负值绘于基线以下,但在图上仍需标明正负号,**其中:支座约束力向上为正、向下为负,截面弯矩下侧受拉为正、上侧受拉为负,截面剪力引起结构顺时针转动(或者有这种趋势)为正、反之为负,杆件轴向受拉为正、受压为负。合理的影响线绘制常需关注**三个要素:正确的形状、关键点的控制值和正负号标注。**通过影响系数方程还可以看出,**影响线的量纲是结构指定量值的量纲和移动荷载的量纲之比,因此弯矩影响线的量纲为长度的量纲,剪力(或约束力)影响线的量纲为一。**

**【算例 8-1】** 采用静力法作图 8-4(a)所示结构 $A$、$B$ 支座竖向约束力影响线、刚结点 $C$ 弯矩影响线。

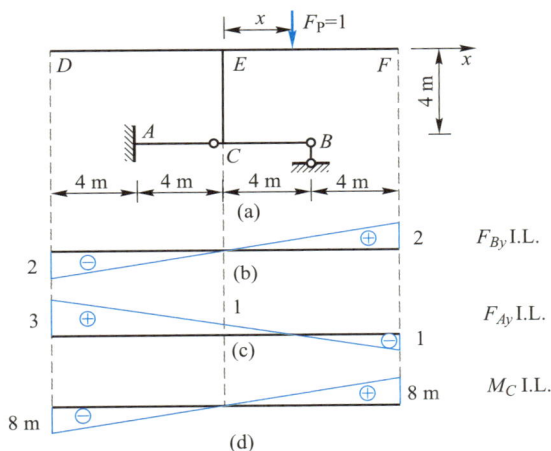

图 8-4 算例 8-1 图

**【解】** 建立坐标系:取 $E$ 为坐标原点,$x$ 轴向右为正,单位移动荷载 $F_P = 1$ 在 $DF$ 上移动,与 $E$ 点距离为 $x$。

建立结构 $B$ 支座约束力的影响线。取 $DEFCB$ 为隔离体,列 $C$ 点的弯矩平衡方程,可得 $F_{By}$ 的影响系数方程:

$$\sum M_c = 0 \quad \Rightarrow \quad 1 \times x - F_{By} \times 4 = 0 \quad \Rightarrow \quad F_{By} = 0.25x \, (x \in [-8 \text{ m}, 8 \text{ m}])$$

建立结构 $A$ 支座约束力的影响线。取全部结构为隔离体,列竖向力平衡方程,可得 $F_{Ay}$ 的影响系数方程:

$$\sum F_y = 0 \quad \Rightarrow \quad 1 - F_{Ay} - F_{By} = 0 \quad \Rightarrow \quad F_{Ay} = 1 - 0.25x \, (x \in [-8 \text{ m}, 8 \text{ m}])$$

建立结构 $C$ 结点弯矩的影响线。取 $CB$ 为隔离体,列 $C$ 点弯矩平衡方程,可得 $M_c$ 的影响系数方程:

$$\sum M_c = 0 \quad \Rightarrow \quad M_c - F_{By} \times 4 = 0 \quad \Rightarrow \quad M_c = 4F_{By} \, (x \in [-8 \text{ m}, 8 \text{ m}])$$

最后,根据影响系数方程绘制影响线图:相应影响线分别如图 8-4(b)~(d)所示。

### 8-2-2 超静定结构影响线

静力法作超静定结构的影响线时,为建立影响系数方程,需用力法、位移法等解超静定结构。下面用一简单算例加以说明。

**【算例8-2】** 试作图8-5(a)所示超静定梁固定端 $A$ 的约束力矩影响线。

**【解】** 采用力法建立影响系数方程。此梁为一次超静定结构,以 $A$ 端约束力矩为基本未知量 $X_1$,取简支梁作为力法基本结构,力法典型方程为

$$\delta_{11}X_1 + \Delta_{1P} = 0$$

其中:系数项和自由项可由图8-5(b)、(c)所示弯矩图自乘、互乘求得

$$\delta_{11} = \frac{l}{3EI},\ \Delta_{1P} = \frac{1}{6EI} \times \frac{(2l-x)(l-x)x}{l}$$

代入力法典型方程可得

$$M_A = X_1 = -\frac{(2l-x)(l-x)x}{2l^2}$$

根据这一影响系数方程即可作出影响线,如图8-5(d)所示。如果还要求其他内力、约束力的影响线,则可利用 $M_A$ 影响线由平衡方程建立相应量的影响系数方程而作出。如求 $B$ 支座约束力影响线,可建立如下方程:

$$\sum M_A = 0 \implies -F_{By} \times l + 1 \times x + M_A = 0$$

从而求得 $F_{By}$ 的影响系数方程如下,相应的影响线如图8-5(e)所示:

$$F_{By} = \frac{x + M_A}{l}$$

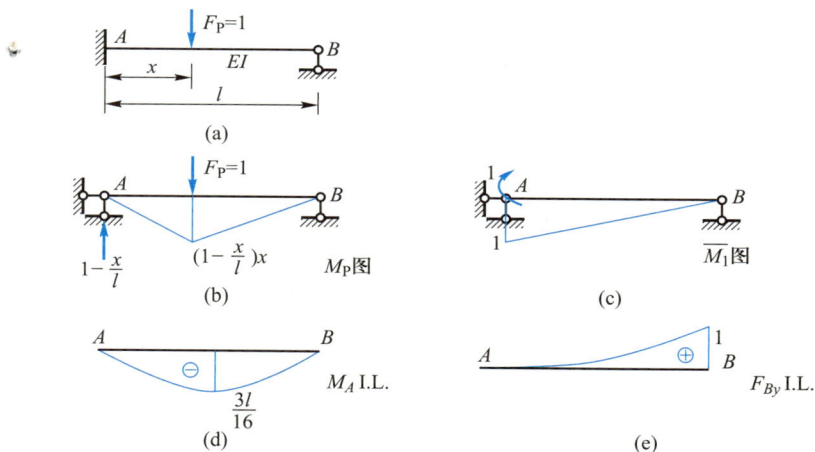

图8-5  算例8-2图

由于已经掌握了力法、位移法等超静定结构解法,因此任一 $n$ 次超静定结构,可以用 $n-1$ 次超静定结构作为基本结构。从这一点出发,用静力法作 $n-1$ 次超静定结构某量(内力、约束力等)影响线时,可用此量作为力法基本未知量,以 $n-1$ 次超静定结构作基本结构,利用力法概念(变形协调条件)建立力法典型方程:

$$\delta_{11}X_1 + \Delta_{1P} = 0 \ \text{或} \ X_1 = -\frac{\Delta_{1P}}{\delta_{11}} \tag{8-1}$$

得到影响线系数方程,从而作出该量的影响线。上式中: $\delta_{11}$ 是基本结构在单位广义力 $\overline{X}_1 = 1$ 作用下沿 $X_1$ 方向的位移, $\Delta_{1P}$ 是 $F_P = 1$ 位于选定坐标 $x$ 处时引起的 $X_1$ 方向的位移,都是超静定结构的位移。

## 8-3 机动法作影响线

### 8-3-1 机动法基本原理

**机动法又称为虚功法,**其原理是功的虚功原理。下面以作图 8-6(a)所示多跨静定梁和超静定梁 $k$ 截面的弯矩影响线为例加以说明。

为用虚功法作 $M_k$ 影响线,在 $k$ 截面处加铰,解除限制截面相对转动的约束,如图 8-6(b)所示。此时,静定梁变成单自由度系统,超静定梁变成一次(超静定次数比原来少一次)超静定梁。

为用虚功原理推导虚功法的作图规则,需建立平衡的力状态和协调的虚位移状态。其中平衡的力状态取 $F_P=1$ 作用下图 8-6(a)所示结构真实受力、变形状态,$M_k$ 是单位移动荷载下结构的真实弯矩,也就是弯矩影响系数。因此,这时结构的变形曲线在 $k$ 截面处是光滑连续的,如图 8-6(c)所示。

取解除 $M_k$ 对应约束后体系发生的相对虚位移 $\Delta_k$,以它作为协调的虚位移状态,如图 8-6(d)所示。这时,对静定梁是刚体虚位移,对超静定梁是变形虚位移。

由虚功原理(对静定梁是刚体虚位移原理,对超静定梁是功的互等定理)可得图 8-6(e)所示虚功方程,其中 $\Delta_{Pk}$ 为虚位移状态中对应于单位移动荷载 $F_P=1$ 的虚位移。

由图 8-6(e)所示虚功方程可得如下结论:

(1) 因为 $M_k = -\dfrac{\Delta_{Pk}(x)}{\Delta_k} = -\delta_{Pk}(x)$,所以解除物理量对应约束后的单位虚位移图

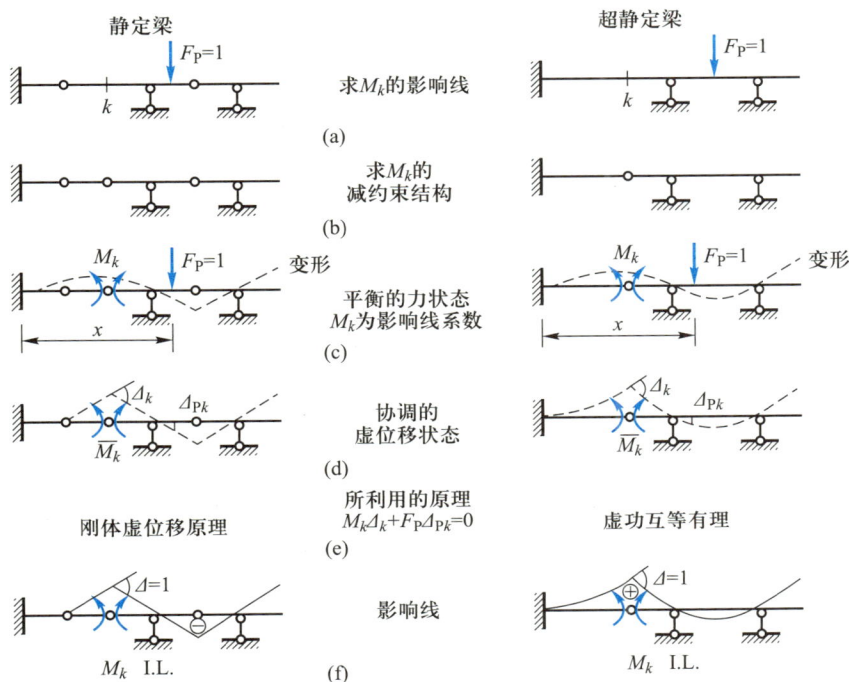

图 8-6 机动法原理图形说明

$\delta_{\mathrm{P}k}(x)$即为$M_k$影响线。**对静定结构为刚体虚位移图,对超静定结构为变形虚位移图。前者由直线段组成,后者超静定部分一般为曲线图形**,如图 8-6(f)所示。

（2）由$M_k = -\delta_{\mathrm{P}k}(x)$可见,$F_{\mathrm{P}} = 1$向下作用时,基线以下虚位移为正,故$M_k$影响线纵标为负;相反,基线以上$M_k$影响线纵标为正。

（3）由上述推证结果可得机动法作约束力、内力影响线步骤为:

① 根据需求作量$S$的影响线,解除与其对应的约束,代以所要求的量;

② 沿所求量的正向产生约束所允许的单位虚位移,作位移图;

③ 在虚位移图上标注符号和控制值(单位广义位移),即得所要求量的影响线。

**可见,采用机动法作影响线,实际上是基于虚功原理,通过解除,相应联系力将几何不变体系转换为几何可变体系(含局部可变),化未知"几何不变体系作联系力的影响线"为已知"几何可变体系(含局部可变)作联系力的影响线",然后在解除联系力处对应施加单位位移、判断几何可变体系(含局部可变)的形状改变,该形状改变的线型即为相应联系力的影响线。**

## 8-3-2　机动法作影响线算例

**【算例 8-3】**　采用机动法作图 8-7(a)所示结构$C$处内力影响线。

**【解】**　为用机动法作影响线,首先解除与需求影响线对应的约束:求约束力解除链杆、求弯矩加铰、求剪力加定向约束。

（1）$C$处弯矩$M_C$影响线

解除约束:解除$C$弯矩约束,在$C$处添加一个铰,在铰两侧添加弯矩$M_C$,如图 8-7(b)所示;

沿着力方向产生单位转角:在$C$铰产生相对转角 1(注意:虚位移转角为微小转角,表示一个单位微量转角),如图 8-7(c)所示;

标出控制点纵标:假设$AC$段产生逆时针转角$\alpha$、$BC$段产生顺时针转角$\beta$,则有如下关系。

$$\begin{cases} \alpha + \beta = 1 \\ \alpha \times a = \beta \times b \end{cases} \Rightarrow \begin{cases} \alpha = b/l \\ \beta = a/l \end{cases}$$

由此可计算:$C$处虚位移为$\alpha \times a = ab/l$,$D$处虚位移为$\beta \times 0.5l = 0.5a$。

影响线绘制:标识影响线正负号、添加图形说明,可得$M_C$影响线。

（2）$C$处剪力$F_{SC}$影响线

解除约束:解除$C$剪切约束,在$C$处添加一个定向约束,在链杆两侧添加剪力$F_{SC}$,如图 8-7(d)所示;

沿着力方向产生单位位移:在$C$链杆左侧产生向下、右侧产生向上的虚位移,两侧的相对竖向位移为 1,如图 8-7(d)所示。需要注意,由于定向节点为平行四边形,所以两侧产生的转角相同。

标出控制点纵标:假设$AC$段、$BC$段发生的转角均为$\alpha$,则

$$\alpha \times a + \alpha \times b = 1 \Rightarrow \alpha = \frac{1}{l}$$

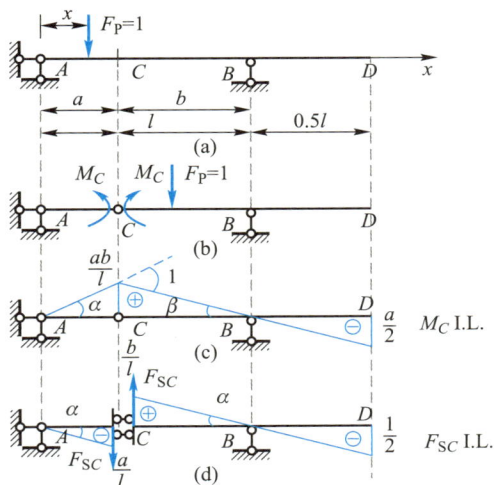

图 8－7 算例 8－3 图

由此,$C$ 左侧虚位移为 $\alpha \times a = \dfrac{a}{l}$,$C$ 右侧虚位移为 $\alpha \times b = \dfrac{b}{l}$,$D$ 处虚位移为 $\alpha \times$ $0.5l = 0.5$。

影响线绘制:标识影响线正负号、添加图形说明,可得 $F_{SC}$ 影响线。

**【算例 8－4】** 采用机动法作图 8－8(a)所示结构 $B$、$D$ 约束力影响线以及 $A$ 处弯矩、$D$ 处剪力影响线。

**【解】** (1) $B$ 支座约束力 $F_{By}$ 影响线

解除 $B$ 支座竖向约束,添加 $B$ 支座约束力 $F_{By}$,形成机构,在 $B$ 点产生向上的单位位移 1。$A$ 点、$C$ 点虚位移均为 1(向上);$CDE$ 杆绕 $D$ 点转动,影响线为斜线,求得 $E$ 点虚位移为 1(向下)。最后,得到 $F_{By}$ 影响线如图 8－8(b)所示。

(2) $D$ 支座约束力 $F_{Dy}$ 影响线

解除 $D$ 支座竖向约束,添加 $D$ 支座约束力 $F_{Dy}$,形成机构,在 $D$ 点产生向上的单位位移 1。$CDE$ 杆绕 $C$ 点转动,影响线为斜线,求得 $E$ 点虚位移为 2(向上);$ABC$ 杆是静定结构,不发生刚体位移。最后,得到 $F_{Dy}$ 影响线如图 8－8(c)所示。

(3) $A$ 弯矩 $M_A$ 影响线

解除 $A$ 定向支座的弯矩约束,添加 $A$ 支座弯矩 $M_A$,形成机构,$ABC$ 杆产生单位虚转角位移 1。$ABC$ 杆绕 $B$ 点转动,影响线为斜线,求得 $C$ 点虚位移为 4 m(向下);$CDE$ 杆绕 $D$ 点转动,影响线为斜线,根据 $C$ 点虚位移,可求得 $E$ 点虚位移为 4 m(向上)。最后,得到 $M_A$ 影响线如图 8－8(d)所示。

(4) $D$ 剪力 $F_{SD}$ 影响线

由于 $D$ 支座的影响,在支座左侧和右侧 $D$ 剪力 $F_{SD}$ 影响线不同。

作支座左侧 $F_{SD}$ 影响线时,解除 $D$ 左侧剪切约束,添加定向约束,在约束左侧产生向下、右侧产生向上的虚位移,两侧的相对竖向位移为 1;由于约束右侧支座的约束,虚位移为零,故左侧虚位移为 1;$CD$ 杆绕 $C$ 点转动,$DE$ 杆绕 $D$ 点转动,$CD$ 杆和 $DE$ 杆的转角相同,可求得 $E$ 点的虚位移为 1(向下);$ABC$ 杆为静定结构,不发生转动。由此,得到支座左侧 $F_{SD}$ 影响线如图 8-8(e)所示。

作支座右侧 $F_{SD}$ 影响线时,解除 D 右侧剪切约束,添加定向约束,在约束左侧产生向下、右侧产生向上的虚位移,两侧的相对竖向位移为 1;由于约束左侧是几何不变体系,虚位移为零,故右侧虚位移为 1;DE 杆发生向上的平动,E 点虚位移也为 1;ABC 杆、CD 杆组成基附型结构,不发生转动。由此,得到支座右侧 $F_{SD}$ 影响线如图 8-8(f)所示。

（5）讨论

本题为基附型结构,ABC 杆为基本部分、CDE 杆为附属部分。从上述分析可知,基本部分的内力（或支座约束力）的影响线是布满整个结构的,而附属部分的影响线仅分布在附属部分。其原因是,当单位移动荷载 $F_P = 1$ 作用在基本结构时,附属部分不受力;而单位移动荷载 $F_P = 1$ 作用在附属部分时,附属部分受力将传递至基本部分。

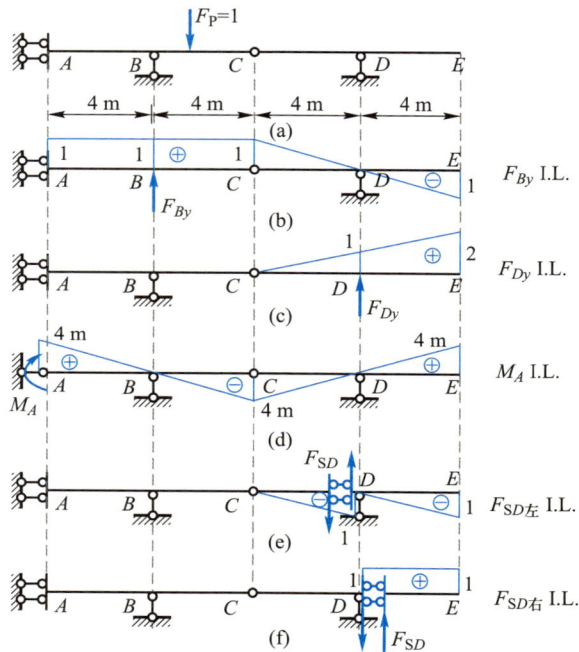

图 8-8 算例 8-4 图

【算例 8-5】 采用机动法作图 8-9(a)所示结构 $F_{Ay}$、$F_{Ey}$、$M_A$、$M_{CD}$、$F_{SCD}$、$F_{SED}$ 的影响线。

【解】 （1）A 支座约束力 $F_{Ay}$ 影响线

该结构为基附型结构,ABCD 杆为基本结构、DEF 杆为附属部分。解除 A 支座竖向约束,添加 A 支座约束力 $F_{Ay}$,形成机构,在 A 点产生向上的单位位移 1。对于 ABCD 杆,在竖向无约束,将产生向上的平动,$F_{Ay}$ 影响线在 B、C、D 的数值均为 1（向上）;DEF 杆绕 E 点转动,根据 D 点位移可求得 F 点虚位移为 1（向下）。最后,得到 $F_{Ay}$ 影响线如图 8-9(b)所示。

（2）E 支座约束力 $F_{Ey}$ 影响线

解除 E 支座竖向约束,添加 E 支座约束力 $F_{Ey}$,形成机构,在 E 点产生向上的单位位移 1。DEF 杆绕 D 点转动,影响线为斜线,求得 F 点虚位移为 2（向上）;ABCD

杆是静定结构,不发生刚体位移。最后,得到 $F_{Ey}$ 影响线如图 8－9(c)所示。

（3）$A$ 点弯矩 $M_A$ 影响线

解除 $A$ 定向支座的弯矩约束,添加 $A$ 支座弯矩 $M_A$,形成机构,$ABCD$ 杆产生转角位移1。$ABCD$ 杆绕 $A$ 点转动,影响线为斜线,$C$ 点、$D$ 点竖向虚位移分别为 $l$ 和 $2l$（向下）;$DEF$ 杆绕 $E$ 点转动,影响线为斜线,根据 $D$ 点虚位移,可求得 $F$ 点虚位移为 $2l$（向上）。最后,得到 $M_A$ 影响线如图 8－9(d)所示。

（4）$C$ 点弯矩 $M_{CD}$ 影响线

解除 $C$ 点右侧弯矩约束,添加铰结点,形成机构,铰产生相对转角位移1。对于 $ABCD$ 杆件,$ABC$ 段为静定结构,不发生平动或转动;$CD$ 段绕 $C$ 点转动,转角为1,影响线为斜线,求得 $D$ 点竖向虚位移为 $l$;$DEF$ 杆绕 $E$ 点转动,影响线为斜线,根据 $D$ 点虚位移,可求得 $F$ 点虚位移为 $l$（向上）。最后,得到 $M_{CD}$ 影响线如图 8－9(e)所示。

（5）$C$ 点剪力 $F_{SCD}$ 影响线

解除 $C$ 点右侧剪切约束,添加定向约束,形成机构,定向约束的相对竖向位移为1。对于 $ABCD$ 杆件,$ABC$ 段为静定结构,不发生平动或转动;$CD$ 段产生向上的平动,虚位移为1（向上）;$DEF$ 杆绕 $E$ 点转动,影响线为斜线,根据 $D$ 点虚位移,可求得 $F$ 点虚位移为1（向下）。最后,得到 $F_{SCD}$ 影响线如图 8－9(f)所示。

（6）$E$ 点剪力 $F_{SED}$ 影响线

解除 $E$ 点左侧剪切约束,添加定向约束,形成机构,在定向约束左侧产生向下、右侧产生向上的虚位移,两侧的相对竖向位移为1;由于定向约束右侧支座的约束,虚位移为零,故左侧虚位移为1;$DE$ 段绕 $D$ 点转动,$EF$ 杆绕 $E$ 点转动,$DE$ 段和 $EF$ 段的转角相同,可求得 $F$ 点的虚位移为1（向下）;$ABCD$ 杆不发生转动。由此,得到 $E$ 点左侧剪力 $F_{SED}$ 影响线如图 8－9(g)所示。

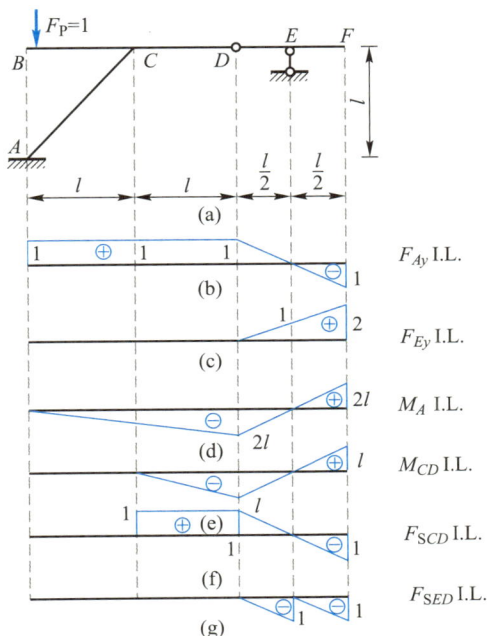

图 8－9　算例 8－5图

【算例 8-6】　试勾画图 8-10(a) 所示连续梁 $M_A$、$F_{By}$、$M_C$、$F_{SC左}$、$M_K$、$F_{SK}$ 影响线的外形。

【解】　与静定结构一样,首先解除和需求量影响线对应的约束。但因为是超静定结构,只解除一个约束,所得体系是静定或仍然是超静定的,因此该解除约束的体系不可能发生刚体位移,所谓单位虚位移图是指体系的变形图。要准确画出这个变形图需要大量的计算,因此机动法作超静定结构影响线,只要勾画出"正确的外形、必要的控制纵标和正负号"即可。

基于上述说明,根据需求影响线分别解除一个约束,把梁看成很柔软的杆件,并勾画出满足未解除约束处位移限制条件的变形虚位移图,由此即可得图 8-10(b)~(g) 所示连续梁的各个需求的影响线。需要指出的是,如图 8-10(f)、(g) 所示,因为悬臂部分是静定的,所以悬臂部分内力影响线仍然与静定结构一样是直线。非静定部分的内力、约束力影响线均为曲线。

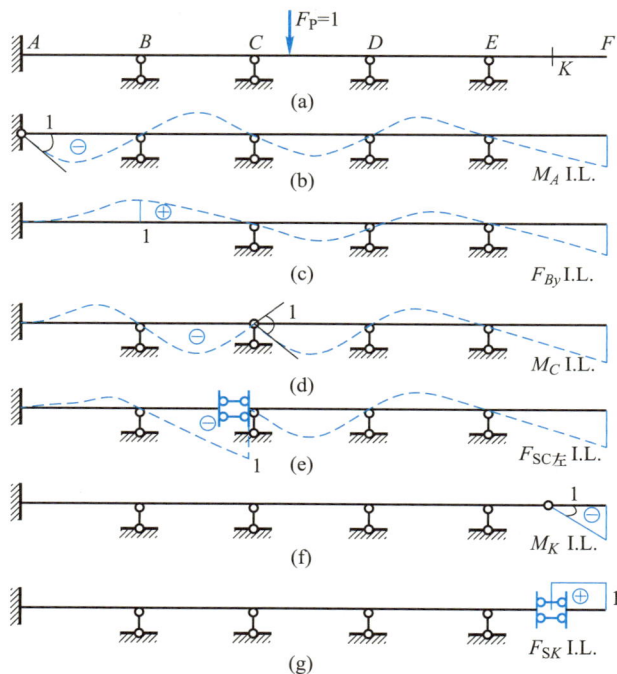

图 8-10　算例 8-6 图

# 8-4　间接荷载作用下的影响线

## 8-4-1　经结点传荷的主梁影响线

如图 8-11(a) 所示,在楼盖等结构中,移动荷载通常直接作用于板面上,荷载通过板传递给次梁,再通过次梁传递给主梁。通常将与结构直接接触而作用的荷载称为**直接荷载**,通过构件(次梁)间接传递而作用的荷载称为**间接荷载**。图 8-11(a) 所示楼盖的简化图如图 8-11(b)所示,单位荷载 $F_P = 1$ 相对于板面而言是直接荷载,相对于主梁而言是间接荷载。在荷载由板向主梁传递过程中,考虑到主梁刚度大于次梁、次梁刚度大于板,因而可忽略传力过程中的竖向位移,假定结点为竖向刚性传力,这种主梁承受的经由次梁传递结点力的荷载传递方式称为**结点传荷**。

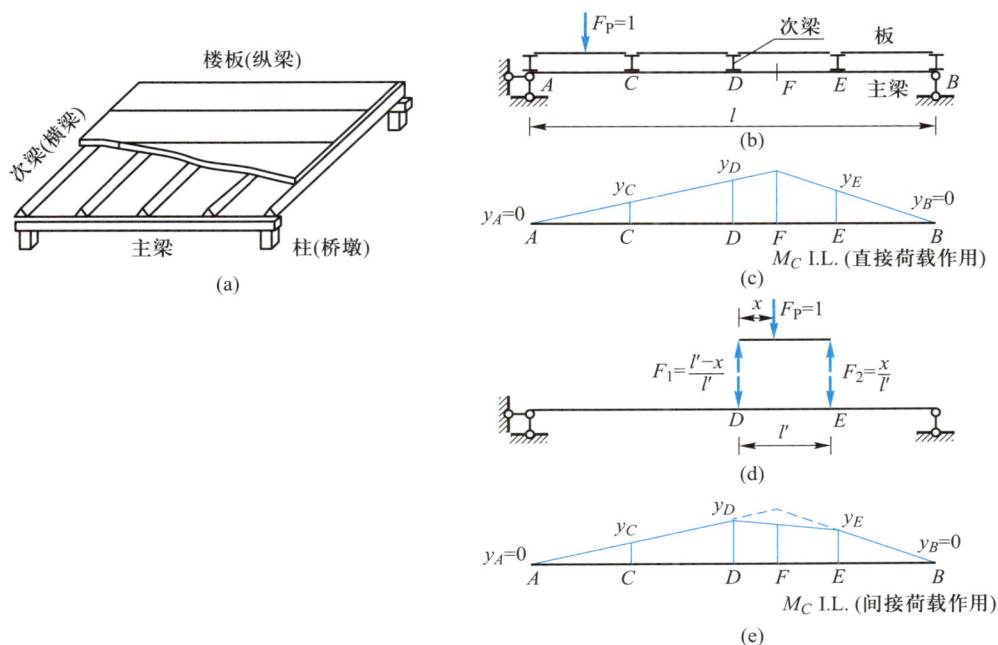

图 8-11  间接荷载作用下的影响线

以图 8-11(b)所示主次梁结构体系中主梁中间结点 $F$ 处的弯矩影响线为例,讲解间接荷载作用下的影响线作法。

首先,作出单位移动荷载 $F_P = 1$ 直接作用在主梁上的 $M_F$ 影响线,由影响线可知 $F_P = 1$ 移动至 $A$、$C$、$D$、$E$、$B$ 处时,截面 $F$ 的弯矩影响量值依次为 $0$、$y_C$、$y_D$、$y_E$、$0$,如图 8-11(c)所示。

其次,考虑单位移动荷载 $F_P = 1$ 作用在板上,存在两种情形:

(1)当单位荷载 $F_P = 1$ 移动至板与次梁相交的结点上时(如结点 $C$),荷载通过结点直接传递到主梁上,相当于荷载 $F_P = 1$ 直接作用在主梁上,此时其对截面 $F$ 的弯矩影响量值与直接荷载作用下的弯矩影响量值相同。

(2)当单位荷载 $F_P = 1$ 在板上结点之间移动时,如在相邻结点 $D$、$E$ 之间的板上移动,此时主梁将在 $D$、$E$ 结点处受到 $F_1$、$F_2$ 的作用,如图 8-11(d)所示。由于单位荷载直接作用在主梁 $D$、$E$ 结点时引起的截面 $F$ 的弯矩影响量值分别为 $y_D$、$y_E$,所以 $F_1$、$F_2$ 直接作用在主梁 $D$、$E$ 结点时引起的截面 $F$ 的弯矩影响量值应分别为 $F_1 \times y_D$、$F_2 \times y_E$。进一步,如果主梁上同时直接作用力 $F_1$、$F_2$,则引起的截面 $F$ 的弯矩影响量值应为

$$M_F = F_1 y_D + F_2 y_E = \left(1 - \frac{x}{l'}\right) \times y_D + \frac{x}{l'} y_E \quad (l' \text{为次梁间距})$$

由上式可知,当单位荷载 $F_P = 1$ 在结点 $D$、$E$ 之间的板上移动时,截面 $F$ 的弯矩影响量值发生线性变化,说明在主梁结点 $D$、$E$ 之间,间接荷载作用下的 $M_F$ 影响线应为直线,该直线即为 $D$、$E$ 结点弯矩影响量值 $y_D$、$y_E$ 的连线,如图 8−11(e) 所示。同理,其他相邻结点间的影响线亦为直线,直接连线即可得截面 $F$ 的弯矩影响线。

因此,**间接荷载作用下的影响线可按两步进行:首先,作出直接荷载作用下所求量值的影响线,标出各结点处该量值的竖标,如图 8−11(c) 中的 $y_C$、$y_D$ 等;其次,用直线依次连接相邻结点的竖标,即可得到间接荷载作用下的影响线。**

【**算例 8−7**】 采用机动法作图 8−12(a) 所示主次梁 $M_K$、$F_{SK}$、$F_{SC}$ 的影响线。

【**解**】 (1) $M_K$ 影响线

首先,绘制移动荷载直接作用于主梁上时的 $M_K$ 影响线,如图 8−12(b) 虚线所示;其次,确定结点处的影响线数值,其中 $F$ 点、$G$ 点不产生虚位移,数值为 0,其余结点可分别根据荷载直接作用于主梁上时的影响线确定;最后,连接各结点的影响线,可得 $M_K$ 影响线如图 8−12(b) 所示。

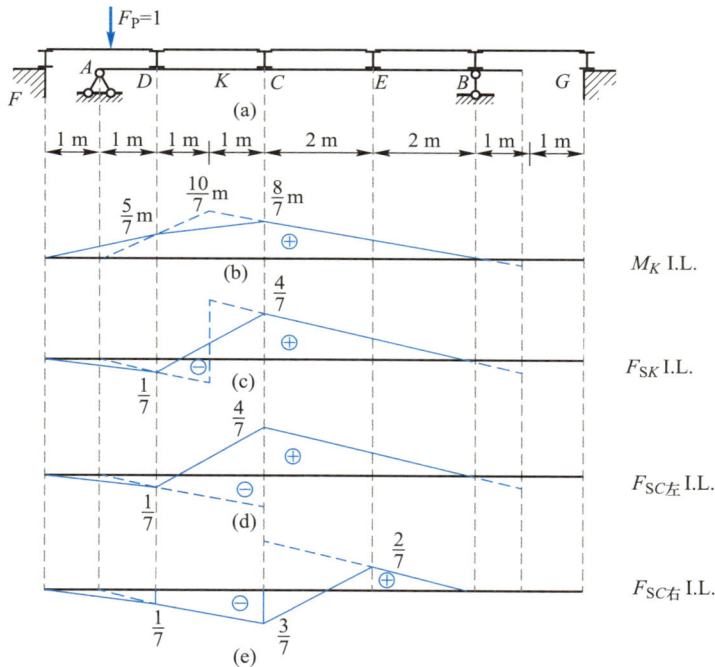

图 8−12 算例 8−7 图

(2) $F_{SK}$ 影响线

首先,绘制移动荷载直接作用于主梁上时的 $F_{SK}$ 影响线,如图 8−12(c) 虚线所示;其次,确定结点处的影响线数值,其中 $F$ 点、$G$ 点处数值为 0,其余结点可分别根据荷载直接作用于主梁上时的影响线确定;最后,连接各结点的影响线,可得 $F_{SK}$ 影响线如图 8−12(c) 所示。

(3) $F_{SC}$ 影响线

首先,绘制移动荷载直接作用于主梁上时 $F_{SC}$ 影响线,如图 8−12(d)、(e) 虚线所示;其次,确定结点处的影响线数值,其中 $F$ 点、$G$ 点处数值为 0,其余节点可分别根据荷载直接作用于主梁上时的影响线确定;最后,连接各结点的影响线,可得 $F_{SC}$ 影响线如图 8-12(d)、(e)所示。

**【算例 8-8】** 试勾画图 8-13(a)所示经结点传荷的连续梁 $M_A$、$F_{By}$、$M_1$ 影响线的外形。

**【解】** 与静定结构一样,首先作超静定的主梁承受直接荷载时的影响线,如图中虚线所示。然后将结点投影到主梁影响线或基线上,连接相邻投影点即可得到所要作的影响线,如图 8-13(b)~(d)所示。

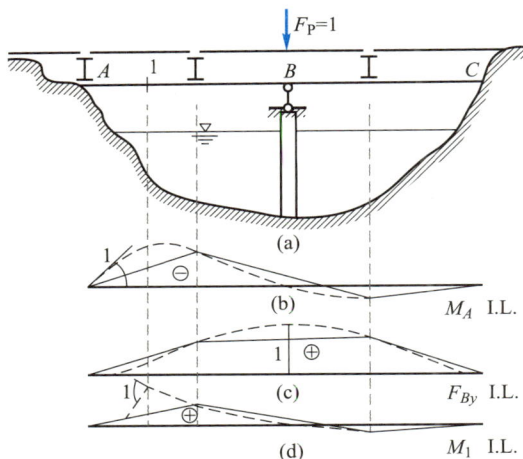

图 8-13 算例 8-8 图

对于超静定结构,除静定部分内力、约束力影响线外,图形一般都是曲线。但是,经结点传荷的连续梁等超静定结构,影响线仍然是直线。再次强调指出,要确定超静定结构影响线的纵坐标数值,手算工作量很大,为此可借助于计算机由应用程序计算确定或绘制。

### 8-4-2 静定桁架影响线

桁架承受的荷载一般是经过横梁传递到结点上的结点荷载,如图 8-14(a)所示。横梁放在上弦时,称为上弦承载;放在下弦时称为下弦承载。纵横梁一般可不画出来。

根据结点传荷时的影响线做法,只需求出影响线在各结点处的竖标,相邻竖标间连以直线即可。如图 8-14(a)所示桁架,若求右侧竖杆的轴力影响线,可将 $F_P=1$ 分别放在上面的 5 个结点上,求出该竖杆的轴力。不难看出,$F_P=1$ 在左边的 4 个结点上时,该杆轴力为零;$F_P=1$ 在右边结点上时,轴力为 -1。据此可画出该杆件的轴力影响线如图 8-14(b)所示。

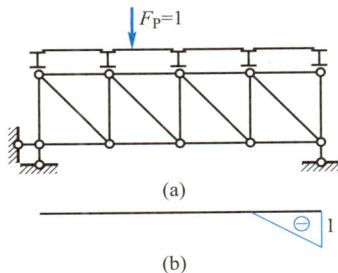

图 8-14 桁架右侧竖杆
轴力影响线

当结点较多时,这样逐点求值很不方便,先求影响系数方程再作影响线较为方便。用静力法可建立移动荷载位于某 $x$ 处时某指定约束力或内力的影响系数方程,然后再由此方程作影响线。因此,求影响系数方程和求恒载作用时指定杆件内力的方法完全相同。也就是根据具体桁架构造情况和所求影响线杆件位置选用结点法、截面法、联合法等建立影响系数方程。

【算例 8-9】　试作图 8-15(a)所示桁架结构中 1、2、3、4 杆件的轴力影响线,其中 $F_P = 1$ 在下弦移动。

【解】　对于图 8-15(a)所示梁式桁架,其支座约束力影响系数方程及影响线与简支梁相同,约束力 $F_{Ay}$、$F_{By}$ 的影响线如图 8-15(b)所示。

指定杆件内力影响系数方程建立的说明、对应的影响线等,示于图 8-16(c)~(f)中。

由图 8-15(f)和图 8-15(g)可见,有些杆件的轴力影响线在上弦承载和下弦承载时是不同的。因此,对所作影响线必须注明单位荷载在上弦还是在下弦移动。

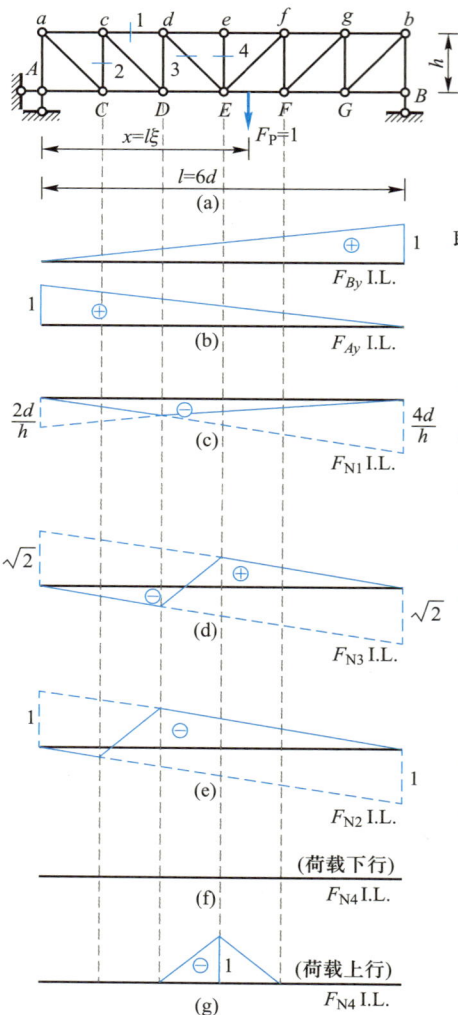

取整体为隔离体,得影响线方程:
$$\sum M_B = 0 \Rightarrow F_{Ay} = 1 - \xi$$
$$\sum M_A = 0 \Rightarrow F_{By} = \xi$$

单位荷载在 $CD$ 左侧,取右部为隔离体有:
$$\sum M_D = 0 \Rightarrow F_{N1} = -4dF_{By}/h$$
单位荷载在 $CD$ 右侧,取左部为隔离体有:
$$\sum M_D = 0 \Rightarrow F_{N1} = -2dF_{Ay}/h$$
单位荷载在 $CD$ 之间,连直线

单位荷载在 $DE$ 左侧,取右部为隔离体有:
$$\sum F_y = 0 \Rightarrow F_{N3} = -\sqrt{2}\,F_{By}$$
单位荷载在 $DE$ 右侧,取左部为隔离体有:
$$\sum F_y = 0 \Rightarrow F_{N3} = -\sqrt{2}\,F_{Ay}$$
单位荷载在 $DE$ 之间,连直线

单位荷载在 $CD$ 左侧,取右部为隔离体有:
$$\sum F_y = 0 \Rightarrow F_{N2} = F_{By}$$
单位荷载在 $CD$ 右侧,取左部为隔离体有:
$$\sum F_y = 0 \Rightarrow F_{N2} = -F_{Ay}$$
单位荷载在 $CD$ 之间,连直线

取 $e$ 结点,4 杆件为零杆

单位荷载在 $def$ 之外时:$F_{N4} = 0$
单位荷载在 $e$ 点时:$F_{N4} = -1$
单位荷载在 $de$、$ef$ 之间时,连直线

图 8-15　算例 8-9 图

## 8-5  影响线的应用

作影响线的主要目的,是解决结构在各种活荷载作用下设计所需物理量(约束力、内力等)最大值的计算。因此,在掌握了影响线绘制方法后,应进一步讨论影响线的应用。

### 8-5-1  利用影响线求固定荷载作用的量值

首先说明如果结构中某指定量 $S$(可以是约束力、弯矩、轴力、剪力等)的影响线已作出,如何利用影响线和叠加原理求出结构在各种固定荷载作用下的 $S$ 值。

**(1) 集中力作用情形**

如果结构上作用有若干集中力,量 $S$ 的影响线已作出,如图 8-16(a)所示。由于影响线纵坐标的物理意义是 $F_P=1$ 作用在该处时 $S$ 的大小,因此根据叠加原理可得

$$S = F_{P1}y_1 + F_{P2}y_2 + \cdots + F_{Pn}y_n = \sum_{i=1}^{n} F_{Pi}y_i \qquad (8-2)$$

当这些集中力 $F_{Pi}$ 作用于影响线的同一条直线段时,如图 8-16(b)所示,可用其合力 $F_R$ 代替,即

$$S = F_R y_0 \qquad (8-3)$$

式中:$y_0$ 为合力 $F_R$ 位置对应的影响线的纵坐标。读者可仿图乘法的推导思路证明上述结论。

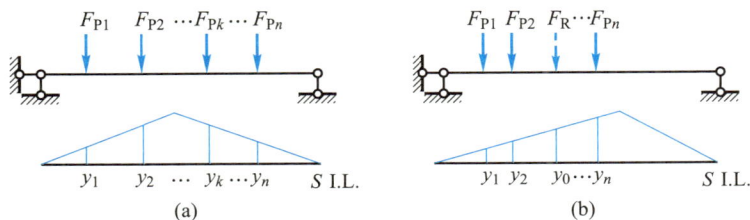

图 8-16  集中力引起的量值

**(2) 分布力作用情形**

图 8-17(a)所示为结构上作用有分布荷载 $q(x)$,图 8-17(b)为某物理量 $S$ 的影响线。将 $q(x)\mathrm{d}x$ 作为集中力,利用式(8-2)可得

$$S = \int_{x_1}^{x_2} q(x)y(x)\mathrm{d}x \qquad (8-4)$$

式中:$x_1$、$x_2$ 分别为分布荷载的起止坐标。若分布荷载为均布荷载($q$ 为常数),则上式变为

$$S = q\int_{x_1}^{x_2} y(x)\mathrm{d}x = qA \qquad (8-5)$$

式中:$A$ 为影响线对应的面积。当荷载作用区域对应的影响线是同一条直线段时,有与集中力作用情况相

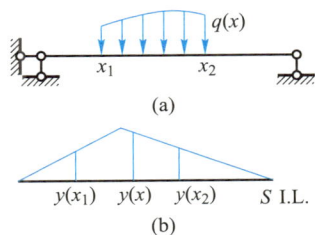

图 8-17  分布荷载
引起的量值

同的结论,也即式(8-3)成立。

当结构同时作用有集中荷载和分布荷载时,叠加原理同样适用,即分别计算对应于集中荷载和分布荷载引起的实际量值大小,然后再次叠加即可。

【算例 8-10】　计算图 8-18(a)所示结构 $F_{By}$、$F_{Ay}$、$M_{CB}$ 和 $M_A$ 的量值。

【解】　(1)作影响线:分别作 $F_{By}$、$F_{Ay}$、$M_{CB}$ 和 $M_A$ 影响线,如图 8-18(b)~(e)所示。

(2)计算量值,计算结果依次如下:

$$F_{By} = \left( -10 \times \frac{1}{2} \times 2 \times 8 + 50 \times 1 + 150 \times 2 \right) \text{ kN} = 270 \text{ kN}$$

$$F_{Ay} = \left[ 10 \times \frac{1}{2} \times (3+1) \times 8 + 50 \times 0 - 150 \times 1 \right] \text{ kN} = 10 \text{ kN}$$

$$M_{CB} = \left( -10 \times \frac{1}{2} \times 8 \times 8 + 50 \times 4 + 150 \times 8 \right) \text{ kN} \cdot \text{m} = 1\,080 \text{ kN} \cdot \text{m}$$

$$M_A = \left( -10 \times \frac{1}{2} \times 16 \times 8 + 50 \times 0 + 150 \times 4 \right) \text{ kN} \cdot \text{m} = -40 \text{ kN} \cdot \text{m}$$

上述计算结果与静定结构内力计算结果一致。

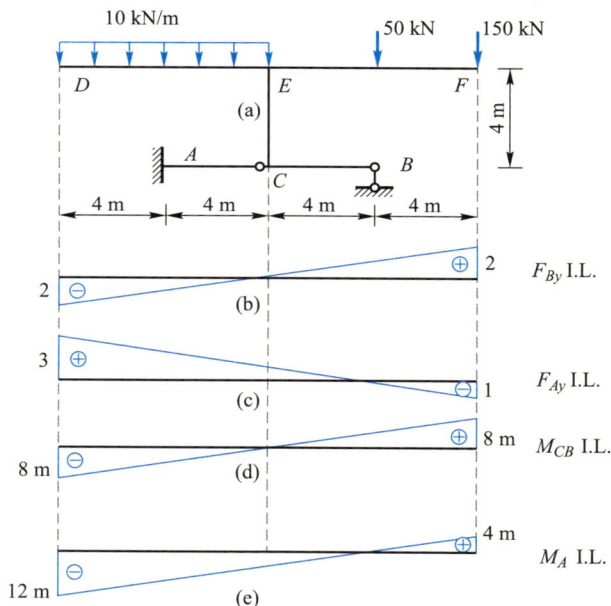

图 8-18　算例 8-10 图

## 8-5-2　利用影响线确定定位荷载最不利荷载分布

结构上作用的定位荷载是一种时有时无、可以任意分布的荷载,如雪荷载、人群荷载、货物荷载等。对应不同的荷载分布有不同的内力分布,使指定量达到最大或最小的荷载分布称为该物理量的**最不利荷载分布**。利用影响线可方便地确定最不利荷载分布。

图 8-19(a)所示伸臂梁在定位荷载作用下,根据分布力作用物理量计算方法,则 $K$ 截面弯矩 $M_K$ 的最不利荷载分布如图 8-19(b)、(c)所示,其中:图 8-19(b)所示定位荷载在影响线正的部分,为 $M_K$ 发生最大正弯矩的荷载分布;8-19(c)所示则为 $M_K$ 发生最大负弯矩(最小弯矩)的荷载分布。最不利荷载分布对应的最大和最小弯矩值可用式(8-5)计算。

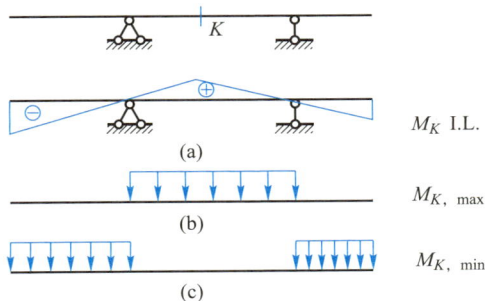

图 8-19　定位荷载作用下伸臂梁的最不利荷载分布

### 8-5-3　利用影响线确定移动荷载最不利位置

在结构上作用有移动荷载时,结构上指定物理量随荷载位置不同而有不同值,使该物理量达到最大或最小值(最大负值)时的荷载位置,称为该物理量的最不利荷载位置。

(1) 确定最不利荷载位置和最大值的基本思路

设移动荷载由一组集中力所组成,当其中 $F_{PK}$ 位于坐标 $x$ 时的物理量值为 $S$,则由式(8-2)可得

$$S = \sum_{i=1}^{n} F_{Pi} y_i$$

如果 $S$ 取极大值,则在移动荷载沿坐标方向前进或倒退微小距离 $\Delta x$ 时,$S$ 的增量必须小于或等于零,也即

$$\Delta S = \sum_{i=1}^{n} F_{Pi} \Delta y_i \leq 0$$

式中:$\Delta y_i$ 为荷载前进或倒退 $\Delta x$ 时第 $i$ 个集中力 $F_{Pi}$ 作用下影响线的竖标增量。同理,如果 $S$ 取极小值,则增量应该大于或等于零。

据此,移动荷载的最不利荷载位置和物理量的最大值,应该是所有可能产生极大值的位置中最大一个的位置和数值。

(2) 临界力及判别准则

假设某一物理量 $S$ 的影响线为一多边形,如图 8-20(a)所示,某一组集中移动荷载如图 8-20(b)所示。由于 $S = \sum_{i=1}^{n} F_{Pi} y_i$,$S$ 取极值时应有某一个力 $F_{PK}$ 位于影响线纵坐标的顶点处,如图 8-20(c)所示。荷载向右、向左移动 $\Delta x$ 后影响线的直线段合力作用情形如图 8-20(d)、(e)所示。增量 $\Delta y_i$ 可用影响线各直线的倾角 $\alpha_i$ 表示为 $\Delta y_i = \Delta x \tan \alpha_i$。

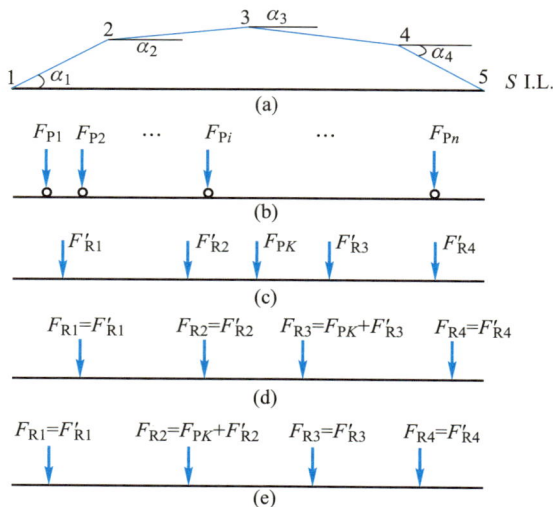

图 8-20 多边形影响线判别准则推导示意图

由图 8-20 可知,要使 $S$ 为极大值,必须满足

$$\Delta x > 0(\text{向右}),\ \Delta S = \Delta x \sum_{i=1}^{4} F_{Ri} \tan \alpha_i \leq 0 ,\ \text{即}\ \sum_{i=1}^{4} F_{Ri} \tan \alpha_i \leq 0 \qquad (8-6a)$$

$$\Delta x < 0(\text{向左}),\ \Delta S = \Delta x \sum_{i=1}^{4} F_{Ri} \tan \alpha_i \geq 0 ,\ \text{即}\ \sum_{i=1}^{4} F_{Ri} \tan \alpha_i \geq 0 \qquad (8-6b)$$

式(8-6)表明,在移动荷载向左、向右移动时,$\sum_{i=1}^{4} F_{Ri} \tan \alpha_i$ 应该改变符号,这就是判别最不利位置的准则。需要指出的是,$\alpha_i$ 逆时针为正。式(8-6)仅是极值条件,为求得物理量的最大值,需要对满足最不利荷载位置判别准则的情况进行试算,对比所得到的结果,找出最大值。

如果 $F_{PK}$ 位于影响线顶点能满足判别准则,则称这个力 $F_{PK}$ 为**临界力** $F_{Pcr}$,与其对应的移动荷载位置称为**临界荷载位置**。

基于上述分析可得如下推论:

(1)与极小值对应的判别条件是

$$\Delta x < 0\ \text{时},\ \sum_i F_{Ri} \tan \alpha_i \leq 0;\Delta x > 0\ \text{时},\ \sum_i F_{Ri} \tan \alpha_i \geq 0$$

(2)当影响线为三角形时,如图 8-21 所示,如果将顶点一侧合力除以对应的基线长度称为等效均布荷载集度,则作为多边形影响线临界荷载判别准则的特例,三角形影响线判别准则为:$F_{PK}$ 归于顶点哪一侧,哪一侧的等效均布荷载集度便大于(或等于)另一侧,即

$$\Delta x > 0,\ \frac{F_{R左} + F_{PK}}{a} \geq \frac{F_{R右}}{b} \qquad (8-7a)$$

$$\Delta x < 0,\ \frac{F_{R左}}{a} \leq \frac{F_{PK} + F_{R右}}{b} \qquad (8-7b)$$

式中:$F_{R左}$、$F_{R右}$ 分别为 $F_{PK}$ 位于影响线顶点时 $F_{PK}$ 左侧的合力、右侧的合力,$a$、$b$ 分别为影响线顶点到左、右两端的距离。

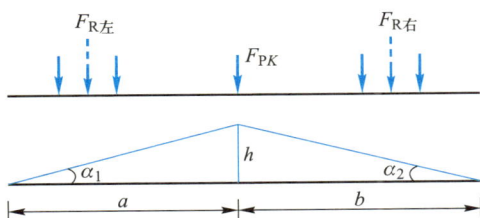

图 8 - 21　三角形影响线临界荷载判别准则示意图

（3）最不利位置确定及最大值计算举例

【算例 8 - 11】　某结构承受的移动荷载（列车）作用如图 8 - 22（a）所示,图 8 - 22（b）所示为物理量 $S$ 的影响线,试求荷载最不利位置和 $S$ 的最大值。

【解】　（1）首先考虑列车由左向右开行（$\Delta x > 0$）的情形。将 $F_{P4}$ 放在影响线最高顶点,荷载布置如图 8 - 22（c）所示。

按式（8 - 6）计算 $\sum F_{Ri}\tan\alpha_i$,由图 8 - 22（b）可知

$$\tan\alpha_1 = \frac{1}{8}, \tan\alpha_2 = -\frac{0.25}{4}, \tan\alpha_3 = -\frac{0.75}{6}$$

荷载右移:

$$\sum F_{Ri}\tan\alpha_i = (F_{P5} + 5\text{ m}\times q)\tan\alpha_1 + (F_{P4} + F_{P3} + F_{P2})\tan\alpha_2 + F_{P1}\tan\alpha_3$$
$$= 15.875\text{ kN} > 0$$

因此,$F_{P4}$ 不是临界荷载,此时 $\Delta S > 0$,欲使 $S$ 增加,荷载还需右移。

将 $F_{P5}$ 放在影响线最高点,荷载布置如图 8 - 22（d）所示。

荷载右移（$\Delta x > 0$）:

$$\sum F_{Ri}\tan\alpha_i = 6.5\text{ m}\times q\tan\alpha_1 + (F_{P5} + F_{P4} + F_{P3})\tan\alpha_2 + (F_{P2} + F_{P1})\tan\alpha_3$$
$$= -21.5\text{ kN} < 0$$

荷载左移（$\Delta x < 0$）:

$$\sum F_{Ri}\tan\alpha_i = (6.5\text{ m}\times q + F_{P5})\tan\alpha_1 + (F_{P4} + F_{P3})\tan\alpha_2 + (F_{P2} + F_{P1})\tan\alpha_3$$
$$= 19.75\text{ kN} > 0$$

因此,$F_{P5}$ 是临界荷载。

经判别验证,其他力 $F_{Pi}$ 均不是临界荷载。由此,对应图 8 - 22（d）所示临界位置,利用式（8 - 2）和式（8 - 5）即可算得 $S$ 的最大值为

$$S = 92\times0.5\times6.5\times0.813\text{ kN} + 220\times(1 + 0.906 + 0.813 + 0.688 + 0.5)\text{ kN}$$

$$= 1\ 102\text{ kN}$$

（2）考虑列车由右向左开行的情形（$\Delta x < 0$）。将 $F_{P4}$ 放在影响线最高顶点,荷载布置如图 8 - 22（e）所示。

荷载右移（$\Delta x > 0$）:

$$\sum F_{Ri}\tan\alpha_i = (F_{P1} + F_{P2} + F_{P3})\tan\alpha_1 + (F_{P4} + F_{P5} + q\times1\text{ m})\tan\alpha_2 + q\times6\text{ m}\times\tan\alpha_3$$
$$= -19.75\text{ kN} < 0$$

荷载左移（$\Delta x < 0$）:

$$\sum F_{\mathrm{R}i} \tan \alpha_i = (F_{\mathrm{P}1} + F_{\mathrm{P}2} + F_{\mathrm{P}3} + F_{\mathrm{P}4}) \tan \alpha_1 + (F_{\mathrm{P}5} + q \times 1 \text{ m}) \tan \alpha_2 + q \times 6 \text{ m} \times \tan \alpha_3$$
$$= 21.5 \text{ kN} > 0$$

因此，$F_{\mathrm{P}4}$ 是临界荷载。

经判别验证，其他力均不是临界荷载。由此，对应图 8–22(e) 所示临界位置，算得 $S$ 的最大值为 1 110 kN。

比较左行与右行所得到的 $S$ 值，可见 $S_{\max} = 1\ 110$ kN。最不利荷载分布如图 8–22(e) 所示。

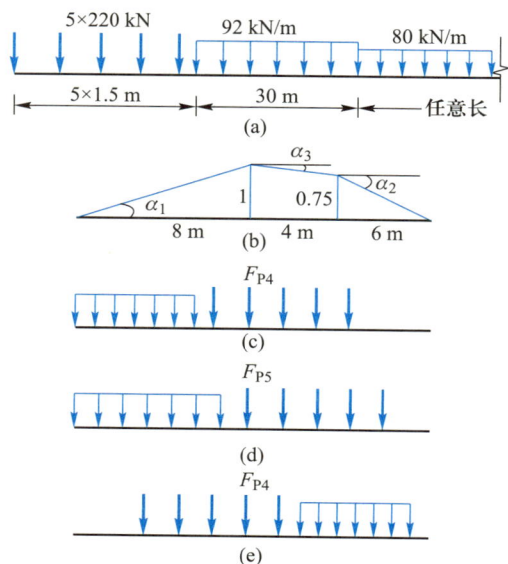

图 8–22　算例 8–11 图

【算例 8–12】　计算图 8–23(a)所示简支梁截面 $K$ 弯矩的最不利荷载位置。

【解】　首先作出影响线如图 8–23(b)所示，然后利用三角形影响线的判别准则作如下临界荷载判别：

$$F_{\mathrm{P}1}: \begin{cases} \dfrac{2 \text{ kN}}{6 \text{ m}} < \dfrac{4.5 \text{ kN}}{10 \text{ m}} \\[2mm] \dfrac{(2+4.5) \text{ kN}}{6 \text{ m}} > \dfrac{0}{10 \text{ m}} \end{cases} \text{（是临界荷载）} \qquad F_{\mathrm{P}3}: \begin{cases} \dfrac{3 \text{ kN}}{6 \text{ m}} < \dfrac{(7+2+4.5) \text{ kN}}{10 \text{ m}} \\[2mm] \dfrac{(7+3) \text{ kN}}{6 \text{ m}} > \dfrac{(2+4.5) \text{ kN}}{10 \text{ m}} \end{cases} \text{（是临界荷载）}$$

$$F_{\mathrm{P}2}: \begin{cases} \dfrac{7 \text{ kN}}{6 \text{ m}} > \dfrac{6.5 \text{ kN}}{10 \text{ m}} \\[2mm] \dfrac{(2+7) \text{ kN}}{6 \text{ m}} > \dfrac{4.5 \text{ kN}}{10 \text{ m}} \end{cases} \text{（不是临界荷载）} \quad F_{\mathrm{P}4}: \begin{cases} \dfrac{0}{6 \text{ m}} < \dfrac{(7+2+3) \text{ kN}}{10 \text{ m}} \\[2mm] \dfrac{3 \text{ kN}}{6 \text{ m}} < \dfrac{(2+7) \text{ kN}}{10 \text{ m}} \end{cases} \text{（不是临界荷载）}$$

根据临界荷载位置，如图 8–23(c)、(d)所示，计算荷载位置对应的影响线纵坐标，如图 8–23(b)所示。最后计算与临界荷载 $F_{\mathrm{P}1}$ 和 $F_{\mathrm{P}3}$ 相对应的 $M_K$ 值为

$$M_K^1 = F_{\mathrm{P}1} \times 3.75 \text{ m} + F_{\mathrm{P}2} \times 1.25 \text{ m} = 19.375 \text{ kN} \cdot \text{m}$$

$$M_K^3 = F_{\mathrm{P}1} \times 0.38 \text{ m} + F_{\mathrm{P}2} \times 1.88 \text{ m} + F_{\mathrm{P}3} \times 3.75 \text{ m} + F_{\mathrm{P}4} \times 1.25 \text{ m} = 35.47 \text{ kN} \cdot \text{m}$$

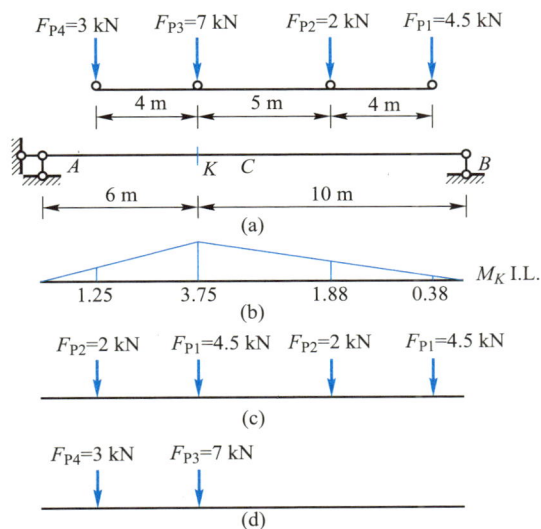

图 8 - 23　算例 8 - 12 图

由此试算结果可得 $M_K$ 的最大值为

$$M_{K,\max} = 35.47 \text{ kN} \cdot \text{m}$$

$M_K$ 的最不利荷载位置如图 8 - 23(d)所示。

### 8 - 5 - 4　包络曲线与绝对最大弯矩

在恒载和活载共同作用下,由结构各截面的最大、最小内力连接而成的曲线称为内力包络曲线。内力包络曲线由两条曲线构成,分别为最大值包络曲线和最小值包络曲线。内力包络曲线表示在设计荷载作用下结构各截面内力的变化范围,是结构设计的重要依据。

作梁的内力包络曲线时,首先将梁沿跨度划分为若干个等分点,利用影响线求最不利荷载的方法计算每个等分点的最大、最小内力;然后将计算得到的结果用光滑的曲线连接,即得到梁的内力包络曲线。内力包络曲线的计算比较复杂,可采用结构分析软件进行计算,比如 PKPM、Midas 等。

弯矩包络曲线中绝对值最大的弯矩称为绝对最大弯矩。对于等截面梁,产生绝对最大弯矩的截面为最危险截面。以下简要分析如图 8 - 24 所示简支梁的绝对最大弯矩。假设简支梁的最大弯矩发生在 $K$ 截面,$K$ 截面的弯矩影响线如图 8 - 24 所示。当简支梁取绝对最大弯矩时,某个集中荷载必然作用于影响线的最大竖标处,即为临界荷载。假设该临界荷载为 $F_{cr}$,设其与简支梁 $A$ 支座的距离为 $x$,与行列荷载合力 $F_R$ 的距离为 $a$,如图 8 - 24 所示。对 $B$ 支座列力矩平衡方程有

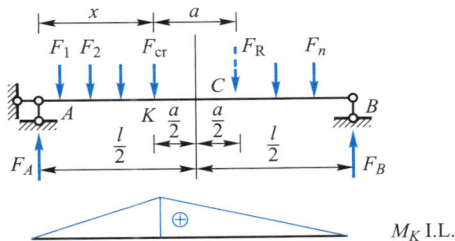

图 8 - 24　简支梁绝对最大弯矩

$$F_A = \frac{F_R}{l}(l - x - a)$$

则 $K$ 截面的弯矩可计算为

$$M_K = F_A x - M_K^L = \frac{F_R}{l}(l - x - a)x - M_K^L$$

式中：$M_K^L$ 为 $F_K$ 左侧所有荷载对 $F_K$ 作用点的弯矩代数和，该值为常数。因此，$M_K$ 是一个关于 $x$ 的二次函数，其最大值及对应的条件分别为

$$\begin{cases} M_{K,\max} = \dfrac{F_R}{l}\left(\dfrac{l}{2} - \dfrac{a}{2}\right)^2 - M_K^L \\ x = \dfrac{l}{2} - \dfrac{a}{2} \end{cases}$$

以此将每个力作为临界荷载进行计算得到极值，再取所有极值的包络值，即得到绝对最大弯矩。在应用上式时，需要注意在计算临界荷载 $F_K$ 时，如果有荷载移入或移出作用范围，则合力 $F_R$ 和距离 $a$ 要重新计算。

经验表明，绝对最大弯矩总是发生在跨中截面附近，使得跨中截面发生弯矩最大值的临界荷载常常也是发生绝对最大弯矩的临界荷载。因此可用跨中截面最大弯矩的临界荷载代替绝对最大弯矩的临界荷载。实际计算时可按下述步骤进行：

（1）求出能使跨中截面发生弯矩最大值的全部临界荷载。

（2）对每一临界荷载确定梁上 $F_R$ 和相应的 $a$，然后计算可能的绝对最大弯矩。

（3）从这些可能的最大值中找出最大的，即为所求绝对最大弯矩。其中：

$$M_{K,\max} = \frac{F_R}{l}\left(\frac{l}{2} - \frac{a}{2}\right)^2 - M_K^L$$

式中：$M_K^L$ 表示 $F_{PK}$ 左侧梁上各力对 $F_{PK}$ 作用点的力矩之和。

**【算例 8-13】**　计算图 8-25 所示简支梁的绝对最大弯矩。

**【解】**　移动荷载的合力为 150 kN。假设 50 kN 为临界荷载，计算得到 $a = 8/3$ m；根据 $M_1^L = 0$，可得

$$M_{1,\max} = \frac{150 \text{ kN}}{12 \text{ m}}\left(\frac{12 \text{ m}}{2} - \frac{8/3 \text{ m}}{2}\right)^2 - 0 = 27.2 \text{ kN} \cdot \text{m}$$

假设 100 kN 为临界荷载，可得 $a = -4/3$ m，根据 $M_1^L = 50 \text{ kN} \times 4 \text{ m} = 200 \text{ kN} \cdot \text{m}$，可得

$$M_{1,\max} = \frac{150 \text{ kN}}{12 \text{ m}}\left(\frac{12 \text{ m}}{2} + \frac{4/3 \text{ m}}{2}\right)^2 - 200 \text{ kN} \cdot \text{m} = 355.56 \text{ kN} \cdot \text{m}$$

由于 355.56 kN·m > 27.2 kN·m，临界荷载应为 100 kN，因而该简支梁的绝对最大弯矩为 355.56 kN·m。

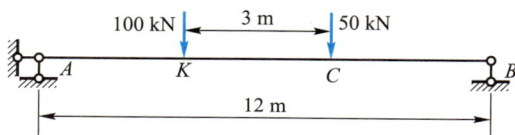

图 8-25　算例 8-13 图

## 思　考　题

**8-1** 影响线横坐标和纵坐标的物理意义是什么？

**8-2** 影响线与内力图有何不同？求内力的影响系数方程与求内力有何区别？

**8-3** 在什么情况下影响系数方程必须分段列出？

**8-4** 各物理量影响线的量纲是什么？

**8-5** 用静力法和机动法作影响线有何不同？

**8-6** 若移动荷载为集中力偶,能用影响线解决吗？

**8-7** 简支梁任一截面剪力影响线左、右两支为什么一定平行？截面处两个突变纵坐标的含义是什么？

**8-8** 为何可以利用影响线来求得恒载作用下的内力？

**8-9** 影响线的应用条件是什么？

**8-10** 某组移动荷载下简支梁绝对最大弯矩与跨中截面最大弯矩有多大差别？

**8-11** "超静定结构内力影内线一定是曲线",这种说法对吗？为什么？

**8-12** 何谓最不利荷载位置？三角形影响线的临界荷载如何判别？

**8-13** 非三角形影响线的临界荷载位置如何判别？

**8-14** 内力包络图与内力图、影响线有何区别？三者各有何用途？

## 习　　　　题

**8-1** 试用静力法作以下梁结构中指定量值的影响线。

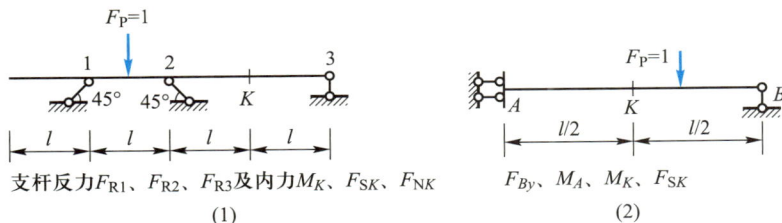

支杆反力$F_{R1}$、$F_{R2}$、$F_{R3}$及内力$M_K$、$F_{SK}$、$F_{NK}$

(1)

$F_{By}$、$M_A$、$M_K$、$F_{SK}$

(2)

习题 8-1 图

**8-2** 试作图示刚架 $M_J$、$F_{NJ}$、$M_K$、$F_{SK}$ 的影响线。$F_P = 1$ 在 $CE$ 上移动。

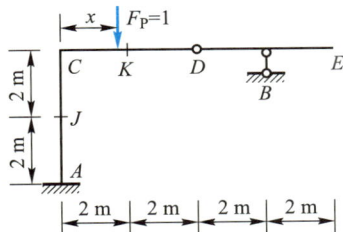

习题 8-2 图

**8-3** 试用静力法作图示结构指定量值的影响线。

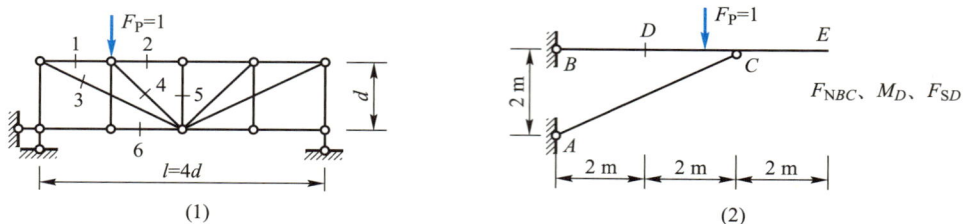

(1)

(2)

**8-4** 试用机动法作以下梁结构中指定量值的影响线。

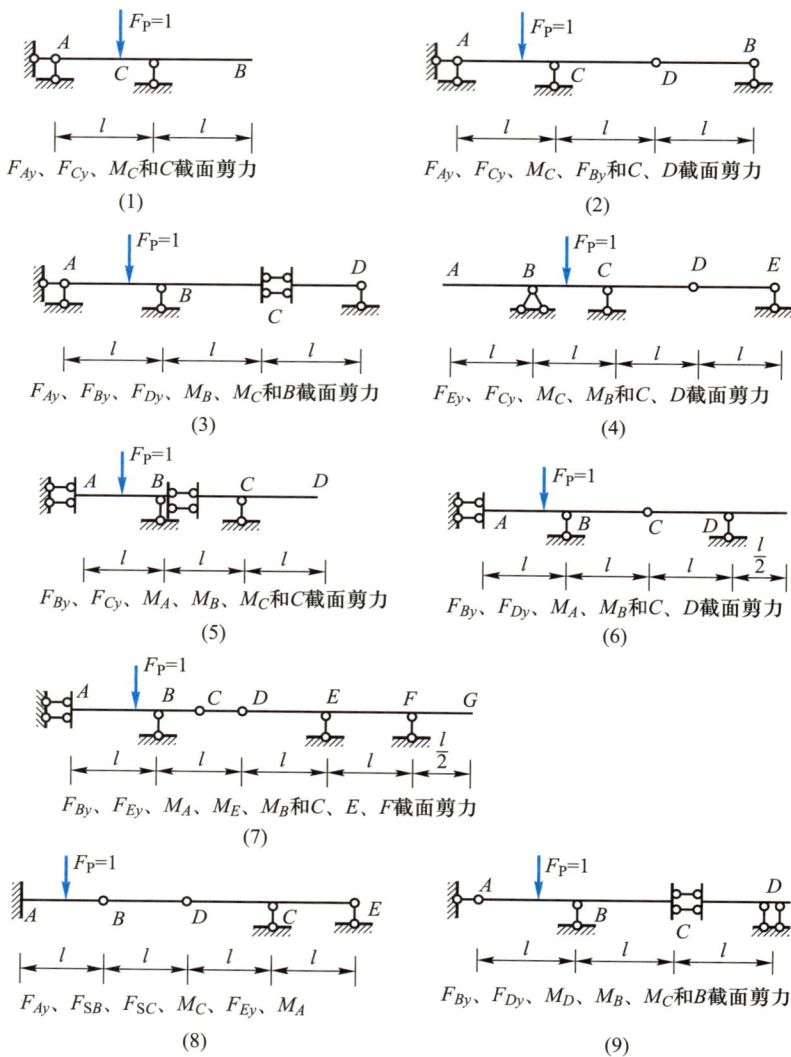

$F_{Ay}$、$F_{Cy}$、$M_C$ 和 $C$ 截面剪力

(1)

$F_{Ay}$、$F_{Cy}$、$M_C$、$F_{By}$ 和 $C$、$D$ 截面剪力

(2)

$F_{Ay}$、$F_{By}$、$F_{Dy}$、$M_B$、$M_C$ 和 $B$ 截面剪力

(3)

$F_{Ey}$、$F_{Cy}$、$M_C$、$M_B$ 和 $C$、$D$ 截面剪力

(4)

$F_{By}$、$F_{Cy}$、$M_A$、$M_B$、$M_C$ 和 $C$ 截面剪力

(5)

$F_{By}$、$F_{Dy}$、$M_A$、$M_B$ 和 $C$、$D$ 截面剪力

(6)

$F_{By}$、$F_{Ey}$、$M_A$、$M_E$、$M_B$ 和 $C$、$E$、$F$ 截面剪力

(7)

$F_{Ay}$、$F_{SB}$、$F_{SC}$、$M_C$、$F_{Ey}$、$M_A$

(8)

$F_{By}$、$F_{Dy}$、$M_D$、$M_B$、$M_C$ 和 $B$ 截面剪力

(9)

**8 – 5**　试作以下结构中指定量值的影响线。

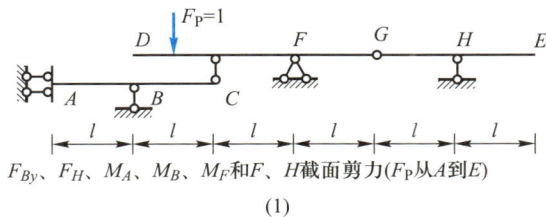

$F_{By}$、$F_H$、$M_A$、$M_B$、$M_F$和$F$、$H$截面剪力($F_P$从$A$到$E$)

(1)

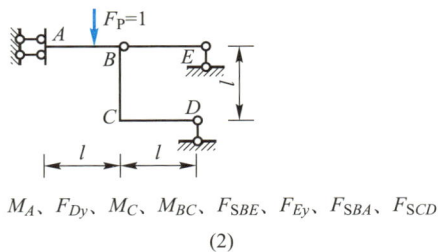

$M_A$、$F_{Dy}$、$M_C$、$M_{BC}$、$F_{SBE}$、$F_{Ey}$、$F_{SBA}$、$F_{SCD}$

(2)

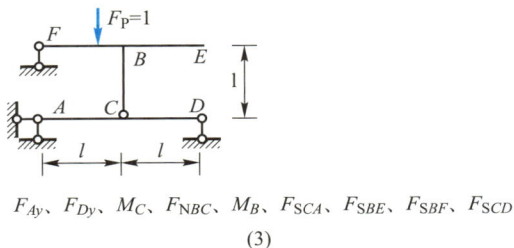

$F_{Ay}$、$F_{Dy}$、$M_C$、$F_{NBC}$、$M_B$、$F_{SCA}$、$F_{SBE}$、$F_{SBF}$、$F_{SCD}$

(3)

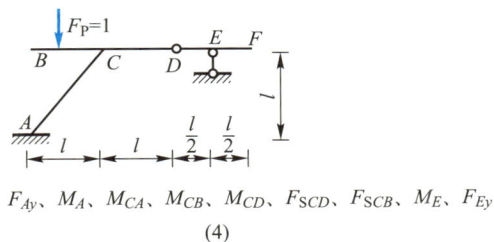

$F_{Ay}$、$M_A$、$M_{CA}$、$M_{CB}$、$M_{CD}$、$F_{SCD}$、$F_{SCB}$、$M_E$、$F_{Ey}$

(4)

习题 8 – 5 图

**8 – 6**　间接荷载作用下,试作图示结构中指定量值的影响线。

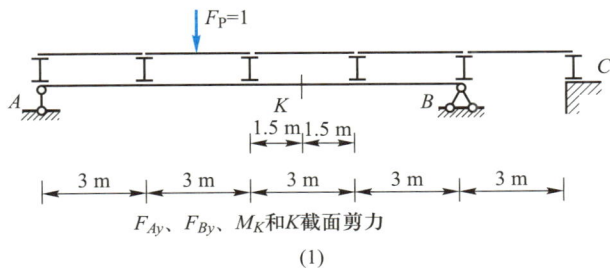

$F_{Ay}$、$F_{By}$、$M_K$和$K$截面剪力

(1)

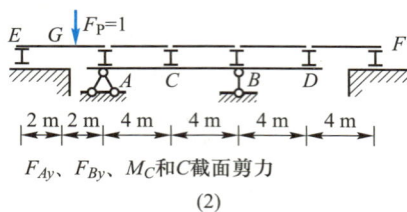

$F_{Ay}$、$F_{By}$、$M_C$和C截面剪力

(2)

习题 8-6 图

**8-7** 试求图示吊车梁在两台吊车移动中,跨中截面最大弯矩。$F_{P1} = F_{P2} = F_{P3} = F_{P4} = 324.5$ kN。

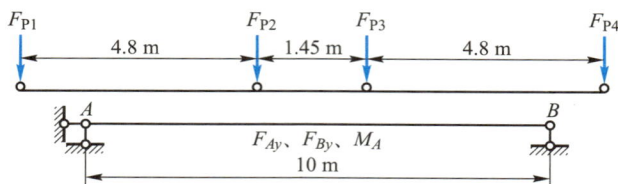

习题 8-7 图

**8-8** 试求在图示移动荷载作用下,桁架杆件 $a$ 的内力最小值。

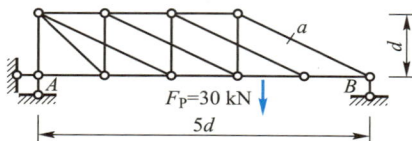

习题 8-8 图

**8-9** 试求图示简支梁在移动荷载作用下截面 $K$ 的最大正剪力和最大负剪力。

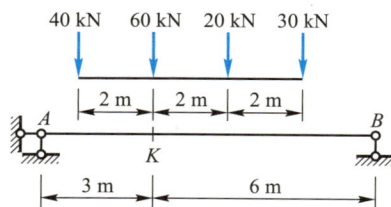

习题 8-9 图

**8-10** 试求图示连续梁在可动均布荷载 $q = 30$ kN/m 作用下,截面 $K$ 的最大弯矩和最小弯矩。(提示:利用对称性。)

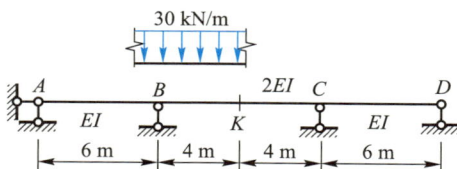

习题 8-10 图

# 第九章 矩阵位移法

随着经济社会发展,大型化、复杂化的工程结构(高层和超高层建筑、大跨度桥梁等)不断涌现。传统结构力学分析方法(力法、位移法)受制于庞大的计算量,逐渐凸显弊端(虽然发展出了许多近似计算方法——如第七章中概要介绍的力矩分配法和剪力分配法,但是人工计算仍有很大的工作量,且并非结构的精确解),因此不得不寻求更加高效且精确的计算方法。

得益于 20 世纪中叶以来电子计算机技术的迅猛发展,结构分析方法和手段取得了根本性变革。**矩阵位移法**是以结构位移为基本未知量,采用计算机进行各种杆系结构受力、变形计算的统一方法,既是杆系结构分析的工具,也是有限单元法等数值分析方法的基础。本章重点讲解矩阵位移法的求解原理与过程,为进一步学习结构分析软件等进行结构设计打下基础。

## 9–1  概述

第六章介绍的位移法,不管是用平衡方程法建立位移法方程,还是用典型方程法建立位移法方程,其基本思路都是:**以结构结点位移作为基本未知量,将要分析的结构拆成已知结点力-结点位移关系的单跨梁集合,通过强令结构发生待定的基本未知位移,在各个单跨梁受力分析结果的基础上,通过保证结构平衡建立位移法的线性代数方程组,从而求得基本未知量**。显然,当位移未知量数目很大时,方程的建立和手工求解都是十分困难的。然而,如果将位移法的上述思想加以推广,以矩阵这一数学工具进行推演,采用计算机程序作数值解算,这就是本章要介绍的矩阵位移法。**矩阵位移法**顾名思义它仍是位移法,即以结点位移为基本未知量,通过建立平衡方程建立位移法方程组,但以矩阵分析为基础。

用矩阵位移法解算杆系结构时,仍然是以结点位移为基本未知量。因此,首先用**结点**将结构转化成**单元集合体**。**对于杆系结构,一般结点可取杆件的交汇点、截面的变化点、支承点,有时也以集中荷载的作用点作为结点,而所谓单元则为两结点间的等截面直线杆段**。通过确定结点和单元,就可把一个杆系结构分解成由一系列等截面直杆(单元)组成的集合体。这实际就是位移法**"拆"**的过程,在矩阵位移法中一般称为**"结构离散"**。

对于曲杆、连续变截面等结构,为了实现将其拆成等直单元的目的,如图 9–1 所示需要首先作如下近似处理:**以一系列短的直杆代替曲杆、以短的等截面直杆组成的阶状变截面杆代替连续变截面杆**。这样处理后,就可以按上述原则确定结点将其拆成单元了。显然,这样处理的计算结果是近似的,计算精度取决于划分单元的多少。

根据位移法思想,用矩阵位移法解算杆系结构时,主要应解决以下问题:

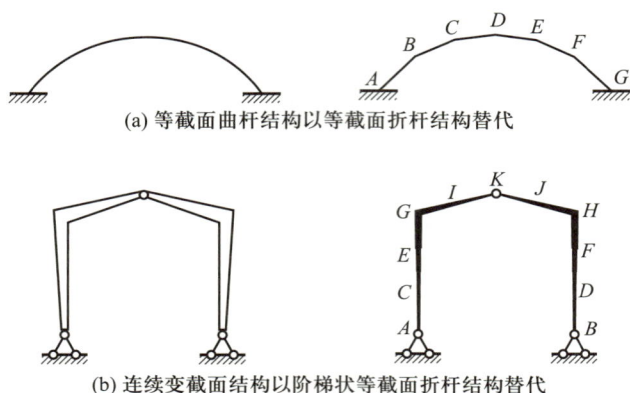

(a) 等截面曲杆结构以等截面折杆结构替代

(b) 连续变截面结构以阶梯状等截面折杆结构替代

图 9-1 曲杆结构、连续变截面结构的处理方法

**单元分析**——研究单元的力学特性，建立单元杆端力和杆端位移之间的关系式，即建立单元刚度方程。

**整体分析**——研究整体的平衡条件，解决结点平衡方程组的组成方法等问题，即建立总刚度方程。

**编制程序**——确定编程语言，根据矩阵位移法原理设计计算程序供结构计算使用。

在解决单元分析和整体分析以前，除上述确定结点以便将结构拆成单元的工作外，因为进行结构分析计算的计算机都是数值计算机，因此还应该做以下结构离散化工作，这包括以下两层含义：

**离散化** 对用结点将结构进行划分所得到的单元集合体，按一定顺序对结点、单元分别加以编号，为用数字描述结构（数据化）做准备。

**数据化** 用数字描述结点坐标、单元材料力学性质与截面特性以及支承信息和荷载信息等。

具体来说，结构的离散化要在计算简图上做以下几项工作：

**建立局部坐标系、整体坐标系** 矩阵位移法将结构离散化为多个单元，一般来说各单元的方向并不统一，与整体坐标系也可能不一致，所以需要建立**局部坐标系**和**整体坐标系**。整体坐标系也称为结构坐标系，是为进行整体分析，对整个结构建立的坐标系，如图 9-2(a)所示 $Oxy$ 坐标系。局部坐标系也称为单元坐标系或单元局部坐标系，即对于每个单元，以沿单元的形心轴作为 $\bar{x}$ 轴，以 $\bar{x}$ 轴正向逆时针旋转 90° 为 $\bar{y}$ 轴，如图 9-2(a)所示 $\bar{O}\bar{x}\bar{y}$ 坐标系。为便于区别，将所有局部坐标系下的量均采用在符号上加一横线表示。

**标识结构杆件和结点编码** 在确定结点后，对结点进行数字顺序编号，此号码称为**结点整体码**（或称**整体编码**）。属于同一单元的结点，称为**相关**（或**相邻**）结点。如图 9-2(a)所示刚架结构的杆件编号和结点编号，虽然杆件和结点的编号可以是任意的，但是为了节省计算机储存空间和提高效率，宜按一定顺序编制规则化的编号，并应尽可能减小相邻结点编号的最大差值。值得一提的是，杆件和结点编码并不唯一,亦可采用如图 9-2(b) 所示编码。然而,结构离散化的单元数量越多,虽计算结果的精度越高,但耗时也越长。

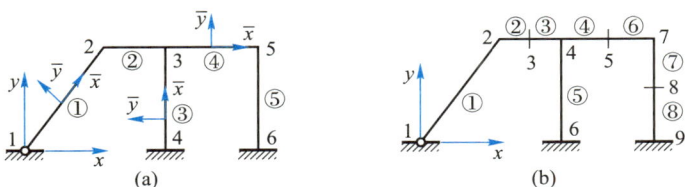

图 9-2 单元离散与编号

**位移编码** 结构不同,结点位移个数也不尽相同。如连续梁每个结点只有一个转角,平面桁架每个结点有沿坐标轴方向的 2 个线位移,空间刚架每个结点有 6 个位移(3 个线位移 $u$、$v$、$w$,三个角位移 $\theta_x$、$\theta_y$、$\theta_z$)等。根据具体问题,按结点编码自小到大的顺序,对每个结点位移进行顺序编码,这一位移顺序号称为**结点整体位移编码**。对于局部坐标系中的单元,每个单元有两个结点,以 $\overline{1}$ 记为单元**起点**、$\overline{2}$ 记为单元**终点**,按照 $\overline{1}$、$\overline{2}$ 的顺序将这些单元结点的位移进行编码,即为**单元局部位移编码**。后面在某些分析中也可将已知位移为零的号码都编为零,其他位移再按结点顺序进行编排。

图 9-3 给出了平面和空间刚架进行上述离散化过程的示意图。

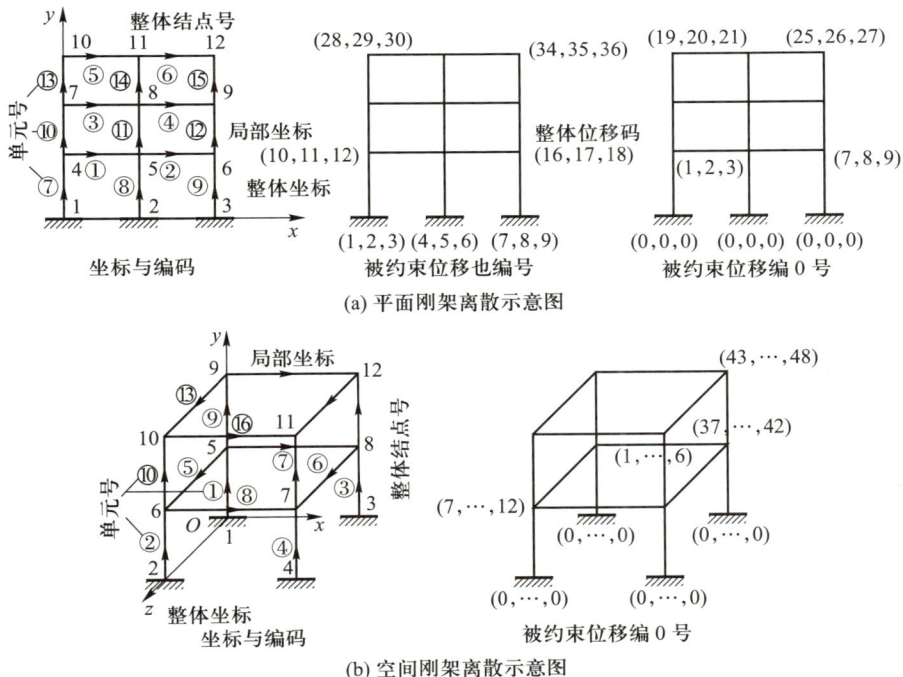

(a) 平面刚架离散示意图

(b) 空间刚架离散示意图

图 9-3 平面和空间刚架离散化示意图

由此,矩阵位移法的基本思路为:**将整个结构看作是由若干单根杆件(称为单元)组成的集合体,首先进行单元分析,写出各单元刚度方程;然后,进行整体分析,将所有单元集合成原结构,使其满足原结构的平衡条件和几何条件,建立总刚度方**

程,求解基本未知量;最后,计算结构位移和内力,完成求解。整个过程可总结为"化整为零、积零为整",显然整个思路就是位移法。可以看出,单元刚度方程与总刚度方程的建立是矩阵位移法求解的重点,其中涉及刚度矩阵、坐标转换、等效结点荷载处理和结构边界条件引入等知识点,以下将进行详细讲解。

## 9-2 局部坐标系下的单元刚度方程

### 9-2-1 单元刚度方程建立

在局部坐标系 $\overline{O}\,\overline{x}\,\overline{y}$ 中某等截面直杆(单元 $e$)如图 9-4 所示,杆件两端结点分别为 $i$、$j$,考虑一般情况两端结点各有 3 个杆端力和杆端位移,以矩阵表示可写作

$$\begin{cases} \overline{F}^e = [\ \overline{F}^e_{Ni} \quad \overline{F}^e_{Si} \quad \overline{M}^e_i \quad \overline{F}^e_{Nj} \quad \overline{F}^e_{Sj} \quad \overline{M}^e_j\ ]^T = [\ \overline{F}^e_1 \quad \overline{F}^e_2 \quad \overline{F}^e_3 \quad \overline{F}^e_4 \quad \overline{F}^e_5 \quad \overline{F}^e_6\ ]^T \\ \overline{\delta}^e = [\ \overline{u}^e_i \quad \overline{v}^e_i \quad \overline{\varphi}^e_i \quad \overline{u}^e_j \quad \overline{v}^e_j \quad \overline{\varphi}^e_j\ ]^T = [\ \overline{\delta}^e_1 \quad \overline{\delta}^e_2 \quad \overline{\delta}^e_3 \quad \overline{\delta}^e_4 \quad \overline{\delta}^e_5 \quad \overline{\delta}^e_6\ ]^T \end{cases} \tag{9-1}$$

式中:$\overline{F}^e$ 即为平面弯曲自由式单元 $e$ 在局部坐标系下的**杆端力列向量**,$\overline{\delta}^e$ 为平面弯曲自由式单元 $e$ 在局部坐标系下的**杆端位移列向量**。杆端力和杆端位移的正负号规定为:杆端力和杆端位移以与坐标轴的正方向一致为正,转角和弯矩以逆时针为正。这种正负号规定与其他章节有所不同,应加以注意。

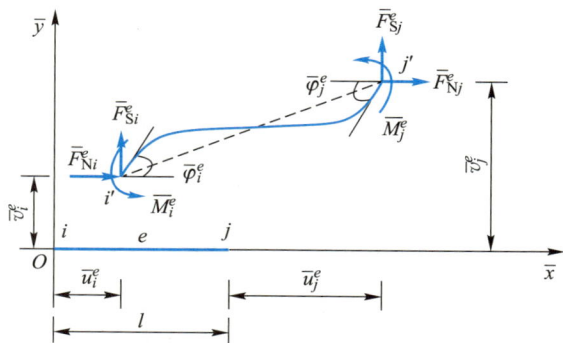

图 9-4 平面弯曲自由式杆件杆端力与杆端位移示意图

假设杆件上无荷载作用,且 6 个杆端位移已知,要确定相应的 6 个杆端力分量。当杆端某一位移分量产生单位位移时(其余各杆端位移分量等于零),结合位移法形常数可得相应的杆端力分量,如图 9-5 所示。根据叠加原理有

$$\begin{cases} \overline{F}^e_{Ni} = \dfrac{EA}{l}\overline{u}^e_i - \dfrac{EA}{l}\overline{u}^e_j & \overline{F}^e_{Nj} = -\dfrac{EA}{l}\overline{u}^e_i + \dfrac{EA}{l}\overline{u}^e_j \\[2mm] \overline{F}^e_{Si} = \dfrac{12EI}{l^3}\overline{v}^e_i + \dfrac{6EI}{l^2}\overline{\varphi}^e_i - \dfrac{12EI}{l^3}\overline{v}^e_j + \dfrac{6EI}{l^2}\overline{\varphi}^e_j & \overline{F}^e_{Sj} = -\dfrac{12EI}{l^3}\overline{v}^e_i - \dfrac{6EI}{l^2}\overline{\varphi}^e_i + \dfrac{12EI}{l^3}\overline{v}^e_j - \dfrac{6EI}{l^2}\overline{\varphi}^e_j \\[2mm] \overline{M}^e_i = \dfrac{6EI}{l^2}\overline{v}^e_i + \dfrac{4EI}{l}\overline{\varphi}^e_i - \dfrac{6EI}{l^2}\overline{v}^e_j + \dfrac{2EI}{l}\overline{\varphi}^e_j & \overline{M}^e_j = \dfrac{6EI}{l^2}\overline{v}^e_i + \dfrac{2EI}{l}\overline{\varphi}^e_i - \dfrac{6EI}{l^2}\overline{v}^e_j + \dfrac{4EI}{l}\overline{\varphi}^e_j \end{cases}$$

$$\tag{9-2}$$

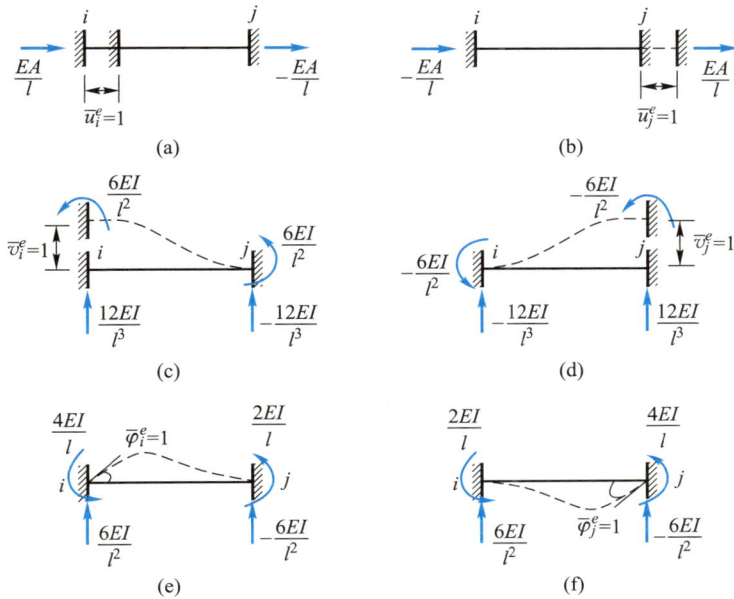

图 9−5　杆件两端形常数

将式(9−2)写成矩阵形式：

$$
\begin{bmatrix} \bar{F}_1^e \\ \bar{F}_2^e \\ \bar{F}_3^e \\ \bar{F}_4^e \\ \bar{F}_5^e \\ \bar{F}_6^e \end{bmatrix} =
\begin{bmatrix}
\dfrac{EA}{l} & 0 & 0 & -\dfrac{EA}{l} & 0 & 0 \\[2mm]
0 & \dfrac{12EI}{l^3} & \dfrac{6EI}{l^2} & 0 & -\dfrac{12EI}{l^3} & \dfrac{6EI}{l^2} \\[2mm]
0 & \dfrac{6EI}{l^2} & \dfrac{4EI}{l} & 0 & -\dfrac{6EI}{l^2} & \dfrac{2EI}{l} \\[2mm]
-\dfrac{EA}{l} & 0 & 0 & \dfrac{EA}{l} & 0 & 0 \\[2mm]
0 & -\dfrac{12EI}{l^3} & -\dfrac{6EI}{l^2} & 0 & \dfrac{12EI}{l^3} & -\dfrac{6EI}{l^2} \\[2mm]
0 & \dfrac{6EI}{l^2} & \dfrac{2EI}{l} & 0 & -\dfrac{6EI}{l^2} & \dfrac{4EI}{l}
\end{bmatrix}
\begin{bmatrix} \bar{\delta}_1^e \\ \bar{\delta}_2^e \\ \bar{\delta}_3^e \\ \bar{\delta}_4^e \\ \bar{\delta}_5^e \\ \bar{\delta}_6^e \end{bmatrix}
\tag{9−3}
$$

式(9−3)即为平面弯曲自由式单元 e 在局部坐标系下的刚度方程，可简写为

$$
\bar{\boldsymbol{F}}^e = \bar{\boldsymbol{K}}^e \bar{\boldsymbol{\delta}}^e \tag{9−4}
$$

式中：$\bar{\boldsymbol{K}}^e$ 为局部坐标系下的单元刚度矩阵(简称局部单刚)，其中每个元素 $\bar{k}_{ij}^e$ 的物理意义是当且仅当杆端发生第 $j$ 个单位位移($\bar{\delta}_j^e$)时，第 $i$ 个杆端力($\bar{F}_i^e$)的值。局部单刚也可写成如下分块矩阵的形式：

$$\bar{K}^e = \begin{bmatrix} \dfrac{EA}{l} & 0 & 0 & -\dfrac{EA}{l} & 0 & 0 \\ 0 & \dfrac{12EI}{l^3} & \dfrac{6EI}{l^2} & 0 & -\dfrac{12EI}{l^3} & \dfrac{6EI}{l^2} \\ 0 & \dfrac{6EI}{l^2} & \dfrac{4EI}{l} & 0 & -\dfrac{6EI}{l^2} & \dfrac{2EI}{l} \\ -\dfrac{EA}{l} & 0 & 0 & \dfrac{EA}{l} & 0 & 0 \\ 0 & -\dfrac{12EI}{l^3} & -\dfrac{6EI}{l^2} & 0 & \dfrac{12EI}{l^3} & -\dfrac{6EI}{l^2} \\ 0 & \dfrac{6EI}{l^2} & \dfrac{2EI}{l} & 0 & -\dfrac{6EI}{l^2} & \dfrac{4EI}{l} \end{bmatrix} = \begin{bmatrix} \bar{K}^e_{ii} & \bar{K}^e_{ij} \\ \bar{K}^e_{ji} & \bar{K}^e_{jj} \end{bmatrix} \quad (9-5)$$

式中：$\bar{K}^e_{ii}$、$\bar{K}^e_{ij}$、$\bar{K}^e_{ji}$、$\bar{K}^e_{jj}$ 为局部单刚子矩阵，简称子块。

根据式（9-3），如果平面弯曲单元不考虑轴向变形，则其单元刚度方程仿照上述说明，不难理解可得结果为

$$\begin{bmatrix} \bar{F}^e_1 \\ \bar{F}^e_2 \\ \bar{F}^e_3 \\ \bar{F}^e_4 \end{bmatrix} = \begin{bmatrix} \dfrac{12EI}{l^3} & \dfrac{6EI}{l^2} & -\dfrac{12EI}{l^3} & \dfrac{6EI}{l^2} \\ \dfrac{6EI}{l^2} & \dfrac{4EI}{l} & -\dfrac{6EI}{l^2} & \dfrac{2EI}{l} \\ -\dfrac{12EI}{l^3} & -\dfrac{6EI}{l^2} & \dfrac{12EI}{l^3} & -\dfrac{6EI}{l^2} \\ \dfrac{6EI}{l^2} & \dfrac{2EI}{l} & -\dfrac{6EI}{l^2} & \dfrac{4EI}{l} \end{bmatrix} \begin{bmatrix} \bar{\delta}^e_1 \\ \bar{\delta}^e_2 \\ \bar{\delta}^e_3 \\ \bar{\delta}^e_4 \end{bmatrix} \quad (9-6)$$

同理，若为桁架单元，杆件中无剪力和弯矩，则其单元刚度方程可写为

$$\begin{bmatrix} \bar{F}^e_1 \\ \bar{F}^e_2 \end{bmatrix} = \begin{bmatrix} \dfrac{EA}{l} & -\dfrac{EA}{l} \\ -\dfrac{EA}{l} & \dfrac{EA}{l} \end{bmatrix} \begin{bmatrix} \bar{\delta}^e_1 \\ \bar{\delta}^e_2 \end{bmatrix} \quad (9-7)$$

### 9-2-2　单元刚度矩阵性质

#### 1. 对称性

单元刚度矩阵 $\bar{K}^e$ 是对称矩阵，即 $\bar{K}^e_{ij} = \bar{K}^e_{ji}$。该性质可由反力互等定理加以证明。由于单元刚度矩阵的这一性质，在计算单元刚度矩阵时，可只计算其上三角或下三角部分的元素。

#### 2. 奇异性

由于是自由式单元，单元杆端位移包含刚体位移成分，因此单元刚度矩阵 $\bar{K}^e$ 为奇异矩阵（在平衡力系作用下单元可以发生惯性运动，因此单元的位移是无法确定的），即行列式为零，也即 $|\bar{K}^e|=0$。该性质可通过式（9-5）验证：第 1 行和第 4 行之

间、第 2 行与第 5 行之间对应列元素都只差一个比例常数；第 2 行元素减去第 3 行对应列元素除以 $l$ 等于第 6 行对应列元素。这都说明 $\overline{K}^e$ 的行与行之间是线性相关的（这是数学解释），所以其行列式为零，单元刚度矩阵是奇异的。由此解释可知，要使自由式单元变成刚度矩阵非奇异的单元，必须引入足以限制单元产生刚体位移的约束条件。

### 9-2-3 单元分析算例

【**算例 9-1**】 如图 9-6 所示，桁架 $l = 2$ m，各杆件 $EA = 1.2 \times 10^6$ kN，局部坐标轴 $\overline{x}$ 如图中箭头所示。试求图示①（1-2 杆）、②（1-4 杆）单元在局部坐标系下的单元刚度矩阵。

【**解**】 ①单元 抗拉刚度 $EA/l = 6 \times 10^5$ kN/m，由式（9-7）可得

$$\overline{K}^① = \frac{EA}{l}\begin{bmatrix} 1 & -1 \\ -1 & 1 \end{bmatrix} = 6 \times 10^5 \begin{bmatrix} 1 & -1 \\ -1 & 1 \end{bmatrix} \text{kN/m}$$

②单元 抗拉刚度 $EA/(\sqrt{2}\,l) = 4.2426 \times 10^5$ kN/m，由式（9-7）可得

$$\overline{K}^② = \frac{EA}{\sqrt{2}\,l}\begin{bmatrix} 1 & -1 \\ -1 & 1 \end{bmatrix} = 4.2426 \times 10^5 \begin{bmatrix} 1 & -1 \\ -1 & 1 \end{bmatrix} \text{kN/m}$$

请读者自行计算 1-3 杆单元、3-2 杆单元在局部坐标系下的单元刚度矩阵。

【**算例 9-2**】 如图 9-7 所示不考虑平面刚架轴向变形，各杆件 $EI = 2.16 \times 10^5$ kN·m²，局部坐标轴 $\overline{x}$ 如图中箭头所示。试求图示各单元在局部坐标系下的单元刚度矩阵。

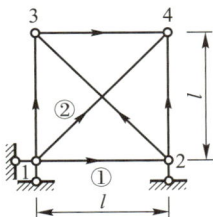

图 9-6 算例 9-1 图

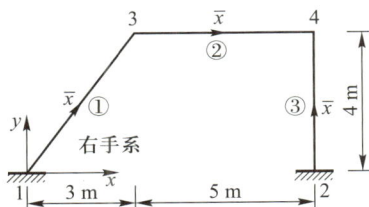

图 9-7 算例 9-2 图

【**解**】 ① 单元 单元长度 $l = 5$ m，则有：

$$\frac{12EI}{l^3} = 20\,736 \text{ kN/m}, \quad \frac{6EI}{l^2} = 51\,840 \text{ kN}, \quad \frac{2EI}{l} = 86\,400 \text{ kN·m}, \quad \frac{4EI}{l} = 172\,800 \text{ kN·m}$$

将上述结果代入式（9-6），可得①单元在局部坐标系下的单元刚度矩阵：

$$\overline{K}^① = \begin{bmatrix} 20\,736 \text{ kN/m} & 51\,840 \text{ kN} & -20\,736 \text{ kN/m} & 51\,840 \text{ kN} \\ 51\,840 \text{ kN} & 172\,800 \text{ kN·m} & -51\,840 \text{ kN} & 86\,400 \text{ kN·m} \\ -20\,736 \text{ kN/m} & -51\,840 \text{ kN} & 20\,736 \text{ kN/m} & -51\,840 \text{ kN} \\ 51\,840 \text{ kN} & 86\,400 \text{ kN·m} & -51\,840 \text{ kN} & 172\,800 \text{ kN·m} \end{bmatrix}$$

② 单元 抗弯刚度和单元长度与①单元一样，因此，在局部坐标系下单元刚度矩阵也完全一样：

$$\overline{K}^{②} = \overline{K}^{①}$$

③ 单元　单元长度 $l=4$ m,则有

$$\frac{12EI}{l^3}=40\ 500\ \text{kN/m}, \quad \frac{6EI}{l^2}=81\ 000\ \text{kN}, \quad \frac{2EI}{l}=108\ 000\ \text{kN} \cdot \text{m}, \quad \frac{4EI}{l}=216\ 000\ \text{kN} \cdot \text{m}$$

将上述结果代入式(9-6),可得③单元在局部坐标系下的单元刚度矩阵:

$$\overline{K}^{③} = \begin{bmatrix} 40\ 500\ \text{kN/m} & 81\ 000\ \text{kN} & -40\ 500\ \text{kN/m} & 81\ 000\ \text{kN} \\ 81\ 000\ \text{kN} & 216\ 000\ \text{kN} \cdot \text{m} & -81\ 000\ \text{kN} & 108\ 000\ \text{kN} \cdot \text{m} \\ -40\ 500\ \text{kN/m} & -81\ 000\ \text{kN} & 40\ 500\ \text{kN/m} & -81\ 000\ \text{kN} \\ 81\ 000\ \text{kN} & 108\ 000\ \text{kN} \cdot \text{m} & -81\ 000\ \text{kN} & 216\ 000\ \text{kN} \cdot \text{m} \end{bmatrix}$$

# 9-3　坐标转换

上一节建立了局部坐标系下的单元刚度方程和单元刚度矩阵,然而对整体结构而言,各单元的局部坐标系可能各不相同,此时在分析结构的边界条件和平衡条件时,就必须选择统一的坐标系,即整体坐标系。因此,在对结构进行整体分析前,必须将局部坐标系下建立的单元刚度矩阵 $\overline{K}^e$,转换到整体坐标系下的单元刚度矩阵 $K^e$。为此,需要建立局部量和整体量之间的转换关系,即进行坐标转换。

## 9-3-1　平面自由式单元的坐标转换

如图9-8所示,将局部坐标系 $\overline{O}\,\overline{x}\,\overline{y}$ 中的杆单元放入整体坐标系 $Oxy$ 中,单元两端的杆端力和杆端位移在局部坐标系下仍可采用式(9-1)表示,而在整体坐标系则可参考该式写出。为便于查阅,分别表示如下:

$$\text{局部坐标系:} \begin{cases} \overline{F}^e = \begin{bmatrix} \overline{F}_1^e & \overline{F}_2^e & \overline{F}_3^e & \overline{F}_4^e & \overline{F}_5^e & \overline{F}_6^e \end{bmatrix}^{\text{T}} \\ \overline{\delta}^e = \begin{bmatrix} \overline{\delta}_1^e & \overline{\delta}_2^e & \overline{\delta}_3^e & \overline{\delta}_4^e & \overline{\delta}_5^e & \overline{\delta}_6^e \end{bmatrix}^{\text{T}} \end{cases} \quad (9-8)$$

$$\text{整体坐标系:} \begin{cases} F^e = \begin{bmatrix} F_1^e & F_2^e & F_3^e & F_4^e & F_5^e & F_6^e \end{bmatrix}^{\text{T}} \\ \delta^e = \begin{bmatrix} \delta_1^e & \delta_2^e & \delta_3^e & \delta_4^e & \delta_5^e & \delta_6^e \end{bmatrix}^{\text{T}} \end{cases} \quad (9-9)$$

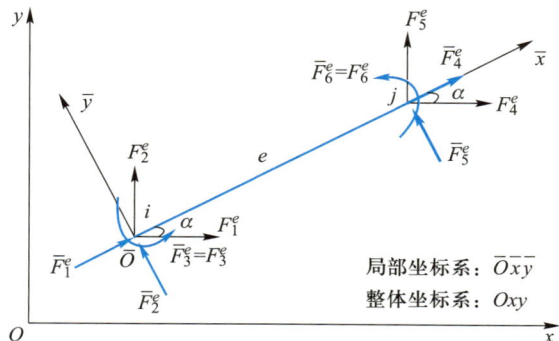

图9-8　平面自由式单元坐标转换

由图 9－8 可知,在局部坐标系下的杆端轴力 $\bar{F}_1^e$、剪力 $\bar{F}_2^e$ 将随坐标转换而变为整体坐标系下的分力 $F_1^e$、$F_2^e$,而杆端弯矩都作用在平面内,不随坐标变化而改变。设两套坐标系之间的夹角为 $\alpha$,在局部坐标系和整体坐标系下杆端力之间的转换关系为

$$\begin{cases} \bar{F}_1^e = F_1^e \cos\alpha + F_2^e \sin\alpha & \bar{F}_4^e = F_4^e \cos\alpha + F_5^e \sin\alpha \\ \bar{F}_2^e = -F_1^e \sin\alpha + F_2^e \cos\alpha & \bar{F}_5^e = -F_4^e \sin\alpha + F_5^e \cos\alpha \\ \bar{F}_3^e = F_3^e & \bar{F}_6^e = F_6^e \end{cases} \quad (9-10)$$

将式(9－10)写成矩阵形式,有

$$\begin{bmatrix} \bar{F}_1^e \\ \bar{F}_2^e \\ \bar{F}_3^e \\ \bar{F}_4^e \\ \bar{F}_5^e \\ \bar{F}_6^e \end{bmatrix} = \begin{bmatrix} \cos\alpha & \sin\alpha & 0 & 0 & 0 & 0 \\ -\sin\alpha & \cos\alpha & 0 & 0 & 0 & 0 \\ 0 & 0 & 1 & 0 & 0 & 0 \\ 0 & 0 & 0 & \cos\alpha & \sin\alpha & 0 \\ 0 & 0 & 0 & -\sin\alpha & \cos\alpha & 0 \\ 0 & 0 & 0 & 0 & 0 & 1 \end{bmatrix} \begin{bmatrix} F_1^e \\ F_2^e \\ F_3^e \\ F_4^e \\ F_5^e \\ F_6^e \end{bmatrix} \Rightarrow \bar{F}^e = TF^e \quad (9-11)$$

式中:**$T$ 为坐标转换矩阵**,且为正交矩阵,因而有

$$T^{-1} = T^{\mathrm{T}} \quad (9-12)$$

显然,杆端力的这种转换关系,同样适用于杆端位移之间的转换,即有

$$\bar{\delta}^e = T\delta^e \quad (9-13)$$

将式(9－11)、式(9－13)代入局部坐标系下单元 e 的刚度方程,可得如下推导关系:

$$\bar{F}^e = \bar{K}^e \bar{\delta}^e \Rightarrow TF^e = \bar{K}^e T\delta^e \Rightarrow F^e = T^{-1}\bar{K}^e T\delta^e = T^{\mathrm{T}}\bar{K}^e T\delta^e = K^e \delta^e \quad (9-14)$$

式中:**$K^e = T^{\mathrm{T}}\bar{K}^e T$ 即为整体坐标系下的单元刚度矩阵(简称整体单刚),$F^e = K^e \delta^e$ 为整体坐标下的单元刚度方程。**

由于在整体分析中,是对结构的每个结点分别建立平衡方程,因此为后续讲解方便,将上式按单元的始末端结点编号 $i$、$j$ 进行分块,进而可得

$$\begin{bmatrix} F_i^e \\ F_j^e \end{bmatrix} = \begin{bmatrix} K_{ii}^e & K_{ij}^e \\ K_{ji}^e & K_{jj}^e \end{bmatrix} \begin{bmatrix} \delta_i^e \\ \delta_j^e \end{bmatrix} \Rightarrow \begin{cases} F_i^e = K_{ii}^e \delta_i^e + K_{ij}^e \delta_j^e \\ F_j^e = K_{ji}^e \delta_i^e + K_{jj}^e \delta_j^e \end{cases} \quad (9-15)$$

式中:$F_i^e = \begin{bmatrix} F_1^e \\ F_2^e \\ F_3^e \end{bmatrix}$,$F_j^e = \begin{bmatrix} F_4^e \\ F_5^e \\ F_6^e \end{bmatrix}$,$\delta_i^e = \begin{bmatrix} \delta_1^e \\ \delta_2^e \\ \delta_3^e \end{bmatrix}$,$\delta_j^e = \begin{bmatrix} \delta_4^e \\ \delta_5^e \\ \delta_6^e \end{bmatrix}$

$$K^e = \begin{bmatrix} K_{ii}^e & K_{ij}^e \\ K_{ji}^e & K_{jj}^e \end{bmatrix}$$

$$
=\begin{bmatrix}
\left(\dfrac{EA}{l}c^2+\dfrac{12EI}{l^3}s^2\right) & \left(\dfrac{EA}{l}-\dfrac{12EI}{l^3}\right)cs & -\dfrac{6EI}{l^2}s & \left(-\dfrac{EA}{l}c^2-\dfrac{12EI}{l^3}s^2\right) & \left(-\dfrac{EA}{l}+\dfrac{12EI}{l^3}\right)cs & -\dfrac{6EI}{l^2}s \\[2mm]
\left(\dfrac{EA}{l}-\dfrac{12EI}{l^3}\right)cs & \left(\dfrac{EA}{l}s^2+\dfrac{12EI}{l^3}c^2\right) & \dfrac{6EI}{l^2}c & \left(-\dfrac{EA}{l}+\dfrac{12EI}{l^3}\right)cs & \left(-\dfrac{EA}{l}s^2-\dfrac{12EI}{l^3}c^2\right) & \dfrac{6EI}{l^2}c \\[2mm]
-\dfrac{6EI}{l^2}s & \dfrac{6EI}{l^2}c & \dfrac{4EI}{l} & \dfrac{6EI}{l^2}s & -\dfrac{6EI}{l^2}c & \dfrac{2EI}{l} \\[2mm]
\left(-\dfrac{EA}{l}c^2-\dfrac{12EI}{l^3}s^2\right) & \left(-\dfrac{EA}{l}+\dfrac{12EI}{l^3}\right)cs & \dfrac{6EI}{l^2}s & \left(\dfrac{EA}{l}c^2+\dfrac{12EI}{l^3}s^2\right) & \left(\dfrac{EA}{l}-\dfrac{12EI}{l^3}\right)cs & \dfrac{6EI}{l^2}s \\[2mm]
\left(-\dfrac{EA}{l}+\dfrac{12EI}{l^3}\right)cs & \left(-\dfrac{EA}{l}s^2-\dfrac{12EI}{l^3}c^2\right) & -\dfrac{6EI}{l^2}c & \left(\dfrac{EA}{l}-\dfrac{12EI}{l^3}\right)cs & \left(\dfrac{EA}{l}s^2+\dfrac{12EI}{l^3}c^2\right) & -\dfrac{6EI}{l^2}c \\[2mm]
-\dfrac{6EI}{l^2}s & \dfrac{6EI}{l^2}c & \dfrac{2EI}{l} & \dfrac{6EI}{l^2}s & -\dfrac{6EI}{l^2}c & \dfrac{4EI}{l}
\end{bmatrix}
$$

其中：$c=\cos\alpha$，$s=\sin\alpha$。整体坐标系下的自由式单元刚度矩阵 $\boldsymbol{K}^e$ 同样为对称矩阵（符合反力互等定理）和奇异矩阵（自由单元，未考虑杆端约束条件）。

### 9-3-2 平面桁架单元的坐标转换

对于桁架单元，其两端结点仅有轴力作用（图9-9），在局部坐标系和整体坐标系下的杆端力、杆端位移向量则分别为

$$
\text{局部坐标系：}\begin{cases}\bar{\boldsymbol{F}}^e=\begin{bmatrix}\bar{F}_1^e & \bar{F}_2^e\end{bmatrix}^{\mathrm{T}} \\[2mm] \bar{\boldsymbol{\delta}}^e=\begin{bmatrix}\bar{\delta}_1^e & \bar{\delta}_2^e\end{bmatrix}^{\mathrm{T}}\end{cases}\tag{9-16}
$$

$$
\text{整体坐标系：}\begin{cases}\boldsymbol{F}^e=\begin{bmatrix}\boldsymbol{F}_i^e & \boldsymbol{F}_j^e\end{bmatrix}^{\mathrm{T}}=\begin{bmatrix}F_1^e & F_2^e & F_3^e & F_4^e\end{bmatrix}^{\mathrm{T}} \\[2mm] \boldsymbol{\delta}^e=\begin{bmatrix}\boldsymbol{\delta}_i^e & \boldsymbol{\delta}_j^e\end{bmatrix}^{\mathrm{T}}=\begin{bmatrix}\delta_1^e & \delta_2^e & \delta_3^e & \delta_4^e\end{bmatrix}^{\mathrm{T}}\end{cases}\tag{9-17}
$$

为保持与整体坐标系下的单元杆端力和杆端位移向量元素对应，局部坐标下式(9-16)可通过增列值为零的位移分量和力分量改为

$$
\text{局部坐标系：}\begin{cases}\bar{\boldsymbol{F}}^e=\begin{bmatrix}\bar{\boldsymbol{F}}_i^e & \bar{\boldsymbol{F}}_j^e\end{bmatrix}^{\mathrm{T}}=\begin{bmatrix}\bar{F}_1^e & 0 & \bar{F}_2^e & 0\end{bmatrix}^{\mathrm{T}} \\[2mm] \bar{\boldsymbol{\delta}}^e=\begin{bmatrix}\bar{\boldsymbol{\delta}}_i^e & \bar{\boldsymbol{\delta}}_j^e\end{bmatrix}^{\mathrm{T}}=\begin{bmatrix}\bar{\delta}_1^e & 0 & \bar{\delta}_2^e & 0\end{bmatrix}^{\mathrm{T}}\end{cases}\tag{9-18}
$$

同理，局部坐标系下桁架杆件的单元刚度矩阵 $\bar{\boldsymbol{K}}^e$ 可由式(9-7)中的单元刚度矩阵变化得到

$$
\bar{\boldsymbol{K}}^e=\begin{bmatrix}
\dfrac{EA}{l} & 0 & -\dfrac{EA}{l} & 0 \\[2mm]
0 & 0 & 0 & 0 \\[2mm]
-\dfrac{EA}{l} & 0 & \dfrac{EA}{l} & 0 \\[2mm]
0 & 0 & 0 & 0
\end{bmatrix}\tag{9-19}
$$

而坐标转换矩阵 $\boldsymbol{T}$ 可根据图9-9的几何关系得到

$$T = \begin{bmatrix} \cos\alpha & \sin\alpha & 0 & 0 \\ -\sin\alpha & \cos\alpha & 0 & 0 \\ 0 & 0 & \cos\alpha & \sin\alpha \\ 0 & 0 & -\sin\alpha & \cos\alpha \end{bmatrix} = \begin{bmatrix} c & s & 0 & 0 \\ -s & c & 0 & 0 \\ 0 & 0 & c & s \\ 0 & 0 & -s & c \end{bmatrix} \quad (9-20)$$

与式(9-14)的推导过程一样,将式(9-19)、式(9-20)代入 $K^e = T^{\mathrm{T}} \bar{K}^e T$,可得到桁架单元的单元刚度矩阵:

$$K^e = \begin{bmatrix} K^e_{ii} & K^e_{ij} \\ K^e_{ji} & K^e_{jj} \end{bmatrix} = \frac{EA}{l} \begin{bmatrix} c^2 & cs & -c^2 & -cs \\ cs & s^2 & -cs & -s^2 \\ -c^2 & -cs & c^2 & cs \\ -cs & -s^2 & cs & s^2 \end{bmatrix} \quad (9-21)$$

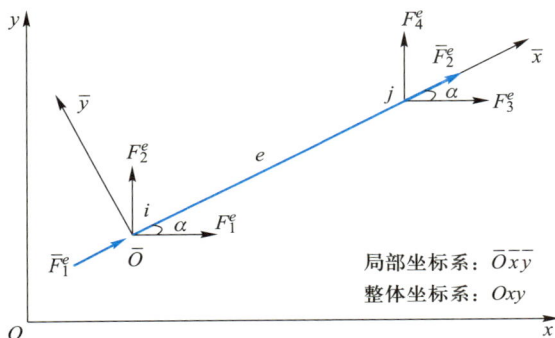

图 9-9 平面桁架单元坐标转换

### 9-3-3 坐标转换算例

【算例 9-3】 试求算例 9-1 桁架①、②两杆单元在整体坐标系下的单元刚度矩阵。

【解】 由于①单元 $\alpha=0$,因此,式(9-20)坐标转换矩阵 $T$ 为单位矩阵,此时整体坐标系下单元刚度矩阵和局部坐标系下单元刚度矩阵相同,矩阵阶数为 $4\times4$ 阶,与式(9-19)相同:

$$K^{①} = \frac{EA}{l} \begin{bmatrix} 1 & 0 & -1 & 0 \\ 0 & 0 & 0 & 0 \\ -1 & 0 & 1 & 0 \\ 0 & 0 & 0 & 0 \end{bmatrix} = 6\times10^5 \begin{bmatrix} 1 & 0 & -1 & 0 \\ 0 & 0 & 0 & 0 \\ -1 & 0 & 1 & 0 \\ 0 & 0 & 0 & 0 \end{bmatrix} \mathrm{kN/m}$$

②单元 $\alpha=45°$,根据式(9-21)有

$$K^{②} = \frac{EA}{\sqrt{2}l} \begin{bmatrix} c^2 & cs & -c^2 & -cs \\ cs & s^2 & -cs & -s^2 \\ -c^2 & -cs & c^2 & cs \\ -cs & -s^2 & cs & s^2 \end{bmatrix} = 2.121\ 3\times10^5 \begin{bmatrix} 1 & 1 & -1 & -1 \\ 1 & 1 & -1 & -1 \\ -1 & -1 & 1 & 1 \\ -1 & -1 & 1 & 1 \end{bmatrix} \mathrm{kN/m}$$

【算例 9-4】 试求算例 9-2 所示刚架考虑轴向变形时,①、③杆单元在整体坐标系下的单元刚度矩阵,$EA=7.2\times10^6\ \mathrm{kN}$,$EI=2.16\times10^5\ \mathrm{kN \cdot m^2}$。

**【解】**　考虑轴向变形影响时,由式(9-5)可知平面自由式单元在局部坐标系下的单元刚度矩阵分别为①

$$\overline{\pmb{K}}^{①} = \begin{bmatrix} 144 & 0 & 0 & -144 & 0 & 0 \\ 0 & 2.0736 & 5.184 & 0 & -2.0736 & 5.184 \\ 0 & 5.184 & 1.728 & 0 & -5.184 & 8.64 \\ -144 & 0 & 0 & 144 & 0 & 0 \\ 0 & -2.0736 & -5.184 & 0 & 2.0736 & -5.184 \\ 0 & 5.184 & 8.64 & 0 & -5.184 & 1.728 \end{bmatrix} \times 10^4$$

$$\overline{\pmb{K}}^{③} = \begin{bmatrix} 180 & 0 & 0 & -180 & 0 & 0 \\ 0 & 4.05 & 8.1 & 0 & -4.05 & 8.1 \\ 0 & 8.1 & 21.6 & 0 & -8.1 & 10.8 \\ -180 & 0 & 0 & 180 & 0 & 0 \\ 0 & -4.05 & -8.1 & 0 & 4.05 & -8.1 \\ 0 & 8.1 & 10.8 & 0 & -8.1 & 21.6 \end{bmatrix} \times 10^4$$

①单元 $\cos \alpha = 0.6$,$\sin \alpha = 0.8 (\alpha = 53.13°)$,③单元 $\cos \alpha = 0$,$\sin \alpha = 1 (\alpha = 90°)$。由此可得,坐标转换矩阵分别为

$$\pmb{T}^{①} = \begin{bmatrix} 0.6 & 0.8 & 0 & 0 & 0 & 0 \\ -0.8 & 0.6 & 0 & 0 & 0 & 0 \\ 0 & 0 & 1 & 0 & 0 & 0 \\ 0 & 0 & 0 & 0.6 & 0.8 & 0 \\ 0 & 0 & 0 & -0.8 & 0.6 & 0 \\ 0 & 0 & 0 & 0 & 0 & 1 \end{bmatrix}, \quad \pmb{T}^{③} = \begin{bmatrix} 0 & 1 & 0 & 0 & 0 & 0 \\ -1 & 0 & 0 & 0 & 0 & 0 \\ 0 & 0 & 1 & 0 & 0 & 0 \\ 0 & 0 & 0 & 0 & 1 & 0 \\ 0 & 0 & 0 & -1 & 0 & 0 \\ 0 & 0 & 0 & 0 & 0 & 1 \end{bmatrix}$$

由 $\pmb{K}^e = \pmb{T}^{\mathrm{T}} \overline{\pmb{K}}^e \pmb{T}$ 可得整体坐标系下的单元刚度矩阵分别为

$$\pmb{K}^{①} = \begin{bmatrix} 53.17 & 68.12 & -4.15 & -53.17 & -68.12 & -4.15 \\ 68.12 & 92.91 & 3.11 & -68.12 & -92.91 & 3.11 \\ -4.15 & 3.11 & 17.28 & 4.15 & -3.11 & 8.64 \\ -53.17 & -68.12 & 4.15 & 53.17 & 68.12 & 4.15 \\ -68.12 & -92.91 & -3.11 & 68.12 & 92.91 & -3.11 \\ -4.15 & 3.11 & 8.64 & 4.15 & -3.11 & 8.64 \end{bmatrix} \times 10^4$$

$$\pmb{K}^{③} = \begin{bmatrix} 4.05 & 0 & -8.1 & -4.05 & 0 & -8.1 \\ 0 & 180 & 0 & 0 & -180 & 0 \\ -8.1 & 0 & 21.6 & 8.1 & 0 & 10.8 \\ -4.05 & 0 & 8.1 & 4.05 & 0 & 8.1 \\ 0 & -180 & 0 & 0 & 180 & 0 \\ -8.1 & 0 & 10.8 & 8.1 & 0 & 21.6 \end{bmatrix} \times 10^4$$

---

①　以下计算过程重点呈现其结果的数值关系,为表达简洁起见,统一省去物理量的单位,而仅保留数值。

## 9-4 整体分析

### 9-4-1 原始总刚度方程

在建立整体坐标系下单元刚度方程及其单元刚度矩阵的基础上,进一步考虑各结点的几何条件和平衡条件,建立求解基本未知量的位移法典型方程,即整体结构的刚度方程,此时所建立的结构刚度方程是未进行支座约束条件处理的方程。

如图9-10(a)所示为有4个结点、3个单元的刚架结构,结点编号分别为1、2、3、4,单元编号分别为①、②、③,局部坐标系 $\overline{Oxy}$ 以及整体坐标系 $Oxy$ 如图9-10(b)所示。各单元始末结点 $i$、$j$ 对应的编号见表9-1,整体坐标系下各单元的单元刚度矩阵可根据式(9-15)分块写成下式:

$$\boldsymbol{K}^① = \begin{bmatrix} \boldsymbol{K}_{11}^① & \boldsymbol{K}_{12}^① \\ \boldsymbol{K}_{21}^① & \boldsymbol{K}_{22}^① \end{bmatrix} \quad \boldsymbol{K}^② = \begin{bmatrix} \boldsymbol{K}_{22}^② & \boldsymbol{K}_{23}^② \\ \boldsymbol{K}_{32}^② & \boldsymbol{K}_{33}^② \end{bmatrix} \quad \boldsymbol{K}^③ = \begin{bmatrix} \boldsymbol{K}_{33}^③ & \boldsymbol{K}_{34}^③ \\ \boldsymbol{K}_{43}^③ & \boldsymbol{K}_{44}^③ \end{bmatrix} \quad (9-22)$$

其中:上角标为单元编号、下角标为单元始末结点编号。

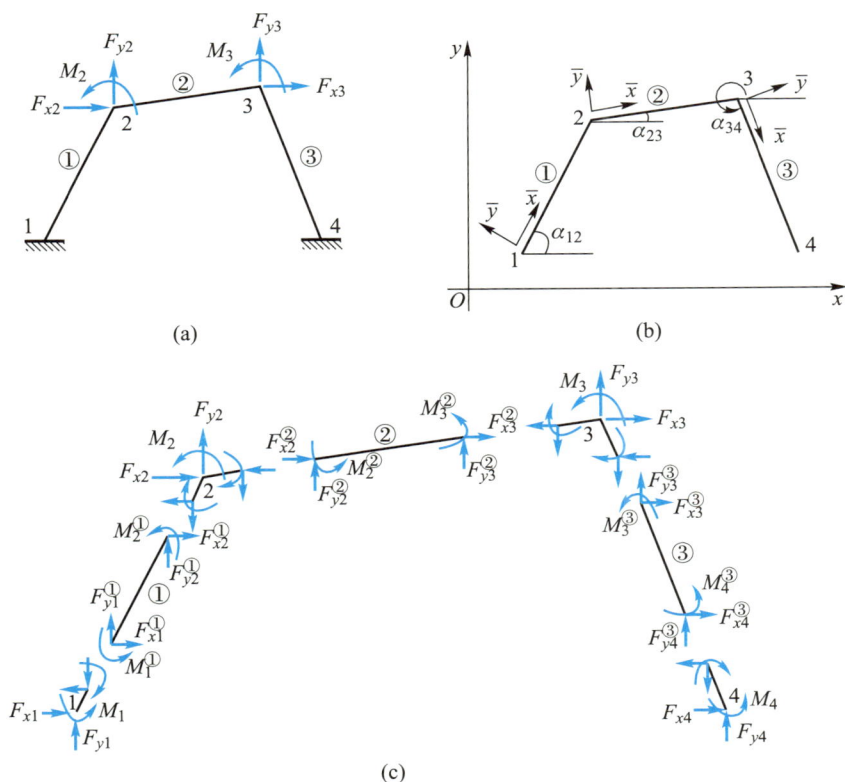

图 9-10 刚架离散与编号

表 9 − 1　单元与结点编号

| 单元编号 | 单元始末端结点编号 | |
|:---:|:---:|:---:|
| | 始端 $i$ | 末端 $j$ |
| ① | 1 | 2 |
| ② | 2 | 3 |
| ③ | 3 | 4 |

在平面刚架中,每个刚结点有 2 个线位移和 1 个角位移,则图 9−10(a)所示刚架共有 4 个刚结点、12 个结点位移。基于结点编号分块,可将该刚架结构的结点荷载向量和结点位移向量按照结点顺序写为

$$\boldsymbol{F} = \begin{bmatrix} \boldsymbol{F}_1 \\ \boldsymbol{F}_2 \\ \boldsymbol{F}_3 \\ \boldsymbol{F}_4 \end{bmatrix} \quad \boldsymbol{\Delta} = \begin{bmatrix} \boldsymbol{\delta}_1 \\ \boldsymbol{\delta}_2 \\ \boldsymbol{\delta}_3 \\ \boldsymbol{\delta}_4 \end{bmatrix} \tag{9−23}$$

式中:$\boldsymbol{\delta}_i$ 表示结点 $i$ 的位移向量;$\boldsymbol{F}_i$ 表示结点 $i$ 的总结点荷载向量。如图 9−10(a)中,结点 2、3 的总荷载向量即为:$(F_{x2} \quad F_{y2} \quad M_2)$、$(F_{x3} \quad F_{y3} \quad M_3)$;结点 1、4 的总荷载向量即为相应支座的约束力,如果在支座上还存在给定的外荷载,则相应的总荷载向量还必须叠加上给定的外荷载。将各分块结点的总荷载向量和结点位移向量展开有

$$\boldsymbol{F}_1 = \begin{bmatrix} F_{x1} \\ F_{y1} \\ M_1 \end{bmatrix}, \quad \boldsymbol{F}_2 = \begin{bmatrix} F_{x2} \\ F_{y2} \\ M_2 \end{bmatrix}, \quad \boldsymbol{F}_3 = \begin{bmatrix} F_{x3} \\ F_{y3} \\ M_3 \end{bmatrix}, \quad \boldsymbol{F}_4 = \begin{bmatrix} F_{x4} \\ F_{y4} \\ M_4 \end{bmatrix}$$

$$\boldsymbol{\delta}_1 = \begin{bmatrix} u_1 \\ v_1 \\ \varphi_1 \end{bmatrix}, \quad \boldsymbol{\delta}_2 = \begin{bmatrix} u_2 \\ v_2 \\ \varphi_2 \end{bmatrix}, \quad \boldsymbol{\delta}_3 = \begin{bmatrix} u_3 \\ v_3 \\ \varphi_3 \end{bmatrix}, \quad \boldsymbol{\delta}_4 = \begin{bmatrix} u_4 \\ v_4 \\ \varphi_4 \end{bmatrix} \tag{9−24}$$

图 9−10(c)所示为各单元和结点的隔离体受力图,由于刚架在各个结点处均满足平衡条件和变形协调条件,建立各结点的平衡方程有(以结点 2 为例)

$$\begin{cases} F_{x2} = F_{x2}^① + F_{x2}^② \\ F_{y2} = F_{y2}^① + F_{y2}^② \\ M_2 = M_2^① + M_2^② \end{cases} \Leftrightarrow \begin{bmatrix} F_{x2} \\ F_{y2} \\ M_2 \end{bmatrix} = \begin{bmatrix} F_{x2}^① \\ F_{y2}^① \\ M_2^① \end{bmatrix} + \begin{bmatrix} F_{x2}^② \\ F_{y2}^② \\ M_2^② \end{bmatrix} \Leftrightarrow \boldsymbol{F}_2 = \boldsymbol{F}_2^① + \boldsymbol{F}_2^② \tag{9−25}$$

根据式(9−15)单元刚度方程,式(9−25)中杆端力向量可用杆端位移向量来表达:

$$\begin{cases} \boldsymbol{F}_2^① = \boldsymbol{K}_{21}^① \boldsymbol{\delta}_1^① + \boldsymbol{K}_{22}^① \boldsymbol{\delta}_2^① \\ \boldsymbol{F}_2^② = \boldsymbol{K}_{22}^② \boldsymbol{\delta}_1^② + \boldsymbol{K}_{23}^② \boldsymbol{\delta}_2^② \end{cases} \tag{9−26}$$

再根据结点处的变形协调条件,结合式(9−23)中的位移向量展开式,可得

$$\boldsymbol{\delta}_1^① = \boldsymbol{\delta}_1, \quad \boldsymbol{\delta}_2^① = \boldsymbol{\delta}_2^② = \boldsymbol{\delta}_2, \quad \boldsymbol{\delta}_3^② = \boldsymbol{\delta}_3 \tag{9−27}$$

将式(9-26)、式(9-27)代入式(9-25),可得结点 2 的平衡方程:

$$F_2 = F_2^① + F_2^② = K_{21}^① \delta_1 + (K_{22}^① + K_{22}^②) \delta_2 + K_{23}^② \delta_3 \tag{9-28}$$

同理,结点 1、3、4 都可以按照上述步骤建立相应结点的平衡方程,过程不再赘述。将 4 个结点平衡方程汇总如下:

$$\begin{cases} F_1 = K_{11}^① \delta_1 + K_{12}^① \delta_2 \\ F_2 = K_{21}^① \delta_1 + (K_{22}^① + K_{22}^②) \delta_2 + K_{23}^② \delta_3 \\ F_3 = K_{32}^② \delta_2 + (K_{33}^② + K_{33}^③) \delta_3 + K_{34}^③ \delta_4 \\ F_4 = K_{43}^③ \delta_3 + K_{44}^③ \delta_4 \end{cases} \Leftrightarrow \begin{bmatrix} F_1 \\ F_2 \\ F_3 \\ F_4 \end{bmatrix} = \begin{bmatrix} K_{11}^① & K_{12}^① & 0 & 0 \\ K_{21}^① & K_{22}^①+K_{22}^② & K_{23}^② & 0 \\ 0 & K_{32}^② & K_{33}^②+K_{33}^③ & K_{34}^③ \\ 0 & 0 & K_{43}^③ & K_{44}^③ \end{bmatrix} \begin{bmatrix} \delta_1 \\ \delta_2 \\ \delta_3 \\ \delta_4 \end{bmatrix}$$

$$\tag{9-29}$$

即

$$F = K\Delta$$

式(9-29)为用结点位移表示的平面刚架所有结点的平衡方程,即为结点荷载与结点位移之间的关系,将其称为原始总刚度方程(所谓"原始"是指未进行支座约束条件处理,将在 9-4-3 节中讲解),其中:**K** 为原始总刚度矩阵(简称原始总刚)。显然,式(9-29)每一个元素均为 3×3 阶矩阵,原始总刚 **K** 为 12×12 阶矩阵,原始总刚同样满足对称矩阵和奇异矩阵特征。

最后,来看原始总刚的组成规律。不难看出,只需要将每个单元刚度矩阵的四个子块按其两个下标的编码,一一放入到原始总刚对应的行和列的编码上,即可形成原始总刚,如图 9-11 所示,将单元②的四个子块对应放入原始总刚相应的行和列中。换句话说,各单刚子块通过"对号入座"的方式直接形成原始总刚,这种方法称为直接刚度法。值得注意的是,在对号入座过程中,若存在下标相同的单刚子块,则需要在该位置进行单刚子块的叠加;对于没有单刚子块入座的位置,为零子块;若结点中位移编号不按序排列,则单刚子块"对号入座"规律不成立,可直接将单刚元素"对号入座"。

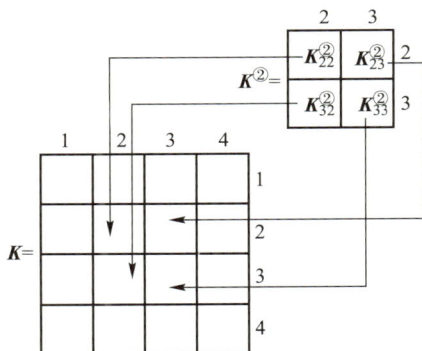

1. ②代表单元编号;
2. 1、2、3、4代表结点编号;
3. $K^②$表示整体坐标系下单元②的单元刚度矩阵;
4. $K_{22}$、$K_{23}$、$K_{32}^②$、$K_{33}^②$为$K^②$的分块子矩阵, 见式(9-24)

图 9-11　"对号入座"形成原始总刚

## 9-4-2　结点荷载向量

### 1. 非结点荷载的等效结点荷载

原始总刚度方程建立的是结点荷载与结点位移之间的关系,而实际工程中不可避免地存在非结点荷载(如图 9-12(a)所示刚架上的非结点荷载),或者同时存在结点荷载和非结点荷载。对于结点荷载,可直接放到结点的总荷载向量中;而对于非结点荷载,根据前述知识,由于建立的是结点的平衡方程,所以需首先将非结点荷载转化为结点荷载,即等效结点荷载,然后再将其代入到总荷载向量中。以图 9-12(a)所示刚架为例,分两步讲解等效结点荷载的处理方法。

第一步,按照位移法相关原理在所有结点上附加链杆、刚臂约束,限制结点的线位移和角位移,此时各单元产生杆端力,在附加链杆和刚臂中形成附加约束力和约束力矩(如图 9-12(b)所示)。由结点平衡条件可知,**附加约束力、约束力矩等于汇交于该结点的所有杆件的杆端力的代数和**。

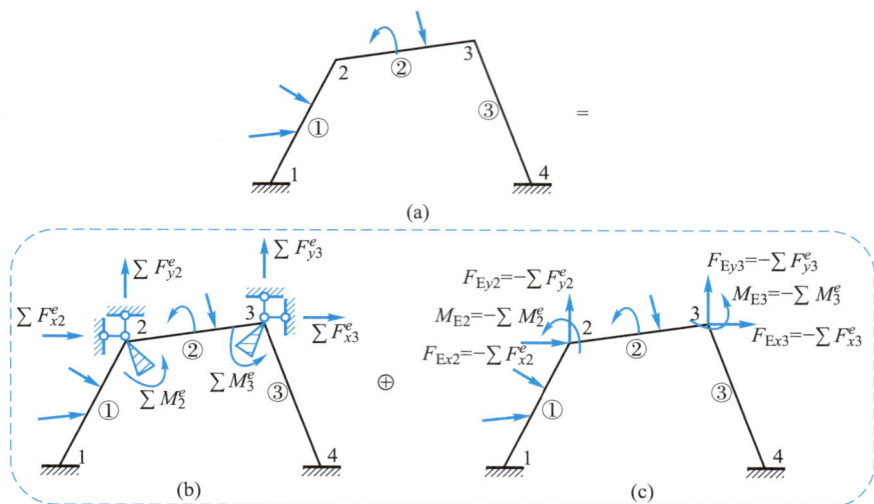

图 9-12 等效结点荷载

首先,在局部坐标系下,任一单元在非结点荷载作用下的杆端力向量 $\bar{\pmb{F}}^e$ 都可由位移法载常数得到;如果单元上存在多个非结点荷载,可利用叠加原理计算杆端力;其次,根据坐标变换,由式(9-11)可将局部坐标系下的杆端力向量 $\bar{\pmb{F}}^e$ 转化为整体坐标系下的杆端力向量 $\pmb{F}^e$,过程如下:

$$\text{局部坐标系:} \bar{\pmb{F}}^e = \begin{bmatrix} \bar{\pmb{F}}_i^e \\ \bar{\pmb{F}}_j^e \end{bmatrix} = \begin{bmatrix} \bar{F}_1^e \\ \bar{F}_2^e \\ \bar{F}_3^e \\ \bar{F}_4^e \\ \bar{F}_5^e \\ \bar{F}_6^e \end{bmatrix}, \quad \text{整体坐标系:} \pmb{F}^e = \pmb{T}^{-1}\bar{\pmb{F}}^e = \begin{bmatrix} \pmb{F}_i^e \\ \pmb{F}_j^e \end{bmatrix} = \begin{bmatrix} F_1^e \\ F_2^e \\ F_3^e \\ F_4^e \\ F_5^e \\ F_6^e \end{bmatrix}$$

$$(9-30)$$

单元杆端力向量 $\pmb{F}^e$ 得到后,可通过结点平衡条件计算任一结点 $i$ 在非结点荷载作用下的附加约束力和约束力矩 $\pmb{F}_i'$;如果该结点连接多个杆单元,可采用叠加原理。如图 9-12(b)所示的结点 1、2,其中结点 1 仅连接 1 个杆单元、结点 2 同时连接两个杆单元,则结点 1、2 的附加约束力和约束力矩 $\pmb{F}_1'$、$\pmb{F}_2'$ 分别为

$$\pmb{F}_1' = \begin{bmatrix} F_{x1}^① \\ F_{y1}^① \\ M_1^① \end{bmatrix}, \quad \pmb{F}_2' = \pmb{F}_2^① + \pmb{F}_2^② = \begin{bmatrix} F_{x2}^① \\ F_{y2}^① \\ M_2^① \end{bmatrix} + \begin{bmatrix} F_{x2}^② \\ F_{y2}^② \\ M_2^② \end{bmatrix} \qquad (9-31)$$

第二步,去掉附加链杆、附加刚臂,将第一步得到的约束力、约束力矩 $\boldsymbol{F}_i'$ 反向作为荷载施加于相应结点上(如图 9-12(c)所示),该荷载即为**非结点荷载的等效结点荷载向量 $\boldsymbol{F}_{Ei}$**:

$$\boldsymbol{F}_{Ei} = -\boldsymbol{F}_i' \tag{9-32}$$

### 2. 结点总荷载

如果除了上述非结点荷载的等效结点荷载向量 $\boldsymbol{F}_{Ei}$ 外,如还存在直接作用于结点 $i$ 上的荷载向量 $\boldsymbol{F}_{Di}$,则结点 $i$ 的总结点荷载向量 $\boldsymbol{F}_i$ 为

$$\boldsymbol{F}_i = \boldsymbol{F}_{Di} + \boldsymbol{F}_{Ei} \tag{9-33}$$

由此,整体结构的总荷载矩阵可写为

$$\boldsymbol{F} = \boldsymbol{F}_D + \boldsymbol{F}_E \tag{9-34}$$

## 9-4-3 支座约束条件引入与结构内力计算(后处理法)

结构原始刚度方程由于未考虑支座约束条件,即结构可以有任意的刚体位移,因而原始刚度矩阵是奇异的,不存在逆矩阵,也就意味着通过式(9-29)无法求解结点位移未知量。

为便于讲解,将式(9-29)重写为式(9-35)。结合图 9-10,可知该式中结点总荷载 $\boldsymbol{F}_2$、$\boldsymbol{F}_3$ 是可以求出的,与之相应的结点位移 $\boldsymbol{\delta}_2$、$\boldsymbol{\delta}_3$ 是待求的未知量;结点总荷载 $\boldsymbol{F}_1$、$\boldsymbol{F}_4$ 是未知的,与之相应的结点 1、4 是固定端,且固定支座处无沉降、滑移等位移发生,因而相应的结点位移列向量 $\boldsymbol{\delta}_1 = \boldsymbol{\delta}_4 = \boldsymbol{0}$。

$$\begin{matrix}\text{未知}\\\text{已知}\\\text{已知}\\\text{未知}\end{matrix}\begin{bmatrix}\boldsymbol{F}_1\\\boldsymbol{F}_2\\\boldsymbol{F}_3\\\boldsymbol{F}_4\end{bmatrix} = \begin{bmatrix}\boldsymbol{K}_{11}^① & \boldsymbol{K}_{12}^① & \boldsymbol{0} & \boldsymbol{0}\\\boldsymbol{K}_{21}^① & \boldsymbol{K}_{22}^①+\boldsymbol{K}_{22}^② & \boldsymbol{K}_{23}^② & \boldsymbol{0}\\\boldsymbol{0} & \boldsymbol{K}_{32}^② & \boldsymbol{K}_{33}^②+\boldsymbol{K}_{33}^③ & \boldsymbol{K}_{34}^③\\\boldsymbol{0} & \boldsymbol{0} & \boldsymbol{K}_{43}^③ & \boldsymbol{K}_{44}^③\end{bmatrix}\begin{bmatrix}\boldsymbol{\delta}_1\\\boldsymbol{\delta}_2\\\boldsymbol{\delta}_3\\\boldsymbol{\delta}_4\end{bmatrix}\begin{matrix}\text{已知}\\\text{未知}\\\text{未知}\\\text{已知}\end{matrix} \tag{9-35}$$

由此,将 $\boldsymbol{\delta}_1 = \boldsymbol{\delta}_4 = \boldsymbol{0}$ 代入式(9-35),有

$$\begin{bmatrix}\boldsymbol{F}_2\\\boldsymbol{F}_3\end{bmatrix} = \begin{bmatrix}\boldsymbol{K}_{22}^①+\boldsymbol{K}_{22}^② & \boldsymbol{K}_{23}^②\\\boldsymbol{K}_{32}^② & \boldsymbol{K}_{33}^②+\boldsymbol{K}_{33}^③\end{bmatrix}\begin{bmatrix}\boldsymbol{\delta}_2\\\boldsymbol{\delta}_3\end{bmatrix} \tag{9-36}$$

$$\begin{bmatrix}\boldsymbol{F}_1\\\boldsymbol{F}_4\end{bmatrix} = \begin{bmatrix}\boldsymbol{K}_{12}^① & \boldsymbol{0}\\\boldsymbol{0} & \boldsymbol{K}_{43}^③\end{bmatrix}\begin{bmatrix}\boldsymbol{\delta}_2\\\boldsymbol{\delta}_3\end{bmatrix} \tag{9-37}$$

式(9-36)即为**引入支座约束条件的结构刚度方程**。此时,**荷载向量 $\boldsymbol{F}$ 仅包含已知的结点荷载向量;位移向量 $\boldsymbol{\Delta}$ 仅包含待求的结点位移未知量;刚度矩阵 $\boldsymbol{K}$ 已从原始刚度矩阵中删去与已知为零的结点位移对应的行和列,将其称为结构缩减后的总刚度矩阵或总刚**。显然,引入支座约束条件后,消除了结构的任意刚体位移,总刚 $\boldsymbol{K}$ 仍为对称矩阵,但已变为非奇异矩阵,进而使得结构刚度方程可解。这种首先建立原始总刚方程,然后通过支座约束条件引入建立结构刚度方程的方法称为**后处理法**。

求解式(9-37)即可得到结点位移向量 $\boldsymbol{\Delta}$,进而可由单元刚度方程计算各单元的内力,即:整体坐标系下单元的杆端力可通过式(9-15)求得

$$\boldsymbol{F}^e = \boldsymbol{K}^e \boldsymbol{\delta}^e \tag{9-38}$$

再由式(9-11)求得局部坐标系下的杆端力：

$$\bar{F}^e = TF^e = TK^e\delta^e \qquad (9-39)$$

或者,先由式(9-13)求得局部坐标系下的杆端结点位移：

$$\bar{\delta}^e = T\delta^e \qquad (9-40)$$

再由式(9-4)求得局部坐标系下的杆端力：

$$\bar{F}^e = \bar{K}^e\bar{\delta}^e = \bar{K}^eT\delta^e \qquad (9-41)$$

值得一提的是,当结点位移未知量求出后,可利用式(9-37)计算支座约束力。然而,当全部杆件的内力求出后,一般没有必要再求支座约束力,即便需要求解,通常也是根据结点平衡条件求得。

### 9-4-4　结构内力计算(先处理法)

采用后处理法时,结构每一个结点上的未知量个数以及各单元刚度矩阵的阶数都是相同的,总刚度矩阵的阶数很容易根据结点总数求得,分析过程便于归一化,也便于程序设计。然而,由于后处理法在方程中考虑了所有的零位移约束以及可以忽略的变形(如刚架结构可忽略轴向变形的影响)等,使得方程的阶数较高,需要更多的计算资源匹配,也影响方程组的求解速度。为此,提出了在组成结构刚度方程的过程中即考虑支座约束条件的方法,常称为先处理法。

所谓先处理法,就是在计算和生成总刚度矩阵时,先将支座位移约束条件和因不计刚架杆件轴向变形等引起的结点位移相关关系作了考虑。实际上当单元两端的某些位移已知为零时,只需要将单元刚度矩阵中对应于上述位移的行和列删去,就可以得到考虑位移约束后的单元刚度矩阵。采用先处理法时,各单元刚度矩阵的阶数往往是不同的,结构的结点位移向量只需要列入独立的未知结点位移;相应地,结点力向量也不包括支座约束力。此时,单元刚度矩阵的元素是按其相应的位移序号对号入座送入总刚度矩阵的相应位置并叠加,从而直接生成结构总刚度矩阵。因为在上述过程中已经考虑了结构的位移约束条件,所以生成的刚度矩阵是一个对称正定矩阵。求解结构刚度方程可以得到未知的结点位移,然后就可以进一步求得各单元的杆端内力和结构的支座约束。以下举例说明先处理法的基本解题步骤。

如图9-13(a)所示刚架,忽略杆件轴向变形,现采用先处理法对刚架进行分析。结点、单元的编号和结构及单元坐标系的选取如图9-13(b)所示。单元局部坐标系的原点各柱单元均设在其上端,各横梁单元均设在其左端。忽略杆件的轴向变形后,结构的未知结点位移共有4个:结点3的竖向线位移和结点2、4、5的角位移,如图9-13(b)所示。若将上述位移按其在总位移向量中位置先后顺序编号,则结构的结点位移和结点荷载向量分别为

$$\boldsymbol{\delta} = \begin{bmatrix} \theta_2 \\ v_3 \\ \theta_4 \\ \theta_5 \end{bmatrix} = \begin{bmatrix} \delta_1 \\ \delta_2 \\ \delta_3 \\ \delta_4 \end{bmatrix}, \quad \boldsymbol{F} = \begin{bmatrix} 0 \\ -F_{\text{P1}} \\ 0 \\ -M \end{bmatrix} \qquad (9-42)$$

以上结点位移和结点荷载均以与结构坐标系方向一致时为正。应当注意的是,

结点荷载向量中不包括结点 4 上作用的竖向荷载,其原因在于忽略杆件轴向变形时,结点 4 不会发生竖向位移。根据位移法可以判定,这一竖向荷载仅使单元①产生一个数值为 $F_{P2}$ 的轴向压力,它对刚架的结点位移和其余杆件的内力均无影响。这样,在利用矩阵位移法的先处理法进行分析时可以先不考虑这一荷载,待分析完毕后再对单元①的杆端轴力和支座 1 的竖向约束力进行修正即可。

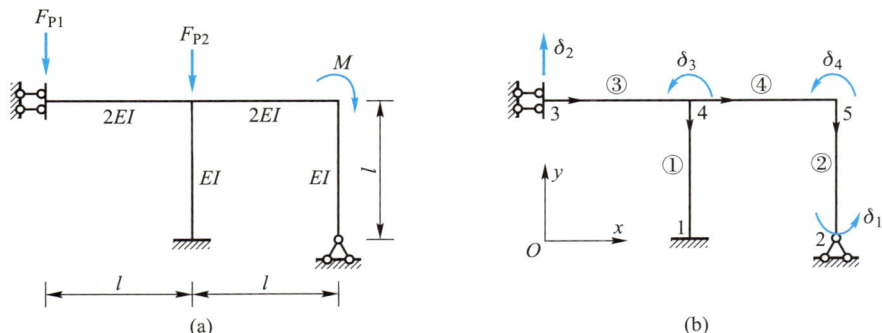

图 9-13 先处理法分析刚架结构

因忽略杆件轴向变形,在局部坐标系下根据式(9-6)梁式单元刚度矩阵的公式,采用先处理法在形成单元刚度矩阵时即考虑结点位移的约束条件。由此,对于单元①来说,只有结点 4 具有未知转角 $\delta_3$,对应式(9-6)中的 $\bar{\delta}_2^e$,其余结点位移 $\bar{\delta}_1^e$、$\bar{\delta}_3^e$、$\bar{\delta}_4^e$ 的值均为零。此时,只需将式(9-6)所示的单元刚度矩阵中的第 1、3、4 行和列删除,即可得到局部坐标系下单元①的单元刚度矩阵:

$$\bar{K}^{①} = \begin{bmatrix} \dfrac{4EI}{l} \end{bmatrix} \begin{matrix} (3) \end{matrix}$$

(9-43)

上述单元刚度矩阵表示:当单元①发生结点角位移 $\delta_3 = 1$ 而其余的结点位移均为零时,$\delta_3$ 方向的杆端弯矩为 $4EI/l$。矩阵上方和右侧的数字(3)是用于提示刚度矩阵元素所对应的位移序号,便于在送入结构刚度矩阵时找到相应的位置。由于单元①的单元刚度矩阵中仅包含角位移项,而角位移和弯矩的值在坐标转换时是不会发生改变的。因此,整体坐标系下单元①的单元刚度矩阵与局部坐标系下的单元刚度矩阵相同,即有

$$K^{①} = \bar{K}^{①} = \begin{bmatrix} \dfrac{4EI}{l} \end{bmatrix} \begin{matrix} (3) \end{matrix}$$

(9-44)

同理,根据式(9-6)求得其他各单元的刚度矩阵如下:

$$K^{②} = \bar{K}^{②} = \begin{bmatrix} \dfrac{4EI}{l} & \dfrac{2EI}{l} \\[2mm] \dfrac{2EI}{l} & \dfrac{4EI}{l} \end{bmatrix} \begin{matrix} (4) \\[4mm] (1) \end{matrix}$$

(9-45)

$$\boldsymbol{K}^{③} = \bar{\boldsymbol{K}}^{③} = \begin{array}{cc} (2) & (3) \end{array} \begin{bmatrix} \dfrac{24EI}{l^3} & \dfrac{12EI}{l^2} \\[3mm] \dfrac{2EI}{l^2} & \dfrac{8EI}{l} \end{bmatrix} \begin{array}{c} (2) \\[5mm] (3) \end{array} \qquad (9-46)$$

$$\boldsymbol{K}^{④} = \bar{\boldsymbol{K}}^{④} = \begin{array}{cc} (3) & (4) \end{array} \begin{bmatrix} \dfrac{8EI}{l} & \dfrac{4EI}{l} \\[3mm] \dfrac{4EI}{l} & \dfrac{8EI}{l} \end{bmatrix} \begin{array}{c} (3) \\[5mm] (4) \end{array} \qquad (9-47)$$

单元③的刚度矩阵虽然同时含有角位移和线位移项,但是因为该单元的局部坐标系与结构坐标系的方向是一致的,所以单元刚度矩阵仍不需要坐标转换。这样,该刚架在采用上述结构和单元坐标系进行分析时,所有的单元刚度矩阵都不需要坐标转换。这也说明,当刚架结构不考虑杆件的轴向变形时,通过恰当地设定坐标系常可以避免坐标转换,从而使计算得以简化。将上述单元刚度矩阵的元素按所对应的结点位移序号对号入座,便可得到结构刚度矩阵为

$$\boldsymbol{K} = \begin{array}{cccc} (1) & (2) & (3) & (4) \end{array} \begin{bmatrix} \dfrac{4EI}{l} & 0 & 0 & \dfrac{2EI}{l} \\[3mm] 0 & \dfrac{24EI}{l^3} & \dfrac{12EI}{l^2} & 0 \\[3mm] 0 & \dfrac{12EI}{l^2} & \dfrac{4EI}{l}+\dfrac{8EI}{l}+\dfrac{8EI}{l} & \dfrac{4EI}{l} \\[3mm] \dfrac{2EI}{l} & 0 & \dfrac{4EI}{l} & \dfrac{4EI}{l}+\dfrac{8EI}{l} \end{bmatrix} \begin{array}{c} (1) \\[5mm] (2) \\[5mm] (3) \\[5mm] (4) \end{array} = \begin{bmatrix} \dfrac{4EI}{l} & 0 & 0 & \dfrac{2EI}{l} \\[3mm] 0 & \dfrac{24EI}{l^3} & \dfrac{12EI}{l^2} & 0 \\[3mm] 0 & \dfrac{12EI}{l^2} & \dfrac{20EI}{l} & \dfrac{4EI}{l} \\[3mm] \dfrac{2EI}{l} & 0 & \dfrac{4EI}{l} & \dfrac{12EI}{l} \end{bmatrix}$$

$$(9-48)$$

以上结构刚度矩阵中有两个主元素是由数项元素叠加而成的,其原因在于当一个结点同时与几个单元相连时,使它发生某项单位位移时在该结点上需加的结点力等于上述诸单元的杆端力之和。在求得了结构刚度矩阵之后,就容易写出如式(9-49)所示的结构刚度方程,实现位移未知量求解,并在此基础上可计算所有结构内力。

$$\begin{bmatrix} \dfrac{4EI}{l} & 0 & 0 & \dfrac{2EI}{l} \\[3mm] 0 & \dfrac{24EI}{l^3} & \dfrac{12EI}{l^2} & 0 \\[3mm] 0 & \dfrac{12EI}{l^2} & \dfrac{20EI}{l} & \dfrac{4EI}{l} \\[3mm] \dfrac{2EI}{l} & 0 & \dfrac{4EI}{l} & \dfrac{12EI}{l} \end{bmatrix} \begin{bmatrix} \delta_1 \\[3mm] \delta_2 \\[3mm] \delta_3 \\[3mm] \delta_4 \end{bmatrix} = \begin{bmatrix} 0 \\[3mm] -F_{P1} \\[3mm] 0 \\[3mm] -M \end{bmatrix} \qquad (9-49)$$

# 9－5　矩阵位移法算例

结合前述介绍,可将矩阵位移法的计算步骤简要归纳如下(后处理法):

(1)对结构进行数据化处理,包括选定单元、对结点和单元进行编号、建立整体坐标系和局部坐标系;

(2)计算局部坐标系下的单元刚度矩阵和坐标转换矩阵;

(3)建立整体坐标系下的原始总刚度矩阵;

(4)计算固端力、等效结点荷载和结点总荷载;

(5)引入支座约束条件,计算缩减后的结构总刚;

(6)解算结构刚度方程,求出结点位移未知量;

(7)计算各单元杆端力。

## 9－5－1　刚架结构算例

【算例9－5】　用矩阵位移法分析图9－14(a)所示平面刚架。

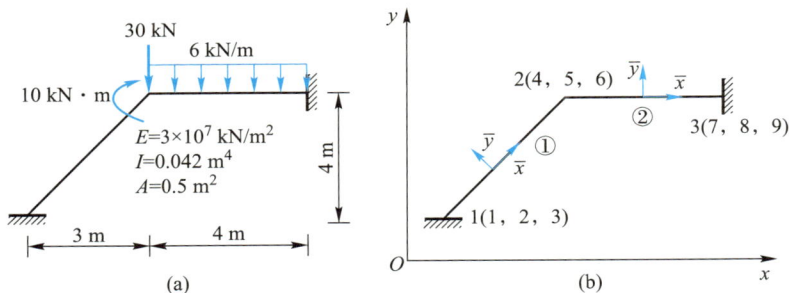

图9－14　算例9－5图

【解】　(1)结构数据化

如图9－14(b)所示设置3个结点1、2和3,设置两个单元①和②,建立如图9－14(b)所示的整体坐标系和单元局部坐标系。

(2)计算单元刚度矩阵和坐标转换矩阵

单元①局部刚度矩阵:

$$\frac{EA}{5}=300\times10^4,\quad \frac{EI}{5}=25.2\times10^4,\quad \frac{6EI}{5^2}=30.2\times10^4,\quad \frac{12EI}{5^3}=12.1\times10^4$$

$$\bar{K}^{①}=10^4\times\begin{bmatrix} 300 & 0 & 0 & -300 & 0 & 0 \\ 0 & 12.1 & 30.2 & 0 & -12.1 & 30.2 \\ 0 & 30.2 & 100.8 & 0 & -30.2 & 50.4 \\ -300 & 0 & 0 & 300 & 0 & 0 \\ 0 & -12.1 & -30.2 & 0 & 12.1 & -30.2 \\ 0 & 30.2 & 50.4 & 0 & -30.2 & 100.8 \end{bmatrix}$$

单元①的局部坐标系与总体坐标系存在夹角:$\sin\alpha=0.8,\cos\alpha=0.6$。

则可以建立单元①的坐标转换矩阵：$T^{①}=\begin{bmatrix} 0.6 & 0.8 & 0 & 0 & 0 & 0 \\ -0.8 & 0.6 & 0 & 0 & 0 & 0 \\ 0 & 0 & 1 & 0 & 0 & 0 \\ 0 & 0 & 0 & 0.6 & 0.8 & 0 \\ 0 & 0 & 0 & -0.8 & 0.6 & 0 \\ 0 & 0 & 0 & 0 & 0 & 1 \end{bmatrix}$

计算单元①整体单刚：

$$K^{①}=T^{T①}\bar{K}^{①}T^{①}=\begin{bmatrix} K^{①}_{11} & K^{①}_{12} \\ K^{①}_{21} & K^{①}_{22} \end{bmatrix}$$

$$=10^4\times\begin{bmatrix} 115.7 & 138.2 & -24.2 & -115.7 & -138.2 & -24.2 \\ 138.2 & 196.2 & 18.2 & -138.2 & -196.2 & 18.2 \\ -24.2 & 18.2 & 100.8 & 24.2 & -18.2 & 50.4 \\ -115.7 & -138.2 & 24.2 & 115.7 & 138.2 & 24.2 \\ -138.2 & -196.2 & -18.2 & 138.2 & 196.2 & -18.2 \\ -24.2 & 18.2 & 50.4 & 24.2 & -18.2 & 100.8 \end{bmatrix}\begin{matrix}(1)\\(2)\\(3)\\(4)\\(5)\\(6)\end{matrix}$$

单元②的局部坐标系与总体坐标系相同，局部刚度矩阵即为整体单刚：

$$\frac{EA}{4}=375\times10^4,\quad \frac{EI}{4}=31.5\times10^4,\quad \frac{6EI}{4^2}=47.3\times10^4,\quad \frac{12EI}{4^3}=23.6\times10^4$$

$$K^{②}=\begin{bmatrix} K^{②}_{22} & K^{②}_{23} \\ K^{②}_{32} & K^{②}_{33} \end{bmatrix}=10^4\times\begin{bmatrix} 375 & 0 & 0 & -375 & 0 & 0 \\ 0 & 23.6 & 47.3 & 0 & -23.6 & 47.3 \\ 0 & 47.3 & 126.0 & 0 & -47.3 & 63.0 \\ -375 & 0 & 0 & 375 & 0 & 0 \\ 0 & -23.6 & -30.2 & 0 & 23.6 & -47.3 \\ 0 & 47.3 & 63.0 & 0 & -47.3 & 126.0 \end{bmatrix}\begin{matrix}(4)\\(5)\\(6)\\(7)\\(8)\\(9)\end{matrix}$$

（3）计算结构原始总刚度矩阵

将单元刚度矩阵中的元素按照其所对应的位移序号对号入座，可求得结构总体刚度矩阵：

$$K=\begin{bmatrix} K^{①}_{11} & K^{①}_{12} & 0 \\ K^{①}_{21} & K^{①}_{22}+K^{②}_{22} & K^{②}_{23} \\ 0 & K^{②}_{32} & K^{②}_{33} \end{bmatrix}$$

则结构整体的平衡方程为

$$\begin{bmatrix} F_1 \\ F_2 \\ F_3 \end{bmatrix}=\begin{bmatrix} K^{①}_{11} & K^{①}_{12} & 0 \\ K^{①}_{21} & K^{①}_{22}+K^{②}_{22} & K^{②}_{23} \\ 0 & K^{②}_{32} & K^{②}_{33} \end{bmatrix}\begin{bmatrix} \delta_1 \\ \delta_2 \\ \delta_3 \end{bmatrix}$$

（4）计算结构总结点荷载向量
单元固端力：

$$\bar{F}^{①} = \begin{bmatrix} 0 \\ 0 \\ 0 \\ 0 \\ 0 \\ 0 \end{bmatrix}, \quad \bar{F}^{②} = \begin{bmatrix} 0 \\ 12 \\ 8 \\ 0 \\ 12 \\ -8 \end{bmatrix}$$

等效结点荷载:

$$F_E^{②} = \begin{bmatrix} 0 \\ -12 \\ -8 \\ 0 \\ -12 \\ 8 \end{bmatrix}$$

结构总荷载列阵:

$$F = \begin{bmatrix} 0 & 0 & 0 & 0 & -30 & -10 & 0 & 0 & 0 \end{bmatrix}^T +$$
$$\begin{bmatrix} 0 & 0 & 0 & 0 & -12 & -8 & 0 & -12 & 8 \end{bmatrix}^T$$
$$= \begin{bmatrix} 0 & 0 & 0 & 0 & -42 & -18 & 0 & -12 & 8 \end{bmatrix}^T$$

(5) 求解结点位移

结构的支座条件:

$$\begin{bmatrix} \delta_1 \\ \delta_3 \end{bmatrix} = \begin{bmatrix} \mathbf{0} \\ \mathbf{0} \end{bmatrix}$$

则缩减后的结构刚度矩阵:

$$F_2 = (K_{22}^{①} + K_{22}^{②})\delta_2$$

求解出结点位移:

$$\delta_2 = 10^{-4} \times \begin{bmatrix} 0.061\ 3 \\ -0.224\ 9 \\ -0.005\ 8 \end{bmatrix}$$

(6) 单元杆端力反算

单元①杆端力计算如下:

$$\bar{F}^{①} = \bar{K}^{①} T \delta^{①} = 10^4 \times \begin{bmatrix} 115.7 & 138.2 & -24.2 & -115.7 & -138.2 & -24.2 \\ 138.2 & 196.2 & 18.2 & -138.2 & -196.2 & 18.2 \\ -24.2 & 18.2 & 100.8 & 24.2 & -18.2 & 50.4 \\ -115.7 & -138.2 & 24.2 & 115.7 & 138.2 & 24.2 \\ -138.2 & -196.2 & -18.2 & 138.2 & 196.2 & -18.2 \\ -24.2 & 18.2 & 50.4 & 24.2 & -18.2 & 100.8 \end{bmatrix} \times$$

$$\begin{bmatrix} 0.6 & 0.8 & 0 & 0 & 0 & 0 \\ -0.8 & 0.6 & 0 & 0 & 0 & 0 \\ 0 & 0 & 1 & 0 & 0 & 0 \\ 0 & 0 & 0 & 0.6 & 0.8 & 0 \\ 0 & 0 & 0 & -0.8 & 0.6 & 0 \\ 0 & 0 & 0 & 0 & 0 & 1 \end{bmatrix} \times 10^{-4} \times \begin{bmatrix} 0 \\ 0 \\ 0 \\ 0.061\ 3 \\ -0.224\ 9 \\ -0.005\ 8 \end{bmatrix} = \begin{bmatrix} 42.061 \\ 0.531\ 6 \\ 2.779\ 5 \\ -42.061 \\ -0.531\ 6 \\ -0.121\ 7 \end{bmatrix}$$

同理,单元②的杆端力计算得到: $\bar{\boldsymbol{F}}^{②} = \bar{\boldsymbol{K}}^{②} \boldsymbol{T} \boldsymbol{\delta}^{②} = \begin{bmatrix} 24.811 \\ 3.967\ 5 \\ -9.878\ 3 \\ -24.811 \\ -20.033 \\ -22.252 \end{bmatrix}$

## 9-5-2　桁架结构算例

【算例 9-6】　用矩阵位移法分析图 9-15(a)所示平面桁架。

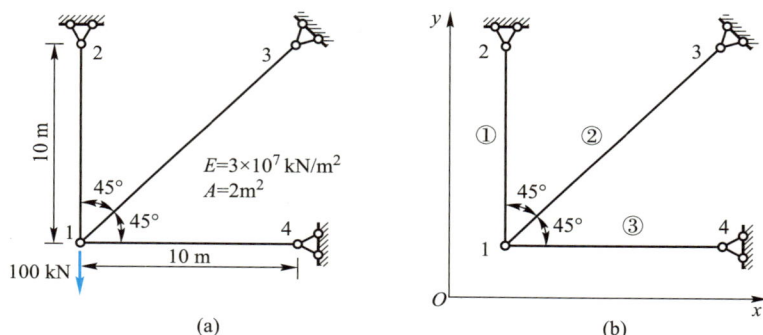

图 9-15　算例 9-6 图

【解】　(1)结构数据化

如图 9-15(a)所示设置 4 个结点 1、2、3 和 4,设置三个单元①、②、③,建立如图 9-15(b)所示的整体坐标系。

(2)计算单元刚度矩阵和坐标转换矩阵

单元①刚度矩阵:

$$\boldsymbol{K}^{①} = \frac{3 \times 10^7 \times 2}{10} \times \begin{bmatrix} 0 & 0 & 0 & 0 \\ 0 & 1 & 0 & -1 \\ 0 & 0 & 0 & 0 \\ 0 & -1 & 0 & 1 \end{bmatrix}, \quad \boldsymbol{T}^{①} = \begin{bmatrix} 0 & -1 & 0 & 0 \\ -1 & 0 & 0 & 0 \\ 0 & 0 & 0 & -1 \\ 0 & 0 & -1 & 0 \end{bmatrix}$$

单元②刚度矩阵:

$$\boldsymbol{K}^{②} = \frac{3 \times 10^7 \times 2}{10 \times \sqrt{2}} \times \begin{bmatrix} 0.5 & 0.5 & 0.5 & 0.5 \\ 0.5 & 0.5 & 0.5 & -0.5 \\ 0.5 & 0.5 & 0.5 & 0.5 \\ 0.5 & -0.5 & 0.5 & 0.5 \end{bmatrix}$$

$$T^{②} = \begin{bmatrix} \dfrac{\sqrt{2}}{2} & -\dfrac{\sqrt{2}}{2} & 0 & 0 \\[2mm] -\dfrac{\sqrt{2}}{2} & \dfrac{\sqrt{2}}{2} & 0 & 0 \\[2mm] 0 & 0 & \dfrac{\sqrt{2}}{2} & -\dfrac{\sqrt{2}}{2} \\[2mm] 0 & 0 & -\dfrac{\sqrt{2}}{2} & \dfrac{\sqrt{2}}{2} \end{bmatrix}$$

单元③刚度矩阵：

$$K^{③} = \frac{3\times 10^7 \times 2}{10} \times \begin{bmatrix} 1 & 0 & -1 & 0 \\ 0 & 0 & 0 & 0 \\ -1 & 0 & 1 & 0 \\ 0 & 0 & 0 & 0 \end{bmatrix}, \quad T^{③} = \begin{bmatrix} 1 & 0 & 0 & 0 \\ 0 & 1 & 0 & 0 \\ 0 & 0 & 1 & 0 \\ 0 & 0 & 0 & 1 \end{bmatrix}$$

（3）计算结构原始总刚度矩阵

结构的原始总刚度矩阵为

$$K = 6\times 10^6 \times \begin{bmatrix} 1.354 & 0.354 & 0 & 0 & -0.354 & -0.354 & -1 & 0 \\ 0.354 & 1.354 & 0 & -1 & -0.354 & -0.354 & 0 & 0 \\ 0 & 0 & 0 & 0 & 0 & 0 & 0 & 0 \\ 0 & -1 & 0 & 1 & 0 & 0 & 0 & 0 \\ -0.354 & -0.354 & 0 & 0 & 0.354 & 0.354 & 0 & 0 \\ -0.354 & -0.354 & 0 & 0 & 0.354 & 0.354 & 0 & 0 \\ -1 & 0 & 0 & 0 & 0 & 0 & 1 & 0 \\ 0 & 0 & 0 & 0 & 0 & 0 & 0 & 0 \end{bmatrix}$$

（4）求解结点位移

结构原始总刚度方程为

$$\begin{bmatrix} 0 \\ -100 \\ F_{2x} \\ F_{2y} \\ F_{3x} \\ F_{3y} \\ F_{4x} \\ F_{4y} \end{bmatrix} = 6\times 10^6 \times \begin{bmatrix} 1.354 & 0.354 & 0 & 0 & -0.354 & -0.354 & -1 & 0 \\ 0.354 & 1.354 & 0 & -1 & -0.354 & -0.354 & 0 & 0 \\ 0 & 0 & 0 & 0 & 0 & 0 & 0 & 0 \\ 0 & -1 & 0 & 1 & 0 & 0 & 0 & 0 \\ -0.354 & -0.354 & 0 & 0 & 0.354 & 0.354 & 0 & 0 \\ -0.354 & -0.354 & 0 & 0 & 0.354 & 0.354 & 0 & 0 \\ -1 & 0 & 0 & 0 & 0 & 0 & 1 & 0 \\ 0 & 0 & 0 & 0 & 0 & 0 & 0 & 0 \end{bmatrix} \times \begin{bmatrix} \delta_1 \\ \delta_2 \\ 0 \\ 0 \\ 0 \\ 0 \\ 0 \\ 0 \end{bmatrix}$$

解方程 $\begin{bmatrix} 0 \\ -100 \end{bmatrix} = 6\times 10^6 \times \begin{bmatrix} 1.354 & 0.354 \\ 0.354 & 1.354 \end{bmatrix} \times \begin{bmatrix} \delta_1 \\ \delta_2 \end{bmatrix}$ 可得：

$$\delta_1 = 3.454\times 10^{-6}\ \text{m}, \quad \delta_2 = -1.321\times 10^{-5}\ \text{m}$$

最后，将 $\delta_1$、$\delta_2$ 回代到结构总刚度矩阵中，即可计算出 $F_{2x} \sim F_{4y}$。

## 9－6 结构刚度和综合结点荷载元素速算法及单元内力计算

矩阵位移法一般均需编制程序用计算机进行数值计算,这时要求解结构刚度方程:

$$K\Delta = F$$

结构刚度矩阵和综合结点荷载矩阵的正确与否,直接影响结构受力、变形分析的正确性。为此,在编调计算程序时通常要对结构刚度矩阵和综合结点荷载矩阵的元素进行校核,其中一种方法是通过基本概念快速计算出结构刚度矩阵或综合结点荷载矩阵中的某几个元素,将其与计算机计算输出的相应结果对比,从而判别程序的可靠性。此外,从刚度方程求得结点位移并非最终目的,进行结构设计还必须进行内力的计算。因此,本节首先介绍结构刚度矩阵元素和综合结点荷载矩阵元素的速算方法,使有关力学概念更加清晰。然后介绍求得结构位移后单元内力的计算方法。

### 9－6－1 结构刚度矩阵元素的速算确定方法

结构刚度矩阵元素 $K_{ij}$ 的物理意义是:仅仅结构第 $j$ 个位移分量产生单位位移时,与第 $i$ 个位移相应的"附加约束"上的约束力(或称所需施加的力)。速算方法就是利用这一概念和等截面直杆的形常数,不经单元分析和集成而获得结构刚度矩阵中任何指定元素的方法。

结构刚度矩阵元素 $K_{ij}$ 的速算步骤为:

(1)如果第 $i$ 个位移和第 $j$ 个位移分量间没有直接的单元连接,则 $K_{ij}=0$。否则继续以下步骤。

(2)从结构中取出和 $\Delta_j$ 相关联的(存在单元连接的)单元部分,所取出部分的结点认为均有限制位移的约束,不能产生任何位移。

(3)令所取出部分的结构仅产生 $\Delta_j=1$ 的位移,作单位弯矩图(或单位内力图)。

(4)像位移法一样,根据形常数和结点或隔离体平衡的条件,求与 $\Delta_i$ 相应的"附加约束"上的总约束力,其值即为 $K_{ij}$。

下面举例加以说明。

【算例 9－7】 结构及其相关编码如图 9－16(a)所示,各杆件 $EI$、$EA$ 和长度 $l$ 均为常数。试求结构刚度矩阵元素 $K_{44}$、$K_{66}$、$K_{4,13}$、$K_{6,15}$。

【解】 (1)求 $K_{44}$。取出与结构位移码 4 相关的部分并作出单位位移状态和内力图,如图 9－16(b)所示。

由图示的形常数和 5 结点 $\sum F_x=0$ 可得

$$K_{44} = \frac{2EA}{l} + \frac{24EI}{l^3}$$

(2)求 $K_{66}$。取出的部分、单位位移状态如图 9－16(c)所示,由图示的形常数和 5 结点 $\sum M=0$ 立即可得

$$K_{66} = \frac{16EI}{l}$$

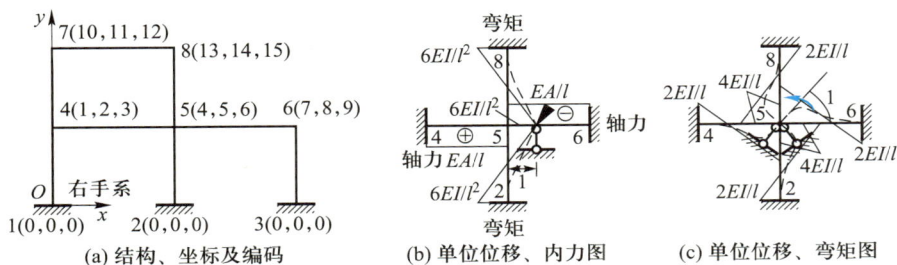

(a) 结构、坐标及编码　　(b) 单位位移、内力图　　(c) 单位位移、弯矩图

图 9-16　算例 9-7 图

（3）求 $K_{4,13}$。由对称性可知 $K_{4,13}=K_{13,4}$，因此仍可以图 9-16（b）计算。从图 9-16（b）中取 8 结点，由 5-8 杆件的剪力和 8 结点 $\sum F_x=0$，可得

$$K_{4,13}=K_{13,4}=-\frac{12EI}{l^3}$$

（4）求 $K_{6,15}$。同样，因对称性仍可取图 9-16（c）进行计算。从图 9-16（c）中取 8 结点，由 $\sum M=0$ 可得

$$K_{15,6}=K_{6,15}=\frac{2EI}{l}$$

有了上述手算的结果，与编调程序时输出的这些元素值相比，即可检查程序的正确性：

（1）输入数据经检查完全正确时，看结构刚度矩阵是否正确。

（2）当已验证结构刚度矩阵正确实现集成规则时，可检验输入的信息（或生成的定位向量）是否有问题。

本例题的分析过程表明，只要概念很清楚，形常数很熟悉，速算求结构刚度矩阵元素是十分容易的。

【算例 9-8】　结构和刚度情况同算例 9-7，但不考虑轴向变形，位移编码如图 9-17（a）所示，试求结构刚度矩阵元素 $K_{11}$、$K_{27}$、$K_{15}$、$K_{55}$。

【解】　（1）求 $K_{11}$。当仅仅发生 $\boldsymbol{\Delta}_1=1$ 时，取出刚架相关部分并作出单位位移图（请读者自行画出 M 图），如图 9-17（b）所示，由形常数和横梁隔离体 $\sum F_x=0$，可得

$$K_{11}=\frac{60EI}{l^3}$$

（2）求 $K_{27}$。当仅仅发生 $\boldsymbol{\Delta}_7=1$ 时，取出刚架相关部分并作出单位位移图（请读者自行画出 M 图），如图 9-17（c）所示，由此求得 5-8 杆的剪力，再由结点 8 的 $\sum F_x=0$，可得

$$K_{27}=\frac{6EI}{l^2}$$

根据对称性 $K_{ij}=K_{ji}$ 及元素物理意义，也可由 9-17（d）所示单位位移图（请读者自行画出 M 图），由 8 结点的力矩平衡方程求得

$$K_{72}=\frac{6EI}{l^2}=K_{27}$$

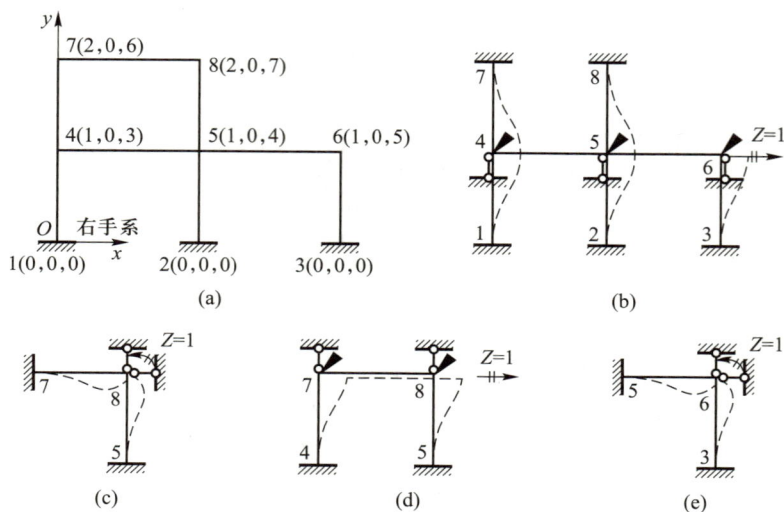

图 9-17 算例 9-8 图

（3）求 $K_{15}$。为求 $K_{15}$，可从图 9-17（b）取 6 结点力矩平衡方程，可得

$$K_{51} = \frac{6EI}{l^2} = K_{15}$$

（4）求 $K_{55}$。为求 $K_{55}$，取出部分、单位位移图（请读者自行画出 $M$ 图），如图 9-17（e）所示，从 6 结点 $\sum M = 0$，可得

$$K_{55} = \frac{8EI}{l}$$

### 9-6-2 综合结点荷载元素的速算确定方法

局部坐标系下单元等效结点荷载和单元固端力之间的关系为

$$\bar{F}_{\mathrm{E}}^{e} = -\bar{F}^{\mathrm{F}e}$$

速算法就是用这个关系（概念）和等直杆载常数来获得单元的等效结点荷载。将等效结点荷载按其局部坐标方向作用于结构结点上，再与结构直接作用结点荷载一起在整体坐标方向投影，便可获得综合结点荷载元素的数值。

速算综合结点荷载矩阵元素的步骤为：

（1）根据单元上的荷载状况和两端固定梁（视位移编码情形，也可不是两端固定梁）的载常数，将单元上的荷载按单元局部坐标方向将固端力改变方向"移置"到结点上。

（2）将局部坐标轴方向的等效结点荷载和直接结点荷载向整体坐标轴方向投影。

（3）根据整体位移码，将相同编码上全部结点荷载分量累加即可得到与此位移码相应的综合结点荷载元素。

必须再次强调，$\bar{F}^{\mathrm{F}e}$ 正向的规定和第六章里载常数表内固端弯矩、固端剪力和固端轴力正向规定(轴力拉、剪力和弯矩顺时针为正)间有些差别,这可由图 9-18 所示两者正向规定看出,图 9-18(a)所示 $\bar{\boldsymbol{F}}^{Fe}$ 元素的正向规定,图 9-18(b)所示为固端内力的正向规定。

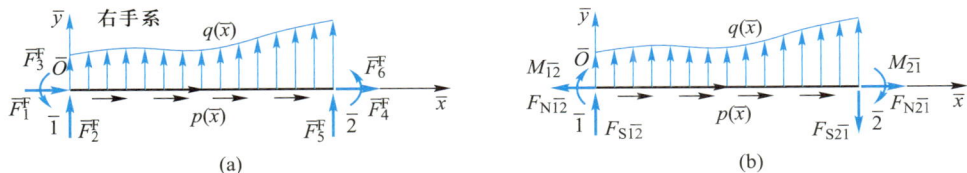

图 9-18　固端力矩阵元素和固端内力正号规定

从图 9-18 可见,等效结点荷载与固端内力间的关系为

$$\bar{\boldsymbol{F}}_{E}^{e}=-\bar{\boldsymbol{F}}^{Fe}=(\,F_{N\overline{12}}\quad -F_{S\overline{12}}\quad M_{\overline{12}}\quad -F_{N\overline{21}}\quad F_{S\overline{21}}\quad M_{\overline{21}}\,)^{T}\qquad(9-50)$$

【算例 9-9】　试求图 9-19(a)所示结构的原始综合结点荷载矩阵 $\boldsymbol{F}$。

【解】　由所示荷载,根据载常数表和式(9-50)将单元等效结点荷载和直接作用结点荷载按单元局部坐标系作用于结构图上,结果如图 9-19(b)所示。

由图 9-19(b)求相对整体坐标的 $\sum F_{x}$、$\sum F_{y}$ 和 $\sum M$ 可得各结点的原始综合结点荷载为

$$\boldsymbol{F}_{1}=(\,18\ \mathrm{kN}+F_{1x}\quad F_{1y}\quad -9\ \mathrm{kN}\cdot\mathrm{m}+M_{1}\,)^{T},\quad \boldsymbol{F}_{2}=(\,F_{2x}\quad F_{2y}\quad M_{2}\,)_{2}^{T}$$

$$\boldsymbol{F}_{3}=(\,38\ \mathrm{kN}\quad -30\ \mathrm{kN}\quad -21\ \mathrm{kN}\cdot\mathrm{m}\,)^{T},\quad \boldsymbol{F}_{4}=(\,0\quad -30\ \mathrm{kN}\quad 30\ \mathrm{kN}\cdot\mathrm{m}\,)^{T}$$

由上述结果按结点位移码顺序,即得结构的原始综合结点荷载列阵 $\boldsymbol{F}$。

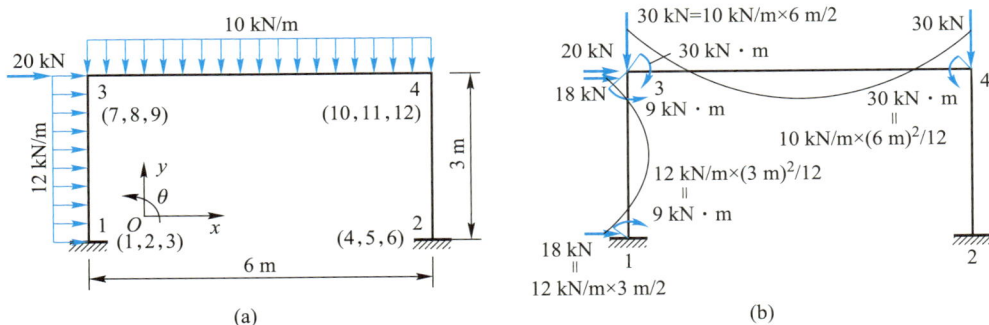

图 9-19　算例 9-9 图

【算例 9-10】　试用定位向量先处理法集成图 9-20(a)所示不考虑轴向变形的结构综合结点荷载列阵 $\boldsymbol{F}$。

【解】　不考虑杆件轴向变形时的结点位移编码如图 9-20(a)所示。由载常数和式(9-50),与算例 9-9 相似,可获得各单元等效结点荷载如图 9-20(b)所示。由于本题要求用定位向量先处理法,根据集成规律位移码为零可不必集成,因此也可不画图 9-20(b),而改为只画图 9-20(c)部分。由 $\sum F_{x}=0$ 可得 $F_{1}=-8\ \mathrm{kN}$;由 $\sum M_{3}=0$ 可得 $F_{2}=-165\ \mathrm{kN}\cdot\mathrm{m}$,由 $\sum M_{4}=0$ 可得 $F_{3}=162\ \mathrm{kN}\cdot\mathrm{m}$。由此可得

$$\boldsymbol{F}=(\,-8\ \mathrm{kN}\quad -165\ \mathrm{kN}\cdot\mathrm{m}\quad 162\ \mathrm{kN}\cdot\mathrm{m}\,)^{T}$$

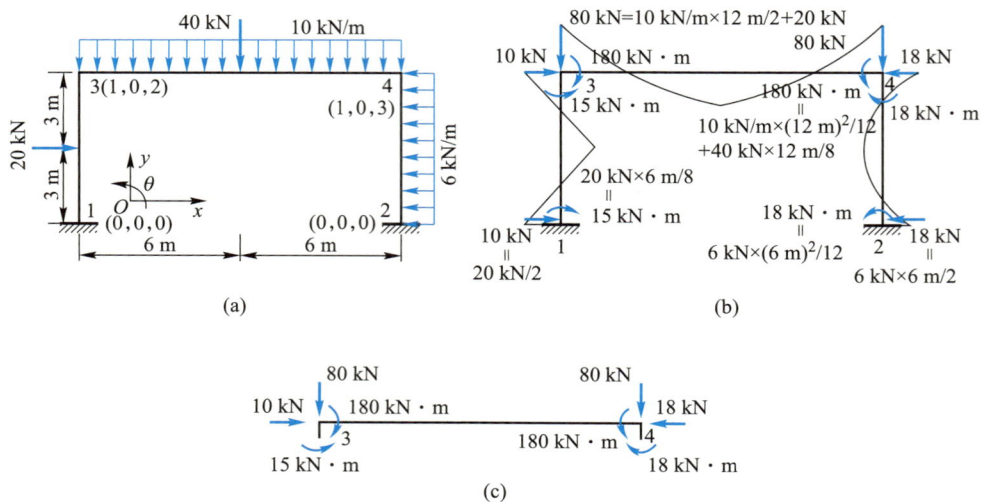

图 9 - 20 算例 9 - 10 图

**【算例 9 - 11】** 对于图 9 - 21(a)所示结构,试用先处理法集成综合结点荷载矩阵 **P**。

**【解】** 求解②、③单元等效荷载的方法与前两例相同,而①单元是斜杆,需要另行处理,有两种方法。

第一种方法是,首先如图 9 - 21(b)所示将沿水平长度的均布荷载转换成垂直杆件轴向和沿杆件轴向的均布荷载,然后考虑杆件上三种(两个分布荷载、一个集中力)相对局部坐标的荷载,由各自的载常数与式(9 - 50),叠加后可得图 9 - 21(b)所示单元局部坐标系下的等效结点荷载。

另一种方法是,沿水平长度的均布荷载直接利用其"载常数",如图 9 - 21(c)所示,再利用式(9 - 50)并考虑垂直杆件轴向的作用荷载,可得单元等效结点荷载。

不难验证,二者计算结果相同。

根据①、②、③单元的计算结果,3、4 结点受力图如图 9 - 21(d)所示(已统一投影到整体坐标方向)。由此不难看出

$$\boldsymbol{F} = \begin{bmatrix} 5 \text{ kN} & -53 \text{ kN} & 10 \text{ kN} \cdot \text{m} & 10 \text{ kN} & -24 \text{ kN} & 26 \text{ kN} \cdot \text{m} \end{bmatrix}^{\text{T}}$$

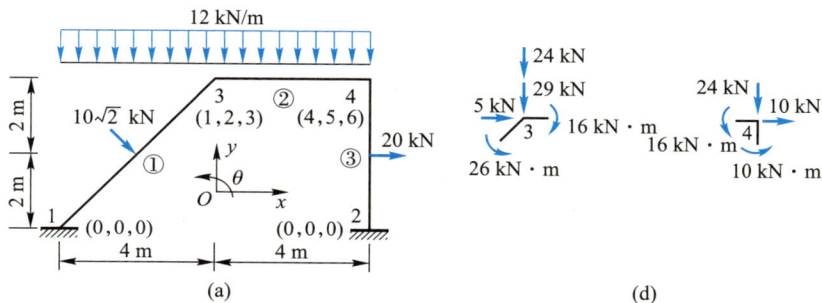

(a)

(d)

(b)

(c)

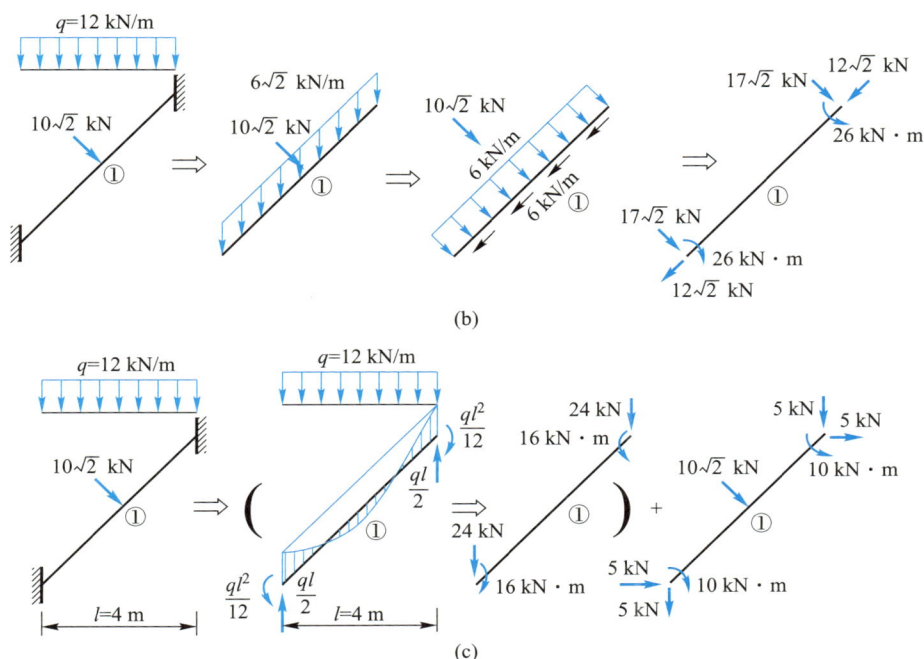

图 9-21 算例 9-11 图

## 9-6-3 单元内力计算

经过整体分析并且引入了边界已知位移条件后,只要杆件体系是几何不变的,结构刚度方程就一定是非奇异的,因此可求得结构全部结点位移。有了位移可以解决结构的刚度问题。但实际工程设计中,更感兴趣的是结构内力。下面假设在求得了结构结点位移矩阵 $\mathbf{\Delta}$ 的情形下,讨论单元杆端力和单元上任意一截面的内力计算问题。

### 1. 单元杆端力的计算

根据单元结点信息(即单元两端结点整体码),即可从结构结点位移矩阵 $\mathbf{\Delta}$ 中取出该单元在整体坐标系下的位移矩阵 $\boldsymbol{\delta}^e$。根据单元的结点坐标信息,可以求出 $\cos\alpha, \sin\alpha$($\alpha$ 为倾角),从而形成单元坐标转换矩阵 $\mathbf{T}$。又根据单元分析和位移坐标转换可知

$$\bar{\mathbf{F}}^e + \bar{\mathbf{F}}_E^e = \bar{\mathbf{k}}^e \bar{\boldsymbol{\delta}}^e, \quad \bar{\boldsymbol{\delta}}^e = \mathbf{T}\boldsymbol{\delta}^e$$

由此可得

$$\bar{\mathbf{F}}^e = \bar{\mathbf{k}}^e \mathbf{T}\boldsymbol{\delta}^e - \bar{\mathbf{F}}_E^e = \bar{\mathbf{k}}^e \mathbf{T}\boldsymbol{\delta}^e + \bar{\mathbf{F}}^{Fe}$$

上式即为单元杆端力的计算公式。由此可见,$\bar{\mathbf{F}}^e$ 包含两部分:一部分为位移引起的杆端力,即 $\bar{\mathbf{k}}^e \mathbf{T}\boldsymbol{\delta}^e$;另一部分为等效结点荷载或固端力引起的杆端力,只有单元上有非结点荷载作用时才有此项。对于平面刚架,要注意习惯上的内力符号规定和本章对杆端力符号规定间的差异。

### 2. 单元内任一截面的内力

对于杆系结构来说,有了杆端力即可将单元视为静定梁(简支梁、悬臂梁均可)。

利用第三章已掌握的方法,由截面法即可求得单元内任意截面的内力。下面以图 9-22 所示悬臂梁为例,建立内力计算公式如下:

$$F_{Nk} = F_{N\bar{2}} + \int_{x_k}^{l} p(x)\,\mathrm{d}x$$

$$F_{Sk} = F_{S\bar{2}} + \int_{x_k}^{l} q(x)\,\mathrm{d}x$$

$$M_k = M_{\bar{2}} + \int_{x_k}^{l} q(x)(x-x_k)\,\mathrm{d}x + F_{S\bar{2}}(l-x_k)$$

如果有了具体的分布荷载 $p(x)$ 和 $q(x)$ 的变化规律,由上式即可得具体荷载下的任一截面内力。要注意的是:图 9-22 中的杆端力采用的是轴力拉为正,剪力和弯矩顺时针为正。

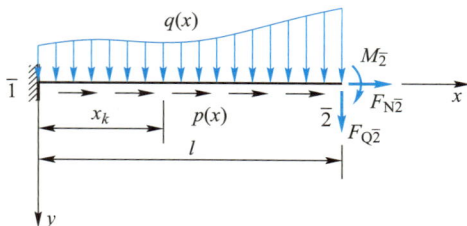

图 9-22  截面内力计算

## 思  考  题

**9-1**  矩阵位移法的基本思路是什么?与典型方程位移法有什么异同?

**9-2**  何谓局部坐标系和整体坐标系下的单元刚度矩阵 $\bar{K}^e$、$K^e$,其元素 $\bar{k}_{ij}^e$、$k_{ij}^e$ 的物理意义是什么?

**9-3**  桁架和刚架的单元刚度矩阵阶数分别是多少?

**9-4**  什么是单元刚度矩阵的对称性和奇异性?

**9-5**  为什么要进行坐标转换?什么情况可以不进行坐标转换?

**9-6**  结构的总刚度方程的物理意义是什么?总刚度矩阵的形成有何规律?

**9-7**  简述"对号入座"形成总刚的过程。

**9-8**  如何处理非结点荷载?等效结点荷载的"等效"具体意义是什么?

**9-9**  先处理法与后处理法有何区别?

**9-10**  简述矩阵位移法的计算步骤。

## 习  题

**9-1**  试求图示刚架的结构刚度矩阵(不计杆件的轴向变形),设 $E = 21 \times 10^4$ MPa,$I = 6.4 \times 10^{-5}$ m$^4$。

**9-2**  试求图示刚架的结构刚度矩阵(计杆件的轴向变形),设各杆几何尺寸相同,相关参数为:$l = 5$ m,$A = 0.5$ m$^2$,$I = 1/24$ m$^4$,$E = 3 \times 10^7$ kN/m$^2$。

**9-3**  试用先处理法建立图示结构的刚度矩阵。设 $E = 21 \times 10^4$ MPa,$I = 6.4 \times 10^{-5}$ m$^4$,$A = 2 \times 10^{-3}$ m$^2$。

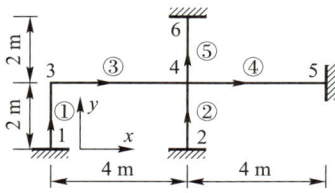

习题 9-1 图

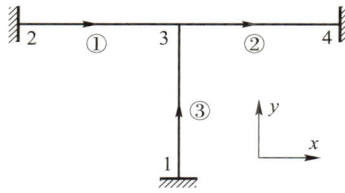

习题 9-2 图

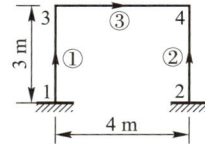

习题 9-3 图

**9-4**　试用矩阵位移先处理法求图示桁架各杆内力。各杆 $EA$ 相同。

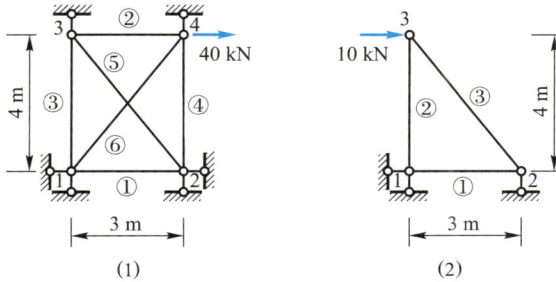

习题 9-4 图

**9-5**　试用矩阵位移法计算图示连续梁。$EI$ 为常数。

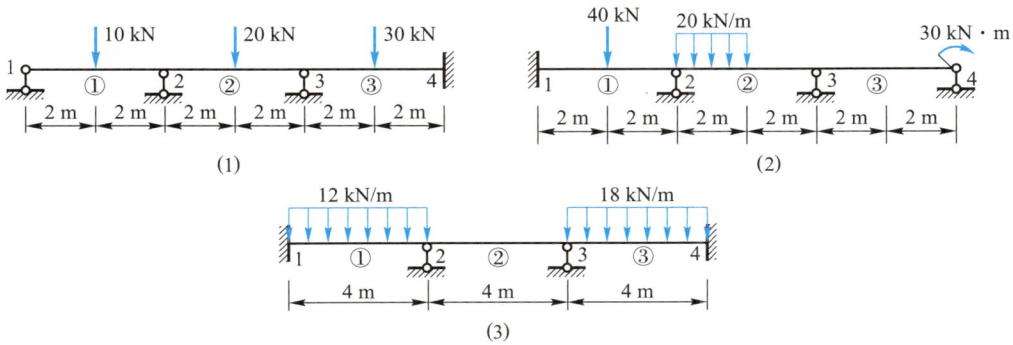

习题 9-5 图

**9-6**　用矩阵位移法分析图示平面刚架。

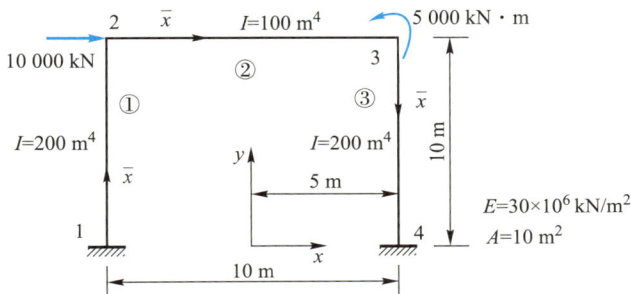

习题 9-6 图

**9-7** 用矩阵位移法分析图示平面刚架。

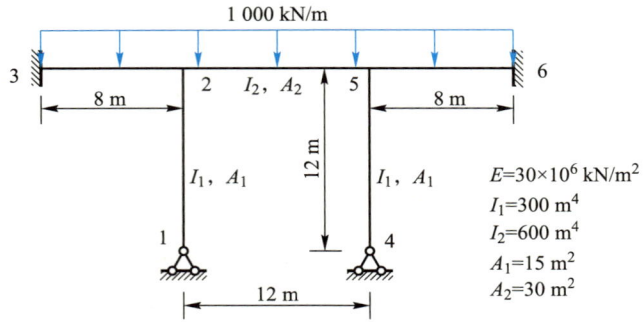

习题 9-7 图

# 第十章　结构动力计算

结构在动荷载作用下将产生振动,这种振动既与结构自身的固有特性有关,也与所作用的动荷载有关。结构动力学就是研究各种工程结构的振动问题,其目的是掌握结构的运动规律,研究结构体系的动力特性及其在动荷载作用下的动力响应(包括位移和内力响应),进而在动力环境中为其安全性、可靠性和稳定性提供理论基础,为合理的结构设计保驾护航。

## 10-1　动荷载及其分类

大小、方向和作用位置随时间变化并使结构发生激烈振动的荷载称为动荷载。激烈振动是指振动中的加速度较大,从而惯性力与结构上其他静荷载相比不能略去不计的振动。结构上的其他荷载,包括结构的自重、结构上位置固定的物体的重量及不能使结构发生激烈振动的随时间缓慢变化的荷载为静荷载。静荷载与动荷载的划分不是一成不变的,对于作用于一个结构的动荷载,当其作用于另一个结构时可能会作为静荷载。当然,一个荷载是否被看作动荷载,不仅要看其是否随时间变化,更主要的是要看其作用的效果。不把所有随时间变化的荷载看作动荷载的原因是,这样做会简化分析过程,动力分析要比静力分析复杂得多。

根据动荷载随时间的变化规律,将其分为确定性荷载和非确定性荷载两类。确定性荷载是指荷载变化是时间的确定性函数,常见的确定性荷载有简谐周期荷载、非简谐周期荷载和冲击荷载。

简谐周期荷载[图10-1(a)]:荷载随时间作周期性变化,是周期荷载中最简单的一种荷载,可用三角函数 $P(t) = A\sin(\theta t)$ 或 $P(t) = A\cos(\theta t)$ 表达。

非简谐周期荷载[图10-1(b)]:荷载随时间作周期性变化,但不能简单用三角函数表达,如轮船螺旋桨产生的推力、平稳情况下波浪对堤坝的动水压力等。

冲击荷载[图10-1(c)]:荷载作用时间很短且荷载值急剧减小(或增大),如爆炸时产生的冲击波、突加重量等。

非确定性荷载是指荷载随时间不是唯一确定的,不能用确定的时间函数来描述,是一个随机过程,亦称为随机荷载或非确定的动荷载。如工程结构未来遭遇的地震作用或风荷载等是未知的,在将来任意时间内的量值无法事先确定,因而属于非确定性荷载。然而,对于已经记录到的地震作用或强风荷载等,尽管其随时间的变化规律非常复杂,但其大小、方向都已知,因而属于确定性荷载,如图10-1(d)所示地震激励。

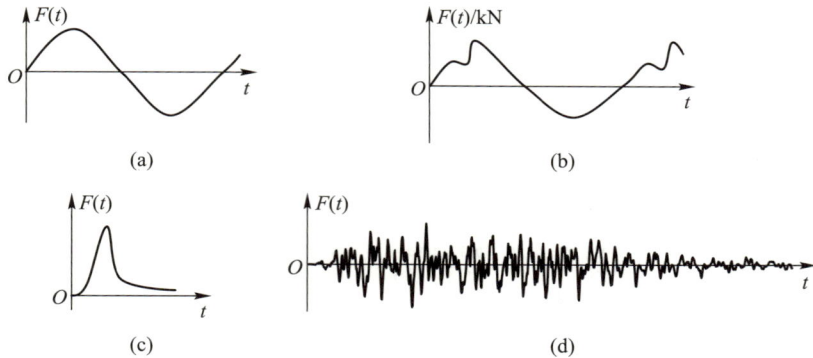

图 10 − 1　荷载形式示意图

# 10 − 2　结构动力自由度与振动分类

## 10 − 2 − 1　计算简图

与结构的静力分析一样,在结构的动力分析中也需要确定计算简图。确定计算简图的原则与静力分析时的基本相同,其他方面也大体一样,不同的是在动力分析的计算简图中必须给出质量的分布情况,因为结构在动力分析中要考虑惯性力的作用。

如图 10 − 2(a)所示是一个单层框架的计算简图,除给出了尺寸和刚度外还给出了各杆件的质量,图中的 $\overline{m}$ 为质量分布集度,为单位长度上的质量大小。为便于分析,通常将连续分布于结构各部分上的质量集中到结构的某些点上去。由此,可以人为地的将质量集中到指定的点上去,比如两个点或五个点,如图 10 − 2(b)、(c)所示,而将梁柱看成是无质量的。再如,图 10 − 3(a)所示水塔结构,水箱的质量明显比塔身的质量大,故可将水箱简化为一个质点,塔身简化为无质量的杆件,如图 10 − 3(b)所示;对于图 10 − 3(c)所示多层建筑结构的计算简图,当考虑其在水平动荷载作用下的动力分析问题时,由于质量主要集中于楼板处,可以将其简化为图 10 − 3(d)所示的简图,即将楼板的质量和柱子质量的一部分简化成质点而将柱子看成是无质量的。显然,质点个数越多越接近于实际情况,但质点个数越多,动力分析时的计算量就越大。具体取多少个质点,要根据实际结构的质量分布和计算精度要求确定。

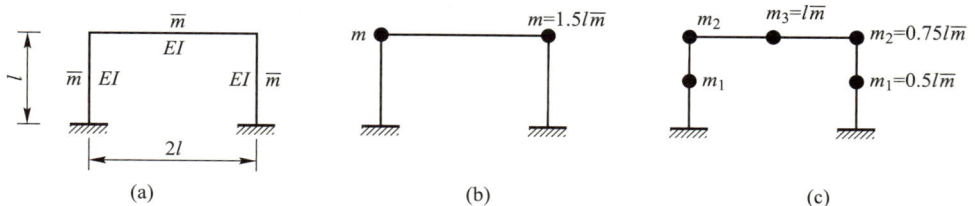

图 10 − 2　单层框架计算简图

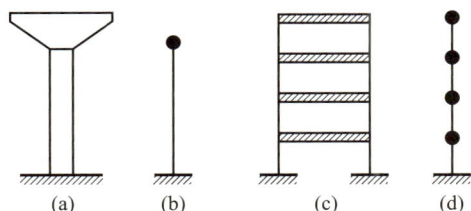

图 10-3 水塔和多层框架计算简图

此外,结构动力分析的计算简图中还应包含反映体系阻尼特性的元素,阻尼是指振动中耗散振动能量的作用。产生能量耗散的因素很多,如结构材料的内摩擦,各构件连接处的摩擦以及周围介质的阻力等。在动力分析中,为了便于数学处理,目前通常采用**黏滞阻尼理论**,假设能量耗散是由作用于质点的阻尼力引起的,并设阻尼力与质点的运动速度成比例。对于单自由度体系,作用于质点的阻尼力 $F_D(t)$ 为

$$F_D(t) = -c\dot{y} = -c \cdot \frac{dy}{dt}$$

式中:$\dot{y}$ 为质点的速度,负号表示阻尼力与速度方向相反;$c$ 称为**阻尼系数**,通常由结构的动力试验确定。在计算简图中用黏滞阻尼器表示阻尼作用,如图 10-4 所示。计算简图中也可不标出阻尼器,而用文字说明阻尼作用。

前述计算简图可以进一步理想化为质量、弹簧、阻尼器系统,如图 10-5(b)和图 10-6(b)所示的计算简图均可理想化为图 10-4 所示的计算简图。总之,振动系统的基本参数有质量、阻尼和弹性(由结构中可变形的杆件提供,常称为刚度)等,计算简图中应反映它们的分布情况。

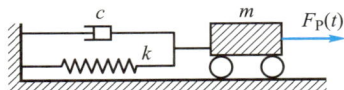

图 10-4 质量、弹簧、阻尼器系统

## 10-2-2 动力自由度

**在结构运动的任意时刻**,确定其全部质量位置所需的独立几何参数的个数,称为**体系的动力自由度,简称自由度**。这些独立的几何参数是结构体系动力分析的基本未知量,可以是线位移、也可以是角位移。实际上,结构质量是连续分布的,属于无限自由度体系,而无限自由度体系的动力计算异常复杂,实践证明结构动力分析没有必要按无限自由度进行。因此,在结构动力计算中常将结构简化,即结构离散化,将无限自由度体系简化为有限自由度体系。常用的结构离散化方法有集中质量法、广义坐标法和有限元单元法,本节主要介绍集中质量法。

**集中质量法**是将结构的分布质量按照一定的规则集中到结构的某个或某些位置上,成为一系列离散的质点,使其余位置上不再存在质量,从而将无限自由度体系简化为有限自由度体系。图 10-5(a)所示简支梁,在跨中放置重物 $W$,当梁自身质量远小于重物质量时,可忽略梁质量,取图 10-5(b)所示的计算简图,即从无限自由度简化为单自由度结构体系。图 10-6(a)所示三层刚架,常用的简化方法是将柱的分布质量简化到横梁上,并假定横梁各点的水平位移彼此相等,杆件无轴向变形,则横梁的分布质量可用一个集中质量来代替,取图 10-6(b)所示的计算简图,将无限自由度体系简化为只有三个自由度的结构体系。

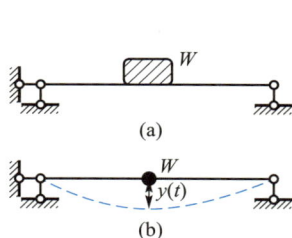

图 10 - 5　简支梁的自由度

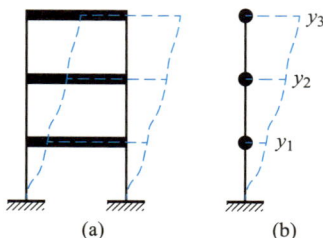

图 10 - 6　三层刚架的自由度

对于较复杂的结构体系,可以反过来用限制集中质量运动的方法确定体系的自由度。图 10 - 7(a)所示结构有两个集中质量,当不考虑杆件轴向变形时,为了限制运动,至少要在集中质量上增设三个附加链杆约束,如图 10 - 7(b)所示,才能将其完全约束住,因此体系有三个自由度。图 10 - 8(a)所示结构有三个集中质量,同样不考虑杆件轴向变形,只要附加两个链杆约束,如图 10 - 8(b)所示,就可将其约束住,因而体系有两个自由度。值得注意的是,这里的"质量"是指有质量无几何大小的物体。

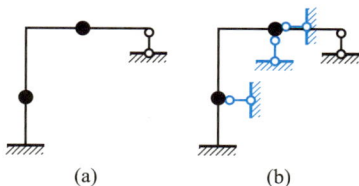

图 10 - 7　两个集中质量的自由度

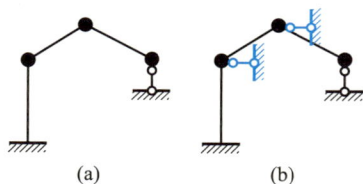

图 10 - 8　三个集中质量的自由度

## 10 - 2 - 3　结构振动分类

结构振动按照动力自由度数量、是否有外荷载激励、是否考虑阻尼等有多种不同的分类方式。

按**自由度数量**可分为单自由度、多自由度和无限自由度结构体系振动,本书仅介绍单自由度和多自由度体系的振动问题。

(1)单自由度体系振动:只有一个动力自由度的振动称为单自由度结构体系振动。

(2)多自由度体系振动:有两个及以上动力自由度的称为多自由度结构体系振动。

按**体系振动时是否有外荷载作用**可分为自由振动和强迫振动。

(1)自由振动:体系在振动过程中不受外界荷载作用的称为自由振动。

(2)强迫振动:体系在振动过程中受到外荷载作用的称为强迫振动。

按**体系振动时是否考虑阻尼效应**可分为有阻尼振动和无阻尼振动。

(1)有阻尼振动:在体系振动时总要伴随各种能量耗散——阻尼效应,如构件之间的摩擦阻尼、材料的内摩擦阻尼、体系中安装的耗能装置(如黏滞阻尼器、黏弹性阻尼器等)所提供的阻尼等,这些阻尼都具有降低结构动力响应的作用。如果考虑阻尼效应,体系振动就称为有阻尼振动。

(2)无阻尼振动:如果不考虑阻尼效应,体系振动就称为无阻尼振动。

**按体系振动微分方程的性质**可分为线性振动和非线性振动。

(1)线性振动:线性运动微分方程。

(2)非线性振动:非线性运动方程。

## 10-3  结构体系运动方程的建立

结构动力分析的目的是求解动荷载作用下结构的动位移和动内力响应,研究其随时间的响应历程。描述结构动力响应的表达式称为运动方程,求解运动方程即可得到动力响应,包括位移、速度、加速度响应以及内力响应等。因此,结构体系运动方程的建立是结构动力学分析的基础,常采用**达朗贝尔(d'Alembert)原理**建立运动方程,也可采用虚位移原理、哈密顿原理等来建立。本节重点介绍 d'Alembert 原理。

根据牛顿第二定律,质量 $m$ 的动量变化率等于作用在该质量上的力 $F_P(t)$:

$$F_P(t) = \frac{\mathrm{d}[m\dot{y}]}{\mathrm{d}t} \tag{10-1}$$

式中:$F_P(t)$ 表示作用在体系上的所有力,包括弹性恢复力、阻尼力和外荷载等。当质量不随时间变化时,有

$$F_P(t) = \frac{\mathrm{d}[m\dot{y}]}{\mathrm{d}t} = m\ddot{y} \quad \Rightarrow \quad F_P(t) - m\ddot{y} = 0 \tag{10-2}$$

可见,作用在质量 $m$ 上的力 $F_P(t)$,与加速度方向相反的惯性力 $m\ddot{y}$ 平衡,即:**如果将惯性力加到原来受力的结构体系上,则动力问题就可从形式上变为静力平衡问题来处理,这种建立运动方程的方法称为达朗贝尔原理。**

基于达朗贝尔原理引入惯性力的概念,认为结构体系在运动的任一瞬时除了实际作用于体系上的所有外力之外,还存在惯性力作用,则在该瞬时体系将处于平衡状态(亦称为动平衡状态),利用平衡条件即可建立运动方程。这种将结构动力问题从形式上转化为静力问题建立运动方程的方法,又称为**动静法**。当采用动静法建立结构体系的运动方程时,可以从力系平衡的角度出发,称为**刚度法**;也可从位移协调的角度出发,称为**柔度法**。

### 10-3-1  刚度法

刚度法是取结构体系中每一个自由度体系为隔离体,分析隔离体所受的全部外力,包含外荷载、惯性力、弹性恢复力和阻尼力,**基于达朗贝尔原理从力系平衡的角度建立隔离体的动平衡方程,即得结构体系的运动方程。**

图 10-9(a)所示悬臂柱顶端有一集中质量 $m$,受动荷载 $F_P(t)$ 作用,当柱自身的质量与集中质量 $m$ 相比可以忽略时,可简化为图 10-9(b)所示的单自由度结构体系,即由质量块、弹簧以及代表对运动产生阻力的阻尼器所组成的简化计算模型。设体系位移、速度和加速度分别为 $y$、$\dot{y}$、$\ddot{y}$,与 $y$ 方向相同为正,取该质量块为隔离体,

如图 10 − 9(c)所示,作用于隔离体上的力有:

(1) 外荷载:$F_P(t)$。

(2) 弹性恢复力:$f_S(t) = ky$,与位移 $y$ 的方向相反,$k$ 为弹簧刚度系数,由图 10 − 9(a)柱子的抗弯刚度来确定。

(3) 惯性力:$f_I(t) = -m\ddot{y}$,与加速度 $\ddot{y}$ 的方向相反。

(4) 阻尼力:基于黏滞阻尼理论有 $f_D(t) = c\dot{y}$,与速度 $\dot{y}$ 的方向相反,$c$ 为黏滞阻尼系数。

由此,基于达朗贝尔原理,在任意时刻取图 10 − 9(c)所示隔离体,由结构体系在所有力(包括惯性力)作用下处于平衡状态,可知

$$\sum F_x = 0 \quad \Rightarrow \quad f_D(t) + f_S(t) = f_I(t) + F_P(t) \quad \Rightarrow \quad c\dot{y} + ky = (-m\ddot{y}) + F_P(t)$$

上式即为有阻尼单自由度结构体系在外荷载作用下的运动方程,亦可写为

$$m\ddot{y} + c\dot{y} + ky = F_P(t) \tag{10 − 3}$$

若不考虑阻尼,无阻尼单自由度结构体系在外荷载作用下的运动方程为

$$m\ddot{y} + ky = F_P(t) \tag{10 − 4}$$

若结构体系不考虑外荷载激励,即自由振动,则在有阻尼、无阻尼两种情况下单自由度结构体系的运动方程为

$$\begin{cases} 有阻尼情况:m\ddot{y} + c\dot{y} + ky = 0 \\ 无阻尼情况:m\ddot{y} + ky = 0 \end{cases} \tag{10 − 5}$$

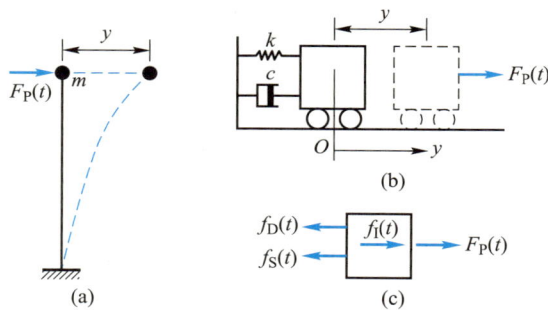

图 10 − 9 单自由度体系运动方程的建立

同理,如果结构体系有两个自由度,不考虑阻尼效应,如图 10 − 10(a)所示,两个质点的质量分别为 $m_1$、$m_2$,刚度分别为 $k_1$、$k_2$($k_1$ 为固定端与质点 1 之间柱子的抗弯刚度,$k_2$ 为质点 1 与质点 2 之间柱子的抗弯刚度)。假设两个质点的位移响应分别为 $y_1$、$y_2$,依次取 $m_1$、$m_2$ 为隔离体,如图 10 − 10(b)所示。基于达朗贝尔原理,列出动平衡方程:

$$\begin{cases} f_{S1} = F_{1P}(t) + (-m_1\ddot{y}_1) \\ f_{S2} = F_{2P}(t) + (-m_2\ddot{y}_2) \end{cases} \tag{10 − 6}$$

式中:$f_{S1}$、$f_{S2}$ 为弹性恢复力,即质量 $m_1$、$m_2$ 与结构之间的相互作用力,二者与其位移 $y_1$、$y_2$ 之间满足刚度方程:

$$\begin{cases} f_{S1} = k_{11}y_1 + k_{12}y_2 \\ f_{S2} = k_{21}y_1 + k_{22}y_2 \end{cases} \tag{10-7}$$

将其代入式(10-6),有

$$\begin{cases} m_1 \ddot{y}_1 + k_{11}y_1 + k_{12}y_2 = F_{1P}(t) \\ m_2 \ddot{y}_2 + k_{21}y_1 + k_{22}y_2 = F_{2P}(t) \end{cases} \tag{10-8}$$

用矩阵形式表达为

$$\begin{bmatrix} m_1 & 0 \\ 0 & m_2 \end{bmatrix} \begin{bmatrix} \ddot{y}_1 \\ \ddot{y}_2 \end{bmatrix} + \begin{bmatrix} k_{11} & k_{12} \\ k_{21} & k_{22} \end{bmatrix} \begin{bmatrix} y_1 \\ y_2 \end{bmatrix} = \begin{bmatrix} F_{1P}(t) \\ F_{2P}(t) \end{bmatrix} \tag{10-9}$$

简写为

$$\boldsymbol{M}\ddot{\boldsymbol{Y}} + \boldsymbol{K}\boldsymbol{Y} = \boldsymbol{P}(t) \tag{10-10}$$

式(10-10)即为无阻尼两自由度结构体系的运动方程,其中 $\boldsymbol{M}$ 和 $\boldsymbol{K}$ 分别为体系的质量矩阵和刚度矩阵。当考虑阻尼效应时,运动方程建立过程类似。刚度矩阵 $\boldsymbol{K}$ 中元素 $k_{ij}$ 的含义为:当且仅当第 $j$ 质点发生单位位移时,在第 $i$ 质点上所需施加的力,根据图 10-10(c)、(d)可知,刚度矩阵中各元素与对应的刚度 $k_1$、$k_2$ 之间的关系为

$$\boldsymbol{K} = \begin{bmatrix} k_{11} & k_{12} \\ k_{21} & k_{22} \end{bmatrix} = \begin{bmatrix} k_1 + k_2 & -k_2 \\ -k_2 & k_2 \end{bmatrix}$$

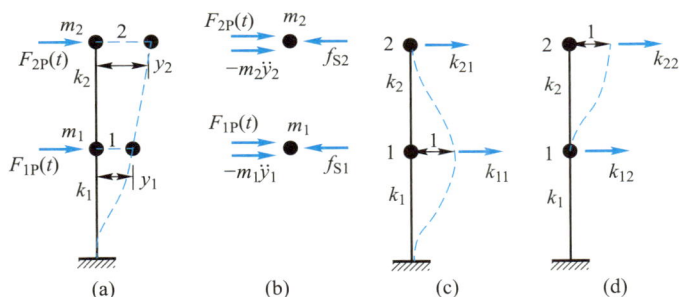

图 10-10　两自由度体系运动方程的建立

如果体系不考虑外荷载作用,则无阻尼两自由度结构体系的自由振动方程为

$$\begin{cases} m_1 \ddot{y}_1 + k_{11}y_1 + k_{12}y_2 = 0 \\ m_2 \ddot{y}_2 + k_{21}y_1 + k_{22}y_2 = 0 \end{cases} \tag{10-11}$$

写成矩阵形式有

$$\boldsymbol{M}\ddot{\boldsymbol{Y}} + \boldsymbol{K}\boldsymbol{Y} = \boldsymbol{0} \tag{10-12}$$

**【算例 10-1】**　试建立图 10-11(a)所示结构在外荷载 $F_P(t)$ 作用下的运动方程。

**【解】**　由图 10-11(a)可知,由于横梁刚度无穷大,该结构体系为单自由度体系,设运动位移为 $y_1$,沿水平方向,加上惯性力作用,如图 10-11(b)所示。根据位移法知识,可确定该结构的基本体系,如图 10-11(c)所示,此时有

$$F_1 = 0 \quad \Rightarrow \quad k_{11}y_1 + F_{1P} = 0$$

式中:$k_{11}$ 表示在第一个自由度方向产生单位位移时,在第一个自由度方向引起的力;

$F_{1P}$表示第一个自由度方向的位移为零时,在第一个自由度方向引起的抵抗荷载作用(包括惯性力和外荷载激励)的力。由此,依次绘制如图 10-11(d)、(e)所示的 $\overline{M}_1$ 图和 $M_P$ 图,根据弯矩图可得

$$k_{11} = \frac{18i}{l^2} = \frac{18EI}{l^3}, \quad F_{1P} = -\left[(-m\ddot{y}_1) + F_P(t)\right]$$

将其代入 $k_{11}y_1 + F_{1P} = 0$,可得该单自由度结构体系在外荷载 $F_P(t)$ 作用下的运动方程:

$$m\ddot{y}_1 + \frac{18EI}{l^3}y_1 = F_P(t)$$

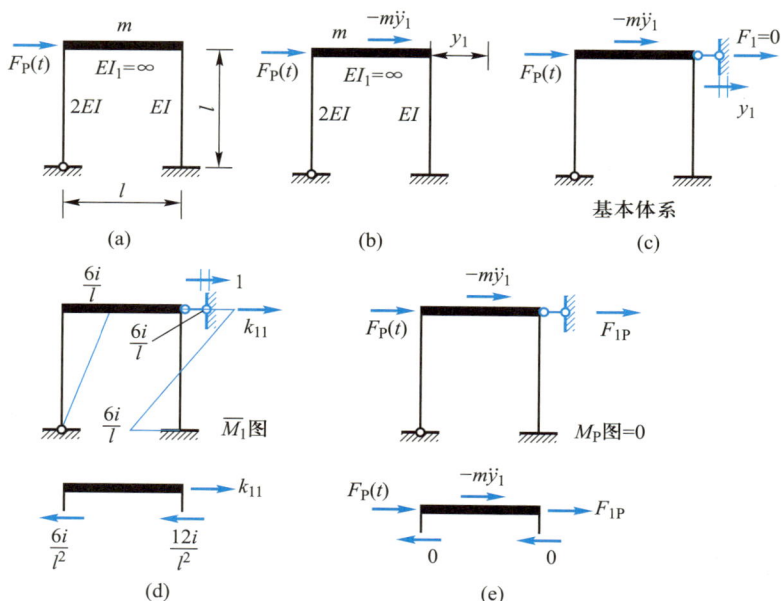

图 10-11 算例 10-1 图

**【算例 10-2】** 试建立图 10-12(a)所示结构在外荷载 $F_P(t)$ 作用下的运动方程。

**【解】** 由图 10-12(a)可知,由于横梁刚度无穷大,该结构体系为单自由度体系,设运动位移为 $y_1$,沿水平方向,加上惯性力作用,如图 10-12(b)所示。根据位移法知识,可确定该结构的基本体系,如图 10-12(c)所示,此时可建立任意时刻的动平衡方程为

$$k_{11}y_1 + F_{1P} = 0$$

依次绘制如图 10-12(d)、(e)所示的 $\overline{M}_1$ 图和 $M_P$ 图,根据弯矩图可得

$$k_{11} = \frac{12i}{l^2} = \frac{12EI}{l^3}, \quad F_{1P} = -\left[(-2m\ddot{y}_1) + F_P(t)\right]$$

将其代入动平衡方程,可得该单自由度体系在外荷载 $F_P(t)$ 作用下的运动方程:

$$2m\ddot{y}_1 + \frac{12EI}{l^3}y_1 = F_P(t)$$

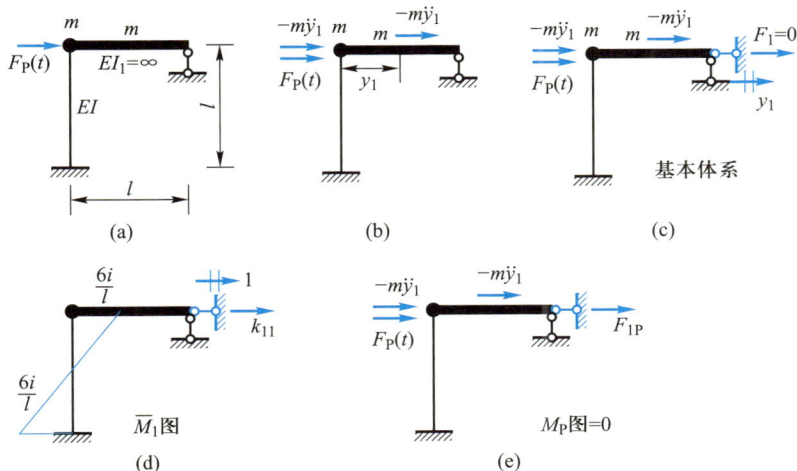

图 10-12 算例 10-2 图

**【算例 10-3】** 试建立图 10-13(a)所示两层刚架在外荷载作用下的运动方程。

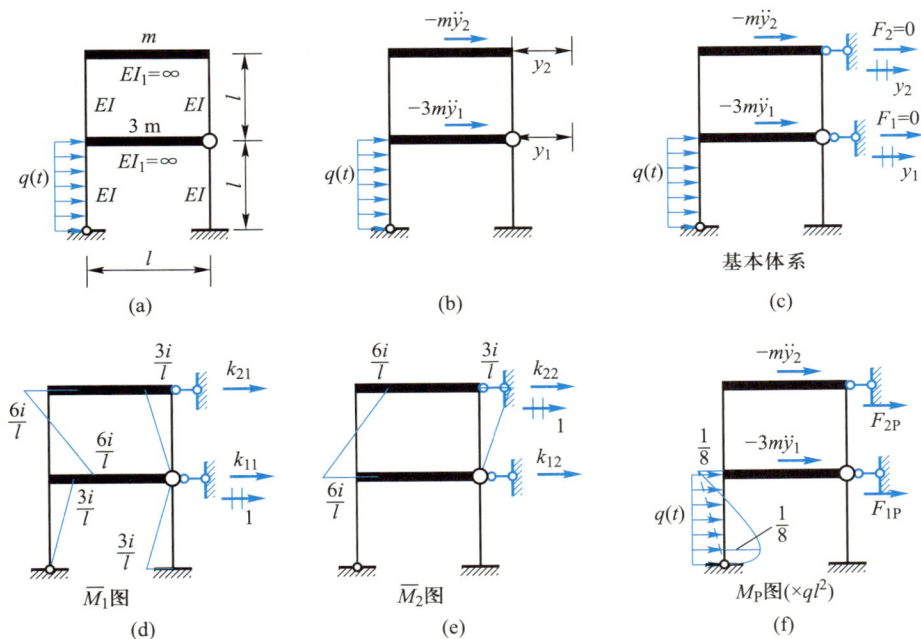

图 10-13 算例 10-3 图

**【解】** 由图 10-13(a)可知,由于刚架的横梁刚度均为无穷大,该结构体系有两个自由度,沿水平方向,设运动位移分别为 $y_1$、$y_2$,加上惯性力作用,如图 10-13(b)所示。确定该结构的基本体系如图 10-13(c)所示,此时有

$$\begin{cases} k_{11}y_1 + k_{12}y_2 + F_{1P} = 0 \\ k_{21}y_1 + k_{22}y_2 + F_{2P} = 0 \end{cases}$$

依次绘制如图 10-13(d)、(e)、(f)所示的 $\overline{M}_1$ 图、$\overline{M}_2$ 图和 $M_P$ 图,根据弯矩图可得

$$
\begin{cases}
k_{11}=\dfrac{21EI}{l^3}, \quad k_{12}=k_{21}=-\dfrac{15EI}{l^3}, \quad k_{22}=\dfrac{15EI}{l^3} \\[2mm]
F_{1P}=-\left[(-3m\ddot{y}_1)+\dfrac{5}{8}q(t)l\right], \quad F_{2P}=-(-m\ddot{y}_2)
\end{cases}
$$

将其代入动平衡方程,可得该两自由度刚架结构在外荷载作用下的运动方程:

$$
\begin{cases}
3m\ddot{y}_1+\dfrac{21EI}{l^3}y_1-\dfrac{15EI}{l^3}y_2=\dfrac{5}{8}q(t)l \\[2mm]
m\ddot{y}_2-\dfrac{15EI}{l^3}y_1+\dfrac{15EI}{l^3}y_2=0
\end{cases}
$$

【算例 10-4】 试建立图 10-14(a)所示带弹簧支座体系在外荷载作用下的运动方程。

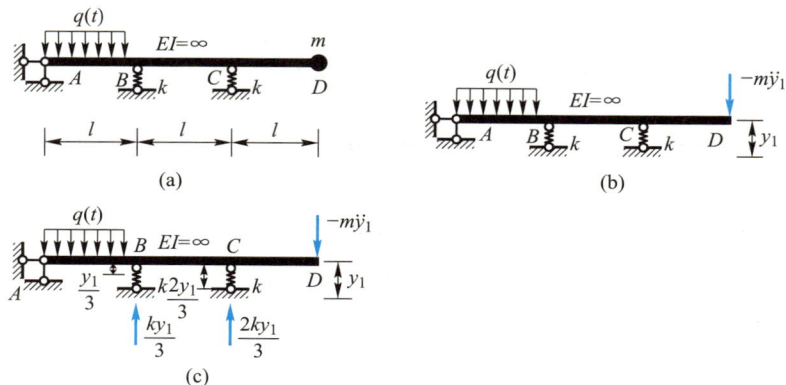

图 10-14 算例 10-4 图

【解】 由图 10-14(a)可知,该体系杆件刚度无穷大,仅有 1 个自由度,沿竖直方向。设 $D$ 处运动位移为 $y_1$,加上惯性力作用,如图 10-14(b)所示。当 $D$ 处运动位移为 $y_1$ 时,$B$、$C$ 处的位移分别为 $y_1/3$、$2y_1/3$,由此 $B$、$C$ 处弹簧支座的竖向力分别为 $ky_1/3$、$2ky_1/3$。如图 10-14(c)所示,利用平衡条件对 $A$ 取矩,有

$$
\sum M_A=0 \quad\Rightarrow\quad (-m\ddot{y}_1)\times 3l-\frac{ky_1}{3}\times l-\frac{2ky_1}{3}\times 2l+ql\times\frac{l}{2}=0
$$

化简可得

$$
3m\ddot{y}_1+\frac{5k}{3}y_1=\frac{1}{2}q(t)l
$$

上式即为该带弹簧支座体系在外荷载作用下的运动方程。

【算例 10-5】 试建立图 10-15(a)所示含分布质量、带弹簧支座体系在外荷载作用下的运动方程。

【解】 由图 10-15(a)可知,该体系杆件刚度无穷大,仅有 1 个自由度,沿竖直方向。设 $B$ 处运动位移为 $y_1(t)$,则 $C$、$D$ 处的运动位移分别为 $2y_1$、$3y_1$;同理,刚性杆

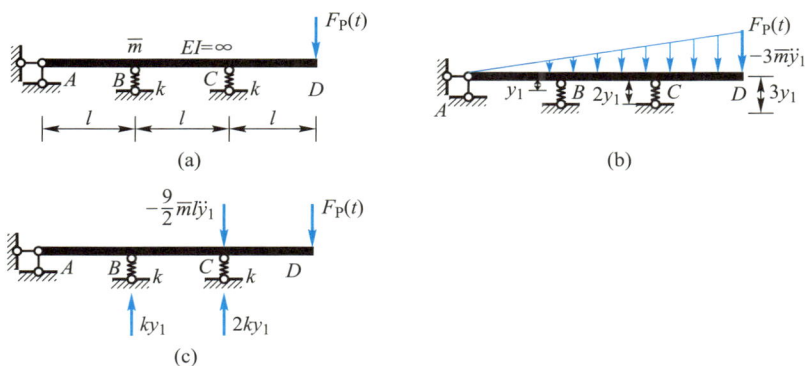

图 10-15 算例 10-5 图

沿长度方向的运动位移符合三角形分布模式,显然刚性杆分布质量产生的惯性力沿长度方向同样符合三角形分布模式,如图 10-15(b)所示。由此,将分布质量惯性力的合力、弹簧支座内力标识于刚性杆上,如图 10-15(c)所示。利用平衡条件对 A 取矩,有

$$\sum M_A = 0 \quad \Rightarrow \quad \left(-\frac{9}{2}\overline{m}l\ddot{y}_1\right)\times 2l - ky_1\times l - 2ky_1\times 2l + F_P(t)\times 3l = 0$$

化简可得

$$9\overline{m}l\ddot{y}_1 + 5ky_1 = 3F_P(t)$$

上式即为该体系的运动方程。

### 10-3-2 柔度法

**柔度法基于位移协调条件建立结构体系的运动方程**,即:在任意时刻 $t$,结构某动力自由度方向的位移 $y$ 应等于所有外荷载(包括惯性力、阻尼力)在该方向引起的位移之和。如图 10-16(a)所示单自由度结构体系,其在外荷载 $F_P(t)$ 作用下的位移 $y$,应等于惯性力 $-m\ddot{y}$、阻尼力 $-c\dot{y}$ 和外荷载 $F_P(t)$ 在该自由度方向引起的位移之和,如图 10-13(b)所示:

$$y(t) = [-m\ddot{y}-c\dot{y}+F_P(t)]\delta_{11} = [-m\ddot{y}-c\dot{y}]\delta_{11}+\Delta_{1P} \qquad (10-13)$$

式中:$\delta_{11}$ 为柔度系数,即在结构该自由度方向作用单位力时所产生的位移,如图 10-16(c)所示;$\Delta_{1P}$ 为外荷载 $F_P(t)$ 作用下结构在该自由度方向产生的位移,如图 10-16(d)

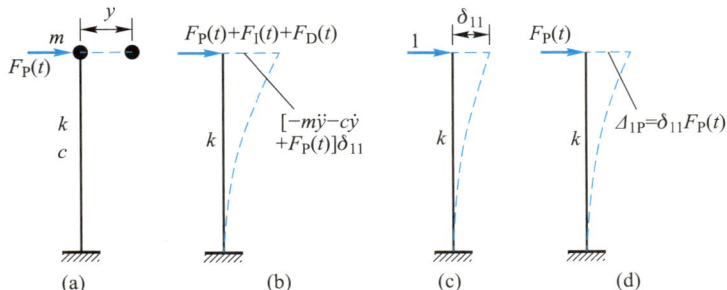

图 10-16 柔度法建立单自由度体系运动方程

所示。$\delta_{11}$、$\Delta_{1P}$ 均可由静定结构位移计算得到。式(10-13)即为根据位移协调条件建立的该自由度方向的位移协调方程,即体系的运动方程。

式(10-13)同样可写为

$$m\ddot{y} + c\dot{y} + \frac{1}{\delta_{11}}y = \frac{\Delta_{1P}}{\delta_{11}} \quad \Rightarrow \quad m\ddot{y} + c\dot{y} + ky = F_P(t) \qquad (10-14)$$

显然,基于柔度法建立的结构体系的运动方程与刚度法是一致的。如果体系不考虑阻尼效应,则采用柔度法建立的无阻尼单自由度体系的运动方程为

$$y(t) = (-m\ddot{y})\delta_{11} + \Delta_{1P} \qquad (10-15)$$

如果结构体系为自由振动,且不考虑阻尼效应,则其运动方程为

$$y(t) = (-m\ddot{y})\delta_{11} \qquad (10-16)$$

进一步,如果结构体系有两个自由度,且不考虑阻尼效应,运动方程为

$$\begin{cases} y_1(t) = (-m_1\ddot{y}_1)\delta_{11} + (-m_2\ddot{y}_2)\delta_{12} + \Delta_{1P} \\ y_2(t) = (-m_1\ddot{y}_1)\delta_{21} + (-m_2\ddot{y}_2)\delta_{22} + \Delta_{2P} \end{cases} \qquad (10-17)$$

同理,如果结构体系为自由振动,不考虑阻尼效应,则两自由度结构体系的运动方程为

$$\begin{cases} y_1(t) = (-m_1\ddot{y}_1)\delta_{11} + (-m_2\ddot{y}_2)\delta_{12} \\ y_2(t) = (-m_1\ddot{y}_1)\delta_{21} + (-m_2\ddot{y}_2)\delta_{22} \end{cases} \qquad (10-18)$$

**【算例 10-6】** 试建立图 10-17(a)所示结构体系的运动方程。不考虑阻尼。

**【解】** 由图 10-17(a)可知,该结构体系为单自由度体系,设运动位移为 $y_1$,沿竖直方向,加上惯性力作用,如图 10-17(b)所示,根据该自由度方向的位移协调条件建立位移协调方程:

$$y_1(t) = (-m\ddot{y}_1)\delta_{11} + \Delta_{1P}$$

单位荷载和外荷载作用下的弯矩图 $\bar{M}_1$ 图、$M_P$ 图,分别如图 10-17(c)、(d)所示,可得

$$\begin{cases} \delta_{11} = \sum \int \dfrac{\bar{M}_1 \bar{M}_1}{EI} \mathrm{d}s = \dfrac{l^3}{3EI} \\\\ \Delta_{1P} = \sum \int \dfrac{\bar{M}_1 M_P}{EI} \mathrm{d}s = \dfrac{5F_P(t)l^3}{6EI} \end{cases}$$

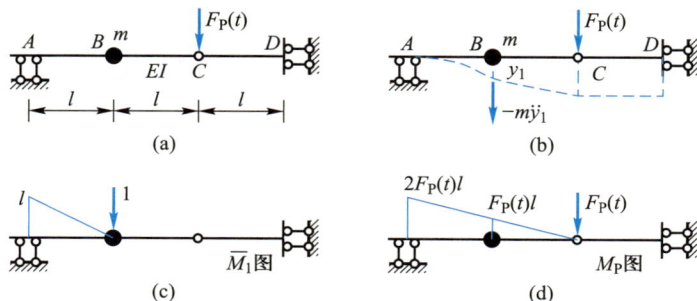

图 10-17 算例 10-6 图

将其带入位移协调方程,即可得到该结构体系的运动方程:

$$m\ddot{y}_1 + \frac{3EI}{l^3}y_1 = \frac{5}{2}F_P(t)$$

【算例 10-7】  试建立图 10-18(a)所示结构体系的运动方程。不考虑阻尼。

【解】  由图 10-18(a)可知,该结构体系为两自由度体系,设运动位移为 $y_1$、$y_2$,分别沿水平和竖直方向,加上惯性力作用,如图 10-18(b)所示,根据该自由度方向的位移协调条件建立位移协调方程:

$$\begin{cases} y_1 = (-2m\ddot{y}_1)\delta_{11} + (-m\ddot{y}_2)\delta_{12} + \Delta_{1P} \\ y_2 = (-2m\ddot{y}_1)\delta_{21} + (-m\ddot{y}_2)\delta_{22} + \Delta_{2P} \end{cases}$$

单位荷载和外荷载作用下的弯矩图 $\overline{M}_1$ 图、$\overline{M}_2$ 图和 $M_P$ 图,分别如图 10-18(b)、(c)、(d)所示,可得

$$\begin{cases} \delta_{11} = \dfrac{l^3}{6EI}, \quad \delta_{12} = \delta_{21} = \dfrac{l^3}{4EI}, \quad \delta_{22} = \dfrac{5l^3}{6EI} \\ \Delta_{1P} = \dfrac{F_P(t)l^3}{4EI}, \quad \Delta_{2P} = \dfrac{5F_P(t)l^3}{6EI} \end{cases}$$

将其带入位移协调方程,即可得到该结构体系的运动方程为

$$\begin{cases} 4m\ddot{y}_1 + 3m\ddot{y}_2 + \dfrac{12EI}{l^3}y_1 = 3F_P(t) \\ 3m\ddot{y}_1 + 5m\ddot{y}_2 + \dfrac{6EI}{l^3}y_2 = 5F_P(t) \end{cases}$$

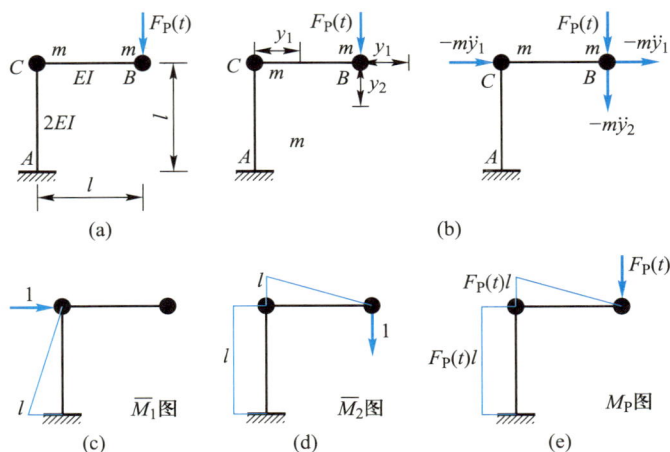

图 10-18  算例 10-7 图

【算例 10-8】  试建立图 10-19(a)所示结构体系的运动方程。不考虑阻尼。

【解】  由图 10-19(a)可知,该结构体系为单自由度体系,设运动位移为 $y_1$,沿竖直方向,加上惯性力作用,如图 10-19(b)所示,根据位移协调条件有

$$y_1 = (-m\ddot{y}_1)\delta_{11} + \Delta_{1P}$$

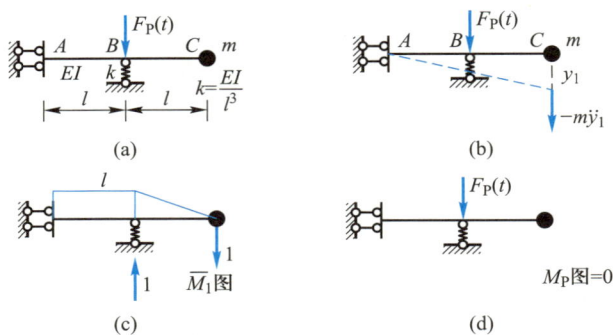

图 10-19　算例 10-8 图

单位荷载和外荷载作用下的弯矩图 $\overline{M}_1$ 图、$M_P$ 图,分别如图 10-19(c)、(d)所示,可得

$$
\begin{cases}
\delta_{11} = \sum \int \dfrac{\overline{M}_1 \overline{M}_1}{EI}\mathrm{d}s + \sum \dfrac{\overline{F}_k \overline{F}_k}{k} = \dfrac{7l^3}{3EI} \\[3mm]
\Delta_{1P} = \sum \int \dfrac{\overline{M}_1 M_P}{EI}\mathrm{d}s + \sum \dfrac{\overline{F}_k F_{kP}}{k} = \dfrac{F_P(t)l^3}{EI}
\end{cases}
$$

将其带入位移协调方程,即可得到该结构体系的运动方程:

$$
m\ddot{y}_1 + \frac{3EI}{7l^3}y_1 = \frac{3}{7}F_P(t)
$$

## 10-4　单自由度结构体系振动

单自由度结构体系的振动虽是结构动力学最简单的振动形式,但其内容涉及了结构动力分析中几乎所有的概念和物理量,也是多自由度结构体系分析的基础。

### 10-4-1　无阻尼单自由度体系自由振动

无阻尼单自由度结构体系的自由振动方程为

$$
m\ddot{y} + ky = 0 \tag{10-19}
$$

将上式左右两端同除以 $m$,可得

$$
\ddot{y} + \frac{k}{m}y = 0 \tag{10-20}
$$

令 $k/m = \omega^2$,$\omega$ 为体系的自振频率,亦称为固有频率,将其代入式(10-20)有

$$
\ddot{y} + \omega^2 y = 0 \tag{10-21}
$$

式(10-21)为二阶齐次线性常微分方程,其通解为

$$
y(t) = C_1 \cos \omega t + C_2 \sin \omega t \tag{10-22}
$$

式中:$C_1$、$C_2$ 为积分常数,由初始条件决定。假设初始条件下,$t = 0$ 时刻体系的初位移为 $y_0$、初速度为 $\dot{y}_0$。将上式对时间求导可得

$$\dot{y}(t) = -C_1 \omega \sin \omega t + C_2 \omega \cos \omega t \qquad (10-23)$$

将体系初位移 $y_0$ 和初速度 $\dot{y}_0$ 代入式（10－22）、式（10－23），可得积分常数：

$$C_1 = y_0, \qquad C_2 = \frac{\dot{y}_0}{\omega}$$

由此，无阻尼单自由度结构体系自由振动方程（10－19）的解为

$$y(t) = y_0 \cos \omega t + \frac{\dot{y}_0}{\omega} \sin \omega t = A \sin(\omega t + \varphi) \qquad (10-24)$$

式中：$A$ 为体系振动幅值，$\varphi$ 为体系振动相位，二者表达式分别如下：

$$A = \sqrt{y_0^2 + \left(\frac{\dot{y}_0}{\omega}\right)^2}, \qquad \varphi = \arctan \frac{y_0 \omega}{\dot{y}_0}$$

式（10－24）描述了无阻尼单自由度结构体系的自由振动形式，即振动是简谐的，振动频率为 $\omega$。如将式（10－24）绘制成图形，可得图 10－20 所示的 $y-t$ 关系曲线。

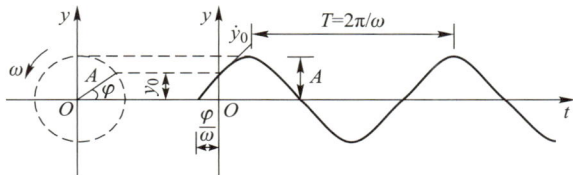

图 10－20　无阻尼自由振动

若假定相位 $\varphi = 0$，则可得到体系振动位移、速度和加速度三者之间的关系：

$$\begin{cases} y(t) = A \sin \omega t \\ \dot{y}(t) = A\omega \cos \omega t = A\omega \sin\left(\omega t + \frac{\pi}{2}\right) \\ \ddot{y}(t) = -A\omega^2 \sin \omega t = A\omega^2 \sin(\omega t + \pi) \end{cases} \qquad (10-25)$$

由式（10－25）可知：速度的相位比位移的相位超前 $\pi/2$，加速度的相位比速度的相位超前 $\pi/2$；位移为零时，加速度为零，但速度达到最大值；位移为最大时，速度为零，加速度达到最大值，但位移和加速度相位相反；加速度大小和位移成正比，但其方向总是与位移相反，即始终指向平衡位置。

显然，式（10－24）满足周期运动条件 $y(t+T) = y(t)$，该式实际上是周期函数，周期为 $T = 2\pi/\omega$，$T$ 也称为结构体系的自振周期。自振周期的倒数称为频率 $f = 1/T$，单位为 $s^{-1}$ 或 Hz；$\omega$ 称为圆频率或角频率，单位为 rad/s，三者之间的关系如下：

$$\omega = \frac{2\pi}{T} = 2\pi f \qquad (10-26)$$

常用的圆频率 $\omega$ 的计算公式，还有

$$\omega = \sqrt{\frac{k}{m}} = \sqrt{\frac{1}{m\delta}} = \sqrt{\frac{g}{W\delta}} = \sqrt{\frac{g}{\Delta_{\mathrm{st}}}} \qquad (10-27)$$

式中：$W$ 为体系重量，$\delta$ 为体系柔度系数，$\Delta_{\mathrm{st}}$ 为重力作用下的体系静位移。由式（10－26）、式（10－27）可知：

（1）自振周期只与结构质量和刚度有关，与外界干扰因素无关，外界荷载激励的大小只能影响体系振幅 $A$，因此它是体系的固有特性。

（2）体系刚度越大，频率就越大，即体系振动越快；体系质量越大，频率就越小，即体系振动越慢。因此，要改变结构的自振周期，只能从改变结构的质量和刚度入手。

（3）圆频率 $\omega$ 随静位移 $\Delta_{st}$ 的增大而减小，说明若把集中质量放在结构产生的最大位移处，则可得到最低的自振频率和最大的自振周期。

（4）自振周期 $T$ 是结构动力特性的重要指标。两个外表相似的结构，若周期相差很大，则在外荷载激励下的动力响应也将相差很大；相反，若两个外表看似不同而自振周期却相近的结构，其在外荷载激励下的动力响应将基本一致。因此，正确计算体系的自振周期非常重要。

【算例 10-9】　如图 10-21（a）所示外伸梁，抗弯刚度为 $EI$，伸臂的端点固定一质量为 $m$ 的重物，不计梁的重量。若在初始时刻给重物一个初速度 $v_0$，试求体系的自振频率与位移响应。

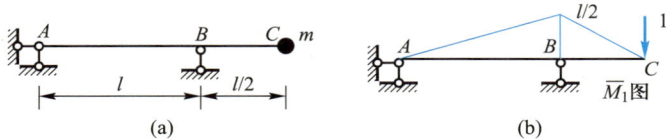

图 10-21　算例 10-9 图

【解】　质点 $m$ 竖向运动，无阻尼和外荷载作用，该体系为无阻尼单自由度自由振动结构体系。单位荷载作用下体系的弯矩图如图 10-21（b）所示，则柔度系数为

$$\delta = \frac{1}{EI}\left(\frac{l^2}{4} + \frac{l^2}{8}\right) \times \frac{l}{3} = \frac{l^3}{8EI}$$

由此得固有频率：

$$\omega = \sqrt{\frac{1}{m\delta}} = \sqrt{\frac{8EI}{ml^3}}$$

引入初始条件：初位移 $y_0 = 0$，初速度 $\dot{y}_0 = v_0$，可得体系位移响应：

$$y = A\sin(\omega t + \varphi)$$

式中：$A = \sqrt{y_0^2 + \left(\dfrac{\dot{y}_0}{\omega}\right)^2} = \dfrac{\dot{y}_0}{\omega} = v_0\sqrt{\dfrac{ml^3}{8EI}}$，$\varphi = \arctan\dfrac{y_0\omega}{\dot{y}_0} = 0$。

## 10-4-2　有阻尼单自由度体系自由振动

无阻尼结构体系自由振动总是以动能、势能交换为特征，结构一旦发生运动便永不停止，体系没有能量耗散，运动过程中体系总能量始终保持不变，而这种现象现实中是不存在的。实践表明，任何一种自由振动都将随着时间的推移而逐渐衰减，最终振幅消失体系静止，振幅随时间不断减小是由于阻尼效应引起的。

当考虑阻尼效应时，有阻尼单自由度结构体系的自由振动方程为

$$m\ddot{y} + c\dot{y} + ky = 0 \tag{10-28}$$

将上式左右两端同除以 $m$，令 $\omega = \sqrt{k/m}$，$\xi = c/(2m\omega)$，$\xi$ 常称为**阻尼比**，有

$$\ddot{y} + 2\xi\omega\dot{y} + \omega^2 y = 0 \tag{10-29}$$

该式为二阶齐次线性常微分方程，设其解具有如下形式：

$$y(t) = Ce^{\lambda t} \tag{10-30}$$

将式（10-30）代入式（10-29）中，可得

$$\lambda^2 + 2\xi\omega\lambda + \omega^2 = 0 \tag{10-31}$$

式（10-31）的解为

$$\lambda = \omega\left(-\xi \pm \sqrt{\xi^2 - 1}\right) \tag{10-32}$$

根据 $\xi > 1$、$\xi < 1$、$\xi = 1$ 三种情况，可得系统的三种运动形态。如仅考虑小阻尼情况（$\xi < 1$），则有

$$\lambda = -\omega\xi \pm i\omega\sqrt{1 - \xi^2} \tag{10-33}$$

令 $\omega_D = \omega\sqrt{1 - \xi^2}$，式（10-33）可改写为

$$\lambda = -\omega\xi \pm i\omega_D \tag{10-34}$$

此时，微分方程（10-29）的解为

$$y(t) = e^{-\xi\omega t}(C_1\cos\omega_D t + C_2\sin\omega_D t) \tag{10-35}$$

再引入初始条件 $y_0$、$\dot{y}_0$，求解常数 $C_1$、$C_2$，并将其代入式（10-35），可得

$$y(t) = e^{-\xi\omega t}\left(y_0\cos\omega_D t + \frac{\dot{y}_0 + \xi\omega y_0}{\omega_D}\sin\omega_D t\right) \tag{10-36}$$

式（10-36）也可写为

$$y(t) = Ae^{-\xi\omega t}\sin(\omega_D t + \varphi_D) \tag{10-37}$$

式中：$A = \sqrt{y_0^2 + \left(\dfrac{\dot{y}_0 + \xi\omega y_0}{\omega_D}\right)^2}$，$\varphi_D = \arctan\dfrac{\omega_D y_0}{\dot{y}_0 + \xi\omega y_0}$。

式（10-37）为小阻尼单自由度结构体系自由振动的动力响应表达式，其位移响应曲线如图 10-22 所示。可以看出，位移响应曲线为一条逐渐衰减的运动曲线，因体系阻尼的作用运动状态不断变化。

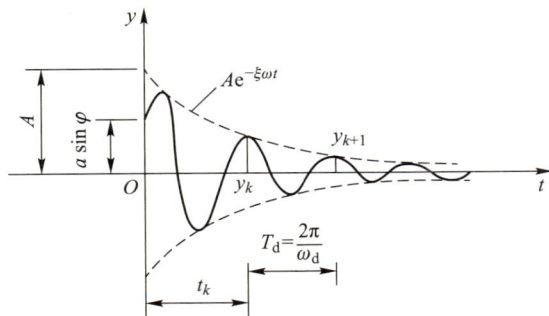

图 10-22　有阻尼自由振动

在有阻尼体系中,体系的振幅、自振频率和自振周期分别为

$$A(t) = A\mathrm{e}^{-\xi\omega t}, \qquad \omega_\mathrm{D} = \omega\sqrt{1-\xi^2}, \qquad T_\mathrm{D} = \frac{2\pi}{\omega_\mathrm{D}} = \frac{T}{\sqrt{1-\xi^2}}$$

下面主要讨论考虑阻尼作用时,体系振幅、频率的变化情况。

### 1. 阻尼对频率的影响

有阻尼体系中,由于体系频率 $\omega_\mathrm{D} = \omega\sqrt{1-\xi^2}$,显然阻尼将使结构体系的自振频率减小,周期延长。然而,工程结构的阻尼比 $\xi$ 一般都小于 $0.2$,即使体系阻尼比 $\xi = 0.2$,有 $\omega_\mathrm{D} = 0.98\omega$,可见 $\omega_\mathrm{D}$ 与 $\omega$ 相近。实际上,土木工程结构的阻尼比都很小,如钢筋混凝土结构的阻尼比一般取 $5\%$,钢结构一般取 $2\%$。所以,可认为通常情况下 $\omega_\mathrm{D} \approx \omega$,忽略阻尼对结构动力特性的影响。为表达和理解方便,后续涉及有阻尼结构体系的圆频率和周期时,直接用 $\omega$、$T$ 表达。

### 2. 阻尼对振动幅值的影响

有阻尼结构体系中,体系振动幅值 $A(t) = A\mathrm{e}^{-\xi\omega t}$,运动按照指数 $\mathrm{e}^{-\xi\omega t}$ 的规律衰减,经过一个周期后($T = 2\pi/\omega$)后,相邻两个振幅 $y_{k+1}$ 和 $y_k$ 之间的比值为

$$\frac{y_{k+1}}{y_k} = \frac{A\mathrm{e}^{-\xi\omega(t_k+T)}}{A\mathrm{e}^{-\xi\omega t_k}} = \mathrm{e}^{-\xi\omega T} \tag{10-38}$$

可见,阻尼比 $\xi$ 越大,衰减速度越快。由式(10-38)可得

$$\ln\frac{y_k}{y_{k+1}} = \xi\omega T = \xi\omega\frac{2\pi}{\omega} = 2\pi\xi \tag{10-39}$$

此时有

$$\xi = \frac{1}{2\pi}\ln\frac{y_k}{y_{k+1}} \tag{10-40}$$

式中:$\ln(y_k/y_{k+1})$ 称为振幅的对数递减率,用 $\eta$ 表示。同样,若用 $y_{k+n}$ 和 $y_k$ 表示两个相隔 $n$ 个周期的振幅,则有

$$\xi = \frac{1}{2n\pi}\ln\frac{y_k}{y_{k+n}} = \frac{\eta}{2n\pi} \tag{10-41}$$

【算例 10-10】 已知一有阻尼单自由度结构体系的周期为 $0.3\ \mathrm{s}$,阻尼比为 $0.1$,在初始位移为 $1\ \mathrm{mm}$ 的情况下作自由振动,试求振幅衰减到初始位移的 $5\%$ 以下时,所需的时间(以整周期计)。

【解】 设体系振动 $n$ 个周期后振幅衰减到初始位移的 $5\%$ 以下,由式(10-41)可知

$$\xi = \frac{1}{2n\pi}\ln\frac{y_k}{y_{k+n}} = \frac{1}{2n\pi}\ln\frac{y_0}{y_{0+n}}$$

可得

$$n = \frac{1}{2\pi\xi}\ln\frac{y_0}{y_{0+n}} = \frac{1}{2\pi\times0.1}\ln\frac{1}{0.05} = 4.77$$

当经过 5 个周期($1.5\ \mathrm{s}$)之后,体系的振幅可下降到初始位移的 $5\%$ 以下。

【算例 10-11】 图 10-23 所示刚架横梁刚度无穷大,柱子抗弯刚度 $EI = 4.5\times 10^6\ \mathrm{N/m^2}$,质量全部集中在横梁上,质量 $m = 5\ 000\ \mathrm{kg}$。为测试结构阻尼特性,使横梁

水平向右运动 25 mm 后释放作自由振动,5 个周期后测得刚架侧移量为 7.12 mm。试计算刚架阻尼比、阻尼系数以及考虑阻尼时的自振频率。

【解】　将 $y_0 = 25$ mm,$y_5 = 7.12$ mm 代入式(10-41)中,可得体系阻尼比:

$$\xi = \frac{1}{2n\pi}\ln\frac{y_k}{y_{k+n}} = \frac{1}{2\pi\times5}\ln\frac{25}{7.12} = 0.04$$

体系固有频率为

$$\omega = \sqrt{\frac{k}{m}} = \sqrt{\frac{2\times12\times4.5\times10^6}{5\,000\times3^3}}\ \mathrm{rad/s} = 28.284\ \mathrm{rad/s}$$

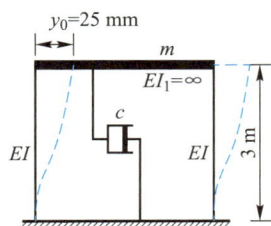

图 10-23　算例 10-11 图

体系阻尼系数为

$$c = 2m\xi\omega = 2\times5\,000\times0.04\times28.284\ \mathrm{kg/s} = 11\,313.6\ \mathrm{kg/s}$$

由此,体系考虑阻尼时,圆频率为

$$\omega_D = \omega\sqrt{1-\xi^2} = 28.284\times\sqrt{1-0.04^2}\ \mathrm{rad/s} = 28.261\ \mathrm{rad/s}$$

可见,体系考虑阻尼和不考虑阻尼,二者的圆频率仅相差 0.08%。

### 10-4-3　无阻尼单自由度体系在简谐荷载作用下的强迫振动

在简谐荷载作用下,无阻尼单自由度体系的强迫振动方程为

$$\ddot{y}(t)+\omega^2 y(t) = \frac{p}{m}\sin\theta t \tag{10-42}$$

式中:$p$ 为简谐荷载的幅值。

该方程为二阶非齐次线性常微分方程,其全解由齐次解 $\bar{y}(t)$ 和特解 $y^*(t)$ 组成,其中:齐次解 $\bar{y}(t)$ 即为无阻尼单自由度结构体系自由振动方程的解,但常系数 $C_1$、$C_2$ 需另行计算;特解是满足体系运动方程的解:

$$y(t) = \bar{y}(t)+y^*(t) \tag{10-43}$$

先求方程的特解,设特解为

$$y^*(t) = A\sin\theta t \tag{10-44}$$

将式(10-44)代入式(10-42),可得

$$A = \frac{p}{m(\omega^2-\theta^2)} \tag{10-45}$$

因此特解为

$$y^*(t) = \frac{p}{m\omega^2\left(1-\dfrac{\theta^2}{\omega^2}\right)}\sin\theta t \tag{10-46}$$

令

$$y_{st} = \frac{p}{m\omega^2} = p\delta \tag{10-47}$$

式中:$y_{st}$ 为静位移,即把简谐荷载幅值 $p$ 作为静荷载作用时,结构体系所产生的位移,则

$$y^*(t) = y_{st}\frac{1}{1-\dfrac{\theta^2}{\omega^2}}\sin\theta t \tag{10-48}$$

由此,微分方程(10-42)的全解可写为

$$y(t) = \overline{y}(t) + y^*(t) = C_1\cos\omega t + C_2\sin\omega t + y_{st}\frac{1}{1-\dfrac{\theta^2}{\omega^2}}\sin\theta t \tag{10-49}$$

式中:$C_1$ 和 $C_2$ 为常系数,由初始条件决定。假设初始条件 $t=0$ 时刻体系的初位移为 $y_0$、初速度为 $\dot{y}_0$,可求得常系数:

$$C_1 = y_0, \qquad C_2 = \frac{1}{\omega}\left[\dot{y}_0 - \frac{p\theta}{m(\omega^2-\theta^2)}\right]$$

将其代入式(10-49),可得无阻尼单自由度结构体系在简谐荷载作用下的解:

$$
\begin{aligned}
y(t) = {} & y_0\cos\omega t + \frac{\dot{y}_0}{\omega}\sin\omega t - && \text{(自由振动项)} \\
& \frac{p}{m(\omega^2-\theta^2)} \cdot \frac{\theta}{\omega}\sin\omega t + && \text{(伴随自由振动项)} \\
& \frac{p}{m(\omega^2-\theta^2)}\sin\theta t && \text{(稳态强迫振动项)}
\end{aligned}
\tag{10-50}
$$

可见,无阻尼单自由度结构体系在简谐荷载作用下的全解由自由振动、伴随自由振动和稳态强迫振动三项组成:自由振动由初始条件引起,按体系固有频率振动;伴随自由振动伴随激振力产生,按体系固有频率振动,与初始条件无关;稳态强迫振动由激振力引起,与激振力同频振动。由于实际结构存在阻尼效应,按自振频率振动的部分会逐渐消失,最后只剩下按外荷载频率振动的部分,即稳态强迫振动项。将起始三种振动并存的阶段称为"过渡阶段",而把后面只按荷载频率振动的阶段称为"平稳阶段"。由于过渡阶段延续的时间较短,因此在实际问题中更加重视平稳阶段体系的运动,以下将讨论平稳阶段的振动特征。

在平稳阶段,体系的振动响应和振幅分别为

$$y(t) = y_{st}\frac{1}{1-\dfrac{\theta^2}{\omega^2}}\sin\theta t, \qquad y_{max} = y_{st}\frac{1}{1-\dfrac{\theta^2}{\omega^2}} = \beta y_{st} \tag{10-51}$$

最大动位移 $y_{max}$ 与最大静位移 $y_{st}$ 的比值,称为动力放大系数(或动力系数)$\beta$:

$$\beta = \frac{y_{max}}{y_{st}} = \left|\frac{1}{1-\dfrac{\theta^2}{\omega^2}}\right| \tag{10-52}$$

动力放大系数 $\beta$ 与频率比 $\theta/\omega$ 有关,其大小反映了激励力对结构的动力作用,若能求出动力放大系数 $\beta$ 值,即可根据式(10-51)求出纯强迫振动的振幅。将动力放大系数 $\beta$ 与频率比 $\theta/\omega$ 之间的关系绘成动力放大系数-频率比之间的关系曲线,如图 10-24 所

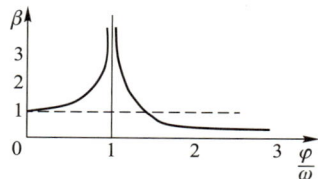

图 10-24 动力放大系数

示。由图 10 – 24 可归纳简谐荷载作用下无阻尼单自由度结构体系纯强迫振动的一般规律：

（1）当 $\theta \ll \omega$ 时，动力放大系数 $\beta$ 趋于 1，外荷载激励频率远小于结构自振频率，外荷载产生的动力效应很小，接近静力作用，此时纯强迫振动的振幅可按静荷载作用计算。

（2）当 $\theta \gg \omega$ 时，动力放大系数 $\beta$ 趋于 0，外荷载激励频率很高，最大动力位移 $y_{\max}$ 趋于 0，即结构近似静止状态，体系只在静力平衡位置产生微小振动。

（3）当 $\theta = \omega$ 时，动力放大系数 $\beta$ 趋于无穷大，体系运动和内力响应都将无限放大，产生"共振"现象。实际结构设计中应极力避免共振现象，可通过调整外荷载激励频率，或改变结构的构造、尺寸、材料等改变自振频率。

**【算例 10 – 12】**　图 10 – 25 所示悬臂梁有一电动机，电动机的荷载激励为 $p(t) = p_0 \sin \theta t$，$p_0 = 48.02$ N，电动机转速 $n = 1\,200$ r/min，重量 $W = 123$ kN。梁截面的惯性矩为 $I = 78$ cm$^4$，弹性模量 $E = 210$ GPa，悬臂梁长度为 1 m。试求悬臂梁的最大动位移和最大动弯矩。

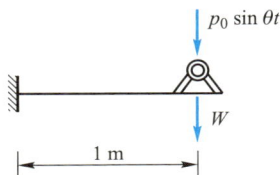

**【解】**　该悬臂结构只有竖向振动，属于简谐荷载作用下无阻尼单自由度结构体系的强迫振动问题，单位荷载作用在悬臂梁自由端时产生的竖向位移为

图 10 – 25　算例 10 – 12 图

$$\delta = \frac{l^3}{3EI} = 2.076\,5 \times 10^{-6} \text{ m/N}$$

体系刚度：$k = 1/\delta = 481\,572$ N/m。

体系自振频率：$\omega = \sqrt{k/m} = 62.6$ rad/s。

频率比：$\dfrac{\theta}{\omega} = \dfrac{\dfrac{2\pi n}{60}}{\omega} = 2$。

体系在动荷载幅值作用下静位移：$y_{\text{st}} = \dfrac{p_0}{k} = 0.01$ cm。

动力放大系数：$\beta = \left| \dfrac{1}{1 - \dfrac{\theta^2}{\omega^2}} \right| = 0.33$。

则悬臂梁自由端的最大动位移：$A = \beta y_{\text{st}} = 0.33 \times 0.01$ cm $= 3.3 \times 10^{-3}$ cm。

悬臂梁固定端的最大动弯矩：$M = \beta M_{\text{st}} = -0.33 \times (48.02 \times 1)$ N·m $= -15.85$ N·m。

**【算例 10 – 13】**　如图 10 – 26(a)所示简支梁，跨度为 4 m，惯性矩 $I = 8.8 \times 10^{-5}$ m$^4$，弹性模量 $E = 210$ GPa。在跨度中点安置电动机，重量 $W = 35$ kN，转速 $n = 500$ r/min。由于偏心，电动机产生离心力，幅值 $p_0 = 10$ kN。梁自重和阻尼忽略不计，求梁的最大弯矩和挠度。

**【解】**　该简支梁只有竖向振动，属于简谐荷载作用下无阻尼单自由度的强迫振动问题。在跨中单位荷载作用下的弯矩图如图 10 – 26(b)所示，则跨中位移为

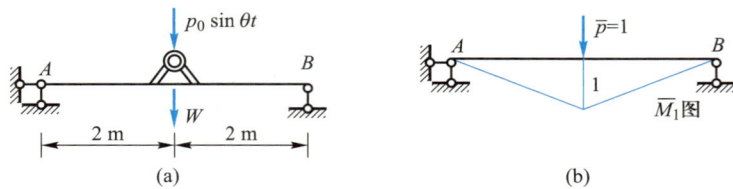

图 10-26    算例 10-13 图

$$\delta = \frac{l^3}{48EI}$$

外荷载激励频率和体系自振频率分别为

$$\begin{cases} \theta = \dfrac{2\pi n}{60} = \dfrac{2\pi \times 500}{60}\ \text{rad/s} = 52.36\ \text{rad/s} \\[3mm] \omega = \sqrt{\dfrac{1}{m\delta}} = \sqrt{\dfrac{48 \times 2.1 \times 10^8 \times 8.8 \times 10^{-5} \times 9.8}{35 \times 4^3}}\ \text{rad/s} = 62.296\ \text{rad/s} \end{cases}$$

则体系动力放大系数:$\beta = \left| \dfrac{1}{1 - \dfrac{\theta^2}{\omega^2}} \right| = 3.4$。

由此,体系的最大弯矩和梁中点的最大挠度分别为

$$\begin{cases} M_{max} = M_W + \beta M_{st} = \dfrac{35 \times 4}{4}\ \text{kN} \cdot \text{m} + 3.4 \times \dfrac{10 \times 4}{4}\ \text{kN} \cdot \text{m} = 69\ \text{kN} \cdot \text{m} \\[3mm] y_{max} = \Delta_W + \beta y_{st} = \dfrac{Wl^3}{48EI} + \beta\dfrac{p_0 l^3}{48EI} = 4.98\ \text{mm} \end{cases}$$

## 10-4-4    有阻尼单自由度体系在简谐荷载作用下的强迫振动

有阻尼单自由度结构体系在简谐荷载作用下的运动方程为

$$\ddot{y}(t) + 2\xi\omega\dot{y}(t) + \omega^2 y(t) = \frac{p_0 \sin \theta t}{m} \qquad (10-53)$$

仅考虑小阻尼条件下($\xi < 1$)的单自由度结构体系,二阶非齐次线性常微分方程(10-53)的全解由齐次解 $\bar{y}(t)$ 和特解 $y^*(t)$ 组成:

$$y(t) = \bar{y}(t) + y^*(t) \qquad (10-54)$$

齐次解 $\bar{y}(t)$ 即为有阻尼单自由度结构体系自由振动的解(常系数 $C_1$、$C_2$ 需另行计算)。为便于阅读,再次写出

$$\bar{y}(t) = \text{e}^{-\xi\omega t}(C_1\cos \omega t + C_2\sin \omega t) \qquad (10-55)$$

由于考虑阻尼效应的结构体系的响应和荷载激励并不同相位,因此设特解为

$$y^*(t) = G_1 \sin \theta t + G_2 \cos \theta t \qquad (10-56)$$

将式(10-56)代入式(10-53),将含 $\sin \theta t$ 和 $\cos \theta t$ 的因子分别独立出来列方程,有

$$\begin{cases} \left[ -G_1\theta^2 - G_2\theta(2\xi\omega) + G_1\omega^2 \right] \sin\,\theta t = \dfrac{p_0}{m}\sin\,\theta t \\ \left[ -G_2\theta^2 + G_1\theta(2\xi\omega) + G_2\omega^2 \right] \cos\,\theta t = 0 \end{cases} \tag{10-57}$$

由于上式中正弦项和余弦项不同时为零,所以上述两式必须同时满足。将式(10-57)左右两边同时除以 $\omega^2$,有($k=m\omega^2$,$\gamma=\theta/\omega$,$\gamma$ 为频率比)

$$\begin{cases} G_1(1-\gamma^2) - G_2(2\xi\gamma) = \dfrac{p_0}{k} \\ G_2(1-\gamma^2) + G_1(2\xi\gamma) = 0 \end{cases} \tag{10-58}$$

由式(10-58)可得

$$\begin{cases} G_1 = \dfrac{p_0}{k}\dfrac{1-\gamma^2}{(1-\gamma^2)^2 + (2\xi\gamma)^2} \\ G_2 = \dfrac{p_0}{k}\dfrac{-2\xi\gamma}{(1-\gamma^2)^2 + (2\xi\gamma)^2} \end{cases} \tag{10-59}$$

由此,可得特解 $y^*(t)$:

$$y^*(t) = A\sin(\theta t + \varphi) \tag{10-60}$$

式中:$A$ 为强迫振动的幅值;$\varphi$ 为动力响应的相位滞后于荷载相位的角度,$\varphi$ 的取值范围为 $0<\varphi<180°$。

$$A = \sqrt{G_1^2 + G_2^2} = \dfrac{p_0}{k}\dfrac{1}{\sqrt{(1-\gamma^2)^2 + (2\xi\gamma)^2}}, \qquad \varphi = \arctan\dfrac{2\xi\gamma}{1-\gamma^2}$$

将齐次解和特解代入全解有

$$y(t) = \bar{y}(t) + y^*(t) = e^{-\xi\omega t}(C_1\cos\,\omega t + C_2\sin\,\omega t) + A\sin(\theta t - \varphi) \tag{10-61}$$

式中:$C_1$ 和 $C_2$ 根据初始条件计算确定。设 $t=0$ 时刻,体系初位移为 $y_0$、初速度为 $\dot{y}_0$,则可求得式(10-53)的全解为

$$y(t) = e^{-\xi\omega t}\left( y_0\cos\,\omega t + \dfrac{\dot{y}_0 + \xi\omega y_0}{\omega}\sin\,\omega t \right) -$$

$$e^{-\xi\omega t}A\left( -\sin\,\varphi\cos\,\omega t + \dfrac{-\xi\omega\sin\,\varphi + \theta\cos\,\varphi}{\omega}\sin\,\omega t \right) +$$

$$A\sin(\theta t - \varphi) \tag{10-62}$$

式(10-62)中第一项表示由初始条件决定的自由振动项,按照体系的固有频率 $\omega$ 振动;第二项表示伴随振动项,体系仍按照固有频率 $\omega$ 振动,但振幅与强迫振动的外荷载激励有关;第三项为稳态强迫振动项,体系按照外荷载激励的频率振动。第一项和第二项由于阻尼效应逐渐衰减消失,第三项与外荷载激励有关,不随时间衰减。因此,重点关注简谐荷载作用下体系的稳态强迫振动特性:

**1. 稳态振动频率**

稳态振动的频率与外荷载激励的频率相同。

**2. 稳态振动振幅**

稳态强迫振动的振幅与初始条件无关并且不随时间变化,稳态强迫振动的振幅 $A$ 等于荷载幅值 $p_0$ 引起静位移 $y_{st}$ 的 $\beta$ 倍:

$$A = y_{st} \cdot \beta = \frac{p_0}{k} \cdot \frac{1}{\sqrt{(1-\gamma^2)^2 + (2\xi\gamma)^2}} \tag{10-63}$$

### 3. 幅频响应特征

根据式(10-63)绘制动力放大系数与频率比之间的关系曲线,如图 10-27 所示。

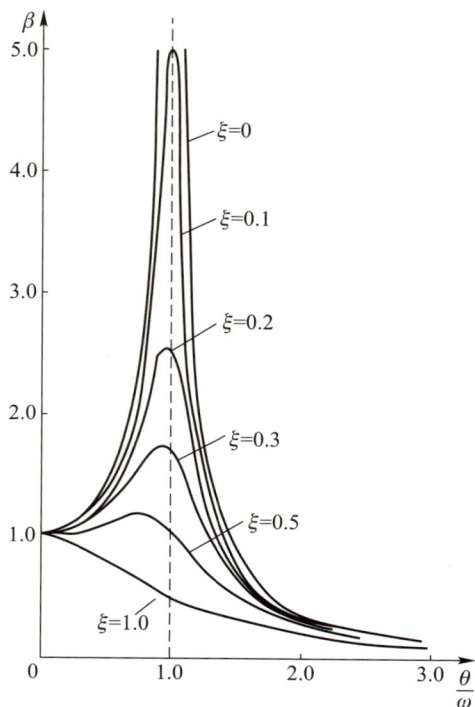

图 10-27　动力放大系数

1)当体系阻尼比 $\xi = 0$ 时,有

$$\beta = \left| \frac{1}{1-\gamma^2} \right| \tag{10-64}$$

式(10-64)即为无阻尼体系的动力放大系数。此时,若 $\gamma = \theta/\omega = 1$,即外荷载激励频率与体系固有频率相等,此时动力放大系数 $\beta \to \infty$,体系产生共振。

2)当体系阻尼比 $\xi \neq 0$ 时,由 $d\beta/d\gamma = 0$ 求得体系动力放大系数的极值点为 $\gamma = \sqrt{1-2\xi^2}$,此时对应体系动力放大系数的最大值为

$$\beta_{max} = \frac{1}{2\xi\sqrt{1-\xi^2}} \tag{10-65}$$

式(10-65)表明,考虑阻尼效应时的结构体系最大动力放大系数出现在 $\gamma < 1$ 范围内,当仅考虑体系小阻尼特性时,动力放大系数的最大值可近似取为

$$\beta_{max} \approx \frac{1}{2\xi} \tag{10-66}$$

可见,体系阻尼比越小,动力放大系数越大,尤其是在共振区内(一般在 $0.75 < \gamma < 1.25$

范围内),阻尼比对动力放大系数的影响很大,这也是小阻尼工程结构在其设计过程中须避免共振的原因所在。而在远离共振区,阻尼比的影响较小,计算强迫振动时可不考虑阻尼的影响。当频率比很小,即体系外荷载激励频率远小于其固有频率时,动力放大系数趋于 1,此时外荷载激励可作为静荷载处理;当频率比很大时,即体系外荷载激励频率远大于其固有频率时,动力放大系数趋于 0,此时体系的振幅接近 0。由此,通过调整体系的阻尼比和频率比,可对体系的动力响应进行有效控制,降低强迫振动引起的不利影响。

**【算例 10−14】** 如图 10−28 所示,重物 $W = 500$ N,悬挂在刚度 $k = 4$ N/mm 的弹簧上,在简谐荷载 $p(t) = p_0 \sin \theta t (p_0 = 50$ N)作用下作竖向振动。已知体系阻尼系数 $c = 0.05$ N·s/mm。试求简谐荷载频率多大时体系产生共振及在共振环境下的振幅。

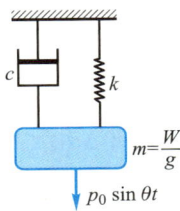

**【解】** 当外荷载激励频率等于体系的固有频率时,体系发生共振,有

$$\theta = \omega = \sqrt{\frac{k}{m}} = \sqrt{\frac{kg}{W}} = \sqrt{\frac{4 \times 10^3 \times 9.8}{500}} \text{ rad/s} = 8.854 \text{ rad/s}$$

体系阻尼比为 $\xi = \dfrac{c}{2m\omega} = \dfrac{0.05 \times 10^3}{2 \times 8.854 \times (500/9.8)} = 0.055\,34$。

动力放大系数为 $\beta = \dfrac{1}{2\xi} = 9.035$。

则体系发生共振时的振幅为 $A = y_{max}(t) = \beta y_{st} = \beta \dfrac{p_0}{k} = 112.94$ mm。

图 10−28 算例 10−14 图

## 10−4−5 无阻尼单自由度体系在任意荷载作用下的强迫振动

如图 10−29(a)所示,在任意动荷载 $p(t)$ 作用下,可以将整个荷载看成无数的瞬时冲击荷载 $p(\tau)$ 的连续作用之和。瞬时冲击荷载的特点是其作用时间与体系的自振周期相比非常短。假定单自由度体系处于静止状态,在极短的时间 $\Delta t$ 内作用一冲击荷载 $p$ 于质点上,如图 10−29(b)所示。

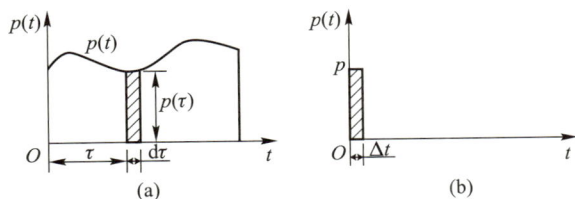

图 10−29 任意荷载

瞬时冲击荷载 $p$ 与其作用时间 $\Delta t$ 的乘积称为瞬时冲量。根据动量定理,体系的质点在时间 $t \sim t_0$ 内的动量变化量等于冲量:

$$mv - mv_0 = p(t - t_0)$$

式中:$t_0$、$v_0$ 分别为初始时间和初速度。如 $t_0 = 0$ 时为静止状态,则有

$$v = \frac{pt}{m} \qquad (10-67)$$

将式（10-67）对时间从 0~$t$ 积分，得

$$y = \frac{1}{2}\frac{p}{m}t^2 \qquad (10-68)$$

当荷载作用时间 $t=\Delta t$ 时，式（10-67）、式（10-68）分别为

$$v = \frac{p\Delta t}{m} \qquad (10-69)$$

$$y = \frac{1}{2}\frac{p}{m}(\Delta t)^2 \qquad (10-70)$$

体系在瞬时冲击荷载移去后，运动成为自由振动。这时的初速度和初位移分别用式（10-69）和式（10-70）表示。由于荷载作用时间 $\Delta t$ 很短，式（10-70）的初位移 $y$ 是时间 $\Delta t$ 的二阶小量，忽略高阶小量有 $y=0$。由此，可得瞬时荷载作用下自由振动的初始条件：$y=0$、$v=p\Delta t/m$，则无阻尼单自由度体系的位移响应为

$$y(t) = \frac{v}{\omega}\sin\omega t = \frac{p\Delta t}{m\omega}\sin\omega t \qquad (10-71)$$

式（10-71）的瞬时冲击荷载是从 $t=0$ 开始作用的，如果瞬时冲击荷载不是从 $t=0$ 开始作用，而是从 $t=\tau$ 开始，则式（10-71）中的位移响应时间 $t$ 应改为$(t-\tau)$，即有

$$\begin{cases} y(t) = \frac{p\Delta t}{m\omega}\sin\omega(t-\tau) & (t>\tau) \\ y(t) = 0 & (t<\tau) \end{cases} \qquad (10-72)$$

由此，在极小时间间隔 $\mathrm{d}\tau$ 内，瞬时冲击荷载 $p(\tau)$ 产生的位移响应为

$$\mathrm{d}y(t) = \frac{p(\tau)\mathrm{d}\tau}{m\omega}\sin\omega(t-\tau) \qquad (10-73)$$

将整个动荷载作用下所有时间间隔 $\mathrm{d}\tau$ 的位移反应叠加，即将式（10-73）积分得

$$y(t) = \int_0^t \frac{p(\tau)}{m\omega}\sin\omega(t-\tau)\mathrm{d}\tau \qquad (10-74)$$

式（10-74）即为任意动荷载作用下，无阻尼单自由度结构体系的位移响应计算公式，称为杜哈梅积分。如果初位移 $y_0$ 和初速度 $\dot{y}_0$ 不为 0，则位移响应为

$$y(t) = y_0\cos\omega t + \frac{\dot{y}_0}{\omega}\sin\omega t + \frac{1}{m\omega}\int_0^t p(\tau)\sin\omega(t-\tau)\mathrm{d}\tau \qquad (10-75)$$

基于杜哈梅积分，可进一步讨论几种常见荷载作用下的结构动力响应。限于篇幅，下面仅讨论两种常见荷载。

（1）突加荷载

荷载随时间变化的关系如图 10-30 所示，其表达式为

$$F_P(t) = \begin{cases} 0 & (t<0) \\ F_0 & (t<0) \end{cases} \qquad (10-76)$$

在 0 初始条件下，将式（10-76）代入式（10-74），可得

$$y(t) = y_{st}\left[1 - e^{-\xi\omega t}\left(\cos\omega_D t + \frac{\xi\omega}{\omega_D}\sin\omega_D t\right)\right], \quad y_{st} = \frac{F_0}{k} \qquad (10-77)$$

式(10-77)表明,在突加荷载作用下,质量的位移由两部分组成,一部分是荷载引起的静位移,另一部分是在静力平衡位置产生的衰减简谐振动,其时间位移曲线如图 10-31 中的实线所示。

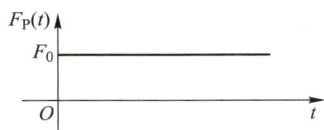

图 10-30 突加荷载

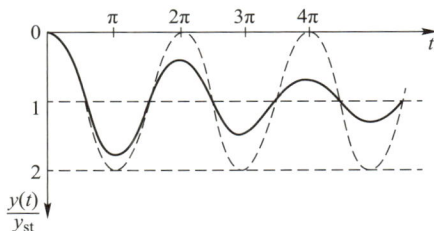

图 10-31 突加荷载位移响应

若不考虑阻尼的影响,则式(10-77)成为

$$y(t) = y_{st}(1 - \cos \omega t) \tag{10-78}$$

此时质量在静力平衡位置附近作简谐振动,如图 10-31 中的虚线所示。

由式(10-77)、式(10-78)可分别求出质量在 $\pi/\omega_D$、$\pi/\omega$ 时达到最大动位移:

$$y_{max} = \begin{cases} y_{st}(1 + e^{-\frac{\xi \omega \pi}{\omega_D}}) & (有阻尼) \\ 2 & (无阻尼) \end{cases} \tag{10-79}$$

因此在突加荷载作用下,体系的动力放大系数为

$$\mu = \begin{cases} 1 + e^{-\frac{\xi \omega \pi}{\omega_D}} & (有阻尼) \\ 2 & (无阻尼) \end{cases} \tag{10-80}$$

由于 $\xi$ 通常较小,当 $\xi = 0.05$ 时,有阻尼的 $\mu = 1.855$,所以一般认为突加荷载的位移动力放大系数为 2。

(2)矩形脉冲荷载

矩形脉冲荷载的解析表达式为

$$F_P(t) = \begin{cases} 0 & (t < 0, t > t_1) \\ F_0 & (0 \le t \le t_1) \end{cases} \tag{10-81}$$

如图 10-32 所示,由于这种荷载的作用时间 $t_1$ 一般较短,最大位移一般发生在振动衰减还很少的开始阶段,因此通常可以不考虑阻尼的影响。将式(10-81)代入式(10-74),在 0 初始条件下可得

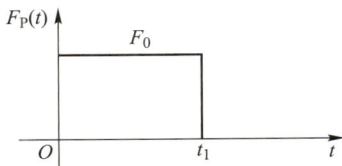

图 10-32 矩形脉冲荷载

$$y(t) = \begin{cases} y_{st}(1 - \cos \omega t) & (0 \le t \le t_1) \\ 2y_{st}\sin \frac{\omega t_1}{2}\sin \omega \left(t - \frac{t_1}{2}\right) & (t > t_1) \end{cases}$$
$$\tag{10-82}$$

式(10-82)表明:在矩形脉冲荷载作用下,质量的运动分为两个阶段,前一阶段 $(0 \le t \le t_1)$ 在脉冲作用时间内,与突加荷载的情形完全相同;后一阶段 $(t > t_1)$ 在脉冲作用结束后,为以脉冲结束时位移、速度为初始条件的自由振动。

由式(10-82)可知,当 $t_1>T/2$($T=2\pi/\omega$)时,质量的最大动力位移发生在荷载作用期间为 $2y_{st}$;而当 $t_1<T/2$ 时,由于 $2\sin \omega t_1/2-(1-\cos \omega t)=2\sin \omega t_1/2-2\sin^2 \omega t_1/2>0(t<t_1)$。所以,质量的最大动力位移发生在荷载消失后为 $y_{max}=2y_{st}\sin(\omega t_1/2)$。

因此,在矩形脉冲荷载作用下,质量的位移动力放大系数为

$$\mu=\begin{cases}2 & (t_1>T/2)\\2\sin\dfrac{\omega t_1}{2} & (t_1<T/2)\end{cases} \tag{10-83}$$

表 10-1 给出了不同的 $t_1/T$ 比值下 $\mu$ 的数值。

表 10-1　矩形脉冲荷载的位移动力放大系数

| $t_1/T$ | 0 | 0.01 | 0.02 | 0.05 | 0.10 | 1/6 | 0.2 | 0.3 | 0.4 | 0.5 | >0.5 |
|---|---|---|---|---|---|---|---|---|---|---|---|
| $\mu$ | 0 | 0.063 | 0.126 | 0.313 | 0.618 | 1.0 | 1.176 | 1.618 | 1.902 | 2 | 2 |

## 10-5　多自由度结构体系振动

单自由度结构体系仅是结构真实动力学行为的一种近似描述,往往难以精确地反映结构体系的运动状态。为提高结构体系动力特性、动力响应计算的精确性,需要增加自由度的数目,即成为多自由度结构体系,本节主要介绍多自由度结构体系运动方程的求解。

### 10-5-1　多自由度无阻尼体系自由振动

无阻尼两自由度结构体系如图 10-33(a)所示,其自由振动方程为

$$\begin{bmatrix}m_1 & 0\\0 & m_2\end{bmatrix}\begin{Bmatrix}\ddot{y}_1\\\ddot{y}_2\end{Bmatrix}+\begin{bmatrix}k_{11} & k_{12}\\k_{21} & k_{22}\end{bmatrix}\begin{Bmatrix}y_1\\y_2\end{Bmatrix}=\begin{Bmatrix}0\\0\end{Bmatrix}\quad\Leftrightarrow\quad \boldsymbol{M\ddot{Y}}+\boldsymbol{KY}=\boldsymbol{0} \tag{10-84}$$

无阻尼结构体系的自由振动为简谐运动,设两个质点简谐运动的表达式为

$$\begin{cases}y_1(t)=A_1\sin(\omega t+\varphi)\\y_2(t)=A_2\sin(\omega t+\varphi)\end{cases} \tag{10-85}$$

式(10-85)中,两个质点具有相同的频率 $\omega$ 和相同的相位角 $\varphi$,$A_1$、$A_2$ 是位移幅值,它们分别就像一个单自由度体系振动一样,且在振动过程中,两个质点的位移在数值上随时间变化,但二者的比值始终保持不变,即

$$\frac{y_1(t)}{y_2(t)}=\frac{A_1}{A_2}(常数)$$

这种结构位移形状保持不变的振动形式称为主振型或振型。将式(10-85)代入式(10-84),消去公因子 $\sin(\omega t+\varphi)$,可得到振型方程:

$$\begin{cases}(k_{11}-\omega^2 m_1)A_1+k_{12}A_2=0\\k_{21}A_1+(k_{22}-\omega^2 m_2)A_2=0\end{cases} \tag{10-86}$$

显然,$A_1=A_2=0$ 是方程的解,对应于静止状态的结构体系,等式自然成立。如果

$A_1$、$A_2$ 不全为零,则应使系数行列式为零,即

$$J = \begin{vmatrix} k_{11}-\omega^2 m_1 & k_{12} \\ k_{21} & k_{22}-\omega^2 m_2 \end{vmatrix} = 0 \qquad (10-87)$$

式(10-87)称为频率方程或特征方程,将其展开整理有

$$(k_{11}-\omega^2 m_1)(k_{22}-\omega^2 m_2)-k_{12}k_{21}=0 \quad \Rightarrow \quad (\omega^2)^2 - \left(\frac{k_{11}}{m_1}+\frac{k_{22}}{m_2}\right)\omega^2 + \frac{k_{11}k_{22}-k_{12}k_{21}}{m_1 m_2} = 0$$

$$(10-88)$$

式(10-88)为 $\omega^2$ 的二次方程,求解可得

$$\omega^2 = \frac{1}{2}\left(\frac{k_{11}}{m_1}+\frac{k_{22}}{m_2}\right) \pm \sqrt{\left[\frac{1}{2}\left(\frac{k_{11}}{m_1}+\frac{k_{22}}{m_2}\right)\right]^2 - \frac{k_{11}k_{22}-k_{12}k_{21}}{m_1 m_2}} \qquad (10-89)$$

由于结构体系的频率都是正数,将 $\omega_1$ 和 $\omega_2$ 按照从小到大的顺序排列,最小的圆频率便称为体系第一圆频率或基频。随后,将求得的频率依次代入振型方程(10-86)中,即可得结构体系相应的振幅 $A_1$、$A_2$。

如将 $\omega_1$ 代入式(10-86),由于行列式 $J=0$,方程组中的两个方程是线性相关的,即可得相应于第一圆频率的振型幅值 $A_1$、$A_2$,二者之间的比值称为第一振型。为与符号 $A$ 区分,将对应于第 $j$ 振型第 $i$ 质点的位移幅值用符号 $\phi_{ij}$ 来表示:

$$\frac{A_{11}}{A_{21}} = \frac{\phi_{11}}{\phi_{21}} = \frac{k_{12}}{m_1 \omega_1^2 - k_{11}} \qquad (10-90)$$

式中: $\phi_{11}$ 和 $\phi_{21}$ 分别为第一振型质点 1 和 2 的振幅,示意图如图 10-33(b)所示。

同理,将 $\omega_2$ 代入式(10-86),可以求出 $A_1$、$A_2$ 的另一个比值,这个比值所确定的另一个振型称为第二振型:

$$\frac{A_{12}}{A_{22}} = \frac{\phi_{12}}{\phi_{22}} = \frac{k_{12}}{m_1 \omega_2^2 - k_{11}} \qquad (10-91)$$

式中: $\phi_{12}$ 和 $\phi_{22}$ 分别为第二振型质点 1 和 2 的振幅,示意图如图 10-33(c)所示。

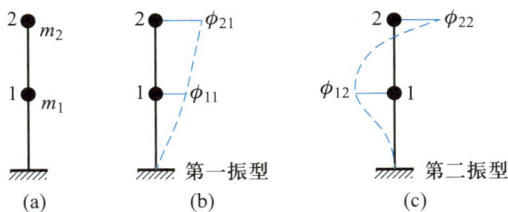

图 10-33　振型示意图

实际上,只有在质点的初位移和初速度与某个主振型相一致的前提下,体系才会按该振型作简谐振动。而在一般情况下,两个自由度体系的振动可看成是两种频率及其主振型的线性组合,即

$$\begin{cases} y_1(t) = \phi_{11}\sin(\omega_1 t + \varphi_1) + \phi_{12}\sin(\omega_2 t + \varphi_2) \\ y_2(t) = \phi_{21}\sin(\omega_1 t + \varphi_1) + \phi_{22}\sin(\omega_2 t + \varphi_2) \end{cases} \qquad (10-92)$$

式(10-92)即为无阻尼两自由度结构体系自由振动方程的解。

若采用柔度法建立上述两自由度结构体系的自由振动方程,将式(10-86)左右两端同除以相应的刚度系数,整理可得

$$\begin{cases}\left(\delta_{11}m_1-\dfrac{1}{\omega^2}\right)A_1+\delta_{12}m_2A_2=0\\ \delta_{21}m_1A_1+\left(\delta_{22}m_2-\dfrac{1}{\omega^2}\right)A_2=0\end{cases} \quad(10-93)$$

同理,为得到 $A_1$、$A_2$ 不全为零的解,应使式(10-93)的系数行列式等于零:

$$J=\begin{vmatrix}\delta_{11}m_1-\dfrac{1}{\omega^2}&\delta_{12}m_2\\[2mm]\delta_{21}m_1&\delta_{22}m_2-\dfrac{1}{\omega^2}\end{vmatrix}=\begin{vmatrix}1-m\omega^2\delta_{11}&-m\omega^2\delta_{12}\\-m\omega^2\delta_{21}&1-m\omega^2\delta_{22}\end{vmatrix}=0 \quad(10-94)$$

式(10-94)即为采用柔度系数表示的频率方程或特征方程,由此求出两个频率 $\omega_1$ 和 $\omega_2$。将式(10-94)展开并整理,令 $\lambda=1/\omega^2$,可得

$$\lambda^2-(\delta_{11}m_1+\delta_{22}m_2)\lambda+(\delta_{11}\delta_{22}m_1m_2-\delta_{12}\delta_{21}m_1m_2)=0$$

由此可以解出 $\lambda$ 的两个根:

$$\lambda_{1,2}=\frac{(\delta_{11}m_1+\delta_{22}m_2)\pm\sqrt{(\delta_{11}m_1+\delta_{22}m_2)^2-4m_1m_2(\delta_{11}\delta_{22}-\delta_{12}\delta_{21})}}{2} \quad(10-95)$$

于是求得体系的振动圆频率分别为

$$\omega_1=\frac{1}{\sqrt{\lambda_1}},\quad \omega_2=\frac{1}{\sqrt{\lambda_2}}$$

分别将 $\omega=\omega_1$、$\omega=\omega_2$ 代入式(10-93)中,可得

$$\begin{cases}\dfrac{\phi_{11}}{\phi_{21}}=-\dfrac{\delta_{12}m_2}{\delta_{11}m_1-\dfrac{1}{\omega_1^2}}=\dfrac{m_2\omega_1^2\delta_{12}}{1-m_1\omega_1^2\delta_{11}}\\[6mm]\dfrac{\phi_{12}}{\phi_{22}}=-\dfrac{\delta_{12}m_2}{\delta_{11}m_1-\dfrac{1}{\omega_2^2}}=-\dfrac{m_2\omega_2^2\delta_{12}}{1-m_1\omega_2^2\delta_{11}}\end{cases} \quad(10-96)$$

进一步推广至有限自由度体系,图10-34(a)所示为具有 $n$ 个自由度的有限自由度结构体系。取各质点作为隔离体,如图10-34(b)所示。各质点 $m_i$ 所受的力包括惯性力和弹性恢复力,根据达朗贝尔原理建立平衡方程:

$$m_i\ddot{y}_i+f_{Si}=0 \quad (i=1,2,\cdots,n) \quad(10-97)$$

第 $i$ 个质点的弹性恢复力 $f_{Si}$ 与位移 $y_1,y_2,\cdots,y_n$ 之间应满足刚度方程:

$$f_{Si}=k_{i1}y_1+k_{i2}y_2+\cdots+k_{in}y_n \quad (i=1,2,\cdots,n) \quad(10-98)$$

将式(10-98)代入式(10-97),可得无阻尼有限自由度结构体系的自由振动方程:

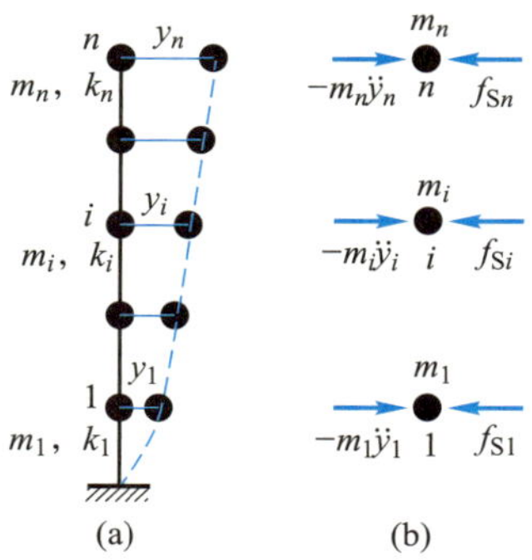

图 10-34　有限自由度体系

$$\begin{cases} m_1\ddot{y}_1+k_{11}y_1+k_{12}y_2+\cdots+k_{1n}y_n=0 \\ m_2\ddot{y}_1+k_{21}y_1+k_{22}y_2+\cdots+k_{2n}y_n=0 \\ \cdots\cdots\cdots\cdots \\ m_n\ddot{y}_1+k_{n1}y_1+k_{n2}y_2+\cdots+k_{nn}y_n=0 \end{cases} \tag{10-99}$$

式（10-99）可用矩阵形式表示：

$$\begin{bmatrix} m_1 & & & \\ & m_2 & & \\ & & \ddots & \\ & & & m_n \end{bmatrix}\begin{bmatrix}\ddot{y}_1\\\ddot{y}_2\\\vdots\\\ddot{y}_n\end{bmatrix}+\begin{bmatrix} k_{11} & k_{12} & \cdots & k_{1n}\\ k_{21} & k_{22} & \cdots & k_{2n}\\ \vdots & \vdots & & \vdots\\ k_{n1} & k_{n2} & \cdots & k_{nn}\end{bmatrix}\begin{bmatrix}y_1\\y_2\\\vdots\\y_n\end{bmatrix}=\begin{bmatrix}0\\0\\\vdots\\0\end{bmatrix} \Leftrightarrow \boldsymbol{M}\ddot{\boldsymbol{Y}}+\boldsymbol{K}\boldsymbol{Y}=\boldsymbol{0}$$

$$(10-100)$$

显然，有限自由度结构体系自由振动的运动方程与前述两个自由度在形式上类似，但由 $n$ 个平衡方程组成，质量矩阵仍为对角矩阵，刚度矩阵为三对角矩阵：

$$\boldsymbol{K}=\begin{bmatrix} k_1+k_2 & -k_2 & \cdots & 0\\ -k_2 & k_2+k_3 & \cdots & 0\\ \vdots & \vdots & & \vdots\\ 0 & 0 & \cdots & k_n\end{bmatrix} \tag{10-101}$$

同理，有限自由度结构体系的自由振动亦为简谐运动，表达式可写为

$$\boldsymbol{Y}=\boldsymbol{A}\sin(\omega t+\varphi) \tag{10-102}$$

式中：$\boldsymbol{A}$ 是位移幅值向量，即 $\boldsymbol{A}=\begin{bmatrix}A_1 & A_2 & \cdots & A_n\end{bmatrix}^\mathrm{T}$。

将式（10-102）代入式（10-100）中，消去公因子 $\sin(\omega t+\varphi)$，可得振型方程：

$$(\boldsymbol{K}-\omega^2\boldsymbol{M})\boldsymbol{A}=\boldsymbol{0} \tag{10-103}$$

为得到 $\boldsymbol{A}$ 的非零解，应使系数行列式为零，即得频率方程：

$$\boldsymbol{J}=|\boldsymbol{K}-\omega^2\boldsymbol{M}|=0 \tag{10-104}$$

展开如下：

$$\boldsymbol{J}=\begin{vmatrix} (k_1+k_2)-\omega^2m_1 & -k_2 & \cdots & 0\\ -k_2 & (k_2+k_3)-\omega^2m_2 & \cdots & 0\\ \vdots & \vdots & & \vdots\\ 0 & 0 & \cdots & k_n\end{vmatrix}=0 \tag{10-105}$$

将行列式展开，得到关于频率 $\omega^2$ 的 $n$ 次代数方程，求解方程得 $n$ 个根 $\omega_1^2$、$\omega_2^2$、$\cdots$、$\omega_n^2$。把全部自振频率按照由小到大的顺序排列，即可得体系 $n$ 个自振频率 $\omega_1$、$\omega_2$、$\cdots$、$\omega_n$，其中最小的频率称为基频或第一频率。

将所求得的任一 $\omega_i^2(i=1,2,\cdots,n)$ 代入振型方程（10-103），可对应求得第 $i$ 振型幅值之间的关系：

$$A_{1i}:A_{2i}:\cdots:A_{ni}=\phi_{1i}:\phi_{2i}:\cdots:\phi_{ni}$$

因为上述比值不随时间而变化，所以体系按某一自振频率振动的形状是不变的，对应于 $n$ 个自振频率，可相应求得 $n$ 个线性无关的主振型向量，即多自由度体系自由振动的主振型向量：$\boldsymbol{A}^{(i)\mathrm{T}}=\boldsymbol{\Phi}^{(i)\mathrm{T}}=\begin{bmatrix}A_{1i} & A_{2i} & \cdots & A_{ni}\end{bmatrix}^\mathrm{T}=\begin{bmatrix}\phi_{1i} & \phi_{2i} & \cdots & \phi_{ni}\end{bmatrix}^\mathrm{T}$。为

使主振型向量的元素具有确定的值,可令其中某一个元素的值等于 1,则其余元素的值可按照上述比值关系求得,这样求得的主振型称为标准化主振型。

**【算例 10 - 15】**　图 10 - 35(a)所示结构横梁刚度无穷大,第一层质量 $3m$ 集中于一层横梁,第二层质量 $m$ 集中于二层横梁,柱抗弯刚度均为 $EI$。求体系频率和振型。

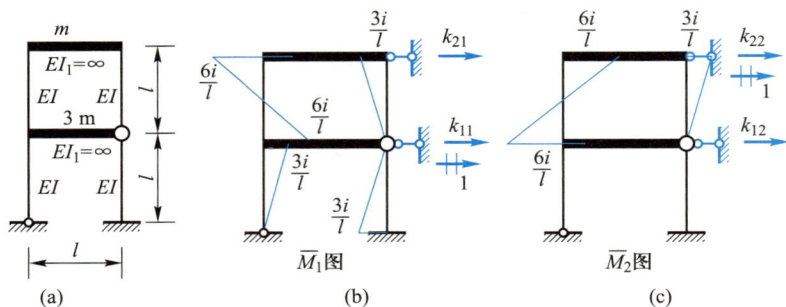

图 10 - 35　算例 10 - 15 图

**【解】**　由图 10 - 35(a)可知该结构体系为无阻尼两自由度结构体系的自由振动。采用刚度法,该结构体系的运动方程为

$$\begin{cases} k_{11}y_1 + k_{12}y_2 + F_{1P} = 0 \\ k_{21}y_1 + k_{22}y_2 + F_{2P} = 0 \end{cases}$$

依次绘制如图 10 - 35(b)、(c)所示的 $\overline{M}_1$ 图和 $\overline{M}_2$ 图,可得

$$\begin{cases} k_{11} = \dfrac{21EI}{l^3}, k_{12} = k_{21} = -\dfrac{15EI}{l^3}, k_{22} = \dfrac{15EI}{l^3} \\ F_{1P} = 3m\ddot{y}_1, F_{2P} = m\ddot{y}_2 \end{cases}$$

代入运动方程有

$$\begin{cases} 3m\ddot{y}_1 + \dfrac{21EI}{l^3}y_1 - \dfrac{15EI}{l^3}y_2 = 0 \\ m\ddot{y}_2 - \dfrac{15EI}{l^3}y_1 + \dfrac{15EI}{l^3}y_2 = 0 \end{cases}$$

令 $k = EI/l^3$,上式即可写为

$$\begin{cases} 3m\ddot{y}_1 + 21ky_1 - 15ky_2 = 0 \\ m\ddot{y}_2 - 15ky_1 + 15ky_2 = 0 \end{cases} \Rightarrow \begin{bmatrix} 3m & 0 \\ 0 & m \end{bmatrix} \begin{bmatrix} \ddot{y}_1 \\ \ddot{y}_2 \end{bmatrix} + \begin{bmatrix} 21k & -15k \\ -15k & 15k \end{bmatrix} \begin{bmatrix} y_1 \\ y_2 \end{bmatrix} = \begin{bmatrix} 0 \\ 0 \end{bmatrix}$$

代入频率方程,有

$$m^2\omega^4 - 22mk\omega^2 + 30k^2 = 0$$

求解上式可得

$$\omega_1^2 = \frac{(11 - \sqrt{91})k}{m} = \frac{1.461EI}{ml^3}, \qquad \omega_2^2 = \frac{(11 + \sqrt{91})k}{m} = \frac{20.539EI}{ml^3}$$

由此,振型向量分别为

第一振型:

$$\frac{\phi_{11}}{\phi_{21}}=\frac{15k-m\omega_1^2}{15k}=\frac{0.903}{1}$$

第二振型：

$$\frac{\phi_{12}}{\phi_{22}}=\frac{15k-m\omega_2^2}{15k}=\frac{-0.369}{1}$$

**【算例 10-16】** 试求图 10-36(a)所示结构的频率和振型。

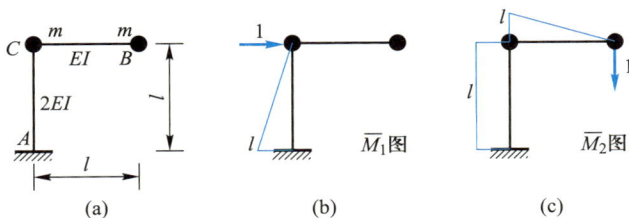

图 10-36 算例 10-16 图

**【解】** 由图 10-36(a)可知,该结构为无阻尼两自由度结构体系的自由振动问题。采用柔度法,体系运动方程可表达如下:

$$\begin{cases} y_1=(-2m\ddot{y}_1)\delta_{11}+(-m\ddot{y}_2)\delta_{12} \\ y_2=(-2m\ddot{y}_1)\delta_{21}+(-m\ddot{y}_2)\delta_{22} \end{cases}$$

单位荷载作用下的 $\overline{M}_1$ 图、$\overline{M}_2$ 图分别如图 10-36(b)、(c)所示,可得

$$\delta_{11}=\frac{l^3}{6EI},\quad \delta_{12}=\delta_{21}=\frac{l^3}{4EI},\quad \delta_{22}=\frac{5l^3}{6EI}$$

代入运动方程有

$$\begin{cases} 2m\ddot{y}_1\delta_{11}+m\ddot{y}_2\delta_{12}+y_1=0 \\ 2m\ddot{y}_1\delta_{21}+m\ddot{y}_2\delta_{22}+y_2=0 \end{cases}$$

基于频率方程可得

$$2m^2(\delta_{11}\delta_{22}-\delta_{12}^2)\omega^4-(2m\delta_{11}+m\delta_{22})\omega^2+1=0$$

求解上式可得

$$\omega_1^2=\frac{(42-18\sqrt{3})EI}{11ml^3}=\frac{0.98EI}{ml^3},\quad \omega_2^2=\frac{(42+18\sqrt{3})EI}{11ml^3}=\frac{6.65EI}{ml^3}$$

由此,可得振型向量分别为

第一振型:

$$\frac{\phi_{11}}{\phi_{21}}=\frac{m\omega_1^2\delta_{12}}{1-2m\omega_1^2\delta_{11}}=\frac{7-3\sqrt{3}}{-2+4\sqrt{3}}=\frac{0.366}{1}$$

第二振型:

$$\frac{\phi_{12}}{\phi_{22}}=\frac{m\omega_2^2\delta_{12}}{1-2m\omega_2^2\delta_{11}}=\frac{-(7+3\sqrt{3})}{2+4\sqrt{3}}=\frac{-1.366}{1}$$

## 10 – 5 – 2 多自由度体系主振型的正交性

在多自由结构体系的自由振动分析中,已知具有 $n$ 个自由度的体系必有 $n$ 个振动频率,而这些振动频率又对应 $n$ 个主振型。利用功的互等定理可以证明各主振型之间具有正交的特性,利用这一特性,可以将多自由度问题转化为单自由度问题求解,从而简化计算工作量。

如图 10 – 37(a)所示第一主振型对应的频率为 $\omega_1$、幅值为( $\phi_{11}$、$\phi_{21}$ ),其值正好等于惯性力( $\omega_1^2 m_1 \phi_{11}$、$\omega_1^2 m_2 \phi_{21}$ )所产生的静位移。图 10 – 37(b)所示第二主振型对应的频率为 $\omega_2$、幅值为( $\phi_{12}$、$\phi_{22}$ ),其值正好等于惯性力( $\omega_2^2 m_1 \phi_{12}$、$\omega_2^2 m_2 \phi_{22}$ )所产生的静位移。对上述两种静力平衡状态应用功的互等定理,有

$$( \omega_1^2 m_1 \phi_{11} ) \phi_{12} + ( \omega_1^2 m_2 \phi_{21} ) \phi_{22} = ( \omega_2^2 m_1 \phi_{12} ) \phi_{11} + ( \omega_2^2 m_2 \phi_{22} ) \phi_{21} \quad (10-106)$$

移项可得

$$( \omega_1^2 - \omega_2^2 )( m_1 \phi_{11} \phi_{12} + m_2 \phi_{21} \phi_{22} ) = 0$$

如果 $\omega_1 \neq \omega_2$,则有

$$( m_1 \phi_{11} \phi_{12} + m_2 \phi_{21} \phi_{22} ) = 0 \quad (10-107)$$

式(10 – 107)即为两自由度结构体系两个主振型之间存在的第一正交关系。

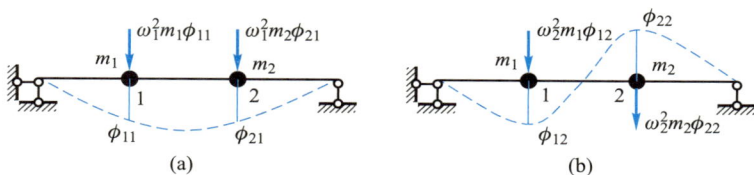

图 10 – 37 振型正交性

同理,对于有限个自由度结构体系,如体系有 $n$ 个自由度,$\omega_k$ 和 $\omega_l$ 为其中两阶频率,相应的主振型向量分别为

$$\begin{cases} \boldsymbol{\Phi}^{(k)\mathrm{T}} = \begin{bmatrix} \phi_{1k} & \phi_{2k} & \cdots & \phi_{nk} \end{bmatrix}^{\mathrm{T}} \\ \boldsymbol{\Phi}^{(l)\mathrm{T}} = \begin{bmatrix} \phi_{1l} & \phi_{2l} & \cdots & \phi_{nl} \end{bmatrix}^{\mathrm{T}} \end{cases}$$

则 $n$ 个自由度结构体系的第一个正交关系为

$$\sum_{i=1}^{n} m_i \phi_{il} \phi_{ik} = 0 \quad \Rightarrow \quad \boldsymbol{\Phi}^{(l)\mathrm{T}} \boldsymbol{M} \boldsymbol{\Phi}^{(k)} = 0 \quad (10-108)$$

式(10 – 108)与式(10 – 107)一样,均可用功的互等定理来证明。本节采用其他方法证明,假设 $n$ 个自由度结构体系的任意两阶振型 $k$ 和 $l$,显然有

$$\begin{cases} \boldsymbol{K} \boldsymbol{\Phi}^{(k)} = \omega_k^2 \boldsymbol{M} \boldsymbol{\Phi}^{(k)} \\ \boldsymbol{K} \boldsymbol{\Phi}^{(l)} = \omega_l^2 \boldsymbol{M} \boldsymbol{\Phi}^{(l)} \end{cases} \quad (10-109)$$

将式(10 – 109)第一式两边乘以 $\boldsymbol{\Phi}^{(l)\mathrm{T}}$,第二式两边左乘以 $\boldsymbol{\Phi}^{(k)\mathrm{T}}$,有

$$\begin{cases} \boldsymbol{\Phi}^{(l)\mathrm{T}} \boldsymbol{K} \boldsymbol{\Phi}^{(k)} = \omega_k^2 \boldsymbol{\Phi}^{(l)\mathrm{T}} \boldsymbol{M} \boldsymbol{\Phi}^{(k)} \\ \boldsymbol{\Phi}^{(k)\mathrm{T}} \boldsymbol{K} \boldsymbol{\Phi}^{(l)} = \omega_l^2 \boldsymbol{\Phi}^{(k)\mathrm{T}} \boldsymbol{M} \boldsymbol{\Phi}^{(l)} \end{cases} \quad (10-110)$$

由于刚度矩阵 $\boldsymbol{K}$ 和质量矩阵 $\boldsymbol{M}$ 均为对称矩阵(即 $\boldsymbol{K}^{\mathrm{T}} = \boldsymbol{K}$、$\boldsymbol{M}^{\mathrm{T}} = \boldsymbol{M}$ ),将式(10 – 110)

第二式两边转置可得

$$\boldsymbol{\Phi}^{(l)\mathrm{T}}\boldsymbol{K}\boldsymbol{\Phi}^{(k)} = \omega_l^2\,\boldsymbol{\Phi}^{(l)\mathrm{T}}\boldsymbol{M}\boldsymbol{\Phi}^{(k)} \qquad (10-111)$$

将式(10-110)第一式减去式(10-111),得

$$(\omega_k^2 - \omega_l^2)\boldsymbol{\Phi}^{(l)\mathrm{T}}\boldsymbol{M}\boldsymbol{\Phi}^{(k)} = 0 \qquad (10-112)$$

若 $k \neq l$,即 $\omega_k \neq \omega_l$,则得

$$\boldsymbol{\Phi}^{(l)\mathrm{T}}\boldsymbol{M}\boldsymbol{\Phi}^{(k)} = 0 \qquad (10-113)$$

式(10-113)即为所要证明的 $n$ 个自由度结构体系的第一正交关系,该式表明相对于质量矩阵 $\boldsymbol{M}$ 而言,不同频率相应的主振型是彼此正交的。如果把第一正交关系代入式(10-111),则可导出第二正交关系:相对于刚度矩阵 $\boldsymbol{K}$ 而言,不同频率相应的主振型也是彼此正交的:

$$\boldsymbol{\Phi}^{(l)\mathrm{T}}\boldsymbol{K}\boldsymbol{\Phi}^{(k)} = 0 \qquad (10-114)$$

若体系按上述两种振型作简谐运动时的动位移为

$$\begin{cases} \boldsymbol{Y}^{(k)} = \boldsymbol{\Phi}^{(k)}\sin(\omega_k t + \varphi_k) \\ \boldsymbol{Y}^{(l)} = \boldsymbol{\Phi}^{(l)}\sin(\omega_l t + \varphi_l) \end{cases} \qquad (10-115)$$

在任意时刻 $t$,结构相应于主振型 $\boldsymbol{\Phi}^{(k)}$ 进行自由振动时,各质点惯性力为

$$-\omega_k^2\boldsymbol{M}\boldsymbol{\Phi}^{(k)}\sin(\omega_k t + \varphi_k) \qquad (10-116)$$

在任意时间段 $\mathrm{d}t$ 内,结构相应于主振型 $\boldsymbol{\Phi}^{(l)}$ 进行自由振动时,各质点产生的动位移为

$$\mathrm{d}\boldsymbol{Y}^{(l)} = \omega_l\,\boldsymbol{\Phi}^{(l)}\cos(\omega_l t + \varphi_l)\mathrm{d}t \qquad (10-117)$$

因此,在时间段 $\mathrm{d}t$ 内,第 $k$ 振型的惯性力在第 $l$ 振型的位移上所做的功为

$$\mathrm{d}W = -\omega_k^2\omega_e\,\boldsymbol{\Phi}^{(l)\mathrm{T}}\boldsymbol{M}\boldsymbol{\Phi}^{(k)}\sin(\omega_k t + \varphi_k)\cos(\omega_l t + \varphi_l)\mathrm{d}t \qquad (10-118)$$

由正交关系式(10-113)可知,$\mathrm{d}W = 0$。这表明多自由度结构体系某一主振型的惯性力不会在其他振型上做功,这就是第一正交性的物理意义。同理,第二正交性的物理意义是相应于某一主振型的弹性恢复力不会在其他主振型上做功。由此,相应于某一主振型的能量不会转移到其他振型上去,即当一个体系只按某一主振型运动时,不会引起其他主振型的运动,各振型之间的运动是独立的。

上述两个正交关系是针对 $k \neq l$ 的情况下推导的,若 $k = l$,有

$$\begin{cases} M_k^* = \boldsymbol{\Phi}^{(k)\mathrm{T}}\boldsymbol{M}\boldsymbol{\Phi}^{(k)} \\ K_k^* = \boldsymbol{\Phi}^{(k)\mathrm{T}}\boldsymbol{K}\boldsymbol{\Phi}^{(k)} \end{cases} \qquad (10-119)$$

式中:$M_k^*$ 和 $K_k^*$ 分别称为第 $k$ 振型的广义质量和广义刚度。将式(10-109)第一式两侧左乘 $\boldsymbol{\Phi}^{(k)\mathrm{T}}$:

$$\boldsymbol{\Phi}^{(k)\mathrm{T}}\boldsymbol{K}\boldsymbol{\Phi}^{(k)} = \omega_k^2\,\boldsymbol{\Phi}^{(k)\mathrm{T}}\boldsymbol{M}\boldsymbol{\Phi}^{(k)} \quad \Rightarrow \quad K_k^* = \omega_k^2 M_k^* \qquad (10-120)$$

由此得

$$\omega_k = \sqrt{\frac{K_k^*}{M_k^*}} \qquad (10-121)$$

式(10-121)即为根据广义刚度 $K_k^*$ 和广义质量 $M_k^*$ 求频率 $\omega_k$ 的计算公式,该式亦为单自由度结构体系频率计算公式的推广。

### 10-5-3　多自由度无阻尼体系在任意荷载作用下的强迫振动

由多自由度结构体系自由振动方程的讲解可知,多自由度结构体系的运动方程是一组相互耦联的运动微分方程,当自由度数 $n$ 较大时,求解运动方程往往变得十分困难。为此,本节采用振型分解法介绍多自由度结构体系的运动方程求解问题,并为使求解过程更具一般性,假设结构体系受任意荷载作用。振型分解法是以体系自由振动时的主振型为基础来描述质点的动位移状态,利用主阵型关于质量矩阵和刚度矩阵的正交性,将相互耦联的运动微分方程组解耦成 $n$ 个相互独立的微分方程,其中:每一个方程只包含对应一个主振型的一种位移,相当于一个单自由度体系的运动,可以按照单自由度结构体系独立求解。这种可以使方程组解耦的坐标称为正则坐标,也称为广义坐标。振型分解法的具体步骤如下。

首先,假设结构体系的正则坐标 $\boldsymbol{\eta}=\begin{bmatrix}\eta_1 & \eta_2 & \cdots & \eta_n\end{bmatrix}^T$ 与几何坐标 $\boldsymbol{Y}=\begin{bmatrix}y_1 & y_2 & \cdots & y_n\end{bmatrix}^T$ 之间存在如下关系:

$$\boldsymbol{Y}=\boldsymbol{\Phi}\boldsymbol{\eta} \tag{10-122}$$

式中: $\boldsymbol{\Phi}=\begin{bmatrix}\boldsymbol{\Phi}^{(1)} & \boldsymbol{\Phi}^{(2)} & \cdots & \boldsymbol{\Phi}^{(n)}\end{bmatrix}$ 称为主振型矩阵,是正则坐标与几何坐标之间的转换矩阵。将其代入式(10-122)中可得

$$\boldsymbol{Y}=\boldsymbol{\Phi}^{(1)}\eta_1+\boldsymbol{\Phi}^{(2)}\eta_2+\cdots+\boldsymbol{\Phi}^{(n)}\eta_n \tag{10-123}$$

式(10-123)的意义就是将质点的动位移向量按主振型进行分解,而正则坐标 $\eta_i$ 就是实际位移 $\boldsymbol{Y}$ 按主振型分解时的系数。

其次,在任意荷载作用下不考虑阻尼的多自由度结构体系的运动方程为

$$\boldsymbol{M}\ddot{\boldsymbol{Y}}+\boldsymbol{K}\boldsymbol{Y}=\boldsymbol{P}(t) \tag{10-124}$$

将式(10-122)代入式(10-124),再左乘以 $\boldsymbol{\Phi}^T$,即得

$$\boldsymbol{\Phi}^T\boldsymbol{M}\boldsymbol{\Phi}\ddot{\boldsymbol{\eta}}+\boldsymbol{\Phi}^T\boldsymbol{K}\boldsymbol{\Phi}\boldsymbol{\eta}=\boldsymbol{\Phi}^T\boldsymbol{P}(t) \tag{10-125}$$

引入广义刚度向量 $\boldsymbol{K}^*=\boldsymbol{\Phi}^T\boldsymbol{K}\boldsymbol{\Phi}$ 和广义质量向量 $\boldsymbol{M}^*=\boldsymbol{\Phi}^T\boldsymbol{M}\boldsymbol{\Phi}$,将 $\boldsymbol{\Phi}^T\boldsymbol{P}(t)$ 看作广义荷载向量:

$$\boldsymbol{P}^*(t)=\boldsymbol{\Phi}^T\boldsymbol{P}(t) \tag{10-126}$$

再次,引入第一、第二正交性,可得第 $i$ 振型对应的独立运动方程为

$$M_i^*\ddot{\eta}_i(t)+K_i^*\eta_i(t)=P_i^*(t)\quad(i=1,2,\cdots,n) \tag{10-127}$$

式(10-127)两边除以 $M_i^*$,再考虑到 $\omega_i^2=K_i^*/M_i^*$,故得

$$\ddot{\eta}_i(t)+\omega_i^2\eta_i(t)=\frac{1}{M_i^*}P_i^*(t)\quad(i=1,2,\cdots,n) \tag{10-128}$$

式(10-128)为关于正则坐标 $\eta_i(t)$ 对应的第 $i$ 型的独立运动方程,与单自由度结构体系的运动方程完全相似。由耦联微分方程变为解耦的微分方程的主要优点,是采用了正则坐标变换,将位移 $\boldsymbol{Y}$ 按主振型进行分解,然后基于第一、第二正交性将微分方程解耦,这种求解耦联运动微分方程的方法称为正则坐标分析法,亦称为振型分解法。

由此,式(10-128)可用杜哈梅积分求得正则坐标。若初位移和初速度均为零,可得正则坐标 $\eta_i(t)$ 的动力响应表达式:

$$\eta_i(t)=\frac{1}{M_i^*\omega_i}\int_0^t P_i^*(\tau)\sin\omega_i(t-\tau)\,\mathrm{d}\tau \qquad (10-129)$$

若具有初位移和初速度：

$$y_{t=0}=y_0,\qquad \dot y_{t=0}=\dot y_0$$

则在正则坐标中对应的初值 $\eta_i(0)$、$\dot\eta_i(0)$，计算公式如下：

$$\begin{cases}\eta_i(0)=\dfrac{\boldsymbol\Phi^{(i)\mathrm{T}}\boldsymbol M y_0}{M_i^*}\\[3mm]\dot\eta_i(0)=\dfrac{\boldsymbol\Phi^{(i)\mathrm{T}}\boldsymbol M\dot y_0}{M_i^*}\end{cases}\qquad(10-130)$$

由此，可得具有初位移和初速度的正则坐标 $\eta_i(t)$ 的动力响应表达式：

$$\eta_i(t)=\eta_i(0)\cos\omega_i t+\frac{\dot\eta_i(0)}{\omega_i}\sin\omega_i t+\frac{1}{M_i^*\omega_i}\int_0^t P_i^*(\tau)\sin\omega_i(t-\tau)\,\mathrm{d}\tau\quad(10-131)$$

最后，正则坐标 $\eta_i(t)$ 求出后，再代回式（10－123），得出的几何坐标 $\boldsymbol Y$ 即为多自由度结构体系在任何荷载作用下的运动响应。此外，从式（10－123）还可以看出，结构的总位移响应是将各个主振型分量进行叠加得到的，所以该方法又称为振型叠加法。

【算例 10－17】　试求图 10－38(a)所示等截面简支梁在突加荷载 $F_{P1}(t)$ 作用下的位移响应。其中 $m_1=m_2=m$，突加荷载表达式为

$$F_{P1}(t)=\begin{cases}F_{P1},&当\ t>0\\0,&当\ t<0\end{cases}$$

【解】　（1）确定自振频率和主振型

采用柔度法，先作 $\overline M_1$、$\overline M_2$ 图，分别如图 10－38(b)、(c)所示，由图乘法得

$$\delta_{11}=\delta_{22}=\frac{4l^3}{243EI},\qquad \delta_{12}=\delta_{21}=\frac{7l^3}{486EI}$$

然后代入式（10－95）得

$$\lambda_1=(\delta_{11}+\delta_{12})m=\frac{15}{486}\frac{ml^3}{EI},\qquad \lambda_2=(\delta_{11}-\delta_{12})m=\frac{1}{486}\frac{ml^3}{EI}$$

从而求得自振频率：

$$\omega_1=\frac{1}{\sqrt{\lambda_1}}=5.69\sqrt{\frac{EI}{ml^3}},\qquad \omega_2=\frac{1}{\sqrt{\lambda_2}}=22\sqrt{\frac{EI}{ml^3}}$$

两个主振型分别如图 10－38(d)、(e)所示，即

$$\boldsymbol\Phi^{(1)}=\begin{bmatrix}1\\1\end{bmatrix},\qquad \boldsymbol\Phi^{(2)}=\begin{bmatrix}1\\-1\end{bmatrix}$$

（2）建立坐标变换关系

主振型矩阵：

$$\boldsymbol\Phi=\begin{bmatrix}1&1\\1&-1\end{bmatrix}$$

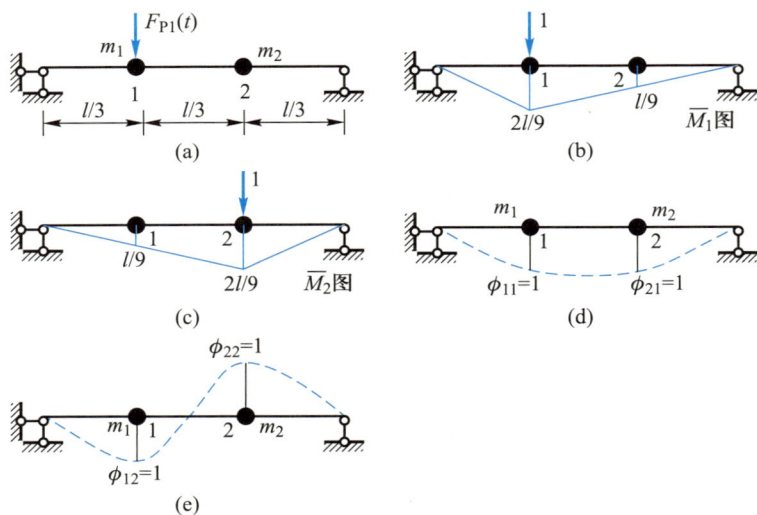

图 10-38　算例 10-17 图

正则坐标变换：

$$\begin{bmatrix} y_1 \\ y_2 \end{bmatrix} = \begin{bmatrix} 1 & 1 \\ 1 & -1 \end{bmatrix} \begin{bmatrix} \eta_1 \\ \eta_2 \end{bmatrix}$$

（3）求广义质量

$$\begin{cases} M_1^* = \boldsymbol{\Phi}^{(1)\mathrm{T}} \boldsymbol{M} \boldsymbol{\Phi}^{(1)} = \begin{bmatrix} 1 & 1 \end{bmatrix} \begin{bmatrix} 1 & 0 \\ 0 & 1 \end{bmatrix} \begin{bmatrix} 1 \\ 1 \end{bmatrix} m = 2m \\ M_2^* = \boldsymbol{\Phi}^{(2)\mathrm{T}} \boldsymbol{M} \boldsymbol{\Phi}^{(2)} = \begin{bmatrix} 1 & 1 \end{bmatrix} \begin{bmatrix} 1 & 0 \\ 0 & 1 \end{bmatrix} \begin{bmatrix} 1 \\ -1 \end{bmatrix} m = 2m \end{cases}$$

（4）求广义荷载

$$\begin{cases} P_1^*(t) = \boldsymbol{\Phi}^{(1)\mathrm{T}} \boldsymbol{F}_{\mathrm{P}}(t) = \begin{bmatrix} 1 & 1 \end{bmatrix} \begin{bmatrix} F_{\mathrm{P}1}(t) \\ 0 \end{bmatrix} = F_{\mathrm{P}1}(t) \\ P_2^*(t) = \boldsymbol{\Phi}^{(2)\mathrm{T}} \boldsymbol{F}_{\mathrm{P}}(t) = \begin{bmatrix} 1 & -1 \end{bmatrix} \begin{bmatrix} F_{\mathrm{P}1}(t) \\ 0 \end{bmatrix} = F_{\mathrm{P}1}(t) \end{cases}$$

（5）求正则坐标

初始时刻体系初位移和初速度均为零，则有

$$\begin{cases} \eta_1(t) = \dfrac{1}{M_1^* \omega_1} \int_0^t P_1^*(\tau) \sin \omega_1(t-\tau)\,\mathrm{d}\tau = \dfrac{F_{\mathrm{P}1}}{2m\omega_1^2}(1-\cos \omega_1 t) \\ \eta_2(t) = \dfrac{1}{M_2^* \omega_2} \int_0^t P_2^*(\tau) \sin \omega_2(t-\tau)\,\mathrm{d}\tau = \dfrac{F_{\mathrm{P}1}}{2m\omega_2^2}(1-\cos \omega_2 t) \end{cases}$$

（6）求质点位移

根据坐标变换式得

$$\begin{cases} y_1(t)=\eta_1(t)+\eta_2(t)=\dfrac{F_{P1}}{2m\omega_1^2}\left[\,(1-\cos\,\omega_1t)+\left(\dfrac{\omega_1}{\omega_2}\right)^2(1-\cos\,\omega_2t)\,\right] \\[2mm] \qquad\qquad\quad =\dfrac{F_{P1}}{2m\omega_1^2}\left[\,(1-\cos\,\omega_1t)+0.067(1-\cos\,\omega_2t)\,\right] \\[2mm] y_2(t)=\eta_1(t)-\eta_2(t)=\dfrac{F_{P1}}{2m\omega_1^2}\left[\,(1-\cos\,\omega_1t)-0.067(1-\cos\,\omega_2t)\,\right] \end{cases}$$

质点 1 位移 $y_1(t)$ 随时间的变化曲线如图 10 – 39 所示,其中虚线表示第一振型分量,实线表示总位移响应。从图 10 – 39 可以看出,第一振型分量在总响应中所占的比重比第二振型分量要大得多。对位移响应而言,第一、第二振型分量的最大值分别为 2 和 0.134。由于第一和第二振型分量并不是同时达到最大值,因此求位移时不能简单将分量最大值叠加。

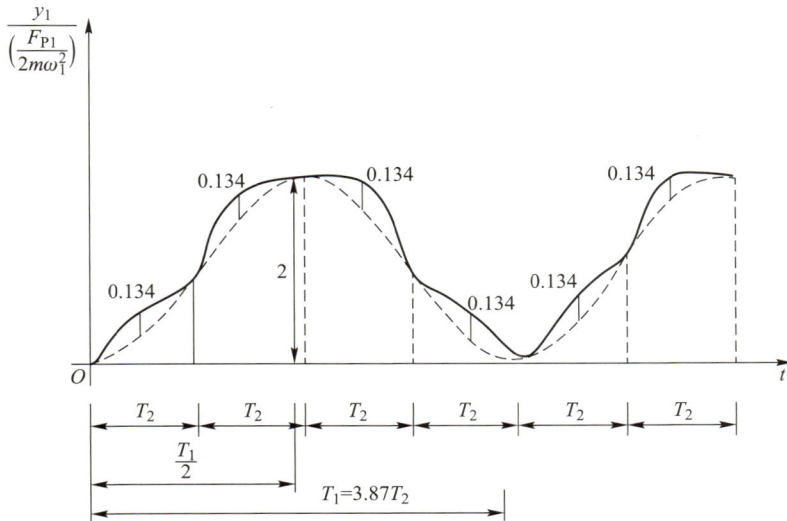

图 10 – 39　质点 1 位移随时间的变化曲线

### 10 – 5 – 4　多自由度有阻尼体系振动

多自由度有阻尼结构体系的自由振动方程可表达为

$$\boldsymbol{M}\ddot{\boldsymbol{Y}}+\boldsymbol{C}\dot{\boldsymbol{Y}}+\boldsymbol{K}\boldsymbol{Y}=\boldsymbol{0} \tag{10 – 132}$$

式中:$\boldsymbol{C}\dot{\boldsymbol{Y}}$ 即为黏滞阻尼力。现在最关心的问题是在运动方程中增加了阻尼力 $\boldsymbol{C}\dot{\boldsymbol{Y}}$ 项后,方程能否解耦,即阻尼矩阵 $\boldsymbol{C}$ 能否对角化的问题。为实现阻尼矩阵对角化,常用的方法是采用瑞雷阻尼理论,设

$$\boldsymbol{C}=a_0\boldsymbol{M}+a_1\boldsymbol{K} \tag{10 – 133}$$

式中:$a_0$、$a_1$ 均为常数。由此,采用瑞雷阻尼理论即可将阻尼矩阵转化为质量矩阵和刚度矩阵的叠加组合,引入振型正交性即可实现解耦:

$$\boldsymbol{\Phi}^{\mathrm{T}}\boldsymbol{C}\boldsymbol{\Phi}=a_0\ \boldsymbol{\Phi}^{\mathrm{T}}\boldsymbol{M}\boldsymbol{\Phi}+a_1\ \boldsymbol{\Phi}^{\mathrm{T}}\boldsymbol{K}\boldsymbol{\Phi}=a_0\boldsymbol{I}+a_1\boldsymbol{\Lambda}=a_0\begin{bmatrix}1&&&\\&1&&\\&&\ddots&\\&&&1\end{bmatrix}+a_1\begin{bmatrix}\omega_1^2&&&\\&\omega_2^2&&\\&&\ddots&\\&&&\omega_n^2\end{bmatrix}$$

$$(10-134)$$

或写为

$$\boldsymbol{\Phi}^{\mathrm{T}}\boldsymbol{C}\boldsymbol{\Phi}=\begin{bmatrix}a_0+a_1\omega_1^2&&&\\&a_0+a_1\omega_2^2&&\\&&\ddots&\\&&&a_0+a_1\omega_n^2\end{bmatrix}\qquad(10-135)$$

式(10-135)与振型、阻尼比满足如下关系:

$$\begin{bmatrix}a_0+a_1\omega_1^2&&&\\&a_0+a_1\omega_2^2&&\\&&\ddots&\\&&&a_0+a_1\omega_n^2\end{bmatrix}=2\begin{bmatrix}\xi_1\omega_1&&&\\&\xi_2\omega_2&&\\&&\ddots&\\&&&\xi_n\omega_n\end{bmatrix}$$

$$(10-136)$$

由此,常数 $a_0$、$a_1$ 可通过结构体系的任意两阶动力特性求出,如将第一和第二阶频率代入上式:

$$\begin{cases}2\xi_1\omega_1=a_0+a_1\omega_1^2\\2\xi_2\omega_2=a_0+a_1\omega_2^2\end{cases}\qquad(10-137)$$

联立方程得

$$a_0=\frac{2\omega_1\omega_2(\xi_1\omega_2-\xi_2\omega_1)}{\omega_2^2-\omega_1^2},\qquad a_1=\frac{2(\xi_2\omega_2-\xi_1\omega_1)}{\omega_2^2-\omega_1^2}\qquad(10-138)$$

当常数 $a_0$、$a_1$ 求出后,亦可根据任意第 $i$ 阶的圆频率,对应计算出更高阶的结构阻尼比:

$$\xi_i=\frac{1}{2}\left(\frac{a_0}{\omega_i}+a_1\omega_i\right)\qquad(i=3,4,\cdots,n)\qquad(10-139)$$

引入瑞雷阻尼理论后,即可利用振型正交性将式(10-132)通过坐标变化的过程解耦,将 $\boldsymbol{Y}=\boldsymbol{\Phi}\boldsymbol{\eta}$ 代入式(10-132),并在等式两侧左乘 $\boldsymbol{\Phi}^{\mathrm{T}}$,有

$$M_i^*\ \ddot{\eta}_i+C_i^*\ \dot{\eta}_i+K_i^*\ \eta_i=0\quad(i=1,2,\cdots,n)\qquad(10-140)$$

两边同除以 $M_i^*$:

$$\ddot{\eta}_i+2\xi_i\omega_i\dot{\eta}_i+\omega_i^2\eta_i=0\qquad(10-141)$$

式(10-141)即为以正则坐标 $\eta_i$ 表达的第 $i$ 个质点的运动方程,其求解方法与有阻尼单自由度结构体系的自由振动方程一致,具体求解过程不再赘述。全部 $\eta_i$ 求出后,有阻尼多自由度结构体系的自由振动响应即可通过下式得到

$$\boldsymbol{Y}=\boldsymbol{\Phi}\boldsymbol{\eta}\qquad(10-142)$$

对于多自由度有阻尼体系的强迫振动,其振动方程为

$$M\ddot{Y} + C\dot{Y} + KY = P(t) \tag{10-143}$$

基于振型正交性和瑞雷阻尼理论,将式(10-143)解耦可得

$$M_i^* \ddot{\eta}_i + C_i^* \dot{\eta}_i + K_i^* \eta_i = P_i^* \quad (i=1,2,\cdots,n) \tag{10-144}$$

式中:$M_i^* = \boldsymbol{\Phi}^{(i)\mathrm{T}} M \boldsymbol{\Phi}^{(i)}$,$C_i^* = \boldsymbol{\Phi}^{(i)\mathrm{T}} C \boldsymbol{\Phi}^{(i)}$,$K_i^* = \boldsymbol{\Phi}^{(i)\mathrm{T}} K \boldsymbol{\Phi}^{(i)}$,$P_i^* = \boldsymbol{\Phi}^{(i)\mathrm{T}} P(t)$。将式(10-144)左右两边同除以 $M_i^*$:

$$\ddot{\eta}_i + 2\xi_i \omega_i \dot{\eta}_i + \omega_i^2 \eta_i = \frac{P_i^*}{M_i^*} \tag{10-145}$$

由此,将原来耦合的微分方程组变为 $n$ 个互相独立的微分方程,从而使原来多自由度结构体系的强迫振动问题,转变为一系列单自由度结构体系的强迫振动问题。

式(10-145)中主坐标响应的求解过程与单自由度结构系统相同,采用杜哈梅积分:

$$\eta_i(t) = \frac{1}{M_i^* \omega_i} \int_0^t P_i^*(\tau) \mathrm{e}^{-\xi_i \omega_i (t-\tau)} \sin \omega_i (t-\tau) \mathrm{d}\tau \quad (i=1,2,\cdots,n) \tag{10-146}$$

得到主坐标响应后,通过各个模态振动响应的叠加,即可得到结构体系的位移响应:

$$Y = \boldsymbol{\Phi}\boldsymbol{\eta} = \boldsymbol{\Phi}^{(1)}\eta_1 + \boldsymbol{\Phi}^{(2)}\eta_2 + \cdots + \boldsymbol{\Phi}^{(n)}\eta_n = \sum_{i=1}^{n} \boldsymbol{\Phi}^{(i)}\eta_i \tag{10-147}$$

式(10-147)即为有阻尼多自由度体系在一般动力荷载作用下的动力响应,$\eta_i$ 表示各振型对动力响应的贡献。对于大多数结构体系而言,一般是频率最低的振型对振动响应的贡献最大,高阶振型则逐渐减小。因此,在用振型分解法计算结构体系的动力响应时,不需要考虑所有的高阶振型,当规定了计算精度时,可以根据要求舍弃高阶振型的贡献,以减少计算工作量,提高计算效率。

## 思　考　题

**10-1** 如何区别动荷载与静荷载?常用的动荷载类别有哪些?各有什么区别。

**10-2** 结构振动类别有哪些分类方式?简述自由振动与强迫振动的区别。

**10-3** 简述结构体系动力自由度和结构离散化的概念,常用的离散方法有哪些?

**10-4** 什么是动力自由度数?确定体系动力自由度数的目的是什么?

**10-5** 结构动力自由度数与体系几何分析中的自由度数有何区别?

**10-6** 简述结构运动方程建立的常用方法。

**10-7** 直接动力平衡法常用的有哪些具体方法?所建立的方程各代表什么条件?

**10-8** 刚度法与柔度法所建立的体系运动方程间有何联系?各在什么情况下使用方便?

**10-9** 计重力与不计重力所得到的运动方程是否一样?

**10-10** 以单自由度结构体系为例,当动荷载不作用在质量点上时,应如何建立运动方程?

**10-11** 什么是阻尼、阻尼力?产生阻尼的原因一般有哪些?

**10-12** 为什么动力特性是结构的固有特性,其与结构的哪些参数有关?关系如何?

**10-13** 自由振动的振幅与哪些量有关?

**10-14** 任何体系都能发生自由振动吗?什么是阻尼比?如何确定结构的阻尼比?

**10-15** 什么是黏滞阻尼系数、临界阻尼系数、阻尼比和振幅的对数衰减率?为什么阻尼对体系在冲击荷载作用下的动力响应影响很小?

**10-16** 什么是杜哈梅积分?简述其优缺点。

**10-17** 什么是稳态响应?通过杜哈梅积分确定的简谐荷载的动力响应是否为稳态响应?

**10-18** 什么是动力放大系数?动力放大系数与哪些因素有关?"随时间变化很慢的动荷载

实际上可看作静荷载",其中"很慢"是指什么?

**10-19** 简述单自由度结构在简谐荷载作用下的强迫振动中,动力放大系数与自振频率、外荷载激励频率、阻尼比之间的关系。

**10-20** 什么是共振现象? 如何防止结构发生共振?

**10-21** 试说明冲击荷载与突加荷载的区别,为何在做厂房内力分析时吊车水平制动力可视作突加荷载?

**10-22** 不计阻尼时,自由振动中的惯性力方向与位移方向相同还是相反? 抑或是随某些条件而定?

**10-23** 增加体系的刚度一定能减小受迫振动的振幅吗?

**10-24** 振幅与实际测量的最大位移相等吗?

**10-25** 什么是振型? 它与哪些量有关?

**10-26** 试说明用振型分解法求解多自由度体系动力响应的基本思想,这一方法是利用了振动体系的何种特性?

**10-27** 对称体系的振型都是对称的吗?

**10-28** 振型正交性有何应用?

**10-29** 振型正交性的物理意义是什么?

**10-30** 振型分解法的应用前提是什么?

**10-31** 什么是振型阻尼比?

**10-32** 什么是比例阻尼? 一个体系的比例阻尼矩阵是否唯一?

**10-33** 为什么工程上特别关注体系的基本频率和较低的若干个自振频率?

## 习 题

**10-1** 试确定图示体系的动力自由度数。除标明刚度杆外,其他杆抗弯刚度均为 $EI$。除(f)题外不计轴向变形。

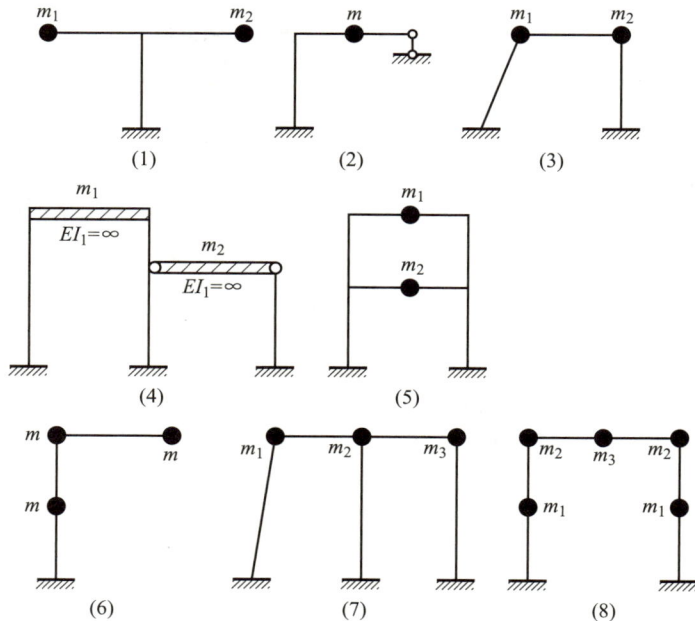

习题 10-1 图

**10-2**　试用刚度法建立图示单自由度结构体系的运动方程,求频率。

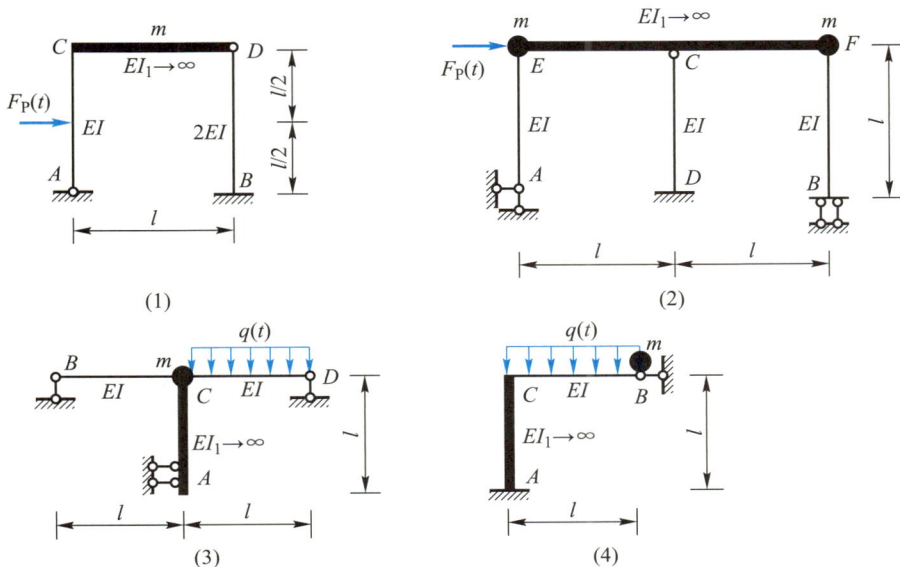

(1)

(2)

(3)

(4)

习题 10-2 图

**10-3**　试用柔度法建立图示结构的运动方程,求频率。

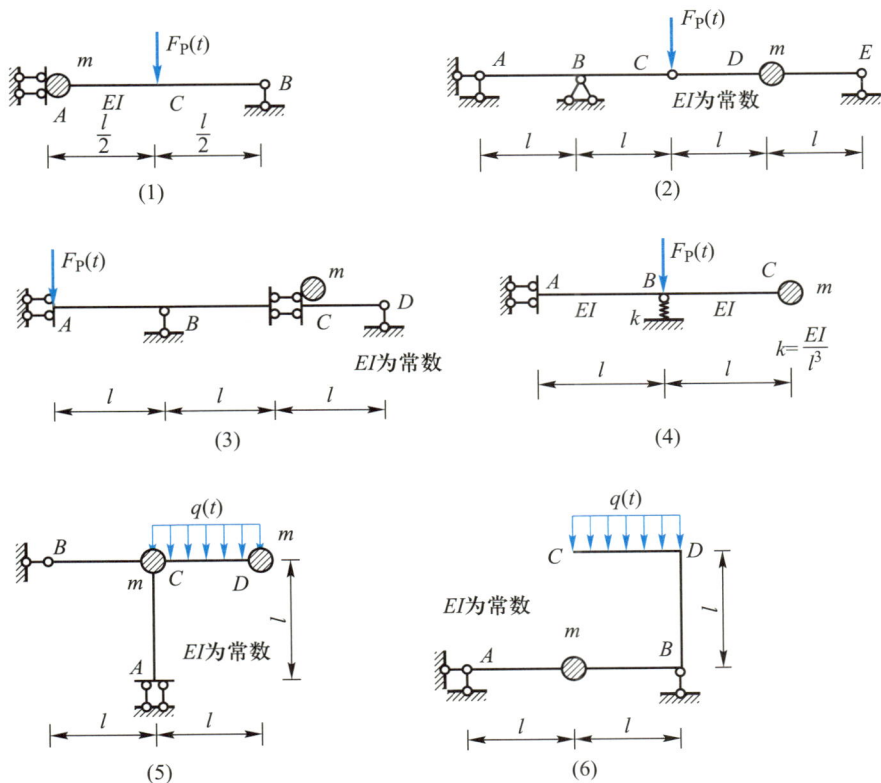

(1)

(2)

(3)

(4)

(5)

(6)

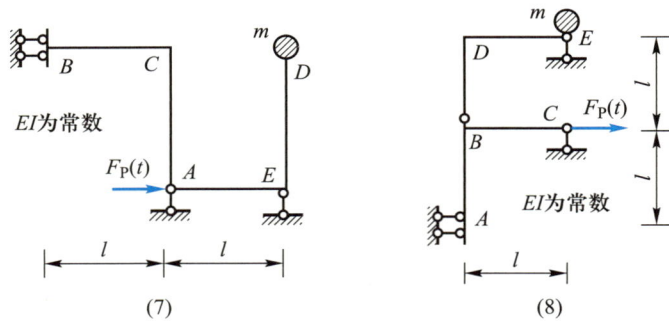

习题 10-3 图

**10-4**　试采用合适方法建立图示结构体系的运动方程,求频率。不计刚杆重量。

**10-5**　试求图示体系质点的位移幅值和结构的最大弯矩值。已知 $\theta = 0.6\omega$。

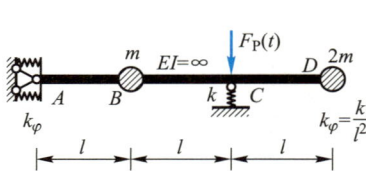

习题 10-4 图

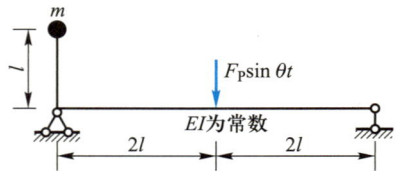

习题 10-5 图

**10-6**　图示梁跨中处有重量为 20 kN 的电动机,荷载幅值 $F_P = 2$ kN,机器转速 400 r/min,$EI = 1.06 \times 10^4$ kN · m²,梁长 $l = 6$ m。试求梁中点处最大动位移和最大动弯矩。(a)不计阻尼;(b)阻尼比 $\xi = 0.05$。

**10-7**　习题 10-6 中结构的中点处受到突加荷载 $F_P = 30$ kN 作用,若开始时体系静止,试求梁中最大动位移。

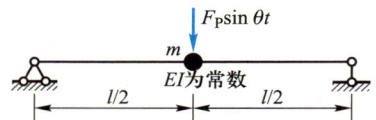

习题 10-6 图

**10-8**　某结构自振 10 个周期后,振幅降为初始位移的 10%(初速度为零),试求其阻尼比。

**10-9**　试用刚度法建立图示结构体系的运动方程,求频率和振型。

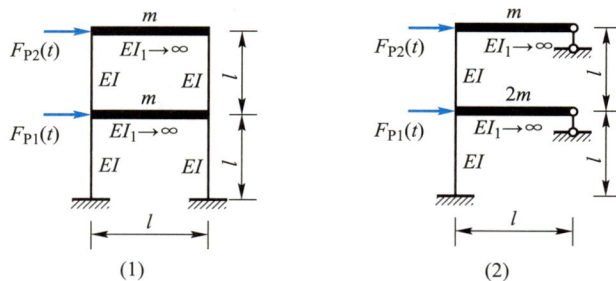

习题 10-9 图

**10-10**　试用柔度法建立图示结构体系的运动方程,求频率和振型。

**10-11**　试建立图示体系的运动方程,求频率。

**10-12**　试求图示刚架的自振频率和振型。设楼面质量分别为 $m_1 = 120$ t、$m_2 = 100$ t,柱的质量已集中于楼面。柱线刚度分别为 $i_1 = 20$ MN · m,$i_2 = 14$ MN · m,横梁刚度为无限大,不计轴向变形。

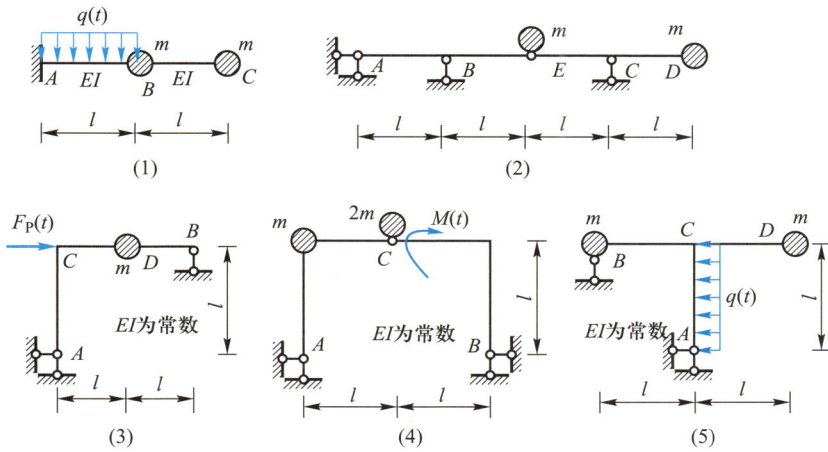

习题 10-10 图

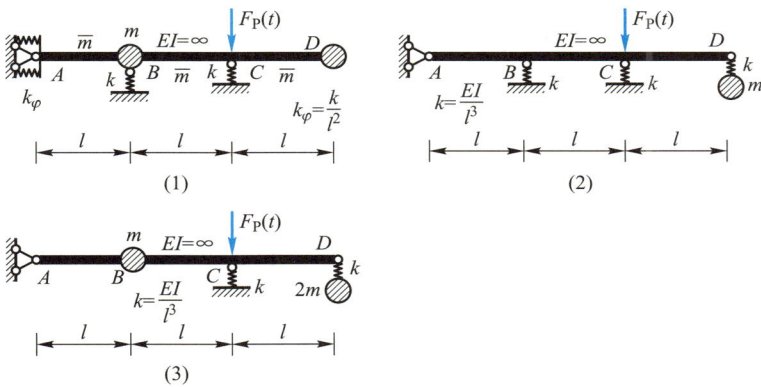

习题 10-11 图

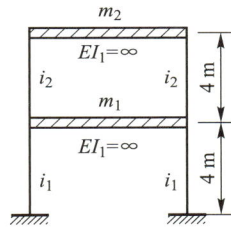

习题 10-12 图

**10-13** 设在习题 10-12 中的两层刚架的二层楼面处有一台机器,开动时产生沿水平方向的简谐干扰力 $F_P \sin \theta t$,其幅值 $F_P = 5$ kN,机器转速为 150 r/min。试求第一、二层楼面处的振幅值和柱端弯矩的幅值。不计阻尼。

**10-14** 图示悬臂梁上有两个电动机,重量均为 30 kN,$F_P = 5$ kN。试求当只有电动机 $C$ 开动时的动力弯矩图。已知悬臂梁的弹性模量 $E = 210$ GPa,截面惯性矩 $I = 2.4 \times 10^{-4}$ m$^4$,电动机每分钟转动次数为 300。梁重不计。

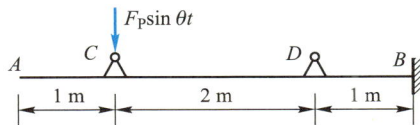

习题 10-14 图

**10-15** 试用振型分解法重求习题 10-13。

# 第十一章　结构的稳定计算

本章在材料力学关于中心压杆稳定性分析的基础上,进一步讨论杆系结构的稳定性问题。在弹性稳定的范围内,结构的稳定性问题可分为三类:分支点失稳、极值点失稳和跳跃现象。本章在介绍结构稳定性分析基本概念和方法的基础上,着重介绍分支点稳定问题。

## 11-1　两类稳定问题概述

### 11-1-1　工程结构的稳定问题

工程中由于结构失稳而导致的事故时有发生,国外的如加拿大魁北克大桥和美国华盛顿剧院的倒塌;国内的如 1983 年北京社会科学院科研楼兴建中脚手架的倒塌,2020 年泉州某酒店增加夹层导致荷载超限而发生整体倒塌等都是结构失稳造成的。

伴随工程结构不断向高层、大跨方向发展,建筑材料不断向轻质、高强方向发展,加之服役年限增加导致既有结构加固改造需求剧增,结构的稳定性分析日显重要。各种结构都可能丧失稳定,图 11-1(a)、(b)、(c)所示分别为刚架、拱、窄长截面梁整体失稳示意图。

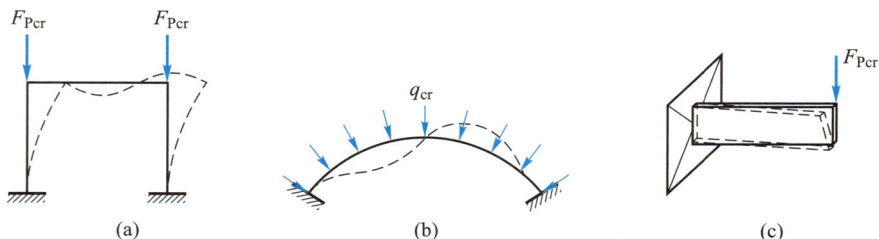

图 11-1　部分结构失稳

### 11-1-2　稳定问题分类

#### 1. 体系的分类

结构中凡受压杆件均为理想中心受压杆件,这类结构体系称为**完善体系**。图 11-2 所示的结构,在不考虑轴向变形时,均为完善体系。

结构中受压杆件或有初曲率,或荷载有偏心(如为压弯联合受力状态),这类结构体系称为**非完善体系**。图 11-3 所示体系均为非完善体系。

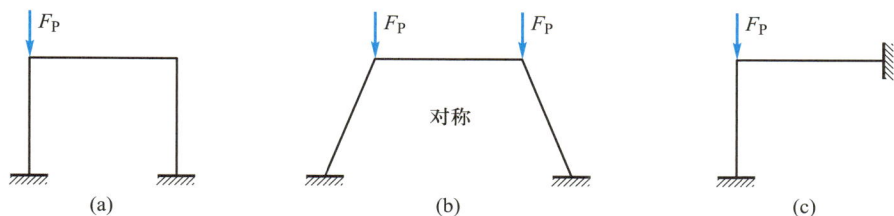

图 11-2　完善体系

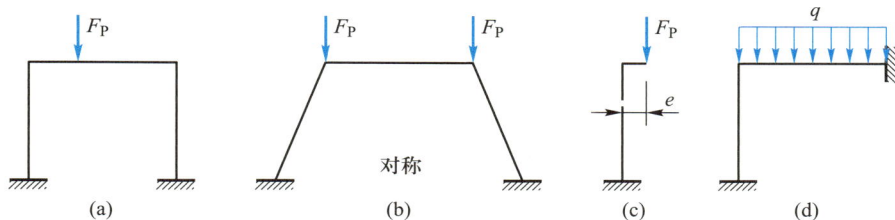

图 11-3　非完善体系

#### 2. 平衡状态的分类

结构经受任意微小外界干扰后偏离了原来的平衡位置,根据干扰消失后结构能否恢复初始平衡状态可对平衡状态作如下分类。

**稳定的平衡状态**　外界干扰消除后,结构能完全恢复初始平衡位置,则初始平衡状态是稳定的平衡状态。

**不稳定平衡状态**　外界干扰消除后,结构不能平衡,则初始平衡状态是不稳定的平衡状态。

**随遇平衡状态**　外界干扰消除后,结构能平衡但不能恢复初始平衡位置,则初始平衡状态为随遇平衡状态。后面会看到这是一种简化抽象带来的虚假现象。

结构处于随遇平衡状态时的荷载称为**临界荷载**,记做 $F_{Pcr}$。

#### 3. 稳定问题分类

与材料力学中压杆类似,结构随荷载的增加可能由稳定平衡状态转为不稳定平衡状态,这时称结构丧失了稳定或结构失稳。根据结构失稳前后变形性质是否改变,结构失稳可分为如下三类。

**分支点失稳:第一类稳定问题**

结构体系中的受压杆件为理想中心受压的直杆。结构失稳前后平衡状态所对应的变形性质将发生改变,如图 11-4 所示(图中 $F_P$ 为所受荷载、$F_{Pcr}$ 为临界荷载),其中,图 11-4(a)、(b)、(c)、(d)分别为荷载取不同大小时的变形情形,图 11-4(e)为按照大挠度、小挠度理论分析该结构压杆荷载 $F_P$ 与结构右端顶点位移的关系曲线。

当荷载 $F_P$ 小于 $F_{Pcr}$ 时,若无外界干扰,结构中压杆只是单纯受压,不发生弯曲变形,结构处于直线形式的平衡状态(初始平衡状态);若结构中压杆受到外界干扰,结构会偏离初始平衡状态,而当外界干扰消除后,结构又能回到初始平衡状态。可以说,当荷载 $F_P$ 小于 $F_{Pcr}$ 时,初始平衡状态是唯一的平衡形式,初始平衡状态是稳定的。

当荷载 $F_P$ 大于等于 $F_{Pcr}$ 时,若无外界干扰,结构中压杆仍然处于初始平衡状态。当荷载 $F_P$ 等于 $F_{Pcr}$ 时,结构体系受到外界微小干扰消失后,结构中压杆将留在弯曲位置上,不能回到原来的初始平衡状态,而是在偏离后的新位置平衡,结构的初始平衡状态是随遇平衡状态。当荷载 $F_P$ 大于 $F_{Pcr}$ 时,结构体系受到外界微小干扰消失后,结构不可能回到原来的初始平衡状态,压杆会一直弯曲下去,直至结构失稳破坏。可以说,当荷载 $F_P$ 大于等于 $F_{Pcr}$ 时,结构的压杆平衡形式已经出现了分支,初始平衡状态已经开始成为不稳定的平衡状态。

在图 11-4(e)所示分支点处,结构既可在原始位置平衡,也可在偏离后的新位置平衡,即平衡具有二重性。分支点处的荷载,即为临界荷载 $F_{Pcr}$。

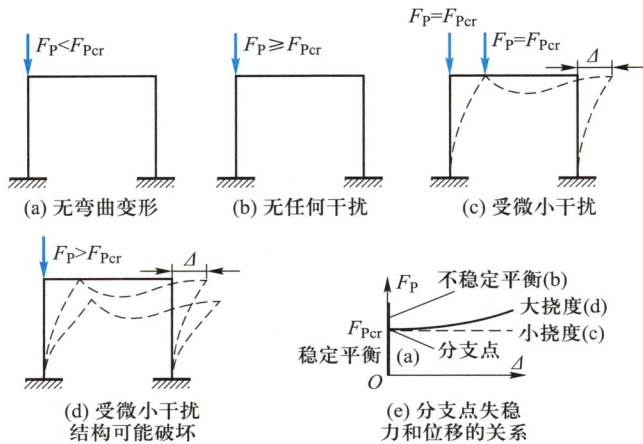

图 11-4 分支点失稳示意图

### 极值点失稳:第二类稳定问题

如图 11-5(a)所示,简支压杆为有初曲率杆件或者为偏心受压杆,属于非完善体系。图 11-5(d)给出了按照两种挠度理论分析时,非完善体系中压杆压力 $F_P$ 与压杆中点挠度 $\Delta$ 之间的关系曲线。

当压力 $F_P$ 小于 $F_{Pcr}$ 时,若不增加荷载数值,则压杆中点挠度不会增加;当受到外界干扰消失后,结构体系能恢复到原有挠度对应的初始平衡状态,初始状态的平衡是稳定的,如图 11-5(b)所示。

按照小挠度理论,当压力 $F_P$ 接近于中心压杆的欧拉临界荷载 $F_{Pcr}$ 时,挠度趋于无穷大;按照大挠度理论,力-位移($F_P$-$\Delta$)关系曲线存在极值点,其对应的荷载即为临界荷载 $F_{Pcr}$,$F_P$ 达到 $F_{Pcr}$ 时变形将迅速增长,很快结构即告破坏。如图 11-5(c)所示,当 $F_P = F_{Pcr}$(也即达到极值点)时,结构受干扰的失稳破坏也称为压溃。在极值点以左,平衡是稳定的;在极值点以右,平衡状态是不稳定的。极值点处的荷载为临界荷载,力-位移关系曲线存在极值点,其平衡形式不会出现分支现象,具有这种特征的失稳形式称为极值点失稳。一般情况下,非完善体系的失稳形式是极值点失稳。

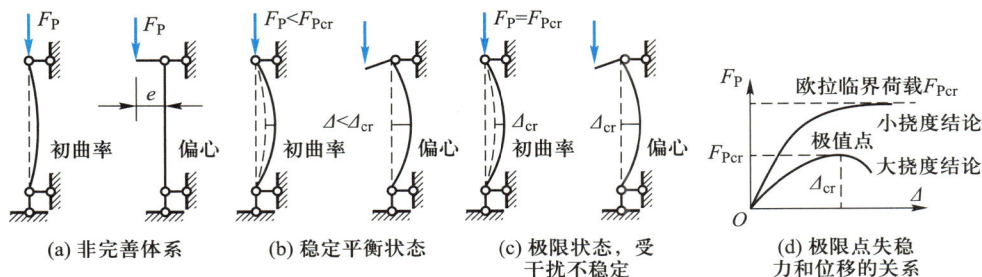

图 11-5　极值点失稳示意图

**跳跃现象：第三类稳定问题**

对图 11-6 所示无（力或位移或混合加载）控制装置的扁平二杆桁架（一些资料也称为米泽斯桁架）或扁平拱来说，当荷载、变形达到一定程度时，可能从凸形受压的结构突然翻转成凹形的受拉结构（此过程为复杂的非线性动力过程），这就是急跳或跳跃现象。

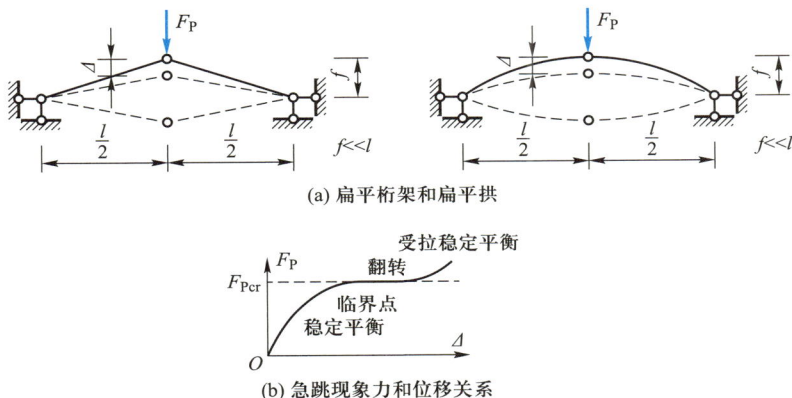

图 11-6　扁平结构急跳现象示意图

在稳定分析中，有基于小变形的线性理论和基于大变形的非线性理论。线性理论中变形是一阶微量，计算中将略去高阶微量使计算得以简化，但其结果与大变形时的实验结果有较大偏差。非线性理论中考虑有限变形对平衡的影响，其结果与实验结果吻合得很好，但分析过程复杂，对数学基础的要求高。

下一节中将简单介绍同一简单问题的两种解法，以便读者较全面地掌握结构稳定性分析的基本概念。对于较复杂问题的非线性理论超出了本书的范围，将不再涉及。

# 11-2　两类稳定问题分析的方法及算例

## 11-2-1　两类稳定问题分析的方法

分支点失稳分析有静力法和能量法两种方法，而稳定计算的中心问题就是确定临界荷载。静力法和能量法都是根据结构失稳时可具有初始的和新的两种平衡方式，即从平衡的二重性出发，通过寻求结构在新的形式下能保持平衡的荷载，确定临界荷载。两种方法不同的是,静力法是应用静力平衡条件,能量法是应用能量形式表示的平衡条件。

### 静力法

静力法是以结构达到临界状态时平衡形式的二重性为依据,应用静力平衡条件,建立分支点处的平衡方程——稳定方程,从而求出临界状态的临界荷载。静力法线性与非线性理论分析分支点失稳的步骤均为:

(1) 令结构偏离初始平衡位置,产生可能的变形状态;

(2) 分析结构在可能变形状态下的受力,作隔离体受力图;

(3) 由平衡条件建立稳定分析的特征方程;

(4) 由特征方程在平衡二重性条件下求解临界荷载 $F_{\text{Pcr}}$。

### 能量法

能量法是以结构达到临界状态时平衡的二重性为依据,通过能量形式的平衡条件,求解临界荷载。**势能驻值原理**就是用能量形式表示的平衡条件,其表述为:对于弹性结构,在满足支承条件及位移连续条件的一切虚位移中,同时又满足平衡条件的位移使结构体系的总势能为驻值,也就是结构的总势能对位移的一阶变分等于零,结构总势能记作 $V$ 或 $E_{\text{p}}$:

$$\delta V = 0$$

结构总势能等于结构应变能 $V_\varepsilon$ 和外力(外荷载)势能 $V_{\text{p}}$ 之和:

$$V = V_\varepsilon + V_{\text{p}}$$

式中:结构应变能 $V_\varepsilon$ 可按照材料力学有关公式计算,也可由"应变能 = 外力功"来计算,即称为结构弹性势能;外力势能 $V_{\text{p}}$ 表示从变形位置退回无变形位置的过程中外荷载所做的功,亦可表示为 $E_{\text{p}}^*$。

采用能量法计算临界荷载的步骤为:

(1) 假设一个新的平衡位置;

(2) 计算结构的弹性势能和外力势能,从而确定结构的总势能 $V$;

(3) 由势能驻值原理 $\delta V = 0$ 建立结构的平衡方程;

(4) 由特征方程计算临界荷载。

能量法与静力法计算临界荷载的步骤,仅在建立平衡方程的方法上存在不同,其他步骤均相同。

## 11 – 2 – 2　完善体系分支点失稳分析算例

【算例 11 – 1】　试求图 11 – 7(a)所示单自由度(确定结构平衡位置所需的独立坐标数称为结构稳定自由度)结构体系的临界荷载 $F_{\text{Pcr}}$,其中:$AB$ 为刚性杆,$CAD$ 为弹性杆。

【解】　(1)用静力法求解

① 按非线性理论分析。考察图 11–7(b)所示失稳后的任意平衡位置,其中 $\alpha$ 为有限值(非小量),则有

$$\Delta_B = h\sin \alpha$$

考察 $AB$ 杆件的受力如图 11–7(c)所示,由 $\sum M_A = 0$ 可得

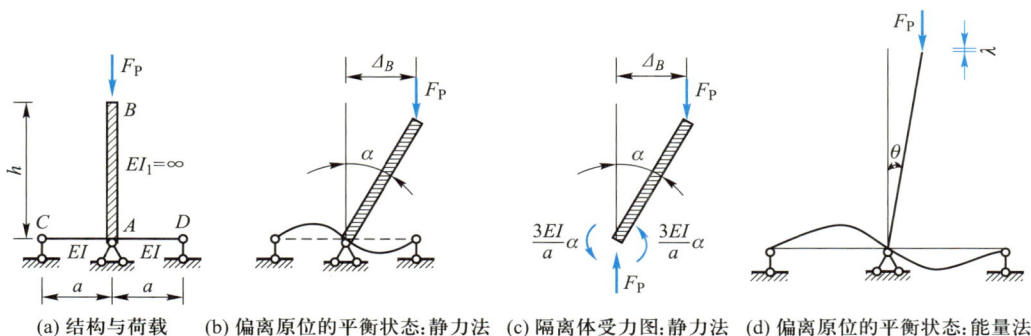

(a) 结构与荷载    (b) 偏离原位的平衡状态:静力法    (c) 隔离体受力图:静力法    (d) 偏离原位的平衡状态:能量法

图 11-7  算例 11-1 图

$$F_P \cdot h\sin\alpha - \frac{6EI}{a}\alpha = 0$$

其解为 $\alpha = 0$ 或 $\alpha \neq 0$，$F_P = \frac{6EI}{ah} \cdot \frac{\alpha}{\sin\alpha}$。

据此可作出力-位移关系曲线如图 11-8 所示。在分支点处 $\alpha \to 0$，$\dfrac{\alpha}{\sin\alpha} \to 1$。因此分支点荷载为

$$F_{Pcr} = \frac{6EI}{ah}$$

② 按线性理论分析。也即认为图 11-7(c) 中 $\alpha$ 为微量，于是有 $\Delta_B \approx h \cdot \alpha$。

根据图 11-7(c)，由 $\sum M_A = 0$ 可得

$$F_P \cdot h \cdot \alpha - \frac{6EI}{a}\alpha = 0$$

其解为 $\alpha = 0$ 或 $F_P = \dfrac{6EI}{ah}$。

分支点处临界荷载为 $F_{Pcr} = \dfrac{6EI}{ah}$。

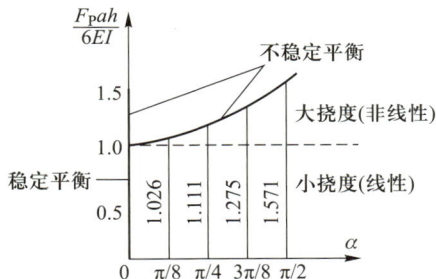

图 11-8  力-位移关系曲线

③ 总结与推广

按静力法,线性与非线性理论所得分支点荷载 $F_{Pcr}$ 完全相同,但线性理论分析过程简单。

非线性理论结果表明,$F_P = F_{Pcr}$ 后,要使 $AB$ 杆件继续偏转($\alpha$ 角增大),必须施加更大的荷载($F_P$ 增加)。而线性理论结果表明,不管 $\alpha$ 角多大,荷载均保持为 $F_{Pcr}$,也即所谓随遇平衡。前者与实验吻合,后者实际是一种虚假的现象。

(2) 用能量法求解

① 假设一个新的位置如图 11-7(d) 所示。

② 两个弹性杆件的弹性势能和外力势能分别为

$$\begin{cases} V_\varepsilon = \dfrac{1}{2}\dfrac{3EI}{a}\theta \cdot 2\theta = \dfrac{3EI}{a}\theta^2 \\[3mm] V_p = -F_P\lambda = -F_P \cdot \dfrac{h}{2}\theta^2 \end{cases}$$

总势能为 $V = V_\varepsilon + V_p = \dfrac{3EI}{a}\theta^2 - \dfrac{F_P h}{2}\theta^2$。

③ 由势能驻值原理 $\delta V = 0$，得 $\left(\dfrac{3EI}{a} - \dfrac{F_P h}{2}\right)\theta = 0$。

④ 临界状态的特征方程为 $\dfrac{3EI}{a} - \dfrac{F_P h}{2} = 0$。

由此得临界荷载为 $F_{Pcr} = \dfrac{6EI}{ah}$。

显然,能量法与静力法推出同样的方程,得到相同的结果。这是因为势能驻值原理导致平衡方程成立的缘故。

**【算例 11–2】**　试用线性理论静力法和能量法求图 11–9(a)所示单自由度结构体系的临界荷载 $F_{Pcr}$。

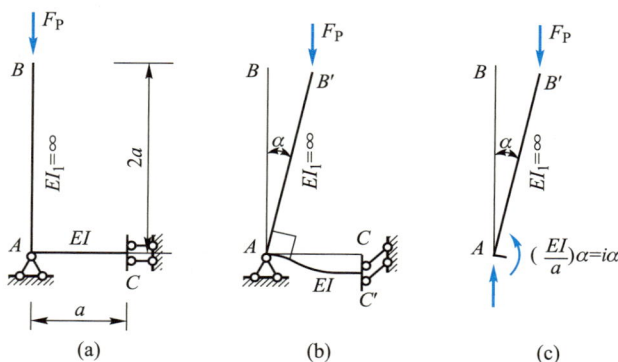

图 11–9　算例 11–2 图

**【解】**　(1) 用静力法求解

① 令体系产生如图 11–9(b)所示的可能失稳位移。

② 根据 $AC$ 杆件的转动刚度(形常数),取 $AB'$ 杆件为隔离体,求解所需的受力图如图 11–9(c)所示。

③ 对 $A$ 点取矩可建立如下平衡方程:

$$F_P \cdot 2a \cdot \alpha - \dfrac{EI}{a}\alpha = 0$$

④ 由于分支点失稳的平衡二重性,可得 $F_{Pcr} = \dfrac{EI}{2a^2}$。

(2) 按能量法求解

① 设定可能的失稳变形状态如图 11–9(b)所示,刚性杆转动了 $\alpha$ 角。

② 由于失稳弹性杆所储存的应变能可由 $\frac{1}{2}M\alpha = \frac{1}{2}\cdot\frac{EI}{a}\alpha\cdot\alpha$ 计算,刚性杆无应变能,所以体系的总应变能 $V_\varepsilon = \frac{1}{2}\frac{EI}{a}\alpha^2$。此外,由于失稳变形,$B'$ 点相对 $B$ 点下降了 $\Delta_B = 2a-2a\cos\alpha \approx a\alpha^2$,因此根据外力势能的定义可得 $V_\mathrm{p} = -F_\mathrm{P}\cdot a\alpha^2$。再根据体系总势能的定义可得 $V = \frac{1}{2}\frac{EI}{a}\alpha^2 - F_\mathrm{P}\cdot a\alpha^2$。

③ 由体系总势能的驻值条件 $\frac{\partial V}{\partial\alpha} = 0$,可得稳定方程为 $\frac{EI}{a}\alpha - 2F_\mathrm{P}\alpha = 0$。

④ 由稳定方程即可求得 $F_\mathrm{Pcr} = \frac{EI}{2a^2}$。与静力法所得结果完全相同。

### 11-2-3　非完善体系极值点失稳分析算例

【算例 11-3】 试求图 11-10(a)所示有初偏离 $\beta$ 的单自由度结构体系的临界荷载。图中偏角 $\beta$ 很微小($\beta \ll 1$)。

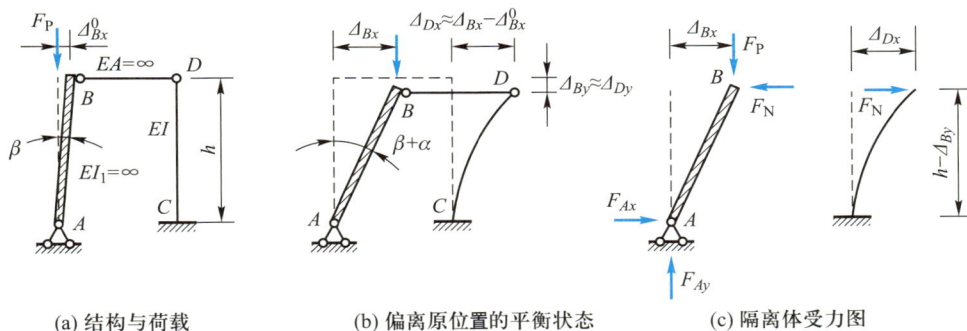

(a) 结构与荷载　　(b) 偏离原位置的平衡状态　　(c) 隔离体受力图

图 11-10　算例 11-3 图

【解】 本例仍用静力法求解,有兴趣的读者请自行采用能量法求解。

(1) 按非线性理论计算。设体系发生如图 11-10(b)所示失稳变形状态,此时 $\alpha$ 为有限值。

因为 $BD$ 杆件刚度无限大,因此不存在轴向变形,由图 11-10(a)、(b)几何关系分析,可得刚性杆长度 $l = h/\cos\beta \approx h$ 及:

$$\Delta_{Bx}^0 = l\sin\beta, \quad \Delta_{Bx} = l\sin(\alpha+\beta), \quad \Delta_{Dx} = l[\sin(\alpha+\beta)-\sin\beta] \tag{a}$$

$$\Delta_{Dy} \approx \Delta_{By} = h - l\cos(\alpha+\beta) \tag{b}$$

由图 11-10(c)所示的各杆件受力可得(根据形常数)

$$F_\mathrm{N} = \frac{3EI}{h^3}\Delta_{Dx} = \frac{3EI}{h^3}l[\sin(\alpha+\beta)-\sin\beta] \tag{c}$$

根据刚性杆的平衡条件,由 $\sum M_A = 0$ 可得

$$F_\mathrm{P}\Delta_{Bx} - F_\mathrm{N}(h-\Delta_{By}) = 0$$

将式(a)~(c)中有关结果代入上式整理后,可得 $F_\mathrm{P}$-$\alpha$ 的关系为

$$F_P = \frac{3EI}{h^3} l\cos(\alpha+\beta)\left[1-\frac{\sin\beta}{\sin(\alpha+\beta)}\right] \tag{d}$$

按 $dF_P/d\alpha=0$ 求极值点位置，结果为

$$\sin(\alpha+\beta)=\sin^{\frac13}\beta, \quad \cos(\alpha+\beta)=(1-\sin^{\frac23}\beta)^{\frac12} \tag{e}$$

将此结果代入式（d）可得极值点临界荷载为

$$F_{Pcr}=\frac{3EI}{h^3}l\,(1-\sin^{\frac23}\beta)^{\frac32} \tag{f}$$

由式（d）和式（f）可作出图 11-11（a）、（b）所示的 $\dfrac{F_P h^3\cos\beta}{3EIl}$ 与 $\alpha$ 及 $\dfrac{F_{Pcr}h^3\cos\beta}{3EIL}$ 与 $\beta$ 的关系曲线。

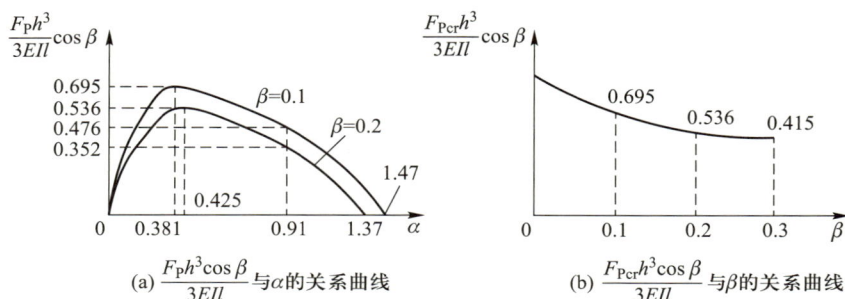

(a) $\dfrac{F_P h^3\cos\beta}{3EIl}$ 与 $\alpha$ 的关系曲线　　(b) $\dfrac{F_{Pcr}h^3\cos\beta}{3EIl}$ 与 $\beta$ 的关系曲线

图 11-11　非线性理论计算结果

（2）按线性理论计算。此时 $\alpha$ 是微量，$l=h/\cos\beta\approx h$。

在线性理论条件下，因为 $\alpha$ 是微量，因此有如下关系：

$$\Delta_{Bx}^0\approx l\cdot\beta, \quad \Delta_{Bx}\approx l\cdot(\alpha+\beta), \quad \Delta_{Dx}\approx l\cdot\alpha, \quad \Delta_{By}\approx 0$$

$$F_N=\frac{3EI}{h^3}\cdot l\cdot\alpha$$

$$F_P\cdot l\cdot(\alpha+\beta)-F_N\cdot h=0$$

$$F_P=\frac{3EI}{h^2}\cdot\frac{\alpha}{\alpha+\beta}$$

据此，在不同初偏角 $\beta$ 情况下，可作出 $\dfrac{F_P h^2}{3EI}$ 与 $\alpha$ 的关系曲线，如图 11-12 所示。

（3）总结与推广

① 不同的初偏角将影响临界荷载 $F_{Pcr}$，初偏离 $\beta$ 增大时 $F_{Pcr}$ 减小，这表明制造或安装误差对稳定性都是不利的。

② 非线性理论计算结果存在极值点失稳，这一结果与实际吻合。

③ 线性理论计算结果 $F_P$ 比非线性理论计算结果大，因而是偏于危险的。（对比图 11-11、图 11-12）。

④ 在线性理论（$\alpha$ 微小）前提下，$F_P(\alpha)$ 是单调增加的，不存在极值点。

⑤ 非完善体系的临界荷载只能由非线性理论确定。

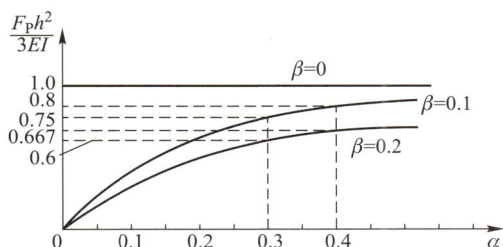

图 11-12 线性理论计算结果

## \*11-3 简单弹性结构稳定问题分析简介

实际结构的极值失稳是一个大位移非线性问题,其内容超出了本书的范畴。本节首先复习材料力学弹性压杆稳定分析方法、思路,然后简单介绍无限自由度简单弹性结构的稳定分析方法。

### 11-3-1 材料力学中心受压杆的欧拉临界荷载

材料力学所介绍的中心受压杆欧拉临界荷载的分析步骤如下:

(1) 建立坐标系,在 $x$ 截面截取失稳变形后的隔离体并分析其受力;

(2) 求 $x$ 截面的弯矩(建立弯矩方程)并建立挠曲线微分方程;

(3) 求解挠曲线微分方程,由齐次通解和非齐次的特解组成;

(4) 一般通过引入中心受压杆两端的位移边界条件(包含通过考虑平衡所补充的条件),利用分支点失稳的平衡二重性,使其具有非零挠曲线解答,即可建立求解临界荷载的稳定方程;

(5) 最终用相应的超越方程求解方法解得最小解,即临界荷载(临界力)。

表 11-1 给出了五种常见支承情况下的临界荷载,为了帮助回顾和复习材料力学知识,下面用表 11-1 中第四种为例题按上述求解步骤做一简单介绍。

表 11-1 各种常见支承情况的欧拉临界荷载

| 杆端连接简图 | | | | | |
|---|---|---|---|---|---|
| $F_{Pcr}$ | $\dfrac{\pi^2 EI}{l^2}$ | $\dfrac{\pi^2 EI}{4l^2}$ | $\dfrac{\pi^2 EI}{l^2}$ | $\dfrac{4\pi^2 EI}{l^2}$ | $\dfrac{20.19\pi^2 EI}{l^2}$ |

**【算例 11-4】**　试用静力法验证表 11-1 中第四种情况的临界荷载 $F_{Pcr}$。

**【解】**　（1）以轴线为 $x$ 轴,如图 11-13 所示（右手系）,在图示失稳状态下本算例的位移边界条件为：$x=0$, $x=l$ 时挠度、转角为 0,即：$y_0 = y_l = 0$, $y_0' = y_l' = 0$。

（2）设定向支座处支座约束力如图 11-13 所示,在坐标 $x$ 截面切开取上部为隔离体,则截面弯矩为

$$M(x) = F_P y + F_R x + M_0$$

根据材料力学可知挠曲线微分方程为

$$EI \frac{\mathrm{d}^2 y}{\mathrm{d}^2 x} = -F_P y - F_R x - M_0$$

令：$\alpha^2 = \dfrac{F_P}{EI}$,则有

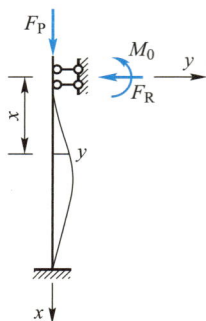

图 11-13　算例 11-4 图

$$y'' + \alpha^2 y = -\frac{1}{EI}(F_R x + M_0)$$

（3）由常微分方程理论可知,齐次方程的解为 $y_1 = A\cos \alpha x + B\sin \alpha x$,非齐次方程的特解为 $y_2 = -\left(\dfrac{F_R x}{F_P} + \dfrac{M_0}{F_P}\right)$,因此可得挠曲线微分方程的通解为

$$y = A\cos \alpha x + B\sin \alpha x - \frac{F_R x}{F_P} - \frac{M_0}{F_P}$$

（4）引入位移边界条件可得

$$
\begin{cases}
y_0 = 0 & \Rightarrow \quad A = \dfrac{M_0}{F_P} \\[2mm]
y_0' = 0 & \Rightarrow \quad B = \dfrac{F_R}{F_P \alpha} \\[2mm]
y_l = 0 & \Rightarrow \quad \dfrac{M_0}{F_P}(\cos \alpha l - 1) + \dfrac{F_R l}{F_P}\left(\dfrac{\sin \alpha l}{\alpha l} - 1\right) = 0 \\[2mm]
y_l' = 0 & \Rightarrow \quad -\dfrac{M_0}{F_P}\alpha \sin \alpha l + \dfrac{F_R}{F_P}(\cos \alpha l - 1) = 0
\end{cases}
$$

根据失稳状态平衡的两重性,$F_R$ 和 $M_0$ 非零,由此可得稳定方程为

$$\begin{vmatrix} \cos \alpha l - 1 & l\left(\dfrac{\sin \alpha l}{\alpha l} - 1\right) \\[2mm] -\alpha \sin \alpha l & \cos \alpha l - 1 \end{vmatrix} = 0$$

展开并整理可得

$$(\cos \alpha l - 1)^2 + \alpha l \sin \alpha l \left(\frac{\sin \alpha l}{\alpha l} - 1\right) = 0$$

化简得 $2(1 - \cos \alpha l) = \alpha l \sin \alpha l$。

（5）将 $\alpha = 2\pi/l$ 代入超越方程 $2(1 - \cos \alpha l) = \alpha l \sin \alpha l$,显然满足,由此可得

$$F_{Pcr} = EI\alpha^2 = \frac{4\pi^2 EI}{l^2}$$

【**算例 11-5**】 试用静力法求图 11-14(a)所示结构体系的临界荷载 $F_{\mathrm{Pcr}}$。

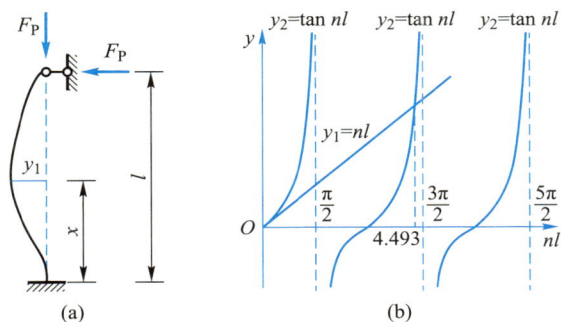

图 11-14 算例 11-5 图

【**解**】 图 11-14(a)所示为一端固定、一端铰支的等截面中心受压弹性直杆,设其已处于新的曲线平衡形式,则其任一截面的弯矩为

$$M = -Fy + F_{\mathrm{R}}(l-x) \qquad (\mathrm{a})$$

式中:$F_{\mathrm{R}}$ 是上端支座的约束力。挠曲线的近似微分方程为

$$EIy'' = M = -Fy + F_{\mathrm{R}}(l-x) \qquad (\mathrm{b})$$

即有

$$y'' + \frac{F}{EI}y = \frac{F_{\mathrm{R}}}{EI}(l-x) \qquad (\mathrm{c})$$

令

$$n^2 = \frac{F}{EI} \qquad (\mathrm{d})$$

则有

$$y'' + n^2 y = n^2 \frac{F_{\mathrm{R}}}{F}(l-x) \qquad (\mathrm{e})$$

此微分方程的通解为

$$y = A\cos nx + B\sin nx + \frac{F_{\mathrm{R}}}{F}(l-x) \qquad (\mathrm{f})$$

式中:A、B 为积分常数,$F_{\mathrm{R}}/F$ 是未知的。已知边界条件:

$$\begin{cases} y=0, y'=0 & (x=0) \\ y=0 & (x=l) \end{cases}$$

将边界条件分别代入式(f),可得关于 A、B、$F_{\mathrm{R}}/F$ 的齐次方程组:

$$\begin{cases} A + \dfrac{F_{\mathrm{R}}}{F}l = 0 \\ Bn - \dfrac{F_{\mathrm{R}}}{F} = 0 \\ A\cos nl + B\sin nl = 0 \end{cases} \qquad (\mathrm{g})$$

当 $A=B=F_{\mathrm{R}}/F=0$ 时,上式满足。然而,由式(f)可知此时各点的位移 y 均等于

零,这对应于原有的直线平衡形式;对于新的弯曲平衡形式,则要求 $A$、$B$、$F_R/F$ 不全为零。于是,上述方程组的系数行列式应等于零,即稳定方程为

$$\begin{vmatrix} 1 & 0 & l \\ 0 & n & -1 \\ \cos nl & \sin nl & 0 \end{vmatrix} = 0 \tag{h}$$

展开整理得

$$\tan nl = nl \tag{i}$$

此超越方程可用试算法并配合以图解法求解。图 11-14(b)绘出了 $y_1 = nl$ 和 $y_2 = \tan nl$ 的函数图线,其交点的横坐标即为方程的根。因交点有无穷多个,故方程有无穷多个根。由图可见,最小正根在 $3\pi/2 \approx 4.7$ 的左侧附近,其准确数值可由试算法求得(表 11-2)为

$$nl = 4.493$$

将其带入式(d)即可求得临界荷载为

$$F_{Pcr} = n^2 EI = \left(\frac{4.493}{l}\right)^3 EI = \frac{20.19}{l^2} EI$$

表 11-2    试算法求最小正根

| $nl$ | $\tan nl$ | $nl-\tan nl$ |
|---|---|---|
| 4.5 | 4.637 | -0.137 |
| 4.4 | 3.096 | 1.304 |
| 4.49 | 4.422 | 0.068 |
| 4.491 | 4.443 | 0.048 |
| 4.498 | 4.464 | 0.028 |
| 4.493 | 4.485 | 0.008 |
| 4.494 | 4.506 | -0.012 |

### 11-3-2    简单弹性结构简化为弹性支承的中心受压杆

一些简单弹性结构的临界荷载求解需要首先将结构等价转换成弹性中心受压杆件,为此,下面通过具体例子说明如何实现等价转换。

**【算例 11-6】**    图 11-15(a)所示结构,柱的抗弯刚度为 $EI$,梁的抗弯刚度为 $EI_1$。试建立求临界荷载的挠曲线微分方程。

**【解】**    图 11-15(a)所示为对称结构,可能的失稳形式有两种:对称失稳和反对称失稳。本算例只讨论反对称失稳情况(因为对称失稳的临界荷载大于非对称失稳的临界荷载)。

在反对称失稳时,可能的失稳变形如图 11-15(b)所示。$CF$、$AE$ 梁无轴力作用,$AC$ 杆受压,对 $AC$ 杆来说,$CF$、$AE$ 梁起(弹性)支承作用,因此可将图 11-15(b)所示进一步简化为图 11-15(c)所示的弹性支承(具有扭转弹簧)中心受压杆件。

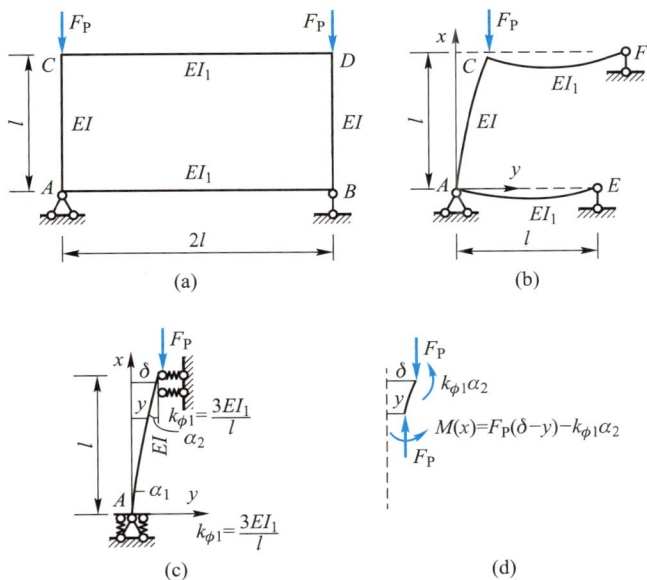

图 11−15　算例 11−6 图

根据转动刚度定义(或形常数),$A$、$C$ 两点产生单位转动所需施加的杆端力矩为 $\dfrac{3EI_1}{l}$,因此如图 11−15(c)所示,$AC$ 杆两端的扭转弹簧刚度系数为 $k_{\phi 1}=\dfrac{3EI_1}{l}$。

接着建立坐标系并取图 11−15(d)所示隔离体,根据假设的失稳变形情况,$CF$ 梁对 $AC$ 杆 $A$ 端的支承约束力矩为 $k_{\phi 1}\alpha_2$,由此可得 $x$ 截面弯矩 $M(x)=F_P(\delta-y)-k_{\phi 1}\alpha_2$。

最后根据材料力学可得,产生图示失稳变形时失稳挠曲线的微分方程为

$$EIy''=F_P(\delta-y)-k_{\phi 1}\alpha_2$$

或者令 $\lambda^2=\dfrac{F_P}{EI}$,移项后改造成下式:

$$y''+\lambda^2 y=\lambda^2\delta-\frac{k_{\phi 1}\alpha_2}{EI}$$

由上式可确定图 11−15(c)杆件的临界荷载,即为原结构发生反对称失稳时的临界荷载(解法见下一小节)。

### 11−3−3　简单弹性结构稳定性方程的建立

仍然通过算例具体说明简单弹性结构稳定性方程建立的方法。

【算例 11−7】　试建立算例 11−6 所示结构的稳定性方程,条件同算例 11−6。

【解】　在算例 11−6 中已经得到失稳时 $AC$ 杆的挠曲线微分方程为

$$y''+\lambda^2 y=\lambda^2\delta-\frac{k_{\phi 1}\alpha_2}{EI}$$

上式为二阶常系数非齐次常微分方程,由常微分方程可知,挠曲线方程的解为 $y=y_1+y_2$,其中:$y_1=A\sin\lambda x+B\cos\lambda x$ 是齐次方程的通解,$y_2=\delta-k_{\phi 1}\alpha_2/F_P$ 是非齐次方程的特解。因此有

$$y = A\sin \lambda x + B\cos \lambda x + \delta - \frac{k_{\phi 1}\alpha_2}{F_P} \tag{a}$$

式中包含待定常数和未知临界荷载，因此必须利用位移边界条件等来确定。对于本算例，图 11-15(c) 中 $A$、$C$ 两端的位移边界条件分别为

$$\begin{cases} y_0 = 0, \theta_A = y_0' = \alpha_1 \\ y_l = \delta, \theta_C = y_l' = \alpha_2 \end{cases} \tag{b}$$

基于边界条件可得

$$\begin{cases} y_0 = 0 & \Rightarrow & B + \delta - \dfrac{k_{\phi 1}\alpha_2}{F_P} = 0 \\[2mm] y_0' = \alpha_1 & \Rightarrow & A\lambda = \alpha_1 \\[2mm] y_l = \delta & \Rightarrow & A\sin \lambda l + B\cos \lambda l + \delta - \dfrac{k_{\phi 1}\alpha_2}{F_P} = \delta \\[2mm] y_l' = \alpha_2 & \Rightarrow & A\lambda\cos \lambda l + B\lambda\sin \lambda l = \alpha_2 \end{cases} \tag{c}$$

但是式 (a) 和式 (c) 中共有待定常数 $A$、$B$、$\delta$、$\alpha_1$ 和 $\alpha_2$ 五个，而位移边界条件仅有四个，因此，为了利用平衡的二重性建立求临界荷载的稳定方程，还必须补充条件。为此，由图 11-15(c) 考虑整体平衡，可得

$$M_A = F_P\delta - k_{\phi 1}\alpha_2 \quad （左侧受拉为正） \tag{d}$$

在弯矩 $M_A$ 作用下 $A$ 处弹性支承的转角（即 $A$ 截面转角）为

$$\alpha_1 = \frac{M_A}{k_{\phi 1}} = \frac{F_P\delta}{F_P\delta} - \alpha_2 = \frac{\lambda^2 EI}{k_{\phi 1}}\delta - \alpha_2 \tag{e}$$

由式 (c) 和式 (e) 可得

$$\begin{bmatrix} 0 & 1 & 1 & 0 & -\dfrac{k_{\phi 1}}{\lambda^2 EI} \\[3mm] \sin \lambda l & \cos \lambda l & 0 & 0 & -\dfrac{k_{\phi 1}}{\lambda^2 EI} \\[3mm] \lambda & 0 & 0 & -1 & 0 \\[2mm] \lambda\cos \lambda l & -\lambda\sin \lambda l & 0 & 0 & -1 \\[2mm] 0 & 0 & -\dfrac{\lambda^2 EI}{k_{\phi 1}} & 1 & 1 \end{bmatrix} \begin{Bmatrix} A \\ B \\ \delta \\ \alpha_1 \\ \alpha_2 \end{Bmatrix} = \begin{Bmatrix} 0 \\ 0 \\ 0 \\ 0 \\ 0 \end{Bmatrix} \tag{f}$$

为了具有非零的失稳状态，式 (f) 的系数行列式必须等于零，也即

$$\begin{vmatrix} 0 & 1 & 1 & 0 & -\dfrac{k_{\phi 1}}{\lambda^2 EI} \\[3mm] \sin \lambda l & \cos \lambda l & 0 & 0 & -\dfrac{k_{\phi 1}}{\lambda^2 EI} \\[3mm] \lambda & 0 & 0 & -1 & 0 \\[2mm] \lambda\cos \lambda l & -\lambda\sin \lambda l & 0 & 0 & -1 \\[2mm] 0 & 0 & -\dfrac{\lambda^2 EI}{k_{\phi 1}} & 1 & 1 \end{vmatrix} = 0 \tag{g}$$

式(g)即为本算例的稳定方程。

展开式(g)将得到一个超越方程,利用求解超越方程的数学方法即可求得 $\lambda$,然后由 $\lambda_{\min}$ 利用 $\lambda^2 = \dfrac{F_P}{EI}$ 即可获得弹性支承中心受压杆件的临界荷载。

综上所述,对一些可化成弹性支承中心受压杆件的简单弹性结构(无限自由度体系),其求解步骤为:

(1)通过对可能失稳形式的分析,确定具有弹性杆支承的中心受压杆件体系计算简图;

(2)根据其他弹性杆件对中心受压杆件的支承作用,利用形常数确定弹性支承的弹簧刚度系数;

(3)建立坐标系,在 $x$ 截面截取隔离体并分析其受力;

(4)求 $x$ 截面的弯矩并建立挠曲线微分方程;

(5)求解挠曲线微分方程,齐次通解加非齐次的特解;

(6)一般通过引入弹性支承中心受压杆件的位移边界条件(包含通过考虑平衡所补充的条件),利用分支点失稳的平衡二重性,使其具有非零挠曲线解答,即可建立求解临界荷载的稳定方程;

(7)最终用相应的超越方程求解方法解得最小临界荷载。

### 11-3-4 简单弹性结构稳定性方程举例

【算例 11-8】 试求图 11-16 所示刚架的稳定方程。

【解】 按本节前面所介绍的方法,该结构可简化为图 11-17 所示单个压杆,图中扭转弹簧的刚度系数由形常数可知为 $k_\phi = \dfrac{2EI}{l}$,$A$ 截面的弯矩 $M_A$ 为 $F_P\delta$,因此 $A$ 截面的转角 $\phi_A$ 为 $\left( \alpha = \sqrt{\dfrac{F_P}{EI}} \right)$

$$\phi_A = \frac{F_P\delta}{k_\phi} = \frac{\alpha^2 l}{2}\delta$$

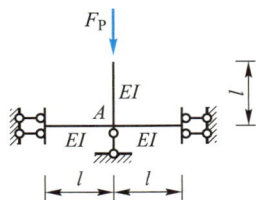

图 11-16 算例 11-8 图　　　　图 11-17 弹性支承中心受压杆件示意图

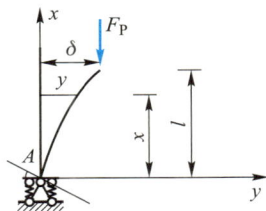

挠曲线微分方程为

$$EIy'' + F_P y = F_P\delta \qquad [M(x) = F_P(\delta - y)] \quad 或 \quad y'' + \alpha^2 y = \alpha^2\delta$$

上述方程的通解为 $y = A\cos \alpha x + B\sin \alpha x + \delta$。

则有 $y' = -A\alpha\sin \alpha x + B\alpha\cos \alpha x$。

引入边界条件：

$$
\begin{cases}
y_0 = 0 & \Rightarrow \quad A + \delta = 0 \\
y_0' = \phi_A = \dfrac{\alpha^2 l}{2}\delta & \Rightarrow \quad B - \dfrac{\alpha l}{2}\delta = 0 \\
y_l = \delta & \Rightarrow \quad A\cos\alpha l + B\sin\alpha l = 0
\end{cases}
$$

由此可得稳定方程为 $\alpha l \tan \alpha l - 2 = 0$。

## 思 考 题

**11-1** 何谓稳定平衡状态、不稳定平衡状态？随遇平衡状态是否实际存在？

**11-2** 何谓分支点、极值点和急跳失稳？

**11-3** 静力法的依据是什么？临界状态的静力特征是什么？

**11-4** 能量法的依据是什么？临界状态的能量特征是什么？

**11-5** 简述静力法求临界荷载的步骤。

**11-6** 简述能量法求临界荷载的步骤。

**11-7** 为什么能量法求出的临界荷载值总大于精确值？

**11-8** 稳定性分析的线性和非线性理论的根本差别是什么？

**11-9** 可简化为弹性支承中心受压杆件的简单弹性结构，应如何分析其分支点失稳临界荷载？

## 习 题

**11-1** 试用静力法计算图示结构临界荷载。

**11-2** 试将图示压杆体系化为弹性支撑压杆，并用静力法计算临界荷载。

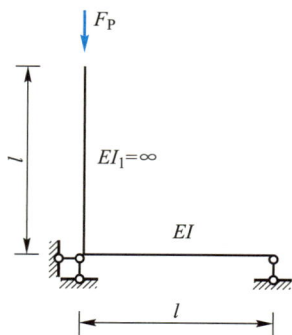

习题 11-1 图

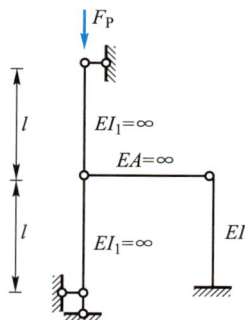

习题 11-2 图

**11-3** 试用静力法计算图示结构临界荷载。

**11-4** 试用静力法计算图示结构临界荷载，$k_\varphi$ 为抗转动弹簧刚度。

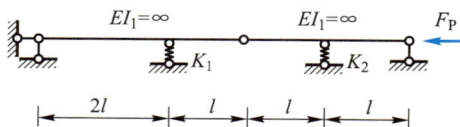

习题 11-3 图

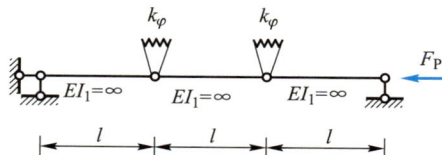

习题 11-4 图

**11-5**　试用静力法计算图示结构临界荷载。

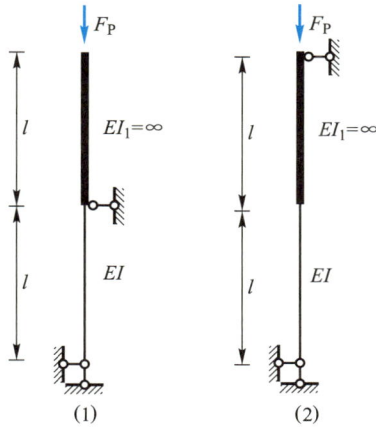

习题 11-5 图

**11-6**　试将图示压杆体系化为弹性支撑压杆,并求出弹簧的刚度系数及临界荷载。

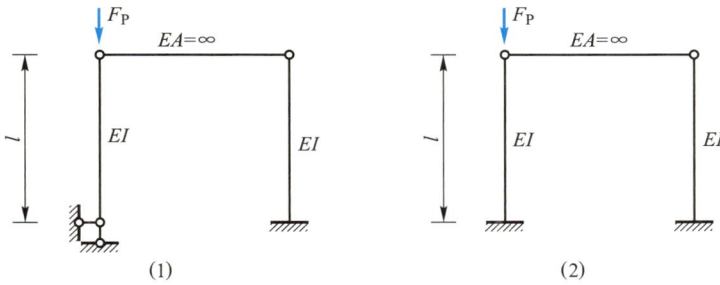

习题 11-6 图

**11-7**　试求图示刚架的临界荷载。

**11-8**　试用能量法做习题 11-1~11-4。

**11-9**　试用能量法计算图示阶形压杆的临界荷载。设挠曲线为 $y = a\left(1 - \cos\dfrac{\pi}{2l}x\right)$。

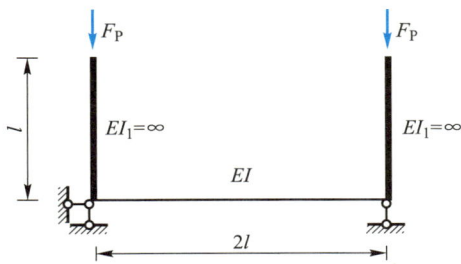

习题 11-7 图

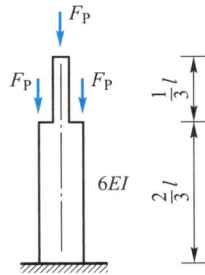

习题 11-9 图

# 第十二章　结构的极限荷载

结构的极限荷载计算是在允许存在塑性变形的条件下,充分发挥结构承载潜力的设计思想和设计方法中必须解决的主要问题之一。若从精确理论出发,结构的极限荷载计算需要考虑材料的非线性应力-应变关系,属于材料非线性问题。本章作为结构极限荷载计算方面继续深入学习、研究的基础,仅介绍一些最基本的知识。

## 12-1　结构的极限荷载

大多数工程材料,特别是钢材,受力后发生变形,一般都存在线弹性阶段、屈服阶段和强化阶段。因此,随着荷载的增加,结构截面上应力大的点首先达到屈服强度,发生屈服,结构将进入弹塑性状态。这时虽然截面部分材料已进入塑性状态,但尚有相当大的部分材料仍处于弹性范围,因而结构仍可继续承载。当荷载增加到一定程度,结构中进入塑性的部分不断扩展直至完全丧失承载能力,导致结构崩溃(或倒塌)。

工程设计中,根据工程结构的重要性和失效后危险性的不同程度,可采用不同的设计准则。如核电站等特别重要的建筑,设计时需将结构的变形全部限定在弹性范围内,而对于一般工程,这种设计要求显然过于保守。允许材料进入塑性的结构分析称为材料非线性分析,是目前结构分析中十分重要的研究领域。全面介绍其内容已超出本书的范围,本书仅讨论其中的极限状态设计问题。极限状态设计所关心的不是荷载作用下结构弹塑性的演变历程(也即每一时刻荷载对应的响应),而是结构出现塑性变形直到崩溃时所能承受的最大荷载,称为极限荷载。然后,考虑结构应有足够的安全储备,即可以此作为设计依据——对应于极限承载能力。显然,按极限状态设计结构比按弹性设计结构更经济。下面主要讨论结构极限荷载的确定。

### 12-1-1　基本假定

本节分析基于以下基本假定:

(1)假定材料具有相同的拉、压力学性能以及理想弹塑性的应力-应变关系,如图 12-1 所示。实际工程中的建筑钢材,变形不大时的性能与这一假定比较接近。

(2)假定结构上所受荷载按荷载参数 $P$ 以同一比例由小变大逐步加载,同时荷载参数 $P$ 单调增加,不出现卸载情形,这种加载方式称为比例加载。

(3)假定在弹塑性阶段横截面应变仍符合平截面假定。

### 12-1-2　基本概念

在讨论具体结构极限荷载计算之前,首先通过图 12-2(a)所示纯弯曲矩形等截

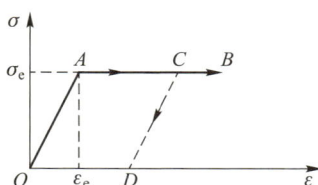

图 12-1  理想弹塑性应力-应变关系

面梁的弹塑性发展过程分析建立一些基本概念。梁结构的材料满足理想弹塑性本构关系,如图 12-2(b)所示。

（1）在基本假定条件下,加载过程中梁将从图 12-2(c)、(d)所示的弹性阶段经过弹塑性阶段(图 12-(e)),最后进入塑性阶段(图 12-(f))。

（2）弹性阶段(图 12-2(c))以梁边缘应力达到屈服应力 $\sigma_e$ 时为终止(图 12-2(d)),对应的截面弯矩称为**屈服弯矩**,是弹性阶段所能承受的最大弯矩,用 $M_e$ 表示。

（3）进入弹塑性阶段后,随着荷载继续增大,弹性区(或称弹性核)逐渐减小,塑性区逐渐增大,如图 12-2(e)所示。

（4）荷载增加到截面上各点的应力均达屈服应力时(图 12-2(f)),根据理想弹塑性基本假定,变形将不断增大,梁最终将破坏,此时截面上的弯矩称为**极限弯矩**,用 $M_u$ 表示。对应的荷载即为**极限荷载**,用 $F_{Pu}$ 表示。

（5）综上所述,对于矩形截面梁,$M_e = W\sigma_e = \dfrac{bh^2\sigma_e}{6}$,其中 $W = \dfrac{bh^2}{6}$,为截面的弯曲截面模量。

（6）由极限弯矩定义,对于矩形截面梁,$M_u = W_u\sigma_e = \dfrac{bh^2\sigma_e}{4}$,其中 $W_u = \dfrac{bh^2}{4}$,为塑性弯矩截面模量。可见,$M_u = 1.5M_e$。

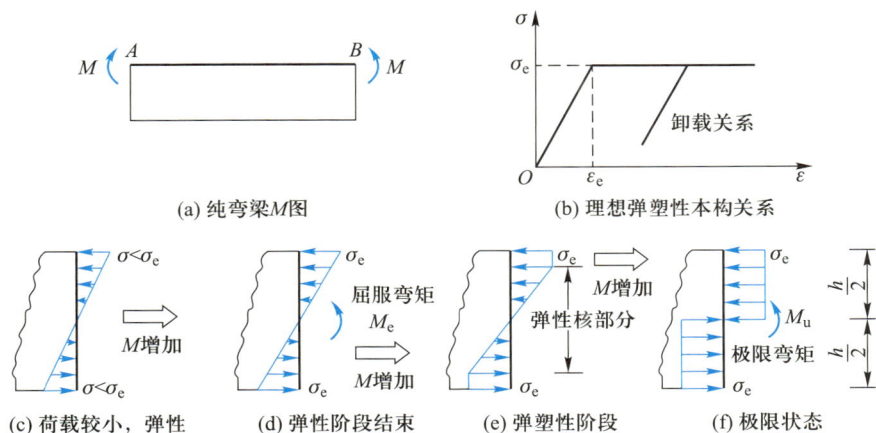

(a) 纯弯梁 $M$ 图

(b) 理想弹塑性本构关系

(c) 荷载较小,弹性　　(d) 弹性阶段结束　　(e) 弹塑性阶段　　(f) 极限状态

图 12-2  纯弯曲矩形等截面梁的弹塑性分析过程

当梁处于非纯弯曲状态时,如图 12-3 所示跨中受集中荷载 $F_P$ 的简支梁,由于截面既有正应力又有切应力,因此应按复杂应力状态的屈服准则确定极限荷载。但实

验和理论分析结果都表明,对于细长梁切应力对极限承载力的影响很小,可不予考虑。因此,其分析过程和纯弯曲梁类似。如图 12-3 所示的简支梁,跨中截面达到极限弯矩时,对理想弹塑性体,由于变形的增加,将出现允许单向转动的塑性铰而使结构破坏。由图 12-3 所示分析可得结论如下:

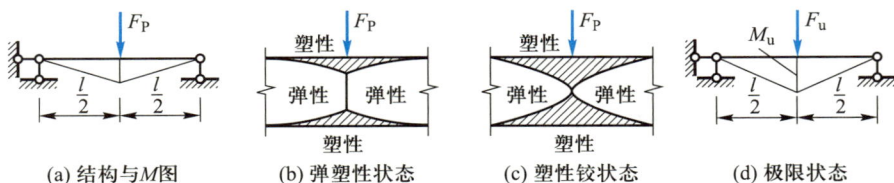

图 12-3　竖向荷载下极限荷载分析过程

(1) 沿梁长度方向塑性区范围是不同的(或称弹性核大小沿杆长度方向是变化的)。

(2) 当 $\dfrac{F_{P}l}{4}=M_{u}$ 时,对应的荷载为 $F_{Pu}=\dfrac{4M_{u}}{l}$,即极限荷载。

(3) 当 $F_{P}=F_{Pu}$ 时,跨中截面两侧变形不断增加,可产生有限的相对转动(因为是理想弹塑性材料,截面弯矩并不增加),其作用与铰相似。因此,称此截面为塑性铰。

(4) 在一些简化的非线性分析和极限荷载分析中,认为塑性区仅集中在塑性铰截面,杆件的其他区段都是弹性的。

(5) 从图 12-1 所示卸载时的应力-应变关系可见,当截面因卸载而应力减小时,截面又将回到弹塑性或弹性(有残余应变)状态。因此,塑性流动引起的铰链作用消失,故塑性铰是单向的(单方向可允许转动,反方向铰链将闭合)。

(6) 实际的铰结点允许相连杆件间相对转动,不能传递弯矩。而塑性铰截面能承受该截面对应的极限弯矩 $M_{u}$。

最后两点是塑性铰和实际铰的差别之处。

如果杆件平面弯曲的中性轴并非对称轴,材料仍为拉、压性能相同且具有理想弹塑性的应力-应变关系,同时还不考虑剪力、轴力的影响时,与上述分析过程相似,可以得到以下结论:(平截面假定成立,建议读者自行画出各阶段图形)

(1) 中性轴位置将随弹塑性区的变化而改变。

(2) 出现塑性铰(截面弯矩达到 $M_{u}$)时中性轴为截面拉、压区面积相等的"等面积轴"。

(3) 极限弯矩 $M_{u}=(S_{T}+S_{C})\sigma_{e}$,其中 $S_{T}$ 和 $S_{C}$ 分别为拉、压区面积对中性轴的静矩。

## 12-2　极限荷载确定方法及比例加载时极限荷载的一些定理

本节首先讨论超静定梁在比例加载条件下极限荷载的确定方法,然后介绍若干判断极限荷载的定理。

### 12-2-1　极限平衡法

根据上述基本概念,结构达到极限状态时应该满足以下条件:

（1）**平衡条件**　结构整体或任何部分均应是平衡的。

（2）**内力局限条件**　极限状态时,结构中任意截面的弯矩绝对值不可能超过其极限弯矩 $M_u$,即 $|M| \leqslant M_u$。

（3）**单向机构条件**　结构达到极限状态时,对梁和刚架必定有若干(取决于具体问题)截面出现塑性铰,使结构变成沿荷载方向能作单向运动的机构(也称为破坏机构)。

根据这些条件,经过分析即可确定结构的极限荷载。现举例说明如下。

**【算例 12-1】**　试求图 12-4(a)所示单跨超静定梁的极限荷载。已知 $M_u' \geqslant M_u$。

**【解】**　图 12-4(a)所示梁的弯矩图形状为图 12-4(b)、(c)所示的折线,因此可能的破坏情形(即极限状态)有图 12-4(b)所示 $A$、$D$ 截面出现塑性铰和图 12-4(c)所示 $B$、$D$ 截面出现塑性铰(因为 $M_u' \geqslant M_u$,所以 $B$ 处塑性铰出现在 $B$ 右截面)两种。特殊情况为 $A$、$B$、$D$ 三截面同时出现塑性铰而破坏,此种情况可从上述两种情形中导出。

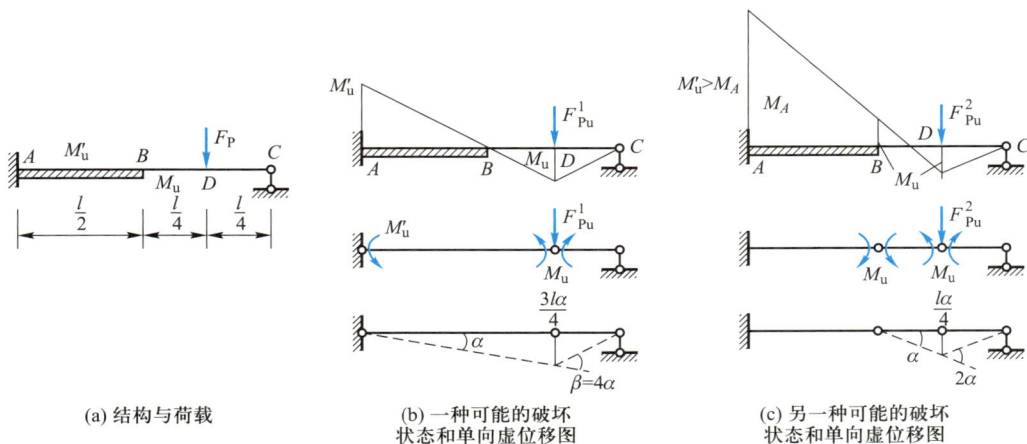

(a) 结构与荷载　　(b) 一种可能的破坏状态和单向虚位移图　　(c) 另一种可能的破坏状态和单向虚位移图

图 12-4　算例 12-1 图

要出现图 12-4(b)所示破坏,从极限状态弯矩图分析,$B$ 截面弯矩必须满足如下条件:

$$M_B = \frac{1}{3}(M_u' - 2M_u) \leqslant M_u$$

当 $M_u' \leqslant 5M_u$ 时,上述条件成立。

根据刚体虚位移原理求 $F_{Pu}^1$,称为**虚功法**。如图 12-4(b)所示,令破坏机构沿荷载方向发生虚位移,建立刚体虚功方程:

$$F_{Pu}^1 \cdot \frac{3l}{4}\alpha - (M_u' \cdot \alpha + M_u \cdot 4\alpha) = 0 \quad \Rightarrow \quad F_{Pu}^1 = \frac{4}{3l}(M_u' + 4M_u)$$

上述结果也可按如下步骤通过列平衡方程求得,称为**静力法**:

（1）在图 12-4(b)所示可能破坏状态下,$C$ 支座反力为 $F_{RC} = \dfrac{M_u' + \dfrac{3}{4}l \cdot F_{Pu}^1}{l}$;

（2）荷载作用截面的弯矩为 $M_D = F_{RC} \cdot \dfrac{l}{4} = \dfrac{1}{4}\left(M'_u + \dfrac{3}{4}l \cdot F^1_{Pu}\right) = M_u$；

（3）由上式平衡条件可得 $F^1_{Pu} = \dfrac{4}{3l}(M'_u + 4M_u)$。

而要出现图 12-4(c) 所示破坏，从极限状态弯矩图分析，$A$ 截面弯矩必须满足如下条件：

$$M_A = 5M_u \leqslant M'_u$$

由图 12-4(c) 可列虚功方程：

$$F^2_{Pu} \cdot \dfrac{l}{4}\alpha = -(M_u \cdot \alpha + M_u \cdot 2\alpha) = 0 \quad \Rightarrow \quad F^2_{Pu} = \dfrac{12M_u}{l}$$

由上面分析可知，当 $M'_u \geqslant 5M_u$ 时，极限荷载为 $F_{Pu} = \dfrac{12M_u}{l}$；$M'_u \leqslant 5M_u$ 时，极限荷载

为 $F_{Pu} = \dfrac{4}{3l}(M'_u + 4M_u)$。

总结：显然与用刚体虚位移原理结果相同。当 $M'_u = 5M_u$ 时

$$F^1_{Pu} = \dfrac{12M_u}{l}$$

（1）虚功法的步骤

① 假设一种可能的破坏状态，并令机构沿荷载方向发生刚体虚位移；

② 分析各主动力对应的广义虚位移，然后根据刚体虚位移原理列出主动力总虚功为零的虚功方程；

③ 从虚功方程求解此种破坏状态对应的破坏荷载；

④ 从各种可能的破坏状态中找出最小的一个对应荷载，它就是结构的极限荷载。

（2）静力法的步骤

① 假设一种可能的破坏状态，令塑性铰处的弯矩为截面极限弯矩（变截面处要区分截面哪侧出现塑性铰），其他地方的弯矩应符合内力局限条件；

② 建立与上述弯矩图相应的各部分平衡方程；

③ 从平衡方程求解此种破坏状态对应的破坏荷载；

④ 从各种可能的破坏状态中找出最小的一个对应荷载，它就是结构的极限荷载。

（3）当 $M'_u = 5M_u$ 时，两种情况都能产生，$A$、$B$、$D$ 三处都出现塑性铰。极限荷载为

$$F_{Pu} = \dfrac{12M_u}{l}$$

（4）任何结构（静定、超静定）的极限荷载只需分析破坏机构，由平衡条件（静力平衡方程或虚功方程）即可求出，这种方法称为极限平衡法。对超静定结构计算无须考虑变形协调条件，因此比弹性计算简单。

（5）超静定结构的温度改变、支座移动等外因只影响结构弹塑性变形的过程（或称历程），并不影响极限荷载值，即仅计算极限荷载时，可不考虑温度改变、支座

移动等外因的作用。

【算例 12－2】　如图 12－5(a)所示等截面梁的极限弯矩为 $M_u$，在均布荷载下，欲使正、负弯矩最大值均达到 $M_u$。试确定铰 $C$ 位置 $x$，并求相应的极限荷载 $q$。

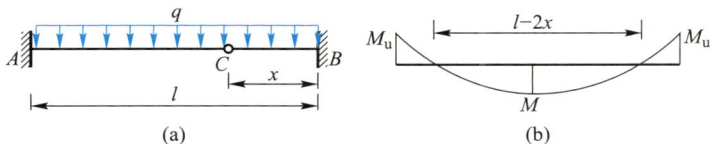

图 12－5　算例 12－2 图

【解】　由力法或位移法可知此梁极限状态弯矩图如图 12－5(b)所示，根据题意，梁下侧的正弯矩和支座处上侧的负弯矩分别为

$$M^+ = \frac{q}{8}(l-2x)^2 = M_u, \qquad M^- = \frac{ql^2}{8} - \frac{q}{8}(l-2x)^2 = M_u$$

由此可解得 $C$ 位置 $x$ 为

$$x = \frac{(2\pm\sqrt{2})l}{4}$$

即 $x_1 = 0.146\,5l$，$x_2 = 0.853\,5l$。

由此可得 $q_u = \dfrac{16M_u}{l^2}$。

### 12－2－2　比例加载时判定极限荷载的若干定理

荷载既然成比例地增加，将其用符号 $F_P$ 表示，则 $F_P$ 就是代表所有荷载的合力。满足单向破坏机构和平衡条件的荷载称为可破坏荷载，记作 $F_P^+$。满足内力局限条件和平衡条件的荷载称为可接受荷载，记作 $F_P^-$。显而易见，极限荷载既是可破坏荷载，又是可接受荷载。关于极限荷载 $F_P$，具有如下基本定理：

基本定理：可破坏荷载 $F_P^+$ 恒不小于可接受荷载 $F_P^-$，即 $F_P^+ \geq F_P^-$。

唯一性定理：结构的极限荷载是唯一的。

极小定理：可破坏荷载是极限荷载的上限，即 $F_{Pu} = \min\{F_P^+\}$。

极大定理：可接受荷载是极限荷载的下限，即 $F_{Pu} = \max\{F_P^-\}$。

下面给出上述定理的证明：

对任意可破坏荷载 $F_P^+$，列出与其对应的破坏机构单位虚位移时的虚功方程：

$$F_P^+ \Delta = \sum_{i=1}^{n} |M_{ui}| \times |\theta_i| = \sum_{i=1}^{n} M_{ui}\theta_i \qquad (a)$$

式中：$n$ 是可破坏机构中所出现的总塑性铰数，$M_{ui}$、$\theta_i$ 分别为第 $i$ 个塑性铰截面的极限弯矩和弯矩方向相对转角（单向的）。

另取一可接受荷载 $F_P^-$，对应的弯矩表示为 $M^-$。则由 $F_P^-$ 及其内力在上述单位虚位移上所做虚功，可得如下虚功方程：

$$F_P^- \Delta = \sum_{i=1}^{n} M_i^- \theta_i \qquad (b)$$

其中，$M_i^-$ 为第 $i$ 个塑性铰处的弯矩值。

又因为内力局限条件 $|M_i^-| \leqslant |M_{ui}|$，因此有

$$\sum_{i=1}^{n} |M_{ui}| \times |\theta_i| \geqslant \sum_{i=1}^{n} M_i^- \theta_i$$

将式（a）、（b）代入上式，得 $F_P^+ \geqslant F_P^-$，即可证明基本定理。

设结构存在两种极限状态，其极限荷载分别为 $F_{Pu1}$ 和 $F_{Pu2}$。因为极限荷载既是可破坏荷载，也是可接受荷载，所以可先将 $F_{Pu1}$ 看成可破坏荷载，$F_{Pu2}$ 作为可接受荷载。这时，基于基本定理有 $F_{Pu1} \geqslant F_{Pu2}$。反之，将 $F_{Pu2}$ 看成可破坏荷载，$F_{Pu1}$ 作为可接受荷载，则又可得 $F_{Pu1} \leqslant F_{Pu2}$。要两个都是极限荷载，必须 $F_{Pu1} = F_{Pu2}$。唯一性定理证毕。

极小和极大定理的证明，有兴趣的读者可自行推导（只要注意极限荷载既是可破坏荷载，又是可接受荷载即可容易地证明）。

【算例 12-3】　如图 12-6（a）所示等截面梁 $M_u$ = 常数。试求在均布荷载作用下的极限荷载 $q_u$。

【解】　由此梁的弯矩分布（参见载常数表）可知，当梁处于极限状态时，有一个塑性铰在固定端 $A$ 形成，另一个塑性铰 $C$ 的位置是待定的，可应用极小定理确定。

图 12-6（b）所示为一破坏机构，其中塑性铰 $C$ 的坐标设为 $x$。为了求出此破坏机构相应的可破坏荷载 $q^+$，可对图 12-6（b）所示的可能位移列出虚功方程

图 12-6　算例 12-3 图

$$q^+ \frac{l\Delta}{2} = M_u(\theta_A + \theta_C)$$

由图 12-6（b）所示几何关系可得

$$\theta_A = \frac{\Delta}{x}, \qquad \theta_C = \frac{l\Delta}{x(l-x)}$$

故得

$$q^+ = \frac{2l-x}{x(l-x)} \cdot \frac{2M_u}{l}$$

为了求 $q^+$ 的极小值，令 $\dfrac{\mathrm{d}q^+}{\mathrm{d}x} = 0$，得

$$x^2 - 4lx + 2l^2 = 0$$

求解可得

$$x_1 = (2+\sqrt{2})l \qquad x_2 = (2-\sqrt{2})l$$

舍弃 $x_1$（不合题意），由 $x_2$ 可得极限荷载为

$$q_u = \frac{2\sqrt{2}M_u}{3\sqrt{2}-4l^2} = 11.659 \frac{M_u}{l^2}$$

【算例 12-4】　设有 $n$ 跨的连续梁，每跨内截面相同，但各跨截面可不相同（即极限弯矩可不同）。各跨荷载方向均指向下方。试证明此连续梁的极限荷载是每个

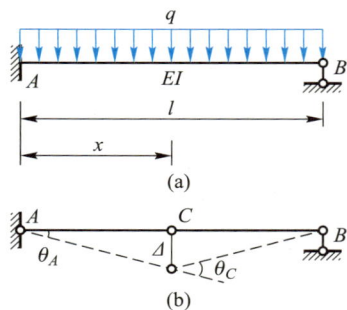

单跨破坏机构相应可破坏荷载中间的最小者。

证:分别考虑 $n$ 个单跨破坏机构,求出相应的 $n$ 个可破坏荷载 $q_1^+$、$q_2^+$、$\cdots$、$q_n^+$,设其中以 $q_k^+$ 为最小。

为了证明 $q_k^+$ 是极限荷载,应用唯一性定理。显然 $q_k^+$ 是一种可破坏荷载,因此还需证明 $q_k^+$ 同时又是可接受荷载,即需证明在 $q_k^+$ 作用下有可能存在一个可接受的 $M$ 图,在任意截面上,$M$ 的绝对值均不超过 $M_u$。事实上,这样的 $M$ 图确实是存在的。例如,可设各支座弯矩等于 $-Mu$(如果相邻两跨的 $Mu$ 值不相等,则取其中的较小者),然后根据平衡条件即可画出在 $q_k^+$ 作用下各跨的 $M$ 图。由于 $q_k^+$ 是所有单跨破坏荷载中的最小者,因此在这样画出的各跨 $M$ 图中,任意截面的 $M$ 都不会超过 $+Mu$ 值。这就是说,这个 $M$ 图确是一个可接受的 $M$ 图,因而 $q_k^+$ 确是一个可接受荷载。根据唯一性定理,$q_k^+$ 就是极限荷载。

## 12−3　计算极限荷载的穷举法和试算法

当结构或荷载情况相对比较复杂,很难找到结构极限状态的破坏形式时,可采用**穷举法**或**试算法**来计算极限荷载。**穷举法**是指找到所有可能的破坏机构,利用静力法或者虚功法计算出相应的荷载,其中最小者即为极限荷载。**试算法**是指任选一种破坏机构,利用静力法或者虚功法计算出相应的荷载,并作弯矩图,若满足内力局限条件,则该荷载就是极限荷载;若不满足内力局限条件,则重新选取破坏机构进行试算,直至满足内力局限条件。

以图 12−7(a)所示变截面梁为例讲解穷举法和试算法计算极限荷载的基本过程。此梁出现两个塑性铰即成为破坏机构,除了最大负弯矩和最大正弯矩所在的截面 $A$、$C$ 可能出现塑性铰外,截面突变处 $D$ 右侧也有可能出现塑性铰。

(1)采用穷举法求解

共有以下 3 种可能的破坏机构。

机构 1:设 $A$、$D$ 处出现塑性铰,如图 12−7(b)所示,由虚功方程可得

$$F\frac{l}{3}\theta = 2M_u \times 2\theta + M_u \times 3\theta \quad \Rightarrow \quad F = \frac{21M_u}{l}$$

机构 2:设 $A$、$C$ 处出现塑性铰,如图 12−7(c)所示,由虚功方程可得

$$F\frac{2l}{3}\theta = 2M_u \times \theta + M_u \times 3\theta \quad \Rightarrow \quad F = \frac{7.5M_u}{l}$$

机构 3:设 $D$、$C$ 处出现塑性铰,如图 12−7(d)所示,由虚功方程可得

$$F\frac{l}{3}\theta = M_u \times \theta + M_u \times 2\theta \quad \Rightarrow \quad F = \frac{9M_u}{l}$$

取最小值 $\dfrac{7.5M_u}{l}$,即为该变截面梁的极限荷载,实际破坏机构为机构 2。

(2)采用试算法求解

选择机构 1 试算,如图 12−7(b)所示。可求得其相应的荷载为 $F = 21M_u/l$,计算

同上;然后,由塑性铰 $A$ 处的弯矩为 $2M_u$(上边受拉),$D$(右侧)处弯矩为 $M_u$(下边受拉),以及无荷区段弯矩图为直线,铰 $B$ 处弯矩为 0,便可绘出其弯矩图,如图 12-7(e)所示。此时,截面 $C$ 的弯矩已经达到 $4M_u$,超过了其极限弯矩 $M_u$,故此机构不是极限状态。

另选机构 2 试算,如图 12-7(c)所示。先求得其相应的荷载为 $F=7.5M_u/l$;然后,同理可作出其弯矩图,如图 12-7(f)所示。可见,所有截面的弯矩均未超过其极限弯矩值,故此时的荷载为可接受荷载,因此极限荷载为 $F_u=7.5M_u/l$。

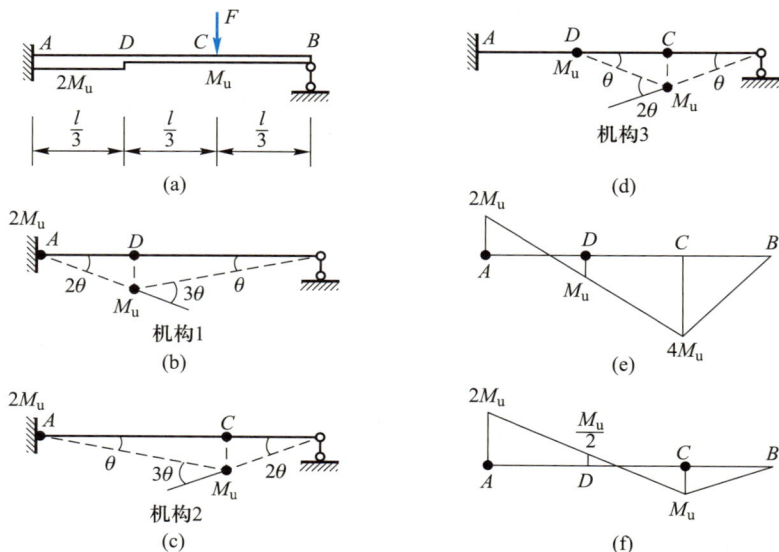

图 12-7 变截面梁极限荷载计算

## 12-3-1 连续梁的极限荷载

如图 12-8(a)所示连续梁,可能由于某一跨出现三个塑性铰或铰支端跨出现两个塑性铰而成为破坏机构,如图 12-8(b)、(c)、(d)所示;也可能由相邻各跨联合形成破坏机构,如图 12-8(e)所示。可以证明,当各跨分别为等截面梁,所有荷载方向均相同(通常向下)时,只可能出现某一跨单独破坏的机构。因为在这种情况下,各跨的最大负弯矩只可能发生在两端支座截面处,而在各跨联合机构中(如图 12-8(e)所示)至少会有一跨在中部出现负弯矩的塑性铰,因此这是不可能出现的。于是,对于这种连续梁,只需将各跨单独破坏时的荷载分别求出,即可得到连续梁的极限荷载。

【算例 12-5】 试求图 12-9(a)所示连续梁的极限荷载 $F_u$。各跨均为等截面的,其正、负极限弯矩已在图中标识,负极限弯矩为正极限弯矩的 1.2 倍。

【解】 采用穷举法求解。

第 1 跨机构,如图 12-9(b)所示,有

$$ql \cdot \frac{l}{2}\theta = 1.2M_u \cdot \theta + M_u \cdot 2\theta \quad \Rightarrow \quad q_1 = \frac{6.4}{l^2}M_u$$

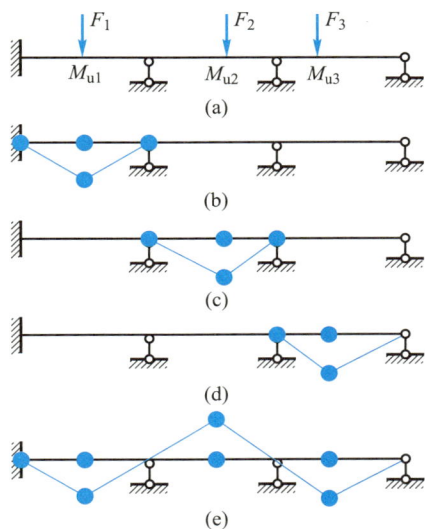

图 12-8　连续梁极限荷载分析

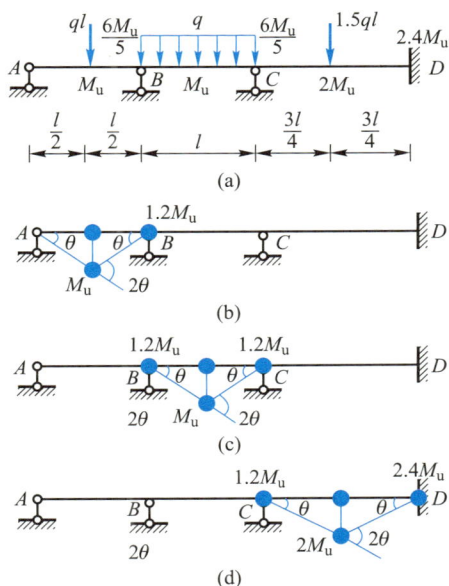

图 12-9　算例 12-5 图

第 2 跨机构,如图 12-9(c)所示,注意到均布荷载所做虚功等于其集度乘虚位移图的面积,有

$$q\frac{l}{2}\cdot\frac{l}{2}\theta=2\times1.2M_u\cdot\theta+M_u\cdot2\theta \quad\Rightarrow\quad q_2=\frac{17.6}{l^2}M_u$$

第 3 跨机构,如图 12-9(d)所示,有

$$\frac{3}{2}ql\cdot\frac{3l}{4}\theta=1.2M_u\cdot\theta+2.4M_u\cdot\theta+2M_u\cdot2\theta \quad\Rightarrow\quad q_3=\frac{6.756}{l^2}M_u$$

取最小值$\frac{6.4}{l^2}M_u$,即为该多跨梁的极限荷载,实际破坏机构为机构1。

## 12-3-2　刚架的极限荷载

刚架一般同时承受弯矩、剪力和轴力。由于剪力对极限弯矩的影响较小,可忽略不计;由于轴力的存在,极限弯矩的数值也将减小,这里亦暂不考虑其影响。

计算刚架的极限荷载时,首先要确定破坏机构可能的形式。例如图 12-10(a)所示刚架,各杆分别为等截面杆,由弯矩图的形状可知,塑性铰只可能在 A、B、C(下侧)、D、E(下侧)五个截面处出现。此刚架为 3 次超静定,故只要出现 4 个塑性铰或在一直杆上出现 3 个塑性铰即成为破坏机构。因此,有多种可能的机构形式。

采用穷举法求解,过程如下:

机构 1,如图 12-10(b)所示,横梁上出现 3 个塑性铰而成为瞬变(其余部分仍几何不变),故又称"梁机构",由虚功方程可得

$$2F\cdot l\theta=M_u\cdot\theta+M_u\cdot\theta+2M_u\cdot2\theta \quad\Rightarrow\quad F=\frac{3M_u}{l}$$

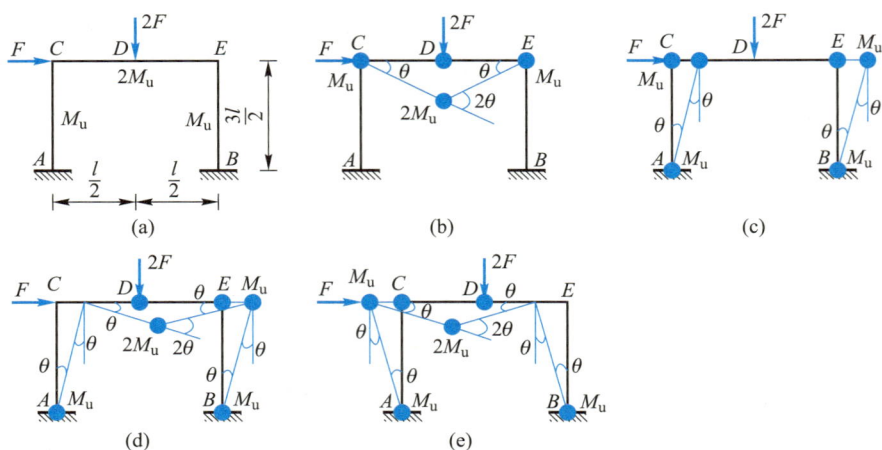

图 12-10　刚架极限荷载

机构 2，如图 12-10(c)所示，4 个塑性铰出现在 $A$、$C$、$E$、$B$ 处，各杆仍为直线，整个刚架侧移，故又称"侧移机构"，由虚功方程可得

$$F \cdot 1.5l\theta = 4M_u \cdot \theta \quad \Rightarrow \quad F = \frac{2.67M_u}{l}$$

机构 3，如图 12-10(d)所示，塑性铰出现在 $A$、$D$、$E$、$B$ 处，横梁转折，刚架亦侧移，故又称"联合机构"。注意到此时刚结点 $C$ 处两杆夹角仍保持直角，又因位移微小，故 $C$ 和 $F$ 点水平位移相等。据此即可确定虚位移图中的几何关系，从而由虚功方程可得

$$F \cdot 1.5l\theta + 2F \cdot l\theta = M_u \cdot \theta + 2M_u \cdot 2\theta + M_u \cdot 2\theta + M_u \cdot \theta \quad \Rightarrow \quad F = \frac{2.29M_u}{l}$$

机构 4，如图 12-10(e)所示，该机构也称为"联合机构"，机构发生虚位移时设右柱向左转动，则 $D$ 点竖直位移向下使较大的荷载 $2F$ 做正功。此时，刚架向左侧移，故 $C$ 点的水平荷载 $F$ 做负功。由虚功方程可得（若所得 $F$ 为负值，则只需将虚位移反向即可）

$$2F \cdot l\theta - F \cdot 1.5l\theta = M_u \cdot \theta + M_u \cdot 2\theta + 2M_u \cdot 2\theta + M_u \cdot \theta \quad \Rightarrow \quad F = \frac{16M_u}{l}$$

经分析可知，再无其他可能的机构，因此由上述各 $F$ 值中按极小值定理选取最小者，即为 $F = \dfrac{2.29M_u}{l}$，实际破坏机构为机构 3。

当然，该例也可应用试算法求解，本章不再赘述，读者可自行求解。

## *12-4　增量变刚度法分析刚架极限荷载

在上述基本概念的基础上，本节将介绍基于增量变刚度的刚架极限荷载分析方法，其基本思想是：以产生塑性铰作为截面达到极限状态的判别标准，当荷载逐步增

加,结构中不断出现塑性铰,而当塑性铰多到结构变成单自由度单向几何可变体系时,结构达到承载的极限状态,对应的荷载即为极限荷载。

为简化分析讨论的过程,约定结构只受结点荷载(有非结点荷载时,增加结点使其化为结点荷载),而且都是比例加载情形。

### 12-4-1  增量变刚度法

增量变刚度法是将非线性问题转化为分段线性问题求解的一种方法,其基本思路包含两点:

(1)所谓增量,是将总极限荷载分解成若干个荷载增量,从弹性阶段开始,逐级增加,使每增加一级荷载结构只产生一个塑性铰,最后达到结构的极限状态。将荷载增量累加,即可获得最终极限荷载。

(2)所谓变刚度,是指当结构在比例加载情况下(整个荷载可用一个荷载参数 $F_P$ 表示,即任意荷载均可表达成 $\alpha_i F_P$,$\alpha_i$ 随加载过程是不变的),在每级增量荷载作用下,由于出现了塑性铰,结构的组成形式就发生了变化。因此,相关单元的单元刚度矩阵就要发生改变。虽然每个荷载增量阶段仍按弹性方法计算,但不同阶段结构的刚度各不相同。所以每出现一次塑性铰,就要改变一次结构的整体刚度矩阵,直至结构变为机构。

### 12-4-2  单元刚度矩阵的修正

全刚结点平面刚架的计算,采用的是自由式单元。在作极限荷载分析计算过程中,单元杆端出现塑性铰的情况有三种。因此,增量变刚度分析过程中将遇到四种情况的单元刚度矩阵。

(1)局部坐标自由式单元刚度矩阵

当结构在弹性阶段时,全刚结点平面刚架结构各杆均为此类单元(6个独立结点位移)

$$\bar{k}^e = \begin{bmatrix} \dfrac{EA}{l} & 0 & 0 & -\dfrac{EA}{l} & 0 & 0 \\ 0 & \dfrac{12i}{l^2} & \dfrac{6i}{l} & 0 & -\dfrac{12i}{l^2} & \dfrac{6i}{l} \\ 0 & \dfrac{6i}{l} & 4i & 0 & -\dfrac{6i}{l} & 2i \\ -\dfrac{EA}{l} & 0 & 0 & \dfrac{EA}{l} & 0 & 0 \\ 0 & -\dfrac{12i}{l^2} & -\dfrac{6i}{l} & 0 & \dfrac{12i}{l^2} & -\dfrac{6i}{l} \\ 0 & \dfrac{6i}{l} & 2i & 0 & -\dfrac{6i}{l} & 4i \end{bmatrix}$$

(2) $\bar{1}$ 端出现塑性铰时的局部坐标单元刚度矩阵

$$\overline{k}_1^e = \begin{bmatrix} \dfrac{EA}{l} & 0 & 0 & -\dfrac{EA}{l} & 0 & 0 \\[2ex] 0 & \dfrac{3i}{l^2} & 0 & 0 & -\dfrac{3i}{l^2} & \dfrac{3i}{l} \\[2ex] 0 & 0 & 0 & 0 & 0 & 0 \\[2ex] -\dfrac{EA}{l} & 0 & 0 & \dfrac{EA}{l} & 0 & 0 \\[2ex] 0 & -\dfrac{3i}{l^2} & 0 & 0 & \dfrac{3i}{l^2} & -\dfrac{3i}{l} \\[2ex] 0 & \dfrac{3i}{l} & 0 & 0 & -\dfrac{3i}{l} & 3i \end{bmatrix}$$

（3）$\overline{2}$ 端出现塑性铰时的局部坐标单元刚度矩阵

$$\overline{k}_2^e = \begin{bmatrix} \dfrac{EA}{l} & 0 & 0 & -\dfrac{EA}{l} & 0 & 0 \\[2ex] 0 & \dfrac{3i}{l^2} & \dfrac{3i}{l} & 0 & -\dfrac{3i}{l^2} & 0 \\[2ex] 0 & \dfrac{3i}{l} & 3i & 0 & -\dfrac{3i}{l} & 0 \\[2ex] -\dfrac{EA}{l} & 0 & 0 & \dfrac{EA}{l} & 0 & 0 \\[2ex] 0 & -\dfrac{3i}{l^2} & -\dfrac{3i}{l^2} & 0 & \dfrac{3i}{l^2} & 0 \\[2ex] 0 & 0 & 0 & 0 & 0 & 0 \end{bmatrix}$$

（4）$\overline{1}$ 和 $\overline{2}$ 端同时出现塑性铰时的局部坐标单元刚度矩阵

$$\overline{k}_{12}^e = \begin{bmatrix} \dfrac{EA}{l} & 0 & 0 & -\dfrac{EA}{l} & 0 & 0 \\[2ex] 0 & 0 & 0 & 0 & 0 & 0 \\[2ex] 0 & 0 & 0 & 0 & 0 & 0 \\[2ex] -\dfrac{EA}{l} & 0 & 0 & \dfrac{EA}{l} & 0 & 0 \\[2ex] 0 & 0 & 0 & 0 & 0 & 0 \\[2ex] 0 & 0 & 0 & 0 & 0 & 0 \end{bmatrix}$$

出现塑性铰后的上述单元刚度应可通过划去元素全为零的行和列,直接用有约束或桁架单元。但是,这样处理程序要稍微复杂一些。

### 12-4-3　增量变刚度法确定刚架极限荷载的计算过程

增量变刚度法的计算步骤为:

1. 第一阶段:以原结构为对象进行弹性计算(此时结构刚度矩阵为 $\boldsymbol{K}_1$),此阶段需要作以下工作:

（1）以原结构为对象，令单位比例荷载 $F_\mathrm{P}=1$，用矩阵位移法进行弹性计算，求出各控制截面的杆端弯矩，组成单位弯矩向量 $\overline{\boldsymbol{M}}_1$。

（2）将已知各控制截面的极限弯矩向量 $\boldsymbol{M}_\mathrm{u}$ 与单位向量 $\overline{\boldsymbol{M}}_1$ 各对应元素进行比较，得出向量中比值最小的元素，就是第一个塑性铰出现时的荷载 $F_{\mathrm{P}1}$，记为

$$F_{\mathrm{P}1}=\left(\frac{\boldsymbol{M}_\mathrm{u}}{\overline{\boldsymbol{M}}_1}\right)_{\min}$$

在荷载 $F_{\mathrm{P}1}$ 的作用下，各控制截面的弯矩为

$$\boldsymbol{M}_1=F_{\mathrm{P}1}\overline{\boldsymbol{M}}_1$$

此时，必然有一个极限弯矩向量 $\boldsymbol{M}_\mathrm{u}$ 与单位向量 $\overline{\boldsymbol{M}}_1$ 比值最小所对应的控制截面出现塑性铰，与该截面相关的单元的刚度矩阵应该进行修正，第一阶段结束。

2. 第二阶段：由于塑性铰的出现，结构组成形式发生改变，即出现塑性铰单元的刚度矩阵发生改变。因此，修改结构刚度矩阵后，重复第一阶段计算，显然可求得出现新塑性铰对应的荷载增量等，计算过程如下：

（1）改变出现塑性铰单元的单元刚度矩阵，同时，整体结构刚度矩阵由 $\boldsymbol{K}_1$ 修改为 $\boldsymbol{K}_2$。当都采用 6×6 单元刚度矩阵时，程序处理可先从结构刚度矩阵中减去此单元改变前的刚度元素，然后再加上新刚度矩阵元素。当采用不同阶次的单元刚度矩阵时，由于结构整体刚度矩阵的阶数也要改变，因此必须重新集成结构整体刚度矩阵。

（2）检验 $\boldsymbol{K}_2$ 是否为奇异矩阵（可用刚度方程无法求解为判据进行判断）。如果非奇异，表明结构尚未达到极限状态（仍是几何不变体系），还可承受更大的荷载。

（3）令比例荷载增量 $\Delta F_\mathrm{P}=1$ 作用在修改后的结构上，对刚度矩阵为 $\boldsymbol{K}_2$ 的结构作弹性计算，求出各控制截面的弯矩（有塑性铰单元，要用新刚度矩阵计算），组成单位弯矩向量 $\overline{\boldsymbol{M}}_2$。

（4）像第一阶段一样，由 $\Delta F_{\mathrm{P}1}=\left(\dfrac{\boldsymbol{M}_\mathrm{u}-\boldsymbol{M}_1}{\overline{\boldsymbol{M}}_2}\right)_{\min}$ 求得第二阶段的荷载增量 $\Delta F_{\mathrm{P}1}$，在 $\Delta F_{\mathrm{P}1}$ 作用下，各控制截面的弯矩为

$$\Delta \boldsymbol{M}_1=\Delta F_{\mathrm{P}1}\overline{\boldsymbol{M}}_2$$

这时承受的总荷载为

$$F_{\mathrm{P}2}=F_{\mathrm{P}1}+\Delta F_{\mathrm{P}1}$$

各控制截面总的弯矩为

$$\boldsymbol{M}_2=\boldsymbol{M}_1+\Delta \boldsymbol{M}_1=F_{\mathrm{P}1}\overline{\boldsymbol{M}}_1+\Delta F_{\mathrm{P}1}\overline{\boldsymbol{M}}_2$$

此时出现第二个塑性铰，又有一个单元将修改刚度，第二阶段结束。

3. 重复第二阶段计算，进行第三、第四……阶段分析，直到第 $n$ 阶段 $|\boldsymbol{K}_n|=0$ 为止。这表明，结构由于产生了一定数量的塑性铰已成为机构，达到极限状态。最终极限荷载值和各截面弯矩值由累加得到：

$$F_{Pu} = F_{P1} + \sum_{i=2}^{n-1} \Delta F_{Pi-1}$$

$$M_u = F_{P1} \overline{M}_1 + \sum_{i=2}^{n-1} \Delta F_{Pi-1} \overline{M}_i$$

需要指出的是,以上讨论没有考虑加载过程中出现反向变形,即导致塑性铰闭合的情形,如有这种情形,上述算法需要修正。

## 思　考　题

**12-1**　结构极限荷载分析时都采用了哪些假定?

**12-2**　什么是极限状态、极限荷载?

**12-3**　什么是极限弯矩?如何求极限弯矩?

**12-4**　什么是塑性铰?与实际铰有何异同?

**12-5**　什么是破坏机构?

**12-6**　什么是比例加载?

**12-7**　什么是可破坏荷载、可接受荷载?它们与极限荷载之间有何关系?

**12-8**　静定结构出现一个塑性铰是否一定成为破坏机构? $n$ 次超静定结构是否只有出现 $n+1$ 个塑性铰才成为破坏机构?

**12-9**　什么是穷举法、试算法?它们的计算步骤是怎样的?

## 习　　题

**12-1**　已知材料的屈服应力为 $\sigma_e = 235$ MPa,试求如下截面的极限弯矩值。

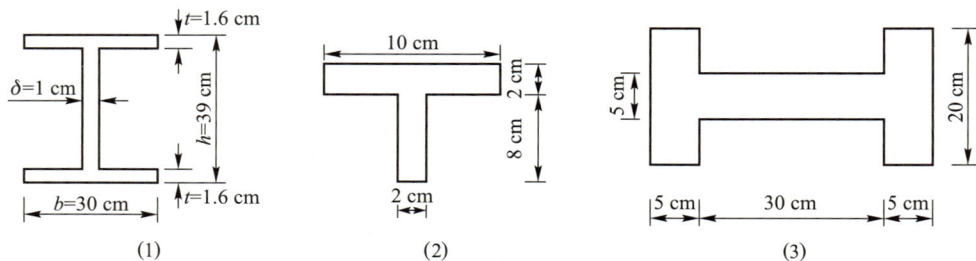

(1)　　　　　　　　(2)　　　　　　　　(3)

习题 12-1 图

**12-2**　试求图示等截面梁的极限荷载 $F_u$。已知梁的截面为矩形,$b \times h = 5$ cm $\times 20$ cm,$\sigma_e = 235$ MPa。

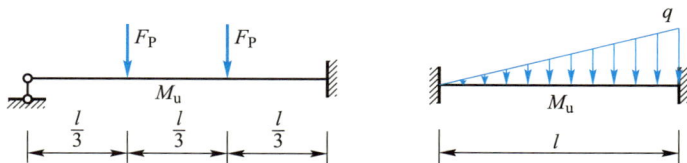

习题 12-2 图

**12-3**　试求图示等截面超静定梁的极限荷载 $F_u$。

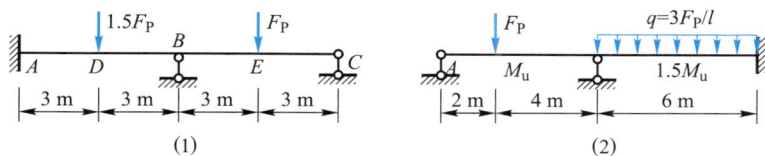

习题 12-3 图

**12-4**　图示等截面连续梁的极限弯矩为 $M_u$，试求其极限荷载 $F_u$ 并画极限弯矩图。

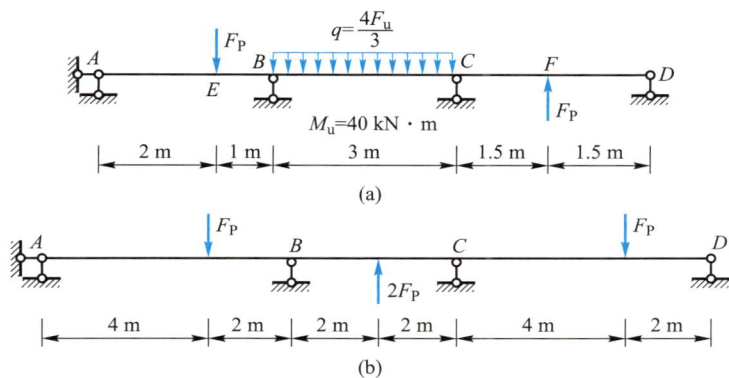

习题 12-4 图

**12-5**　试用虚功法求图示梁的极限荷载 $F_u$。

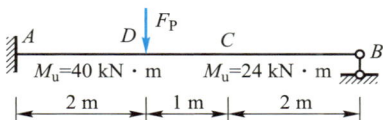

习题 12-5 图

**12-6**　试计算图示连续梁在给定荷载作用下达到极限状态时，所需的截面极限弯矩值 $M_u$。

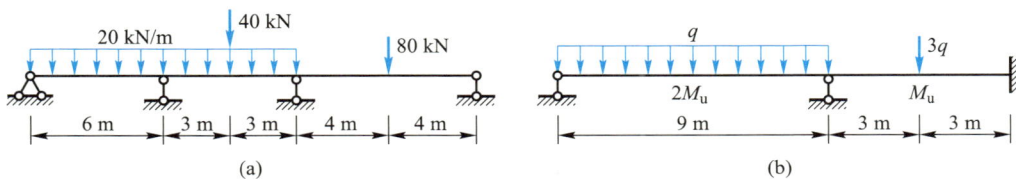

习题 12-6 图

**12-7**　试求图示等截面刚架极限荷载 $q_u$，$l=4$ m。

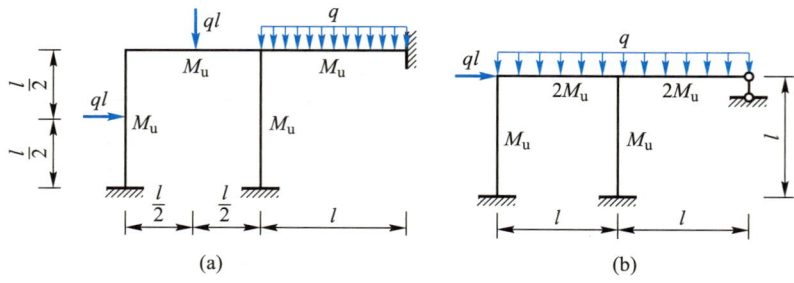

习题 12 – 7 图

# 参考文献

[1] 龙驭球,包世华,袁驷,等.结构力学 I:基本教程[M].4 版.北京:高等教育出版社,2018.

[2] 龙驭球,包世华,袁驷,等.结构力学 II:专题教程[M].4 版.北京:高等教育出版社,2018.

[3] 龙驭球,包世华,匡文起,等.结构力学教程 I[M].北京:高等教育出版社,2000.

[4] 王焕定,章梓茂,景瑞,等.结构力学[M].3 版.北京:高等教育出版社,2010.

[5] 王焕定,祁皑.结构力学[M].2 版.北京:清华大学出版社,2012.

[6] 朱慈勉,张伟平.结构力学:上、下册[M].3 版.北京:高等教育出版社,2016.

[7] 单建.趣味结构力学[M].2 版.北京:高等教育出版社,2015.

[8] 单建,吕令毅.结构力学[M].南京:东南大学出版社,2004.

[9] 李廉锟.结构力学[M].4 版.北京:高等教育出版社,2004.

[10] 杨茀康,李家宝,洪范文,等.结构力学:上、下册[M].6 版.北京:高等教育出版社,2020.

[11] 洪范文,周芬.结构力学教程[M].2 版.北京:高等教育出版社,2019.

[12] 杜正国,彭俊生,罗永坤.结构分析[M].北京:高等教育出版社,2003.

[13] 郭长城.结构力学[M].北京:中国建筑工业出版社,1993.

[14] 章监才,曾又林.结构力学[M].武汉:武汉大学出版社,2001.

[15] 阳日,莫宣志.结构力学[M].重庆:重庆大学出版社,1998.

[16] 杨仲侯,胡维俊,吕泰仁.结构力学[M].北京:高等教育出版社,1992.

[17] 朱伯钦,周竞欧,许明哲.结构力学[M].上海:同济大学出版社,1993.

[18] 薛光瑾.结构力学[M].北京:高等教育出版社,1994.

[19] 张崇文,曾思庄.结构力学[M].北京:高等教育出版社,1985.

[20] 王重华.结构力学[M].2 版.北京:人民交通出版社,1998.

[21] 雷钟和,江爱川,郝静明.结构力学解疑[M].北京:清华大学出版社,1996.

[22] 阮渫铭,于玲玲.结构力学(研究生)考试指导[M].北京:中国建材工业出版社,2003.

[23] 钟朋.结构力学解题指导与习题集[M].2 版.北京:高等教育出版社,1987.

[24] 戴贤扬,江素华,赵如驵,等.结构力学解题指导[M].北京:高等教育出版社,1996.

[25] 罗汉泉,王兰生,李存权.结构力学学习指导书[M].北京:高等教育出版社,1985.

[26] 陈水福,金建明.结构力学概念、方法及典型题[M].杭州:浙江大学出版社,2002.

[27] 徐新济,李恒增.结构力学学习方法与指导[M].上海:同济大学出版社,2002.

[28] 樊友景.结构力学学习辅导与习题精解[M].北京:中国建筑工业出版社,2004.

[29] 彭俊生,罗永坤,王园园.结构力学指导型习题册[M].成都:西南交通大学出版社,2004.

[30] 石志飞.结构力学精讲及真题详解[M].北京:中国建筑工业出版社,2011.

[31] 张永山,赵桂峰.结构力学典型例题分析[M].北京:中国建筑工业出版社,2015.

[32] 张永山,汪大洋.结构力学习题集[M].北京:科学出版社,2018.

## 郑重声明

高等教育出版社依法对本书享有专有出版权。任何未经许可的复制、销售行为均违反《中华人民共和国著作权法》，其行为人将承担相应的民事责任和行政责任；构成犯罪的，将被依法追究刑事责任。为了维护市场秩序，保护读者的合法权益，避免读者误用盗版书造成不良后果，我社将配合行政执法部门和司法机关对违法犯罪的单位和个人进行严厉打击。社会各界人士如发现上述侵权行为，希望及时举报，我社将奖励举报有功人员。

反盗版举报电话　（010）58581999　58582371

反盗版举报邮箱　dd@ hep. com. cn

通信地址　北京市西城区德外大街 4 号
　　　　　高等教育出版社知识产权与法律事务部

邮政编码　100120

防伪查询说明

用户购书后刮开封底防伪涂层，使用手机微信等软件扫描二维码，会跳转至防伪查询网页，获得所购图书详细信息。

防伪客服电话　（010）58582300